高等学校电子信息类精品教材

电工与电子技术

（第3版）

曾 军 编著

電子工業出版社
Publishing House of Electronics Industry
北京·BEIJING

内 容 简 介

全书共 17 章，分四个部分。第一部分电工技术，内容包括电路的基本概念和基本定律、电路的分析方法、正弦交流稳态电路、电路的谐振、三相电路、电路的暂态过程、非正弦交流电路、变压器、电动机及其控制。第二部分模拟电子技术，内容包括常用的半导体器件、基本放大电路、放大电路的负反馈、集成运算放大器。第三部分数字电子技术，内容包括集成门电路、组合逻辑电路、触发器、时序逻辑电路、数模和模数转换电路。第四部分电子电源，内容包括正弦波振荡电路、非正弦波振荡电路、直流线性稳压电源电路。

全书各章有本章主要内容、引例、例题、思考题、引例分析和小结。部分章节有电路仿真分析，每章配有适量的习题，书后附有习题答案。

本书是高等工科院校电工与电子技术课程的本科教材，可供非电类各专业使用，也可作为其他各类院校电工与电子技术课程的教材或参考书。

图书在版编目（CIP）数据

电工与电子技术 / 曾军编著. —3 版. —北京：电子工业出版社，2022.3
ISBN 978-7-121-42846-3

Ⅰ. ①电…　Ⅱ. ①曾…　Ⅲ. ①电工技术－高等学校－教材　②电子技术－高等学校－教材　Ⅳ. ①TM　②TN

中国版本图书馆 CIP 数据核字（2022）第 021567 号

责任编辑：韩同平
印　　刷：三河市鑫金马印装有限公司
装　　订：三河市鑫金马印装有限公司
出版发行：电子工业出版社
　　　　　北京市海淀区万寿路 173 信箱　　邮编：100036
开　　本：787×1 092　1/16　印张：21.25　字数：680 千字
版　　次：2011 年 2 月第 1 版
　　　　　2022 年 3 月第 3 版
印　　次：2024 年 7 月第 5 次印刷
定　　价：69.90 元

凡所购买电子工业出版社图书有缺损问题，请向购买书店调换。若书店售缺，请与本社发行部联系，联系及邮购电话：（010）88254888，88258888。

质量投诉请发邮件至 zlts@phei.com.cn，盗版侵权举报请发邮件至 dbqq@phei.com.cn。

本书咨询联系方式：（010）88254525，hantp@phei.com.cn。

第3版前言

"电工与电子技术"是高等工科院校非电类专业的必修基础课之一。参照教育部电气信息类基础课程教学指导分委员会制定的教学基本要求，根据目前我国高校的教学改革状况和实际的教与学的情况，我们编写了此书。

本书在内容编排上有利于唤起读者的求知欲望；即每章开头有引例，结尾有引例分析；每节之后有思考题。随着每章的内容展开，可加深读者对应用电路原理的理解，为读者进行自主研究打下良好的基础。各部分教学内容相对完整，且前后呼应，有利于教师对教学内容的取舍，因材施教，从而进行多层次和不同学时的教学。

本书在保证基础理论的同时，注重理论联系实际，结合工程应用给出许多实际应用电路，以及元器件的外形图片、常用元器件参数、集成器件的引脚图等，力图使教材内容与实际工程应用结合更紧密。

本书的例题和习题数量及难度适中，便于读者自学。教材中加*号的章节，教师可根据学时和专业要求进行取舍。

本书是高等工科院校"电工与电子技术"课程的教材，可供非电类专业使用，按 36～80 学时组织教学(不含实验)。

本书由曾军编著，在编写、修订过程中还得到一些师生的支持，在此一并表示衷心感谢。

编著者

（zengjun@scut.edu.cn）

目　录

第一部分　电工技术

第二部分 模拟电子技术

第三部分 数字电子技术

第四部分 电 子 电 源

第一部分 电工技术

第1章 电路的基本概念与基本定律

【本章主要内容】本章主要介绍电路的概念，电路定律和电路功率，电阻电路的等效变换，电源及其等效变换，电桥电路的平衡条件。

【引例】提起电路，人们既熟悉又陌生。熟悉的是电路的应用在日常生活中随处可见，例如人们使用的计算机、手机、电话、各种家用电器、房间的照明装置等，以及人们乘坐的电梯、汽车、火车、飞机等，都离不开电路。那么电路是由什么组成的呢？这就是我们要在这里讨论的问题。例如，某电子门铃如图1.0-1所示，其中，图(a)是一种电子门铃的外形，图(b)是电子门铃内部的电路板，图(c)是电子门铃的电路图。那么电子门铃的电路是由哪些电子元件组成的呢？电路是怎么工作的呢？学完本课程，读者应能初步分析和设计各种电子电路和电子产品了。

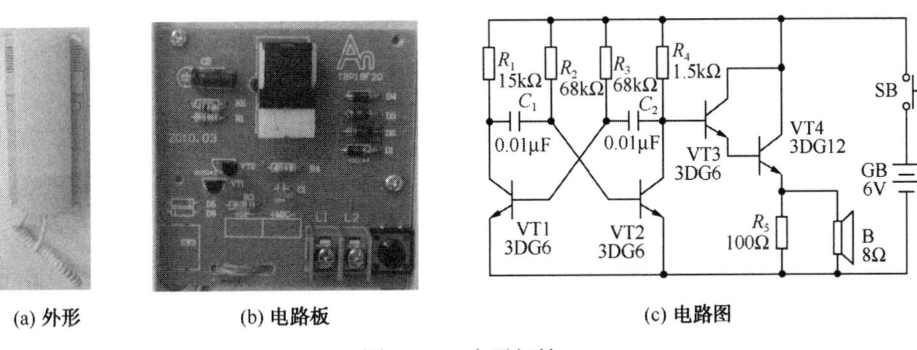

(a) 外形　　(b) 电路板　　(c) 电路图

图1.0-1　电子门铃

1.1　电路作用与电路模型

1. 电路的作用与组成

电路是由电源和一些电气电子元部件通过导线连接而成的为实现某种预期目的的电流通路。电路的作用分为两类，一类是实现电能的传输与转换，另一类是实现信号的传递和处理。

图1.1-1(a)是电力系统输送电能的电路示意图。其中发电机发出电能，经升压变压器升压、输电线路传输、降压变压器降压等过程，最后到达用户，将电能转换为光能、机械能、热能等。图1.1-1(b)是扩音机电路的示意图。其中话筒将声音信号转换为电信号，然后经过放大器放大和处理后传递给扬声器，再由扬声器将电信号还原为原来的声音信号。

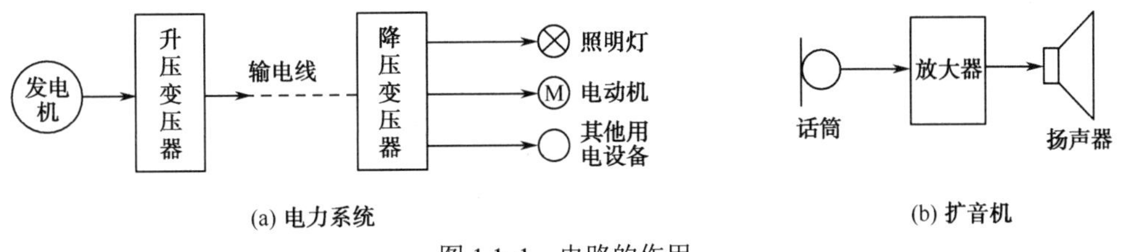

(a) 电力系统　　(b) 扩音机

图1.1-1　电路的作用

由以上分析可见，不论是电力系统还是扩音机，其电路都是由三部分组成的，即电源、负载和中间环节。在图 1.1-1(a)中，发电机是电源，照明灯、电动机和其他用电设备是负载，变压器和输电线是中间环节。在图 1.1-1(b)中，话筒是电源(信号源)，扬声器是负载，放大器是中间环节。

电源是发电设备，其作用是将其他形式的能量转换为电能，向负载提供电压或电流；负载是用电设备，其作用是将电能转换为其他形式的能量消耗掉；中间环节为连接电源和负载的部分，起传输、分配电能和控制保护电路的作用，如导线、开关、变压器、控制保护设备等。

2．电路模型

由前面的两个例子可知，实际电路是由电源、负载和各种电子元器件组成的，如发电机、变压器、信号源、电池、电动机、照明灯、电阻、电感、电容、二极管、三极管等。这些实际设备和元器件的电磁性质一般比较复杂，若全部考虑这些电磁现象，难以用简单的数学关系式表示它们的工作特性。所以在工程实际应用中，常将电路中的元器件进行理想化处理，即突出元器件的主要电磁特性，忽略其次要电磁特性。例如手电筒中的小灯泡，当它点亮时，除了消耗电能外，其周围还会有磁场，但是其磁场很弱，不影响小灯泡的亮度，所以在电路分析中，可将磁场的作用忽略不计。因此可认为小灯泡是一个电阻元件，即小灯泡是理想元件，小灯泡的电路模型就是一个电阻，可用简单的数学关系式表示小灯泡的工作特性。

综上所述，为便于对实际电路进行分析，需将实际电路元器件用能够代表其主要电磁特性的理想元件来表示。由理想元件所组成的电路称为实际电路的电路模型，简称电路。图 1.1-2 是手电筒的电路模型。其中，手电筒的电池用电压源 U_S 和内阻 R_S 的串联模型表示，小灯泡用电阻元件 R_L 表示，手电筒的开关用 S 表示。

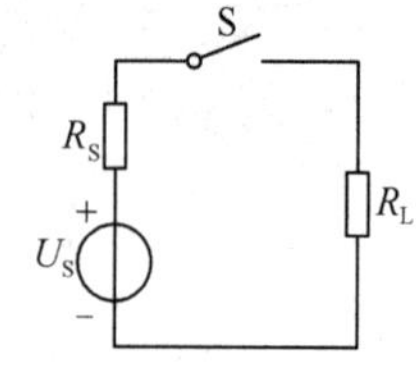

图 1.1-2　手电筒的电路模型

实际电路元件在不同的条件下其电路模型也不同。例如一个电感线圈，在外加直流电源的电路中，可视为一个小电阻；在外加低频交流电源的电路中，可视为一个电感和这个小电阻的串联；在外加高频交流电源的电路中，电感线圈绕线之间的电容效应就不能忽略。因此，要建立合适的电路模型，才能保证电路模型分析的结果与实际电路的测量结果基本一致。

本教材所讨论的电阻、电感、电容元件和电源器件都是理想元器件，所讨论的电路都是电路模型。

思考题

1.1-1　实际电路和电路模型有何不同？理论分析的电路是什么电路？

1.2　电路的物理量

电路中的基本物理量是电流、电压(电位差)和电位。下面分别讨论它们的定义及参考方向。

1.2.1　电流、电压和电位的概念

1．电流

当闭合电源开关时，照明灯就会发光，电风扇就会转动，电热器就会发热，这是因为在照明灯、电风扇、电热器中有电流流过。若在电路中接入电流表，电流表就能测出电流的数值。那么什么是电流呢？物理学中定义，电流是正电荷有规则的定向运动。电流的大小为单位时间内通过导体横截面的电量，即

$$i=\frac{\mathrm{d}q}{\mathrm{d}t} \tag{1.2-1}$$

式中，i 表示电流，q 表示电荷量(电量)，t 表示时间，单位为秒(s)。在国际单位制中，q 的单位为库仑(C)，电流的单位为安培，简称安，用符号 A 表示。如果 1 秒时间内有 1 库仑的电量通过导体的横截面，这时的电流就是 1 安培。对于较小的电流，可以用毫安(mA)和微安(μA)为单位，其换算关系为

$$1\text{mA}=10^{-3}\text{A}，\quad 1\mu\text{A}=10^{-6}\text{A}$$

当电流的大小和方向不随时间变化时，称其为恒定直流电流(Direct Current，简称 DC)。恒定直流电流用大写字母 I 表示，而随时间变化的电流用小写字母 i 表示。

2. 电压和电位

在图 1.1-2 中，当开关 S 闭合后，手电筒的小灯泡发光，若将电压表接在小灯泡两端，电压表就有读数，我们称其读数为电压。那么电压的定义是什么呢？物理学中定义，电场力将单位正电荷 q 由电场中的 a 点通过电源以外的某条路径移动到 b 点所做的功，就称之为这两点之间的电压，即

$$u=\frac{\mathrm{d}w}{\mathrm{d}q} \tag{1.2-2}$$

式中，u 表示电压，w 为电场力所做的功，单位为焦耳(J)；q 的单位为库仑(C)；电压的单位为伏特(V)。对于较高的电压，可用千伏(kV)为单位，对于较低的电压，可用毫伏(mV)和微伏(μV)为单位，其换算关系为

$$1\text{kV}=10^{3}\text{V}，1\text{mV}=10^{-3}\text{V}，1\mu\text{V}=10^{-6}\text{V}$$

当电压的大小和方向不随时间变化时，称其为恒定直流电压。恒定直流电压用大写字母 U 表示，而随时间变化的电压用小写字母 u 表示。

由电压的定义可知，电压数值的大小与电场中 a 点和 b 点的位置有关，而与所选取的路径无关。为了方便比较电场中 a 点和 b 点位能的差别，我们引出电位的概念。那么什么叫电位呢？根据物理学中的定义，设电场中的某点 o 为参考点，电场力将单位正电荷 q 由电场中的 a 点移动到参考点所做的功，就称为 a 点的电位，用 V_{ao} 表示；同理，电场力将单位正电荷 q 由电场中的 b 点移动到参考点所做的功，就称为 b 点的电位，用 V_{bo} 表示。在此规定下，参考点本身的电位为零，即 $V_{\mathrm{o}}=0$，则

$$\begin{cases}V_{\mathrm{ao}}=V_{\mathrm{a}}\\ V_{\mathrm{bo}}=V_{\mathrm{b}}\end{cases} \tag{1.2-3}$$

根据电压的定义有，a、b 两点之间的电位差就是 a、b 两点之间的电压，即

$$U_{\mathrm{ab}}=V_{\mathrm{a}}-V_{\mathrm{b}} \tag{1.2-4}$$

式(1.2-4)说明，电压也称之为电位差。

1.2.2 电流和电压的实际方向

在直流电路中，一般电源的电压值和实际极性都是已知的，因此在只有一个电压源作用的电路中，电流的实际方向也是已知的。那么电流流过电源和负载时的实际方向是怎么样的呢？我们来看一个最简单的电路。图 1.2-1 是一个由直流电压源 U_{S} 和负载电阻 R_{L} 接通的电路。在电路中，已知直流电压源 U_{S} 的实际极性如图所示，a 点为电压源的正极，用“+”表示，b 点为电压源的负极，用“−”表示。这种“+”、“−”极性也表示了 a 点的电位比 b 点的电位高。可见，负载电阻 R_{L} 两端电压

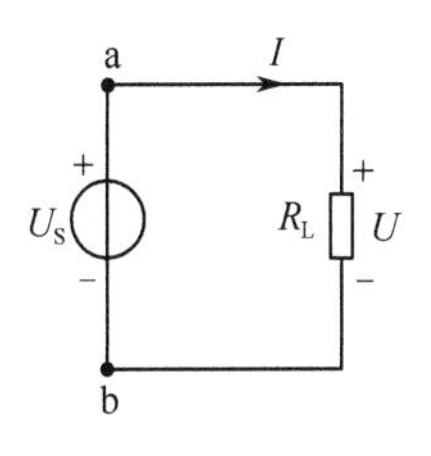

图 1.2-1 电流和电压的实际方向

的实际极性也是上“+”下“−”。

由电流、电压的定义可知，在电场力的作用下，正电荷从电压源的 a 点(电压源的正极)，经过负载电阻 R_L 移动到 b 点(电压源的负极)。所以电流 I 的实际方向就是正电荷的运动方向，即从负载电阻的高电位流到低电位。为了维持负载电流不变，保证负载正常工作，电压源通过其内部的电源力将堆积在负极上的正电荷经过电源内部送回到电源的正极。

可见，电流的实际方向为：电流流过负载时，是从负载的高电位到低电位；电流流过电压源时，是从电压源的负极到正极。

电压的实际方向为：负载两端电压 U 和电压源两端电压 U_S 的实际方向都是从高电位到低电位。

1.2.3 电流和电压的参考方向

1. 电流、电压参考方向的设定

在分析简单电路时，可由电压源的实际极性判断出电路中电流的实际方向，但在分析复杂电路时，一般情况下很难判断出某个元件中的电流和两端电压的实际方向。例如，图 1.2−2 是两个电压源供电的复杂电路，电阻 R_3 中的电流是从 a 点流向 b 点还是从 b 点流向 a 点，是很难判断的。

因此在分析复杂电路时，要先假设各元件的电流或电压的方向，这个假设的方向称为电流或电压的参考方向。在电流或电压的参考方向下，根据电路的基本定律和分析方法求解出各元件中的电流或电压。

若求出的电流或电压为正值，说明电流或电压的参考方向与实际方向相同；若为负值，说明电流或电压的参考方向与实际方向相反。

在图 1.2−3 中，电流的参考方向用箭头表示。在图(a)中，$I=1\text{A}$，说明电流的参考方向和实际方向相同，即电流的实际方向是从 a 点流向 b 点；在图(b)中，$I=-2\text{A}$，说明电流的参考方向和实际方向相反，即电流的实际方向是从 b 点流向 a 点。电流的参考方向也可用双下标表示，如 I_{ab} 表示其参考方向由 a 点指向 b 点。

在图 1.2−4 中，电压的参考方向可用箭头或正负极性表示。在图(a)中，$U=3\text{V}$，说明电压的参考方向和实际方向相同，即电压的实际方向是从 a 点指向 b 点；在图(b)中，$U=-6\text{V}$，说明电压的参考方向和实际方向相反，即电压的实际方向是从 b 点指向 a 点。电压的参考方向也可用双下标表示，如 U_{ab} 表示其参考方向是由 a 点指向 b 点。

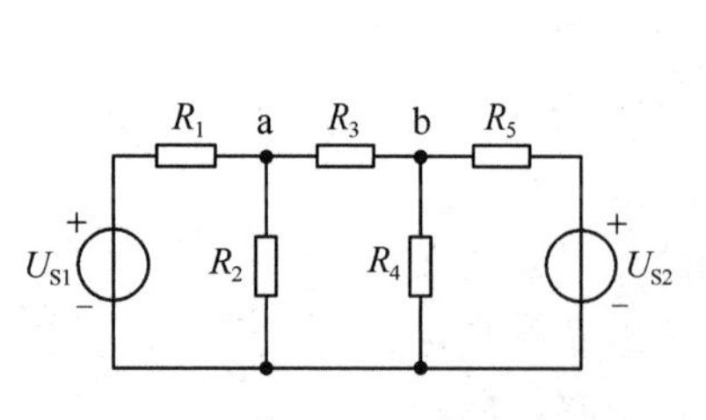

图 1.2−2 判断 R_3 中电流的实际方向

I=1A　a　b　R

(a)参考方向与实际方向相同

I=−2A　a　b　R

(b)参考方向与实际方向相反

图 1.2−3 电流的参考方向

U=3V　a　b　R

(a)参考方向与实际方向相同

U=−6V　+　−　a　b　R

(b)参考方向与实际方向相反

图 1.2−4 电压的参考方向

需要注意的是，（1）参考方向一旦设定，在计算过程中就不能改变；（2）电流或电压的数值有正有负，是参考方向所致；（3）不论参考方向如何，电流或电压的实际方向是不

变的。

有了参考方向的概念后，在以后分析的所有电路中，电压或电流的方向均为参考方向。

2. 电流和电压的关联参考方向

为了分析方便，在假设电压、电流的参考方向时，对于同一电路元件，当其电压和电流的参考方向相同时，称为关联参考方向，如图 1.2-5(a)所示；电压和电流参考方向相反称为非关联参考方向，如图 1.2-5(b)所示。为分析方便，一般将电压和电流的参考方向设为关联参考方向。

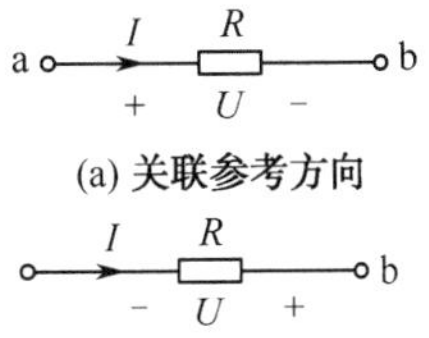

(a) 关联参考方向

(b) 非关联参考方向

图 1.2-5　关联参考方向与非关联参考方向

【例 1.2-1】　已知元件 A 和 B 的电压、电流的参考方向如图 1.2-6(a)和(b)所示。当 $U=10\text{V}$，$I=-1\text{A}$ 时，判断元件 A 和元件 B 在电路中起电源作用还是起负载作用。

【解】 根据电压、电流的实际方向判断元件 A 和元件 B 的性质。

由于 $U=10\text{V}$，$I=-1\text{A}$，在 1.2-6(a)和(b)中，电压 U 的实际方向与参考方向相同，而电流的实际方向与参考方向相反。在 1.2-6(a)中，电流的实际方向是从元件 A 的负极流向正极，所以元件 A 起电源作用；在 1.2-6(b)中，电流的实际方向是从元件 B 的正极流向负极，故元件 B 起负载作用。

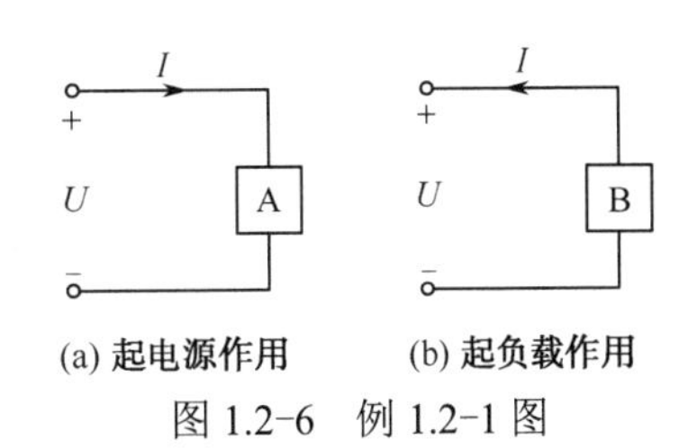

(a) 起电源作用　　(b) 起负载作用

图 1.2-6　例 1.2-1 图

思考题

1.2-1　在电路分析中为什么要设电压、电流的参考方向？如何根据参考方向判断出电压、电流的实际方向？

1.3　欧 姆 定 律

1. 电阻元件

电路中常用的电阻元件分为线性电阻、非线性电阻及热敏电阻等。线性电阻用 R 表示，其阻值不随外加电流、电压改变。线性电阻的阻值由其制作的材料决定，对于长度为 l、横截面积为 s 的均匀介质，其电阻为

$$R=\rho\frac{l}{s} \tag{1.3-1}$$

其中 ρ 是导体的电阻率，单位为 $\Omega\cdot\text{mm}^2/\text{m}$；$l$ 为导体的长度，单位为 m；s 为导体的横截面积，单位为 mm^2。在国际单位制中，电阻的单位是欧姆（Ω）。此外，电阻的单位还有千欧（kΩ）、兆欧（MΩ），其换算关系为 $1\text{k}\Omega=10^3\Omega, 1\text{M}\Omega=10^6\Omega$。

线性电阻的类型和符号如图 1.3-1 所示。

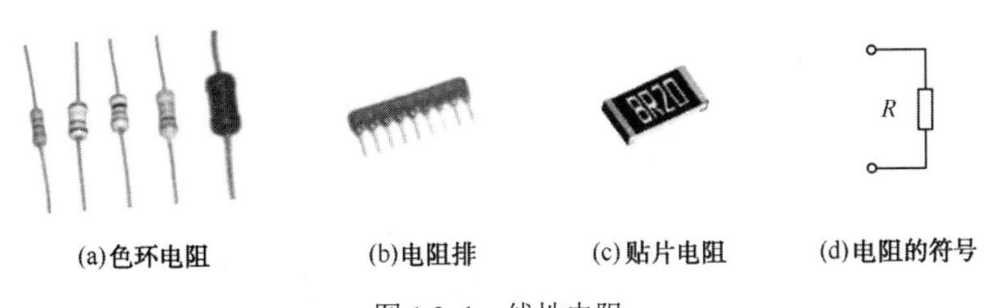

(a)色环电阻　　(b)电阻排　　(c)贴片电阻　　(d)电阻的符号

图 1.3-1　线性电阻

图 1.3-1 中的电阻都是阻值固定不变的电阻，实际应用中还常用到可调式的电阻，也称为

电位器。电位器是三个端子的元件，其中的一个端子可以滑动，用来改变其电阻值。电位器及其符号如图 1.3-2 所示。

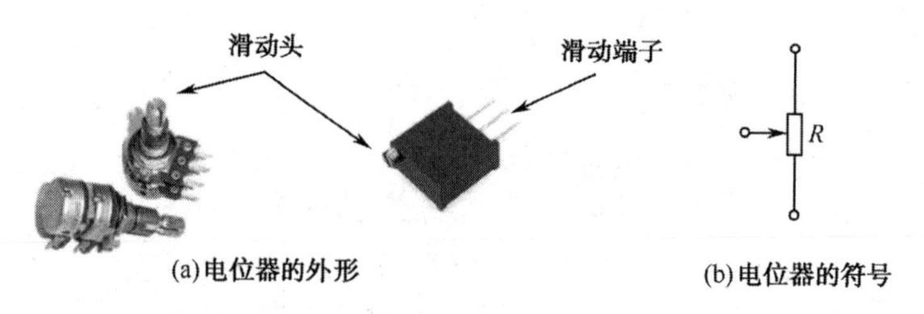

(a)电位器的外形　　(b)电位器的符号

图 1.3-2　电位器

2. 欧姆定律

在图 1.3-3(a)中，当电阻两端外加电压时，其流过电阻的电流与电压成正比。在电压、电流取关联参考方向时，线性电阻的电压与电流之间的关系为

$$U = RI \tag{1.3-2}$$

式(1.3-2)即为欧姆定律。

当电流、电压取非关联参考方向时，如图 1.3-3(b)所示，式(1.3-2)增加一负号，即

$$U = -RI$$

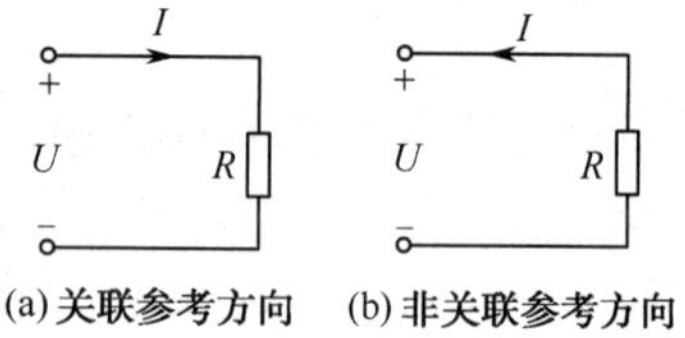

(a)关联参考方向　　(b)非关联参考方向

图 1.3-3　欧姆定律

线性电阻元件的伏安特性曲线如图 1.30-4(a)所示，是一条通过原点的直线。

应当注意的是，只有线性电阻的伏安关系满足欧姆定律。非线性电阻的阻值随电压、电流变化，其伏安关系不满足欧姆定律。例如二极管就是非线性电阻，其伏安特性曲线如图 1.3-4(b)所示。

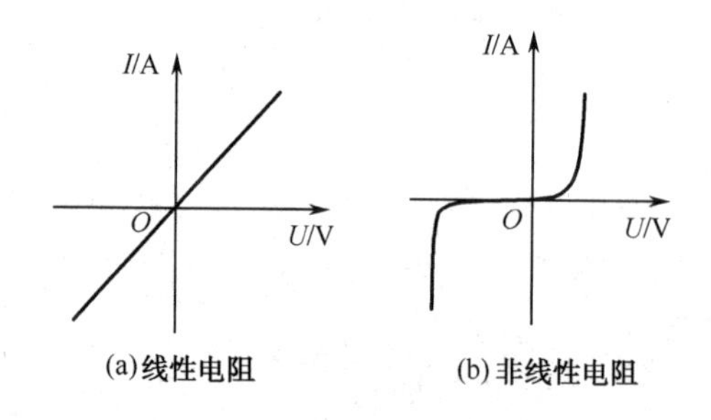

(a)线性电阻　　(b)非线性电阻

图 1.3-4　电阻的伏安特性曲线

【例 1.3-1】 在图 1.3-3 中，已知 $U = 10\text{V}$，$R = 5\Omega$。求电流 I。

【解】 在图 1.3-3(a)中，由欧姆定律，得 $I = U/R = 10/5 = 2\text{A}$

在图 1.3-3(b)中，由欧姆定律，得 $I = -U/R = -10/5 = -2\text{A}$

负号表示电流的参考方向与实际方向相反。

思考题

1.3-1　在图 1.3-3(a)中，若设电压、电流的参考方向与图示相反，写出欧姆定律的关系式。

1.4　电路中的功率

当电路接通电源后，电源向负载发出电能，负载吸收电能。根据能量守恒定律，若不考虑电源内部和传输导线中的能量损失，那么电源输出的电能就应该等于负载所消耗的电能。电能的定义是在一段时间内，电场力或电源力所做的功。所以对电能的计量，主要是记录发电厂一天或一年能发出多少电能，记录各个用户一个月或一段时间的用电情况。对于日常生活中用户使用的各种电气设备，一般用功率来计算其消耗电能的快慢，如电饭煲、电炒锅等用电设备的铭牌上都标有额定功率：500W 或 800W 或 1000W 等。功率的定义是在单位时间内，电场力或电源力所做的功，其瞬时功率的表达式为

$$p=\frac{\mathrm{d}w}{\mathrm{d}t} \tag{1.4-1}$$

其中，p 表示瞬时功率，功率的单位为瓦特(W)，w 表示电能，单位为焦耳(J)。

因为$u=\frac{\mathrm{d}w}{\mathrm{d}q}$，$i=\frac{\mathrm{d}q}{\mathrm{d}t}$，故瞬时功率又可表示为

$$p=\frac{\mathrm{d}w}{\mathrm{d}t}=ui \tag{1.4-2}$$

上式表明：（1）电路的功率等于电压与电流的乘积；（2）功率可正可负。若 $p>0$，表明电路吸收功率，是负载；若 $p<0$，表明电路发出功率，是电源。

注意：式(1.4-2)是在电压、电流参考方向关联情况下得到的；当电压、电流参考方向非关联时，式(1.4-2)需增加一负号，即 $p=-ui$。

在图 1.4-1 中，直流电源与负载接通，电源发出功率为 P_1，负载吸收功率为 P_2。由能量守恒定律可知，在电路中，电源发出的功率等于负载吸收的功率，即

$$P_1 = P_2 \tag{1.4-3}$$

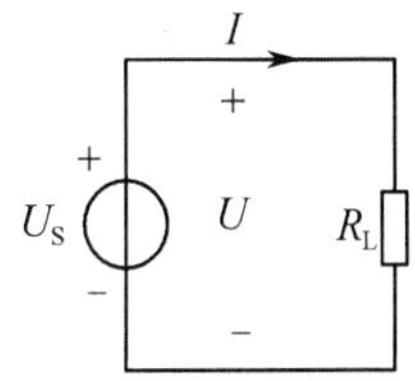

在图中的参考方向下，电源的功率为

$$P_1=-U_S I=-UI \tag{1.4-4}$$

图 1.4-1　电源和负载的功率

负载的功率为

$$P_2=UI=I^2R=\frac{U^2}{R} \tag{1.4-5}$$

【例 1.4-1】 在图 1.4-1 中，已知$U_\mathrm{S}=10\mathrm{V}$，$R_\mathrm{L}=5\Omega$。计算电源发出的功率与负载吸收的功率。

【解】 由于电源的电压与电流的参考方向为非关联参考方向，则

$$P_1=-U_\mathrm{S}I=-10\times\frac{10}{5}=-20\mathrm{W}$$

由于负载的电压与电流的参考方向为关联参考方向，则

$$P_2=UI=10\times2=20\mathrm{W}$$

可见，$P_1<0$，即电源发出功率；$P_2>0$，即负载吸收功率。

【例 1.4-2】 用计算功率的方法判断例 1.2-1 中元件 A 和元件 B 是电源还是负载。已知$U=10\mathrm{V}$，$I=-1\mathrm{A}$。

【解】 在图 1.2-6(a)中，电压 U 的参考方向与电流的参考方向相同，则

$$P_\mathrm{A}=UI=10\times(-1)=-10\mathrm{W}$$

可见，$P_\mathrm{A}<0$，即元件 A 发出功率，起电源作用。

在图 1.2-6(b)中，电压 U 的参考方向与电流的参考方向相反，则

$$P_\mathrm{B}=-UI=-10\times(-1)=10\mathrm{W}$$

可见，$P_\mathrm{B}>0$，即元件 B 吸收功率，起负载作用。

【例 1.4-3】 为保证某种负载正常工作，在电路中要串入一个分压电阻。已知串入的分压电阻两端电压$U_\mathrm{R}=20\mathrm{V}$，流过负载的电流$I=100\mathrm{mA}$。请选择分压电阻的参数。

【解】 设分压电阻两端电压的参考方向与电流的参考方向相同，根据欧姆定律，有

$$R=\frac{U_{\mathrm{R}}}{I}=\frac{20}{100\times10^{-3}}=200\Omega\text{，}\quad P_{\mathrm{R}}=U_{\mathrm{R}}I=20\times100\times10^{-3}=2\mathrm{W}$$

选择电阻时，电阻的功率要留有余量，所以选 200Ω、3W 的分压电阻。

思考题

1.4-1　如何用功率的计算结果说明一段电路是发出功率还是吸收功率？

1.5　基尔霍夫定律

基尔霍夫定律是电路分析中的重要基本定律，它包括基尔霍夫电流定律(Kirchhoff's Current Law，简称 KCL)和基尔霍夫电压定律(Kirchhoff's Voltage Law，简称 KVL)。基尔霍夫电流定律描述的是电路中任一节点上各支路电流之间的约束关系；基尔霍夫电压定律描述的是电路中任一回路中各支路电压之间的约束关系。

1.5.1　基尔霍夫电流定律（KCL）

以图 1.5-1 的电路为例，首先介绍支路、节点和回路的概念。

（1）支路是电路中的每一条分支。一条支路流过一个电流，称为支路电流。图 1.5-1 中有三条支路，即 acb、ab 和 adb。

（2）节点是三条支路或三条以上支路连接的点。图 1.5-1 中有两个节点，即节点 a 和节点 b。

（3）回路是由支路组成的闭合路径。图 1.5-1 中有三个回路，即 cabc、adba 和 cadbc。

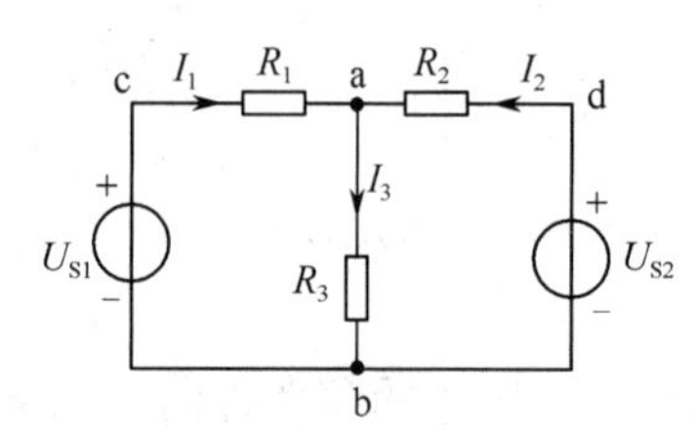

图 1.5-1　电路举例

基尔霍夫电流定律描述的是电路中任一节点上各支路电流之间的约束关系，其内容为：对于电路中的任一节点，任一瞬时流入该节点的电流之和等于流出该节点的电流之和。

在图 1.5-1 中，对节点 a 可以写出

$$I_1+I_2=I_3 \tag{1.5-1}$$

上式也可写成 $I_1+I_2-I_3=0$，即

$$\sum I=0 \tag{1.5-2}$$

KCL 也可这样描述：对于电路中的任一节点，任一瞬时流入或流出该节点电流的代数和为零。若流入节点的电流取正号，那么流出节点的电流就取负号。

KCL 不仅适用于电路中的任一节点，也可推广应用到包围部分电路的任一闭合面。例如，在图 1.5-2 中，若只考虑电流 I_1,I_4,I_8 之间的关系，不考虑虚线所包围的部分电路时，可将这部分电路用一个闭合面表示，这个闭合面就相当于一个节点，由 KCL，得

$$I_1+I_4+I_8=0$$

上式的正确性证明如下：由于闭合面包围的电路有 4 个节点，应用 KCL 可列出

$$I_1=I_2+I_3=I_6-I_5+I_3$$
$$I_4=I_5+I_7-I_3$$
$$I_8=-I_6-I_7$$

将上面的三式相加，得　$I_1+I_4+I_8=0$

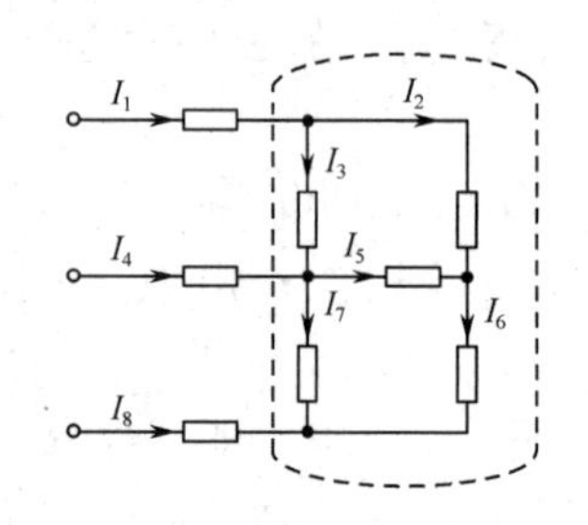

图 1.5-2　KCL 的推广应用

可见，在任一瞬时，流入一闭合面的电流的代数和也为零。

【例 1.5-1】 在图 1.5-2 中，若 $I_1 = 6\text{A}$，$I_3 = 4\text{A}$，$I_4 = 2\text{A}$，$I_7 = 3\text{A}$。求 I_2、I_5、I_6、I_8。

【解】 根据 KCL，得

$$I_2 = I_1 - I_3 = 6 - 4 = 2\text{A}, \quad I_5 = I_4 + I_3 - I_7 = 2 + 4 - 3 = 3\text{A}$$

$$I_6 = I_2 + I_5 = 2 + 3 = 5\text{A}, \quad I_8 = -I_6 - I_7 = -5 - 3 = -8\text{A}$$

1.5.2 基尔霍夫电压定律（KVL）

基尔霍夫电压定律描述的是电路中任一回路中各支路电压之间的约束关系，其内容为：对于电路中的任一回路，在任一瞬时，沿回路绕行一周，各支路的电位降之和等于电位升之和。

在图 1.5-3 中，回路 1 和回路 2 的绕行方向都设为顺时针方向。对于回路 1 和回路 2，有

$$R_1 I_1 + R_3 I_3 = U_{S1} \tag{1.5-3}$$

$$U_{S2} = R_3 I_3 + R_2 I_2 \tag{1.5-4}$$

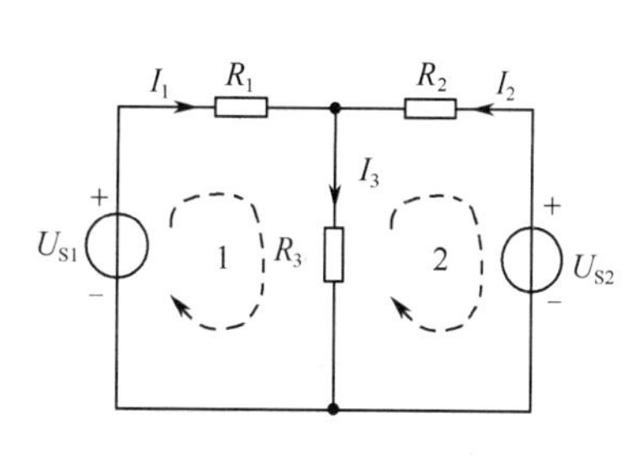

图 1.5-3 回路举例

对于回路 1 中的 $R_1 I_1$、$R_3 I_3$ 是沿着回路绕行方向上电位是降落的，而 U_{S1} 是电位升高的；对于回路 2 中的 $R_2 I_2$、$R_3 I_3$ 是沿着回路绕行方向上电位是升高的，而 U_{S2} 是电位降落的。可见，回路各段电压是电位升还是电位降是相对回路的绕行方向而言的。

式(1.5-3)或式(1.5-4)也可写成

$$\sum(RI) = \sum U_S \tag{1.5-5}$$

式(1.5-5)是 KVL 的另一种表达式。其中，$\sum(RI)$ 表示电阻上的电压降的代数和，若支路电流的参考方向与回路绕行方向一致，该支路电流在电阻上所产生的电压降取正号，相反取负号；$\sum U_S$ 表示电压源电压的代数和，若电压源的电压参考方向与回路绕行方向相反，则取正号，相同则取负号。

设式(1.5-3)中的 $R_1 I_1 = U_1$、$R_3 I_3 = U_3$，式(1.5-4)中的 $R_2 I_2 = U_2$，则式(1.5-3)和式(1.5-4)还可写成

$$U_1 + U_3 - U_{S1} = 0, \quad U_{S2} - U_3 - U_2 = 0$$

即

$$\sum U = 0 \tag{1.5-6}$$

KVL 也可这样描述：对于电路中的任一回路，在任一瞬时，沿回路绕行一周，在回路绕行方向上各支路电压降的代数和恒等于零。

KVL 不仅适用于闭合回路，也可推广到开口电路，即可求解电路中任意两点之间的电压。

【例 1.5-2】 在图 1.5-4 中，$U_{S1} = 10\text{V}$，$U_{S2} = 4\text{V}$，$R_1 = 4\Omega$，$R_2 = 6\Omega$。求 U_{ab}。

【解】 此题先根据 KCL 求出电流 I，然后再由 KVL 求出 U_{ab}。

由式(1.5-3)列出 cadbc 的回路电压方程，即

$$R_1 I + R_2 I = U_{S1} - U_{S2}$$

由上式求出电流 I，即

$$I = \frac{U_{S1} - U_{S2}}{R_1 + R_2} = \frac{10 - 4}{10} = 0.6\text{ A}$$

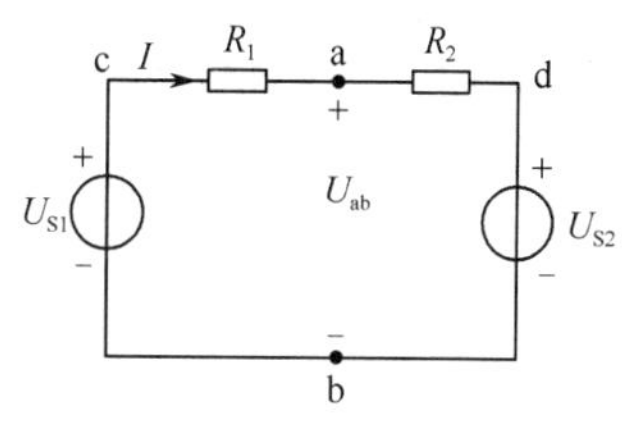

图 1.5-4 例 1.5-2 图

然后在 a 点和 b 点之间假想有一个其端电压等于 U_{ab} 的支路，这样就可以用 KVL 对 cabc 回路或 adba 回路列回路电压方程求出 U_{ab}，即

$$U_{ab} = U_{S1} - R_1 I = 10 - 4 \times 0.6 = 7.6\text{V}$$

或 $$U_{ab} = R_2 I + U_{S2} = 6 \times 0.6 + 4 = 7.6\text{V}$$

此题也可用电位的概念求U_{ab}。设 b 点为参考点，即$V_b = 0$，然后求出 a 点的电位。由电位的概念可知，a 点的电位V_a就等于 a 点到参考点之间的电压，即

$$V_a = U_{S1} - R_1 I = 10 - 4 \times 0.6 = 7.6\text{V}$$

所以$U_{ab} = V_a - V_b = V_a = 7.6\text{V}$。

思考题

1.5-1 什么叫电位升高和电位降落？在图 1.5-4 中，若回路的绕行方向为 dacbd，试由 KVL 列出回路电压方程，并说明各段电压的升高和降落情况。

1.6 电阻电路的等效变换

在工程应用中，电路的结构有多种多样。但是不论电路结构多么复杂，最终都可以等效为最基本的连接方式。本节主要讨论电阻的串联、并联、星形连接和三角形连接。

1.6.1 电阻的串联与并联

1. 电阻的串联

在电路中，两个或两个以上的电阻一个接一个地连接起来，流过同一个电流，则称这种连接方式为电阻的串联。

图 1.6-1(a)是由两个电阻 R_1、R_2 串联组成的电路。电阻串联时，电阻值增大，总电阻为

$$R = R_1 + R_2 \tag{1.6-1}$$

因此，可以用一个 R 的等效电路代替两个电阻串联的电路，其等效电路如图 1.6-1(b)所示。

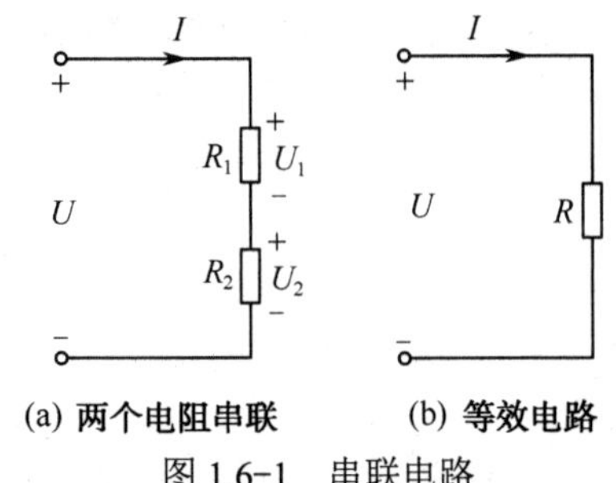

(a) 两个电阻串联　　(b) 等效电路

图 1.6-1　串联电路

电阻串联起分压作用。在图 1.6-1(a)所示的电压、电流参考方向下，由 KVL 得

$$U_1 + U_2 = U \tag{1.6-2}$$

其中 $$U_1 = R_1 I = \frac{R_1}{R_1 + R_2} U,\ U_2 = R_2 I = \frac{R_2}{R_1 + R_2} U \tag{1.6-3}$$

式(1.6-3)称为两个电阻串联的分压公式。

2. 电阻的并联

在电路中，两个或两个以上的电阻连接在两个公共节点之间，它们的端电压相等，则称这种连接方式为电阻的并联。

图 1.6-2(a)是由两个电阻 R_1、R_2 并联组成的电路。电阻并联时，电阻值减小，总电阻为

$$I = I_1 + I_2 = \frac{U}{R_1} + \frac{U}{R_2} = \left(\frac{1}{R_1} + \frac{1}{R_2}\right) U = \frac{1}{R} U$$

$$\frac{1}{R} = \frac{1}{R_1} + \frac{1}{R_2} \tag{1.6-4}$$

或 $$R = \frac{R_1 R_2}{R_1 + R_2} \tag{1.6-5}$$

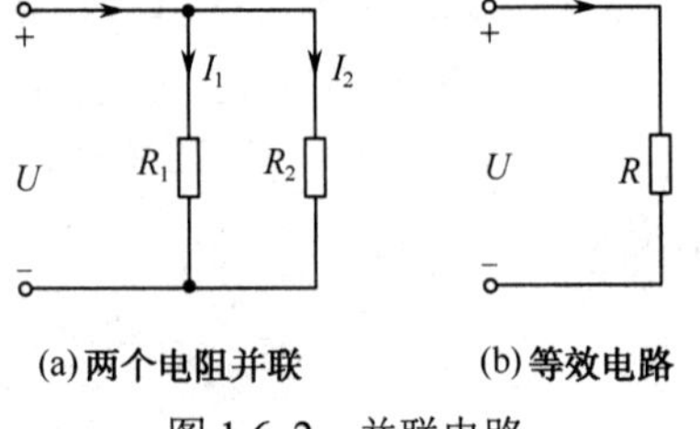

(a) 两个电阻并联　　(b) 等效电路

图 1.6-2　并联电路

因此，可以用一个 R 的等效电路代替两个电阻并联的电路，其等效电路如图 1.6-2(b)所示。

在并联支路很多的情况下，用式(1.6-4)求等效电阻比较麻烦，因此可以用电导来求其等效电阻。电阻的倒数称为电导，用 G 表示，单位为西门子(S)。电阻与电导的关系为

$$G = 1/R \tag{1.6-6}$$

式(1.6-4)用电导表示为

$$G = G_1 + G_2 \tag{1.6-7}$$

电阻并联起分流作用，在图 1.6-2(a)所示的电压、电流参考方向下，有

$$I_1 = \frac{U}{R_1} = \frac{RI}{R_1} = \frac{R_2}{R_1 + R_2}I, \quad I_2 = \frac{U}{R_2} = \frac{RI}{R_2} = \frac{R_1}{R_1 + R_2}I \tag{1.6-8}$$

式(1.6-8)称为两个电阻并联的分流公式。

并联电路在实际中应用很广泛，工厂里的动力负载、民用照明负载和各种家用电器等都是与电网并联相接的，以保证负载在额定电压下正常工作。

【例 1.6-1】 在图 1.6-3(a)中，已知 $I = 5\text{A}$，求 I_1。

【解】 此题先根据电阻的串联与并联对原电路进行等效，然后利用分流公式求出电流 I_1。

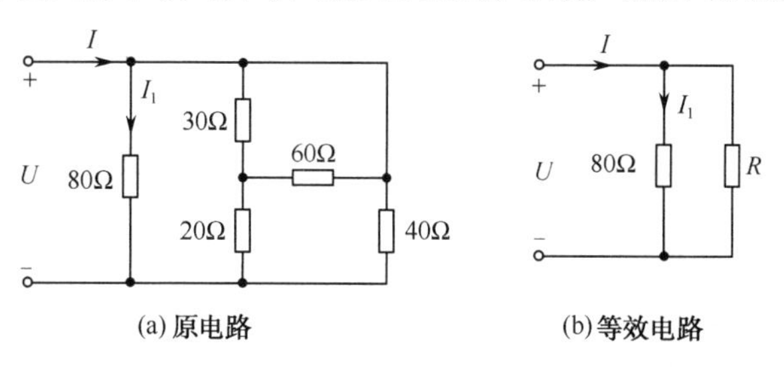

图 1.6-3　例 1.6-1 图

在图 1.6-3(a)中，根据电路结构可知，30Ω 电阻和 60Ω 电阻并联，再与 20Ω 电阻串联，然后再与 40Ω 电阻并联，其等效电阻为

$$R = [(30//60) + 20]//40 = 20\Omega$$

其等效电路如图 1.6-3(b)所示。由分流公式，得

$$I_1 = \frac{R}{80 + R}I = \frac{20}{80 + 20} \times 5 = 1\text{A}$$

*1.6.2　电阻的星形连接和三角形连接

在实际电路中也会遇到不能用串联、并联化简的电阻电路。例如在图 1.6-4 中，这些电阻的连接既不是串联也不是并联。那么这样的电路应如何等效呢？观察一下这个电路，发现在其结构上也有特点：图中在节点 2 上接的三个电阻为星形(Y)连接，如图 1.6-5(a)所示。图 1.6-4 中 1、2、3 三点之间接的电阻为三角形(△)连接，如图 1.6-5(b)所示。若能将星形结构等效为三角形结构，或将三角形结构等效为星形结构，则电阻电路就可以用串联、并联的方法化简了。

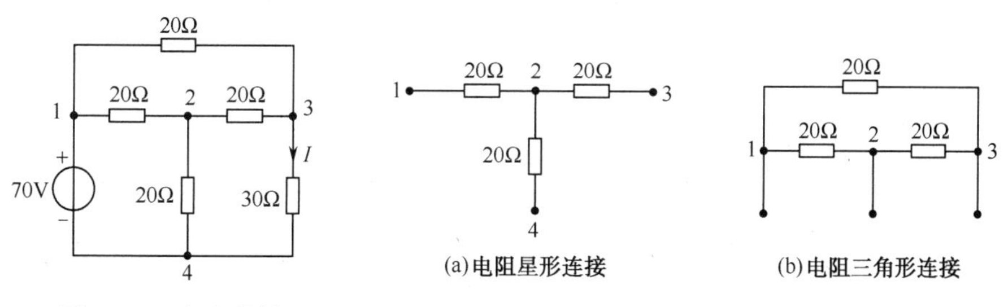

图 1.6-4　电路举例　　图 1.6-5　电阻的星形、三角形接法

当星形和三角形连接的电阻满足一定条件时，它们之间是可以进行相互等效变换的。以图 1.6-6 中的电阻相等的星形和三角形连接电路为例，说明它们之间的等效变换。星形和三角形连接的等效变换条件是：

（1）对应端子 a、b、c 流入或流出的电流 I_a、I_b、I_c 对应相等。

（2）对应端子 a、b、c 之间的电压 U_{ab}、U_{bc}、U_{ca} 对应相等。

若满足以上条件，则对应端子 a、b、c 之间的电阻就对应相等。

设图 1.6-6(a)和(b)两个电路中的 c 端开路，则它们的对应端子 a、b 之间的电阻应当对应相等，即

$$R_Y + R_Y = \frac{R_\Delta(R_\Delta + R_\Delta)}{R_\Delta + R_\Delta + R_\Delta} = \frac{2}{3}R_\Delta$$

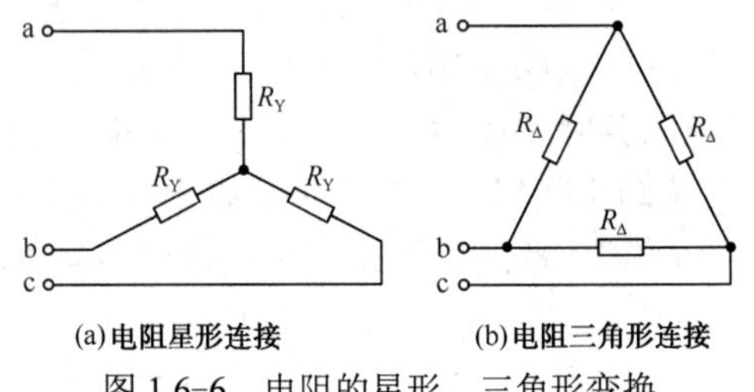

图 1.6-6　电阻的星形、三角形变换

同理，a 端和 b 端分别开路时，其结果与上式相同，即 $2R_Y = \frac{2}{3}R_\Delta$

也就是

$$\begin{cases} R_Y = \frac{1}{3}R_\Delta \\ R_\Delta = 3R_Y \end{cases} \tag{1.6-9}$$

若星形和三角形连接的电阻不相等时，其等效变换公式的推导条件同上，此推导过程略。电阻不相等的星形电路和三角形电路的等效变换公式为

$$\begin{cases} \text{Y形电阻} = \dfrac{\Delta\text{形相邻电阻的乘积}}{\Delta\text{形电阻之和}} \\ \Delta\text{形电阻} = \dfrac{\text{Y形电阻两两乘积之和}}{\text{Y形不相邻电阻}} \end{cases} \tag{1.6-10}$$

【例 1.6-2】 求图 1.6-4 电路中的电流 I。

【解】 将图 1.6-4 中的节点 2 上接的星形连接的电阻变换为三角形连接，如图 1.6-7 所示。

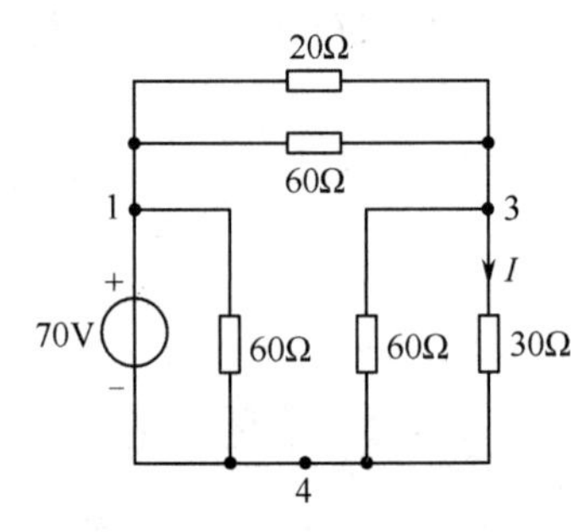

图 1.6-7　图 1.6-4 的等效电路

根据式(1.6-9)的星形电路变换成三角形电路的等效变换公式，则

$$R_\Delta = 3R_Y = 3 \times 20 = 60\Omega$$

所以

$$I = \frac{70}{(20//60)+(60//30)} \times \frac{60}{60+30} = 1.33\text{A}$$

思考题

1.6-1　试推导出 n 个电阻串联或并联时的分压公式和分流公式。

1.6-2　将图 1.6-4 中的 1、2、3 之间的三角形接法的电阻变换成星形接法之后，再求电流 I。

1.7　电源及其等效变换

在实际应用中，向负载提供能量的电源有两种形式，一种电源能向负载提供稳定的电压，这种电源称为电压源；另一种电源能够向负载提供稳定的电流，这种电源称为电流源。由于这两种电源提供的电压或电流与电路中的电压或电流无关，所以这两种电源又称为独立电源。根据各种负载的需要，电源又分为直流电源和交流电源。几种实际电压源如图 1.7-1 所示。

(a) 蓄电池

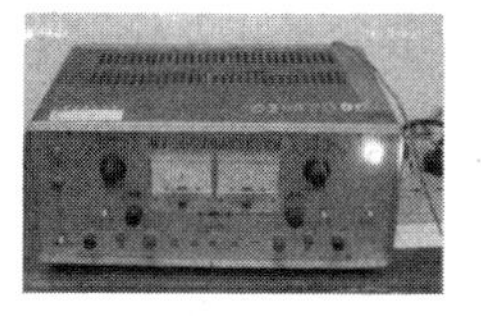
(b) 直流稳压电源

(c) 发电机

(d) 交流信号源

图 1.7-1　实际电压源

1.7.1　理想电压源和理想电流源

1. 理想电压源

当实际电压源的内阻远小于负载电阻时，这样的电压源称为理想电压源。理想电压源的特点是，它向负载提供的电压不随负载变化，所以理想电压源也称为恒压源。我们常用的电池和发电机都可以近似为理想电压源。图 1.7-2 为理想电压源的模型及其外特性。其中，电压源的模型符号既表示直流电源又表示交流电源，直流电压源用大写字母 U_S 表示。电源的外特性是指电源对外电路的电压、电流的伏安关系。理想电压源的外特性曲线是一条与 I 轴平行的直线，说明理想电压源提供的电压不随负载电流变化。

2. 理想电流源

当实际电流源的内阻远大于负载电阻时，这样的电流源称为理想电流源。理想电流源的特点是，它向负载提供的电流不随负载变化，所以理想电流源也称为恒流源。图 1.7-3 为理想电流源的模型及外特性。其中，电流源的模型符号既表示直流电源又表示交流电源，直流电流源用大写字母 I_S 表示。理想电流源的外特性曲线是一条与 U 轴平行的直线，说明理想电流源提供的电流不随负载电压变化。

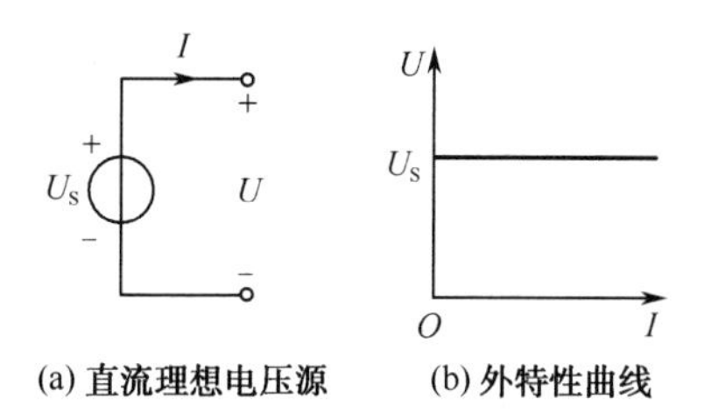

(a) 直流理想电压源　(b) 外特性曲线

图 1.7-2　理想电压源

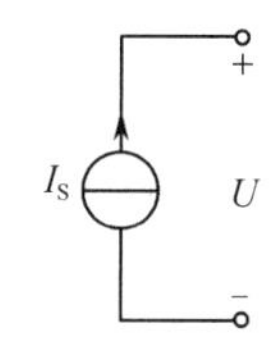

(a) 直流理想电流源

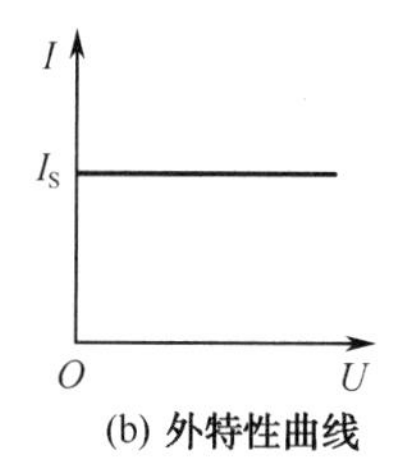

(b) 外特性曲线

图 1.7-3　理想电流源

【例 1.7-1】 在图 1.7-4 中，已知 $U_S = 2V$，$I_S = 1A$，$R = 10\Omega$。求电路中的功率。

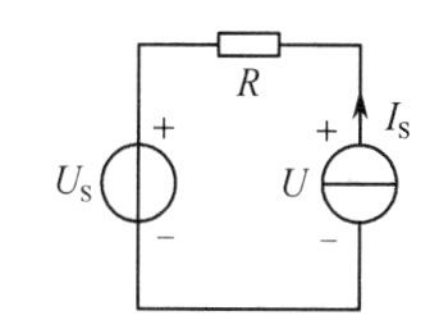

图 1.7-4　例 1.7-1 图

【解】 $P_R = I_S{}^2 R = 1^2 \times 10 = 10\,W$。电压源的电压、电流参考方向关联，所以

$$P_U = U_S I_S = 2 \times 1 = 2\,W \text{（电压源吸收功率）}$$

设电流源端电压 U 的参考极性为上正下负，由 KVL 得

$$U = RI_S + U_S = 10 \times 1 + 2 = 12V$$

由于电流源的电压、电流参考方向非关联，所以

$$P_S = -UI_S = -12 \times 1 = -12\,W \text{（电流源发出功率）}$$

由上分析可见，电压源吸收功率，处于负载状态；电流源发出功率，处于电源状态；电路中，电源发出的功率与负载吸收的功率相等，发出功率为负，吸收功率为正。

需要注意的是，电压源中的电流和电流源的端电压都由外电路确定。

1.7.2　电压源与电流源的等效变换

前面所分析的理想电压源和理想电流源都是实际电压源和实际电流源的理想模型。实际电压源和实际电流源总是存在内阻的，对于实际电压源来说，当负载电流增大时，电压源的端电压总会有所下降，实际电压源的电路模型及外特性如图 1.7-5 所示。当电压源内阻 R_S 远远小于负载电阻 R_L 时，可以认为实际电压源输出的电压与负载无关，电压源输出的电压 $U=U_S$ 不变，即电压源为理想电压源。对于实际电流源来说，当负载变化时，电流源输出的电流总会有所变化，实际电流源的电路模型及外特性如图 1.7-6 所示。当电流源的内阻 R_S 远远大于负载电阻 R_L 时，可以认为实际电流源输出的电流与负载无关，电流源输出的电流 $I=I_S$ 不变，即电流源为理想电流源。

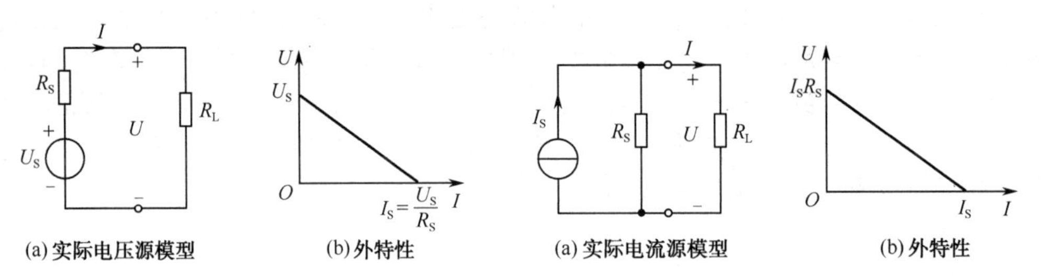

(a) 实际电压源模型　(b) 外特性　(a) 实际电流源模型　(b) 外特性

图 1.7-5　实际电压源　　图 1.7-6　实际电流源

从以上两个电源的外特性可见，它们对负载 R_L 的作用结果是相同的。所以在电路分析中，这两种实际电源的电路模型可以等效互换，如图 1.7-7 所示。其中，电压源等效为电流源时，电流源的电流 I_S 为

$$I_S=U_S/R_S \tag{1.7-1}$$

而电流源等效为电压源时，电压源的电压 U_S 为

$$U_S=I_SR_S \tag{1.7-2}$$

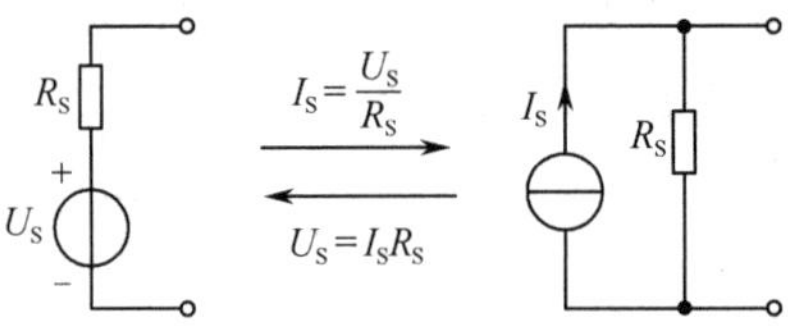

图 1.7-7　电压源与电流源的等效变换

等效互换过程中，电压源和电流源的内阻不变。其实，实际电源应用时，一般情况下不考虑电源内阻，即电源近似认为是理想电源。理想电压源和理想电流源不能等效变换。但是，只要有电阻与理想电压源串联，有电阻与理想电流源并联，那么它们就可以等效互换。

在等效变换时，需要注意的是：（1）电压源的电压极性和电流源的电流方向的确定，即 I_S 电流从电压源的正极性一端流出，保证负载电流的方向不变；（2）两个电源只对外电路等效，电源内部不等效；（3）理想电压源与理想电流源不能等效变换。

【例 1.7-2】　已知电路如图 1.7-8(a)所示。用电源等效变换的方法求 I。

【解】　第一步：将图 1.7-8(a)中的电压源等效为电流源，如图(b)所示。其中等效电流源的电流为 6/3 = 2A，其参考方向是从 6V 电压源的正极流出的方向。

第二步：将图(b)中的 3Ω和 6Ω的电阻并联，即为 $3\Omega//6\Omega=2\Omega$；然后将 2A 和 3A 的电流源等效为电压源，如图(c)所示。其中 2A 的电流源等效为电压源的电压为 $2\times2=4\text{V}$，其参考极性与 2A 电流源的电流方向相反，即等效电压源的极性为上正下负。3A 的电流源等效为电压源的电压为 $3\times2=6\text{V}$，其参考极性同上。

第三步：由图(c)，根据欧姆定律，求得 $I=\frac{4-6}{2+2+2}=-\frac{1}{3}\text{A}$。

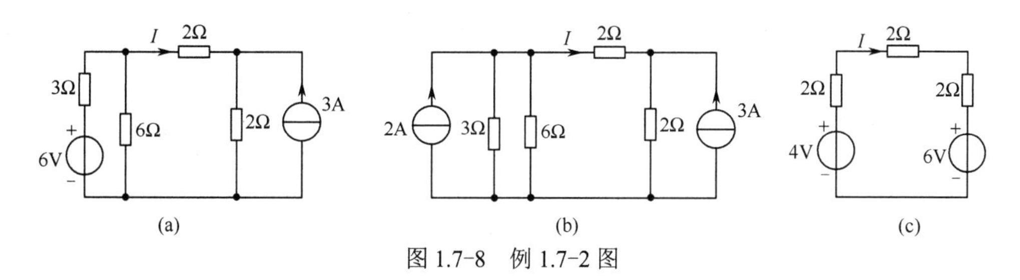

图 1.7-8 例 1.7-2 图

思考题

1.7-1 理想电源和实际电源有何不同？实际电源满足什么条件时可以当做理想电源使用？

1.7-2 两种电源若要等效互换，应满足什么条件？

*1.8 电 桥 电 路

图 1.8-1(a)所示的电路称为电桥电路，简称电桥。其中，R_1、R_2、R_3和R_4称为电桥电路的四个桥臂电阻。在 c、d 的对角线上，接入直流电源U_S，在 a、b 的对角线上，接入负载电阻R_L。

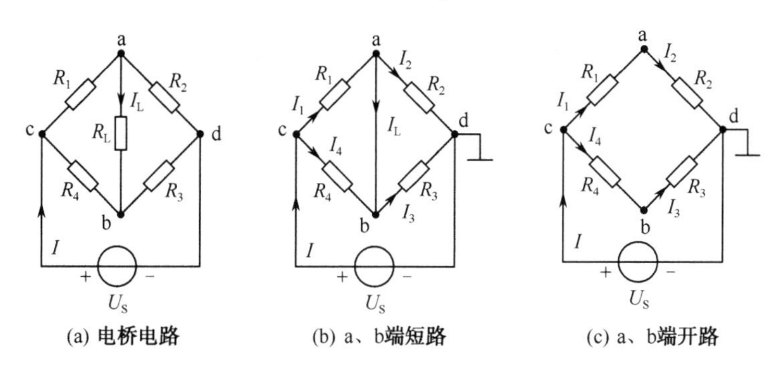

(a) 电桥电路　(b) a、b端短路　(c) a、b端开路

图 1.8-1 电桥电路

1. 电桥平衡条件

由实验发现，当调节四个桥臂中的一个电阻时，例如调节电阻R_3的数值，会使负载电流为零，即$I_L = 0$，电桥电路无输出电压，$U_{ab} = 0$，这种现象称为电桥平衡。那么电桥平衡的条件是什么呢？我们再进一步讨论。

当电桥平衡时，a、b 之间虽然接有负载R_L，但是R_L中没有电流流过。说明 a、b 两点之间没有电位差，即$V_a = V_b$。所以，可以将 a、b 两点用短路线连接起来，如图 1.8-1(b)所示。在图 1.8-1(b)中，设 d 点为电路的参考点，即$V_d = 0$，用接地符号表示。根据电位的概念，有

$$V_a = I_2 R_2 \text{，} V_b = I_3 R_3 \tag{1.8-1}$$

因为电桥平衡时，$I_L = 0$，则有

$$I_2 = I_1 = \frac{U_S}{R_1 + R_2}\text{，} I_3 = I_4 = \frac{U_S}{R_4 + R_3} \tag{1.8-2}$$

将式(1.8-2)代入式(1.8-1)得

$$V_a = \frac{R_2 U_S}{R_1 + R_2}\text{，} V_b = \frac{R_3 U_S}{R_3 + R_4} \tag{1.8-3}$$

因为电桥平衡，$V_a = V_b$，则得

$$R_1 R_3 = R_2 R_4 \tag{1.8-4}$$

式(1.8-4)就是电桥平衡条件。此式说明，当电桥相对臂电阻的乘积相等时，ab 支路中无电流。

电桥平衡条件也可以由图(c)推导出。因为电桥平衡时，$I_L = 0$，可以将 ab 支路断开，如图 1.8-1(c)所示。由分压公式，得

$$V_a = \frac{R_2}{R_1 + R_2} U_S \text{，} V_b = \frac{R_3}{R_3 + R_4} U_S$$

根据 $V_a = V_b$，得

$$R_1 R_3 = R_2 R_4$$

可见，当电桥平衡时，电流为零的支路可以开路处理或者短路处理。所以利用电桥平衡条件可方便地化简电路。

2. 电桥平衡的应用

（1）利用电桥平衡测量元件的参数。例如在图 1.8-1(a)中，设 R_1、R_2 是标准电阻，R_4 是待测电阻，R_3 是可调的标准电阻。测量时，调节 R_3 使 ab 支路的电流为零，电桥平衡。应用式(1.8-4)可求出待测电阻 R_4 的数值，即

$$R_4 = \frac{R_1}{R_2} R_3 \tag{1.8-5}$$

（2）利用电桥平衡简化电路。例如，图 1.8-2 就是电桥电路，此电路满足电桥平衡条件，50Ω 电阻中的电流为零，则 a、b 两端的等效电阻为

$$R_{ab} = (60+20)//(60+20) = (60//60) + (20//20) = 40\Omega$$

当式(1.8-4)不相等时，电桥不平衡，若求 R_{ab}，要用 Y-Δ 等效变换的方法求解；若求 50Ω 电阻中的电流，要用第 2 章的分析方法求解。

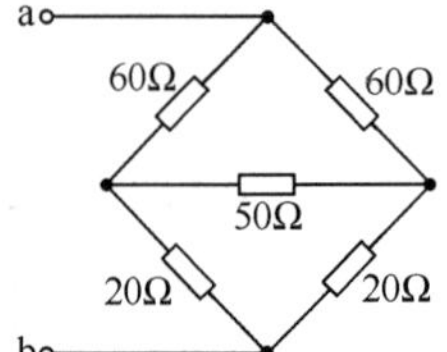

图 1.8-2　电桥电路

思考题

1.8-1　在图 1.8-2 中，将左下方的 20Ω 电阻改为 30Ω 电阻，求 R_{ab}。

本 章 小 结

（1）电路的组成与电路模型

电路是由电源、负载和中间环节组成的。电路主要是针对负载的工作情况对各支路或部分电路进行分析，其中分析的主要问题是电压与电流的关系、电路中的功率转换关系。

电路是由实际器件组成的，为了分析方便，工程上将实际器件理想化，用理想元件构成电路模型。

（2）电流、电压的参考方向

电路中的基本物理量是电压、电位和电流。在分析电路时，要设电压、电流的参考方向。当电流的参考方向和电压的参考方向相同时为关联参考方向。当电压或电流的计算结果为正值时，说明电压或电流的参考方向与实际方向相同；当计算结果为负值时，说明电压或电流的参考方向与实际方向相反。

（3）功率

当电压、电流参考方向关联时，$p = ui$；当电压、电流参考方向非关联时，$p = -ui$。在电路中，电源发出的功率与负载吸收的功率相等。起电源作用的电源或器件或部分电路的功率为负值，即 $p < 0$；起负载作用的器件或部分电路的功率为正值，即 $p > 0$。

计算电阻元件的功率公式为 $P_R = U_R I = I^2 R = U_R{}^2 / R$。

（4）电路定律

欧姆定律和 KCL、KVL 是电路分析中的最基本、最重要的定律。它们的关系式为

欧姆定律　　$U = RI$

KCL、KVL　　　　$\sum I=0$　　　　$\sum U=0$

用欧姆定律列方程时，若电压、电流是关联参考方向，则方程式中无负号；若电压、电流是非关联参考方向，则方程式中有负号。

用 KCL、KVL 列方程时，必须要设电压、电流的参考方向和回路的绕行方向。

（5）电阻的等效变换

电阻的连接有串联、并联和星形、三角形连接。电阻串联或并联时，可以等效成一个电阻。当两个电阻串联或并联时，其等效电阻为

$$R=R_1+R_2 \quad \text{或} \quad R=\frac{R_1R_2}{R_1+R_2}$$

其分压、分流公式为

$$\begin{cases} U_1=\dfrac{R_1}{R_1+R_2}U \\ U_2=\dfrac{R_2}{R_1+R_2}U \end{cases} \qquad \begin{cases} I_1=\dfrac{R_2}{R_1+R_2}I \\ I_2=\dfrac{R_1}{R_1+R_2}I \end{cases}$$

星形、三角形连接的电阻可根据星形、三角形的等效变换公式进行等效。当星形、三角形连接的电阻各自都相等时，其星形、三角形电阻的等效变换公式为

$$\begin{cases} R_{\mathrm{Y}}=\dfrac{1}{3}R_{\Delta} \\ R_{\Delta}=3R_{\mathrm{Y}} \end{cases}$$

（6）电源及其等效变换

实际电源有两种，即电压源和电流源。实际电源都是存在内阻的，当实际电压源的内阻远小于负载电阻时，在使用或分析电路时可认为是理想电压源，即电压源输出的电压与负载无关。当实际电流源的内阻远大于负载电阻时，在使用或分析电路时可认为是理想电流源，即电流源输出的电流与负载无关。

实际的电压源和实际的电流源可以等效变换。理想电压源与电阻串联的形式和理想电流源与电阻并联的形式也可以等效变换。

但要注意，理想电压源和理想电流源不能直接等效变换。

（7）电桥电路

当电桥电路中的电桥相对臂电阻的乘积相等时，电桥平衡，即某一个对角线支路中无电流、无电压。应用电桥平衡可测量电路元件和简化电路。

（8）电位

为了简化电路的分析，在电路中设某点为参考点，然后应用电位的概念求出其他各点的电位。其他各点的电位在数值上等于该点与参考点之间的电压。计算电位时与所选择的路径无关，参考点选择的位置不同，各点的电位随之改变，但是两点之间的电位差是不变的。注意，参考点的电位为零，在电路中用接地符号表示。

习题

1-1　在题图 1-1 中，已知 $I=-2\mathrm{A}$，$R=5\Omega$。求各图中的电压 U。

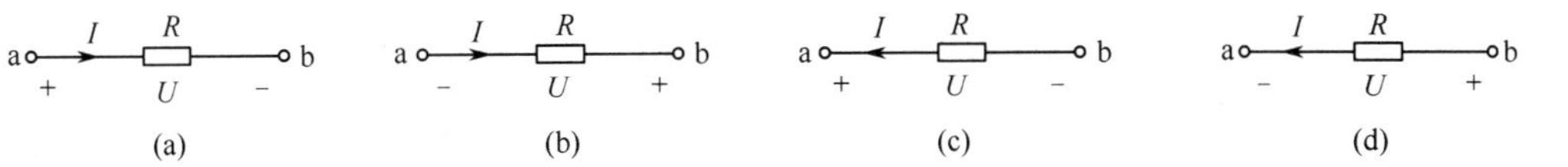

(a)　(b)　(c)　(d)

题图 1-1

1-2　在题图 1-2 中，已知 $I = -2\text{A}$, $U = 15\text{V}$ 。计算各图元件中的功率，并说明它们是电源还是负载。

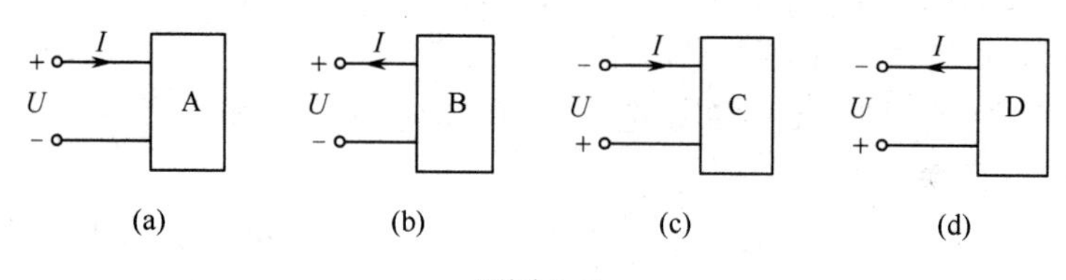

题图 1-2

1-3　某电路中需要接入一个限流电阻，已知接入的电阻两端电压 $U_R = 10\text{V}$ ，流过电阻的电流 $I_R = 20\text{mA}$ 。请选择这个电阻的参数。

1-4　一只15V、5W的白炽灯接在36V的电源上。请选择需要串联的电阻。

1-5　在题图 1-5 中，已知 $U_1 = 12\text{V}$, $U_{S1} = 4\text{V}$, $U_{S2} = 6\text{V}$, $R_1 = R_2 = R_3 = 2\Omega$ 。求 U_2 。

1-6　在题图 1-6 中，已知电位器 $R_W = 6\text{k}\Omega$ 。当电位器的滑动头 c 分别在 a 点、b 点和中间位置时，计算输出电压 U_o 。

1-7　在题图 1-7 中，当电位器调到 $R_1 = R_2 = 5\text{k}\Omega$ 时，求 A 点、B 点和 C 点的电位。

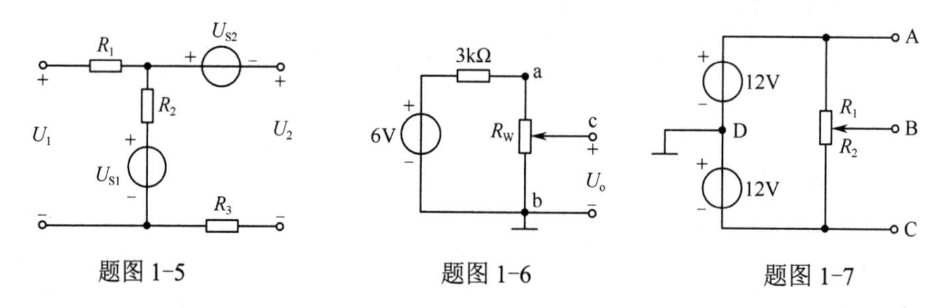

题图 1-5　　题图 1-6　　题图 1-7

1-8　求题图 1-8 电路中的 U_{ab} 。

1-9　求题图 1-9 电路中电源和电阻的功率，并验证功率平衡关系。

1-10　求题图 1-10 电路中电源和电阻的功率，并验证功率平衡关系。

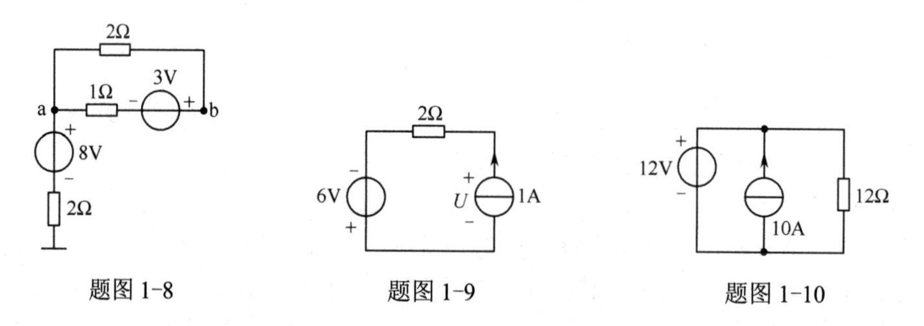

题图 1-8　　题图 1-9　　题图 1-10

1-11　求题图 1-11 电路中的 U_{ab} 。

1-12　在题图 1-12 电路中，已知 $I_S = 2\text{A}$ 。求电流 I_1 。

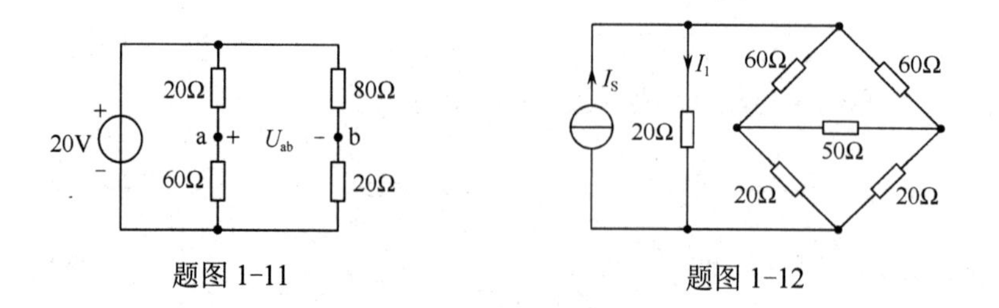

题图 1-11　　题图 1-12

1-13　在题图 1-13 电路中，用电压源与电流源的等效变换求电流 I 。

1-14　已知电路如题图 1-14 所示。（1）开关 S 打开时，求 A 点和 B 点的电位；（2）开关 S 闭合时，求 A 点和 B 点的电位。

1-15　求题图 1-15 电路中的等效电阻 R_{ab} 。

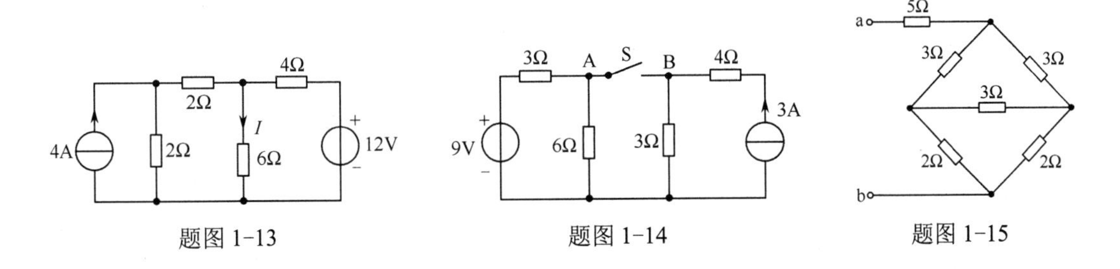

题图 1-13　　题图 1-14　　题图 1-15

第 2 章　线性电路分析方法

【本章主要内容】 本章主要以电阻电路为例介绍几种常用的分析方法，即支路电流法、节点电压法、叠加定理和戴维南定理。

【引例】 常用的电路分为简单电路和复杂电路。简单电路可用第 1 章所学的电路定律和等效变换的方法进行分析；对于复杂电路，例如图 2.0-1 所示的电路是电桥测量电路，当电桥不平衡时，负载电阻 R_L 中就有电流 I_L，电桥电路就有电压输出。显然，用前面所学的分析方法很难求出 I_L。那么 I_L 能用什么方法快捷地求出呢？学习完本章内容就可以解答这个问题。

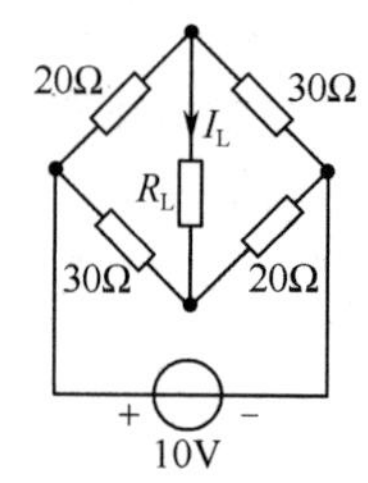

图 2.0-1　电桥电路

2.1　支路电流法

支路电流法就是以支路电流作为电路的未知量，根据 KCL 和 KVL 列出独立电流方程和独立电压方程，解方程组求出支路电流的方法。

以图 2.1-1 (a) 为例介绍用支路电流法求各支路电流。支路电流法的分析步骤为：

（1）标出各支路电流的参考方向。图 2.1-1 (a) 电路的电流参考方向如图中所示。

（2）判别电路的支路数和节点数，确定独立方程数，独立方程数等于支路数。

对于具有 b 条支路的电路，未知变量为 b 个，因此要列出 b 个独立的电路方程。在图 2.1-1 (a) 的电路中，支路数 $b=3$，所以需要列出 3 个独立方程。

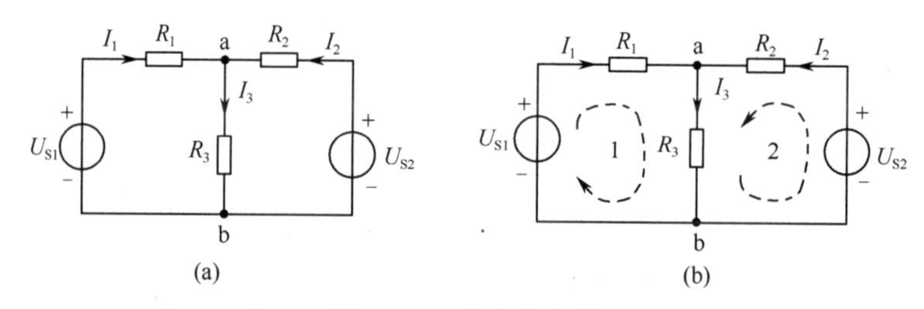

图 2.1-1　支路电流法

（3）根据 KCL，列写节点的独立电流方程，独立电流方程数为 $n-1$。对于图 2.1-1 (a)，节点数 $n=2$，可列出的独立电流方程数为 $2-1=1$。列出节点 a 的电流方程，即

$$I_1+I_2=I_3$$

为什么独立方程数是 $n-1$ 呢？我们来看节点 b 的电流方程。节点 b 的电流方程为 $I_3=I_1+I_2$，它与节点 a 的电流方程是相同的，所以节点 a 和 b 的电流方程只有 1 个是独立方程。

（4）标出独立回路的绕行方向，根据 KVL，列写独立回路的电压方程，独立电压方程数为 $b-(n-1)$，或为网孔数。对于图 2.1-1 (a)，可列出的独立电压方程数为 $b-(n-1)=3-(2-1)=2$ 个。或者根据电路的网孔数来确定方程数，图 2.1-1 (a) 有两个网孔，所以独立电压方程数为 2 个。根据图 2.1-1 (b) 中网孔 1 和网孔 2 所选取的回路绕行方向按电位降之和等于电位升之和列出回路电压方程，即

$$I_1R_1+I_3R_3=U_{S1}, \qquad I_2R_2+I_3R_3=U_{S2}$$

其中，各电阻的电压按回路绕行方向为电位降，而各电压源按回路绕行方向为电位升。

（5）联立独立电流、电压方程，求解各支路电流。对于图 2.1−1(a)所示电路，有

$$\begin{cases} I_1 + I_2 = I_3 \\ I_1R_1 + I_3R_3 = U_{S1} \\ I_2R_2 + I_3R_3 = U_{S2} \end{cases} \tag{2.1-1}$$

【例 2.1−1】 在图 2.1−1(a)中，若 $U_{S1} = 120V$, $U_{S2} = 72V$, $R_1 = 2\Omega$, $R_2 = 3\Omega$, $R_3 = 6\Omega$。求各支路电流。

【解】 将已知数据代入式(2.1−1)，得

$$\begin{cases} I_1 + I_2 = I_3 \\ 2I_1 + 6I_3 = 120 \\ 3I_2 + 6I_3 = 72 \end{cases}$$

解此方程组，得 $I_1 = 18A$，$I_2 = -4A$，$I_3 = 14A$。I_2 为负值，说明 I_2 电流的参考方向与实际电流的方向相反。

【例 2.1−2】 在图 2.1−2 中，若 $U_S = 120V$，$I_S = 24A$，$R_1 = 2\Omega$，$R_2 = 3\Omega$，$R_3 = 6\Omega$。用支路电流法求 I_3。

【解】 根据支路电流法的求解步骤可知，此电路有 2 个节点，4 条支路，但电流源支路的 I_S 是已知的，所以只需列出三个独立方程。

根据 KCL 对图 2.1−2 中的 a 点列节点电流方程，根据 KVL 对网孔 1 和网孔 2 所选取的回路绕行方向列出回路电压方程，即

$$\begin{cases} I_1 + I_S = I_2 + I_3 \\ I_1R_1 + I_3R_3 = U_S \\ I_2R_2 - I_3R_3 = 0 \end{cases}$$

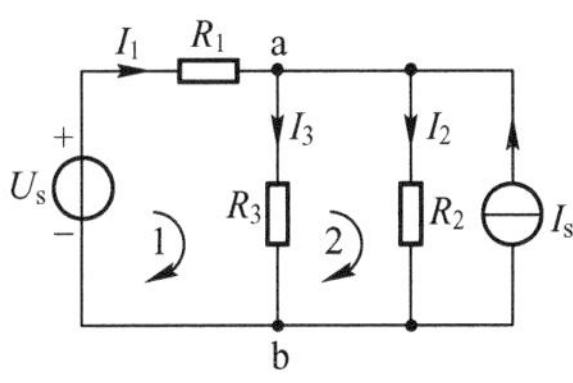

图 2.1−2　例 2.1−2 图

将已知数据代入上式，得

$$\begin{cases} I_1 + 24 = I_2 + I_3 \\ 2I_1 + 6I_3 = 120 \\ 3I_2 - 6I_3 = 0 \end{cases}$$

解此方程组，得 $I_3 = 14A$。

思考题

2.1−1　在图 2.1−1(a)中，根据 KVL 列出所有回路的电压方程，它们都是独立电压方程吗？为什么？

2.2　节点电压法

节点电压法就是在电路中设一个参考点，以其他节点电压作为未知量，列出其他节点的电压方程。具体求法是，根据 KCL 列出各支路电流方程，然后用节点电压表示各支路电流，联立方程求解出节点电压。

下面以图 2.2−1 为例介绍用节点电压法求各支路电流。节点电压法的分析步骤为：

（1）选节点 b 为参考点。节点 a 的电压用 U_{ab} 表示。

（2）列出节点 a 的 KCL 电流方程，即

$$I_1 + I_2 + I_3 = I_S \tag{2.2-1}$$

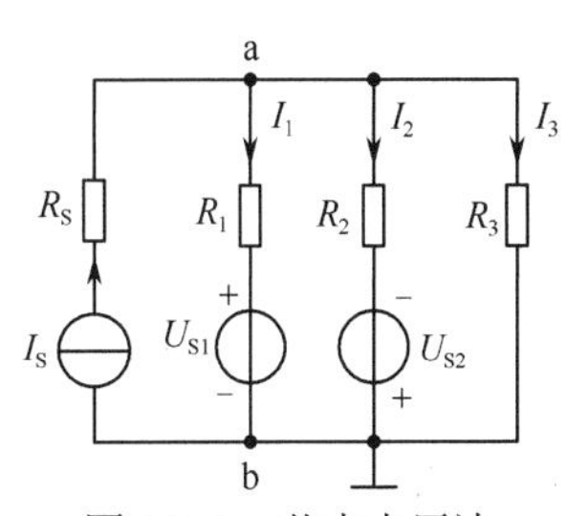

图 2.2−1　节点电压法

（3）由欧姆定律，以节点电压表示电流$I_1 \sim I_3$，再代入方程(2.2-1)，得

$$\frac{U_{ab}-U_{S1}}{R_1}+\frac{U_{ab}+U_{S2}}{R_2}+\frac{U_{ab}}{R_3}=I_S \tag{2.2-2}$$

（4）整理式(2.2-2)，得出具有两个节点的节点电压公式为

$$U_{ab}=\frac{I_S+\dfrac{U_{S1}}{R_1}-\dfrac{U_{S2}}{R_2}}{\dfrac{1}{R_1}+\dfrac{1}{R_2}+\dfrac{1}{R_3}} \tag{2.2-3}$$

式中，分母是电流源支路除外的各支路电阻的倒数之和，分子是电流源的电流的代数和。其中，U_{S1}/R_1和U_{S2}/R_2是电压源支路的短路电流，或者说是经过电源等效变换后，等效电流源的电流。I_S的参考方向指向节点a取正号，离开节点a取负号；U_S的参考方向离开节点a取正号，指向节点a取负号。

（5）由式(2.2-3)求出节点电压U_{ab}后，根据欧姆定律即可求出各支路电流，即

$$I_1=\frac{U_{ab}-U_{S1}}{R_1},\qquad I_2=\frac{U_{ab}+U_{S2}}{R_2},\qquad I_3=\frac{U_{ab}}{R_3} \tag{2.2-4}$$

【例 2.2-1】 在图 2.2-1 中，若$I_S=4\text{A}$，$U_{S1}=12\text{V}$，$U_{S2}=9\text{V}$，$R_S=10\Omega$，$R_1=2\Omega$，$R_2=3\Omega$，$R_3=6\Omega$。用节点电压法求I_1、I_2和I_3。

【解】 由式(2.2-3)给出的两个节点的电压公式，得

$$U_{ab}=\frac{I_S+\dfrac{U_{S1}}{R_1}-\dfrac{U_{S2}}{R_2}}{\dfrac{1}{R_1}+\dfrac{1}{R_2}+\dfrac{1}{R_3}}=\frac{4+\dfrac{12}{2}-\dfrac{9}{3}}{\dfrac{1}{2}+\dfrac{1}{3}+\dfrac{1}{6}}=7\text{V}$$

由式(2.2-4)解出各支路电流，即

$$I_1=\frac{U_{ab}-U_{S1}}{R_1}=\frac{7-12}{2}=-2.5\text{A},\qquad I_2=\frac{U_{ab}+U_{S2}}{R_2}=\frac{7+9}{3}=5.33\text{A},\qquad I_3=\frac{U_{ab}}{R_3}=\frac{7}{6}=1.17\text{A}$$

【例 2.2-2】 用节点电压法求例 2.1-1 电路中的各支路电流。

【解】 设图 2.1-1(a)电路中的节点b为参考点，如图 2.2-2 所示。由于此电路中没有电流源，所以由式(2.2-3)得节点电压为

$$U_{ab}=\frac{\dfrac{U_{S1}}{R_1}+\dfrac{U_{S2}}{R_2}}{\dfrac{1}{R_1}+\dfrac{1}{R_2}+\dfrac{1}{R_3}}=\frac{\dfrac{120}{2}+\dfrac{72}{3}}{\dfrac{1}{2}+\dfrac{1}{3}+\dfrac{1}{6}}\text{V}=84\text{V}$$

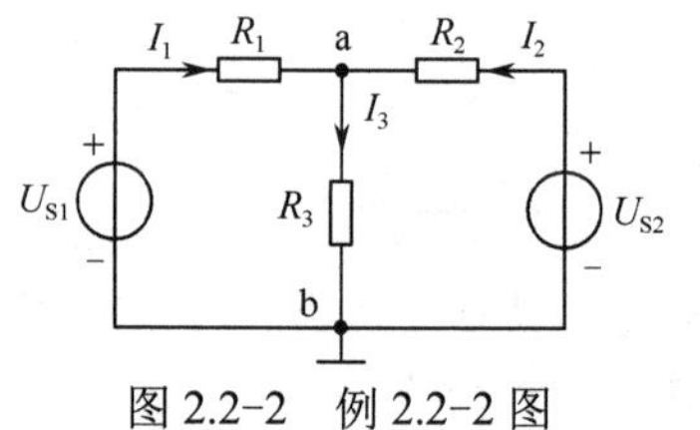

图 2.2-2　例 2.2-2 图

则各支路电流为

$$I_1=\frac{U_{S1}-U_{ab}}{R_1}=\frac{120-84}{2}=18\text{A},\ I_2=\frac{U_{S2}-U_{ab}}{R_2}=\frac{72-84}{3}=-4\text{A},\ I_3=\frac{U_{ab}}{R_3}=\frac{84}{6}=14\text{A}$$

【例 2.2-3】 用节点电压法求图 2.2-3(a)中的 a、b 两点的节点电压和各支路电流。

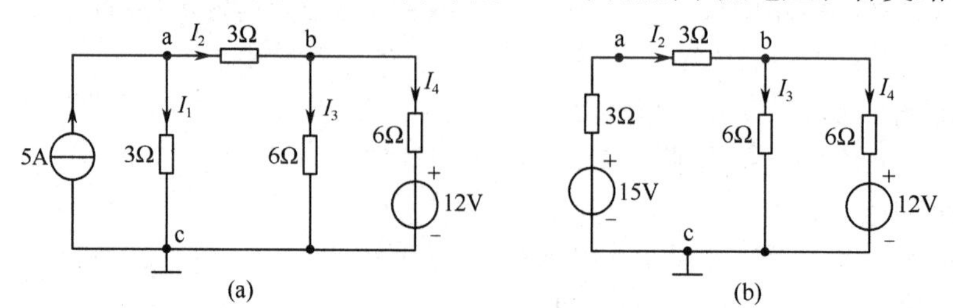

图 2.2-3　例 2.2-3 图

【解一】 此电路有 3 个节点，不能直接用式(2.2-3)计算节点电压。可先将 3 个节点的电路等效变换为 2 个节点的电路，然后利用两个节点电压公式求出节点 b 的电压，再根据等效变换电路求出节点 a 的电压。

将图 2.2-3(a)中的电流源支路等效变换为电压源，电路见图 2.2-3(b)。在图 2.2-3(b)中，用式(2.2-3)求出节点 b 的电压，即

$$U_{bc}=\frac{\frac{15}{6}+\frac{12}{6}}{\frac{1}{6}+\frac{1}{6}+\frac{1}{6}}=9V$$

支路电流为 $$I_2=\frac{15-U_{bc}}{3+3}=\frac{15-9}{6}=1A$$

所以，节点 a 的电压为 $$U_{ac}=15-3I_2=15-3\times1=12V$$

再根据图 2.2-3(a)求出

$$I_1=5-I_2=5-1=4A\text{，}\quad I_3=U_{bc}/6=9/6=1.5A\text{，}\quad I_4=I_2-I_3=1-1.5=-0.5A$$

【解二】（1）选节点 c 为参考节点；

（2）列出节点 a、b 的 KCL 电流方程，即

$$I_1+I_2=5 \qquad\qquad I_2=I_3+I_4$$

（3）由欧姆定律，以节点电压表示电流 I_1～I_4 代入方程，有

$$\frac{U_{ac}}{3}+\frac{U_{ac}-U_{bc}}{3}=5 \qquad\qquad \frac{U_{ac}-U_{bc}}{3}=\frac{U_{bc}}{6}+\frac{U_{bc}-12}{6}$$

（4）解方程组，得

$$U_{ac}=12V \qquad\qquad U_{bc}=9V$$

（5）由欧姆定律，可求得电流 I_1～I_4 为

$$I_1=\frac{U_{ac}}{3}=4A\text{，}\quad I_2=\frac{U_{ac}-U_{bc}}{3}=1A\text{，}\quad I_3=\frac{U_{bc}}{6}=1.5A\text{，}\quad I_4=\frac{U_{bc}-12}{6}=-0.5A\text{。}$$

思考题

2.2-1 由图 2.2-1 电路列出的节点电压公式(2.2-3)中，为何没有电流源支路的串联电阻 R_S？

2.3 叠加定理

叠加定理就是在多个电源作用的电路中，若求某一条支路的电压或电流，可将各个电源单独作用时在该支路产生的电压或电流分量求出来，其电压或电流分量的代数和就是这些电源共同作用时在该支路产生的电压或电流。应用叠加定理可将复杂电路转换为简单电路来分析，所以叠加定理在电路分析中广泛应用。

下面以图 2.3-1(a)为例介绍用叠加定理求各支路电流的方法。叠加定理的分析步骤为：

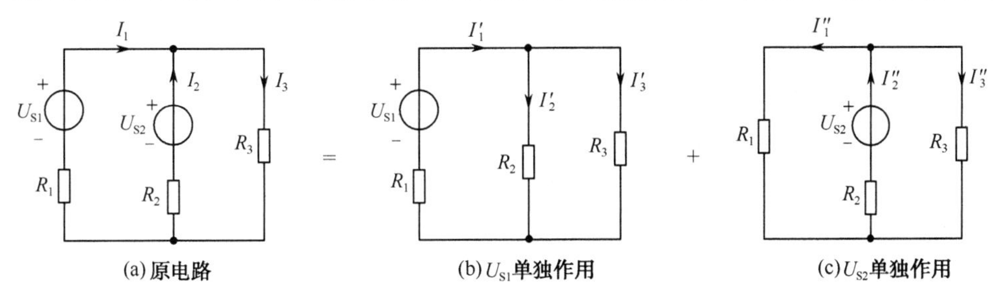

(a)原电路 (b)U_{S1}单独作用 (c)U_{S2}单独作用

图 2.3-1 叠加定理

（1）画出电压源U_{S1}和电压源U_{S2}单独作用时的电路如图 2.3-1(b)和(c)所示。其中，不起作用的电压源（$U_{S1}=0$或$U_{S2}=0$）在电路中相当于短路。

（2）在图 2.3-1(b)和(c)中，标出各电源单独作用时各支路电流分量的参考方向，即I_1'、I_2'、I_3'和I_1''、I_2''、I_3''。

（3）由电路的基本分析方法求出各支路的电流分量。

（4）将电流分量叠加，求出各支路电流，即

$$I_1=I_1'-I_1'',\ I_2=-I_2'+I_2'',\ I_3=I_3'+I_3'' \tag{2.3-1}$$

式中各电流分量与总电流的参考方向相同时取正号，相反取负号。

【例 2.3-1】 在图 2.3-1(a)中，已知$U_{S1}=120\text{V}$，$U_{S2}=72\text{V}$，$R_1=2\Omega$，$R_2=3\Omega$，$R_3=6\Omega$。用叠加定理求各支路电流。

【解】 电压源U_{S1}单独作用的电路如图 2.3-1(b)所示。由欧姆定律可求出

$$I_1'=\frac{U_{S1}}{R_1+R_2//R_3}=\frac{120}{2+3//6}=30\text{A}$$

由分流公式求出

$$I_2'=\frac{R_3}{R_2+R_3}I_1'=\frac{6}{3+6}\times30=20\text{A}$$

由 KCL 求出I_3'，即$I_3'=I_1'-I_2'=30-20=10\text{A}$。电压源$U_{S2}$单独作用的电路见图 2.3-1(c)，则

$$I_2''=\frac{U_{S2}}{R_2+R_1//R_3}=\frac{72}{3+2//6}=16\text{A},\quad I_1''=\frac{R_3}{R_1+R_3}I_2''=\frac{6}{2+6}\times16=12\text{A},\quad I_3''=I_2''-I_1''=16-12=4\text{A}$$

所以

$$I_1=I_1'-I_1''=30-12=18\text{A},\ I_2=-I_2'+I_2''=-20+16=-4\text{A},\ I_3=I_3'+I_3''=10+4=14\text{A}$$

【例 2.3-2】 在图 2.3-2(a)中，已知$U_S=10\text{V}$，$I_S=2\text{A}$，$R_1=2\Omega$，$R_2=3\Omega$，$R_3=6\Omega$。用叠加定理求I_1和I_3。

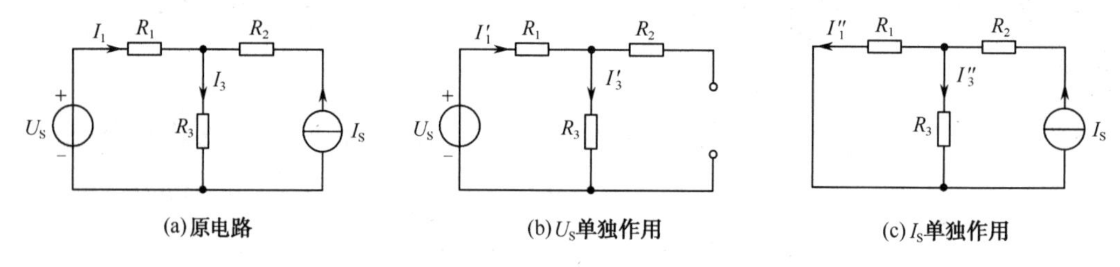

图 2.3-2　例 2.3-2 图

【解】 电压源U_S单独作用的电路如图 2.3-2(b)所示。其中电流源不起作用，即$I_S=0$时，电流源用开路代替。由欧姆定律求出电流分量I_1'和I_3'，即

$$I_1'=I_3'=\frac{U_S}{R_1+R_3}=\frac{10}{2+6}=1.25\text{A}$$

电流源I_S单独作用的电路如图 2.3-2(c)所示，由分流公式，得

$$I_1''=\frac{R_3}{R_1+R_3}I_S=\frac{6}{2+6}\times2=1.5\text{A}$$

由 KCL，得$I_3''=I_S-I_1''=2-1.5=0.5\text{A}$，所以

$$I_1=I_1'-I_1''=1.25-1.5=-0.25\text{A},\qquad I_3=I_3'+I_3''=1.25+0.5=1.75\text{A}$$

【例 2.3-3】 在图 2.3-3(a)中，已知$U_{S1}=10\text{V}$，$U_{S2}=9\text{V}$，$I_S=1\text{A}$，$R_1=2\Omega$，$R_2=3\Omega$，$R_3=6\Omega$。用叠加定理求电流I_3。

【解】 当电路中有三个或三个以上电源作用时，为了求解方便，可将电源分成组，再用叠

加定理求解。此电路可将两个电压源分成一组。当两个电压源作用时，电流源用开路代替，如图 2.3-3(b)所示。利用两个节点电压公式，得

$$U_{ab}=\frac{\frac{U_{S1}}{R_1}+\frac{U_{S2}}{R_2}}{\frac{1}{R_1}+\frac{1}{R_2}+\frac{1}{R_3}}=\frac{\frac{10}{2}+\frac{9}{3}}{\frac{1}{2}+\frac{1}{3}+\frac{1}{6}}=8\text{V}$$

所以 $I_3'=U_{ab}/R_3=8/6=1.33\text{A}$ 。

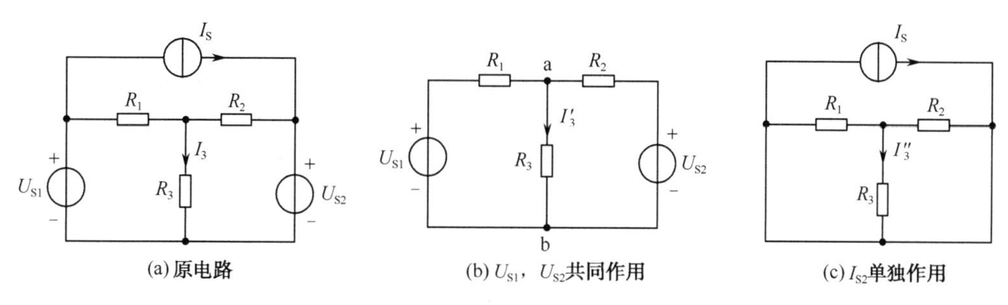

图 2.3-3　例 2.3-3 图

电流源单独作用时的电路见图 2.3-3(c)。由于三个电阻被短路，所以 $I_3''=0$ ，故

$$I_3=I_3'+I_3''=1.33+0=1.33\text{A}$$

在使用叠加定理时应注意以下几点：

（1）叠加定理适用于线性电路，不适用于非线性电路。

（2）当某个独立电源单独作用时，其余独立电源不起作用时应这样处理：电压源用短路线代替，电流源用开路代替；电路的其他结构和参数均保持不变。

（3）功率不能用叠加定理计算，因为功率与电压、电流不呈线性关系。

（4）对于含有三个电源或三个以上电源的电路，可先将电源分组，保证原电路中的电源在分电路中必须且只能出现一次即可，再用叠加定理求解。

（5）最后求电压、电流的代数和时，若电压、电流分量的参考方向与原电路中电压、电流的参考方向相同，则该分量取正号，反之取负号。

2.4　戴维南定理

任何一个含源的一端口网络[①]都可以用一个等效电源来表示。等效为电压源的称为戴维南定理，等效为电流源的称为诺顿定理。由于用诺顿定理分析电路问题不如戴维南定理方便，所以本章只介绍戴维南定理。

在复杂电路中，若只要求某一条支路的电压或电流，可先将该支路断开，其余电路用一个电压源模型等效，再将要求的支路接上，根据欧姆定律求出该条支路的电压或电流。那么，如何求等效电压源的电压和内阻呢？戴维南定理是这样定义的：

对于负载支路来说，任意线性含源一端口网络，都可以用一个理想的电压源和电阻串联的电路模型来等效，其中理想电压源的电压 U_S 等于线性含源一端口网络的开路电压 U_{oc} ，内阻等于所有独立电源置零、从有源一端口网络开路的端子之间看进去的等效电阻 R_{eq} 。戴维南定理求解电路的过程如图 2.4-1 所示。

① 所谓一端口网络，是指在有两个接线端子的电路中，若从一个端子流入的电流等于从另一个端子流出的电流，那么这样的电路就称为一端口网络。

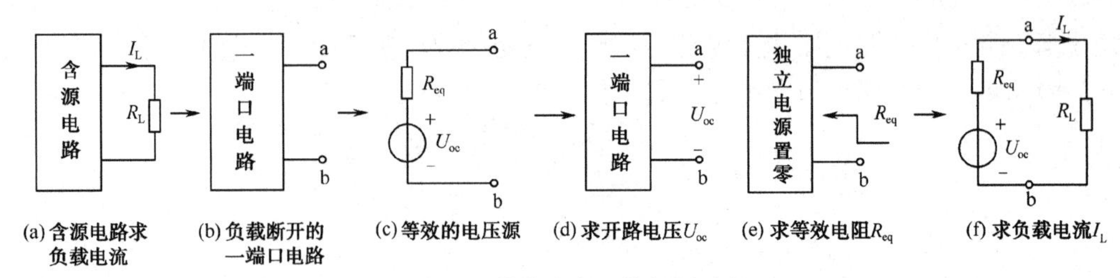

图 2.4-1　戴维南定理的解题过程

下面以图 2.4-2(a)为例介绍用戴维南定理求 R_3 支路的电流。已知 $U_{S1}=120V$，$U_{S2}=72V$，$R_1=2\Omega$，$R_2=3\Omega$，$R_3=6\Omega$。戴维南定理的分析步骤为：

（1）将图 2.4-2(a)中的 R_3 支路断开，如图 2.4-2(b)所示。

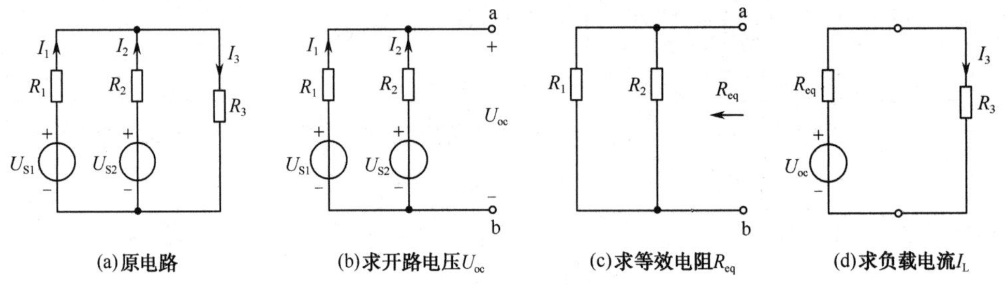

图 2.4-2　戴维南定理

（2）由图 2.4-2(b)求出含源一端口网络的开路电压 U_{oc}。由于一端口 a、b 端子开路，则

$$I_1=-I_2=\frac{U_{S1}-U_{S2}}{R_1+R_2}=\frac{120-72}{2+3}=9.6A$$

所以开路电压为

$$U_{oc}=U_{S1}-I_1R_1=U_{S2}-I_2R_2=120-9.6\times2=72+9.6\times3=100.8V$$

（3）由图 2.4-2(c)求出一端口网络的等效电阻 R_{eq}。由于两个电源都是电压源，所以电压源置零可用短路线代替。可见等效电阻为

$$R_{eq}=R_1//R_2=\frac{R_1R_2}{R_1+R_2}=\frac{2\times3}{2+3}=1.2\Omega$$

（4）画出戴维南等效电路，将 R_3 支路接上，如图 2.4-2(d)所示。由欧姆定律，得

$$I_3=\frac{U_{oc}}{R_{eq}+R_3}=\frac{100.8}{1.2+6}=14A$$

【例 2.4-1】 在图 2.4-3(a)中，已知 $U_S=5V$, $I_S=5A$, $R_1=2\Omega$, $R_2=3\Omega$, $R_3=6\Omega$, $R_4=1\Omega$。用戴维南定理求电流 I_4。

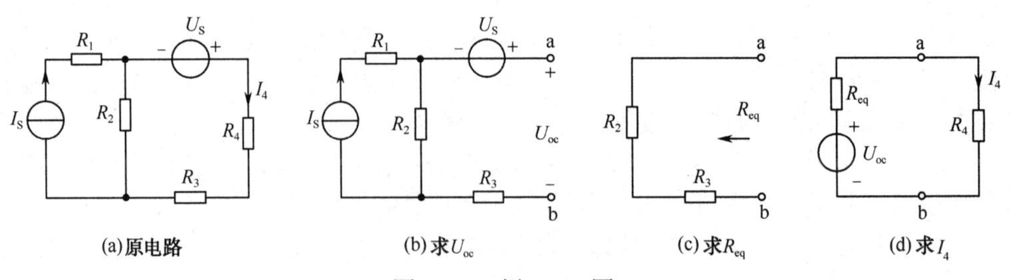

图 2.4-3　例 2.4-1 图

【解】 将图 2.4-3(a)中的 R_4 支路断开，求出含源一端口网络的开路电压 U_{oc}，电路如图 2.4-3(b)所示。由于一端口 a、b 端子开路，电阻 R_3 中无电流，则

$$U_{oc}=U_S+I_SR_2=5+5\times3=20V$$

将 I_S 用开路代替，U_S 用短路代替，由图 2.4-2(c) 求出一端口网络的等效电阻 R_{eq}，即

$$R_{eq} = R_2 + R_3 = 3 + 6 = 9\Omega$$

所以，由图 2.4-3(d) 的戴维南等效电路求出电流 I_4，即

$$I_4 = \frac{U_{oc}}{R_{eq} + R_4} = \frac{20}{9+1} = 2A$$

【例 2.4-2】 在图 2.4-4(a) 中，已知 $U_S = 3V$，$I_S = 5A$，$R_1 = R_2 = 2\Omega$，$R_3 = 6\Omega$，$R_4 = 3\Omega$，$R_5 = 6\Omega$。用戴维南定理求电阻 R_3 中的电流及功率。

【解】 将图 2.4-4(a) 中的 R_3 支路断开，求出含源一端口网络的开路电压 U_{oc}，电路如图 2.4-4(b) 所示。此题用电位法求出 a 点和 b 点的电位，即可求出开路电压 U_{oc}。设 c 点为参考点，即

$$U_{oc} = U_{ab} = V_a - V_b = I_S R_2 - \frac{R_5}{R_4 + R_5} U_S = 5 \times 2 - \frac{6}{3+6} \times 3 = 8V$$

将 I_S 用开路代替，U_S 用短路代替，由图 2.4-4(c) 求出一端口网络的等效电阻 R_{eq}，即

$$R_{eq} = R_2 + R_4 // R_5 = 2 + 3 // 6 = 4\Omega$$

由图 2.4-4(d) 的戴维南等效电路求出电流 I_3，即

$$I_3 = \frac{U_{oc}}{R_{eq} + R_3} = \frac{8}{4+6} = 0.8A$$

R_3 的功率为 $P_3 = I_3^2 R_3 = 0.8^2 \times 6 = 3.84W$。

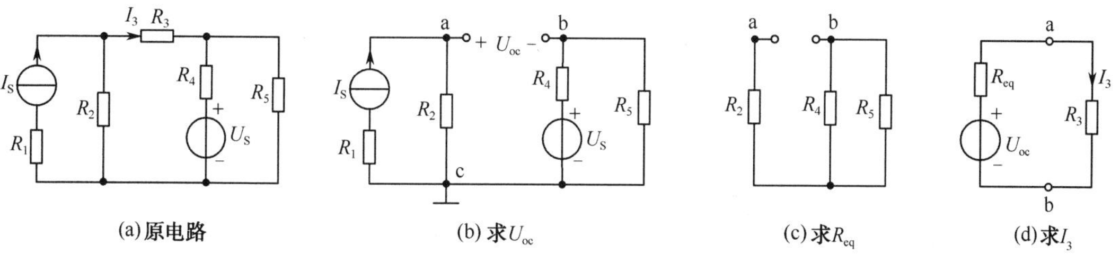

图 2.4-4 例 2.4-2 图

【引例分析】 引例中的 I_L 用戴维南定理很容易求出。将引例中的图 2.0-1 的负载支路断开，求出含源一端口网络的开路电压 U_{oc}，电路如图 2.4-5(b) 所示。设 c 点为参考点，即

$$U_{oc} = U_{ab} = V_a - V_b = \frac{30}{20+30} \times 10 - \frac{20}{30+20} \times 10 = 6 - 4 = 2V$$

将 10V 电压源短路，由图 2.4-5(c) 求出一端口网络的等效电阻 R_{eq}，即

$$R_{eq} = 20 // 30 + 30 // 20 = 24\Omega$$

由图 2.4-5(d) 的戴维南等效电路即可求出负载电流 I_L。设 $R_L = 16\Omega$，即

$$I_L = \frac{U_{oc}}{R_{eq} + R_L} = \frac{2}{24+16} = 0.05A$$

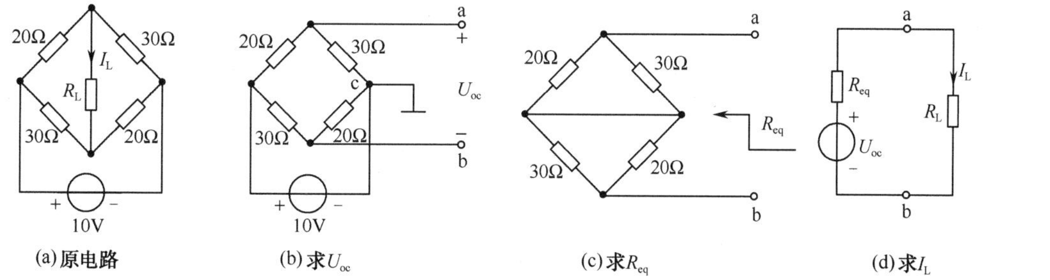

(a) 原电路　(b) 求U_{oc}　(c) 求R_{eq}　(d) 求I_L

图 2.4-5 引例电路的分析

思考题

2.4-1　在图 2.4-5(a)中，若 R_L 短路，短路线中有电流吗？如何求解？

*2.5　含有受控电源的电路分析

2.5.1　受控电源

前面所讨论的电路只含有电阻元件。实际上，电路中还包含许多其他元件，例如电感、电容、二极管、稳压管、晶体管、场效应管、运算放大器等。这些元件的工作特性和电阻不同，其中晶体管、场效应管、运算放大器的工作特性与独立电源的工作特性类似，虽然它们不能像独立电源那样为电路提供能量，但在电路中的其他支路的电压或电流的控制下，可以提供一定的电压或电流，因此，这类元件被称为受控电源。当控制电压或控制电流等于零时，受控电源提供的电压或电流也随之消失(等于零)。根据受控电源是电压源还是电流源，控制量是电压还是电流，受控电源可分为 4 种类型，即电压控制电压源(VCVS)、电流控制电压源(CCVS)、电压控制电流源(VCCS)和电流控制电流源(CCCS)。4 种理想受控电源的电路模型如图 2.5-1 所示。其中，受控电源用菱形图形表示；受控电源的系数 μ 和 β 无量纲，g 的量纲是西门子(S)，r 的量纲是欧姆(Ω)。

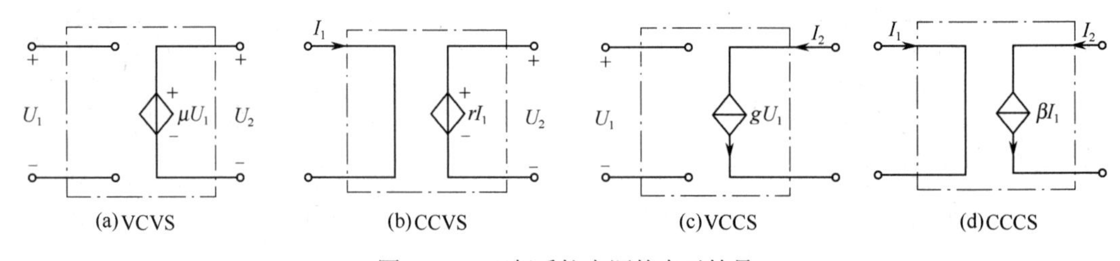

图 2.5-1　理想受控电源的表示符号

在图 2.5-1 中，U_1 和 I_1 为控制量，U_2 和 I_2 为输出量。图(a)的电压控制电压源输出的电压为 $U_2 = \mu U_1$；图(b)的电流控制电压源输出的电压为 $U_2 = rI_1$；图(c)的电压控制电流源输出的电流为 $I_2 = gU_1$；图(d)的电流控制电流源输出的电流为 $I_2 = \beta I_1$。

注意受控电源和独立电源的区别。受控电源不能独立提供能量，只有电路中存在独立电源时，受控电源在某条支路的电压或电流的控制下，才能为后面的电路提供能量，即受控电源提供的能量受电路中的电压或电流的控制。而独立电源提供的能量与电路中的电压或电流无关，所以独立电源才是电路的能源。

2.5.2　电路分析

对于含有受控电源的电路分析，前面的分析方法都适用，将所有电路方程列写完之后，根据需要再增补一个用变量表示的受控源表达式。

【例 2.5-1】 已知电路如图 2.5-2 所示。求 8Ω 电阻中的电流 I。

【解】 解法一：支路电流法

由图 2.5-2 可知，电路中的受控电源是电流控制的电压源。设受控电压源中电流的参考方向和其回路巡行方向如图 2.5-3 所示。由支路电流法列出的方程为

$$\begin{cases} I + I_1 = 1 \\ 4I_1 + 4I = 8I \end{cases}$$

解此方程组，得 $I = 0.5\text{A}$ 。

解法二：电源等效变换法

受控电源与独立电源一样，也可以用电压源和电流源的等效变换方法求解未知量。但是在进行等效变换时，控制量支路不能参与变换。将图 2.5-2 中的受控电压源等效为受控电流源，电路如图 2.5-4 所示。

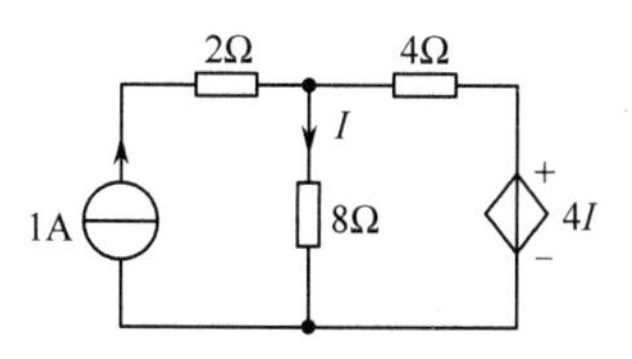

图 2.5-2　例 2.5-1 图

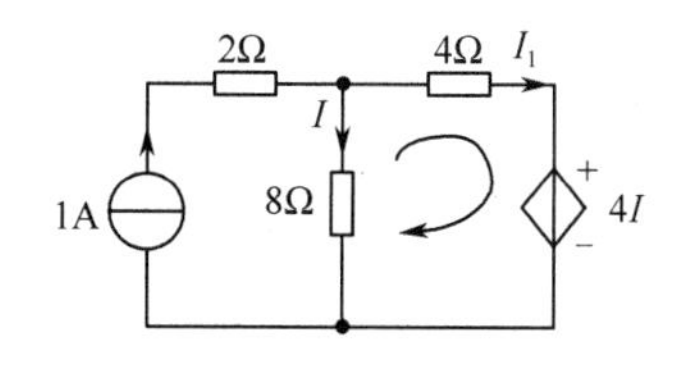

图 2.5-3　支路电流法求 I

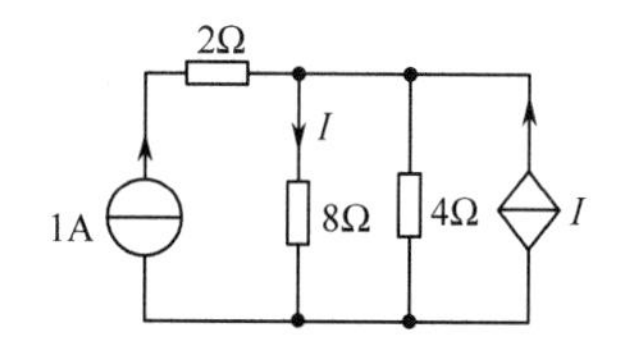

图 2.5-4　电源等效变换法求 I

由分流公式，得 $I = \dfrac{4}{8+4} \times (1+I)$，求得 $I = 0.5\text{A}$ 。

解法三：节点电压法

图 2.5-2 中只有两个节点，设一个节点为参考点，电路如图 2.5-5 所示。列出两个节点电压方程为

$$\begin{cases} U_{\text{ab}} = \dfrac{1+4I/4}{1/8+1/4} = \dfrac{(1+I)\times 8}{3} \\ I = U_{\text{ab}}/8 \qquad\qquad \text{增补方程} \end{cases}$$

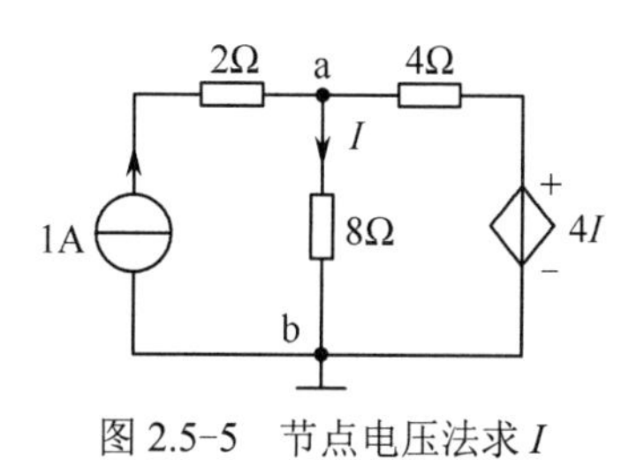

图 2.5-5　节点电压法求 I

解得 $I = 0.5\text{A}$ 。

【例 2.5-2】 已知电路如图 2.5-6(a)所示。求电流源的端电压 U。

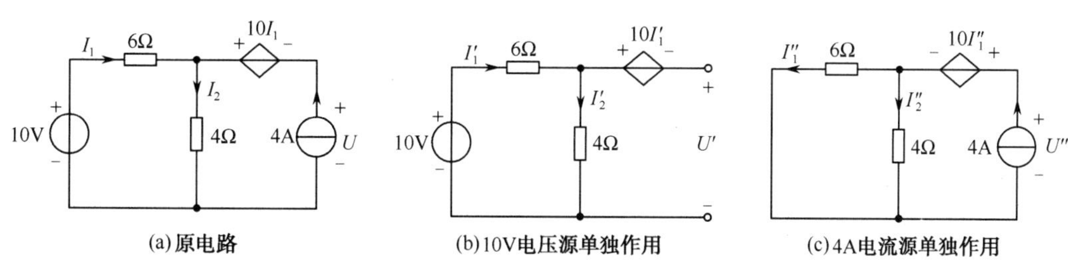

图 2.5-6　叠加定理求 U

【解】 解法一：叠加定理

由于受控电压源是非独立电源，所以在应用叠加定理时，受控电源应始终保留在电路中。10V 电压源单独作用的电路如图 2.5-6(b)所示，则

$$U' = 10 - 6I_1' - 10I_1' = 10 - 16I_1' = 10 - 16 \times \frac{10}{6+4} = -6\text{V}$$

4A 电流源单独作用的电路如图 2.5-6(c)所示。注意，I_1'' 的参考方向与 I_1 的参考方向相反，因此受控电压源的参考方向也要随之改变。由分流公式得

$$I_1'' = \frac{4}{6+4} \times 4 = 1.6\text{A}$$

所以 $U'' = 6I_1'' + 10I_1'' = 16I_1'' = 16 \times 1.6 = 25.6\text{V}$ ，从而 $U = U' + U'' = -6 + 25.6 = 19.6\text{V}$ 。

解法二：戴维南定理

将图 2.5-6(a)中的电流源开路，其含源一端口网络如图 2.5-7(a)所示，其开路电压为

$$U_{oc}=10-6I_1-10I_1=10-16I_1=10-16\times\frac{10}{6+4}=-6\text{V}$$

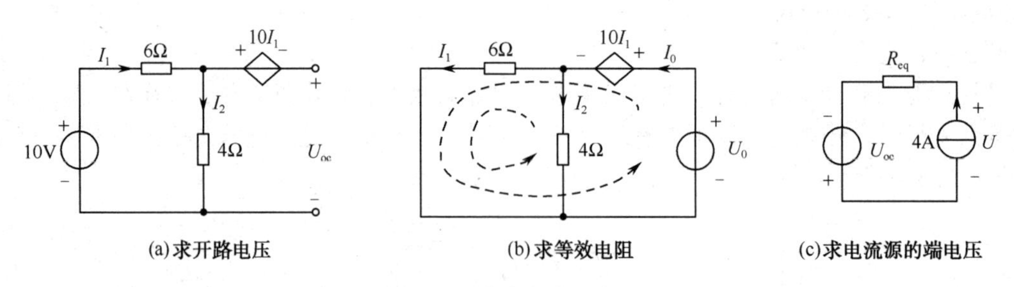

图 2.5-7　戴维南定理求 U

在求等效电阻时，由于电路中含有受控源，所以不能用电阻的等效变换法求解，可用外加电压法求解。什么是外加电压法呢？就是将含源一端口内的独立电源置零，在一端口两端外加一个电压源 U_0，求出 U_0 和 I_0，则 $R_{eq}=U_0/I_0$。由图 2.5-7(b)的求解等效电阻的电路可知

$$\begin{cases}I_0=I_1+I_2\\6I_1=4I_2\\U_0=6I_1+10I_1\end{cases}\qquad \text{整理得}\begin{cases}I_0=2.5I_1\\U_0=16I_1\end{cases}$$

所以，$R_{eq}=U_0/I_0=6.4\Omega$。由图 2.5-7(c)的戴维南定理等效电路求出电流源的端电压，即

$$U=4\times6.4-6=19.6\text{V}。$$

思考题

2.5-1　在图 2.5-6(c)中，电流 I_1'' 改变参考方向时，为何受控电压源的参考极性也随之改变？

本 章 小 结

（1）支路电流法

设电路的节点数为 n，未知支路电流数为 b，则支路电流法求解步骤为：

① 标出未知支路电流的参考方向。

② 根据 KCL，列写独立的节点电流方程，方程数为 n−1。

③ 根据 KVL，列写独立的回路电压方程，方程数为 b−(n−1)或为网孔数。

④ 联立独立电流、电压方程，求解各支路电流。

（2）节点电压法

节点电压法就是在电路中设一个参考点，以独立的节点电压作为未知量，根据 KCL 列出支路电流方程，然后用节点电压表示各支路电流，联立方程求解出节点电压，再用欧姆定律求出各支路电流。当电路中仅含有两个节点时，可用式(2.2-3)的两个节点电压公式求解。

（3）叠加定理

在多个电源作用的电路中，每一条支路的电流或电压都是由这些电源共同作用产生的。若要求解每一条支路的电流或电压，可将各个电源单独作用时在每一条支路产生的电流分量或电压分量求出来，其分量的代数和就是这些电源共同作用在每一条支路产生的电流或电压。使用叠加定理时要注意以下几点：①叠加定理只适用于线性电路；②电压源不起作用时用短路代替，电流源不起作用时用开路代替；③求电流或电压分量的代数和时，若电流或电压分量的参

考方向与原电路中的参考方向相同，该分量取正号，反之取负号；④当电路中的电源超过两个时，可将电源分成组，然后再用叠加定理求解；⑤功率不能用叠加定理计算。应用叠加定理可将复杂电路转换为简单电路来分析，所以叠加定理在电路分析中广泛应用。

（4）戴维南定理

对于只需求解电路中某一条支路的电流或电压时，可用戴维南定理。戴维南定理是指任何线性含源的一端口网络都可以用一个等效的电压源表示。其中等效电压源的电压等于一端口网络的开路电压U_{oc}，等效电压源的内阻等于从一端口网络开路端子看进去所有独立电源不起作用时的等效电阻R_{eq}。

使用戴维南定理求解一端口网络的开路电压时，可根据电路结构采用简单的方法，如电位法或用 KVL 列方程法等。

（5）受控电源

受控电源是实际晶体管、场效应管及集成运算放大器等器件的电路模型。受控电源输出的电压或电流受电路中的某个支路电压或电流的控制，当控制电压或电流为零时，受控电源输出的电压或电流也为零。

电路的分析方法对含有受控电源电路的分析都适用，但要注意，受控电源的控制量支路一般不参与等效变换，用叠加定理时，受控电源要保留在电路中，一般不单独作用；求戴维南等效电阻时，受控电源要保留在电路中，用外加电压法求解等效电阻。

习题

2-1　在题图 2-1 中，已知$U_{S1}=12V$, $U_{S2}=8V$, $R_1=2\Omega$, $R_2=3\Omega$, $R_3=6\Omega$。用支路电流法求各支路电流。

2-2　在题图 2-2 中，已知$U_{S1}=10V$, $I_S=1A$, $R_1=2\Omega$,, $R_2=3\Omega$。用支路电流法求I_1和I_2。

2-3　用节点电压法求 2-1 的各支路电流。

2-4　用节点电压法求 2-2 的电流I_1和I_2。

2-5　在题图 2-5 中，已知$U_{S1}=12V$, $U_{S2}=6V$, $I_S=2A$, $R_1=2\Omega$, $R_2=3\Omega$, $R_3=6\Omega$, $R_S=1\Omega$。用节点电压法求电流I_1、I_2和I_3。

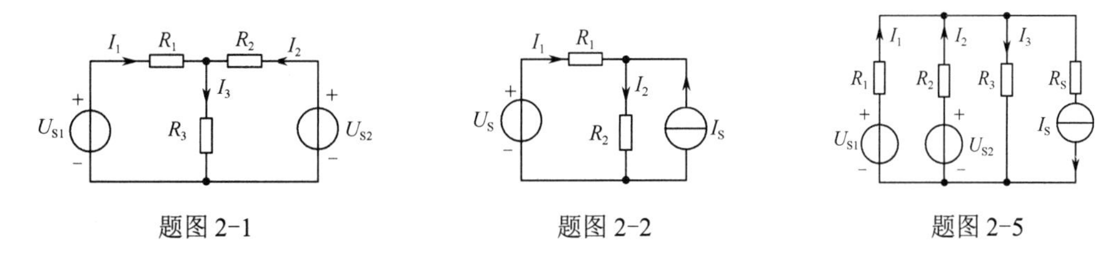

题图 2-1　　题图 2-2　　题图 2-5

2-6　在题图 2-6 中，已知$U_S=10V$, $I_S=2A$, $R_1=4\Omega$, $R_2=2\Omega$, $R_3=8\Omega$。用节点电压法求电压U_3。

2-7　在题图 2-7 中，已知$U_S=10V$, $I_S=10A$, $R_1=2\Omega$, $R_2=1\Omega$, $R_3=4\Omega$, $R_4=5\Omega$。用叠加定理求电流I_2。

2-8　已知电路如题图 2-8 所示。（1）用叠加定理求电流I。（2）计算电流源的功率P_i。

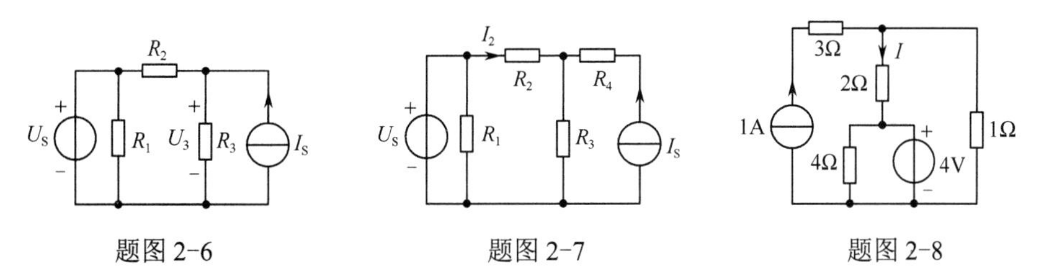

题图 2-6　　题图 2-7　　题图 2-8

2-9　已知电路如题图 2-9 所示。用叠加定理求电流I_2。

2-10　在题图 2-10 中，已知 $U_{S1}=12\text{V}$，$U_{S2}=2\text{V}$，$I_S=10\text{A}$，$R_1=R_2=2\Omega$，$R_3=R_4=3\Omega$。用叠加定理求电压 U_{ab}。

2-11　在题图 2-11 中，已知 $I_S=1\text{A}$，$U_S=10\text{V}$，$R_1=6\Omega$，$R_2=3\Omega$，$R_3=4\Omega$。用戴维南定理求电流 I_2。

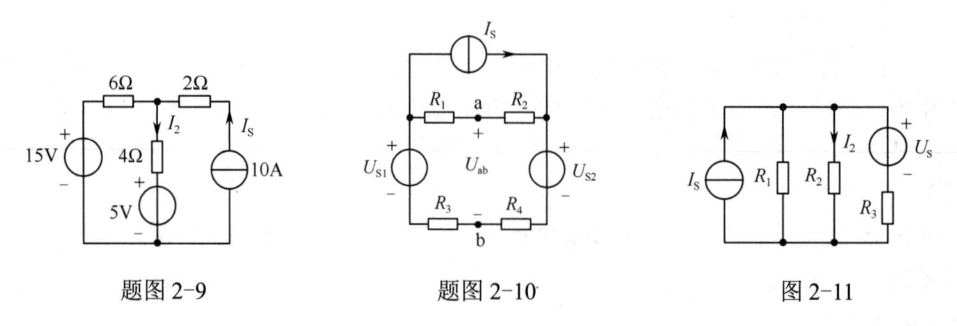

题图 2-9　　题图 2-10　　图 2-11

2-12　已知电路如题图 2-12 所示。用戴维南定理求电流 I 和电流源的功率 P_i。

2-13　在题图 2-13 中，已知 $U_S=3\text{V}$，$I_{S1}=3\text{A}$，$I_{S2}=1\text{A}$，$R_1=4\Omega$，$R_2=1\Omega$，$R_3=3\Omega$。用戴维南定理求电流 I_3。

2-14　在题图 2-14 中，已知 $I_S=3\text{A}$，$U_{S1}=U_{S2}=6\text{V}$，$R_1=R_2=R_3=R_4=3\Omega$，$R_5=7\Omega$。用戴维南定理求电流 I_5。

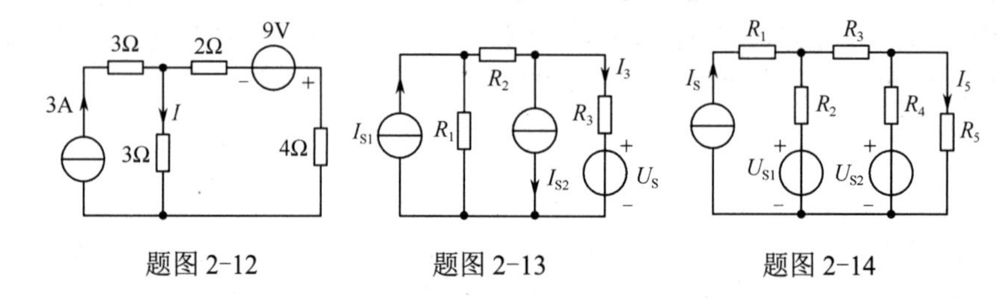

题图 2-12　　题图 2-13　　题图 2-14

2-15　已知电路如题图 2-15 所示。（1）用戴维南定理求电流 I；（2）求电压源的功率 P_u。

2-16　在题图 2-16 中，已知 $I_S=2\text{A}$，$U_S=12\text{V}$，$R_1=6\Omega$，$R_2=3\Omega$，$R_3=1\Omega$。当 I_S 如图示方向时，电流 $I=0$；当 I_S 反方向时，$I=-1\text{A}$。求含源一端口网络的戴维南等效电路。

2-17　已知电路如题图 2-17 所示。用支路电流法和节点电压法求电压 U。

2-18　在题图 2-18 中，已知 $I_S=2\text{A}$，$U_S=4\text{V}$，$R_1=1\Omega$，$R_2=4\Omega$。用叠加定理和戴维南定理求电流 I。

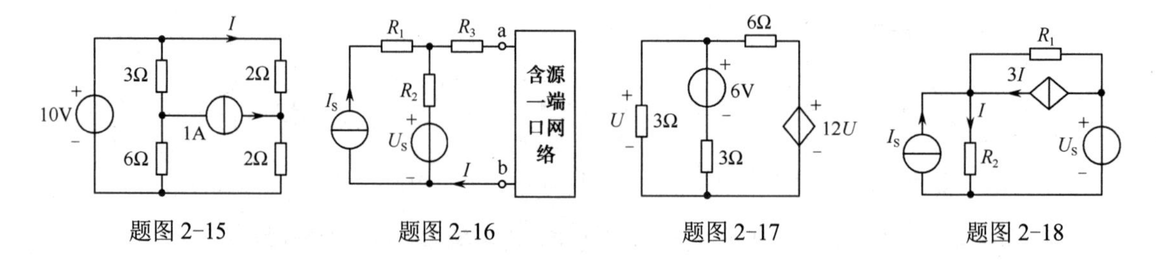

题图 2-15　　题图 2-16　　题图 2-17　　题图 2-18

第3章　正弦交流稳态电路

【本章主要内容】 本章主要介绍电路基本元器件的相量模型、基本定律的相量形式、阻抗、导纳、正弦稳态电路的相量分析法及正弦稳态电路中的功率、功率因数及功率因数的提高、串并联谐振电路。

【引例】 正弦交流信号的应用十分广泛，工业用电和日常生活用电几乎都是正弦交流电，还有一些在通讯、自动控制等领域中需要测量、控制的微弱电信号，也是频率不同的正弦交流信号。图 3.0-1(a)是由 RC 组成的正弦交流电路，输入u_i为正弦交流信号，图(b)为其仿真电路，当u_i的幅值不变，而其频率由低向高变化时，输出电压u_o的幅值随频率变化的曲线如图(c)所示。对于该电路，输出电压u_o为何随频率变化？这个电路有什么用？如何求其输出电压u_o呢？怎样得到图(c)所示的特性曲线呢？学完本章内容便可得出解答。

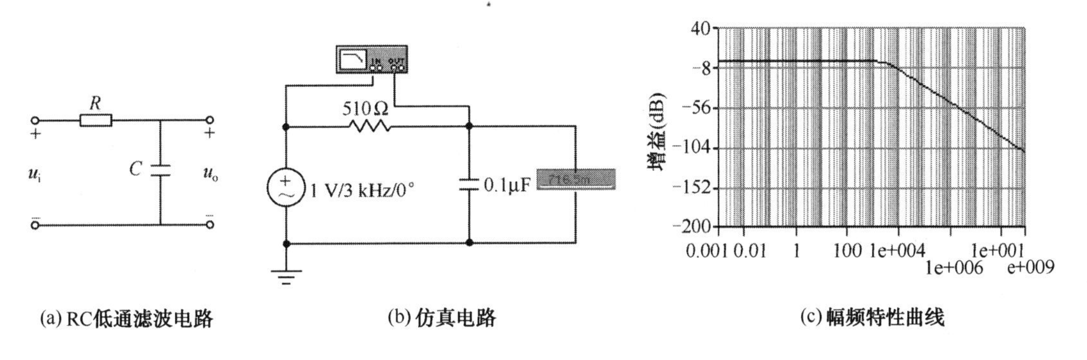

(a) RC低通滤波电路　　(b) 仿真电路　　(c) 幅频特性曲线

图 3.0-1　低通滤波电路

3.1　正弦量的基本概念

3.1.1　正弦量

随时间按正弦规律变化的电压或电流，称为正弦电压或正弦电流，统称为正弦量，其相应的波形称为正弦波。对正弦电压或正弦电流的描述，可以采用正弦函数，也可以采用余弦函数。本书统一采用正弦函数。

正弦电流、电压的数学表达式为

$$i = I_m \sin(\omega t + \phi_i) \tag{3.1-1}$$

$$u = U_m \sin(\omega t + \phi_u) \tag{3.1-2}$$

图 3.1-1(a)给出了电流i的波形图，横轴可以用时间t表示，也可以用ωt(弧度)表示。

由波形图可以看出，电流的瞬时值有时为正，有时为负。而对于电流数值的正负必须在设定参考方向的前提下才有实际意义，因此对正弦电流也必须设定参考方向，如图 3.1-1(b)所示。

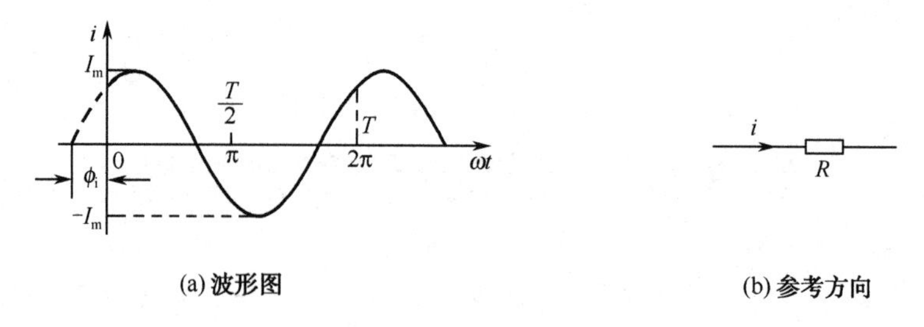

(a) 波形图　　(b) 参考方向

图 3.1-1　正弦电流

3.1.2　正弦量的三要素

由式(3. 1-1)和式(3. 1-2)可知，要完全描述一个正弦量，必须知道正弦量的 I_m（或 U_m），ω 和 ϕ，这三个物理量称为正弦量的三要素。

1．频率、周期和角频率

正弦量变化一次所需要的时间称为周期 T，它的单位为秒（s）。正弦量每秒变化的次数称为频率 f，它的单位为赫兹(Hz)。频率是周期的倒数，即

$$f = 1/T$$

正弦函数一个周期内角度变化 2π 弧度(rad)，即 $\omega T = 2\pi$，其中 ω 是正弦量的角频率，所以

$$\omega = \frac{2\pi}{T} = 2\pi f \tag{3.1-3}$$

角频率是正弦量的角度随时间变化的速度，角频率的单位为弧度/秒(rad/s)。式(3.1-3)表示了正弦量的周期、频率、角频率三者之间的关系。

我国电网供电的电压频率为 50Hz，该频率称为工频。美国、日本电网的供电频率为 60Hz，欧洲绝大多数国家的供电频率也为 50Hz。

2．相位和初相位

正弦量随时间变化的角度（$\omega t + \phi_i$）称为正弦量的相位，或称相角。时间 $t = 0$ 时所对应的相位 ϕ_i 称为正弦量的初相位(或称初相角)。一般以正弦量由负变正的零点到正弦量的计时零点（$t = 0$）所对应的角度称为该正弦量的初相位，计时零点在过零点的右边时初相位为正，即 $\phi_i > 0$，如图 3.1-2(a)所示初相位为正。初相位的取值范围为 $|\phi_i| \leqslant 180^\circ$。

在电路中，初相位与计时零点的选择有关。对于同一正弦量，如果其计时零点不同，其初相位也就不同，对于图 3.1-2(a)中所示的正弦量，如果按图 3.1-2(b)所示坐标建立计时零点，计时零点在正弦量由负变正的零点左边，则正弦量的初相为负，即 $\phi_i' < 0$。对于同一电路中的多个相关的正弦量，只能选择一个共同的计时零点确定各自的初相位。

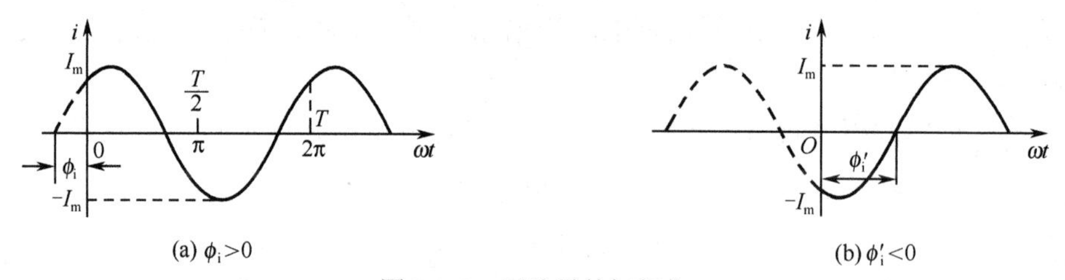

(a) $\phi_i > 0$　　(b) $\phi_i' < 0$

图 3.1-2　正弦量的初相位

3．相位差

相位差描述的是两个同频率正弦量之间的相位关系。假设两个正弦电流分别为

$$i_1 = I_{1m}\sin(\omega t + \phi_1)\text{，}i_2 = I_{2m}\sin(\omega t + \phi_2)$$

其中，设$\phi_1 > \phi_2$，它们的波形如图 3.1-3 所示。

i_1和i_2的相位差用φ表示，即

$$\varphi = (\omega t + \phi_1) - (\omega t + \phi_2) = \phi_1 - \phi_2 \tag{3.1-4}$$

由式(3.1-4)和波形图可以看出，两个同频率的正弦量之间的相位差等于它们的初相位之差，相位差是一个与频率无关的固定值。相位差的取值范围为$|\varphi| \leqslant 180^\circ$。

在图 3.1-3 中，由于$\phi_1 > \phi_2$，$\varphi > 0$，电流i_1比i_2先到达最大值，此情况称电流i_1在相位上超前电流i_2，简称i_1超前i_2；或称电流i_2在相位上滞后电流i_1，简称i_2滞后i_1。两正弦量之间的相位关系有同相、超前和滞后三种情况。一般情况下，若两正弦量的相位差$\varphi = 0$，称两正弦量同相；若$\varphi > 0$，则称i_1超前i_2；若$\varphi < 0$，则称i_1滞后i_2。特别地，若$\varphi = \pm\pi$，则称两正弦量反相；若$\varphi = \pm\pi/2$，则称两正弦量正交。

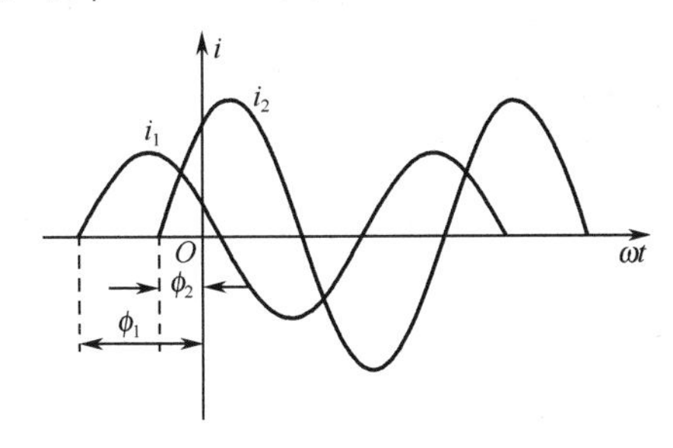

图 3.1-3　两电流的相位差

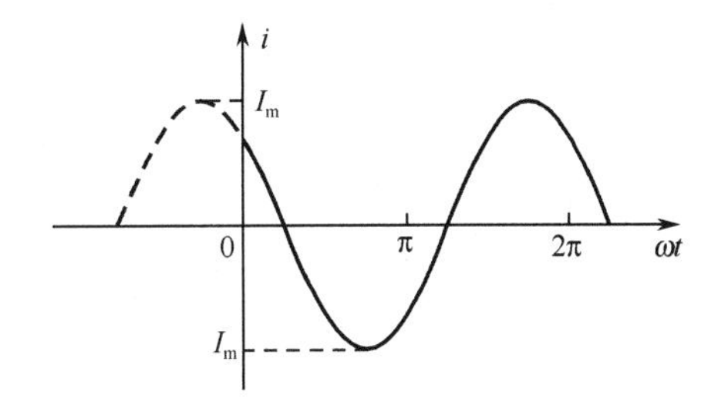

图 3.1-4　正弦电流的幅值

4．幅值和有效值

I_m为电流的幅值，它表示正弦电流在整个变化过程中能到达的最大值。在图 3.1-4 中，当$\sin(\omega t + \phi) = 1$时，有$i_{\max} = I_\mathrm{m}$；而当$\sin(\omega t + \phi) = -1$时，有极小值$i_{\min} = -I_\mathrm{m}$。$i_{\max} - i_{\min} = 2I_\mathrm{m}$称为正弦量的峰-峰值。

在电路中，一般用正弦量的有效值来表示一个正弦量在电路中的实际效果。正弦量的有效值是从热功相当的角度定义的。在图 3.1-5(a)和(b)中，令正弦电流i和直流电流I分别通过两个阻值相同的电阻R，如果在一个周期T内，两个电阻消耗的能量相等，则可用这个直流电流I来表示该正弦电流在电路中产生的实际效果，此直流电流I称为正弦电流i的有效值，记为I。

图 3.1-5(a)中，电阻R消耗的功率为

$$p(t) = Ri^2$$

在时间T内消耗的能量为

$$W_{\sim} = \int_0^T Ri^2 \mathrm{d}t \tag{3.1-5}$$

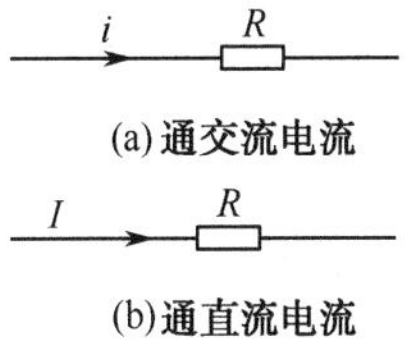

(a)通交流电流

(b)通直流电流

图 3.1-5　电流的热效应

图 3.1-5(b)中，电阻R消耗的功率为

$$P = RI^2$$

在时间T内消耗的能量为

$$W_{-} = RI^2T \tag{3.1-6}$$

令式(3.1-5)与式(3.1-6)相等，即$\int_0^T Ri^2 \mathrm{d}t = RI^2T$，解得

$$I = \sqrt{\frac{1}{T}\int_0^T i^2 \mathrm{d}t} \tag{3.1-7}$$

由式(3.1-7)可以看出，周期性电流有效值I的计算公式为电流i的平方在一个周期内积分的平均值再取平方根，此值也称为均方根值。

若将正弦电流的表达式$i = I_{\mathrm{m}} \sin(\omega t + \phi_{\mathrm{i}})$代入式(3.1-7)，可以得到正弦电流的有效值和幅值之间的关系为

$$\begin{aligned} I &= \sqrt{\frac{1}{T}\int_0^T i^2 \mathrm{d}t} = \sqrt{\frac{1}{T}\int_0^T I_{\mathrm{m}}^2 \sin^2(\omega t + \phi_{\mathrm{i}}) \mathrm{d}t} \\ &= \sqrt{\frac{1}{2}\frac{1}{T} I_{\mathrm{m}}^2 \int_0^T [1 - \cos 2(\omega t + \phi_{\mathrm{i}})] \mathrm{d}t} = \frac{I_{\mathrm{m}}}{\sqrt{2}} = 0.707 I_{\mathrm{m}} \end{aligned} \tag{3.1-8}$$

同理，可以得到正弦电压$u = U_{\mathrm{m}} \sin(\omega t + \phi_{\mathrm{u}})$的有效值和幅值之间的关系为

$$U = \frac{U_{\mathrm{m}}}{\sqrt{2}} = 0.707 U_{\mathrm{m}} \tag{3.1-9}$$

注意：此结论只对正弦量成立。

在电路测量过程中，交流电压表、交流电流表所指示的电压、电流读数都是有效值。交流电机等电器的铭牌数据所标注的额定电压和额定电流也是指有效值，而设备的耐压值、绝缘电压等则是电压的幅值。例如，通常所说的 220V 正弦交流电压就是正弦电压的有效值，其幅值为$\sqrt{2} \times 220 \approx 311\mathrm{V}$。在我国，民用电网的供电电压为 220V，日本和美国的供电电压为 110V，欧洲绝大多数国家的供电电压也为 220V。

引入有效值后，正弦电流和电压的表达式也可表示为

$$i = I_{\mathrm{m}} \sin(\omega t + \phi_{\mathrm{i}}) = \sqrt{2} I \sin(\omega t + \phi_{\mathrm{i}})$$

$$u = U_{\mathrm{m}} \sin(\omega t + \phi_{\mathrm{u}}) = \sqrt{2} U \sin(\omega t + \phi_{\mathrm{u}})$$

【例 3.1-1】 已知某电压正弦量为$u = 100 \sin\left(314t + \dfrac{\pi}{6}\right)\mathrm{V}$。求该电压的有效值、频率、初始值，并画出其波形图。

【解】 $U = U_{\mathrm{m}}/\sqrt{2} = 100/\sqrt{2} = 70.7\mathrm{V}$，$\omega = 314\mathrm{rad/s}$，$f = 314/2\pi = 50\mathrm{Hz}$，$u(0) = 100 \sin(\pi/6) = 100 \sin 30^\circ = 50\mathrm{V}$。该正弦电压的波形如图 3.1-6 所示。

【例 3.1-2】 已知电流$i_1 = 30 \sin(\omega t + 30^\circ)\mathrm{A}$，$i_2 = 20 \sin(\omega t - 15^\circ)\mathrm{A}$，$i_3 = 15 \sin(\omega t)\mathrm{A}$，比较它们的相位关系。

【解】 i_1、i_2、i_3是同频率的正弦量，其初相位分别为$\phi_1 = 30^\circ$、$\phi_2 = -15^\circ$、$\phi_3 = 0^\circ$。故它们之间的相位差分别为：

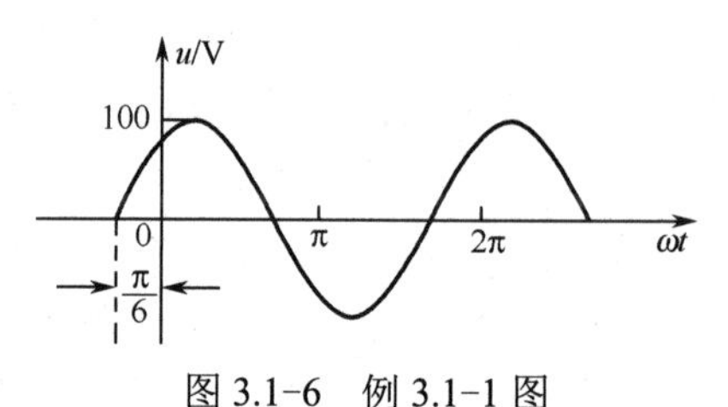

图 3.1-6　例 3.1-1 图

i_1和i_2之间的相位差为$\phi_1 - \phi_2 = 30^\circ - (-15^\circ) = 45^\circ$，$i_1$比$i_2$超前$45^\circ$；

i_1和i_3之间的相位差为$\phi_1 - \phi_3 = 30^\circ - 0^\circ = 30^\circ$，$i_1$比$i_3$超前$30^\circ$；

i_2和i_3之间的相位差为$\phi_2 - \phi_3 = -15^\circ - 0^\circ = -15^\circ$，$i_2$比$i_3$滞后$15^\circ$。

思考题

3.1-1　正弦量的三要素是什么？

3.1-2　在某电路中，$i = 100 \sin(6280t + \pi/3)\mathrm{mA}$。（1）指出其频率、周期、角频率、幅值、有效值及初相位各为多少。（2）如果改变电流i的参考方向，写出其三角函数式。

3.1-3　根据本书规定的符号，表达式$I = 20 \sin(628t + 60^\circ)\mathrm{A}$及$i = I \sin(\omega t + \phi)\mathrm{A}$，对不对？

3.2　正弦量的相量表示法

正弦量的波形图与三角函数表示法都清楚地反映了正弦量的三要素，而且同频率正弦量之间的相位关系也很清晰，但是用这两种方法对正弦交流电路的分析计算都很烦琐。

为了简化对正弦交流电路的分析与计算，将正弦量用相量表示，这样可以将复杂的三角函数运算变换为复数形式的代数运算。

3.2.1 正弦量的相量表示

复数可用复平面上的有向线段来表示。如果用复数来表示正弦量，则复数的模(有向线段的长度)代表正弦量的幅值(或有效值)，复数的辐角(有向线段与实轴之间的夹角)代表正弦量的初相位。如图 3.2-1 所示。为了与一般的复数区别，在 I_{m} 上面标“•”，即为 $\dot{I}_{\mathrm{m}}$，并称 $\dot{I}_{\mathrm{m}}$ 为正弦电流 i 的最大值相量。由于正弦量按周期性变化 360°，所以表示正弦量的相量是旋转相量。正弦电流 $i = I_{\mathrm{m}}\sin(\omega t + \phi_{\mathrm{i}})$ 在任一时刻的值，等于对应的旋转相量该时刻在虚轴上的投影，如图 3.2-2 所示。

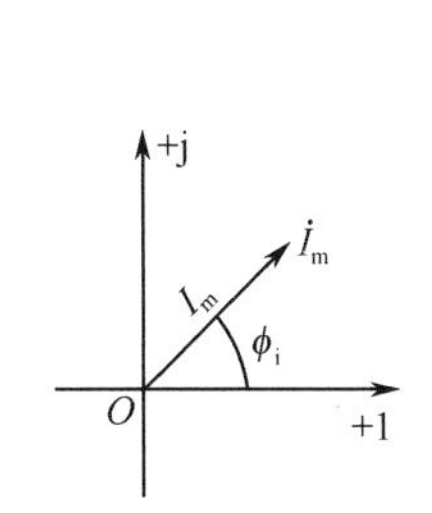

图 3.2-1 复数的几何表示

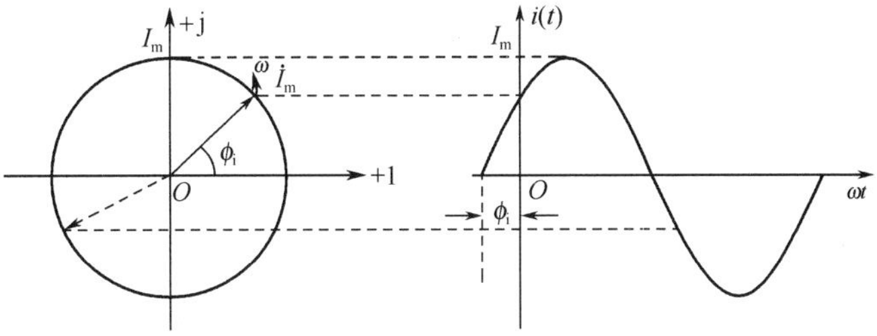

图 3.2-2 旋转相量与正弦量

将一个正弦量表示为相量或将一个相量表示成正弦量的过程称为相量变换。由图 3.2-2 可知，该相量只表示了对应正弦量的两个特征量——幅值和初相位。故相量只是用于表示正弦量，并不等于正弦量。

相量在复平面上的图称为相量图。相量图可以形象地表示出各个相量的大小和相位关系。

【例 3.2-1】 已知电流 $i_1 = 5\sqrt{2}\sin(\omega t + 30^\circ)\mathrm{A}$，$i_2 = 10\sqrt{2}\sin(\omega t + 60^\circ)\mathrm{A}$。画出这两个正弦量的相量和相量图。

【解】 正弦量的幅值为: $I_{1\mathrm{m}} = 5\sqrt{2}\mathrm{A}$，$I_{2\mathrm{m}} = 10\sqrt{2}\mathrm{A}$。

正弦量的有效值为：$I_1 = 5\mathrm{A}$，$I_2 = 10\mathrm{A}$。

电流 i_1 的初相位为 30°、i_2 的初相位为 60°，则 i_1、i_2 的相量图如图 3.2-3 所示。其中 $\dot{I}_{\mathrm{m}}$ 称为最大值相量，$\dot{I}$ 称为有效值相量。

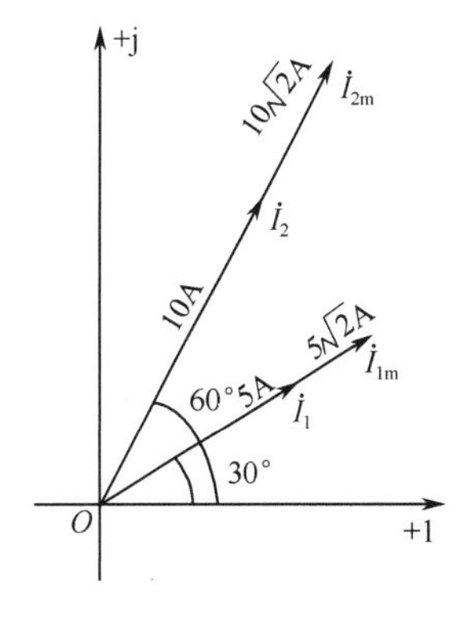

图 3.2-3 例 3.2-1 图

3.2.2 正弦量的相量形式

1. 相量的代数表示

根据正弦量和相量之间的一一对应关系，我们可以用相量来表示正弦量。图 3.2-4 所示为一电压有效值相量 $\dot{U}$，由复数的定义可知，一个相量可以表示成实部和虚部之和，即

$$\dot{U} = a + \mathrm{j}b \tag{3.2-1}$$

式中，j 为虚数单位，且

$$\begin{cases} a = U\cos\phi \text{（实部）} \\ b = U\sin\phi \text{（虚部）} \end{cases}$$

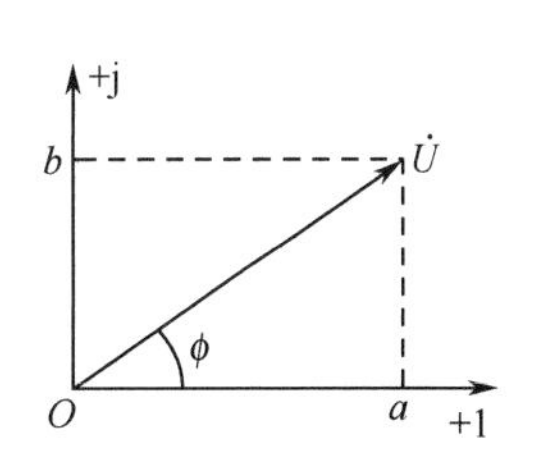

图 3.2-4 正弦量用相量表示

式(3.2-1)为相量的代数式。相量的代数式也可以表示为

$$\dot{U} = a + \mathrm{j}b = U(\cos\phi + \mathrm{j}\sin\phi) \tag{3.2-2}$$

式(3.2-2)称为相量的三角函数式。

2. 相量的指数表示

根据欧拉公式 $\mathrm{e}^{\mathrm{j}\phi} = \cos\phi + \mathrm{j}\sin\phi$，相量的三角函数式可以表示为

$$\dot{U} = U(\cos\phi + \mathrm{j}\sin\phi) = U\mathrm{e}^{\mathrm{j}\phi} \quad 或 \quad \dot{U} = U\angle\phi \tag{3.2-3}$$

式中 U 为相量的模，ϕ 为相量的相角。式(3.2-3)中，前者称为相量的指数式，后者称为相量的极坐标式。

在正弦稳态电路中，所有的电压和电流都是同频率的正弦量，在这种情况下，相量就可以代表一个正弦量参加运算，从而把复杂的三角函数运算转化为简单的复数运算。这种利用相量表示正弦量，可以简化正弦稳态电路分析的方法称为相量法。

【例 3.2-2】 已知电流 $i_1 = 100\sin(\omega t + 45^\circ)\mathrm{A}$，$i_2 = 60\sin(\omega t - 30^\circ)$ A。求 $i = i_1 + i_2$。

【解】 解法一：用相量图法求解。两个电流的有效值相量为

$$\dot{I}_1 = \frac{100}{\sqrt{2}}\angle 45^\circ\,\mathrm{A} \qquad \dot{I}_2 = \frac{60}{\sqrt{2}}\angle -30^\circ\,\mathrm{A}$$

画出 $\dot{I}_1$ 和 $\dot{I}_2$ 的相量图如图 3.2-5 所示。

在图 3.2-5 中，将 $\dot{I}_1$ 和 $\dot{I}_2$ 在相量图上相加，由余弦定理求出总电流 $\dot{I} = 91.4\angle 18.36^\circ\,\mathrm{A}$，所以，$i = i_1 + i_2 = 129.25\sin(\omega t + 18.36^\circ)$ A。

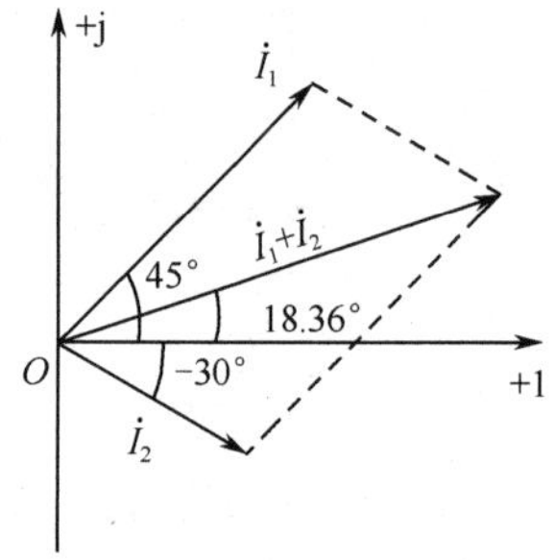

图 3.2-5　例 3.2-2 图

解法二：用相量式求解。两个电流的最大值相量为

$$\dot{I}_{1\mathrm{m}} = 100\angle 45^\circ = 100(\cos 45^\circ + \mathrm{j}\sin 45^\circ)\mathrm{A} = (70.71 + \mathrm{j}70.71)\mathrm{A}$$

$$\dot{I}_{2\mathrm{m}} = 60\angle -30^\circ = 60[\cos(-30^\circ) + \mathrm{j}\sin(-30^\circ)]\mathrm{A} = (51.96 - \mathrm{j}30)\mathrm{A}$$

$$\dot{I}_{\mathrm{m}} = \dot{I}_{1\mathrm{m}} + \dot{I}_{2\mathrm{m}} = (122.67 + \mathrm{j}40.71)\mathrm{A} = 129.25\mathrm{e}^{\mathrm{j}18.36^\circ}\,\mathrm{A}$$

所以，$i = i_1 + i_2 = 129.25\sin(\omega t + 18.36^\circ)\mathrm{A}$。

3. 90° 旋转因子 $\mathrm{e}^{\pm\mathrm{j}90^\circ}$（±j）

$$\begin{cases} \mathrm{e}^{\mathrm{j}90^\circ} = \cos 90^\circ + \mathrm{j}\sin 90^\circ = \mathrm{j} \\ \mathrm{e}^{-\mathrm{j}90^\circ} = \cos(-90^\circ) + \mathrm{j}\sin(-90^\circ) = -\mathrm{j} \end{cases}$$

当某相量 $\dot{A} = A\mathrm{e}^{\mathrm{j}\phi}$ 乘上 ±j 时，即

$$\begin{cases} \mathrm{j}\dot{A} = \mathrm{e}^{\mathrm{j}90^\circ} A\mathrm{e}^{\mathrm{j}\phi} = A\mathrm{e}^{\mathrm{j}(\phi+90^\circ)} \\ -\mathrm{j}\dot{A} = \mathrm{e}^{-90^\circ} A\mathrm{e}^{\mathrm{j}\phi} = A\mathrm{e}^{\mathrm{j}(\phi-90^\circ)} \end{cases}$$

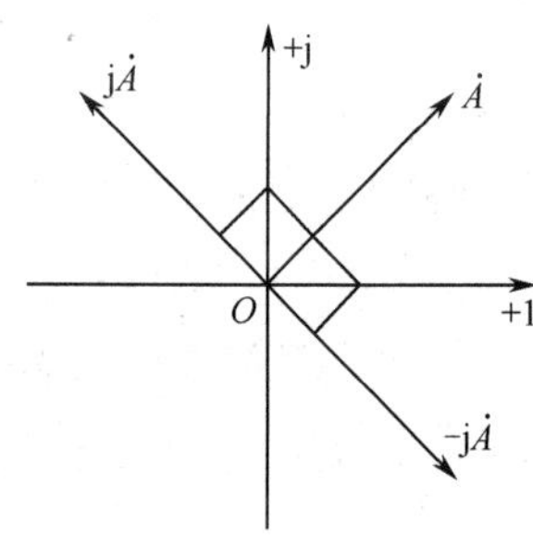

图 3.2-6　旋转因子±j

显然，当相量 $\dot{A}$ 乘上 +j 或 −j 时，等于相量 $\dot{A}$ 逆时针方向旋转 90° 或顺时针方向旋转 90°，如图 3.2-6 所示。通常我们将 $\mathrm{e}^{\pm\mathrm{j}90^\circ}$ 或 ±j 称为 90° 旋转因子。

思考题

3.2-1　什么是相量？相量表示了正弦量中的哪几个要素？为什么可以用相量表示正弦量？

3.3　电路元件的相量模型

为了利用相量的概念来简化正弦稳态电路的分析，我们必须先建立单一参数元件 R、L、C

电路中电压与电流之间关系的相量形式，其他电路只是单一参数元件的组合。

3.3.1　电阻元件的相量模型

1．电压和电流的关系

电阻元件的相量模型是指处在正弦稳态电路中电阻元件两端的电压相量和通过电阻的电流相量之间的关系。

假设电阻 R 两端的电压与通过电阻的电流采用关联参考方向，如图 3.3-1(a)所示，并设通过电阻的正弦电流为

$$i=\sqrt{2}I\sin(\omega t+\phi_{\mathrm{i}}) \tag{3.3-1}$$

对电阻元件，在任何瞬间电流和电压之间都满足欧姆定律，即

$$u=Ri=\sqrt{2}RI\sin(\omega t+\phi_{\mathrm{i}})=\sqrt{2}U\sin(\omega t+\phi_{\mathrm{i}}) \tag{3.3-2}$$

由式(3.3-1)和式(3.3-2)可见，电阻两端电压和通过电阻的电流频率相同，相位相同。其波形如图 3.3-1(b)所示。由式(3.3-2)有

$$U=RI \qquad \text{或} \qquad \frac{U}{I}=\frac{U_{\mathrm{m}}}{I_{\mathrm{m}}}=R \tag{3.3-3}$$

由此可知，在电阻元件电路中，电压的有效值(或幅值)与电流的有效值(或幅值)的比值，就是电阻 R 。

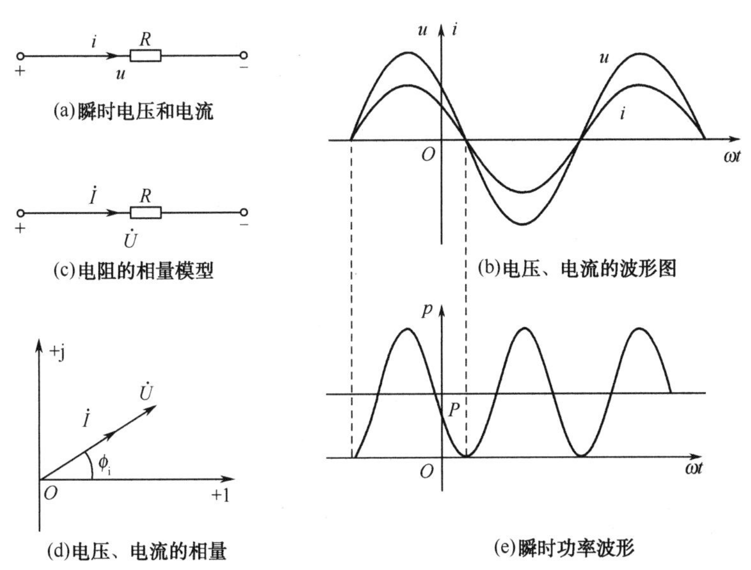

图 3.3-1　电阻元件电路

如果用相量表示电压和电流的关系，则为

$$\dot{U}=U\mathrm{e}^{\mathrm{j}\phi_{\mathrm{i}}} \qquad \dot{I}=I\mathrm{e}^{\mathrm{j}\phi_{\mathrm{i}}} \qquad \frac{\dot{U}}{\dot{I}}=\frac{U\mathrm{e}^{\mathrm{j}\phi_{\mathrm{i}}}}{I\mathrm{e}^{\mathrm{j}\phi_{\mathrm{i}}}}=R$$

或

$$\dot{U}=R\dot{I} \tag{3.3-4}$$

式(3.3-4)为欧姆定律的相量表示式。电阻元件的相量模型及相量图如图 3.3-1(c)和(d)所示。

2．功率和能量

电阻元件中的电压瞬时值 u 和电流瞬时值 i 的乘积，称为瞬时功率，用小写字母 p 表示，即

$$p=ui=\sqrt{2}U\sin(\omega t+\phi_{\mathrm{i}})\sqrt{2}I\sin(\omega t+\phi_{\mathrm{i}})=UI[1-\cos(2\omega t+\phi_{\mathrm{i}})] \tag{3.3-5}$$

由式(3.3-5)可知，p 由两部分组成，第一部分是常量UI，第二部分是幅值为UI并以2ω的角频率随时间变化的交变量。由于电阻电路的电压和电流同相位，它们同时为正，同时为负，故瞬时功率总是正值，即$p \geqslant 0$。瞬时功率的波形图如图 3.3-1(e)所示。瞬时功率为正，表明电阻元件从电源取用能量，是耗能元件。在一个周期内，电阻消耗的电能为

$$W = \int_0^T p\mathrm{d}t$$

在实际应用中，要计算电阻元件消耗电能的多少，用平均功率计算。一个周期内瞬时功率的平均值，称为平均功率，用P表示，即

$$P = \frac{1}{T}\int_0^T p\mathrm{d}t = \frac{1}{T}\int_0^T UI[1-\cos(2\omega t+\phi_{\mathrm{i}})]\mathrm{d}t = UI = RI^2 = \frac{U^2}{R} \tag{3.3-6}$$

式(3.3-6)中，U和I为有效值。

【例 3.3-1】 阻值为$1\mathrm{k}\Omega$、额定功率为 1/4W 的电阻，接在频率为 50Hz、电压有效值为 12V 的正弦电源上。（1）求通过电阻的电流为多少？（2）电阻元件消耗的功率是否超过额定值？（3）当电源电压不改变而电源频率改变为 5000Hz 时，电阻元件的电流和消耗的功率有何变化？

【解】（1）$I = \dfrac{U}{R} = \dfrac{12}{1000} = 12\mathrm{mA}$；（2）$P = \dfrac{U^2}{R} = \dfrac{12^2}{1000} = 0.144\mathrm{W}$，电阻元件的功率小于其额定功率，所以电阻元件在电路中正常工作；（3）由于电阻元件的电阻值与频率无关，所以频率改变时，I与P不变。

3.3.2 电感元件的相量模型

1．电感元件

将铜导线紧密绕制在磁性材料芯子或非磁性材料芯子上，就制作成了电感元件。电路理论中的电感元件可视为电感线圈的理想化模型。电感元件的外形如图 3.3-2(a)所示，其在电路中表示的符号如图 3.3-2(c)所示。当在线圈中通以正弦电流时，如图 3.3-2(b)所示，其线圈周围将产生变化的磁通$\varPhi$。设线圈匝数为N，则整个线圈的磁通总和称为磁链，用ψ表示，即$\psi = N\varPhi$。由物理学知识可知，任何时刻，磁链与通过电感线圈的电流i成正比，即有

$$\psi = Li \qquad 或 \qquad L = \frac{\psi}{i} = \frac{N\varPhi}{i} \tag{3.3-7}$$

式中，比例系数L称为电感。电感L的单位为亨利(简称亨)，用H表示。

由电磁感应定律和楞次定律可知，穿过闭合回路所包围面积的磁通量发生变化时,不论这种变化是什么原因引起的，回路中都会建立起感应电动势。所以，在图 3.3-2(b)中，变化的磁通会在线圈两端产生变化的感应电动势，这种由线圈自身电流产生的磁通而引起的感应电动势，称为自感电动势。由楞次定律可知，该感应电动势将阻碍电流的变化，且此感应电动势与磁链之间的关系为

$$e_{\mathrm{L}} = -\frac{\mathrm{d}\psi}{\mathrm{d}t} = -N\frac{\mathrm{d}\varPhi}{\mathrm{d}t} = -L\frac{\mathrm{d}i}{\mathrm{d}t} \tag{3.3-8}$$

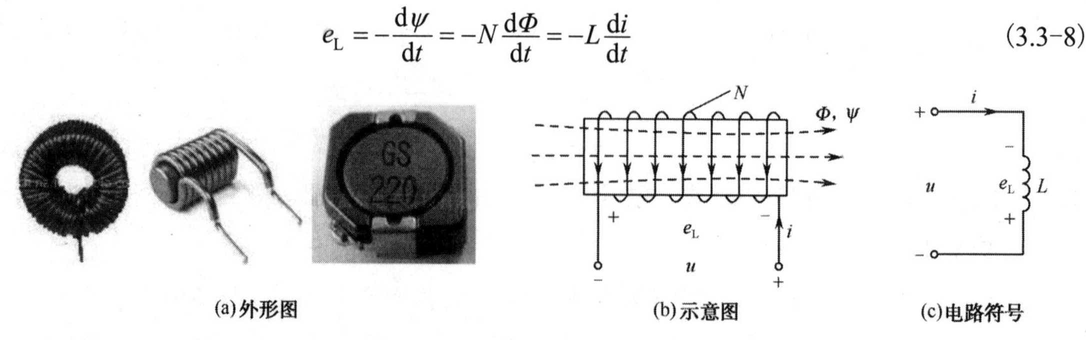

图 3.3-2 电感元件的自感电动势

在图 3.3-2(b)和(c)中，u 的方向是电压降的方向，而 e_L 为电动势，其参考方向是电位升的方向。根据电磁感应定律，有

$$u=-e_L=L\frac{di}{dt} \tag{3.3-9}$$

式(3.3-9)为电感元件电压与电流的基本关系式，该式表明，电感两端的电压 u 与该时刻流过电感的电流变化率成正比。如果电感元件通以恒定电流，则有 $u=0$，这时电感相当于短路。

2．电压与电流的关系

设图 3.3-3(a)中电感元件上电压、电流参考方向关联，则有

$$u=L\frac{di}{dt} \tag{3.3-10}$$

设通过电感的正弦电流为

$$i=\sqrt{2}I\sin\omega t \tag{3.3-11}$$

将式(3.3-11)代入式(3.3-10)，得

$$u=L\frac{di}{dt}=L\frac{d}{dt}\left(\sqrt{2}I\sin\omega t\right)=\sqrt{2}\omega LI\cos\omega t=\sqrt{2}\omega LI\sin\left(\omega t+\frac{\pi}{2}\right)=\sqrt{2}U\sin(\omega t+90^\circ) \tag{3.3-12}$$

由式(3.3-12)可以看出，在正弦稳态电路中，电感元件的电压和电流是同频率的正弦量，但电压的相位超前电流 90°，它们的波形图如图 3.3-3(b)所示。

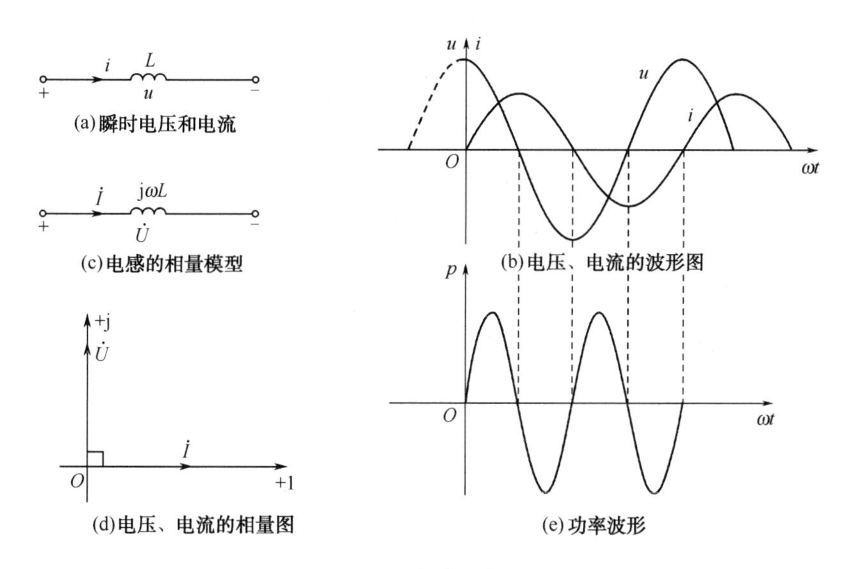

图 3.3-3　电感元件电路

在式(3.3-12)中，有　　$U=\omega LI$　　　或　　$\frac{U}{I}=\omega L$

由此可知，在电感元件中，电压的有效值和电流的有效值之比为 ωL，ωL 具有电阻的单位。当电压 U 一定时，ωL 愈大，电流 I 则愈小。可见它具有阻碍交流电流的特性，称为感抗，用 X_L 表示，即

$$X_L=\omega L=2\pi fL \tag{3.3-13}$$

由式(3.3-13)可知，感抗 X_L 与电感 L 和频率 f 成正比。当电感一定时，电源的频率越高时，X_L 就越大；而对于直流电路，可以视为电源的频率 $f=0$，所以 $X_L=0$，电感在直流电路中相当于短路。X_L 随频率 f 变化的曲线如图 3.3-4 所示。

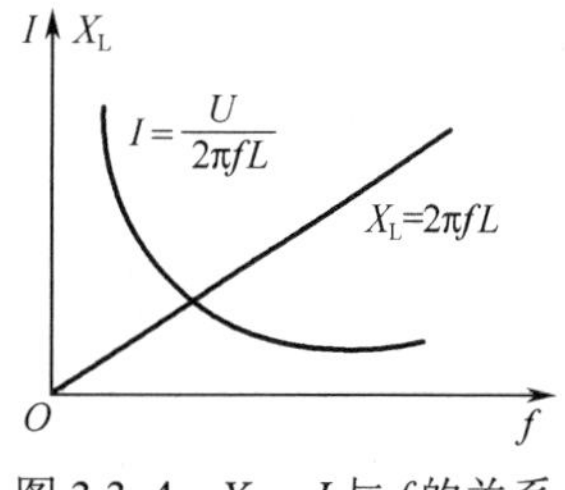

图 3.3-4　X_L、I 与 f 的关系

由式(3.3-11)和式(3.3-12)分别写出电流相量和电压相量为

$$\dot{I} = Ie^{j0^\circ} = I\text{，}\ \dot{U} = Ue^{j90^\circ}$$

则 $$\frac{\dot{U}}{\dot{I}} = \frac{Ue^{j90^\circ}}{I} = \frac{U}{I}e^{j90^\circ} = jX_L \quad \text{或} \quad \dot{U} = jX_L\dot{I} = j\omega L\dot{I} \tag{3.3-14}$$

式(3.3-14)就是电感上电压相量与电流相量的关系式，表示了电感电压的有效值等于电感电流的有效值与感抗的乘积，在相位上电压超前电流90°。电感元件的相量模型和电压、电流的相量图分别如图 3.3-3(c)和(d)所示。

3．电感的功率和能量

若已知电感的端电压u和流过电感的电流i，便可以求出电感的瞬时功率。设电感电流为参考相量，初相角为零，有$i = \sqrt{2}I\sin\omega t$，则$u = \sqrt{2}U\sin\left(\omega t + \frac{\pi}{2}\right)$，那么瞬时功率为

$$p = ui = \sqrt{2}I\sin(\omega t)\cdot\sqrt{2}U\sin\left(\omega t + \frac{\pi}{2}\right) = UI\sin 2\omega t \tag{3.3-15}$$

式(3.3-15)表明，电感的瞬时功率p是一个幅值为UI并以2ω的角频率随时间变化的交变量，其波形如图 3.3-3(e)所示。

由图 3.3-3(e)可知，电感的瞬时功率有正有负，瞬时功率为正表明电感元件从外电路获取电能，转换成磁场能并存储；而瞬时功率为负则表明电感元件将存储的磁场能转换成电能归还给电路。

电感元件在一个周期内消耗的平均功率为

$$P = \frac{1}{T}\int_0^T p\mathrm{d}t = \frac{1}{T}\int_0^T UI\sin 2\omega t\mathrm{d}t = 0 \tag{3.3-16}$$

式(3.3-16)表明，在一个周期内，电感元件并不消耗能量，只有外电路与电感元件之间的能量交换。其能量交换的规模用无功功率来衡量。无功功率的大小等于瞬时功率的幅值，即

$$Q_L = UI = \frac{U^2}{X_L} = I^2X_L \tag{3.3-17}$$

无功功率的单位为乏(Var)或千乏(kVar)，电感的无功功率规定为正。

电感元件吸收的能量以磁场能的形式存储在元件中。可以认为在$t = -\infty$时，$i_L(-\infty) = 0$，其磁场能量也为零。故电感元件在任何时刻t存储的磁场能量等于它吸收的能量，为

$$W_L(t) = \frac{1}{2}Li^2(t)$$

从时间t_1到时间t_2，电感元件吸收的能量为

$$W_L = L\int_{i(t_1)}^{i(t_2)} i\mathrm{d}i = \frac{1}{2}Li^2(t_2) - \frac{1}{2}Li^2(t_1) = W_L(t_2) - W_L(t_1)$$

对于电感元件，虽然在电路中并不消耗能量，但是由于电感和外电路之间存在电能和磁场能之间的相互转换，也需要占用电源能量。从这个角度来说，无功功率可以理解为无能量消耗的功率。与电感元件的无功功率相对应，电阻元件的平均功率也可称为有功功率。

【例 3.3-2】 一个 0.1H 的电感元件接到电压有效值为 12V 的正弦电源上。当电源频率分别为 50Hz 和 100Hz 时，电感元件中的电流分别为多少？如果电源频率为 0Hz 时会怎么样呢？

【解】 电感元件的感抗X_L与电源频率成正比。

$f = 50\text{Hz}$时，$X_L = 2\pi fL = 2\pi\times 50\times 0.1 = 31.4\Omega$，$I = U/X_L = 12/31.4 = 0.382\text{A}$。

$f=100\text{Hz}$ 时，$X_L=2\pi fL=2\pi\times100\times0.1=62.8\Omega$，$I=U/X_L=12/62.8=0.191\text{A}$。

$f=0\text{Hz}$ 时，$X_L=2\pi fL=2\pi\times0\times0.1=0\Omega$，此时电感相当于短路线，要避免此情况发生。

可见，在电压一定时，频率越高，感抗越大，电流越小。而对直流电来说，电感的感抗 $X_L=0$，电感在直流电路中不起作用，相当于短路。

3.3.3 电容元件的相量模型

1. 电容元件

将两个导电金属膜紧靠，中间用绝缘材料隔开，就制作成了电容。图 3.3-5 为电容元件，其极板上存储的电荷量 q 与其两端的电压 u 成正比，即

$$q=Cu$$

式中，C 称为电容元件的电容，单位为法拉（F），简称法。由于法拉的单位太大，实际使用时一般采用微法（μF）和皮法（pF）作为单位，$1\mu\text{F}=10^{-6}\text{F}$，$1\text{pF}=10^{-12}\text{F}$。

图 3.3-5　电容元件

2. 电压与电流的关系

如果电容元件上电压和电流参考方向取关联参考方向，当极板上的电荷量 q 发生变化时，电路中就会出现电流，有

$$i=\frac{\mathrm{d}q}{\mathrm{d}t}=C\frac{\mathrm{d}u}{\mathrm{d}t} \tag{3.3-18}$$

式(3.3-18)表明，流过电容元件的电流 i 与其端电压的变化率 $\frac{\mathrm{d}u}{\mathrm{d}t}$ 成正比。如果电压恒定即直流电压，那么 $i=0$，此时电容相当于开路。

若图 3.3-6(a)中电容元件上电压、电流参考方向关联，设电容两端的正弦电压为

$$u=\sqrt{2}U\sin\omega t \tag{3.3-19}$$

将式(3.3-19)代入式(3.3-18)，得

$$\begin{aligned} i&=C\frac{\mathrm{d}u}{\mathrm{d}t}=C\frac{\mathrm{d}\left(\sqrt{2}U\sin\omega t\right)}{\mathrm{d}t}=\sqrt{2}\omega CU\cos\omega t \\ &=\sqrt{2}\omega CU\sin\left(\omega t+\frac{\pi}{2}\right)=\sqrt{2}I\sin(\omega t+90^\circ) \end{aligned} \tag{3.3-20}$$

由式(3.3-20)可以看出，正弦稳态电路中，电容元件的电压和电流是同频率的正弦量，但在相位上，电流超前电压 90°。它们的波形如图 3.3-6(b)所示。

在式(3.3-20)中，有　$U=\frac{1}{\omega C}I$　或　$\frac{U}{I}=\frac{1}{\omega C}$　(3.3-21)

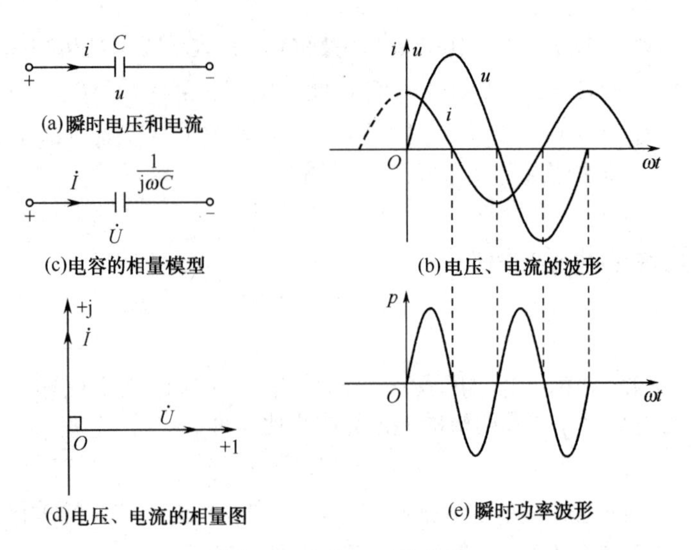

图 3.3-6　电容元件电路

由此可知，在电容元件中，电压的有效值和电流的有效值之比为$1/(\omega C)$，具有电阻的单位。当电压U一定时，$1/(\omega C)$愈大，则电流I愈小。可见$1/(\omega C)$对电流起阻碍作用，称为容抗，用X_C表示，即

$$X_C=\frac{1}{\omega C}=\frac{1}{2\pi fC} \tag{3.3-22}$$

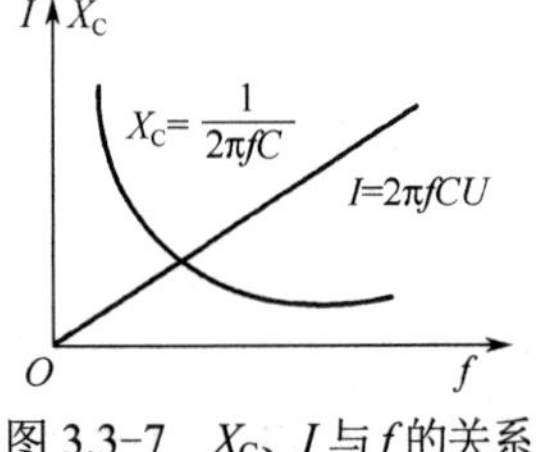

图 3.3-7　X_C、I与f的关系

由式(3.3-22)可知，容抗X_C与电容C和频率f成反比。对于一定的电容，频率越高，它的容抗越小；而对于直流电路，可以视为频率$f=0$，$X_C\rightarrow\infty$，电容相当于开路。X_C随频率f变化的曲线如图 3.3-7 所示。

由式(3.3-19)和式(3.3-20)分别写出电压相量和电流相量为

$$\dot{U}=U\mathrm{e}^{\mathrm{j}0^\circ}=U\,,\quad \dot{I}=I\mathrm{e}^{\mathrm{j}90^\circ}$$

则
$$\frac{\dot{U}}{\dot{I}}=\frac{U\mathrm{e}^{\mathrm{j}0^\circ}}{I\mathrm{e}^{\mathrm{j}90^\circ}}=\frac{U}{I}\mathrm{e}^{-\mathrm{j}90^\circ}=-\mathrm{j}X_C \quad 或 \quad \dot{U}=-\mathrm{j}X_C\dot{I}=-\mathrm{j}\frac{1}{\omega C}\dot{I}=\frac{1}{\mathrm{j}\omega C}\dot{I} \tag{3.3-23}$$

式(3.3-23)就是电容上电压相量与电流相量的关系式，表示了电容电压的有效值等于电容电流的有效值与容抗的乘积，在相位上电压落后电流90°。电容元件的相量模型和电压、电流的相量图分别如图 3.3-6(c)和(d)所示。

3．电容的功率与能量

若已知电容端电压u和流过电容电流i后，便可以求出电容的瞬时功率。设电容电压为参考相量，初相角为零，即$u=\sqrt{2}U\sin\omega t$，$i=\sqrt{2}I\sin\left(\omega t+\frac{\pi}{2}\right)$，则

$$p=ui=\sqrt{2}U\sin(\omega t)\cdot\sqrt{2}I\sin\left(\omega t+\frac{\pi}{2}\right)=UI\sin 2\omega t \tag{3.3-24}$$

式(3.3-24)表明电容的瞬时功率p是一个幅值为UI并以2ω的角频率随时间变化的交变量，其变化规律如图 3.3-6(e)所示。

由图 3.3-6(e)可知，电容的瞬时功率有正有负，瞬时功率为正表明电容元件从外电路获取电能并转换成电场能存储；而瞬时功率为负则表明电容元件将存储的电场能转换成电能归还给电路。

电容元件在一个周期内消耗的平均功率为

$$P=\frac{1}{T}\int_0^T p\mathrm{d}t=\frac{1}{T}\int_0^T UI\sin 2\omega t\mathrm{d}t=0 \tag{3.3-25}$$

式(3.3-25)表明，在电路中电容元件并不消耗能量，只和外电路进行能量交换。其能量交换的规模用无功功率来衡量。规定无功功率等于瞬时功率的幅值，电容的无功功率规定为负，即

$$Q_\mathrm{C}=-UI=-\frac{U^2}{X_\mathrm{C}}=-I^2X_\mathrm{C} \tag{3.3-26}$$

电容的无功功率单位同样为乏(Var)或千乏(kVar)。

电容元件吸收的能量以电场能的形式存储在元件中。可以认为在$t=-\infty$时，$u_\mathrm{C}(-\infty)=0$，其电场能量也为零。故电容元件在任何时刻t存储的电场能量等于其吸收的能量，为

$$W_\mathrm{C}(t)=\frac{1}{2}Cu^2(t)$$

从时间t_1到时间t_2，电容元件吸收的能量为

$$W_\mathrm{C}=C\int_{u(t_1)}^{u(t_2)}u\mathrm{d}u=\frac{1}{2}Cu^2(t_2)-\frac{1}{2}Cu^2(t_1)=W_\mathrm{C}(t_2)-W_\mathrm{C}(t_1)$$

由于电感元件和电容元件都不消耗能量，而是把从电源获得的电能分别存储在磁场和电场中，所以它们都是储能元件。

【例 3.3-3】 将一个 10μF 的电容元件接到电压有效值为 12V 的正弦电源上。当电源频率分别为 50Hz 和 100Hz 时，电容元件中的电流分别为多少？

【解】 电容元件的容抗X_C与电源频率成反比。

$f=50\mathrm{Hz}$时，$X_\mathrm{C}=\dfrac{1}{2\pi fC}=\dfrac{1}{2\pi\times 50\times 10\times 10^{-6}}=318.5\Omega$，$I=\dfrac{U}{X_\mathrm{C}}=\dfrac{12}{318.5}=0.0377\mathrm{A}=37.7\mathrm{mA}$

$f=100\mathrm{Hz}$时，$X_\mathrm{C}=\dfrac{1}{2\pi fC}=\dfrac{1}{2\pi\times 100\times 10\times 10^{-6}}=159.2\Omega$，$I=\dfrac{U}{X_\mathrm{C}}=\dfrac{12}{159.2}=0.0754\mathrm{A}=75.4\mathrm{mA}$

可见，频率越高，容抗越小，电流越大。

3.3.4 基尔霍夫定律的相量形式

基尔霍夫定律是分析电路的基本依据。由于正弦稳态电路中的电压和电流是随时间变化的，各支路之间的关系用 KCL 表示为$\sum i=0$，各回路电压之间的关系用 KVL 表示为$\sum u=0$。设某节点 A 上各支路电流的参考方向如图 3.3-8(a)所示。

对节点 A 应用 KCL，有

$$i_1+i_2=i_3+i_4$$

由于正弦量可以用相量表示，当式中所有电流都是同频率的正弦量时，则可变为相量形式，因此有

$$\dot{I}_1+\dot{I}_2=\dot{I}_3+\dot{I}_4$$

如图 3.3-8(b)所示。KCL 对于电路中的任意节点，也满足流入、流出该节点的电流相量的代数和恒等于零，即

$$\sum\dot{I}=0 \tag{3.3-27}$$

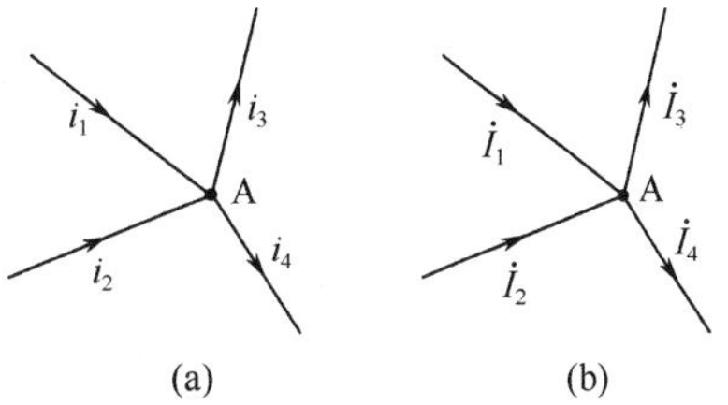

式(3.3-27)为 KCL 的相量形式。同理，可得 KVL 的相量形式为

(a) (b)

图 3.3-8 KCL 的相量形式

$$\sum\dot{U}=0 \tag{3.3-28}$$

注意$\sum I\neq 0$，$\sum U\neq 0$，即有效值相加不满足 KCL 和 KVL。

思考题

3.3-1　R，L，C 元件上电压和电流瞬时值的伏安关系和相量关系如何？

3.3-2　R，L，C 元件的功率分别是什么功率？三个元件的工作性质有何不同？

3.4　阻抗及其串并联

3.4.1　阻抗

如图 3.4-1 所示，一端口网络 N_0 的端电压相量 $\dot{U}$ 与端电流相量 $\dot{I}$ 的比值定义为一端口 N_0 的复阻抗 Z，复阻抗简称阻抗，后面统一用阻抗。即

$$Z=\frac{\dot{U}}{\dot{I}}=\frac{U}{I}\angle(\phi_u-\phi_i)=|Z|\angle\varphi_Z \tag{3.4-1}$$

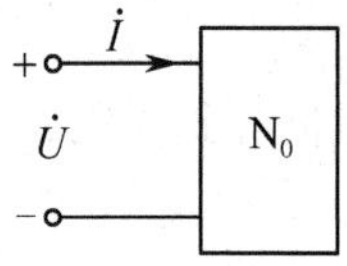

图 3.4-1　一端口网络

式(3.4-1)是阻抗欧姆定律的相量式。其中，$|Z|$ 称为阻抗的模，其值为 $|Z|=U/I$，φ_Z 称为阻抗角，其角度为 $\varphi_Z=\phi_u-\phi_i$，即电压初相位与电流初相位之差。

对于图 3.4-2(a)所示 RLC 串联电路，根据 KVL，有

$$u=u_R+u_L+u_C$$

(a) RLC串联电路　(b) 相量模型　(c) 等效阻抗

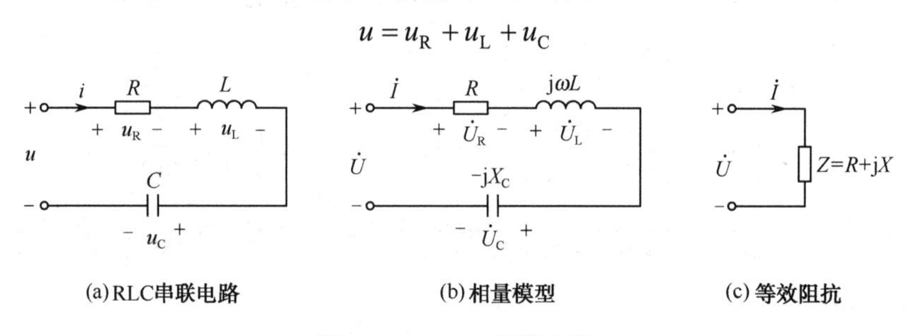

图 3.4-2　RLC 串联电路

画出图 3.4-2(a)所示 RLC 串联电路的相量模型电路如图 3.4-2(b)所示。相应的相量方程式为

$$\dot{U}=\dot{U}_R+\dot{U}_L+\dot{U}_C=R\dot{I}+jX_L\dot{I}-jX_C\dot{I}=\dot{I}[R+j(X_L-X_C)]=Z\dot{I} \tag{3.4-2}$$

其中 $Z=R+j(X_L-X_C)=R+jX$。Z 是一个复数，其实部为电阻 R，虚部是感抗和容抗的差，称为电抗，用 X 表示，$X=X_L-X_C$，因此把 Z 称为 RLC 串联电路的阻抗。三个元件串联的等效电路如图 3.4-2(c)所示。

在图 3.4-2(b)电路中，设电流 $\dot{I}$ 为参考相量，即 $\dot{I}=I\angle 0^\circ$，假设 $X_L>X_C$，画出 RLC 串联电路的相量图如图 3.4-3(a)所示。

由相量图可以看出，总电压 $\dot{U}$、电阻电压 $\dot{U}_R$、电感电压与电容电压的相量和 $\dot{U}_L+\dot{U}_C$ 三者之间构成一个直角三角形，称为电压三角形。

作出阻抗 $Z=R+j(X_L-X_C)=R+jX$ 在复平面上的图形如图 3.4-3(b)所示。$|Z|$、φ_Z 与 R、X 之间的关系为

(a) 电压相量图　(b) 阻抗三角形

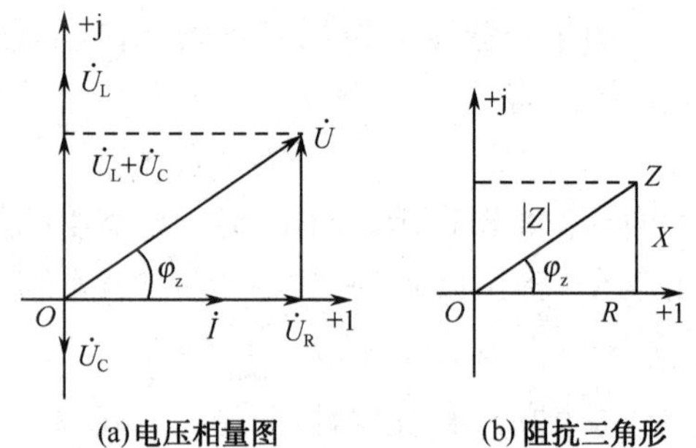

图 3.4-3　RLC 串联电路的相量图

$$|Z| = \sqrt{R^2 + X^2}\,, \qquad \varphi_Z = \arctan(X / R) \tag{3.4-3}$$

或

$$R = |Z|\cos\varphi_Z\,, \quad X = |Z|\sin\varphi_Z \tag{3.4-4}$$

电阻 R、电抗 X 与阻抗 $|Z|$ 三者之间也构成一直角三角形，称为阻抗三角形。显然，阻抗三角形与电压三角形互为相似三角形。

在 RLC 串联电路中，当 $X_L > X_C$ 时，电抗 $X > 0$，则 $\varphi_Z > 0$，表明电路中的电压超前电流，电路呈电感性；当 $X_L < X_C$ 时，电抗 $X < 0$，则 $\varphi_Z < 0$，表明电路中的电压滞后电流，电路呈电容性；当 $X_L = X_C$ 时，电抗 $X = 0$，则 $\varphi_Z = 0$，表明电路中的电压、电流同相位，电路呈电阻性。

3.4.2 阻抗的串联

图 3.4-4(a)为两个阻抗的串联电路，根据 KVL 的相量形式写出电压的相量方程为

$$\dot{U} = \dot{U}_1 + \dot{U}_2 = Z_1\dot{I} + Z_2\dot{I} = (Z_1 + Z_2)\dot{I}$$

令 $Z = Z_1 + Z_2$，可以得到

$$\dot{U} = Z\dot{I}$$

Z 为等效阻抗，其等效电路如图 3.4-4(b)所示。

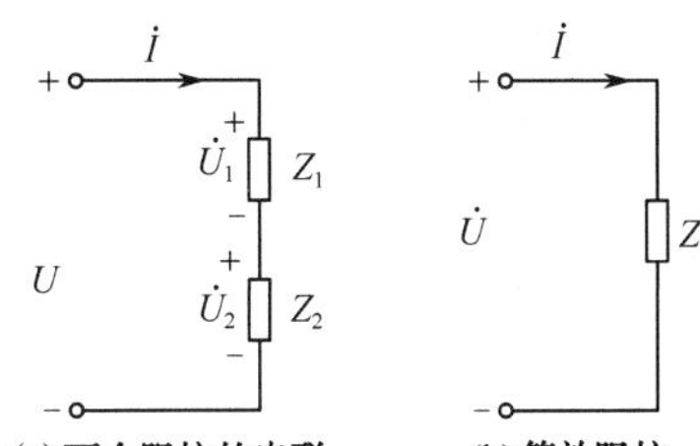

(a) 两个阻抗的串联　(b) 等效阻抗

图 3.4-4　阻抗的串联

在正弦稳态电路中，两阻抗 Z_1 和 Z_2 串联时的分压公式为

$$\begin{cases} \dot{U}_1 = \dfrac{Z_1}{Z}\dot{U} = \dfrac{Z_1}{Z_1 + Z_2}\dot{U} \\ \dot{U}_2 = \dfrac{Z_2}{Z}\dot{U} = \dfrac{Z_2}{Z_1 + Z_2}\dot{U} \end{cases} \tag{3.4-5}$$

同理，对于 n 个阻抗的串联，其等效阻抗等于相串联各阻抗之和，有

$$Z = \sum_{k=1}^{n} Z_k = \sum_{k=1}^{n} R_k + \mathrm{j}\sum_{k=1}^{n} X_k \tag{3.4-6}$$

对 n 个串联阻抗的分压公式为 $\dot{U}_k = \dfrac{Z_k}{Z}\dot{U}$。

【例 3.4-1】 RLC 串联电路如图 3.4-5(a)所示，已知电流 $i = 100\sqrt{2}\cos(1000t)\text{mA}$，$R = 100\Omega$，$L = 200\text{mH}$，$C = 10\mu\text{F}$。求（1）求电路的总阻抗和总电压；（2）画出等效电路。

【解】（1）先画出该电路的相量模型如图 3.4-5(b)所示。

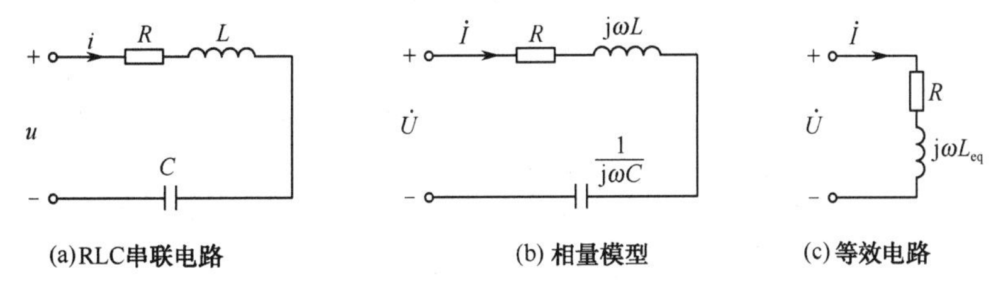

(a) RLC串联电路　(b) 相量模型　(c) 等效电路

图 3.4-5　例 3.4-1 图

电路的总阻抗 $$Z = R + \mathrm{j}\omega L + \frac{1}{\mathrm{j}\omega C} = \left(100 + \mathrm{j}1000 \times 200 \times 10^{-3} + \frac{1}{\mathrm{j}1000 \times 10 \times 10^{-6}}\right)\Omega$$

$$= (100 + \mathrm{j}200 - \mathrm{j}100)\Omega = (100 + \mathrm{j}100)\Omega = 100\sqrt{2}\angle 45^\circ\,\Omega$$

由于 $\dot{I} = 100\angle 0^\circ\,\mathrm{mA}$，故总电压

$$\dot{U} = Z\dot{I} = (100\sqrt{2}\angle 45^\circ \times 100 \times 10^{-3}\angle 0^\circ)\mathrm{V} = 10\sqrt{2}\angle 45^\circ\,\mathrm{V}$$

其等效电路如图 3.4-5(c)所示。

3.4.3 阻抗的并联

图 3.4-6(a)所示为两阻抗的并联电路，根据 KCL 的相量形式有

$$\dot{I} = \dot{I}_1 + \dot{I}_2 = \frac{\dot{U}}{Z_1} + \frac{\dot{U}}{Z_2} = \left(\frac{1}{Z_1} + \frac{1}{Z_2}\right)\dot{U}$$

令 $\frac{1}{Z} = \frac{1}{Z_1} + \frac{1}{Z_2}$，可以得到 $\dot{I} = \frac{1}{Z}\dot{U}$。$Z$ 为其等效阻抗，其等效电路如图 3.4-6(b) 所示。等效阻抗 Z 也可以根据 $Z = \frac{Z_1 Z_2}{Z_1 + Z_2}$ 来计算。

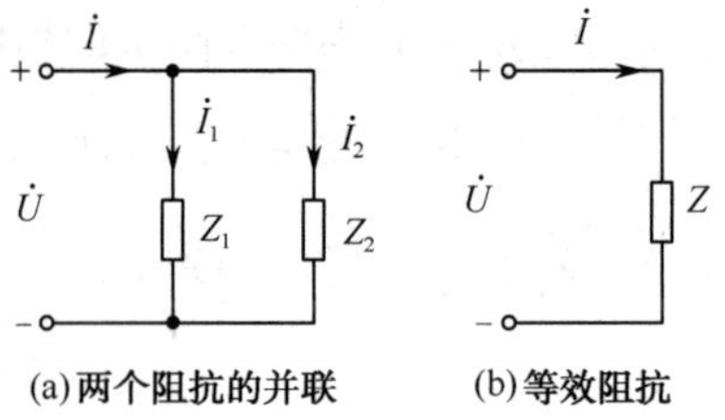

(a) 两个阻抗的并联 (b) 等效阻抗

图 3.4-6 阻抗的并联

在正弦稳态电路中，阻抗 Z_1 和 Z_2 对总电流 $\dot{I}$ 起分流作用，其分流公式为

$$\begin{cases} \dot{I}_1 = \dfrac{Z}{Z_1}\dot{I} = \dfrac{Z_2}{Z_1 + Z_2}\dot{I} \\ \dot{I}_2 = \dfrac{Z}{Z_2}\dot{I} = \dfrac{Z_1}{Z_1 + Z_2}\dot{I} \end{cases} \tag{3.4-7}$$

对于 n 个阻抗的并联，其等效阻抗的倒数等于相并联各阻抗倒数之和，有

$$\frac{1}{Z} = \sum_{k=1}^{n} \frac{1}{Z_k} \tag{3.4-8}$$

阻抗的倒数也可以用导纳来表示，即

$$Y = \frac{1}{Z} = G + \mathrm{j}B \tag{3.4-9}$$

Y 称为复导纳，简称导纳。Y 是一个复数，其实部为电导 G，虚部是容纳和感纳的差，称为电纳，用 B 表示。导纳的单位为西门子，用符号 S 表示。

【例 3.4-2】 RLC 并联电路如图 3.4-7(a) 所示，已知端电压 $u = 220\sqrt{2}\sin(1000t)\mathrm{V}$，$R = 100\Omega$，$L = 50\mathrm{mH}$，$C = 10\mu\mathrm{F}$。（1）求电路的总电流和总阻抗；（2）求电路的等效导纳，画出其等效电路。

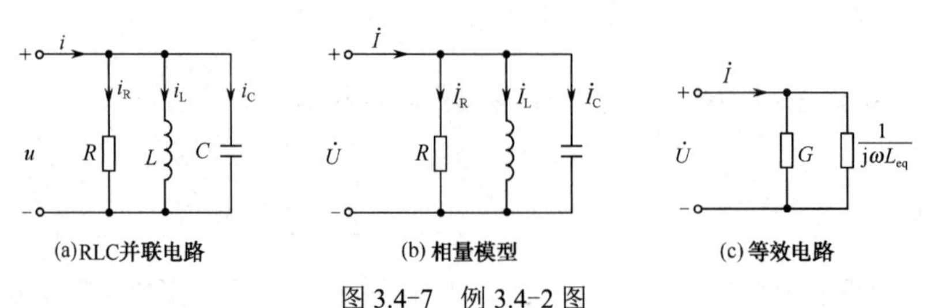

(a) RLC并联电路 (b) 相量模型 (c) 等效电路

图 3.4-7 例 3.4-2 图

【解】 （1）由已知条件有 $\dot{U} = 220\angle 0^\circ\,\mathrm{V}$。根据已知条件画出电路的相量模型如图 3.4-7(b)

所示。电路的总电流为

$$\dot{I}=\dot{U}\left(G+\frac{1}{\mathrm{j}\omega L}+\mathrm{j}\omega C\right)=220\angle 0^{\circ}\left(\frac{1}{100}+\frac{1}{\mathrm{j}1000\times 50\times 10^{-3}}+\mathrm{j}1000\times 10\times 10^{-6}\right)$$

$$=220\angle 0^{\circ}(0.01+\mathrm{j}0.01-\mathrm{j}0.02)=220\angle 0^{\circ}\times 0.01\sqrt{2}\angle -45^{\circ}\,\mathrm{A}$$

$$=2.2\sqrt{2}\angle -45^{\circ}\,\mathrm{A}$$

电路的总阻抗为 $Z=\dfrac{\dot{U}}{\dot{I}}=\dfrac{220\angle 0^{\circ}}{2.2\sqrt{2}\angle -45^{\circ}}\Omega=50\sqrt{2}\angle 45^{\circ}\,\Omega$。

（2）电路的导纳为 $Y=\dfrac{1}{Z}=\dfrac{\dot{I}}{\dot{U}}=(0.01-\mathrm{j}0.01)\mathrm{S}$

其等效电路如图 3.4-7(c)所示。

思考题

3.4-1　什么是阻抗？它的模和阻抗角各表示什么？其阻抗角和电路性质的关系如何？

3.4-2　试判断下面的表达式中哪些正确，哪些不正确：

（1）$I=U/|Z|$　（2）$i=u/|Z|$　（3）$\dot{I}=\dot{U}/|Z|$　（4）$\dot{I}=\dot{U}/Z$

3.5　正弦稳态电路的分析

1. 相量分析法

在正弦稳态电路的分析中，若电路中的所有元件都用其相量模型表示，电压和电流都用相量表示，所得电路的相量模型将服从相量形式的欧姆定律和基尔霍夫定律，此时列出的电路方程为线性的复数代数方程(称为相量方程)，与电阻电路中的相应方程类似。这种基于电路的相量模型对正弦稳态电路进行分析的方法称为相量分析法。

在电阻电路中学习过的电路分析方法在正弦稳态电路分析中都适用。用相量法分析正弦稳态电路的步骤如下：

（1）画出原电路的相量模型电路；

（2）选择适当的分析方法，列写相量形式的电路方程；

（3）根据相量形式的电路方程求出未知相量；

（4）由解的相量形式写出电压、电流的瞬时值表达式。

（5）根据需要，作其余分析。

2. 正弦稳态电路分析举例

【例 3.5-1】 在图 3.5-1 所示电路中，已知 $I_1=10\mathrm{A}$，$U_{\mathrm{AB}}=100\mathrm{V}$。求电压表 V 和电流表 A 的读数。

【解】 设 $\dot{U}_{\mathrm{AB}}$ 为参考相量，即 $\dot{U}_{\mathrm{AB}}=100\angle 0^{\circ}\mathrm{V}$，则

$$\dot{I}_2=\frac{\dot{U}_{\mathrm{AB}}}{5+\mathrm{j}5}=10\sqrt{2}\angle -45^{\circ}\,\mathrm{A}，\quad \dot{I}_1=10\angle 90^{\circ}\,\mathrm{A}$$

$$\dot{I}=\dot{I}_1+\dot{I}_2=10\angle 90^{\circ}+10\sqrt{2}\angle -45^{\circ}=10\angle 0^{\circ}\,\mathrm{A}，$$

$$\dot{U}_{\mathrm{C1}}=\dot{I}(-\mathrm{j}10)=-\mathrm{j}100\mathrm{V}$$

$$\dot{U}=\dot{U}_{\mathrm{C1}}+\dot{U}_{\mathrm{AB}}=-\mathrm{j}100\mathrm{V}+100\mathrm{V}=141.1\angle -45^{\circ}\,\mathrm{V}$$

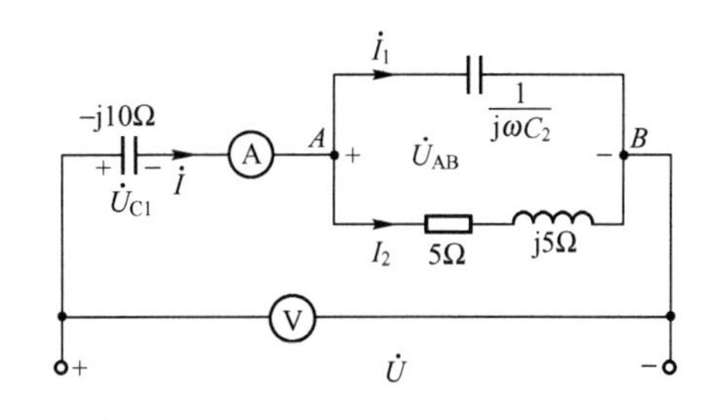

图 3.5-1　例 3.5-1 图

故电压表的读数为 141.1V，电流表的读数为 10A。

【例 3.5-2】 在图 3.5-2(a)所示电路中，已知 $R_1=48\Omega$，$R_2=24\Omega$，$R_3=48\Omega$，$R_4=2\Omega$，$X_L=2.8\Omega$，$\dot{U}_1=220\angle0^\circ\text{V}$，$\dot{U}_2=220\angle-120^\circ\text{V}$，$\dot{U}_3=220\angle120^\circ\text{V}$。求感性负载上的电流 $\dot{I}_L$。

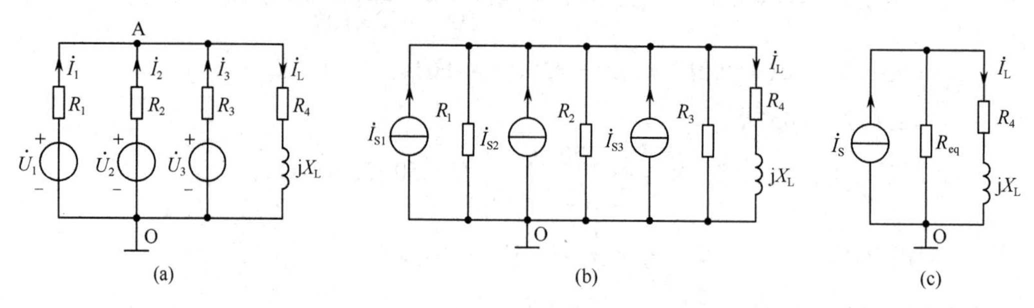

图 3.5-2 例 3.5-2

【解】 方法一：节点电压法

由图 3.5-2(a)，应用两节点电压公式，得

$$\dot{U}_{AO}=\frac{\frac{\dot{U}_1}{R_1}+\frac{\dot{U}_2}{R_2}+\frac{\dot{U}_3}{R_3}}{\frac{1}{R_1}+\frac{1}{R_2}+\frac{1}{R_3}+\frac{1}{R_4+jX_L}}=\left(\frac{\frac{220\angle0^\circ}{48}+\frac{220\angle-120^\circ}{24}+\frac{220\angle120^\circ}{48}}{\frac{1}{48}+\frac{1}{24}+\frac{1}{48}+\frac{1}{2+j2.8}}\right)\text{V}=13.25\angle-77^\circ\text{V}$$

故
$$\dot{I}_L=\frac{\dot{U}_{AO}}{R_4+jX_L}=\frac{13.25\angle-77^\circ}{2+j2.8}=3.85\angle-131.5^\circ\text{A}$$

方法二：电源等效变换法

利用电压源和电流源之间的等效变换，将图 3.5-2(a)变换成图 3.5-2(b)所示电流源模型，进一步变换成图 3.5-2(c)所示电路模型，负载电流 $\dot{I}_L$ 可由分流公式求得。在图 3.5-2(b)中

$$\dot{I}_{S1}=\frac{\dot{U}_1}{R_1}=\frac{220\angle0^\circ}{48}\text{A}\qquad \dot{I}_{S2}=\frac{\dot{U}_2}{R_2}=\frac{220\angle-120^\circ}{48}\text{A}\qquad \dot{I}_{S3}=\frac{\dot{U}_3}{R_3}=\frac{220\angle120^\circ}{48}\text{A}$$

在图 3.5-2(c)中
$$\dot{I}_S=\dot{I}_{S1}+\dot{I}_{S2}+\dot{I}_{S3}=\left(\frac{220\angle0^\circ}{48}+\frac{220\angle-120^\circ}{24}+\frac{220\angle120^\circ}{48}\right)\text{A}$$

$$=\frac{220}{48}\angle-120^\circ\text{A}\approx4.58\angle-120^\circ\text{A}$$

$$R_{eq}=R_1//R_2//R_3=48//24//48=12\Omega$$

根据分流公式可得
$$\dot{I}_L=\frac{R_{eq}}{R_{eq}+R_4+jX_L}\dot{I}_S=\frac{12}{12+2+j2.8}\times\frac{220}{48}\angle-120^\circ=3.85\angle-131.5^\circ\text{A}$$

方法三：应用戴维南定理求解

① 将待求量所在支路断开，求开路电压 $\dot{U}_{OC}$

$$\dot{U}_{OC}=\frac{\frac{\dot{U}_1}{R_1}+\frac{\dot{U}_2}{R_2}+\frac{\dot{U}_3}{R_3}}{\frac{1}{R_1}+\frac{1}{R_2}+\frac{1}{R_3}}=\left(\frac{\frac{220\angle0^\circ}{48}+\frac{220\angle-120^\circ}{24}+\frac{220\angle120^\circ}{48}}{\frac{1}{48}+\frac{1}{24}+\frac{1}{48}}\right)\text{V}=55\angle-120^\circ\text{V}$$

② 求从开口处看进去去的等效阻抗 Z_{eq}

$$Z_{eq}=R_1//R_2//R_3=48//24//48=12\Omega$$

③ 画出戴维南等效电路，求解未知量

$$\dot{I}_L=\frac{\dot{U}_{OC}}{Z_{eq}+R_4+jX_L}=\frac{55\angle-120^\circ}{12+2+j2.8}\approx3.85\angle-131.5^\circ\text{A}$$

3.6 正弦稳态电路的功率

1. 瞬时功率

在图 3.6-1(a)所示 RLC 串联的正弦稳态电路中，设端口电压为u，流进端口的电流为i，则该电路的瞬时功率为

$$p = ui$$

设

$$i = \sqrt{2}I\sin(\omega t)\text{A}$$

由 R、L、C 的相位关系，得

$$u = u_{\text{R}} + u_{\text{L}} + u_{\text{C}} = \sqrt{2}RI\sin\omega t + \sqrt{2}\omega LI\sin(\omega t + 90^\circ) + \sqrt{2}\frac{1}{\omega C}I\sin(\omega t - 90^\circ) = \sqrt{2}U\sin(\omega t + \phi_{\text{u}})$$

则端口的瞬时功率为

$$\begin{aligned} p = ui &= \sqrt{2}U\sin(\omega t + \phi_{\text{u}}) \times \sqrt{2}I\sin\omega t = 2UI\sin(\omega t + \phi_{\text{u}})\sin\omega t \qquad (3.6\text{-}1) \\ &= UI\left[\cos\phi_{\text{u}} - \cos(2\omega t + \phi_{\text{u}})\right] \qquad \text{第一种分解形式} \\ &= UI\cos\phi_{\text{u}}\left[1 - \cos(2\omega t)\right] + UI\sin\phi_{\text{u}}\sin(2\omega t) \qquad \text{第二种分解形式} \end{aligned}$$

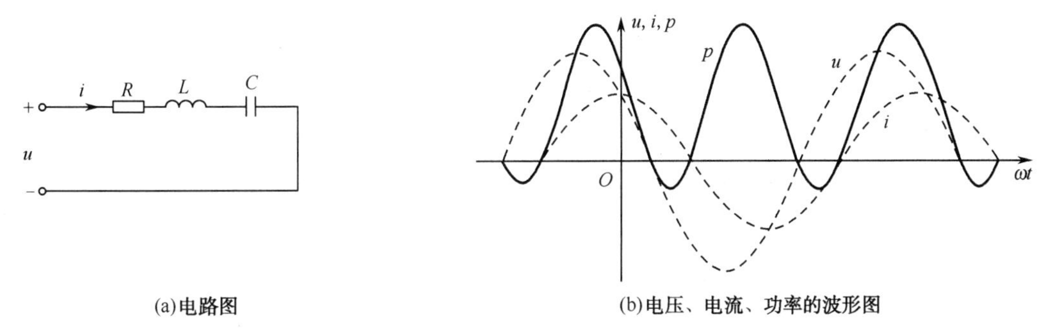

(a)电路图　　(b)电压、电流、功率的波形图

图 3.6-1　RLC 电路瞬时功率的波形图

由u、i及p的表达式（第一种分解形式）画出的波形如图 3.6-1(b)所示。从波形图上可以看出，当$u>0$、$i>0$或$u<0$、$i<0$时，一端口网络吸收功率，此时$p>0$；当$u>0$、$i<0$或$u<0$、$i>0$时，一端口网络提供功率，此时$p<0$。这是由于在一端口网络中存在储能元件(电感L或电容C)，储能元件与外部电路或电源之间存在能量交换。

工程上常关心一段时间做功的多少，一般用有功功率(平均功率)来计算正弦稳态电路的功率。

2. 有功功率（平均功率）

有功功率也称平均功率，它是瞬时功率在一个周期内的平均值，用大写字母P表示，即

$$P = \frac{1}{T}\int_0^T p\text{d}t$$

将式(3.6-1)代入上式，得

$$\begin{aligned} P &= \frac{1}{T}\int_0^T p\text{d}t = \frac{1}{T}\int_0^T \left[UI\cos\phi_{\text{u}} - UI\cos(2\omega t + \phi_{\text{u}})\right]\text{d}t \\ &= UI\cos\phi_{\text{u}} = UI\cos(\phi_{\text{u}} - \phi_{\text{i}}) = UI\cos\varphi \end{aligned} \qquad (3.6\text{-}2)$$

上式中φ为电压与电流的相位差。有功功率就是电路实际消耗的功率，它等于瞬时功率中的恒定分量。它不仅与电压和电流有效值的乘积有关，而且也与它们之间的相位差有关。式中的$\cos\varphi$称为电路的功率因数(φ为电路中电压与电流的相位差，即复阻抗角)。

电阻总是消耗功率，是耗能元件。而电感和电容则不消耗有功功率，只是存在和电源之间的功率交换，是储能元件。有功功率的单位为瓦特（W），式(3.6-2)可写为

$$P = UI\cos\varphi = U_R I_R = \frac{U_R^2}{R} = I_R^2 R$$

3. 无功功率

无功功率定义为
$$Q = UI\sin\varphi \tag{3.6-3}$$
式中，φ 为复阻抗角。无功功率等于瞬时功率可逆部分 $UI\sin\phi_u \sin(2\omega t)$（第二种分解形式，以电流为参考相量时，$\varphi$=$\phi_u$）的幅值，用于衡量由储能元件引起的与外部电路交换的功率。“无功”表示这部分能量在往复交换过程中，没有能量消耗。当电路为感性电路时，电路中的电压超前电流，即 $\varphi > 0$，此时电路的无功功率为 $Q_L = UI\sin\varphi > 0$；当电路为容性电路时，电路中的电压滞后电流，即 $\varphi < 0$，此时电路的无功功率为 $Q_C = UI\sin\varphi < 0$。

在 RLC 电路中，无功功率 Q 又可写为

$$Q = \sum_{k=1}^{n} Q_k = Q_1 + Q_2 + \cdots + Q_n$$

其中电容的无功功率取负值，电感的无功功率取正值。

4. 视在功率

一端口网络端口上电压、电流有效值的乘积定义为视在功率，用大写字母 S 表示，即
$$S = UI \tag{3.6-4}$$
视在功率的单位为伏安(VA)、千伏安(kVA)。

在电路系统中，电源设备等都是按照一定的额定电压和额定电流来设计和使用的。电源设备功率的额定值称为其容量，是由它们的额定电压和额定电流的乘积决定的。即电源设备都用额定的视在功率表示它们的容量，也就决定了电源所能输出的最大功率。

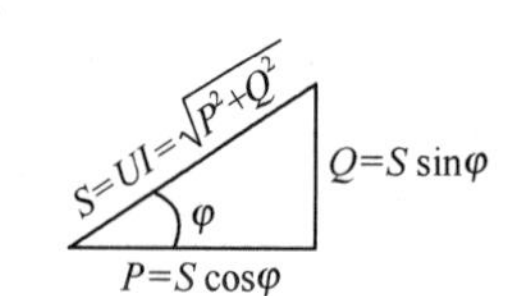

图 3.6-2　功率三角形

将式(3.6-4)代入式(3.6-2)和式(3.6-3)可得

$$P = UI\cos\varphi = S\cos\varphi,\quad Q = UI\sin\varphi = S\sin\varphi$$

所以，电路中的视在功率、有功功率和无功功率之间也可构成如图 3.6-2 所示的直角三角形，称为功率三角形。可以证明，功率三角形与电压三角形、阻抗三角形互为相似三角形。

【例 3.6-1】 在图 3.6-3 所示的电路中，已知电源电压为 $\dot{U} = 220\angle 0^\circ \text{V}$，$R_1 = 30\Omega$，$R_2 = 80\Omega$，$X_C = 40\Omega$，$X_L = 60\Omega$。求该电路的有功功率、无功功率、视在功率及功率因数。

【解】 $Z_1 = R_1 - jX_C = 30 - j40 = 50\angle -53.1^\circ \Omega$，$Z_2 = R_2 + jX_L = 80 + j60 = 100\angle 36.9^\circ \Omega$

$$\dot{I}_1 = \frac{\dot{U}}{Z_1} = \frac{220\angle 0^\circ}{50\angle -53.1^\circ} = 4.4\angle 53.1^\circ \text{A} = (2.64 + j3.52)\text{A}$$

$$\dot{I}_2 = \frac{\dot{U}}{Z_2} = \frac{220\angle 0^\circ}{100\angle 36.9^\circ} = 2.2\angle -36.9^\circ \text{A} = (1.76 - j1.32)\text{A}$$

$$\dot{I} = \dot{I}_1 + \dot{I}_2 = (2.64 + j3.52 + 1.76 - j1.32) = (4.4 + j2.2) = 4.92\angle 26.6^\circ \text{A}$$

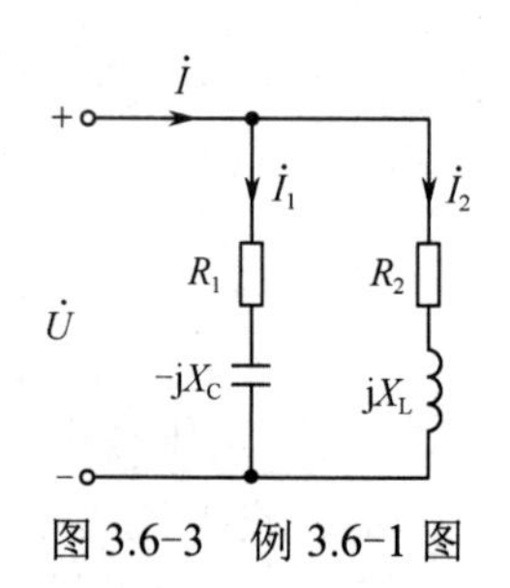

图 3.6-3　例 3.6-1 图

由端口电压、电流及其相位差求得 S、P、Q，即

$$S = UI = 220 \times 4.92 = 1082.4\text{VA}$$

$$P = UI\cos\phi = 1082.4 \times \cos(0 - 26.6^\circ) = 967.8\text{W}$$

$$Q = UI\sin\phi = 1082.4 \times \sin(0 - 26.6^\circ) = -484.6\text{Var}$$

$$\cos\varphi = \cos(0 - 26.6^\circ) = 0.894$$

3.7 功率因数的提高

在电路系统中，功率因数是一个非常重要的参数。任何一种电气设备的容量都取决于它的额定电压和额定电流的大小。但电气设备产生或消耗的有功功率 $P = UI\cos\varphi$ ，不但与电路中的电压、电流有关，还与设备的功率因数 $\cos\varphi$ 有关。当电气负载的功率因数较低时，其电源设备的利用率就很低。例如一台容量为 10^4 kVA 的大型变压器，当负载的功率因数为 $\cos\varphi = 1$ 时，这台变压器的输出功率 $P = UI\cos\varphi = 10^4\text{kW}$ ，而当负载功率因数为 $\cos\varphi = 0.75$ 时，它的输出功率只有 $P = UI\cos\varphi = 10^4 \times 0.75 = 7500\text{kW}$ 。因此，为了充分利用电源设备的容量，应尽可能地提高功率因数。

同时，提高功率因数还可以减小输电线路中的电能损耗，提高输电的效率。这是由于输电线中的电流 $I = \dfrac{P}{U\cos\varphi}$ ，当负载的有功功率和端电压一定时， $\cos\varphi$ 越大，电流就越小，消耗在输电线电阻上的功率也就越小，从而减小了输电线路的能量损耗。

在实际用电设备中，绝大多数的用电负载是感性负载，而且阻抗角较大，功率因数较低。为了提高功率因数，最简单的方法是在负载两端(实际是在供电线路的低压侧)并联合适的电容，以提高电路的功率因数，同时也不影响负载的正常工作。

提高功率因数的物理意义就是用电容的无功功率去补偿电感的无功功率，从而减少电源的无功功率输出。

图 3.7-1(a)所示的感性负载 Z_L 是由电阻 R 和电感 L 组成的。并联电容前，电路中的电流 $\dot{I}$ 就是负载电流 $\dot{I}_L$ ，这时电路的阻抗角为 φ_L 。并联电容后，由于负载 Z_L 和电源电压 $\dot{U}$ 均不变，故负载电流 $\dot{I}_L$ 也不变，电容中的电流 $\dot{I}_C$ 比电压 $\dot{U}$ 超前 90° ，它与负载电流 $\dot{I}_L$ 相加后为电路的总电流，即 $\dot{I} = \dot{I}_L + \dot{I}_C$ 。由图 3.7-1(b)所示的相量图可知，并联电容后，电路中的总电流与电压之间的相位差为 φ ，即为并电容后电路总阻抗的阻抗角。可见，并联电容后的阻抗角 $\varphi < \varphi_L$ ，从而使电路的功率因数得到提高。

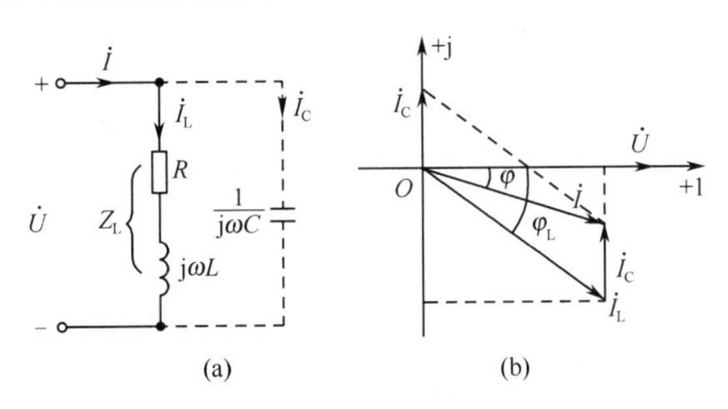

图 3.7-1　功率因数的提高

并联电容 C 的计算方法如下：设负载的有功功率为 P ，电路未并联电容前，电路中的总电流为 $\dot{I}_L$ ，功率因数为 $\cos\varphi_L$ ；并联电容后，电路中的总电流为 $\dot{I}$ ，功率因数为 $\cos\varphi$ 。由于所并联的电容并不消耗有功功率，故电源提供的有功功率在并联电容前后保持不变，即

$$P = UI_L\cos\varphi_L = UI\cos\varphi \tag{3.7-1}$$

由图 3.7-1(b)可知 $$I_C = I_L \sin\varphi_L - I\sin\varphi \tag{3.7-2}$$

由式(3.7-1)可知 $$I_L = \frac{P}{U\cos\varphi_L},\quad I = \frac{P}{U\cos\varphi}$$

代入式(3.7-2)可得 $$I_C = \frac{P}{U\cos\phi_L}\sin\varphi_L - \frac{P}{U\cos\varphi}\sin\varphi = \frac{P}{U}(\tan\varphi_L - \tan\varphi)$$

而 $$I_C = \frac{U}{X_C} = \omega CU$$

故 $$C = \frac{P}{\omega U^2}(\tan\varphi_L - \tan\varphi) \tag{3.7-3}$$

电容补偿的无功功率为 $$Q_C = -P(\tan\varphi_L - \tan\varphi) \tag{3.7-4}$$

【例 3.7-1】 某日光灯电路模型如图 3.7-1(a)中的实线所示。图中 L 为铁心线圈，称为镇流器，R 为灯管的等效电阻。已知电源电压 $U = 220\text{V}$，$f = 50\text{Hz}$，日光灯管的功率为 40W，额定电流为 0.23A。（1）求电路的功率因数、电感 L 和电感上的电压 U_L；（2）若要将电路的功率因数提高到 0.9，需要并联多大电容？（3）并联电容后电源的总电流为多少？电源提供的无功功率为多少？（4）若要将电路的功率因数继续提高到 0.95，需要再并联多大电容？

【解】 （1）因为 $U = 220\text{V}$，$I_N = 0.23\text{A}$，负载的功率因数为

$$\cos\phi_L = \frac{P}{UI_N} = \frac{40}{220\times 0.23} = 0.79$$

负载的阻抗角为 $$\phi_L = \arccos 0.79 = 37.8^\circ$$

负载支路的阻抗模为 $$|Z| = \frac{U}{I_N} = \frac{220}{0.23} = 956.5\Omega$$

负载支路的阻抗为 $$Z_L = |Z_L|\angle\varphi_L = 956.5\angle 37.8^\circ = (755.8 + \text{j}586.2)\Omega$$

所以 $$R = 755.8\Omega,\ X_L = 586.2\Omega,\quad L = \frac{X_L}{\omega} = \frac{X_L}{2\pi f} = \frac{586.2}{2\times 3.14\times 50} = \frac{586.2}{314} = 1.87\text{H}$$

电感的电压为 $U_L = I_L X_L = 0.23\times 586.2 = 134.8\text{V}$。

（2）求并联电容 C。并联电容后，电路的功率因数 $\cos\varphi = 0.9$，此时电路的阻抗角为 $\varphi = \arccos 0.9 = 25.8^\circ$，由式(3.7-3)得

$$C = \frac{P}{\omega U^2}(\tan\phi_L - \tan\phi) = \frac{40}{314\times 220^2}(\tan 37.8^\circ - \tan 25.8^\circ) = \frac{40}{15.2\times 10^6}(0.78 - 0.48) \approx 0.789\mu\text{F}$$

（3）并联电容后，电源的总电流为

$$I = \frac{P}{U\cos\varphi} = \frac{40}{220\times 0.9} = 0.202\text{A}$$

电源提供的无功功率为

$$Q = UI\sin\varphi = 220\times 0.202\times\sin 25.8^\circ = 19.34\text{Var}$$

（4）将电路的功率因数继续提高到 0.95，此时 $\cos\varphi = 0.95$，阻抗角为 $\varphi = 18.2^\circ$，得

$$C = \frac{P}{\omega U^2}(\tan\phi_L - \tan\phi) = \frac{40}{314\times 220^2}(\tan 25.8^\circ - \tan 18.2^\circ) = \frac{40}{15.2\times 10^6}(0.48 - 0.33) \approx 0.394\mu\text{F}$$

此时，$I = \dfrac{P}{U\cos\varphi} = \dfrac{40}{220\times 0.95} = 0.191\text{A}$

可见，继续提高功率因数，所需电容大，产生效果不明显，不经济，实际中一般将功率因数提高到 0.9 左右即可。

思考题

3.7-1　一个用电器的功率因数由什么因素决定？在电源频率一定的情况下能不能改变？

3.7-2　如何提高供电系统的功率因数？

3.8　串联谐振与并联谐振

谐振是正弦稳态电路中的一种特殊现象。谐振电路由 RLC 组成，在正弦交流电路中，如果改变电路的参数或电源的频率，电路中的电压和电流就可能达到同相，电路中的这种现象称为谐振。谐振在无线电技术中得到广泛应用，但是在某些方面，电路产生谐振又可能破坏系统的正常工作。谐振按电路的组成形式可分为串联谐振和并联谐振。

3.8.1　串联谐振

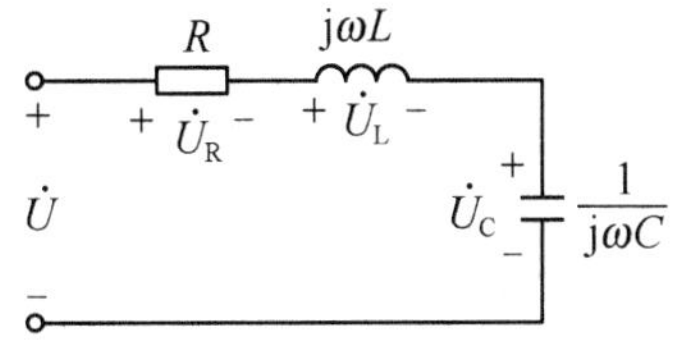

RLC 串联电路如图 3.8-1 所示。其输入阻抗为

$$Z = R + \mathrm{j}X = R + \mathrm{j}\left(\omega L - \frac{1}{\omega C}\right)$$

当发生谐振时，上式中的虚部为零，从而有

$$\omega L = \frac{1}{\omega C} \tag{3.8-1}$$

图 3.8-1　RLC 串联谐振

此时电路呈电阻性，电路中的电压、电流同相位。式(3.8-1)为谐振条件。由谐振条件可知，改变 ω、L 或 C 都可以使电路发生谐振。电路发生谐振时，电路的角频率 ω_0 为

$$\omega_0 = \frac{1}{\sqrt{LC}} \tag{3.8-2}$$

ω_0 称为谐振角频率。由于 $\omega = 2\pi f$，所以谐振频率为

$$f_0 = \frac{1}{2\pi\sqrt{LC}} \tag{3.8-3}$$

由式(3.8-3)可知，电路的谐振频率与电阻及外加电源无关，它反映了电路的固有性质。只有当外加电源的频率与电路本身的谐振频率相等时，电路才能产生谐振。

串联谐振的主要特征是：

（1）电压 $\dot{U}$、电流 $\dot{I}$ 同相，电路呈电阻性。

（2）电路的阻抗最小，即

$$|Z|_{\min} = \sqrt{R^2 + \left(X_{\mathrm{L}} - X_{\mathrm{C}}\right)^2} = R$$

（3）电流最大，即 $I_{\max} = U/R$。

感抗、容抗、阻抗和电流随频率变化的关系曲线如图 3.8-2 所示。

（4）当电路中发生串联谐振时，如果 $X_{\mathrm{L}} = X_{\mathrm{C}} \gg R$，则 $U_{\mathrm{L}} = U_{\mathrm{C}} \gg U$，即电感和电容的电压有效值将远大于电源电压（$U_{\mathrm{L}}$ 和 U_{C} 的数值可能很大，称为过电压），故串联谐振也称为电压谐振。工程上将谐振时电感电压或电容电压与电源电压的比值定义为电路的品质因数，即

$$Q = \frac{U_{\mathrm{L}}}{U} = \frac{U_{\mathrm{C}}}{U} = \frac{\omega_0 L}{R} = \frac{1}{\omega_0 RC} = \frac{1}{R}\sqrt{\frac{L}{C}} \tag{3.8-4}$$

串联谐振在无线电工程中应用较多。如收音机电路，通过调频电容 C 的调节，使收音机输入电路的谐振频率与欲接收某电台信号的载波频率相等，使之发生串联谐振，从而实现“选

台”。图 3.8-3(a)所示为收音机的输入电路，图 3.8-3(b)为其等效电路，其中R为电感线圈的绕线电阻。

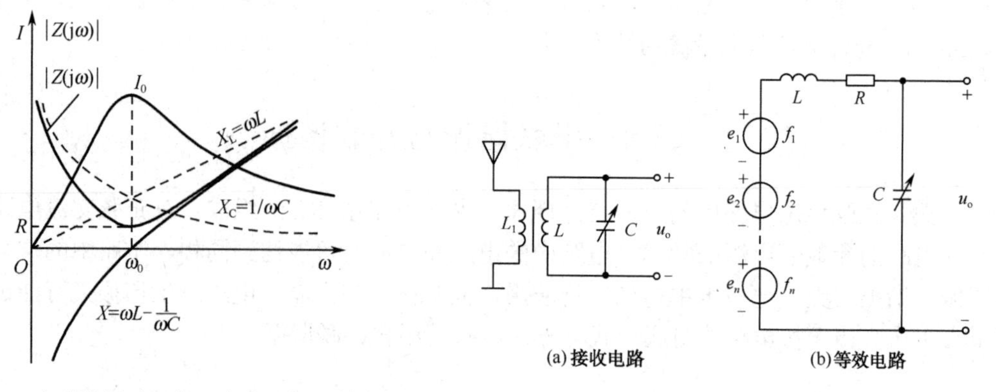

图 3.8-2 串联谐振时阻抗、电流随频率变化曲线

图 3.8-3 收音机接收电路及其等效电路

【例 3.8-1】 已知某晶体管收音机输入回路的电感$L=310\mu H$，电感绕线电阻R为3.35Ω。今欲收听载波频率为540kHz、电压有效值为1mV的信号。求：（1）此时调谐电容C的数值和品质因数Q；（2）谐振电流的有效值，以及电容两端电压的有效值。

【解】（1）为了能收听到频率为540kHz的电台节目，调节电容C，使回路谐振频率f_0等于540kHz，由谐振频率公式，得

$$f_0=\frac{1}{2\pi\sqrt{LC}}$$

故

$$C=\frac{1}{(2\pi f_0)^2L}=\frac{1}{\left(2\pi\times 540\times 10^3\right)^2\times 310\times 10^{-6}}=280\text{pF}$$

回路的品质因数为

$$Q=\frac{2\pi f_0 L}{R}=\frac{2\pi\times 540\times 10^3\times 310\times 10^{-6}}{3.35}=313.8$$

（2）谐振电流为

$$I_0=U/R=1\times 10^{-3}/3.35=298\mu\text{A}$$

谐振时电容上的电压为

$$U_C=QU=313.8\times 1\times 10^{-3}=313.8\text{mV}$$

*3.8.2 并联谐振

图 3.8-4 为 RLC 并联谐振电路。并联谐振与串联谐振定义相同，即端口电压与端口电流同相位时称为谐振。图 3.8-4 电路的导纳为

$$Y=\frac{1}{Z}=\frac{1}{R}+\text{j}\frac{1}{X_C}+\frac{1}{\text{j}X_L}=\frac{1}{R}+\text{j}\left(\omega C-\frac{1}{\omega L}\right)=G+\text{j}B \qquad (3.8\text{-}5)$$

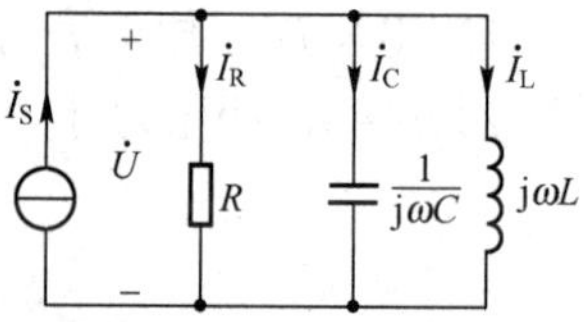

图 3.8-4 RLC 并联谐振电路

当$\omega L=\dfrac{1}{\omega C}$，即$Z=R$时，电压与电流同相位，电路发生并联谐振，即$\omega L=\dfrac{1}{\omega C}$为并联谐振条件。根据并联谐振条件可以求得谐振时的角频率或频率分别为

$$\omega_0=\frac{1}{\sqrt{LC}} \quad 或 \quad f_0=\frac{1}{2\pi\sqrt{LC}} \qquad (3.8\text{-}6)$$

并联谐振的主要特征是：

（1）电压$\dot{U}$、电流$\dot{I}$同相，电路呈电阻性。

（2）电路的阻抗最大，即$|Z|_{\max}=R$。

（3）并联支路两端的电压最大，即 $\dot{U} = \dot{I}_{S}R$

（4）由于并联谐振时有 $\dot{I}_{C} + \dot{I}_{L} = 0$，如果 $R \gg X_{C} = X_{L}$，则 $I_{C} = I_{L} \gg I_{S}$，即流过电感和电容的电流的有效值将远大于信号源电流，故并联谐振也称为电流谐振。同样定义为并联谐振电路的品质因数等于谐振时电感电流或电容电流与电流源电流的比值，即

$$Q = \frac{I_{L}(\omega_{0})}{I_{S}} = \frac{1}{G}\sqrt{\frac{C}{L}} \tag{3.8-7}$$

【例 3.8-2】 在图 3.8-5 所示电路中，已知电流源 $\dot{I}_{S} = 2\angle 0^{\circ}$ mA，$L = 400\mu\text{H}$，$C = 200\text{pF}$，电源内阻 $R_{S} = 200\text{k}\Omega$，负载电阻 $R_{L} = 200\text{k}\Omega$。求电路发生并联谐振时的谐振频率、阻抗、阻抗两端电压 U 及电路的品质因数。

图 3.8-5　例 3.8-2 图

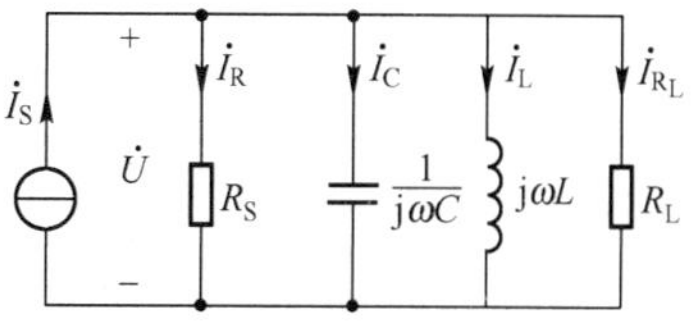

【解】 根据并联谐振频率的计算公式，有

$$f_{0} = \frac{1}{2\pi\sqrt{LC}} = \frac{1}{2\times 3.14\times\sqrt{400\times 10^{-6}\times 200\times 10^{-12}}} = 563\text{kHz}$$

谐振时电路的阻抗为 $Z_{0} = R_{S}//R_{L} = 200//200\text{k}\Omega = 100\text{k}\Omega$

阻抗两端电压为 $U = I_{S}Z_{0} = 2\times 10^{-3}\times 100\times 10^{3}\text{V} = 200\text{V}$

电路的品质因数为 $Q = \frac{1}{G}\sqrt{\frac{C}{L}} = 100\times 10^{3}\times\sqrt{\frac{200\times 10^{-12}}{400\times 10^{-6}}} = 70.7$

思考题

3.8-1　RLC 串联电路的谐振条件是什么？发生串联谐振时，电路有什么特点？

3.8-2　RLC 并联电路的谐振条件是什么？发生并联谐振时，电路有什么特点？

【引例分析】 引例中的电路是由 RC 组成的低通滤波电路。设电源的角频率为 ω，画出其相量模型如图 3.8-6(b)所示，利用分压公式有

$$\dot{U}_{o} = \frac{\frac{1}{j\omega C}}{R + \frac{1}{j\omega C}}\dot{U}_{i}$$

则输出电压的幅值为

$$U_{o} = \frac{1}{\sqrt{1+(\omega RC)^{2}}}U_{i}$$

可见，输出电压 U_{o} 是角频率的函数。上式中，当 $\omega = 0$ 时，$U_{o} = U_{i}$；当 $\omega = \omega_{0} = \frac{1}{RC}$ 时，$U_{o} = \frac{1}{\sqrt{2}}U_{i} = 0.07U_{i}$；当 $\omega = \infty$ 时，$U_{o} = 0$；画出 U_{o} 与频率的关系曲线，即为其幅频特性曲线如图 3.8-6(c)所示。可见，由于电容的容抗随频率发生变化，使输出电压 u_{o} 的幅值随频率变化，即此电路能送出低频正弦交流信号，高频正弦交流信号被封锁。所以，此电路称为低通滤波器。

(a)原电路　　(b)相量模型电路　　(c)幅频特性曲线

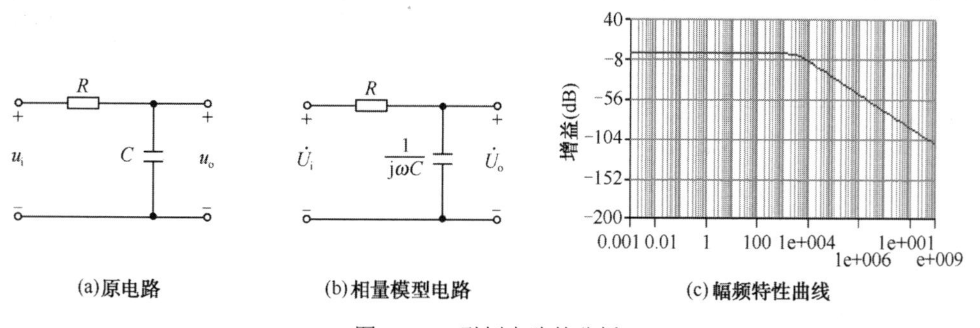

图 3.8-6　引例电路的分析

3.9 RLC 串联电路的仿真

本节研究品质因数 Q 对电路选频特性的影响。

图 3.9-1 所示为 RLC 串联电路的仿真电路。其中，$R_1 = 10\Omega$，$L_1 = 100\text{mH}$，$C_1 = 100\text{nF}$，输入信号源 V_1 为交流电源，其有效值为 1V，频率为 1kHz。由前面所学的内容可知，电路的谐振频率、带宽及品质因数的计算公式分别为

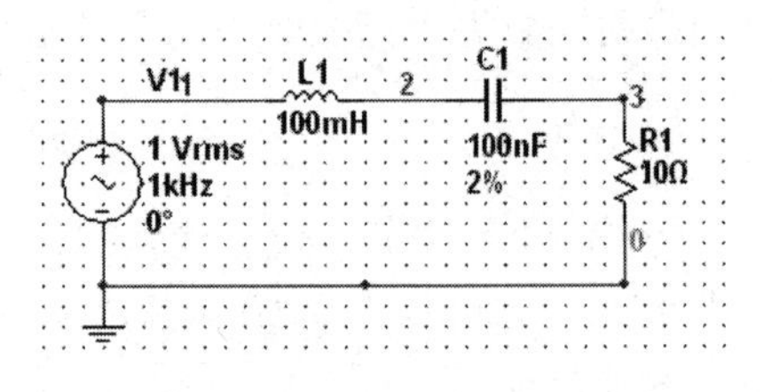

图 3.9-1　RLC 串联谐振仿真电路

$$f_0 = \frac{1}{2\pi\sqrt{LC}},\ \text{BW} = f_\text{H} - f_\text{L},\ Q = \frac{f_0}{\text{BW}}$$

这些电路参数都可以通过电路的频率特性曲线直接或间接获得。

（1）采用 Multisim 仿真软件对图 3.9-1 所示电路的频率特性进行仿真，其仿真波形如图 3.9-2 所示。由图(a)可见，幅频特性曲线的最大值所对应的频率即为谐振频率，由图(b)读出的谐振频率 $f_0 = 1.5845\text{kHz}$。

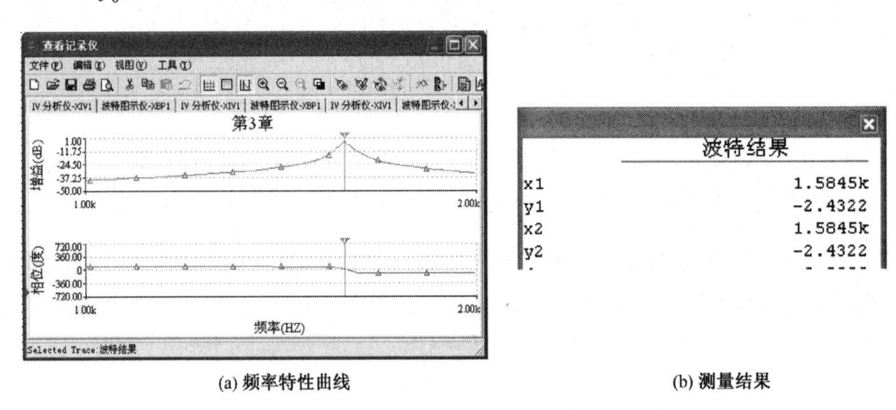

(a) 频率特性曲线　　(b) 测量结果

图 3.9-2　RLC 串联电路的频率特性

（2）在幅频特性曲线上的最大值开始移动游标 1 和游标 2，使幅值下降到 3dB 时所对应的频率即为上限、下限截止频率，如图 3.9-3(a)所示。由图(b)得出 $f_\text{H} = 1.598\text{kHz}$，$f_\text{L} = 1.5754\text{kHz}$。所以，通频带为

$$\text{BW} = f_\text{H} - f_\text{L} = (1.598 - 1.5754)\text{kHz} = 0.0226\text{kHz} = 22.6\text{Hz}$$

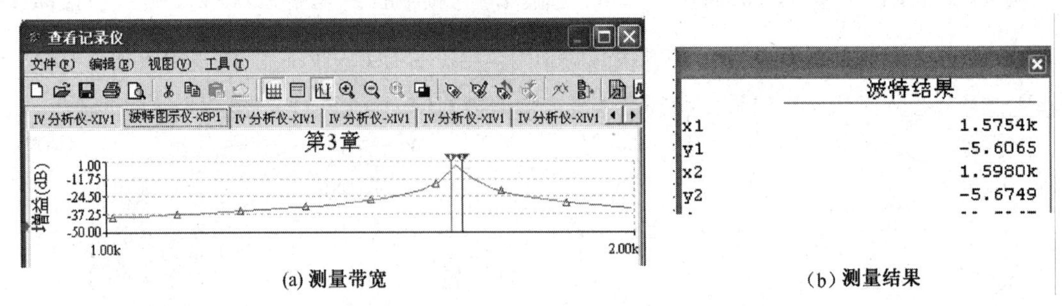

(a) 测量带宽　　(b) 测量结果

图 3.9-3　测量带宽的幅频特性

（3）利用公式求出品质因数为

$$Q = \frac{f_0}{\text{BW}} = \frac{1584.5}{22.6} = 70.1$$

（4）当电阻分别为 10、50、100 Ω 时，其幅频特性曲线如图 3.9-4 所示。

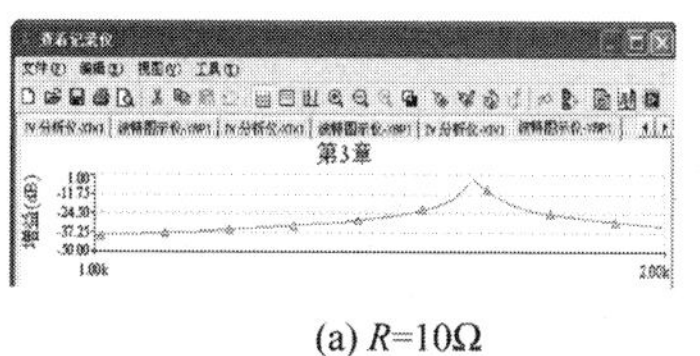

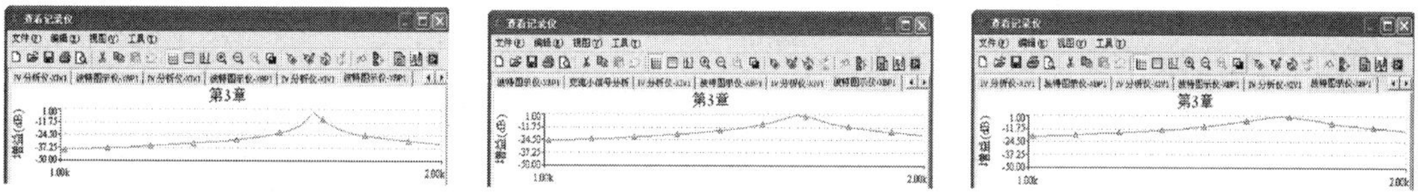

(a) R=10Ω

(b) R=50Ω

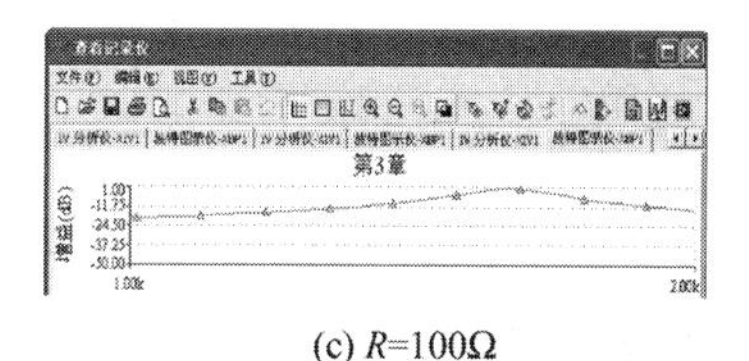

(c) R=100Ω

图 3.9-4　电阻不同的幅频特性

其通频带和品质因数如表 3.9-1 所示。

表 3.9-1　通频带和品质因数的比较

R	BW	Q
$R=10\Omega$	BW = 22.6	$Q=70.1$
$R=50\Omega$	BW = 81.7	$Q=19.4$
$R=100\Omega$	BW = 160	$Q=9.9$

从仿真结果可以看出：①电阻$R=10\Omega$的曲线比较尖锐，电阻$R=100\Omega$的曲线比较平缓。说明电阻越小时，通频带越窄，幅频特性曲线越尖锐，电路的品质因数就越大，电路的选频质量就越好。②当电路的谐振频率不变(即电感和电容的参数不变)时，电路的品质因数只受电阻的影响。

本 章 小 结

本章主要介绍了正弦稳态电路的基本概念和分析方法。

（1）正弦稳态电路的性质

在含有电感或电容元件的正弦稳态电路中，由于电感、电容的作用，使电路中的电压、电流相位不同，存在相位差。

相位差φ（阻抗角φ_Z）的大小决定了电路的性质。当$\varphi_Z>0$时，电路呈电感性；当$\varphi_Z<0$时，电路呈电容性；当$\varphi_Z=0$时，电路呈电阻性。

（2）电感和电容元件的性质

电感和电容是储能元件，正常工作时与电源进行能量交换，即储存能量或释放能量，其交换的规模用无功功率衡量。

（3）相量分析法

相量分析法包括相量图和相量式。对于简单电路，应用相量图分析方便。画相量图的基本原则是，对于串联电路，应以电流为参考相量；对于并联电路，应以电压为参考相量；对于混联电路，应以并联支路上的电压为参考相量。对于复杂电路，应用相量式分析方便，相量图作为辅助分析。

相量分析法的步骤：①建立时域电路的相量模型，将正弦量用相量表示。电路元件参数用其阻抗或导纳表示，从而将电路的时域模型转化为相量模型；②根据欧姆定律和基尔霍夫定律的相量形式，列写电路的复代数方程；③求解复代数方程，得到响应相量，再由响应相量写出响应的正弦量表达式。

欧姆定律的相量形式为

$$\dot{U}_{\rm R}=R\dot{I}_{\rm R}\text{，}\ \dot{U}_{\rm L}={\rm j}\omega L\dot{I}_{\rm L}\text{，}\ \dot{U}_{\rm C}=\frac{1}{{\rm j}\omega C}\dot{I}_{\rm C}\text{，}\ \dot{U}=Z\dot{I}$$

基尔霍夫定律的相量形式为

$$\sum_{k=1}^{n}\dot{I}_k=0\text{，}\ \sum_{k=1}^{n}\dot{U}_k=0$$

（4）正弦稳态电路的功率

在含有 RLC 的正弦稳态电路中，电源向负载提供有功功率 P 和无功功率 Q，电源的容量用视在功率 S 表示。P、Q、S 三者之间的关系可用功率三角形来表示。

$P = UI\cos\varphi = I^2R = U_R^2/R = U_R I$，$Q = UI\sin\varphi = I^2X = U_X^2/X = U_X I$，$S = UI = \sqrt{P^2+Q^2}$

电路的功率因数为　　　　　　　　$\cos\varphi = P/S = R/|Z| = U_R/U$

（5）功率因数的提高

正弦稳态电路的功率因数$\cos\varphi$的大小反映了供电质量的好坏。可通过给感性负载并联电容的方法来提高功率因数，提高电源容量的利用率。并联电容的大小为$C = \dfrac{P}{\omega U^2}(\tan\varphi_L - \tan\varphi)$，电容补偿的无功功率为$Q_C = -P(\tan\varphi_L - \tan\varphi)$，其中$\varphi_L$为电路并联电容前负载的阻抗角，$\varphi$为电路并联电容后整个电路的阻抗角。

（6）串联谐振与并联谐振

在含有 RLC 的正弦稳态电路中，当电路中的电压和电流同相位时，电路发生了谐振。串联谐振和并联谐振的条件是$\omega L = \dfrac{1}{\omega C}$；串联谐振和并联谐振的谐振频率为$f_0 = \dfrac{1}{2\pi\sqrt{LC}}$。

串联谐振的品质因数为$Q = \dfrac{U_L}{U} = \dfrac{U_C}{U} = \dfrac{\omega_0 L}{R} = \dfrac{1}{\omega_0 RC} = \dfrac{1}{R}\sqrt{\dfrac{L}{C}}$

并联谐振的品质因数为$Q = \dfrac{I_L(\omega_0)}{I_S} = \dfrac{1}{G}\sqrt{\dfrac{C}{L}}$

习题

3-1　已知某正弦电流的瞬时值表达式为$i = 10\sin(6280t + 30^\circ)\text{A}$。（1）画出$i$的波形图；（2）求$i$的有效值、角频率、频率及初相位；（3）求$t = 0.05\text{s}$时的$i$。

3-2　已知$u_1 = 220\sqrt{2}\sin(314t - 120^\circ)\text{V}$，$u_2 = 220\sqrt{2}\sin(314t + 30^\circ)\text{V}$。（1）在同一坐标内画出它们的波形图；（2）求它们的有效值、频率和周期；（3）写出它们的相量式，画出相量图，计算相位差。

3-3　将下列相量式化成指数形式或极坐标式或代数形式。

（1）$\dot{U}_1 = (4 - \text{j}3)\text{V}$　　（2）$\dot{I}_1 = (-10 - \text{j}10)\text{A}$　　（3）$\dot{U}_2 = 10\text{e}^{\text{j}30^\circ}\text{V}$

（4）$\dot{I}_2 = 8\text{e}^{-\text{j}135^\circ}\text{A}$　　（5）$\dot{U}_3 = 10\angle -53^\circ\text{V}$　　（6）$\dot{I}_3 = 20\angle 37^\circ\text{A}$

3-4　用相量法求题图 3-4 所示电路中的各未知电表的读数。

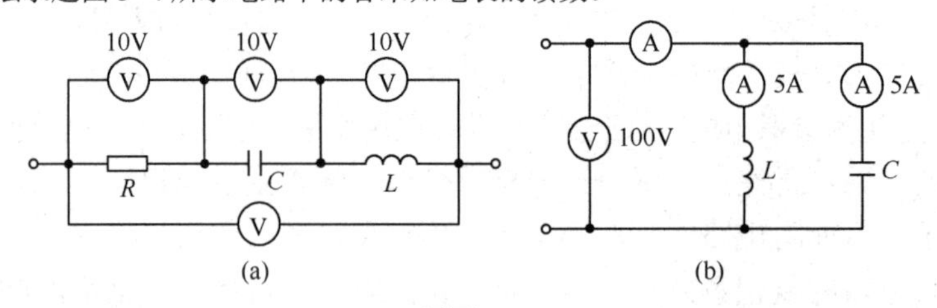

题图 3-4

3-5　在 RL 串联电路中，已知$u = 220\sqrt{2}\sin 314t\text{V}$，$R = 30\Omega$，$L = 191\text{mH}$。（1）求电感的感抗；（2）求电路的总电流$\dot{I}$；（3）用相量法求$\dot{U}_R$和$\dot{U}_L$。

3-6　在题图 3-6 所示电路中，已知$I_2 = 10\text{A}$，$I_3 = 10\sqrt{2}\text{A}$，$U = 200\text{V}$，$R_1 = 5\Omega$，$R_2 = \omega L$。求I_1、X_C、X_L和R_2。

3-7 在题图 3-7 所示电路中，已知$R_1 = 10\Omega$，$X_C = 17.32\Omega$，$I_1 = 5\text{A}$，$U = 120\text{V}$，$U_L = 50\text{V}$，$\dot{U}$与$\dot{I}$同相。求R、R_2和X_L。

3-8　在题图 3-8 所示电路中，已知$I_1 = I_2 = 10\text{A}$。求$\dot{I}$和$\dot{U}_S$。

3-9　在题图 3-9 所示电路中，已知$Z_1 = (3 - \text{j}4)\Omega$，$Z_2 = (4 + \text{j}3)\Omega$，电压表的读数为$U = 100\text{V}$。求电流表的读数。

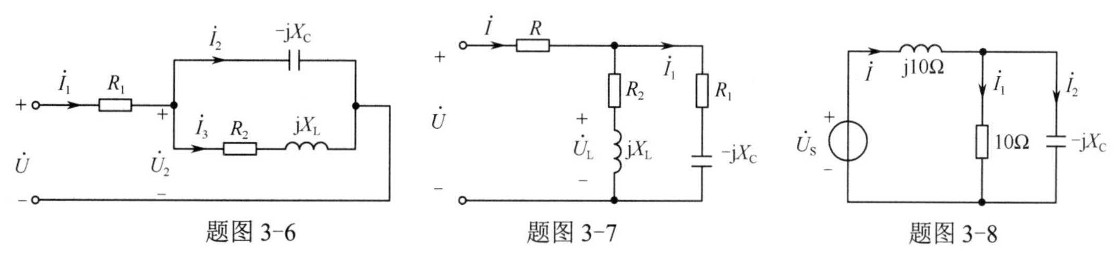

题图 3-6　　　　题图 3-7　　　　题图 3-8

3-10　在题图 3-10 所示电路中，已知 $U = 220\text{V}$，$R = 22\Omega$，$X_L = 22\Omega$，$X_C = 11\Omega$。求 I_R、I_L、I_C 及 I。

3-11　在题图 3-11 所示电路中，已知 $u_{S1} = 100\sqrt{2}\sin(5000t + 90^\circ)\text{V}$，$u_{S2} = 100\sqrt{2}\sin 5000t\text{V}$。用节点电压法求 $\dot{U}_o$。

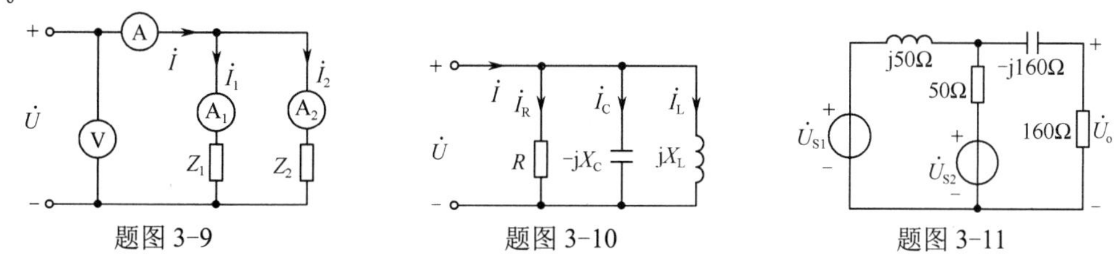

题图 3-9　　　　题图 3-10　　　　题图 3-11

3-12　求题图 3-12 所示电路的戴维南等效电路。

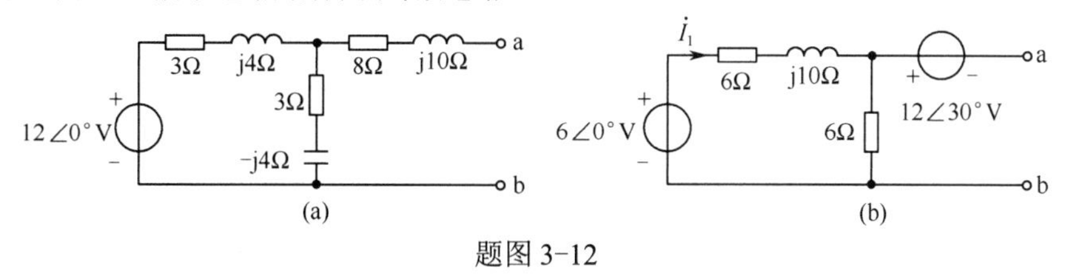

题图 3-12

3-13　有一感性负载的功率 $P = 10\text{kW}$，功率因数 $\cos\varphi = 0.6$，电压为 220V，频率为 50Hz。若要将电路的功率因数提高到 0.9，需要并联多大的补偿电容？并联电容前后电路的总电流为多少？

3-14　电路如题图 3-14 所示。已知交流电源电压 $u = 220\sqrt{2}\sin 314t\text{V}$，白炽灯的功率为 60W，日光灯的功率为 40W，功率因数 $\cos\varphi_L = 0.5$。（1）求等效负载的功率因数 $\cos\varphi_L'$；（2）若将电路的功率因数 $\cos\varphi$ 提高到 0.92，需并联多大的电容？

3-15　电路如题图 3-15 所示，已知 $U = 10\text{V}$，$f = 50\text{Hz}$，$R = R_1 = R_2 = 10\Omega$，$L = 31.8\text{mH}$，$C = 318\mu\text{F}$。计算：（1）电路中并联部分的电压 U_{ab}；（2）电路的功率因数 $\cos\varphi$；（3）电路的 P、Q、S。

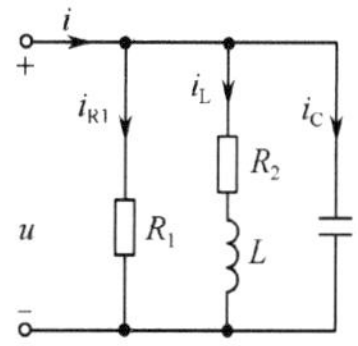

白炽灯 日光灯

题图 3-14

3-16　在题图 3-16 所示电路中，已知 $\dot{I}_S = 10\angle 0^\circ\text{A}$。求电路中的 P、Q 和 S。

3-17　在题图 3-17 所示电路中，$u = 100\sqrt{2}\sin 3140t\text{V}$，$L = 0.159\text{H}$，$R = 500\Omega$，$C = 0.318\mu\text{F}$。求电路的有功功率、无功功率、视在功率和功率因数。

3-18　在 RLC 串联电路中，已知 $R = 1\Omega$，$L = 0.01\text{H}$，$C = 1\mu\text{F}$。求：（1）电路的谐振频率；（2）电路的品质因数。

3-19　某收音机输入回路如题图 3-19 所示，其中 $R = 8.5\Omega$，$L = 350\mu\text{H}$。（1）欲使电路对 550kHz、1mV 的信号产生串联谐振，电容 C 应多大？此时电容两端的电压为多少？（2）若信号源变为 600kHz、1mV，电容两端的电压又是多少？

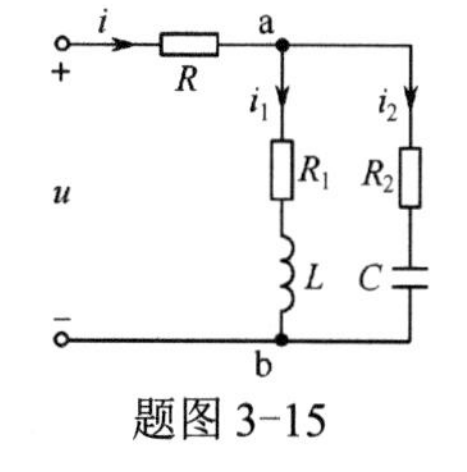

题图 3-15

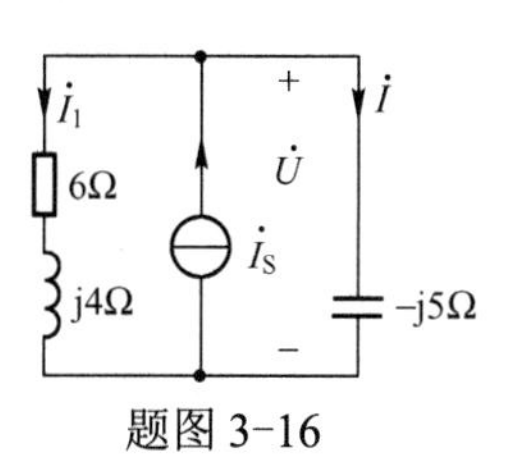

题图 3-16

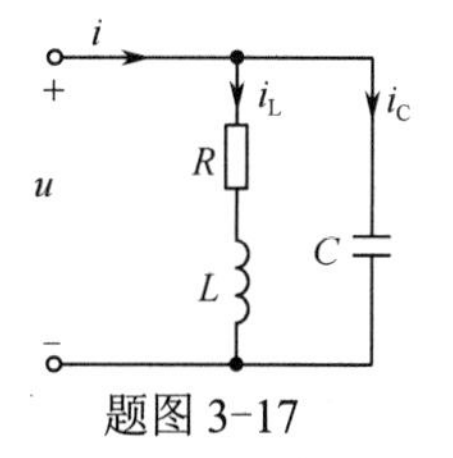

题图 3-17

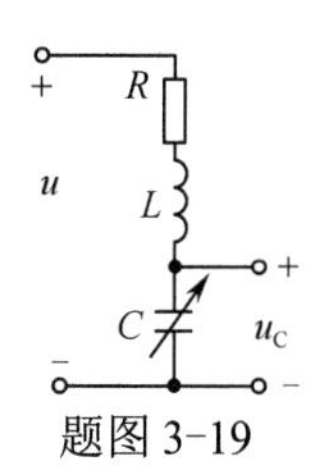

题图 3-19

第4章　三 相 电 路

【本章主要内容】 本章主要介绍对称三相电压、三相电路的连接方式，在不同连接方式下线电压、相电压、线电流、相电流的关系，对称、不对称三相电路的计算。

【引例】 某三相四线制 380/220V 供电系统，供电给三盏日光灯负载，电路接线如图 4.0-1 所示。

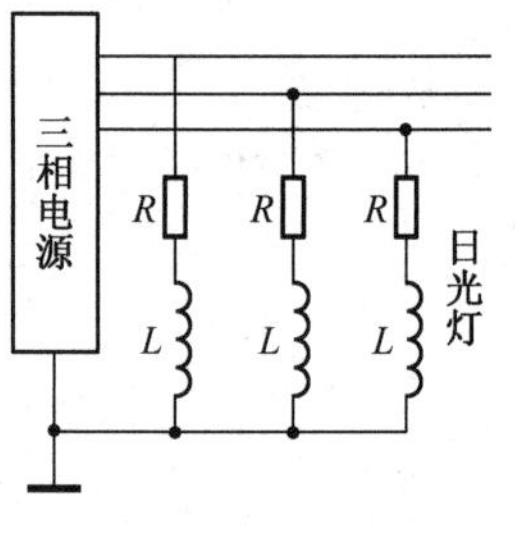

图 4.0-1　三相四线制电路

在图 4.0-1 中，什么是三相四线制？为什么三相电源有 380V 和 220V 两种电压？若已知日光灯的额定电压是 220V，每个日光灯的额定功率是 40W，功率因数是 0.6。那么，当电路接通时，每个日光灯两端的电压是多少？流过的电流是多少？三个日光灯是什么接法？学习完本章内容就能解决这些问题。

目前世界各国主要电能的生产、传输、分配、应用多采用三相制，又称三相电路。第 3 章所讨论的交流电路可以视为三相电路中的一相，如日光灯电路就称为单相交流电路。

三相电路与单相电路相比有下列优点：三相发电机比同电压、同功率的单相发电机体积小，重量轻，结构简单，价格便宜，运行稳定；输送同电压、同功率的电能时三相输电节约成本；工农业生产中应用的三相电动机也有结构简单、运行稳定、价格便宜等优点。

第 3 章介绍的单相正弦稳态电路的计算方法在三相电路中也同样适用。本章结合三相电路的特点进行分析讨论。

4.1　三 相 电 源

4.1.1　三相电源电压的产生

对称三相电压是由三相发电机产生的，图 4.1-1(a)为其外形。图 4.1-1(b)是三相发电机的结构示意图，其主要组成部件为定子和转子。定子是固定不动的，其上有 3 个相同的绕组 A-X、B-Y 和 C-Z，它们在空间互差 120°，A、B、C 称为首端，X、Y、Z 称为末端，这样的绕组为对称三相绕组，如图 4.1-1(c)所示。转子是转动的，其上绕有励磁绕组，通入恒定直流电流产生恒定磁场。当转子转动时，定子三相绕组被磁力线切割，在每相绕组两端会产生感应电压。若转子顺时针方向以 ω 的角频率匀速转动，则对称三相绕组依次产生电压 u_A、u_B、u_C，它们的参考方向如图 4.1-1(c)所示，并可以用电压源表示，如图 4.1-1(d)所示。

显然，u_A、u_B、u_C 频率相同，幅值(或有效值)也相同，相位上互差 120°。由图 4.1-1(b)可知，在图示位置时，A 相绕组电压幅值最大；经过 120°后，B 相绕组电压幅值最大；再经过 120°后，C 相绕组的电压幅值最大。若以 A 相绕组的电压为参考正弦量，则

$$\begin{cases} u_A = \sqrt{2}U\sin\omega t \\ u_B = \sqrt{2}U\sin\left(\omega t - 120^\circ\right) \\ u_C = \sqrt{2}U\sin\left(\omega t - 240^\circ\right) = \sqrt{2}U\sin\left(\omega t + 120^\circ\right) \end{cases} \tag{4.1-1}$$

(a)外形

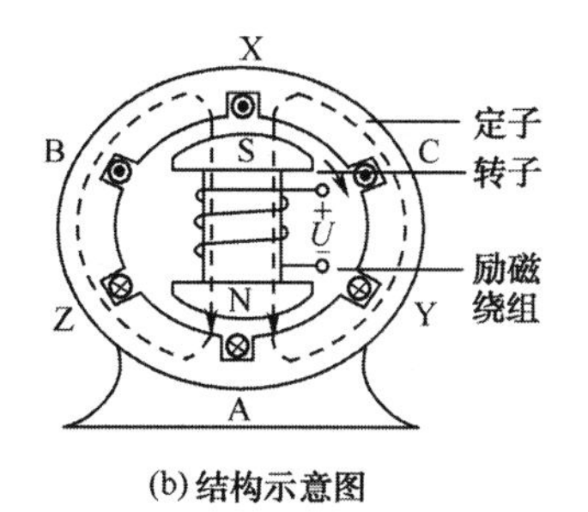

(b)结构示意图

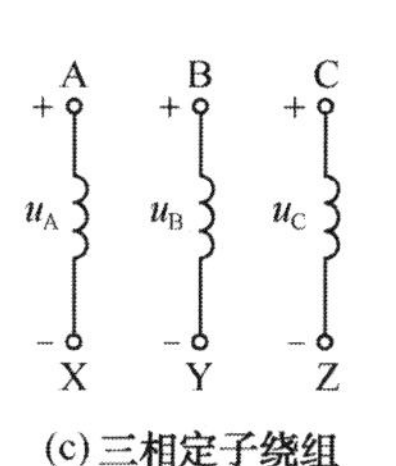
(c)三相定子绕组

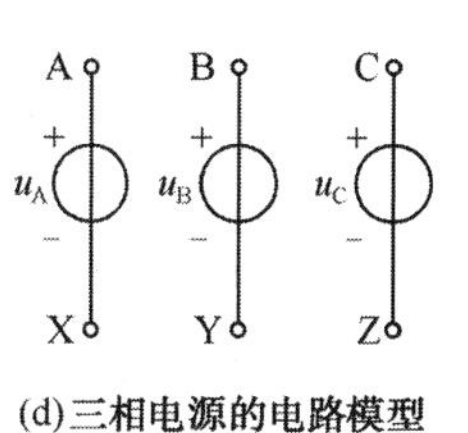
(d)三相电源的电路模型

图 4.1-1 三相发电机

式中，U 为三相正弦电源电压的有效值。u_A、u_B、u_C 的波形如图 4.1-2(a)所示。

若用相量表示，则为

$$\begin{cases}\dot{U}_A = U e^{j0^\circ} = U\angle 0^\circ \\ \dot{U}_B = U e^{-j120^\circ} = U\angle -120^\circ \\ \dot{U}_C = U e^{j120^\circ} = U\angle 120^\circ\end{cases} \quad (4.1\text{-}2)$$

$\dot{U}_A$、$\dot{U}_B$、$\dot{U}_C$ 的相量图如图 4.1-2(b)所示。

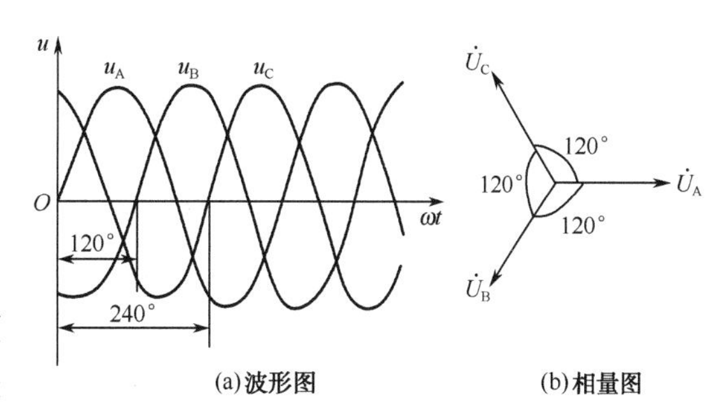
(a)波形图　(b)相量图

图 4.1-2 对称三相电源电压

由式(4.1-1)和式(4.1-2)可知，三相电源电压是 3 个幅值相等、频率相同、相位互差 120° 的电压，称为对称三相电压。它们的瞬时值之和或相量之和均为零，即

$$\begin{cases}u_A + u_B + u_C = 0 \\ \dot{U}_A + \dot{U}_B + \dot{U}_C = 0\end{cases} \quad (4.1\text{-}3)$$

上述三相电压的相序 A、B、C 称为正序或顺序。与此相反，若 B 相超前 A 相 120°，C 相超前 B 相 120°，A 相超前 C 相 120°，这种相序称为负序或逆序。没有特别说明一般采用正序。

4.1.2 三相电源的连接及提供的电压

三相发电机正常工作时，定子三相绕组需按一定方式连接后向负载供电，通常采用星形(Y)连接，将三相绕组的末端 X、Y、Z 连成一个公共点，该点称为中性点，简称中点，用符号 N 表示。从首端各引出一条导线，称相线或火线，用符号 A、B、C 表示。这种接线方式称为星形连接，简称星接，用符号 Y 表示。

星形连接的三相电源可用两种方式向负载供电，一种为三相四线制，即除了三条相线外，从中性点也引出一条导线，称为中线或零线(若中点与大地连接，又可称为地线)。相线与中线共同向负载供电，向负载提供两种对称三相电压，如图 4.1-3(a)所示；另一种为三相三线制，只有三条相线向负载供电，提供一种对称三相电压，如图 4.1-3(b)所示。

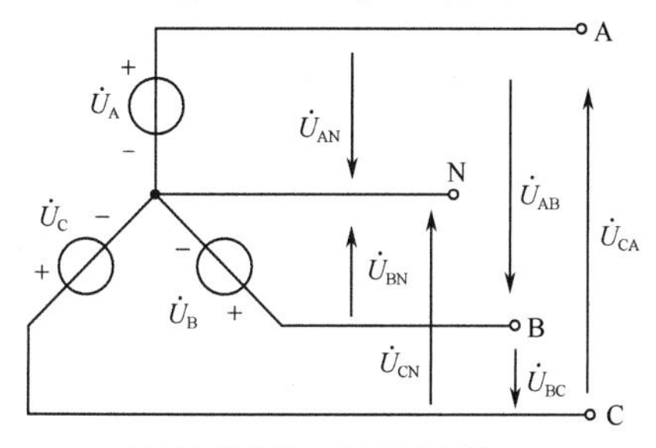
(a)星形连接的三相四线制电源

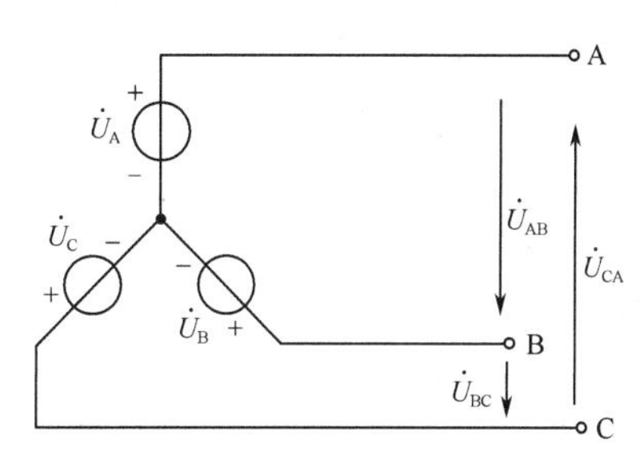
(b)星形连接的三相三线制电源

图 4.1-3 三相电源的星形连接

三相四线制电源可以获得两种电压，即相电压和线电压。相电压是每相电源两端的电压，也就是每条相线与中线之间的电压，如图 4.1-3(a)中的$\dot{U}_{AN}$、$\dot{U}_{BN}$、$\dot{U}_{CN}$通常写为$\dot{U}_A$、$\dot{U}_B$、$\dot{U}_C$，相电压的有效值用U_A、U_B、U_C表示，因为$U_A=U_B=U_C$，又可用U_p表示。线电压就是两条相线之间的电压，如图 4.1-3(a)中的$\dot{U}_{AB}$、$\dot{U}_{BC}$、$\dot{U}_{CA}$，其有效值用U_{AB}、U_{BC}、U_{CA}表示，对称时三者相等，用U_l表示。

相电压的参考方向如图 4.1-3(a)和(b)所示。线电压的参考方向与其文字下标顺序一致。根据上述相电压与线电压选定的参考方向，由 KVL 可得出星接三相四线制电源的线电压和相电压之间的关系式，用相量表示即

$$\begin{cases}\dot{U}_{AB}=\dot{U}_A-\dot{U}_B=\sqrt{3}\dot{U}_A\angle 30^{\circ}\\ \dot{U}_{BC}=\dot{U}_B-\dot{U}_C=\sqrt{3}\dot{U}_B\angle 30^{\circ}\\ \dot{U}_{CA}=\dot{U}_C-\dot{U}_A=\sqrt{3}\dot{U}_C\angle 30^{\circ}\end{cases} \quad (4.1\text{-}4)$$

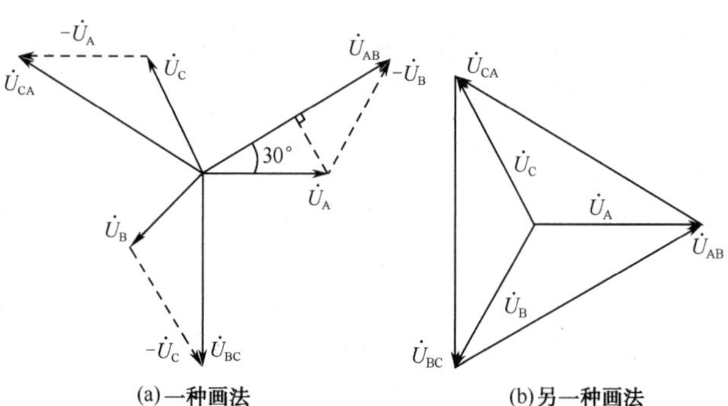

(a) 一种画法　　(b) 另一种画法

图 4.1-4　星接三相电源相电压、线电压相量图

由式(4.1-4)画出相电压、线电压的相量图如图 4.1-4(a)和(b)所示。由图 4.1-4 可以看出，线电压也是一组对称三相电压，线电压与相电压有效值之间的关系可在图中底角为 30° 的等腰三角形上找到，即$U_{AB}=\sqrt{3}U_A, U_{BC}=\sqrt{3}U_B, U_{CA}=\sqrt{3}U_C$。也可写为

$$U_l=\sqrt{3}U_p \quad (4.1\text{-}5)$$

我国现行低压三相四线制 380/220V 供电系统中，380V 为线电压，供三相用电设备使用；220V 为相电压，供单相用电设备使用。

星形连接的三相三线制电源只能得到三相对称线电压，如式(4.1-4)中的$\dot{U}_{AB}$、$\dot{U}_{BC}$和$\dot{U}_{CA}$或图 4.1-4 中的相量$\dot{U}_{AB}$、$\dot{U}_{BC}$和$\dot{U}_{CA}$。

思考题

4.1-1　星形连接的对称三相发电机，若 C 相电压$\dot{U}_C=110\angle 30^{\circ}$ V，试求线电压$\dot{U}_{AB}$、$\dot{U}_{BC}$、$\dot{U}_{CA}$。

4.2　负载星形连接的三相电路

三相电路中的负载(用电设备)种类繁多，既有三相负载，如三相电动机、大功率三相电炉等，又有单相负载，如照明灯具、家用电器等。每相电源所接负载分别用 Z_A、Z_B、Z_C 表示，如图 4.2-1(a)所示。若各相负载阻抗相等，即$Z_A=Z_B=Z_C$，这样的负载称为对称三相负载；若各相阻抗不相等，即$Z_A\neq Z_B\neq Z_C$，称为不对称三相负载。

三相负载可以连接成星形 Y 和三角形△两种形式，如图 4.2-1(b)和(c)所示。

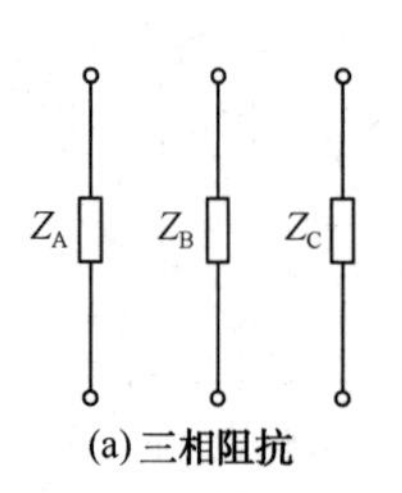

(a) 三相阻抗

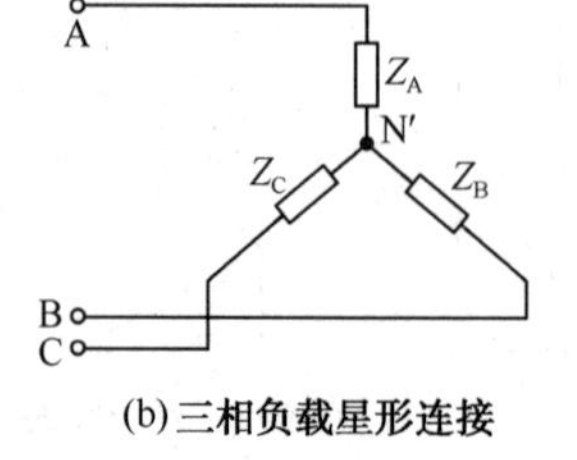

(b) 三相负载星形连接

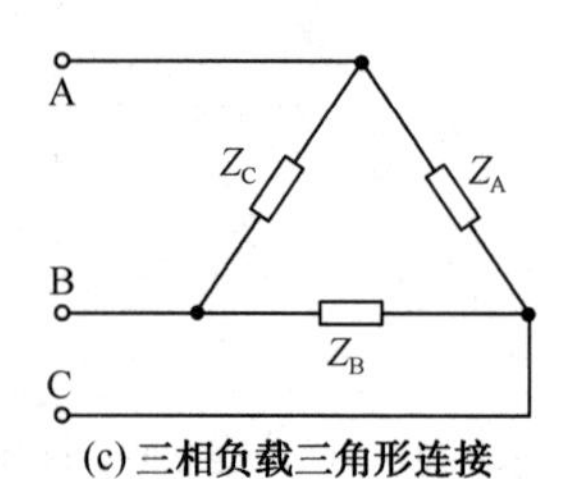

(c) 三相负载三角形连接

图 4.2-1　三相负载的连接方式

本节讨论星接负载对称、不对称时三相电路中的电压、电流的分析计算。

4.2.1　三相四线制电路

图 4.2-2 所示为负载星形连接的三相四线制电路。三相负载 Z_A、Z_B、Z_C 的一端连成一点 N′，N′为负载的中性点。将点N′接到电源的中性点 N 上，每相负载的另一端分别与电源的三条相线 A、B、C 连接。每相负载上的电压称为相电压，用$\dot{U}_{AN'}$、$\dot{U}_{BN'}$、$\dot{U}_{CN'}$表示，每相负载上流过的电流称为相电流，用$\dot{I}_{AN'}$、$\dot{I}_{BN'}$、$\dot{I}_{CN'}$表示。相线上流过的电流称为线电流，用$\dot{I}_A$、$\dot{I}_B$、$\dot{I}_C$表示，中线上流过的电流称为中线电流，用$\dot{I}_N$表示，电压、电流的参考方向如图 4.2-2 所示。

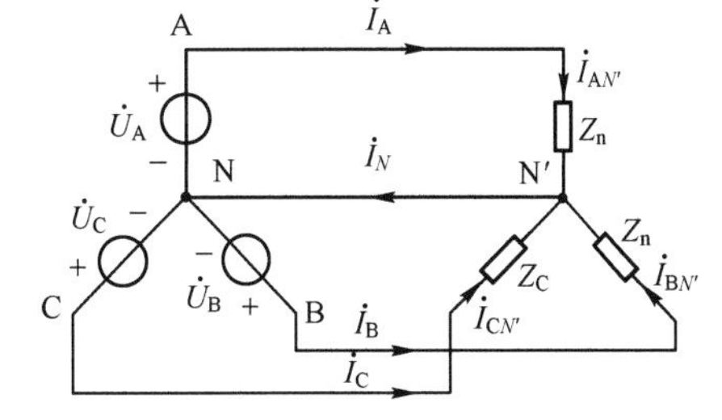

图 4.2-2　负载星接时的三相四线制电路图

在忽略三相输电线路阻抗的情况下，三相负载的相电压$\dot{U}_{AN'}$、$\dot{U}_{BN'}$、$\dot{U}_{CN'}$与三相电源的相电压完全相同，即

$$\dot{U}_{AN'}=\dot{U}_A \quad \dot{U}_{BN'}=\dot{U}_B \quad \dot{U}_{CN'}=\dot{U}_C \tag{4.2-1}$$

负载的相电流可用下式计算：

$$\dot{I}_{AN'}=\dot{U}_A/Z_A \quad \dot{I}_{BN'}=\dot{U}_B/Z_B \quad \dot{I}_{CN'}=\dot{U}_C/Z_C \tag{4.2-2}$$

因为负载星接时相电流与线电流为同一电流，则线电流与相电流相等，即

$$\dot{I}_A=\dot{I}_{AN'} \quad \dot{I}_B=\dot{I}_{BN'} \quad \dot{I}_C=\dot{I}_{CN'} \tag{4.2-3}$$

此时中线电流为

$$\dot{I}_N=\dot{I}_A+\dot{I}_B+\dot{I}_C \tag{4.2-4}$$

（1）当三相负载对称时，即$Z_A=Z_B=Z_C=|Z|\angle\varphi$时，有

$$\dot{I}_A=\frac{\dot{U}_A}{Z}=\frac{U}{|Z|\angle\varphi}=\frac{U}{|Z|}\angle-\varphi，\quad \dot{I}_B=\frac{\dot{U}_B}{Z}=\frac{U}{|Z|}\angle-120^\circ-\varphi，\quad \dot{I}_C=\frac{\dot{U}_C}{Z}=\frac{U}{|Z|}\angle120^\circ-\varphi$$

三相负载电流为一组对称三相电流。此时可以用第 3 章计算单相电路的方法，只要计算出其中一相电流，其余两相电流便可按照对称关系推算出。

若只计算 A 相电流$\dot{I}_A$，先画出 A 相计算电路如图 4.2-3 所示。

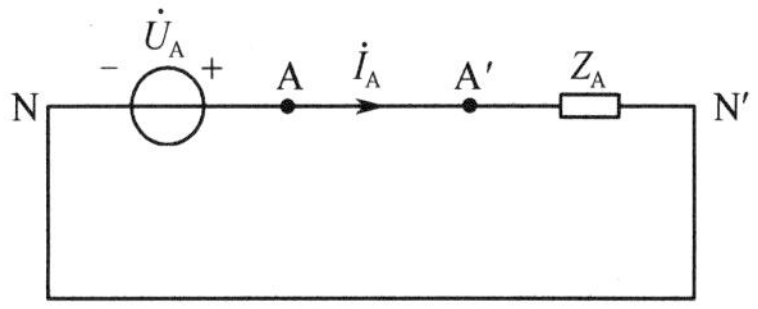

设 A 相电压$\dot{U}_A$为参考相量，即$\dot{U}_A=U\angle0^\circ$，设负载阻抗为感性，则 A 相电流为

$$\dot{I}_A=\dot{U}_A/Z_A=I_A\angle-\varphi \tag{4.2-5}$$

图 4.2-3　A 相计算电路

其中，电流的有效值为$I_A=U_A/|Z_A|$，电路的阻抗角为$\varphi_A=\arctan(X_A/R_A)$。再根据对称性直接写出 B 相、C 相的相电流，即

$$\dot{I}_B=\dot{I}_A\angle-120^\circ=I_A\angle(-\varphi-120^\circ),\quad \dot{I}_C=\dot{I}_A\angle120^\circ=I_A\angle(-\varphi+120^\circ) \tag{4.2-6}$$

对称负载(感性)星形连接时，相电压、相电流的相量图如图 4.2-4 所示。

此时中线电流为

$$\dot{I}_N=\dot{I}_A+\dot{I}_B+\dot{I}_C=I\angle-\varphi+I_A\angle(-\varphi-120^\circ)+I_A\angle(-\varphi+120^\circ)=0$$

既然中线没有电流流过，可以将中线去掉，电路变为对称负载连接的三相三线制电路。

【例 4.2-1】 对称三相负载星形连接，每相负载的电阻$R=30\Omega$，感抗$X_L=40\Omega$，接到对称三相电源上，已知线电压$u_{AB}=380\sqrt{2}\sin(314t+30^\circ)$V。求负载的线电流$i_A$、$i_B$、$i_C$和中线电流$i_N$。

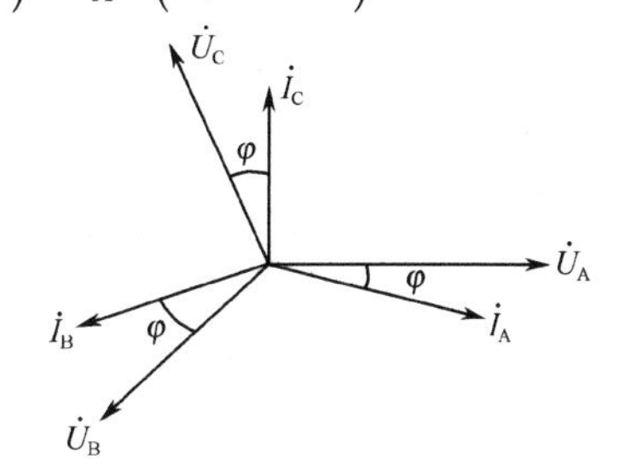

图 4.2-4　相电压和相电流的相量图

【解】 因为三相负载对称，先计算 A 相电流，B 相、C

相电流根据对称性推出即可。设 A 相电压为参考相量，即

$$\dot{U}_{\mathrm{A}}=\frac{\dot{U}_{\mathrm{AB}}}{\sqrt{3}}\angle-30^{\circ}=\frac{380}{\sqrt{3}}\angle\left(30^{\circ}-30^{\circ}\right)\mathrm{V}=220\angle0^{\circ}\ \mathrm{V}$$

A 相负载阻抗为 $$Z_{\mathrm{A}}=R+\mathrm{j}X_{\mathrm{L}}=(30+\mathrm{j}40)\Omega=50\angle53.1^{\circ}\Omega$$

则 A 相电流为 $$\dot{I}_{\mathrm{A}}=\frac{\dot{U}_{\mathrm{A}}}{Z}=\frac{220\angle0^{\circ}}{3+\mathrm{j}40}\mathrm{A}=\frac{220\angle0^{\circ}}{5\angle53.1^{\circ}}\mathrm{A}=4.4\angle-53.1^{\circ}\ \mathrm{A}$$

A 相电流有效值 $I=4.4\mathrm{A}$，相位差 $\varphi=-53.1^{\circ}$，所以

$$i_{\mathrm{A}}=4.4\sqrt{2}\sin\left(314t-53.1^{\circ}\right)\mathrm{A}$$

根据对称三相电流的关系，由式(4.2−6)可以直接写出 i_{B}、i_{C} 的表达式为

$$i_{\mathrm{B}}=4.4\sqrt{2}\sin\left(314t-53.1^{\circ}-120^{\circ}\right)\mathrm{A}=4.4\sqrt{2}\sin\left(314t-173.1^{\circ}\right)\mathrm{A}$$

$$i_{\mathrm{C}}=4.4\sqrt{2}\sin\left(314t-53.1^{\circ}+120^{\circ}\right)\mathrm{A}=4.4\sqrt{2}\sin\left(314t+66.9^{\circ}\right)\mathrm{A}$$

中线电流 $i_{\mathrm{N}}=i_{\mathrm{A}}+i_{\mathrm{B}}+i_{\mathrm{C}}=0$。

（2）当三相负载不对称时，即 $Z_{\mathrm{A}}\neq Z_{\mathrm{B}}\neq Z_{\mathrm{C}}$ 时，三相负载的相电流不再是一组对称三相电流，每相负载的相电流应按式(4.2−2)分别计算，此时中线电流为

$$\dot{I}_{\mathrm{N}}=\dot{I}_{\mathrm{A}}+\dot{I}_{\mathrm{B}}+\dot{I}_{\mathrm{C}}\neq0 \tag{4.2−7}$$

即中线有电流流过，但三相四线制不对称三相负载上的相电压仍为一组对称相电压，所以不对称三相负载能正常工作。在引例的 380/220V 供电系统中，既有额定电压为 380V 的三相电动机，又有 220V 的单相照明灯，负载为三相不对称负载，所以，当负载不对称时，一定要采用三相四线制电源供电，负载才能正常工作。

【例 4.2−2】 在三相四线制 380/220V 的供电线路上，接入星形连接的白炽灯，A 相接 2 盏灯，B 相接 4 盏灯，C 相接 8 盏灯，每盏灯的额定电压 $U_{\mathrm{N}}=220\mathrm{V}$，额定功率 $P_{\mathrm{N}}=60\mathrm{W}$，电路如图 4.2−5 所示。求线电流 $\dot{I}_{\mathrm{A}}$、$\dot{I}_{\mathrm{B}}$、$\dot{I}_{\mathrm{C}}$ 和中线电流 $\dot{I}_{\mathrm{N}}$，并画出负载上电流的相量图。

【解】（1）该电路为不对称三相电路，各相电流应按式(4.2−2)分别计算。由于有中线，负载中点 N′ 的电位与电源中点 N 的电位相等，即 $\dot{U}_{\mathrm{N'N}}=0$，故负载上的相电压与电源的相电压相同，也是对称三相电压。

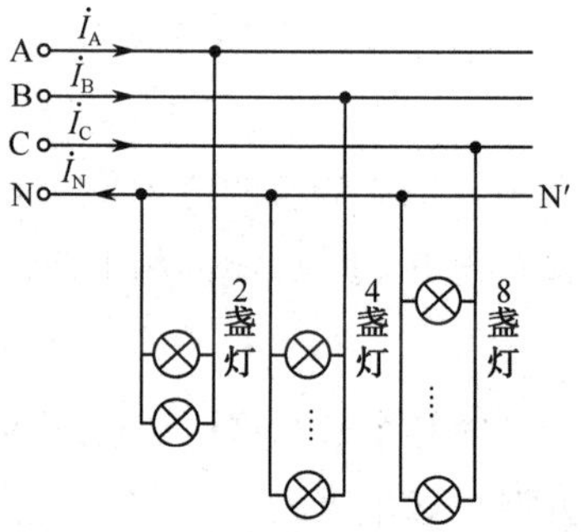

设 $\dot{U}_{\mathrm{A}}=220\angle0^{\circ}\ \mathrm{V}$，每盏白炽灯的电阻为 $R=U_{\mathrm{N}}^{2}/P_{\mathrm{N}}=220^{2}/60\Omega=806.7\Omega$，则负载的相电流为

$$\dot{I}_{\mathrm{A}}=\frac{\dot{U}_{\mathrm{A}}}{R_{\mathrm{A}}}=\frac{220\angle0^{\circ}}{806.7/2}\mathrm{A}=0.545\angle0^{\circ}\ \mathrm{A}$$

$$\dot{I}_{\mathrm{B}}=\frac{\dot{U}_{\mathrm{B}}}{R_{\mathrm{B}}}=\frac{220\angle-120^{\circ}}{806.7/4}\mathrm{A}=1.09\angle-120^{\circ}\ \mathrm{A}$$

$$\dot{I}_{\mathrm{C}}=\frac{\dot{U}_{\mathrm{C}}}{R_{\mathrm{C}}}=\frac{220\angle120^{\circ}}{806.7/8}\mathrm{A}=2.18\angle120^{\circ}\ \mathrm{A}$$

图 4.2−5　例 4.2−2 图

中线电流为

$$\dot{I}_{\mathrm{N}}=\dot{I}_{\mathrm{A}}+\dot{I}_{\mathrm{B}}+\dot{I}_{\mathrm{C}}=\left(0.545\angle0^{\circ}+1.09\angle-120^{\circ}+2.18\angle120^{\circ}\right)\mathrm{A}$$

$$=\left[0.545+1.09\left(-\frac{1}{2}-\mathrm{j}\frac{\sqrt{3}}{2}\right)+2.18\left(-\frac{1}{2}+\mathrm{j}\frac{\sqrt{3}}{2}\right)\right]\mathrm{A}$$

$$=\left(-1.09+\mathrm{j}0.944\right)\mathrm{A}=1.44\angle139.1^{\circ}\ \mathrm{A}$$

负载电流的相量图如图 4.2-6 所示。

凡是有三相不对称负载（如含有单相负载）的供电系统一定要采用三相四线制。

我国供电系统中规定，三相四线制供电电路中，中线在正常工作时不能断开，在中线上严禁安装开关和熔断器。在负载不对称的三相四线制供电系统中，中线的作用是使不对称三相负载能获得一组对称三相电压，保证各相负载均能在额定电压下正常工作。

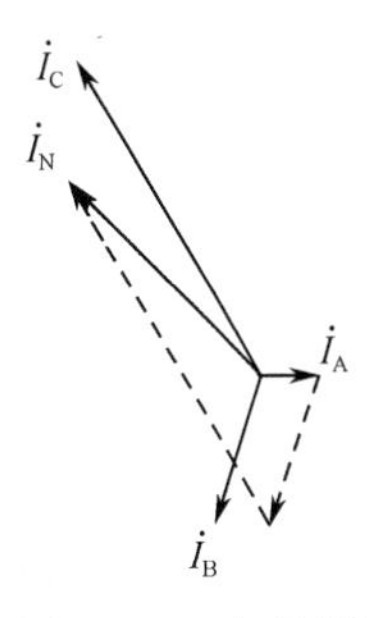

图 4.2-6　相量图

4.2.2　负载 Y 接的三相三线制电路

对于星形连接的三相负载，当负载对称时，可不接中线，采用三相三相制电源供电；当负载（单相负载）不对称时，若采用三相三线制电源供电，负载将不能正常工作。

【例 4.2-3】 例 4.2-2 中，若 B 相灯开关全部断开，此时中线恰好也断开，如图 4.2-7(a) 所示。求各相负载的相电压和相电流。

【解】 B 相断开，中线也断开时，电路相当 A、C 相灯串接后，接在 A、C 相线间，如图 4.2-7(b) 所示。此时的电路已不是三相电路，而是由线电压 $\dot{U}_{CA}$ 供电的 A 相灯、C 相灯串联的单相电路，故 A 相灯的总电阻 $R_A = 806.7/2 = 403.4\Omega$，C 相灯的总电阻 $R_C = 806.7/8 = 100.8\Omega$，串联后的总电阻 $R = 403.4 + 100.8 = 504.2\Omega$。

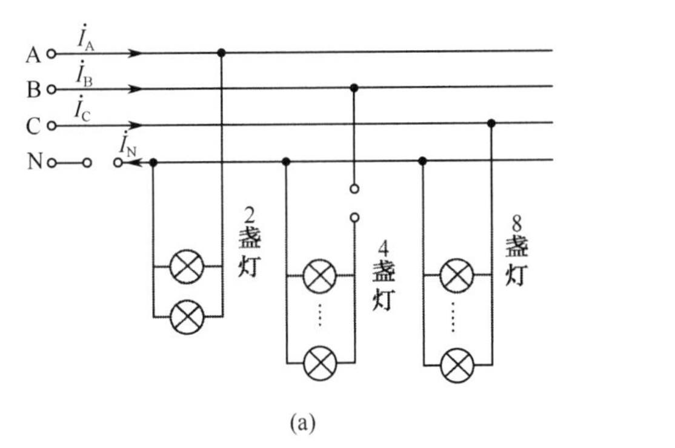

(a)

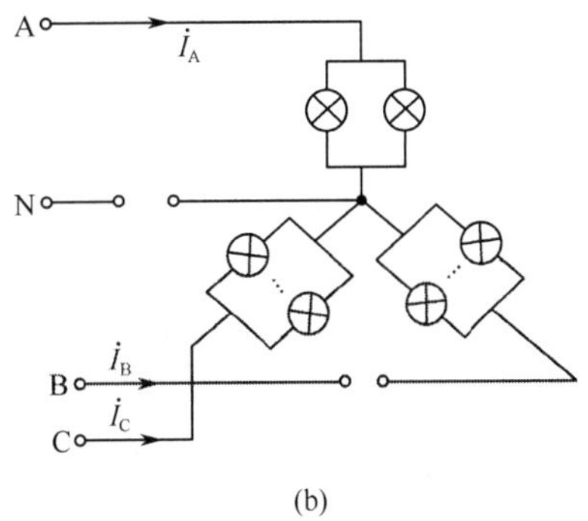

(b)

图 4.2-7　例 4.2-3 图

仍以 $\dot{U}_A$ 为参考相量，则

$$\dot{U}_{AC} = -\dot{U}_{CA} = 380\angle -30^\circ \text{ V}$$

$$\dot{I}_A = -\dot{I}_C = \frac{\dot{U}_{AC}}{R} = \frac{380\angle -30^\circ}{504.2} \text{A} = 0.754\angle -30^\circ \text{ A}$$

B 相电流 $\dot{I}_B = 0$。负载 A 相、C 相电压的有效值为

$$U_A = 0.754 \times 403.4 = 304.2\text{V}，\quad U_C = 0.754 \times 100.8 = 76\text{V}$$

相量式为
$$\dot{U}_A = 304.2\angle -30^\circ \text{ V}，\quad \dot{U}_C = 76\angle -30^\circ \text{ V}$$

由计算可见，A 相灯的额定电压比 220V 高出 84.2V，所以 A 相灯损坏，C 相灯比 220V 降低 144V，C 相灯不能正常发光。

思考题

4.2-1　有一位学生在学习三相电路 Y-Y 接后，认为：（1）电源线电压是负载相电压的 $\sqrt{3}$ 倍；（2）线电流等于相电流。你认为对吗？

4.3 负载三角形连接的三相电路

1. 对称三相负载的相电压、相电流的计算

将一相负载的末端与另一相负载的首端依次连接，就是负载的三角形连接，如图 4.3-1 所示，每相负载的阻抗为Z_{AB}、Z_{BC}、Z_{CA}。将三角形连接负载的三个节点分别与三相电源的相线相接，不论负载对称或不对称，都组成了三角形连接的三相三线制电路。图 4.3-1 中，负载的相电压$\dot{U}_{AB}$、$\dot{U}_{BC}$、$\dot{U}_{CA}$就是电源的线电压，每相负载中流过的电流为相电流，用相量$\dot{I}_{AB}$、$\dot{I}_{BC}$、$\dot{I}_{CA}$表示，相线上流过的电流为线电流，用相量$\dot{I}_A$、$\dot{I}_B$、$\dot{I}_C$表示。

由于三相负载的每个节点与电源的一条相线连接，所以负载的相电压与电源的线电压相等。

三角形连接的负载，各相电流为

$$\dot{I}_{AB}=\frac{\dot{U}_{AB}}{Z_{AB}}\quad \dot{I}_{BC}=\frac{\dot{U}_{BC}}{Z_{BC}}\quad \dot{I}_{CA}=\frac{\dot{U}_{CA}}{Z_{CA}}\tag{4.3-1}$$

根据 KCL，由图 4.3-1 可知，线电流与相电流的关系为

$$\begin{cases}\dot{I}_A=\dot{I}_{AB}-\dot{I}_{CA}\\ \dot{I}_B=\dot{I}_{BC}-\dot{I}_{AB}\\ \dot{I}_C=\dot{I}_{CA}-\dot{I}_{BC}\end{cases}\tag{4.3-2}$$

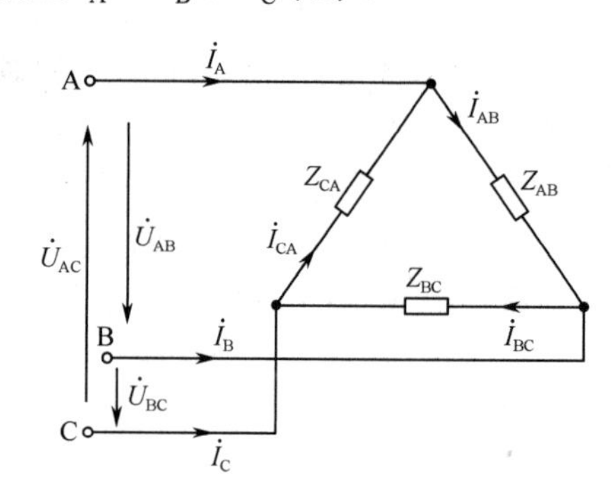

图 4.3-1　负载三角形连接的三相三线制电路

若三相负载对称，则由式(4.3-1)和式(4.3-2)可知，相电流、线电流是一组对称三相电流。相电流有效值用I_p表示，线电流有效值用I_l表示，则$I_l=\sqrt{3}I_p$，在相位上，线电流滞后相电流30°。

【例 4.3-1】 对称三相负载$Z=(30+j40)\Omega$三角形连接，接到线电压为$\dot{U}_{AB}=380\angle 30^\circ$ V的对称三相电源上，求负载的相电压、相电流和线电流。

【解】 $\dot{U}_{AB}=380\angle 30^\circ$ V，则$\dot{U}_{BC}=380\angle -90^\circ$ V，$\dot{U}_{CA}=380\angle 150^\circ$ V；由于负载为三角形连接，所以负载的相电压等于电源的线电压。因为三相负载对称，只算出一相负载的电流，即

$$\dot{I}_{AB}=\frac{\dot{U}_{AB}}{Z_{AB}}=\frac{380\angle 30^\circ}{30+j40}\text{A}=\frac{380\angle 30^\circ}{50\angle 53.1^\circ}\text{A}=7.6\angle -23.1^\circ\text{ A}$$

则 BC 相、CA 相负载的相电流为

$$\dot{I}_{BC}=7.6\angle\left(-23.1^\circ-120^\circ\right)\text{A}=7.6\angle -143.1^\circ\text{ A}$$

$$\dot{I}_{CA}=7.6\angle\left(-23.1^\circ+120^\circ\right)\text{A}=7.6\angle 96.9^\circ\text{ A}$$

A 线、B 线、C 线的线电流分别为

$$\dot{I}_A=\sqrt{3}\dot{I}_{AB}\angle -30^\circ=\sqrt{3}\times 7.6\angle\left(-23.1^\circ-30^\circ\right)\text{A}=13.2\angle -53.1^\circ\text{ A}$$

$$\dot{I}_B=\sqrt{3}\dot{I}_{BC}\angle -30^\circ=\sqrt{3}\times 7.6\angle\left(-143.1^\circ-30^\circ\right)\text{A}=13.2\angle -173.1^\circ\text{ A}$$

$$\dot{I}_C=\sqrt{3}\dot{I}_{CA}\angle -30^\circ=\sqrt{3}\times 7.6\angle\left(96.9^\circ-30^\circ\right)\text{A}=13.2\angle 66.9^\circ\text{ A}$$

从例 4.2-1、例 4.3-1 中可以看出，一样的三相对称负载接成星形或三角形时，相电流、线电流是不同的。负载什么时候接成星形，什么时候接成三角形，要根据负载的额定电压和电源电压来决定，但必须满足电源相电压等于负载的额定电压这一条件。例如，一台三相异步电动机的铭牌上标有额定电压为 380/220V 和 Y/△连接，这就是说，电动机每相绕组的额定电压为 220V。当电源线电压为 220V 时，电动机应接成三角形；当电源线电压为 380V 时，电动机

则应接成星形。

2. 不对称三相负载的相电压、相电流的计算

【例 4.3-2】 在例 4.3-1 中，若 CA 相负载断开，其他参数不变。求 $\dot{I}_A$、$\dot{I}_B$ 和 $\dot{I}_C$。

【解】 CA 相负载断开后，三相负载不对称，电路如图 4.3-2 所示。应根据式(4.3-1)和式(4.3-2)进行计算。

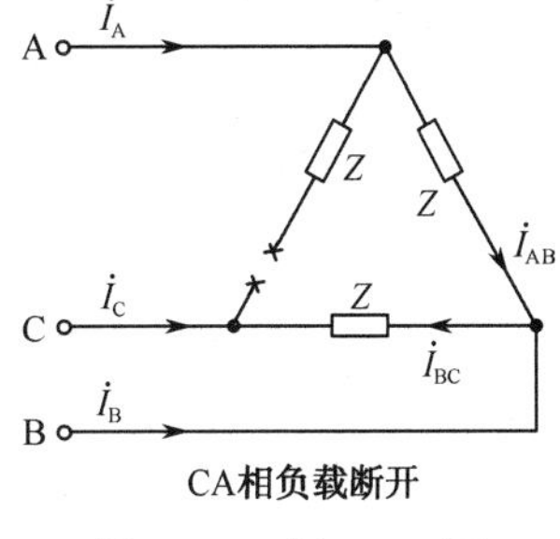

图 4.3-2 例 4.3-2 图

以 $\dot{U}_{AB}$ 为参考相量，则有

$\dot{U}_{AB} = 380\angle 30^\circ$ V $\dot{U}_{BC} = 380\angle -90^\circ$ V $\dot{U}_{CA} = 380\angle 150^\circ$ V

由于 CA 相负载断开，所以

$$\dot{I}_{CA} = 0 \quad \dot{I}_{AB} = \frac{\dot{U}_{AB}}{Z} = \frac{380\angle 30^\circ}{30 + \text{j}40}\text{A} = 7.6\angle -23.1^\circ \text{A}$$

$$\dot{I}_{BC} = \frac{\dot{U}_{BC}}{Z} = \frac{380\angle -90^\circ}{30 + \text{j}40}\text{A} = 7.6\angle -143.1^\circ \text{A}$$

各线电流为 $\dot{I}_A = \dot{I}_{AB} = 7.6\angle -23.1^\circ$ A

$$\dot{I}_B = \dot{I}_{BC} - \dot{I}_{AB} = \left(7.6\angle -143.1^\circ - 7.6\angle -23.1^\circ\right)\text{A} \approx 13.2\angle -173^\circ \text{A}$$

$$\dot{I}_C = -\dot{I}_{BC} = -7.6\angle -143.1^\circ \text{A} = 7.6\angle 36.9^\circ \text{A}$$

思考题

4.3-1 指出下面两个结论中，哪个是正确的？（1）凡是负载为三角形连接时，线电流是相电流的 $\sqrt{3}$ 倍；（2）对称负载为三角形连接时，线电流是相电流的 $\sqrt{3}$ 倍。

4.4 三相电路的功率

工程上，三相电路的功率常用有功功率、无功功率、视在功率表示，本节介绍这些功率的计算。

1. 有功功率

三相电路的有功功率等于每相负载的有功功率之和，即

$$P = P_A + P_B + P_C = U_A I_A \cos\varphi_A + U_B I_B \cos\varphi_B + U_C I_C \cos\varphi_C \tag{4.4-1}$$

式(4.4-1)中的 U_A、U_B、U_C 和 I_A、I_B、I_C 为各相电压、相电流的有效值，φ_A、φ_B、φ_C 为各相应相电压与相电流之间的相位差。

当三相负载对称时，各相电压与相电流的有效值相等，它们之间的相位差也相等，则有功功率为

$$P = 3U_p I_p \cos\varphi \tag{4.4-2}$$

若负载为星形连接，有 $U_p = U_l/\sqrt{3}$，$I_l = I_p$，则有功功率为

$$P = 3 \times \frac{U_l}{\sqrt{3}} I_l \cos\varphi = \sqrt{3} U_l I_l \cos\varphi \tag{4.4-3}$$

若负载为三角形连接，有 $U_p = U_l$，$I_p = I_l/\sqrt{3}$，则有功功率为

$$P = 3U_l \frac{U_l}{\sqrt{3}} \cos\varphi = \sqrt{3} U_l I_l \cos\varphi \tag{4.4-4}$$

式(4.4-3)和式(4.4-4)表明，三相对称负载无论是作星形连接，还是作三角形连接，有功

功率的计算式是一样的。

注意：式(4.4-3)和式(4.4-4)中的φ不是线电压和线电流的相位差角，而是相电压和相电流的相位差角，或者说是阻抗角。

2．无功功率

三相负载的无功功率也等于各相负载的无功功率之和，即

$$Q = Q_A + Q_B + Q_C = U_A I_A \sin\varphi_A + U_B I_B \sin\varphi_B + U_C I_C \sin\varphi_C \tag{4.4-5}$$

若负载对称，无论是星形连接还是三角形连接，无功功率都可以用下式计算，即

$$Q = \sqrt{3}U_l I_l \sin\varphi = 3U_p I_p \sin\varphi_p \tag{4.4-6}$$

3．视在功率

三相视在功率为
$$S = U_A I_A + U_B I_B + U_C I_C = \sqrt{P^2 + Q^2} \tag{4.4-7}$$

若负载对称，也有
$$S = \sqrt{3}U_l I_l = 3U_p I_p \tag{4.4-8}$$

【例 4.4-1】 有一组对称三相负载，每相负载的$R = 30\Omega, X = 40\Omega, U_N = 380\text{V}$，若分别连接成星形和三角形，接到线电压为380V的三相电源上，求有功功率、无功功率和视在功率。

【解】（1）负载星形连接时，因为电源的线电压$U_l = 380\text{V}$，所以相电压$U_p = 220\text{V}$，负载星接时，负载的相电压也为220V。

负载的功率因数为
$$\cos\varphi = \frac{R}{\sqrt{R^2 + X^2}} = \frac{30}{\sqrt{30^2 + 40^2}} = 0.6$$

$$I_l = I_p = \frac{U_p}{\sqrt{R^2 + X^2}} = \frac{220}{\sqrt{30^2 + 40^2}} = 4.4\text{A}$$

$$P = \sqrt{3}U_l I_l \cos\varphi = \sqrt{3} \times 380 \times 4.4 \times 0.6 = 1.74\text{kW}$$

$$Q = \sqrt{3}U_l I_l \sin\varphi = \sqrt{3} \times 380 \times 4.4 \times 0.8 = 2.31\text{kVar}$$

$$S = \sqrt{3}U_l I_l = 3U_p I_p = \sqrt{3} \times 380 \times 4.4 = 2.89\text{kVA}$$

（2）对称三相负载三角形连接时，因为电源线电压$U_l = 380\text{V}$，负载的额定电压$U_N = 380\text{V}$，与电源线电压相等。

$$I_p = \frac{U_p}{\sqrt{R^2 + X^2}} = \frac{380}{\sqrt{30^2 + 40^2}} = 7.6\text{A}$$

$$I_l = \sqrt{3}I_p = 13.2\text{A}$$

$$P = \sqrt{3}U_l I_l \cos\varphi = \sqrt{3} \times 380 \times 13.2 \times 0.6 = 5.21\text{kW}$$

$$Q = \sqrt{3}U_l I_l \sin\varphi = \sqrt{3} \times 380 \times 13.2 \times 0.8 = 6.95\text{kVar}$$

$$S = 3U_p I_p = 3 \times 380 \times 7.6 = 8.66\text{kVA}$$

从上面的计算可以得出，当电源线电压相同时，负载接成三角形时的输出功率是星形连接时的3倍。

【引例分析】

引例提出的问题：在图4.0-1中，什么是三相四线制？为什么三相电源有380V和220V两种电压？若已知日光灯的额定电压是220V，每个日光灯的额定功率是40W，功率因数是0.6，则当电路接通时，每个日光灯两端的电压是多少？流过的电流是多少？三个日光灯是什么接法？

引例分析：引例中的电源是星形连接，引出四根导线，即三根相线，一根中线，所以叫三

相四线制供电系统。

在三相四线制系统中，电源向负载提供两种电压，即线电压和相电压。在民用照明电路中，线电压是380V，相电压是220V。

在图 4.0-1 中可见，三个日光灯接成星形连接，每个日光灯两端的电压等于电源的相电压，即为220V。

每个日光灯流过的电流为$I=\dfrac{P}{U\cos\varphi}=\dfrac{40}{220\times 0.6}\approx 0.303\text{A}$。

本 章 小 结

（1）三相对称电压的表示方法

三相对称电压是三个有效值相等、频率相同、相位依次互差120°的电压，可用瞬时值表达式、波形图、相量式和相量图表示。其瞬时值表达式和相量式分别为

$$u_{\text{A}}=\sqrt{2}U\sin\left(\omega t\right) \qquad \dot{U}_{\text{A}}=U\angle 0^{\circ}$$

$$u_{\text{B}}=\sqrt{2}U\sin\left(\omega t-120^{\circ}\right) \qquad \dot{U}_{\text{B}}=U\angle -120^{\circ}$$

$$u_{\text{C}}=\sqrt{2}U\sin\left(\omega t+120^{\circ}\right) \qquad \dot{U}_{\text{C}}=U\angle 120^{\circ}$$

（2）三相电源向负载提供的线电压和相电压

三相电源是采用三相四线制和三相三线制两种方式向负载供电的。三相四线制供电方式向负载提供两种电压，即线电压和相电压。三相三线制供电方式只能向负载提供线电压。电源接成星形连接时的线电压大小是相电压的$\sqrt{3}$倍，在相位上，线电压超前对应相电压30°。

（3）三相负载的连接、线电流、相电流

三相负载的阻抗$Z_{\text{A}}=Z_{\text{B}}=Z_{\text{C}}$称为对称三相负载，否则就是不对称三相负载。

三相负载接入三相电路有两种形式，即星形和三角形。星形连接有中线，由三相四线制电源供电；星形连接无中线，由三相三线制电源供电。这两种方式中，线路电流和负载电流相等，即$I_l=I_P$。

当负载对称时，三相四线制电路中的中线电流为零，即$\dot{I}_N=0$。

当负载不对称时，中线有电流流过，即$\dot{I}_{\text{N}}=\dot{I}_{\text{A}}+\dot{I}_{\text{B}}+\dot{I}_{\text{C}}$。

中线的作用是保证不对称三相负载得到一组对称的三相电压，使负载正常工作。

若将三相负载接成三角形连接，由三相三线制电源供电，此时负载流过的电流为相电流，相线流过的电流为线电流，即线电流不等于相电流。若负载对称，线电流是相电流的$\sqrt{3}$倍，线电流滞后相电流30°。

（4）三相交流电路的计算

① 三相交流电路应一相一相地计算。若三相负载对称，只需计算一相即可，其余各相电压、电流则按对称关系写出。

② 三相电压、电流计算应用同一个参考相量。一般设$\dot{U}_{\text{A}}=U_{\text{A}}\angle 0^{\circ}$或$\dot{U}_{\text{AB}}=U_{\text{AB}}\angle 30^{\circ}$。其他电压的相位均与参考相量做比较。

5. 三相功率的计算

无论负载接成星形还是三角形，当负载对称时，功率可用下式计算：

$$P=\sqrt{3}U_lI_l\cos\varphi=3U_{\text{p}}I_{\text{p}}\cos\varphi\text{，}\ Q=\sqrt{3}U_lI_l\sin\varphi=3U_{\text{p}}I_{\text{p}}\sin\varphi\text{，}\ S=\sqrt{3}U_lI_l=3U_{\text{p}}I_{\text{p}}$$

式中，φ角为相电压与对应相电流的相位差。

若负载不对称，则应分别计算各相功率，三相功率等于各相功率之和，即

$$P = P_{\mathrm{A}} + P_{\mathrm{B}} + P_{\mathrm{C}}，\ Q = Q_{\mathrm{A}} + Q_{\mathrm{B}} + Q_{\mathrm{C}}，\ S = \sqrt{P^2 + Q^2}$$

习题

4-1　已知三相电源的线电压 $U_l = 380\mathrm{V}$，对称三相负载 $Z_{\mathrm{L}} = (20 + \mathrm{j}15)\Omega$，星形连接有中线。（1）求 $\dot{I}_{\mathrm{A}},\dot{I}_{\mathrm{B}},\dot{I}_{\mathrm{C}}$和$\dot{I}_{\mathrm{N}}$；（2）画出负载上的电压、电流的相量图。

4-2　对称三相电路的电源线电压为 380V，三角形连接的负载 $Z = (80 + \mathrm{j}60)\Omega$。（1）求 $\dot{I}_{\mathrm{A}},\dot{I}_{\mathrm{B}},\dot{I}_{\mathrm{C}}$；（2）画出负载上的电压、电流相量图。

4-3　有一教学楼需装日光灯 600 盏，每盏日光灯的额定功率为 60W，功率因数为 0.6；还要装电风扇 30 台，每台电风扇的额定功率为 100W，功率因数为 0.7，它们的额定电压都是 220V。现用 380/220V 的电压供电。（1）求这些负载应怎样接入电网才合理？画出电路图；（2）当这些负载都工作时，计算线电流 $\dot{I}_{\mathrm{A}},\dot{I}_{\mathrm{B}},\dot{I}_{\mathrm{C}}$。

4-4　在题图 4-4 中，三相四线制电源的线电压 $U_l = 380\mathrm{V}$，三个负载 $R_{\mathrm{A}} = 16\Omega$，$R_{\mathrm{B}} = 8\Omega$，$R_{\mathrm{C}} = 4\Omega$，额定电压均为 220V。（1）求 $\dot{I}_{\mathrm{A}}$，$\dot{I}_{\mathrm{B}}$，$\dot{I}_{\mathrm{C}}$；（2）求中线电流 $\dot{I}_{\mathrm{N}}$；（3）画出负载上的电压、电流相量图。

4-5　在题图 4-5 所示的三相四线制电路中，已知电源的线电压为 380V，$R = X_{\mathrm{L}} = X_{\mathrm{C}} = 22\Omega$。（1）求负载的相电流 $\dot{I}_{\mathrm{A}},\dot{I}_{\mathrm{B}},\dot{I}_{\mathrm{C}}$；（2）用相量图计算中线电流 $\dot{I}_{\mathrm{N}}$。

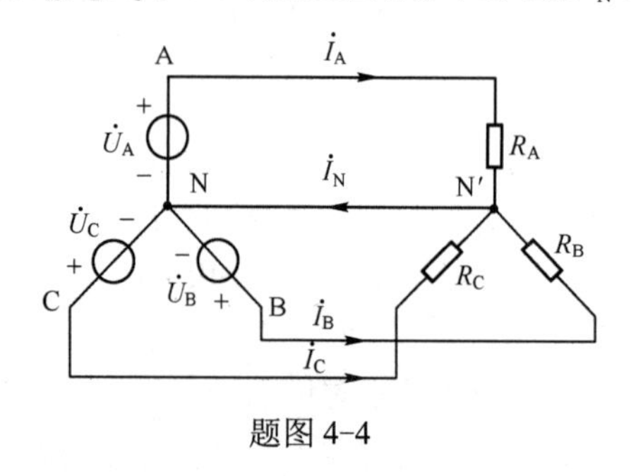

题图 4-4

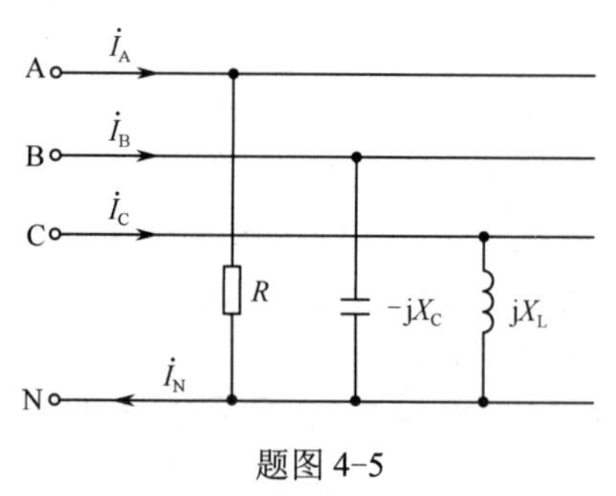

题图 4-5

4-6　求题 4-1、题 4-2 中对称三相负载的有功功率、无功功率和视在功率。

4-7　今测得某三角形连接的三相负载的 3 个线电流均为 10A，能否说明该三相负载是对称的？如果该三相负载对称，求其相电流 I_{p}。

4-8　题图 4-8 所示为三角形连接的三相照明负载。已知 $R_{\mathrm{AB}} = 10\Omega$，$R_{\mathrm{BC}} = 10\Omega$，$R_{\mathrm{CA}} = 5\Omega$，电源线电压为 220V，照明负载的额定电压为 220V。（1）求各相电流的有效值和电路的有功功率；（2）若 C 线因故障断线，计算各相负载的相电压和相电流的有效值，并说明 BC 相和 CA 相的照明负载能否正常工作。

4-9　在题图 4-9 所示电路中，已知电源线电压为 380V，对称三相负载为星形连接，负载消耗的总功率为 400W，每相负载的功率因数 $\cos\varphi = 0.8$。求每相负载的阻抗 Z。

4-10　在题图 4-10 所示的电路中，两组负载为对称三相负载，已知 $Z = (60 + \mathrm{j}60)\Omega$，$R = 10\Omega$，电源相电压 $\dot{U}_{\mathrm{A}} = 220\angle 0^{\circ}\mathrm{V}$。求电源输出的电流 $\dot{I}_{\mathrm{A}}$。

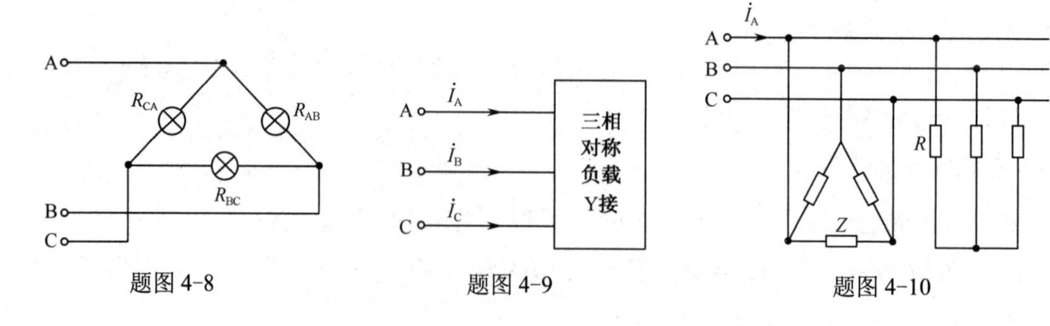

题图 4-8　　题图 4-9　　题图 4-10

*第 5 章　非正弦周期电流电路

【本章主要内容】 本章主要介绍非正弦周期信号，傅里叶级数展开，非正弦周期量的有效值、平均值、功率，以及非正弦周期电流电路的一般分析方法。

【引例】 在电气、电子及通信等工程领域，经常会遇到周期性非正弦信号激励的电路，电路中的响应电压、电流都是非正弦的。常用的周期非正弦信号有方波、三角波、脉冲波等。

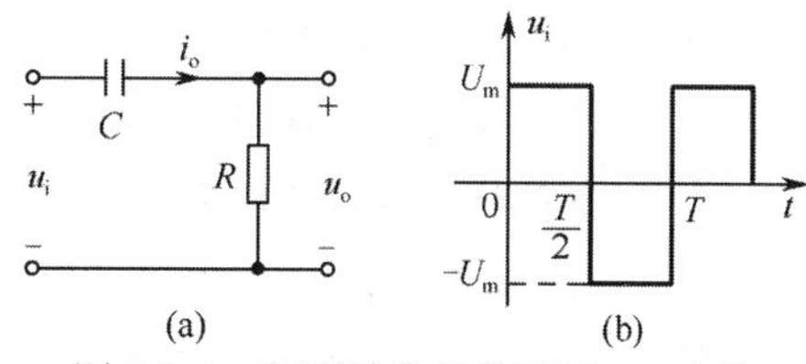

图 5.0-1　矩形波信号作用于 RC 电路

在图 5.0-1(a)所示电路中，当输入电压 u_i 为如图 5.0-1(b)所示的矩形波信号，设 $U_m = 10V$，$f = 50Hz$，$R = 100\Omega$，$C = 100\mu F$。该如何计算输出电压 u_o 和输出电流 i_o？如何计算其输出功率 P 呢？学完本章内容便可得出解答。

5.1　非正弦周期信号及其分解

1. 非正弦周期信号

在电力系统和电子电路中，除了广泛应用的正弦电压、电流外，在实际当中还会遇到如图 5.1-1 所示的电压信号或电流信号。这些电压信号虽然不是正弦量，但是它们都是周期变化的，称为非正弦周期信号。

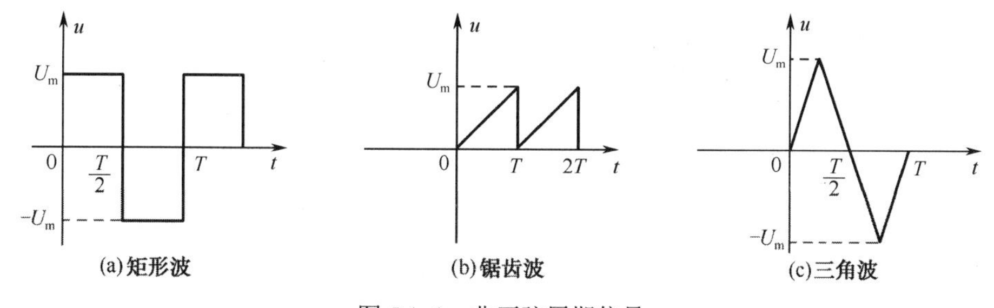

图 5.1-1　非正弦周期信号

2. 非正弦周期信号的分解

非正弦周期电流、电压信号都可以用一个周期函数来表示，即

$$f(t) = f(t + nT)$$

式中，T 为周期函数的周期，$n = 0, 1, 2, \cdots$。

如果给定的周期函数满足狄里赫利条件，则可以展开为收敛的傅里叶级数。周期函数的级数形式为

$$\begin{aligned} f(t) &= a_0 + (a_1 \cos\omega_1 t + b_1 \sin\omega_1 t) + (a_2 \cos 2\omega_1 t + b_2 \sin 2\omega_1 t) + \cdots + (a_k \cos k\omega_1 t + b_k \sin k\omega_1 t) + \cdots \\ &= a_0 + \sum_{k=1}^{\infty} (a_k \cos k\omega_1 t + b_k \sin k\omega_1 t) \end{aligned} \tag{5.1-1}$$

式(5.1-1)还可以表示成另外一种形式，即

$$
\begin{aligned}
f(t) &= A_0 + A_{1\mathrm{m}}\sin\left(\omega_1 t + \phi_1\right) + A_{2\mathrm{m}}\sin\left(2\omega_1 t + \phi_2\right) + \cdots + A_{k\mathrm{m}}\cos\left(k\omega_1 t + \phi_k\right) + \cdots \\
&= A_0 + \sum_{k=1}^{\infty} A_{k\mathrm{m}}\sin\left(k\omega_1 t + \phi_k\right)
\end{aligned}
\tag{5.1-2}
$$

式(5.1-2)中，第一项 A_0 称为非正弦周期函数 $f(t)$ 的恒定分量或直流分量。第二项 $A_{1\mathrm{m}}\sin\left(\omega_1 t + \phi_1\right)$ 称为 $f(t)$ 的一次谐波分量，由于其频率与非正弦周期函数 $f(t)$ 的频率相同，故称为基波分量，其他各项 $(k>1)$ 统称为高次谐波。高次谐波的频率是基波频率的整数倍。

傅里叶级数是一个收敛的无穷级数。随着 k 取值的增大，$A_{k\mathrm{m}}$ 值减小，k 值取得越大，傅里叶级数就越接近周期函数 $f(t)$。当 $k\to\infty$ 时，傅里叶级数就能准确地代表周期函数 $f(t)$。但随着 k 取值的增大，计算量也随之增大。实际运算时，傅里叶级数应取多少项，要根据实际情况的精度要求和级数的收敛快慢来决定。在工程计算中，一般取前几项就可以满足要求，后面的高次谐波可以忽略不计。

非正弦周期函数可以分解为直流分量及各次谐波分量之和，它们都具有一定的幅值和初相位，虽然它们能准确地描述组成非正弦周期函数的各次谐波分量，但是并不直观。为了直观、清晰地看出各谐波幅值 $A_{k\mathrm{m}}$ 和初相位 ϕ_k 与频率 $k\omega_1$ 之间的关系，通常以 $k\omega_1$ 为横坐标，$A_{k\mathrm{m}}$ 和 ϕ_k 为纵坐标，对应 $k\omega_1$ 的 $A_{k\mathrm{m}}$ 和 ϕ_k 用竖线表示，这样就得到一系列离散竖线段所构成的图形，它们分别称为幅度频谱图和相位频谱图，统称为频谱图。图5.1-2 所示就是矩形波电压的频谱曲线。一般所说的频谱图为幅度频谱图。

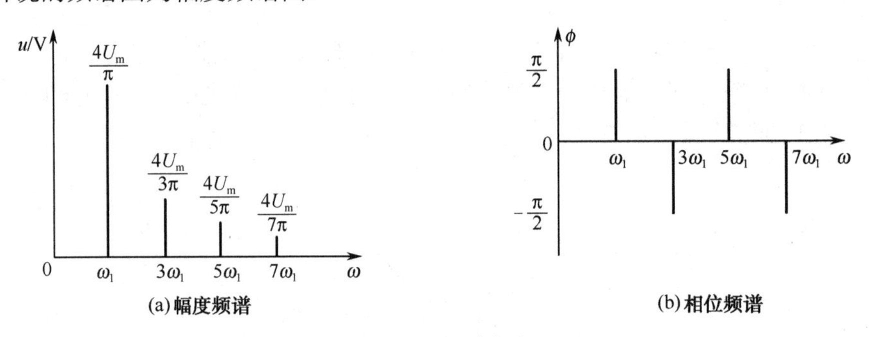

图 5.1-2　频谱曲线

频谱图中的竖线称为谱线，谱线只在离散点 $k\omega_1$ 的位置上才出现。谱线间的间距取决于信号的周期。周期越大，ω_1 越小，谱线间距越窄，谱线越密。

图5.1-1 所示的几种非正弦周期电压的傅里叶级数展开式分别为

矩形波电压　$$u = \frac{4U_\mathrm{m}}{\pi}\left(\sin\omega t + \frac{1}{3}\sin 3\omega t + \frac{1}{5}\sin 5\omega t + \cdots\right)$$

锯齿波电压　$$u = U_\mathrm{m}\left[\frac{1}{2} - \frac{1}{\pi}\left(\sin\omega t + \frac{1}{2}\sin 2\omega t + \frac{1}{3}\sin 3\omega t + \cdots\right)\right]$$

三角波电压　$$u = \frac{8U_\mathrm{m}}{\pi^2}\left(\sin\omega t - \frac{1}{9}\sin 3\omega t + \frac{1}{25}\sin 5\omega t - \cdots + \frac{(-1)^{\frac{k-1}{2}}}{k^2}\sin k\omega t + \cdots\right)$$

思考题

5.1-1　什么是谱线？怎样画频谱图？

5.2　非正弦周期量的有效值和平均功率

5.2.1　非正弦周期电流的有效值

非正弦量的有效值定义与正弦量的有效值定义相同，即

$$I=\sqrt{\frac{1}{T}\int_0^T i^2\mathrm{d}t}\ ,\quad U=\sqrt{\frac{1}{T}\int_0^T u^2\mathrm{d}t}$$

同样适用于非正弦周期电流、电压信号。

设一非正弦周期电流 i 的傅里叶级数展开式为 $i=I_0+\sum_{k=1}^{\infty}I_{km}\sin\left(k\omega_1 t+\phi_k\right)$。将电流 i 的傅里叶级数展开式代入有效值公式，则得到非正弦周期电流的有效值为

$$I=\sqrt{\frac{1}{T}\int_0^T\left[I_0+\sum_{k=1}^{\infty}I_{km}\sin\left(k\omega_1 t+\phi_k\right)\right]^2\mathrm{d}t} \tag{5.2-1}$$

式(5.2-1)展开后得到下列 4 种积分形式，根据正弦函数的正交性有：

（1）直流量平方的积分为 $\frac{1}{T}\int_0^T I_0^2\mathrm{d}t=I_0^2$。

（2）各次谐波分量平方的积分为 $\frac{1}{T}\int_0^T\left[I_{km}\sin\left(k\omega_1 t+\phi_k\right)\right]^2\mathrm{d}t=I_k^2$。

（3）直流分量与各次谐波分量乘积的 2 倍的积分为 $\frac{1}{T}\int_0^T 2I_0 I_{km}\sin\left(k\omega_1 t+\phi_k\right)\mathrm{d}t=0$。

（4）不同频率谐波分量乘积 2 倍的积分为

$$\frac{1}{T}\int_0^T 2I_{km}\sin\left(k\omega_1 t+\phi_k\right)\times I_{qm}\sin\left(q\omega_1 t+\phi_q\right)\mathrm{d}t=0$$

式中，$k\neq q$。

将以上结果代入式(5.2-1)，有

$$I=\sqrt{I_0^2+I_1^2+I_2^2+\cdots}=\sqrt{I_0^2+\sum_{k=1}^{\infty}I_k^2} \tag{5.2-2}$$

式中，$I_1=\frac{I_{1m}}{\sqrt{2}},I_2=\frac{I_{2m}}{\sqrt{2}},\cdots$，即非正弦周期电流的有效值等于直流分量的平方与各次谐波有效值的平方和的平方根。同理，非正弦周期电压 u 的有效值为

$$U=\sqrt{U_0^2+U_1^2+U_2^2+\cdots}=\sqrt{U_0^2+\sum_{k=1}^{\infty}U_k^2} \tag{5.2-3}$$

在实际中还经常用到平均值的概念，周期量在一周期内的平均值为恒定量。为了计算整流电路，常把平均值定义为信号的绝对值在一个周期内的平均值。以电流为例，其平均值为

$$I_{av}=\frac{1}{T}\int_0^T|i|\,\mathrm{d}t \tag{5.2-4}$$

对于正弦周期电流 $i=I_m\sin\omega t$ 来说，其平均值为

$$I_{av}=\frac{1}{T}\int_0^T|I_m\sin\omega t|\,\mathrm{d}t=\frac{4I_m}{T}\int_0^{\frac{T}{4}}\sin\omega t\mathrm{d}t=\frac{4I_m}{\omega T}\left(-\cos\omega t\right)\Big|_0^{\frac{T}{4}}$$
$$=0.637I_m=0.898I$$

它相当于正弦电流经全波整流后的平均值，如图 5.2-1 中虚线所示。

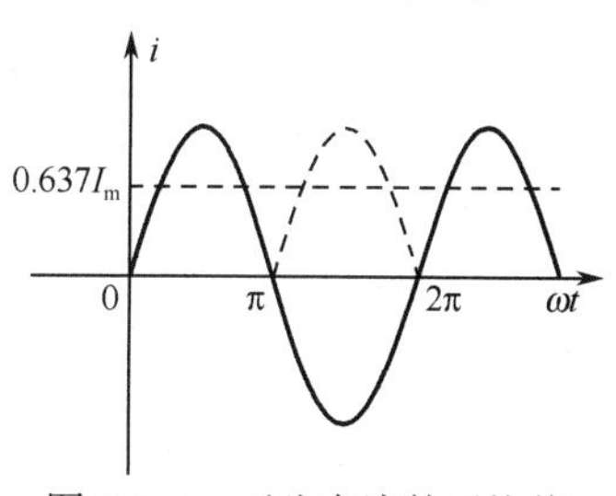

图 5.2-1　正弦电流的平均值

5.2.2 非正弦周期电流电路的平均功率

设作用于图 5.2-2 所示一端口网络的非正弦周期电压为

$$u = U_0 + \sum_{k=1}^{\infty} U_{km} \sin(k\omega_1 t + \phi_{uk})$$

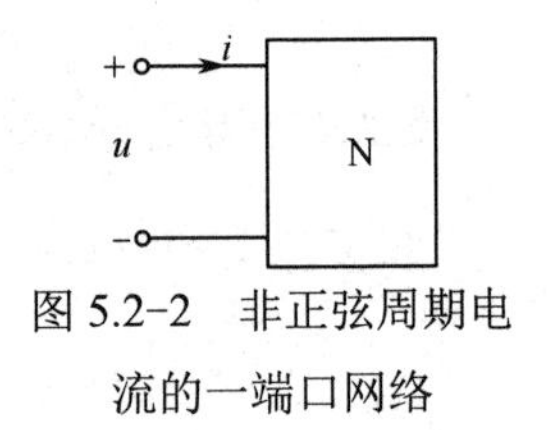

图 5.2-2 非正弦周期电流的一端口网络

由非正弦周期电压所产生的非正弦周期电流为

$$i = I_0 + \sum_{k=1}^{\infty} I_{km} \sin(k\omega_1 t + \phi_{ik})$$

则一端口网络的瞬时功率为

$$p = ui = \left[U_0 + \sum_{k=1}^{\infty} U_{km} \sin(k\omega_1 t + \phi_{uk})\right]\left[I_0 + \sum_{k=1}^{\infty} I_{km} \sin(k\omega_1 t + \phi_{ik})\right] \tag{5.2-5}$$

一端口的有功功率为 $P = \frac{1}{T}\int_0^T \left[U_0 + \sum_{k=1}^{\infty} U_{km} \sin(k\omega_1 t + \phi_{uk})\right]\left[I_0 + \sum_{k=1}^{\infty} I_{km} \sin(k\omega_1 t + \phi_{ik})\right] dt$ (5.2-6)

此式展开后有 5 类不同项，其中正弦量在一个周期内的平均值为零，即

$$\frac{1}{T}\int_0^T U_0 \sum_{k=1}^{\infty} I_{km} \sin(k\omega_1 t + \phi_{ik}) dt = 0, \qquad \frac{1}{T}\int_0^T I_0 \sum_{k=1}^{\infty} U_{km} \sin(k\omega_1 t + \phi_{uk}) dt = 0$$

而根据正交函数的性质，不同频率正弦量的乘积在一个周期内的平均值也为零，即

$$\frac{1}{T}\int_0^T \sum_{k=1}^{\infty} U_{km} \sin(k\omega_1 t + \phi_{uk}) \sum_{\substack{p、k=1 \\ p\neq k}}^{\infty} I_{pm} \sin(p\omega_1 t + \phi_{ip}) dt = 0$$

故式(5.2-6)可表示为 $P = \frac{1}{T}\int_0^T \left[U_0 + \sum_{k=1}^{\infty} U_{km} \sin(k\omega_1 t + \phi_{uk})\right]\left[I_0 + \sum_{k=1}^{\infty} I_{km} \sin(k\omega_1 t + \phi_{ik})\right] dt$

$$= U_0 I_0 + U_1 I_1 \cos\varphi_1 + U_2 I_2 \cos\varphi_2 + \cdots = U_0 I_0 + \sum_{k=1}^{\infty} U_k I_k \cos\varphi_k \tag{5.2-7}$$

或

$$P = P_1 + P_2 + P_3 + \cdots = \sum_{k=0}^{\infty} P_k \tag{5.2-8}$$

式中，$\varphi_k = \phi_{uk} - \phi_{ik}$ 是第 k 次谐波电压与谐波电流之间的相位差。式(5.2-7)表明，非正弦周期电路吸收的平均功率等于直流分量产生的功率和各次谐波分量平均功率的代数和。

思考题

5.2-1 怎样计算非正弦周期信号的有效值？怎样求非正弦周期电流电路的平均功率？

5.3 非正弦周期电流电路的计算

正弦电源作用于线性稳态电路时，电路中各支路的电压或电流也是同频率的正弦量，正弦交流电路的分析可采用相量法。对于非线性周期信号作用于线性稳态电路时，通过傅里叶级数将非正弦周期信号展开成不同频率的正弦周期信号，同样可以采用相量法来进行分析计算。非正弦周期电流电路的分析步骤如下：

（1）根据非正弦周期信号展开式确定谐波分量取多少项。

（2）分别计算出直流分量和各次谐波分量单独作用时在电路中产生的电压或电流。当直流分量单独作用时，采用直流稳态电路的分析方法进行计算(电容开路，电感短路)；当各次谐波分量单独作用时，采用相量法进行计算，并根据分析结果得到直流分量、各次谐波分量响应的瞬时值表达式。在对各次谐波分量进行分析时，要注意电抗跟电源频率之间的关系。

（3）利用叠加定理，将属于同一支路的直流分量和谐波分量作用所产生的瞬时值表达式结果叠加，即得到非正弦周期电流电路产生的总电压或电流响应。

【例 5.3-1】 RLC 串联电路如图 5.3-1 所示。已知 $R=10\Omega, C=200\mu F$，$L=100mH$，$f=50Hz$，$u=\left[20+20\sqrt{2}\sin\omega t+10\sqrt{2}\sin\left(3\omega t+90^{\circ}\right)\right]V$。求：（1）电流 i；（2）外加电压 u 和电流 i 的有效值；（3）电路消耗的功率。

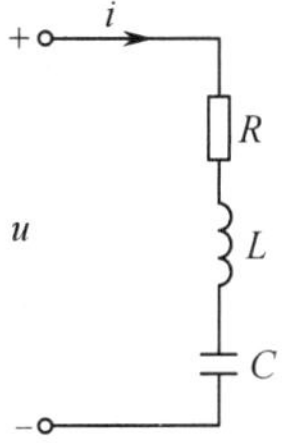

图 5.3-1　例 5.3-1 图

【解】（1）利用叠加定理求 i。

对于直流分量，由于电容的隔直作用，$I_0=0$。

当基波分量 $u_1=20\sqrt{2}\sin\omega t V$ 单独作用时，$\dot{U}_1=20\angle 0^{\circ}V$，即基波电流为

$$\dot{I}_1=\frac{\dot{U}_1}{R+j\left(\omega L-\dfrac{1}{\omega C}\right)}=\frac{20\angle 0^{\circ}}{\left[10+j\left(314\times 100\times 10^{-3}-\dfrac{1}{314\times 200\times 10^{-6}}\right)\right]}=1.08\angle-57.2^{\circ}A$$

则
$$i_1=1.08\sqrt{2}\sin\left(\omega t-57.2^{\circ}\right)A$$

当三次谐波分量 $u_3=10\sqrt{2}\sin\left(3\omega t+90^{\circ}\right)V$ 单独作用时，$\dot{U}_3=10\angle 90^{\circ}V$，即

$$\dot{I}_3=\frac{\dot{U}_3}{R+j\left(3\omega L-\dfrac{1}{3\omega C}\right)}=\frac{10\angle 90^{\circ}}{\left[10+j(94.2-5.3)\right]}=0.112\angle 6.4^{\circ}A$$

则
$$i_3=0.112\sqrt{2}\sin\left(3\omega t+6.4^{\circ}\right)A$$

所以
$$i=i_1+i_3=\left[1.08\sqrt{2}\sin\left(\omega t-57.2^{\circ}\right)+0.112\sqrt{2}\sin\left(3\omega t+6.4^{\circ}\right)\right]A$$

（2）电流 i 的有效值为

$$I=\sqrt{I_0^2+I_1^2+I_3^2}=\sqrt{1.08^2+0.112^2}=0.767\sqrt{2}\approx 1.085A$$

电压 u 的有效值为　$U=\sqrt{U_0^2+U_1^2+U_3^2}=\sqrt{20^2+20^2+10^2}=30V$

（3）电路中消耗的功率为

$$P=P_1+P_3=I_1^2R+I_3^2R=I^2R=(1.085)^2\times 10\approx 11.8W$$

【例 5.3-2】 已知一端口网络的电压和电流分别为

$u=[10+10\sin\omega t+5\sin 3\omega t+2\sin 5\omega t]V$，$i=\left[2+1.94\sin\left(\omega t-14^{\circ}\right)+1.7\sin\left(5\omega t+32^{\circ}\right)\right]A$

求此一端口网络的有功功率。

【解】 根据非正弦周期电流电路有功功率的计算公式(5.2-8)有

$$P=P_0+P_1+P_3+P_5$$

其中　$P_0=U_0I_0=10\times 2=20W$，$P_1=U_1I_1\cos\varphi_1=\dfrac{10}{\sqrt{2}}\times\dfrac{1.94}{\sqrt{2}}\times\cos 14^{\circ}=9.412W$

$$P_3=U_3I_3\cos\varphi_3=\frac{5}{\sqrt{2}}\times 0=0W,\quad P_5=U_5I_5\cos\varphi_5=\frac{2}{\sqrt{2}}\times\frac{1.7}{\sqrt{2}}\times\cos(-32^{\circ})=1.44W$$

$$P=P_0+P_1+P_3+P_5=20+9.412+1.44=30.85W$$

【引例分析】 引例提出的问题：在图 5.0-1(a)所示电路中，当输入电压 u_i 为如图 5.0-1(b)

所示的矩形波信号，设$U_{\mathrm{m}}=10\mathrm{V}$，$f=50\mathrm{Hz}, R=100\Omega$，$C=100\mu\mathrm{F}$。该如何计算输出电压$u_{\mathrm{o}}$和输出电流$i_{\mathrm{o}}$？如何计算其输出功率$P$呢？

【解】 根据本章给出的矩形波电压的傅里叶级数展开式，利用叠加定理求解u_{o}和i_{o}。

矩形波电压的傅里叶级数展开式

$$u_i=\frac{4U_{\mathrm{m}}}{\pi}(\sin\omega t+\frac{1}{3}\sin 3\omega t+\frac{1}{5}\sin 5\omega t+\cdots)$$

（1）当基波分量$u_1=\frac{4U_{\mathrm{m}}}{\pi}\sin\omega t=12.74\sin 314t$单独作用时，$\dot{U}_1=9\angle 0^\circ\mathrm{V}$

$$\dot{U}_{\mathrm{o1}}=\frac{R}{R+\frac{1}{\mathrm{j}\omega C}}\dot{U}_1=\frac{100}{100-\mathrm{j}31.8}\times 9\angle 0^\circ=\frac{900}{104.9\angle -17.6^\circ}=8.58\angle 17.6^\circ\mathrm{V}$$

（2）当三次谐波分量$u_3=\frac{4U_{\mathrm{m}}}{\pi}\times\frac{1}{3}\sin 3\omega t=4.25\sin 942t$单独作用时，$\dot{U}_3=3\angle 0^\circ\mathrm{V}$

$$\dot{U}_{\mathrm{o3}}=\frac{R}{R+\frac{1}{\mathrm{j}3\omega C}}\dot{U}_1=\frac{100}{100-\mathrm{j}10.6}\times 3\angle 0^\circ=\frac{300}{100.6\angle -6^\circ}=2.98\angle 6^\circ\mathrm{V}$$

（3）当五次谐波分量$u_5=\frac{4U_{\mathrm{m}}}{\pi}\times\frac{1}{5}\sin 5\omega t=2.54\sin 1570t$单独作用时，$\dot{U}_5=1.8\angle 0^\circ\mathrm{V}$

$$\dot{U}_{\mathrm{o5}}=\frac{R}{R+\frac{1}{\mathrm{j}5\omega C}}\dot{U}_1=\frac{100}{100-\mathrm{j}6.36}\times 1.8\angle 0^\circ=\frac{180}{100.2\angle -3.63^\circ}=1.8\angle 3.63^\circ\mathrm{V}$$

则
$$\begin{aligned}u_{\mathrm{o}}&=u_{\mathrm{o1}}+u_{\mathrm{o3}}+u_{\mathrm{o5}}\\&=\left[8.58\sqrt{2}\sin(\omega t+17.6^\circ)+2.98\sqrt{2}\sin(3\omega t+6^\circ)+1.8\sqrt{2}\sin(5\omega t+3.63^\circ)\right]\mathrm{V}\end{aligned}$$

$$i_{\mathrm{o}}=\frac{u_{\mathrm{o}}}{R}=\left[0.085\sqrt{2}\sin(\omega t+17.6^\circ)+0.029\sqrt{2}\sin(3\omega t+6^\circ)+0.018\sqrt{2}\sin(5\omega t+3.63^\circ)\right]\mathrm{A}$$

根据非正弦周期电流电路有功功率的计算公式(5.2-8)有

$$\begin{aligned}P&=P_1+P_3+P_5=U_1I_1\cos\varphi_1+U_3I_3\cos\varphi_3+U_5I_5\cos\varphi_5=I_1^2R+I_3^2R+I_5^2R\\&=0.085^2\times 100+0.029^2\times 100+0.018^2\times 100=0.839\mathrm{W}\end{aligned}$$

至此，本章开头引例提出的问题得到解决。

本 章 小 结

本章讨论的非正弦周期电流电路是指非正弦周期信号作用于线性电路的稳定状态，电路中的激励和响应是周期量。

非正弦周期电流电路的分析计算方法基于傅里叶分解和叠加定理，称为谐波分析法，可归结为下列三个步骤：

（1）将给定的非正弦周期信号分解成傅里叶级数，视为各次谐波分量叠加的结果；

（2）应用相量法分别计算各次谐波信号单独作用时在电路中所产生的电压或电流；

（3）应用叠加定理将所得各次电压或电流的瞬时值相加，得到用时间函数表示的总电压或电流。

在分析与计算非正弦周期电流电路时应注意以下三点：

（1）电感和电容元件对不同频率的谐波分量表现出不同的感抗和容抗；

（2）求最终结果时，一定是在时域中叠加各次谐波在电路中产生的电压或电流，而把不同次谐波正弦量的相量进行加减是没有意义的；

（3）不同频率的电压、电流之间不构成平均功率。

习题

5-1　在题图 5-1 所示电路中，已知电源电压 $u_i = (20 + 100\sin\omega t + 70\sin 3\omega t)\text{V}$，$L = 1\text{H}$，$R = 100\Omega$，$f = 50\text{Hz}$。求输出电压 $u_R(t)$。

5-2　在题图 5-2 所示电路中，已知电源电压 $u_S = (10\sin 100t + 3\sin 500t)\text{V}$，$L = 1\text{mH}$，$C = 0.01\mu\text{F}$。求电流 i_L 和 i_C。

5-3　在题图 5-3 所示电路中，已知电源电压 $u_S = [10 + 80\sin(\omega t + 30^\circ) + 18\sin 3\omega t]\text{V}$，$R = 6\Omega$，$\omega L = 2\Omega$，$1/(\omega C) = 18\Omega$。求电路中的电流 i 和电压 u 的有效值及电路的功率 P。

5-4　在题图 5-4 所示电路中，已知 $u_1 = [2 + 2\sin 2t]\text{V}$，$u_2 = 3\sin 2t\text{V}$，$R = 1\Omega$，$L = 1\text{H}$，$C = 0.25\text{F}$。求电阻上的电压 u_R 及其消耗的功率。

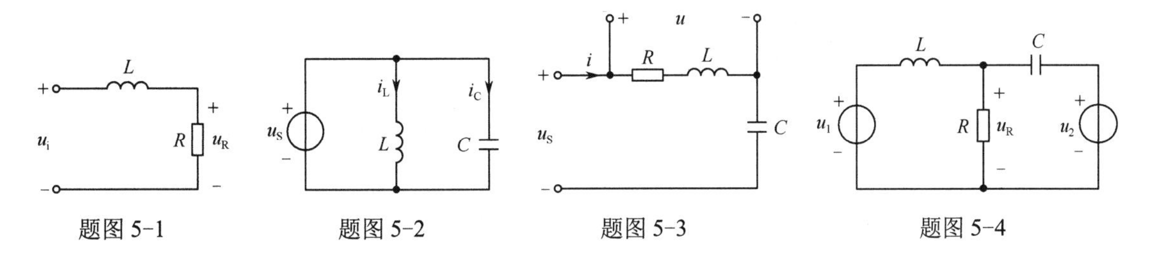

题图 5-1　题图 5-2　题图 5-3　题图 5-4

5-5　在 RL 串联电路中，已知 $R = 50\Omega$，$L = 3.18\text{mH}$，串联电路的端口电压 $u = 10 + 100\sin\omega t + 20\sin 5\omega t$，$f = 100\text{Hz}$。求电流 i 及有效值。

第 6 章　线性电路的暂态过程

【本章主要内容】 本章主要介绍线性一阶电路的零输入响应、零状态响应和全响应，线性一阶电路的三要素分析法。

【引例】 工程上常常利用电容元件组成的电路获取各种波形的信号。例如，图 6.0-1(a)是从电容两端获取输出信号的 RC 电路，当u_i为方波信号时，u_o为三角波信号，其仿真电路及输出波形如图 6.0-1(b)和(c)所示。图 6.0-2(a)是从电阻两端获取输出信号的 RC 电路，当u_i为方波信号时，u_o为尖脉冲信号，其仿真电路及输出波形如图 6.0-2(b)和(c)所示。由实验电路可见，电路接入电容后，可以改变电路的输出波形。那么，图 6.0-1(a)和图 6.0-2(a)是什么电路呢？在两个电路中，电容的电压是按着什么规律变化的呢？R、C 数值的大小对输出波形有什么影响？u_o与u_i之间是什么关系？学完本章内容就可以做出解答。

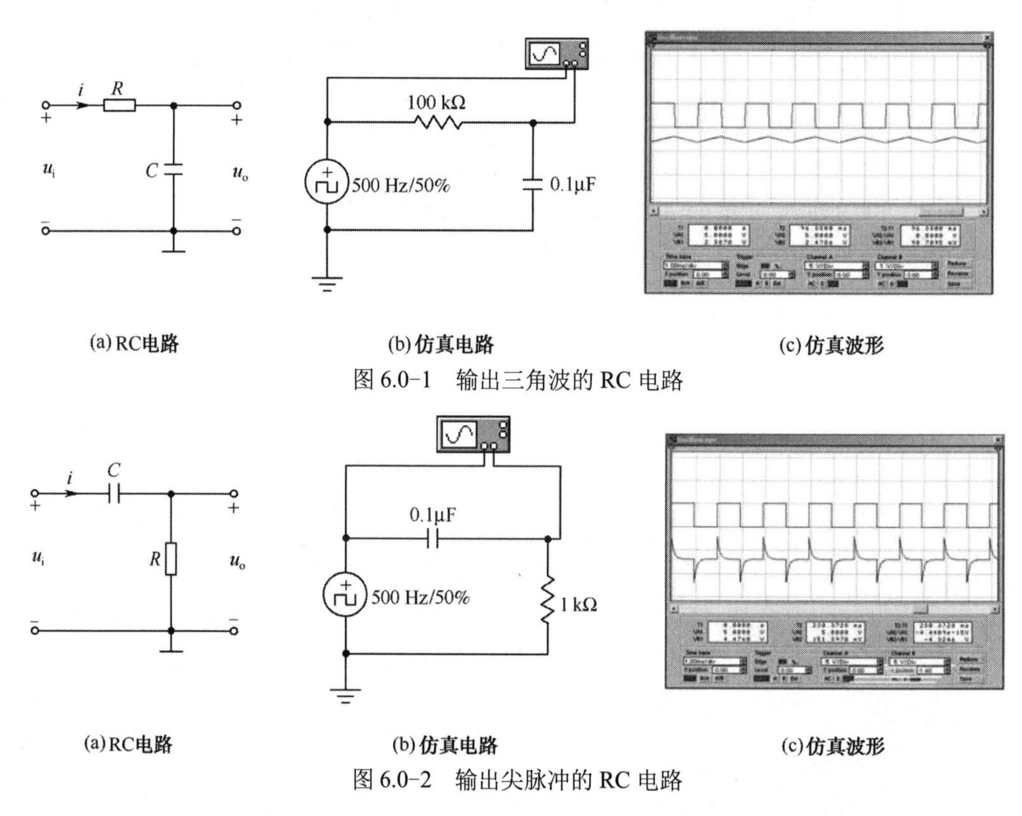

(a) RC电路　(b) 仿真电路　(c) 仿真波形

图 6.0-1　输出三角波的 RC 电路

(a) RC电路　(b) 仿真电路　(c) 仿真波形

图 6.0-2　输出尖脉冲的 RC 电路

6.1　暂态过程的基本概念

6.1.1　暂态过程

在前面分析的直流电路和交流电路中，电路的电源是恒定的或按周期性变化的，电路中产生的电压和电流也是恒定的或周期性变化的，电路的这种工作状态称为稳定状态，简称稳态。

然而，实际电路的工作状态总是要发生变化的，总是要从一个稳定状态转换为另一个稳定状态。例如，对于图 6.1-1(a)所示的 RC 电路，当开关 S 断开时，RC 电路未接电源，电容的电压 $u_C = 0$，这时电路的工作状态称为一种稳态；当开关 S 闭合后，RC 电路与直流电源接通，电容的电压 $u_C = U_S$，这时电路的工作状态已经转换为另一个稳态，电路如图 6.1-1(b)所示。可见，电源的接通或断开，电源电压、电流的改变，电路元件参数的改变等，都会使电路中的电压、电流发生变化，导致电路从一个稳定状态转换为另一个稳定状态。

由于电容是储能元件，在开关 S 闭合后，电容电压 u_C 并非瞬间就能达到 U_S，而是要经过一个能量存储的过程，这个储能的过程就称为电路的暂态过程或过渡过程。电容存储能量过程中，其电压变化波形如图 6.1-2 所示。

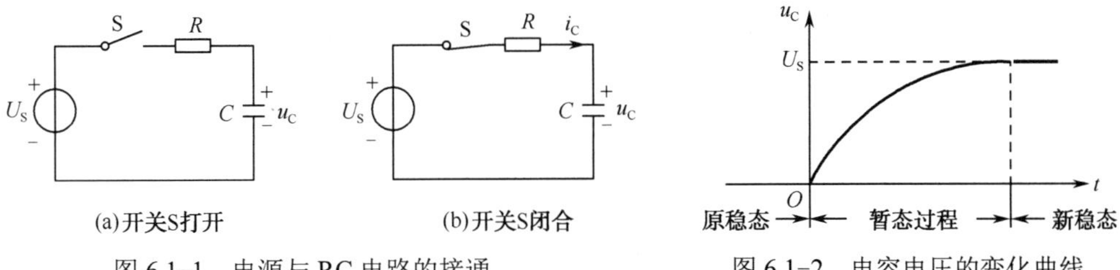

图 6.1-1　电源与 RC 电路的接通　　图 6.1-2　电容电压的变化曲线

电容和电感都是储能元件，也称动态元件。当含有动态元件的电路结构或元件参数等发生变化时，将会出现电路的暂态过程。本章以直流电源作用的电路为例，分析电路的暂态过程。

6.1.2　换路定则

所谓换路，是指电源的接通或断开、电压或电流的变化、电路元件的参数改变等。图 6.1-1(a)就是换路前的工作状态，而图 6.1-1(b)就是换路后的工作状态。

设 $t=0$ 为换路时刻，$t=0_-$ 为换路前的末了瞬间，$t=0_+$ 为换路后的初始瞬间，$t=0_-$ 到 0_+ 为换路瞬间。

在图 6.1-1(b)中，开关 S 闭合后，电源通过电阻向电容提供能量，电容存储能量，u_C 上升。对于线性电容元件，在任意 t 时刻，其上的电荷和电压的关系为

$$\begin{cases} q(t) = q(t_0) + \int_{t_0}^{t} i_C(\xi)\mathrm{d}\xi \\ u_C(t) = u_C(t_0) + \dfrac{1}{C}\int_{t_0}^{t} i_C(\xi)\mathrm{d}\xi \end{cases} \tag{6.1-1}$$

式中，t_0 为换路前时刻，t 为换路后时刻；ξ 表示时间，用来避免与积分式上限 t 相混淆。换路时刻前后，由于电容的电流 $i_C(t)$ 是有限值，则上式中的积分项为零，即

$$\begin{cases} q(t) = q(t_0) \\ u_C(t) = u_C(t_0) \end{cases}$$

说明换路时刻前后，电容上的电荷和电压不发生跃变，实质上也就是说电容的能量不能跃变。所以，图 6.1-1(a)换路后，电容的电压 u_C 是从 0V 开始逐渐上升的，当 u_C 达到 U_S 时，电容的能量存储完毕，电路达到了新的稳态。

令上式中的 $t_0 = 0_-, t = 0_+$，可得

$$\begin{cases} q(0_+) = q(0_-) \\ u_C(0_+) = u_C(0_-) \end{cases} \tag{6.1-2}$$

式中，$q(0_+)$ 和 $u_C(0_+)$ 为换路后初始瞬间电容的电荷与电压的初始值，$q(0_-)$ 和 $u_C(0_-)$ 为换路前末了瞬间的电容电荷和电压。

同理，对于线性电感元件，在任意t时刻，其上的磁链和电流的关系为

$$\begin{cases}\psi_L(t)=\psi_L(t_0)+\int_{t_0}^{t}u_L(\xi)\mathrm{d}\xi \\ i_L(t)=i_L(t_0)+\dfrac{1}{L}\int_{t_0}^{t}u_L(\xi)\mathrm{d}\xi\end{cases} \tag{6.1-3}$$

在换路时刻前后，由于电感电压$u_L(t)$为有限值，式(6.1-3)中的积分项为零，令$t_0=0_-, t=0_+$，即

$$\begin{cases}\psi_L(0_+)=\psi_L(0_-) \\ i_L(0_+)=i_L(0_-)\end{cases} \tag{6.1-4}$$

此时电感中的磁链和电流不发生跃变。

由以上分析可见，在换路瞬间（0_-到0_+），电容的电压不能跃变；电感的电流不能跃变，即换路定则为

$$\begin{cases}u_C(0_+)=u_C(0_-) \\ i_L(0_+)=i_L(0_-)\end{cases} \tag{6.1-5}$$

6.1.3 电路的初始值

所谓初始值，是指电路换路后初始瞬间的电压、电流值，即$t=0_+$时的电压、电流值。

由式(6.1-5)的换路定则可知，电容电压的初始值$u_C(0_+)$和电感电流的初始值$i_L(0_+)$均由原稳态电路$t=0_-$时的$u_C(0_-)$和$i_L(0_-)$来确定。而电路中其他电压、电流的初始值均由$t=0_+$时的等效电路确定。求解初始值的具体步骤如下：

（1）先求$u_C(0_-)$和$i_L(0_-)$。由$t=0_-$时的稳态电路，求得$u_C(0_-)$和$i_L(0_-)$。在原稳态电路中，电容相当开路，电感相当短路；

（2）根据换路定则，得到$u_C(0_+)$和$i_L(0_+)$；

（3）画出$t=0_+$时的等效电路，求其他物理量的初始值$u(0_+)$和$i(0_+)$。对于电容元件：当$u_C(0_+)=0$时，电容相当于短路；当$u_C(0_+)\neq 0$时，电容相当于一个理想的电压源。对于电感元件：当$i_L(0_+)=0$时，电感相当于断路；当$i_L(0_+)\neq 0$时，电感相当于一个理想的电流源。

【例 6.1-1】 在图 6.1-3(a)中，已知$U_S=8\text{V}, R=2\Omega$，换路前电感和电容均未储能，$t=0$时开关S闭合。求开关S闭合瞬间电路的初始值$u_C(0_+)$、$i_L(0_+)$、$i_C(0_+)$、$u_L(0_+)$、$u_R(0_+)$、$i(0_+)$。

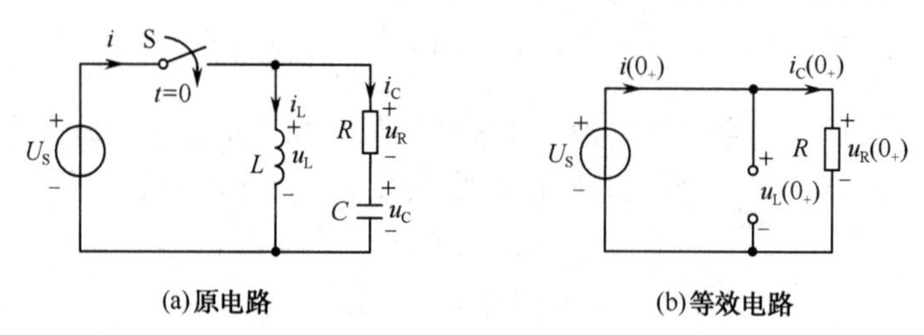

图 6.1-3 例 6.1-1 图

【解】 （1）先求$u_C(0_+)$和$i_L(0_+)$。由题意可知，$t=0_-$时$u_C(0_-)=0$，$i_L(0_-)=0$。根据换路定则，有$u_C(0_+)=u_C(0_-)=0$，$i_L(0_+)=i_L(0_-)=0$。

（2）求$i_C(0_+)$、$u_L(0_+)$、$u_R(0_+)$、$i(0_+)$。由于$u_C(0_+)=0, i_L(0_+)=0$，所以在$t=0_+$时，电容相当于短路，而电感相当于断路。$t=0_+$时的等效电路如图 6.1-3(b)所示。由等效电路求出

$$i(0_+)=i_C(0_+)=U_S/R=8/2=4\text{A}, \quad u_L(0_+)=u_R(0_+)=U_S=8\text{V}$$

【例 6.1-2】 在图 6.1-4(a)中，已知$U_S=12\text{V}, R_1=6\Omega$，$R_2=2\Omega$。换路前电路已处于稳态，

$t=0$ 时开关 S 打开。求开关 S 打开瞬间电路的初始值 $u_C(0_+)$、$i_L(0_+)$、$i_C(0_+)$、$u_L(0_+)$、$u_{R2}(0_+)$。

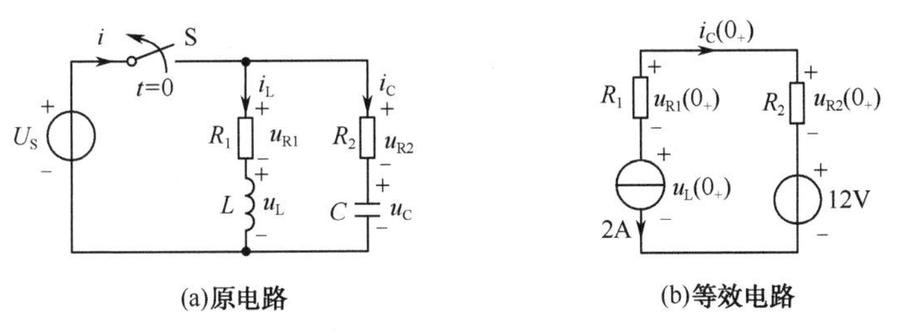

图 6.1-4　例 6.1-2 图

【解】　（1）先求 $u_C(0_+)$ 和 $i_L(0_+)$。$t=0_-$ 时，电感、电容已储能，电路处于稳态，电感相当于短路而电容相当于断路，则 $u_C(0_-)=U_S=12\text{V}, i_L(0_-)=U_S/R_1=12/6=2\text{A}$。由换路定则有 $u_C(0_+)=u_C(0_-)=12\text{V}, i_L(0_+)=i_L(0_-)=2\text{A}$。

（2）求 $i_C(0_+)$、$u_L(0_+)$、$u_{R2}(0_+)$。由于 $u_C(0_+)=12\text{V}, i_L(0_+)=2\text{A}$，所以在 $t=0_+$ 时，电容用一个 12V 的理想电压源代替，电感用一个 2A 的理想电流源代替。$t=0_+$ 时的等效电路如图 6.1-4(b)所示。由等效电路求出

$$i_C(0_+)=-i_L(0_+)=-2\text{A} \qquad u_{R1}(0_+)=i_L(0_+)R_1=2\times6=12\text{V}$$

$$u_{R2}(0_+)=i_C(0_+)R_2=-2\times2=-4\text{V} \qquad u_L(0_+)=12+u_{R2}(0_+)-u_{R1}(0_+)=12-4-12=-4\text{V}$$

思考题

6.1-1　根据 $i_C=C\dfrac{\mathrm{d}u_C}{\mathrm{d}t}$，从电路的角度分析，电容的电压在换路时为什么不能跃变？

6.1-2　如何求解电容电压的初始值 $u_C(0_+)$ 和其电流的初始值 $i_C(0_+)$？

6.2　一阶 RC 电路的响应

所谓一阶电路，是指电路中只含有一个储能元件，此时电路的方程可用一阶线性微分方程来描述。下面对一阶 RC 电路的响应进行分析。

6.2.1　RC 电路的零状态响应

所谓零状态响应，是指换路前储能元件未储能，换路后仅由独立电源作用在电路中所产生的响应。

在图 6.2-1 所示的 RC 串联电路中，换路前开关 S 是断开的，电容 C 未储能，即 $u_C(0_-)=0$，电路为原稳态。$t=0$ 时开关 S 闭合，RC 电路与直流电源接通，电容 C 存储能量，即电容充电，电容上的电压 u_C 逐渐上升，最后达到 U_S，电容充电结束，电路达到新的稳态。那么电容上的电压 u_C 是按着什么规律变化的呢？下面利用 KVL 来求解 u_C。

在图 6.2-1 中，当开关 S 闭合后，由 KVL 列出 $t>0$ 时的电压方程，即

$$u_R+u_C=U_S \qquad t>0$$

将 $u_R=iR$，$i=C\dfrac{\mathrm{d}u_C}{\mathrm{d}t}$ 代入上述方程，有

$$RC\frac{\mathrm{d}u_C}{\mathrm{d}t}+u_C=U_S \qquad t>0 \qquad (6.2\text{-}1)$$

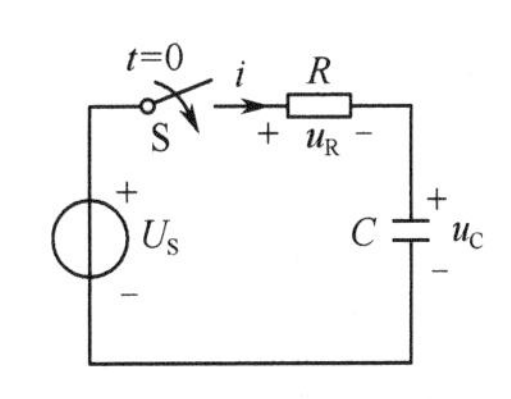

图 6.2-1　RC 电路的零状态响应

式(6.2-1)是一阶常系数线性非齐次微分方程，其方程的解为两部分，即

$$u_C = u_C' + u_C''$$

其中，u_C' 是非齐次微分方程的特解，该特解与外加电压有关。当外加电压为常数时，u_C' 也是常数，其值就是电路达到稳态时，即 $t=\infty$ 的 u_C 值，所以 $u_C' = u_C(\infty) = U_S$，u_C' 称为稳态分量。u_C'' 是式(6.2-1)中等号右边为零的解，即齐次微分方程

$$RC\frac{du_C}{dt} + u_C = 0 \tag{6.2-2}$$

的通解，此通解为

$$u_C'' = Ae^{pt} \tag{6.2-3}$$

式中，p 为特征方程的根，A 为积分常数。将式(6.2-3)代入式(6.2-2)，求出特征根，即

$$RCp + 1 = 0$$

特征根 $p = -\frac{1}{RC}$，则

$$u_C'' = Ae^{-\frac{t}{RC}}$$

当 $t=\infty$ 时，$u_C''=0$，所以 u_C'' 称为暂态分量。因此式(6.2-1)的解为

$$u_C = u_C' + u_C'' = U_S + Ae^{-\frac{t}{RC}} \qquad t>0 \tag{6.2-4}$$

其中，积分常数 A 由电路的初始值 $u_C(0_+)$ 确定。在 $t=0_+$ 时，由换路定则得

$$u_C(0_+) = u_C(0_-) = 0$$

将 $u_C(0_+)=0$ 代入式(6.2-4)，得

$$A = -U_S$$

所以，电容电压 u_C 随时间变化的表达式为

$$u_C = U_S - U_S e^{-\frac{t}{RC}} = U_S(1-e^{-\frac{t}{RC}}) \qquad t>0 \tag{6.2-5}$$

电流 i 和电阻电压 u_R 随时间变化的表达式为

$$i = C\frac{du_C}{dt} = \frac{U_S}{R}e^{-\frac{t}{RC}} \qquad t>0 \tag{6.2-6}$$

$$u_R = iR = U_S e^{-\frac{t}{RC}} \qquad t>0 \tag{6.2-7}$$

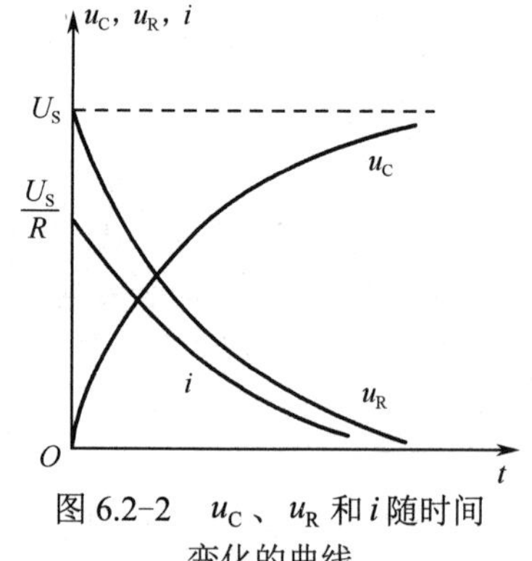

图 6.2-2 u_C、u_R 和 i 随时间变化的曲线

可见，$t>0$ 后，u_C、i 和 u_R 都是随着时间按指数规律变化的。当时间 $t\to\infty$ 时，$i=0, u_R=0, u_C=U_S$，电容充电结束，电路达到新的稳态。u_C、u_R 和 i 的变化曲线如图 6.2-2 所示。

在式(6.2-5)、式(6.2-6)和式(6.2-7)中，当增大或减小 RC 的数值时，u_C、u_R 和 i 的暂态过程时间就会变长或缩短。RC 的单位(欧·法)为秒，称为电路的时间常数，用 τ 表示，即

$$\tau = RC \tag{6.2-8}$$

这样，u_C、i 和 u_R 的表达式又可以表示为

$$u_C = U_S(1-e^{-\frac{t}{\tau}}) \qquad t>0 \tag{6.2-9}$$

$$i = \frac{U_S}{R}e^{-\frac{t}{\tau}} \qquad t>0 \tag{6.2-10}$$

$$u_R = iR = U_S e^{-\frac{t}{\tau}} \qquad t>0 \tag{6.2-11}$$

可见，改变 τ 就可以改变暂态过程的时间。理论分析认为，暂态过程经过无穷大的时间才结束，而实际上暂态过程经过多长时间结束呢？我们以电容电压为例进行讨论。

在式(6.2-9)中，当$t=\tau$ 时

$$u_C=U_S(1-e^{-1})=U_S\left(1-\frac{1}{2.718}\right)=U_S(1-0.368)=0.632U_S=(63.2\%)U_S$$

可见，经过一个τ 的时间，电压u_C已经上升到稳态值U_S的 63.2%。当$t=1\tau \sim 5\tau$ 时，电压u_C随时间按指数规律增加的情况见表 6.1。

表 6.1　u_C随t增长情况

t	0	τ	2τ	3τ	4τ	5τ	∞
$u_C(t)$	0	$0.632U_S$	$0.865U_S$	$0.95U_S$	$0.982U_S$	$0.993U_S$	U_S

由上表可见，实际上电路的暂态过程经过$3\tau \sim 5\tau$ 的时间就结束了。时间常数τ 一般可以通过电路的参数求出，也可以通过测试u_C曲线上的时间得出，即时间常数τ 等于电压u_C增加到稳态值U_S的 63.2%所需要的时间。

在电容电压的初始值不变的情况下，R 或 C 越大，时间常数τ 就越大，电容充电就越慢，暂态过程的时间就越长，图 6.2-3 是τ 值不同的情况下，u_C随时间变化的情况。

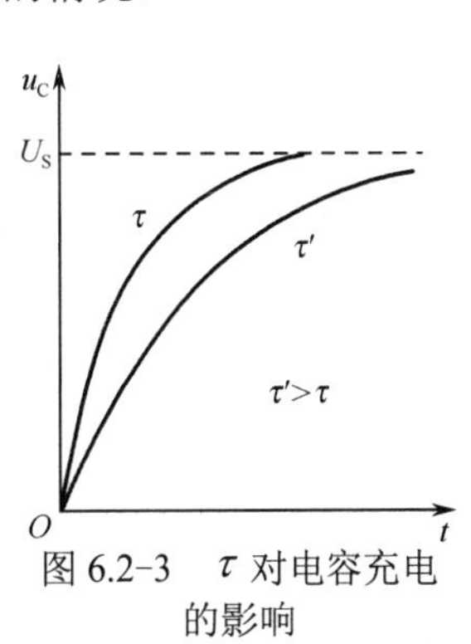

图 6.2-3　τ 对电容充电的影响

【例 6.2-1】 在图6.2-1 中，已知$R=20\text{k}\Omega$，$C=1\mu\text{F}$，$U_S=10\text{V}$，$U_C(0_+)=0$。求开关 S 闭合后，u_C、i和u_R的变化规律。

【解】　$\tau=RC=20\times10^3\times1\times10^{-6}=20\times10^{-3}\text{s}=20\text{ms}$

由式(6.2-9)得　$u_C=U_S(1-e^{-\frac{t}{\tau}})=10(1-e^{-\frac{t}{20\times10^{-3}}})=10(1-e^{-50t})\text{V}$

由式(6.2-10)得　$i=\frac{U_S}{R}e^{-\frac{t}{\tau}}=\frac{1}{2}e^{-50t}\ \text{mA}$

由式(6.2-11)得　$u_R=U_S e^{-\frac{t}{\tau}}=10e^{-50t}\ \text{V}$

6.2.2　RC 电路的零输入响应

所谓零输入响应，是指换路前储能元件已经储能，换路后的电路中无独立电源，仅由储能元件释放能量在电路中产生的响应。

在图 6.2-4 中，开关 S 置于 1 的位置时，电容 C 充电到U_S，电路处于原稳态。$t=0$时，开关 S 置于 2 的位置，电容 C 脱离直流电源与电阻 R 构成回路。而后，电容通过电阻释放能量，此过程称为放电，放电电流的实际方向与图示的参考方向相反。最终电容将能量全部释放掉，电路达到新的稳态。

根据图 6.2-4 中所选取的参考方向，由 KVL 列出$t>0$时的电压方程，即

$$u_R+u_C=0 \qquad t>0$$

将$u_R=iR$，$i=C\frac{du_C}{dt}$ 代入上述方程，有

$$RC\frac{du_C}{dt}+u_C=0 \qquad t>0$$

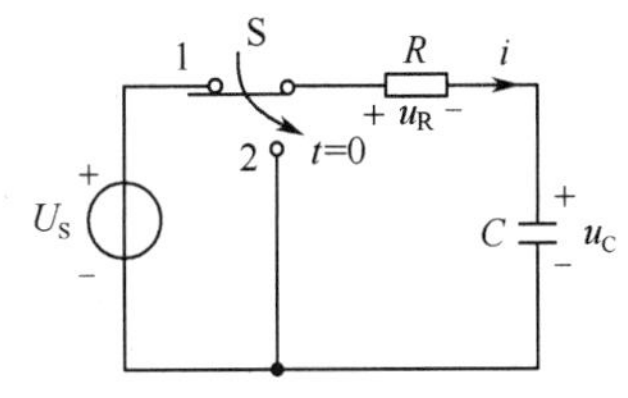

图 6.2-4　RC 电路的零输入响应

这是一阶常系数线性齐次微分方程，其方程的通解我们在 RC 电路的零状态响应中已经讨论了，即

$$u_C=Ae^{-\frac{t}{RC}}=Ae^{-\frac{t}{\tau}} \qquad t>0 \tag{6.2-12}$$

下面确定积分常数A。$t=0_-$时，$u_C(0_-)=U_S$。$t=0_+$时，由换路定则得

$$u_C(0_+) = u_C(0_-) = U_S$$

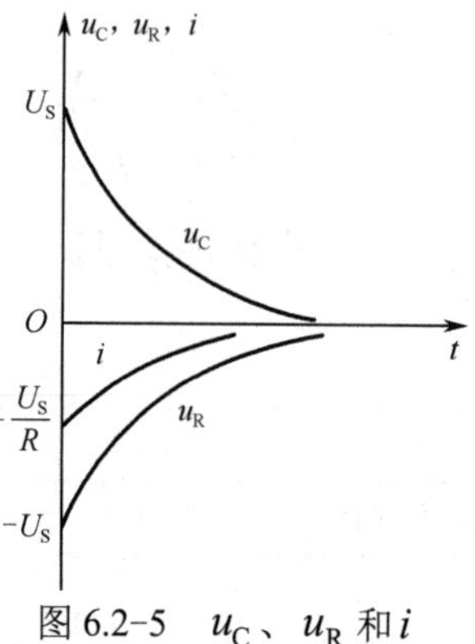

图 6.2-5 u_C、u_R 和 i 随时间变化的曲线

将 $u_C(0_+) = U_S$ 代入式(6.2-12)，得 $U_S = A\mathrm{e}^{-\frac{0}{\tau}}$，则积分常数为

$$A = U_S$$

所以，电容电压 u_C 随时间变化的表达式为

$$u_C = U_S\mathrm{e}^{-\frac{t}{\tau}} = u_C(0_+)\mathrm{e}^{-\frac{t}{\tau}} \qquad t > 0 \qquad (6.2\text{-}13)$$

放电电流和电阻上的电压随时间变化的表达式为

$$i = C\frac{\mathrm{d}u_C}{\mathrm{d}t} = -\frac{U_S}{R}\mathrm{e}^{-\frac{t}{\tau}} = -i(0_+)\mathrm{e}^{-\frac{t}{\tau}} \qquad t > 0 \qquad (6.2\text{-}14)$$

$$u_R = iR = -U_S\,\mathrm{e}^{-\frac{t}{\tau}} = -u_R(0_+)\mathrm{e}^{-\frac{t}{\tau}} \qquad t > 0 \qquad (6.2\text{-}15)$$

可见，u_C、i 和 u_R 都是随着时间按指数规律衰减到零的，其变化曲线如图 6.2-5 所示。

在式(6.2-13)中，当 $t = \tau$ 时

$$u_C = u_C(0_+)\mathrm{e}^{-1} = U_S/\mathrm{e} = U_S/2.718 = 0.368U_S = (36.8\%)U_S$$

可见，经过一个 τ 的时间，电压 u_C 已经下降到初始值 U_S 的 36.8%，减少了 63.2%。$t = 1\tau \sim 5\tau$ 时，电压 u_C 随时间按指数规律衰减的情况见表 6.2。

表 6.2　u_C 随 t 衰减情况

t	0	τ	2τ	3τ	4τ	5τ	∞
$u_C(t)$	U_S	$0.368U_S$	$0.135U_S$	$0.05U_S$	$0.018U_S$	$0.007U_S$	0

【例 6.2-2】 在图 6.2-6 中，已知 $I_S = 2\text{mA}$，$R_1 = R_2 = 3\text{k}\Omega$，$R_3 = 4\text{k}\Omega$，$C = 1\mu\text{F}$。换路前电路已处于稳态，$t = 0$ 时开关 S 闭合。求 $t > 0$ 时的电压 $u_C(t)$ 和电流 $i_C(t)$，并画出它们随时间变化的曲线。

【解】 由题意可知，此电路的工作状态是零输入响应。在换路前，电容已经被充电，且

$$u_C(0_+) = u_C(0_-) = I_S R_2 = 2\times10^{-3}\times3\times10^{3} = 6\text{V}$$

开关 S 闭合后，电流源短路、电阻 R_2 也被短路，电容 C 仅通过电阻 R_3 放电，则

$$\tau = R_3 C = 4\times10^{3}\times1\times10^{-6}\text{s} = 4\times10^{-3}\text{s} = 4\text{ms}$$

则

$$u_C(t) = u_C(0_+)\mathrm{e}^{-\frac{t}{\tau}} = 6\mathrm{e}^{-\frac{10^3}{4}t}\,\text{V} = 6\mathrm{e}^{-250t}\,\text{V} \qquad t > 0$$

$$i_C(t) = C\frac{\mathrm{d}u_C}{\mathrm{d}t} = -1\times10^{-6}\times6\times250\mathrm{e}^{-250t} = -1.5\mathrm{e}^{-250t}\,\text{mA} \qquad t > 0$$

$u_C(t)$ 和 $i_C(t)$ 随时间变化的曲线如图 6.2-7 所示。

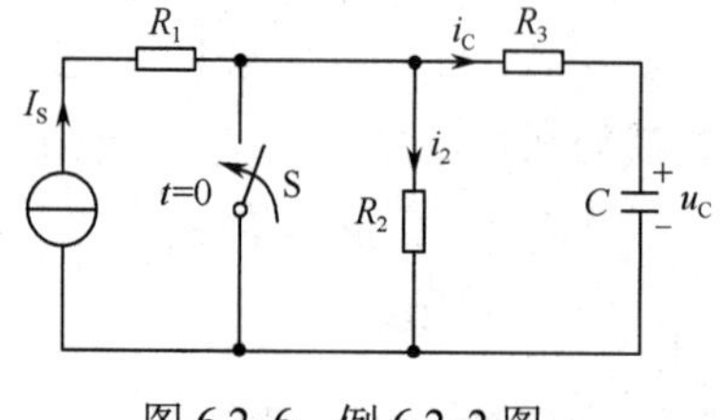

图 6.2-6　例 6.2-2 图

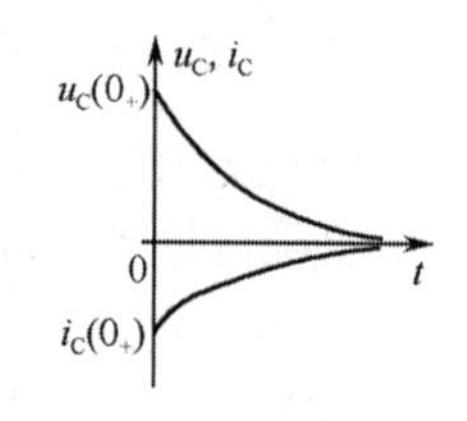

图 6.2-7　例 6.2-2 的变化曲线

6.2.3 RC 电路的全响应

所谓全响应，是指换路前储能元件已经储能，换路后由储能元件的储能和独立电源共同作用在电路中产生的响应。

在图 6.2-8 中，开关 S 置于位置 1 时，电容 C 由电压源U_{S0}提供能量，即$u_C(0_-)=U_{S0}$，电路为原稳态。$t=0$时，开关 S 由位置 1 拨向位置 2，电容 C 由电压源U_S提供能量，电路达到新稳态时，$u_C(\infty)=U_S$。

电路为全响应时，求解u_C的微分方程式与零状态响应的微分方程式(6.2-1)相同，即

$$RC\frac{du_C}{dt}+u_C=U_S \qquad t>0$$

方程的解也与式(6.2-4)相同，即

$$u_C=U_S+Ae^{-\frac{t}{RC}} \qquad t>0$$

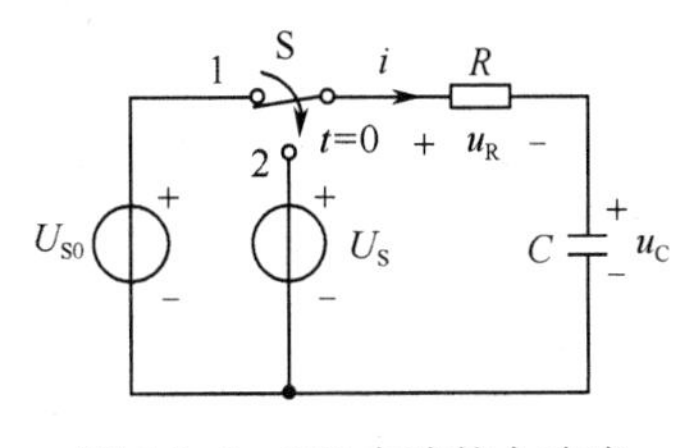

图 6.2-8 RC 电路的全响应

不同的是，电路的积分常数 A 值与零状态响应时不同。将初始值$u_C(0_+)=U_{S0}$代入上式得

$$A=U_{S0}-U_S$$

所以

$$u_C=U_S+(U_{S0}-U_S)e^{-\frac{t}{\tau}} \qquad t>0 \tag{6.2-16}$$

式(6.2-16)说明，全响应是稳态分量与暂态分量之和。将式(6.2-16)改写成

$$u_C=U_{S0}e^{-\frac{t}{\tau}}+U_S(1-e^{-\frac{t}{\tau}}) \qquad t>0 \tag{6.2-17}$$

可见，全响应也是零输入响应与零状态响应之和。

【例 6.2-3】 在图 6.2-8 中，开关 S 置于位置 1 时，电容 C 已经储能。已知$U_S=6\text{V}$，$R=2\text{k}\Omega$，$C=1\mu\text{F}$。$t=0$时，开关 S 置于位置 2。(1) 当$U_{S0}=2\text{V}$时，求$t>0$时的$u_C(t)$，画出其随时间变化的曲线。(2) 当$U_{S0}=10\text{V}$时，求$t>0$时的$u_C(t)$，画出其随时间变化的曲线。

【解】 (1) 当$U_{S0}=2\text{V}$时，$\tau=RC=2\times10^3\times1\times10^{-6}\text{s}=2\times10^{-3}\text{s}=2\text{ms}$。由式(6.2-16)得

$$u_C=U_S+(U_{S0}-U_S)e^{-\frac{t}{\tau}}=6+(2-6)e^{-500t}=(6-4e^{-500t})\text{V}$$

(2) 当$U_{S0}=10\text{V}$时

$$u_C=U_S+(U_{S0}-U_S)e^{-\frac{t}{\tau}}=6+(10-6)e^{-500t}=(6+4e^{-500t})\text{V}$$

两种情况的变化曲线如图 6.2-9 所示。

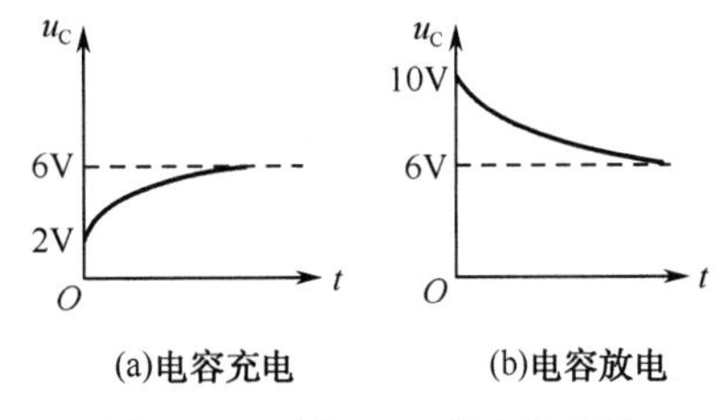

图 6.2-9 例 6.2-3 的变化曲线

由图 6.2-9 可见，当$U_S>U_{S0}$时，换路后电容处于充电状态；当$U_S<U_{S0}$时，换路后电容处于放电状态。

思考题

6.2-1 什么叫零输入响应、零状态响应和全响应？

6.2-2 时间常数τ的大小对电路有什么影响？

6.3 一阶电路的三要素法

将式(6.2-16)中的初始值U_{S0}用$u_C(0_+)$表示，将稳态值U_S用$u_C(\infty)$表示，式(6.2-16)又可表示为

$$u_C=u_C(\infty)+\left[u_C(0_+)-u_C(\infty)\right]e^{-\frac{t}{\tau}} \qquad t>0 \tag{6.3-1}$$

可见，只要求出电路的初始值、稳态值和时间常数，利用式(6.3−1)就可方便地求出电容电压的零输入响应、零状态响应和全响应。例如，当 $u_C(0_+)=0$ 时，式(6.3−1)变为 $u_C=u_C(\infty)-u_C(\infty)e^{-\frac{t}{\tau}}$，与式(6.2−5)相同，电路为零状态响应；当 $u_C(\infty)=0$ 时，式(6.3−1)变为 $u_C=u_C(0_+)e^{-\frac{t}{\tau}}$，与式(6.2−13)相同，电路为零输入响应；当 $u_C(0_+)=U_0$ 时，式(6.3−1)与式(6.2−16)相同，电路为全响应。所以，仿照式(6.3−1)，可以写出在直流电源作用下，求解一阶线性电路全响应的通式，即

$$f(t)=f(\infty)+[f(0_+)-f(\infty)]e^{-\frac{t}{\tau}} \qquad t>0 \tag{6.3-2}$$

式中，初始值 $f(0_+)$、稳态值 $f(\infty)$ 和时间常数 τ 称为三要素。所以，式(6.3−2)称为三要素公式，用三要素公式求解一阶电路暂态过程的方法称为三要素法。

【例 6.3−1】 在图 6.3−1 中，已知 $U_S=9V, R_1=3\Omega, R_2=6\Omega, C=10\mu F$。求开关 S 闭合后的 $u_C(t)$、$i_C(t)$ 和 $i_S(t)$，并画出它们随时间变化的曲线。

【解】 由题意可知，换路后 RC 电路为零输入响应，用三要素法求解 $u_C(t), i_C(t)$ 和 $i_S(t)$。

（1）首先求 $u_C(t)$。

$$u_C(0_+)=u_C(0_-)=U_S=9V,\quad u_C(\infty)=0V$$

$$\tau=R_2C=6\times10\times10^{-6}s=60\mu s$$

将初始值、稳态值、时间常数代入三要素公式，得

$$u_C(t)=u_C(\infty)+[u_C(0_+)-u_C(\infty)]e^{-\frac{t}{\tau}}=9e^{-16.67\times10^3t}V$$

（2）求 $i_C(t)$。$i_C(0_+)$ 根据 $t=0_+$ 的等效电路求出，$t=0_+$ 时的等效电路如图 6.3−2 所示。其中电容用 9V 的理想电压源代替。

$$i_C(0_+)=-9/R_2=-9/6=-1.5A,\quad i_C(\infty)=0,\quad \tau=R_2C=60\mu s$$

则

$$i_C(t)=i_C(\infty)+[i_C(0_+)-i_C(\infty)]e^{-\frac{t}{\tau}}=-1.5e^{-16.67\times10^3t}A$$

式中的负号表示电容放电电流与图示电流的参考方向相反。

（3）求 $i_S(t)$。由 $t=0_+$ 的等效电路可知，$i_S(0_+)$ 是短路线中的电流，它包含了电压源 U_S 支路的短路电流和电容支路的短路电流，即

$$i_S(0_+)=i_1(0_+)-i_C(0_+)=\left(\frac{U_S}{R_1}+1.5\right)A=\left(\frac{9}{3}+1.5\right)A=4.5A$$

由于 $t=\infty$ 时，电容放电完毕，$i_C(\infty)=0$，则

$$i_S(\infty)=U_S/R_1=9/3=3A \qquad \tau=R_2C=60\mu s\ 5$$

所以短路线中的电流为

$$i_S(t)=i_S(\infty)+[i_S(0_+)-i_S(\infty)]e^{-\frac{t}{\tau}}=\left[3+(4.5-3)e^{-16.67\times10^3t}\right]A=\left[3+1.5e^{-16.67\times10^3t}\right]A$$

$u_C(t)$、$i_C(t)$ 和 $i_S(t)$ 随时间变化的曲线如图 6.3−3 所示。

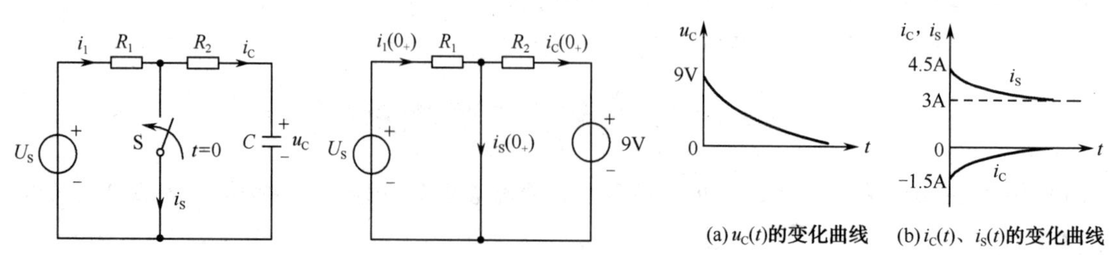

图 6.3−1　例 6.3−1 图　　图 6.3−2　$t=0_+$ 的等效电路　　图 6.3−3　$u_C(t)$、$i_C(t)$ 和 $i_S(t)$ 随时间变化的曲线

【例 6.3-2】 在图 6.3-4 中，已知$R_1 = 3\text{k}\Omega, R_2 = 6\text{k}\Omega, R_3 = 3\text{k}\Omega$，$C$=2μF，$U_S = 12\text{V}$，换路前电容未储能。$t = 0$ 时，开关 S 闭合。求$t \geqslant 0$时的$u_C(t)$，并画出其随时间变化的曲线。

【解】 由题意可知，换路后电路为零状态响应，用三要素法求解$u_C(t)$。

$$u_C(0_+) = u_C(0_-) = 0, \quad u_C(\infty) = \frac{R_2}{R_1 + R_2}U_S = \frac{6}{3+6} \times 12 = 8\text{V}$$

由于换路后，电容的充电时间和三个电阻都有关，即$\tau = R_{eq}C$。求解等效电阻R_{eq}的方法和戴维南定理中求解等效电源内阻的方法相同，即从储能元件两端往电路里边看，独立电源不起作用时的等效电阻。求等效电阻的电路如图 6.3-5 所示，所以

$$R_{eq} = \frac{R_1R_2}{R_1 + R_2} + R_3 = \frac{3 \times 6}{3+6} + 3 = 5\text{k}\Omega \quad \tau = R_{eq}C = 5 \times 10^3 \times 2 \times 10^{-6}\text{s} = 10\text{ms}$$

由三要素公式得 $$u_C(t) = u_C(\infty) + [u_C(0_+) - u_C(\infty)]\text{e}^{-\frac{t}{\tau}} = (8 - 8\text{e}^{-100t})\text{V}$$

$u_C(t)$随时间变化的曲线如图 6.3-6 所示。

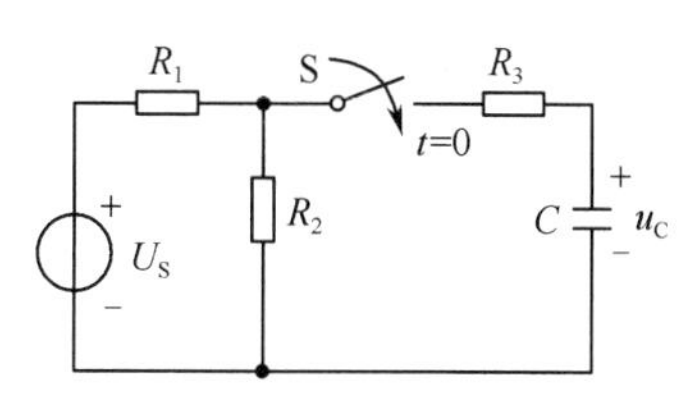

图 6.3-4 例 6.3-2 图

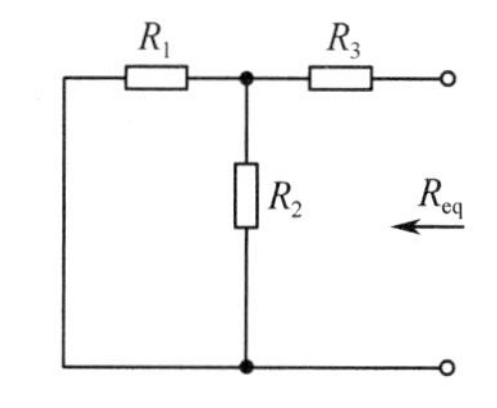

图 6.3-5 求等效电阻的电路

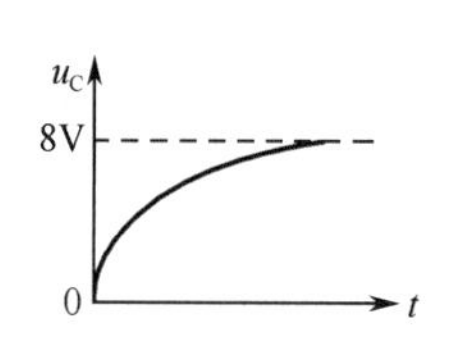

图 6.3-6 $u_C(t)$ 的变化曲线

【例 6.3-3】 在图 6.3-7 中，已知$U_S = 12\text{V}, I_S = 1\text{A}, R_1 = 6\Omega, R_2 = 3\Omega, C = 500\mu\text{F}$。（1）求开关 S 闭合后的$u_C(t)$；（2）画出$u_C(t)$的变化曲线。

【解】 （1）由题意可知，换路后电路为全响应，用三要素法求解$u_C(t)$。

$$u_C(0_+) = u_C(0_-) = I_SR_2 = 1 \times 3 = 3\text{V}$$

用节点电压法求$u_C(\infty)$，即

$$u_C(\infty) = \frac{\frac{U_S}{R_1} + I_S}{\frac{1}{R_1} + \frac{1}{R_2}} = \frac{\frac{12}{6} + 1}{\frac{1}{6} + \frac{1}{3}} = 6\text{V}$$

$$\tau = R_{eq}C = (R_1 // R_2)C$$
$$= \left(\frac{6 \times 3}{6+3}\right) \times 500 \times 10^{-6} = 1\text{ms}$$

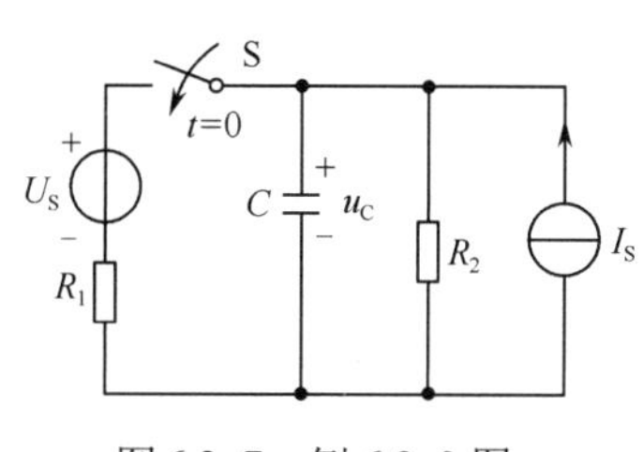

图 6.3-7 例 6.3-3 图

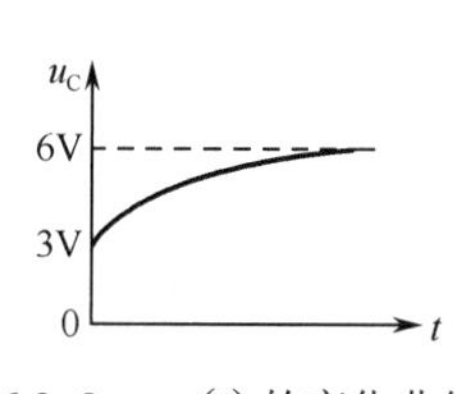

图 6.3-8 $u_C(t)$ 的变化曲线

由三要素公式得 $$u_C(t) = u_C(\infty) + [u_C(0_+) - u_C(\infty)]\text{e}^{-\frac{t}{\tau}} = 6 + (3-6)\text{e}^{-1000t}\text{V}$$

（2）$u_C(t)$随时间变化的曲线如图 6.3-8 所示。

思考题

6.3-1 若$t > 0$时电路中含有多个电阻，如何求时间常数τ中的等效电阻R_{eq}？

6.4 一阶 RL 电路的响应

一阶 RL 电路的响应与一阶 RC 电路的响应相同，其分析方法也相同。在具体求解 RL 电

路的零状态、零输入和全响应时，可用三要素法求解。下面就对一阶 RL 电路的响应情况进行分析。

1. RL 电路的零状态响应

在图 6.4−1 的 RL 串联电路中，换路前开关 S 是断开的，电感 L 未储能，即 $i(0_-)=0$，电路为原稳态。$t=0$ 时开关 S 闭合，RL 电路与直流电源接通，电感 L 存储能量，电感中的电流 i 逐渐上升，最后达到 U_S/R，电感储能结束，电路达到新的稳态。根据图中的参考方向，由 KVL 列出 $t>0$ 时的电压方程，即

$$u_R+u_L=U_S \quad t>0$$

图 6.4−1　RL 电路的零状态响应

将 $u_R=iR$，$u_L=L\dfrac{di}{dt}$ 代入上述方程，整理得

$$\frac{L}{R}\frac{di}{dt}+i=\frac{U_S}{R} \quad t>0 \tag{6.4−1}$$

式(6.4−1)与式(6.2−1)具有相同形式的解，即

$$i=i'+i''$$

其中，i' 是非齐次微分方程的特解，在图 6.4−1 中，$i'=i(\infty)=U_S/R$；i'' 是齐次微分方程的通解，即 $i''=Ae^{pt}$。所以

$$i=i'+i''=\frac{U_S}{R}+Ae^{pt} \quad t>0 \tag{6.4−2}$$

式中，p 为特征方程的特征根，A 为积分常数。将 $i''=Ae^{pt}$ 代入 $\dfrac{L}{R}\dfrac{di}{dt}+i=0$ 的齐次微分方程，求出特征根为 $p=-R/L$。

将初始值 $i_L(0_+)=i_L(0_-)=0$ 代入式(6.4−2)，求出积分常数为 $A=-U_S/R$。

则

$$i=\frac{U_S}{R}-\frac{U_S}{R}e^{-\frac{R}{L}t}=\frac{U_S}{R}(1-e^{-\frac{R}{L}t}) \tag{6.4−3}$$

和 RC 电路相似，L/R 的单位也是秒，称为一阶 RL 电路的时间常数，即

$$\tau=L/R \tag{6.4−4}$$

则 i 又可以表示为

$$i=\frac{U_S}{R}(1-e^{-\frac{t}{\tau}}) \tag{6.4−5}$$

则

$$u_L=L\frac{di}{dt}=U_S e^{-\frac{t}{\tau}}=u_L(0_+)e^{-\frac{t}{\tau}} \tag{6.4−6}$$

$$u_R=iR=U_S(1-e^{-\frac{t}{\tau}}) \tag{6.4−7}$$

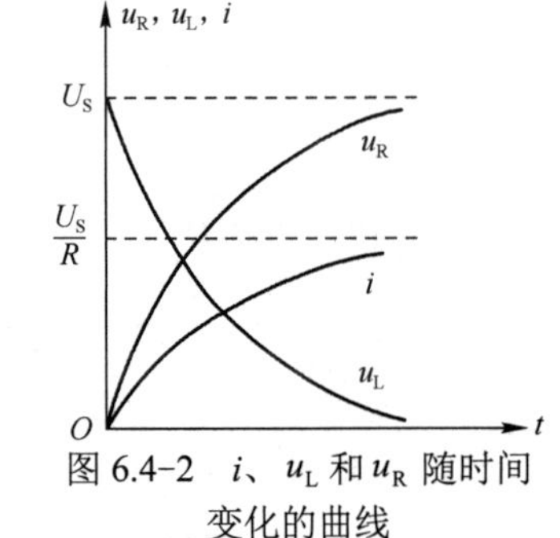

图 6.4−2　i、u_L 和 u_R 随时间变化的曲线

i、u_L 和 u_R 随时间变化的曲线如图 6.4−2 所示。

RL 电路的零状态响应实际上就是电感的能量存储过程，电感量 L 越大，自感电压 u_L 阻碍电流变化的作用就越强，能量存储时间就越长。

2. RL 电路的零输入响应

在图 6.4−3 中，换路前开关 S 是断开的，电感 L 储能，即 $i_L(0_-)=I_0$，电路为原稳态。$t=0$ 时，开关 S 闭合，RL 电路与电流源脱离，电感 L 通过电阻 R 释放能量，电感中的电流 i_L 逐渐减小，最后达到零，电感释放能量结束，电路达到新的稳态。下面用三要素法分析其零输入响应。

由图 6.4−3 可知 $i_L(0_+)=i_L(0_-)=I_0$，$i_L(\infty)=0$，$\tau=L/R$，代入三要素公式

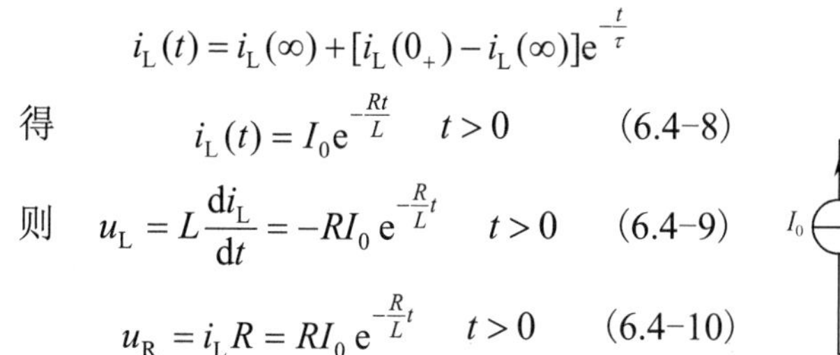

$$i_L(t)=i_L(\infty)+[i_L(0_+)-i_L(\infty)]e^{-\frac{t}{\tau}}$$

得
$$i_L(t)=I_0 e^{-\frac{Rt}{L}} \quad t>0 \qquad (6.4\text{-}8)$$

则
$$u_L=L\frac{di_L}{dt}=-RI_0 e^{-\frac{R}{L}t} \quad t>0 \qquad (6.4\text{-}9)$$

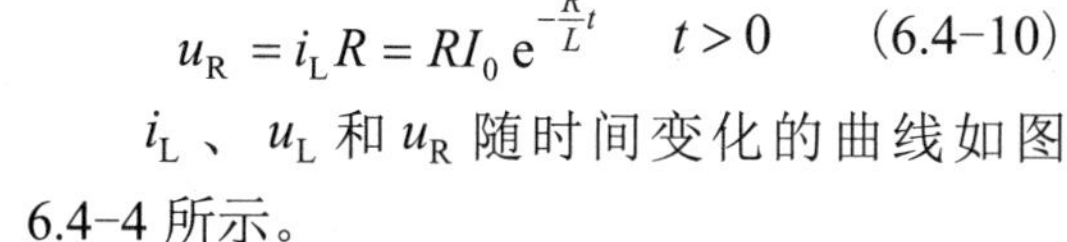

$$u_R=i_L R=RI_0 e^{-\frac{R}{L}t} \quad t>0 \qquad (6.4\text{-}10)$$

i_L、u_L 和 u_R 随时间变化的曲线如图 6.4-4 所示。

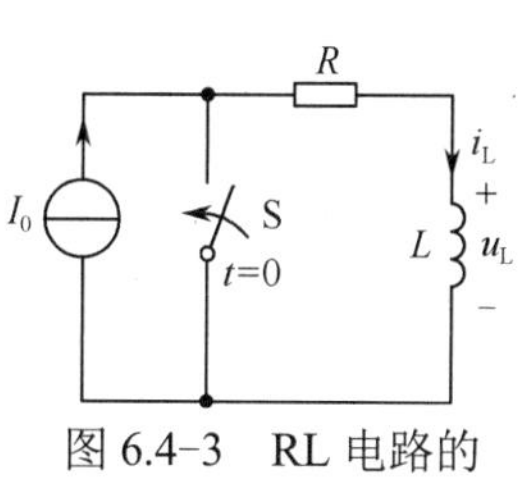

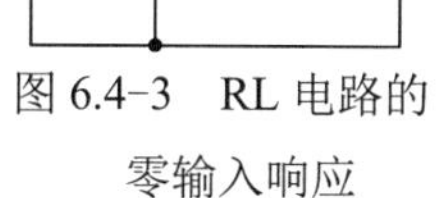

图 6.4-3　RL 电路的零输入响应

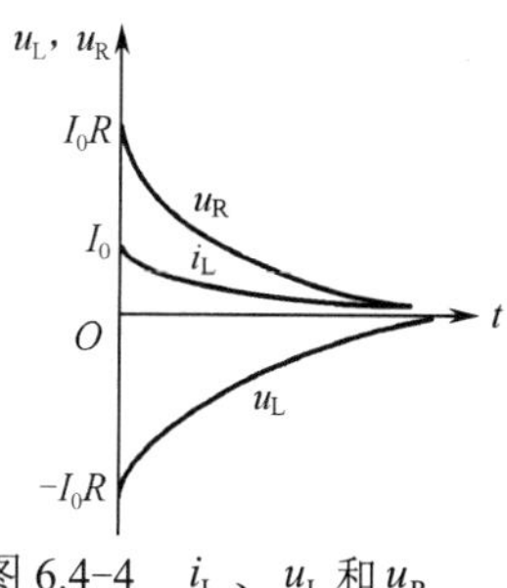

图 6.4-4　i_L、u_L 和 u_R 随时间变化曲线

RL 电路的零输入响应实际上就是电感释放能量的过程。换路后，电感通过电阻释放磁场能量，最终磁场能量全部被电阻吸收转换成热能消耗掉。

3. RL 电路的全响应

在图 6.4-5 中，换路前开关 S 置于位置 1，RL 电路与直流电流源 I_S 接通，电感 L 储能，$i_L(0_-)=I_0$，电路为原稳态。$t=0$ 时，开关 S 置于位置 2，RL 电路与直流电压源 U_S 接通，电感中的电流 i_L 从 I_0 开始上升，最后电路达到新的稳态，这种电路的响应为全响应。

【例 6.4-1】 在图 6.4-5 中，已知 $U_S=12\text{V}, I_S=2\text{A}, R_1=3\Omega, R_2=6\Omega, L=120\text{mH}$。求：开关 S 置于位置 2 后的 $i_L(t)$ 和 $u_L(t)$。

【解】 用三要素法求解 $i_L(t)$ 和 $u_L(t)$。

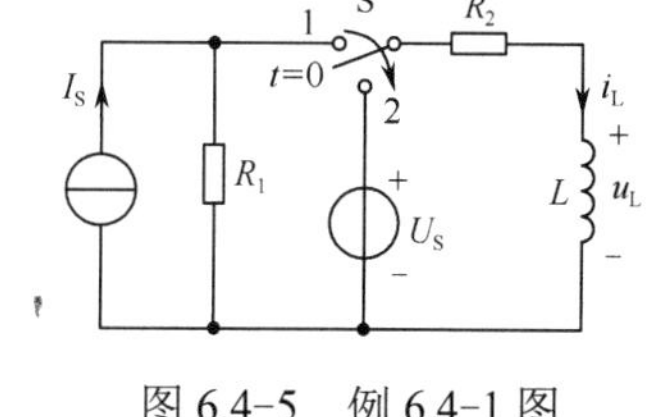

图 6.4-5　例 6.4-1 图

$$i_L(0_+)=i_L(0_-)=\frac{R_1}{R_1+R_2}I_S=\frac{3}{3+6}\times 2=\frac{2}{3}\text{A}$$

$$i_L(\infty)=\frac{U_S}{R_2}=\frac{12}{6}=2\text{A}, \qquad \tau=\frac{L}{R_2}=\frac{120\times 10^{-3}}{6}=20\text{ms}$$

则
$$i_L(t)=i_L(\infty)+[i_L(0_+)-i_L(\infty)]e^{-\frac{t}{\tau}}=2+\left(\frac{2}{3}-2\right)e^{-\frac{t}{20\times 10^{-3}}}=\left(2-\frac{4}{3}e^{-50t}\right)\text{A}$$

求 $u_L(0_+)$ 时，画出 $t=0_+$ 时的等效电路如图 6.4-6 所示，在等效电路中，将电感用一个理想的电流源代替。根据 KVL 得

$$u_L(0_+)=U_S-\frac{2}{3}R_2=12-\frac{2}{3}\times 6=8\text{V}$$

稳态值 $u_L(\infty)=0$，时间常数 $\tau=20\text{ms}$，所以

$$u_L(t)=u_L(\infty)+[u_L(0_+)-u_L(\infty)]e^{-\frac{t}{\tau}}=8e^{-50t}\text{V}$$

或
$$u_L(t)=L\frac{di_L}{dt}=120\times 10^{-3}\times\frac{4}{3}\times 50e^{-50t}=8e^{-50t}\text{V}$$

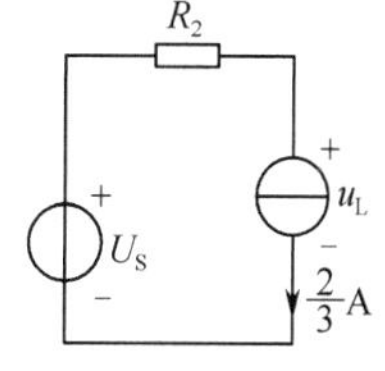

图 6.4-6　$t=0_+$ 的等效电路

【引例分析】 引例中的电路就是利用电路的暂态过程获取三角波、尖脉冲的典型应用电路。引例中的图 6.0-1(a)是由 RC 组成的积分电路。设输入方波信号的宽度为 t_P，积分电路的条件为：(1) $\tau \gg t_P$，(2) 从电容两端输出。图 6.0-1(b)是图 6.0-1(a)的仿真电路，其中，输入方波信号的宽度 $t_P=\frac{1}{2}T=\frac{1}{2}\times\frac{1}{500}=1\text{ms}$，$\tau=RC=100\times 10^3\times 0.1\times 10^{-6}=10\text{ms}$，即 $\tau \gg t_P$。在图 6.0-1(b)中，在输入方波信号持续期间，由于 $\tau \gg t_P$，则电容充电很慢，即 u_o 缓慢增长，当 u_o 还没有增长到稳态值时，输入方波信号已经消失。在输入方波信号消失期间，电容经电阻缓慢放电，即 u_o 缓慢减小，当 u_o 还未减小到零时，下一个输入方波信号又到了，电容又开始充电，重复以上内容。经过若干输入方波信号后，在电路的输出端就会得到图 6.0-1(c)所示的稳定三角波信号。由 KVL 可知，当 $\tau \gg t_P$ 时，有 $u_i=iR+u_o\approx iR=RC\frac{du_o}{dt}$，所以 $u_o\approx\frac{1}{RC}\int u_i dt$，即 u_o 与 u_i

近似为积分关系。

引例中的图 6.0-2(a)是由 RC 组成的微分电路。微分电路的条件为：（1）$\tau \ll t_P$，（2）从电阻两端输出。图 6.0-2(b)是图 6.0-2(a)的仿真电路，其中，输入方波信号的宽度 $t_P = \frac{1}{2}T = \frac{1}{2} \times \frac{1}{500} = 1\text{ms}$，时间常数 $\tau = RC = 1\times10^3 \times 0.1\times10^{-6} = 0.1\text{ms}$，即 $\tau \ll t_P$。在图 6.0-2(b)中，输入方波信号持续期间内，电容充电很快，即 u_C 很快就达到了输入方波信号的幅值，由 KVL 可知，u_o 很快衰减到零，这样就在电阻两端输出一个正的尖脉冲。在输入方波信号消失期间内，电容经电阻快速放电，u_o 很快衰减到零。由于放电电流与图 6.0-2(a)电流的参考方向相反，所以在电阻两端输出一个负的尖脉冲。经若干输入脉冲后，在电路的输出端就会得到图 6.0-2(c)所示的正、负尖脉冲信号。由 KVL 可知，当 $\tau << t_P$ 时，有 $u_i = u_C + iR \approx u_C$，所以 $u_o = iR = RC\frac{du_C}{dt} \approx RC\frac{du_i}{dt}$，即 u_o 与 u_i 近似为微分关系。

本 章 小 结

（1）换路定则

在含有电感、电容的电路中，在换路瞬间，电容的电压和电感的电流不能跃变，即 $u_C(0_+) = u_C(0_-)$，$i_L(0_+) = i_L(0_-)$。

（2）初始值的求解

首先根据换路定则求出 $u_C(0_+)$ 或 $i_L(0_+)$，然后再根据 $t = 0_+$ 时的等效电路求出其他的 $u(0_+)$ 或 $i(0_+)$。在画 $t = 0_+$ 的等效电路时，电感和电容可以做如下处理：

若 $u_C(0_+) = 0$，电容相当于短路；若 $u_C(0_+) \neq 0$，电容用一个理想的电压源代替。

若 $i_L(0_+) = 0$，电感相当于开路；若 $i_L(0_+) \neq 0$，电感用一个理想的电流源代替。

（3）稳态值的求解

在求电路的稳态值时，电容相当于开路，电感相当于短路。

（4）时间常数求解

时间常数 τ 的大小决定电路暂态过程时间的长短，一般经过 $3\tau \sim 5\tau$ 时间，电路的暂态过程就结束了。一阶 RC 电路的时间常数 $\tau = R_{eq}C$，RL 电路的时间常数 $\tau = L/R_{eq}$。

求解电路的时间常数 τ，关键是求等效电阻 R_{eq}。求解等效电阻 R_{eq} 的方法与戴维南定理求解等效电源内阻的方法相同，即储能元件两端以外的含源一端口电路，所有独立电源不起作用时的等效电阻。

（5）三要素分析法

电路的暂态过程分为零状态响应、零输入响应和全响应。求解直流电源激励的一阶电路的三要素公式为

$$f(t) = f(\infty) + \left[(f(0_+) - f(\infty)\right]e^{-\frac{t}{\tau}}$$

习题

6-1　在题图 6-1 中，换路前电路已处于稳态。求换路瞬间电路的初始值 $u_C(0_+)$、$i_C(0_+)$、$i(0_+)$ 和 $i_S(0_+)$。

6-2　在题图 6-2 中，换路前电路已处于稳态。求换路瞬间电路的初始值 $i_L(0_+)$、$u_L(0_+)$、$i(0_+)$ 和 $i_S(0_+)$。

6-3　在题图 6-3 中，换路前电路已处于稳态。已知 $U_S = 12\text{V}$，$R_1 = 6\text{k}\Omega$，$R_2 = 3\text{k}\Omega$，$R_3 = 4\text{k}\Omega$，$C = 1\mu\text{F}$，$t = 0$ 时开关 S 闭合。求 $t \geqslant 0$ 后的 $u_C(t)$，并画出其随时间变化的曲线。

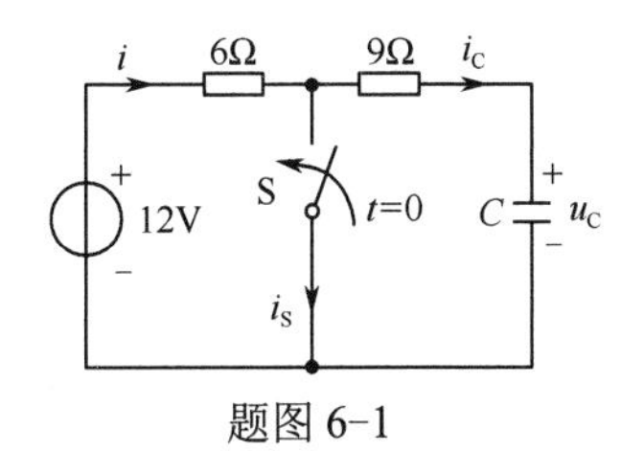

题图 6-1

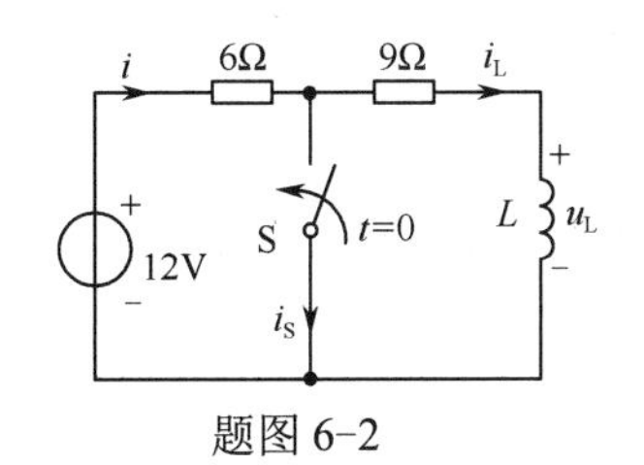

题图 6-2

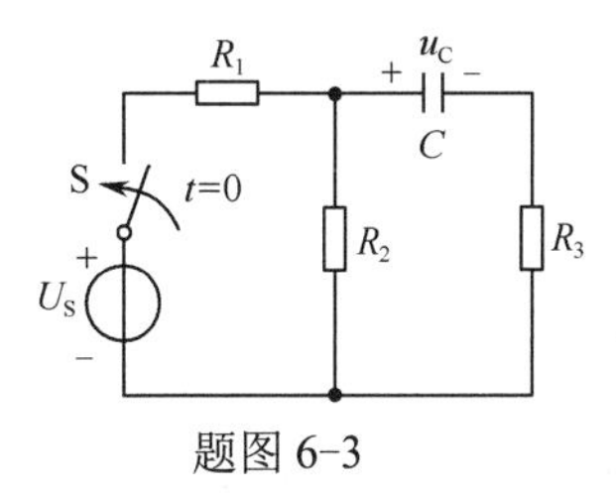

题图 6-3

6-4　在题图 6-4 中，换路前电路已处于稳态。已知 $I_S = 2\text{mA}$，$R_1 = 6\text{k}\Omega$，$R_2 = 3\text{k}\Omega$，$R_3 = 4\text{k}\Omega$，$C = 10\mu\text{F}$，$t = 0$ 时开关 S 闭合。求 $t \geqslant 0$ 后的 $u_C(t)$ 和 $i_C(t)$，并画出它们随时间变化的曲线。

6-5　在题图 6-5 中，换路前电路已处于稳态。已知 $U_S = 9\text{V}$，$R_1 = 6\Omega$，$R_2 = 3\Omega$，$R_3 = 4\Omega$，$C = 100\mu\text{F}$，$t = 0$ 时开关 S 闭合。求 $t \geqslant 0$ 后的 $u_C(t)$ 和 $i_C(t)$，并画出它们随时间变化的曲线。

6-6　在题图 6-6 中，开关 S 置于位置 1 时，电路处于原稳态。$t = 0$ 时，开关 S 置于位置 2。用三要素法求 $t \geqslant 0$ 后的 $u_C(t)$，并画出其随时间变化的曲线。

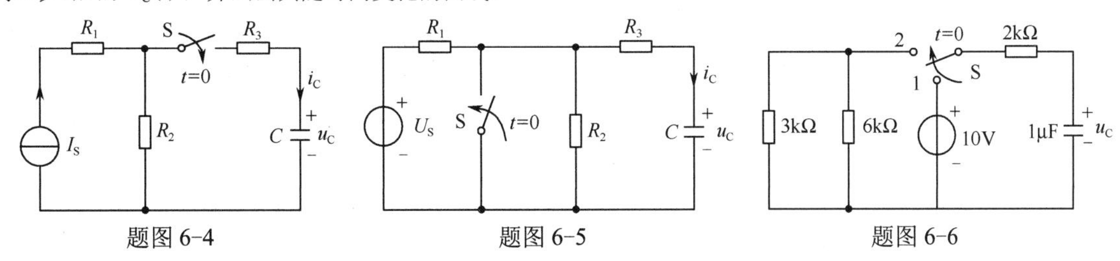

题图 6-4　　题图 6-5　　题图 6-6

6-7　在题图 6-7 中，开关 S 置于位置 1 时，电路已处于稳态。$t = 0$ 时，开关 S 从位置 1 合到位置 2。已知 $I_S = 2.5\text{mA}$，$R_1 = R_2 = 4\text{k}\Omega$，$R_3 = 6\text{k}\Omega$，$U_S = 2\text{V}$，$C = 5\mu\text{F}$。用三要素法求 $t \geqslant 0$ 时的 $u_C(t)$ 和 $i_C(t)$，并画出它们随时间变化的曲线。

6-8　在题图 6-8 中，开关 S 断开时，电路已处于稳态。$t = 0$ 时开关 S 闭合。用三要素法求 $t \geqslant 0$ 时的 $u_C(t)$ 和 $i(t)$，并画出它们随时间变化的曲线。

6-9　在图题 6-9 中，已知 $I_S = 2.5\text{A}$，$R_1 = R_2 = 4\Omega$，$R_3 = 6\Omega$，$L = 1\text{mH}$。$t = 0$ 时开关 S 闭合。用三要法求 $t \geqslant 0$ 时的 $i_L(t)$ 和 $u_L(t)$，并画出它们随时间变化的曲线。

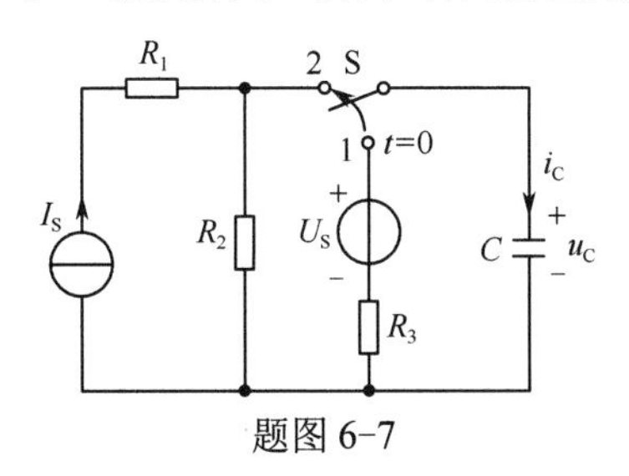

题图 6-7

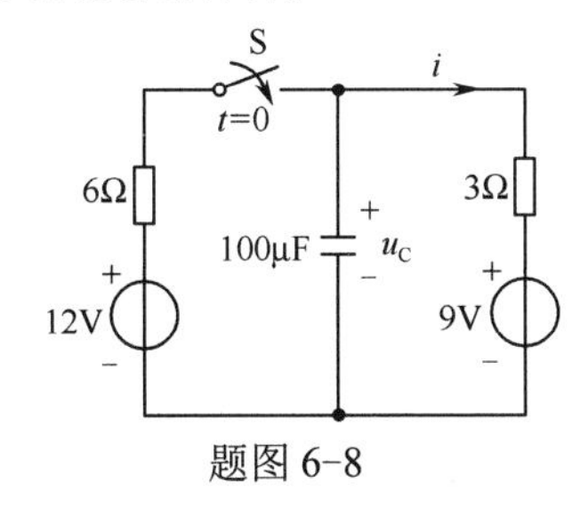

题图 6-8

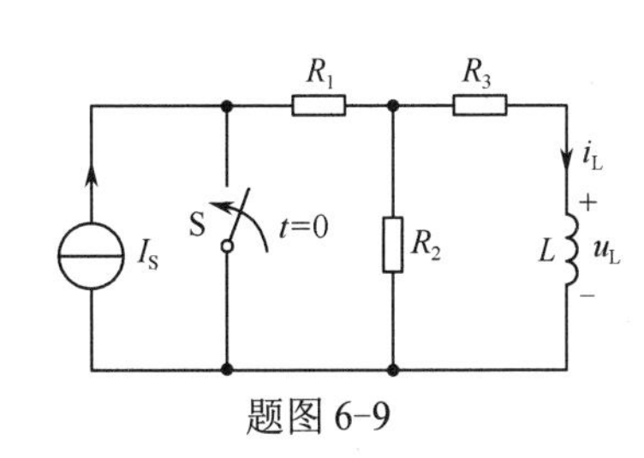

题图 6-9

6-10　在题图 6-10 中，开关 S 断开时，电路已处于稳态。$t = 0$ 时开关 S 闭合。用三要素法求 $t > 0$ 时的电流 $i_L(t)$ 和 $i_1(t)$，并画出它们随时间变化的曲线。

6-11　在题图 6-11 中，换路前电路已处于稳态。$t = 0$ 时开关 S 闭合。求 $t \geqslant 0$ 时的 $i_L(t)$、$u_C(t)$ 和 $i_S(t)$。

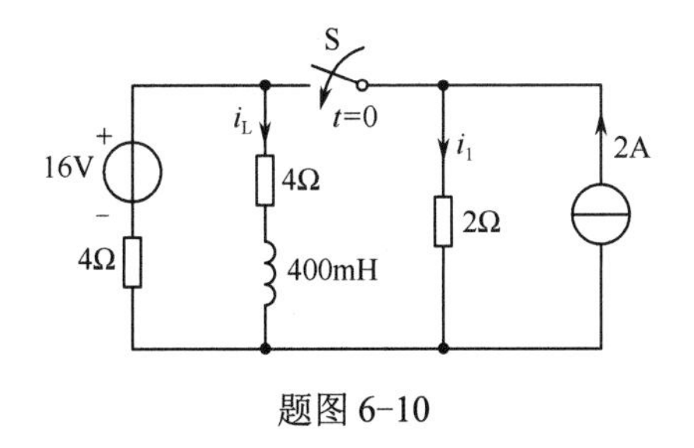

题图 6-10

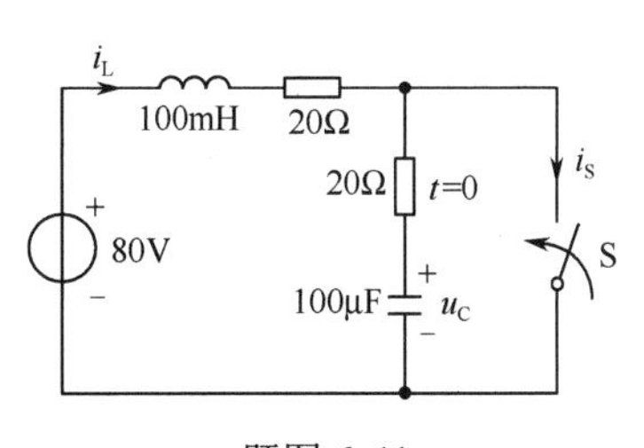

题图 6-11

第 7 章　变　压　器

【本章主要内容】 本章主要介绍变压器的工作原理、变换功能、绕组的连接及其应用。

【引例】 变压器在实际中广泛应用，电力系统通过变压器将电能进行变换和传输，电子技术中通过变压器进行变换、隔离输入、输出信号，解决电源和负载的匹配问题及制作成各种直流电源等。例如，电子电路及电子设备一般都需要直流电源供电，常用的线性直流电源是由电源变压器、整流电路、滤波电路和稳压电路组成的。图 7.0-1 所示为一个+5V 直流稳压电源，其直流电源的输入电压为 220V 的市电电压。由于电子设备所需要的直流工作电压比 220V 的市电电压低得多，所以需要通过变压器将 220V 的交流电压变换为交流低压 10V 后，再对交流电压进行整流处理。那么，变压器是如何变换交流电压的呢？u_1 和 u_2 之间是什么关系？i_1 和 i_2 之间又是什么关系？学完本章内容就可以做出解答。

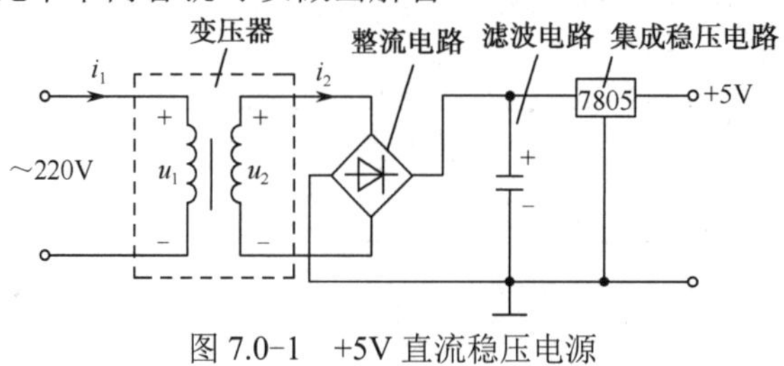

图 7.0-1　+5V 直流稳压电源

7.1　变压器的结构

变压器是电力系统、电工技术和电子技术中常用的电气设备，它是利用电磁感应原理来实现电能和信号传输的。

变压器由心子和绕组组成，绕组绕在心子上。心子的材料有非铁磁体和铁磁体、铁氧体三种。由这三种心子做成的变压器分别称为空心变压器、铁心变压器和铁氧体磁心变压器。空心变压器和铁氧体磁心变压器主要应用于通信电路系统和高频开关电源技术中，铁心变压器主要应用于音频电路和电力系统中。

尽管变压器的用途不同，但其结构和工作原理是相同的。常见的铁心变压器和铁氧体磁心变压器的结构如图 7.1-1(a)和(b)所示。

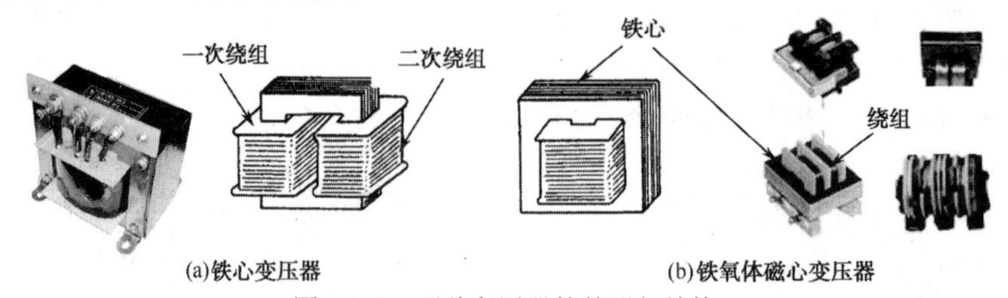

图 7.1-1　两种变压器的外形与结构

1. 绕组

变压器的绕组分为一次绕组(输入绕组)和二次绕组(输出绕组)。绕组是用导线绕制而成的，一次绕组和二次绕组绕制得很紧密；一次绕组接交流电源，二次绕组接负载。两个绕组之间没有电的联系。当变压器的一次绕组通上交流电流时，由电磁感应定律可知，一次绕组中的电流就会在铁心中产生交变磁通，交变磁通在二次绕组两端产生感应电压，从而实现了电能的传递。

2. 铁心

变压器的铁心是由高导磁材料的硅钢片叠成的，每片硅钢片的厚度为 0.35mm 或 0.5mm，硅钢片之间互相绝缘。那么，变压器的铁心为什么要用很薄的硅钢片叠成呢？由于铁磁材料一般也是导体，因此交变磁通也会在铁心中产生感应电动势并引起感应电流。这个感应电流在铁心内环绕铁心轴线流动，我们称之为涡流。整块的铁磁材料中涡流很大，用其做成变压器的铁心，会使铁心很快发热，使变压器的功率损耗增加，同时也会使绕组的温度过高，损害绕组的绝缘。所以，为了减小涡流损失，变压器的铁心是用很薄的硅钢片叠成的。

思考题

7.1-1　变压器的绕组和铁心的作用是什么？

7.2　变压器的工作原理

图 7.2-1 是铁心变压器的电路原理示意图。下面分空载和有载情况分析其工作原理。

1. 变压器的空载工作状态

在图 7.2-1 中，开关 S 是断开的，变压器的二次绕组未接负载，这种情况称为变压器的空载工作状态。变压器的一次绕组匝数为 N_1，二次绕组匝数为 N_2。当变压器的一次绕组接上交流电压 u_1 时，一次绕组中产生的电流 $i_1 = i_{1o}$，i_{1o} 称为励磁电流。由于变压器的铁心是由高导磁的铁磁材料制成的，所以数值不大的 i_{1o} 在铁心中和其绕组周围也能产生很强的磁场，i_{1o} 产生的磁通绝大多数是通过铁心闭合的，这部分磁通称为主磁通，记为 $\varPhi$，还有少数磁通是通过一次绕组周围的空气闭合的，这一小部分的磁通称为漏磁通，记为 $\varPhi_{\sigma1}$。由电磁感应原理可知，主磁通 $\varPhi$ 同时穿过一次绕组和二次绕组时，会在两个绕组两端产生感应电动势。在一次绕组两端产生的感应电动势为 e_1，e_1 称为自感电动势；在二次绕组两端产生的感应电动势为 e_2、e_2 称为互感电动势，u_{2o} 称为互感电压。e_1、e_2 与主磁通 $\varPhi$ 的关系满足电磁感应定律，即

$$e_1 = -N_1 \frac{\mathrm{d}\varPhi}{\mathrm{d}t} \tag{7.2-1}$$

$$e_2 = -N_2 \frac{\mathrm{d}\varPhi}{\mathrm{d}t} \tag{7.2-2}$$

式中 e_1、e_2 的参考方向与 $\varPhi$ 的参考方向符合右手螺旋关系。

由上分析可见，变压器通过电磁感应的作用，将 u_1 变换为 u_{2o}。变压器空载时的电磁关系如图 7.2-2 所示，其中，$i_{1o}N_1$ 称为一次绕组的磁动势，其作用是在磁路中产生磁通。

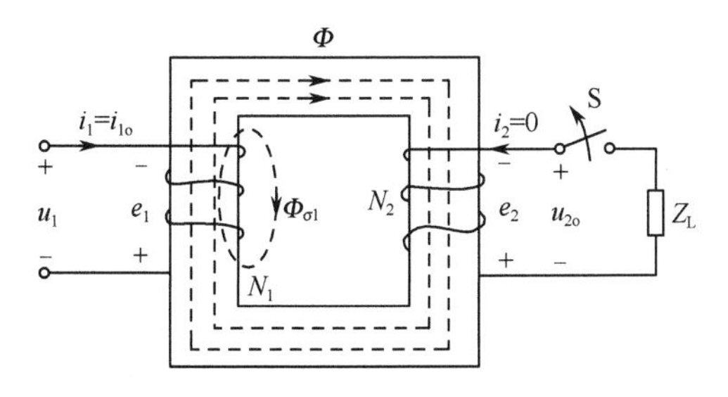

图 7.2-1　铁心变压器空载示意图

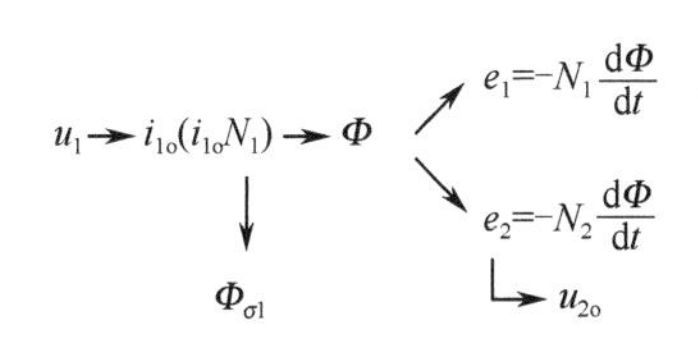

图 7.2-2　变压器空载时的电磁关系

2. 变压器的有载工作状态

在图 7.2-3 中，变压器的二次绕组接上负载 Z_L，这种情况称为变压器的有载工作状态。有载时，互感电动势 e_2 产生电流 i_2，i_2N_2 称为二次绕组的磁动势。i_2N_2 也会在铁心中产生主磁通 Φ 和漏磁通 $\Phi_{\sigma 2}$。也就是说，主磁通 Φ 是由 i_1N_1 和 i_2N_2 共同作用产生的。此时，变压器的一次电流 i_1 包括励磁电流 i_{1o} 和负载所需要的电流。变压器有载时的电磁关系如图 7.2-4 所示。

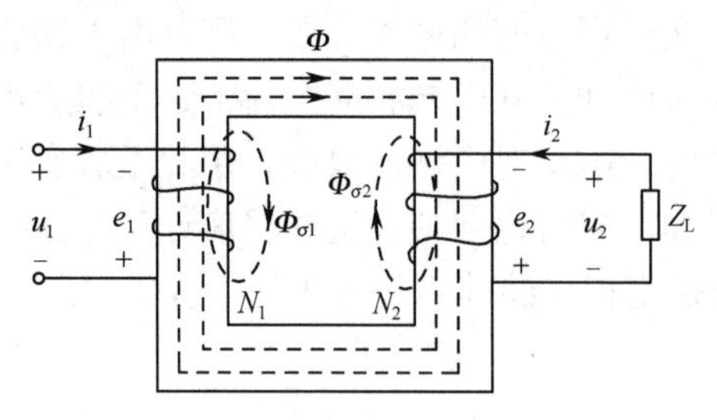

图 7.2-3 铁心变压器有载示意图

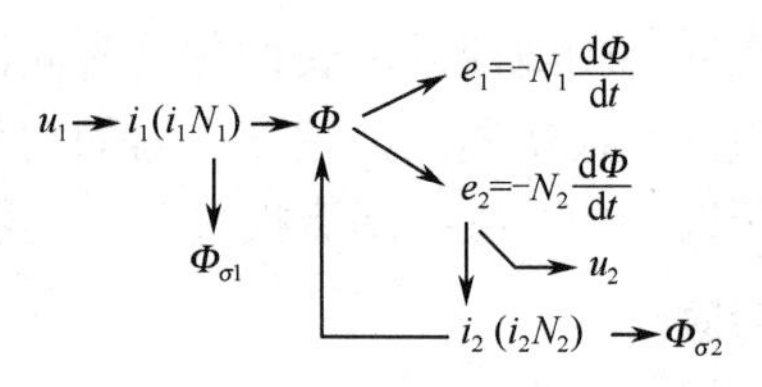

图 7.2-4 变压器有载时的电磁关系

思考题

7.2-1 变压器的一次绕组和二次绕组没有电的联系，当一次绕组接入输入电压 u_1 时，二次绕组两端为什么有输出电压 u_2？

7.3 变压器的功能

变压器在实际工程应用中经常用来变换交流电路中的电压、电流和阻抗。下面分别介绍变压器的变换功能。

7.3.1 电压变换

在图 7.2-3 中，由于变压器的一、二次绕组耦合得很紧密，漏磁通 $\Phi_{\sigma 1}$、$\Phi_{\sigma 2}$ 很小，一、二次绕组的电阻 R_1、R_2 的数值也很小，所以在工程应用分析中，常常将它们的影响忽略不计。另外，一般铁心变压器的铁心是由高导磁材料做成的，所以，在分析时设磁导率 $\mu=\infty$。

对于图 7.2-3 所示的一次回路，忽略漏磁 $\Phi_{\sigma 1}$ 和一次绕组电阻 R_1，则一次回路的电压与感应电动势的关系为

$$u_1 \approx -e_1 \tag{7.3-1}$$

用相量表示为

$$\dot{U}_1 \approx -\dot{E}_1 \tag{7.3-2}$$

有效值关系为

$$U_1 \approx E_1 \tag{7.3-3}$$

同理，对于图 7.2-3 所示的二次回路，忽略漏磁 $\Phi_{\sigma 2}$ 和二次绕组电阻 R_2，则二次回路的输出电压与感应电动势的关系为

$$u_2 \approx -e_2 \tag{7.3-4}$$

用相量表示为

$$\dot{U}_2 \approx -\dot{E}_2 \tag{7.3-5}$$

有效值关系为

$$U_2 \approx E_2 \tag{7.3-6}$$

由于 u_1 随时间按正弦规律变化，e_1 和 Φ 也按正弦规律变化。设 $\Phi=\Phi_m \sin \omega t$，由式(7.2-1)得

$$e_1=-N_1\frac{\mathrm{d}\Phi}{\mathrm{d}t}=-N_1\frac{\mathrm{d}(\Phi_m \sin \omega t)}{\mathrm{d}t}=-\omega N_1 \Phi_m \cos \omega t=\omega N_1 \Phi_m \sin(\omega t-90^\circ)=E_{1m}\sin(\omega t-90^\circ)$$

其中，$E_{1m} = \omega N_1 \Phi_m = 2\pi f N_1 \Phi_m$，则 e_1 的有效值为

$$E_1 = E_{1m} / \sqrt{2} = 4.44 f N_1 \Phi_m \tag{7.3-7}$$

同理，由式(7.2-2)得 $e_2 = -N_2 \dfrac{d\Phi}{dt} = E_{2m} \sin(\omega t - 90^\circ)$，则 e_2 的有效值为

$$E_2 = E_{2m} / \sqrt{2} = 4.44 f N_2 \Phi_m \tag{7.3-8}$$

于是一次绕组和二次绕组的电压比为

$$\frac{\dot{U}_1}{\dot{U}_2} \approx \frac{-\dot{E}_1}{-\dot{E}_2} = \frac{E_1}{E_2} = \frac{4.44 f N_1 \Phi_m}{4.44 f N_2 \Phi_m} = \frac{N_1}{N_2} = K$$

即

$$\frac{\dot{U}_1}{\dot{U}_2} = \frac{U_1}{U_2} = \frac{N_1}{N_2} = K \tag{7.3-9}$$

式中，K 为一次绕组和二次绕组的匝数比，称为变压器的电压比。由式(7.3-9)可知，若输入电压 U_1 一定时，只要改变匝数比，就可以得到不同的输出电压 U_2。当 $K > 1$ 时，变压器起降压作用；当 $K < 1$ 时，变压器起升压作用。

【例 7.3-1】 有一台单相降压变压器，输入电压 $U_1 = 220\text{V}$，输出电压 $U_2 = 36\text{V}$，$N_1 = 61$ 匝。求：（1）变压器的电压比；（2）二次绕组的匝数。

【解】 （1）变压器的电压比为 $K = U_1 / U_2 = 220/36 = 6.1$。

（2）二次绕组的匝数为 $N_2 = N_1 / K = 61/6.1 = 10$ 匝。

7.3.2 电流变换

变压器空载运行时，主磁通 Φ 是由一次绕组的磁动势 $i_{1o} N_1$ 作用产生的，变压器有载运行时，主磁通 Φ 是由一次绕组磁动势 $i_1 N_1$ 和二次绕阻磁动势 $i_2 N_2$ 共同作用产生的。由于变压器的电源电压 U_1 = 常值，而 $U_1 = E_1 = 4.44 f N_1 \Phi_m$，当电源电压 U_1 和电源的频率 f、一次绕组的匝数 N_1 不变时，主磁通 Φ_m 约为常值。也就是说，变压器空载运行和有载运行时的主磁通 Φ_m 在数值上是基本不变的，也就是变压器空载运行和有载运行时的磁动势要保持相等，即

$$\dot{I}_1 N_1 + \dot{I}_2 N_2 = \dot{I}_{1o} N_1 \tag{7.3-10}$$

由于励磁电流 $\dot{I}_{1o}$ 很小，其值约为一次绕组额定电流的 10%，故 $\dot{I}_{1o} N_1 \approx 0$。则

$$\dot{I}_1 N_1 = -\dot{I}_2 N_2 \qquad \frac{\dot{I}_1}{\dot{I}_2} = -\frac{N_2}{N_1} = -\frac{1}{K} \tag{7.3-11}$$

式中的负号表示 $\dot{I}_1$ 和 $\dot{I}_2$ 的相位实际上是相反的，说明二次绕组电流 $\dot{I}_2$ 产生的磁通和一次绕组电流 $\dot{I}_1$ 产生的磁通方向相反，即 $\dot{I}_2$ 对 $\dot{I}_1$ 具有去磁作用。所以，当变压器的负载增大时，即 I_2 增加时，为了维持变压器的主磁通不变，I_1 必须随之增大。

由式(7.3-11)得，一、二次绕组电流的有效值之比为

$$\frac{I_1}{I_2} = \frac{N_2}{N_1} = \frac{1}{K} \tag{7.3-12}$$

式(7.3-12)说明了变压器的电流变换作用，即一、二次绕组电流之比与绕组的匝数比成反比。

【例 7.3-2】 有一台额定容量为 9900VA、额定电压为 660/220V 的变压器给某用电地区供电。（1）求变压器的一、二次绕组的额定电流；（2）变压器的二次绕组可接 220V、60W 的电阻性负载多少个？（3）二次绕组若接 220V、60W 且功率因数 $\cos\varphi = 0.6$ 的电感性负载，可接

多少个？

【解】 （1）设变压器在传送电能过程中无损耗，即 $S_{\mathrm{N}}=U_{1\mathrm{N}}I_{1\mathrm{N}}=U_{2\mathrm{N}}I_{2\mathrm{N}}$。

$$I_{1\mathrm{N}}=S_{\mathrm{N}}/U_{1\mathrm{N}}=9900/660=15\mathrm{A}\qquad I_{2\mathrm{N}}=S_{\mathrm{N}}/U_{2\mathrm{N}}=9900/220=45\mathrm{A}$$

（2）二次绕组能接电阻性负载的个数为 $9900/60=165$。

（3）设每个电感性负载的电流为 I_{L}，则 $I_{\mathrm{L}}=\dfrac{P}{U\cos\varphi}=\dfrac{60}{220\times0.6}\mathrm{A}=0.45\mathrm{A}$。所以，电感性负载的个数为 $I_{2\mathrm{N}}/I_{\mathrm{L}}=45/0.45=100$。

7.3.3 阻抗变换

1．理想变压器的模型

由前面分析可见，式(7.3-9)和式(7.3-12)是在忽略漏磁，忽略铜损(绕组损耗)和铁损(铁心损耗)，忽略励磁电流，且铁心材料的导磁率 $\mu\to\infty$ 的条件下得出的。所以，在工程应用分析中，可以将铁心变压器进行以上的近似处理，经过这种近似处理的变压器就称为理想变压器。理想变压器的电路模型如图 7.3-1 所示，其中 $K:1$ 表示一次绕组每 K 匝对应二次绕组 1 匝；“•”表示绕组的同名端。

2．变压器的阻抗变换

变压器除变换电压、电流外，还具有变换阻抗的作用。在图 7.3-2(a)中，理想变压器的二次绕组接负载阻抗 Z_{L}，从理想变压器的一次绕组两端看进去的等效阻抗为

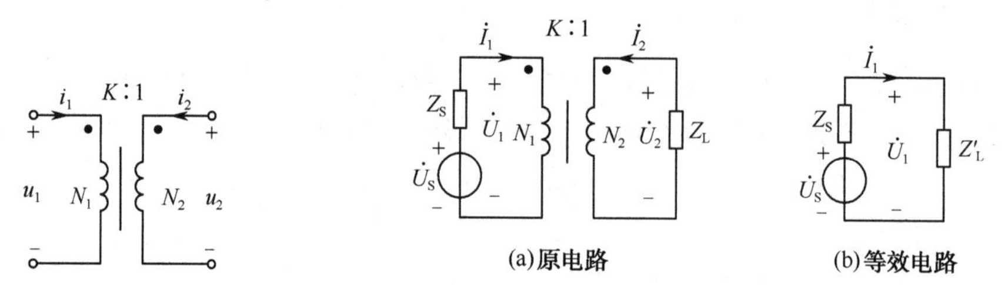

图 7.3-1 理想变压器的电路模型

图 7.3-2 变压器的阻抗变换

$$Z_{\mathrm{L}}'=\frac{\dot U_1}{\dot I_1}=\frac{K\dot U_2}{-\dfrac{1}{K}\dot I_2}=\frac{K^2\dot U_2}{-\dot I_2}=K^2\left(\frac{\dot U_2}{-\dot I_2}\right)=K^2Z_{\mathrm{L}}\tag{7.3-13}$$

等效电路如图 7.3-2(b)所示。

变压器的阻抗变换在通信电子线路中常用来变换负载的阻抗，从而实现负载获得最大功率的传输。

【例 7.3-3】 已知扬声器的等效电源电压 $\dot U_{\mathrm{S}}=10\angle0^\circ\mathrm{V}$，内阻 $R_{\mathrm{S}}=128\Omega$，扬声器的电阻 $R_{\mathrm{L}}=8\Omega$。若要使扬声器获得最大功率，需在等效电源与扬声器之间接入匹配变压器，如图 7.3-3(a)所示。求：（1）负载电阻 $\mathrm{R_L}$ 直接与等效电源连接时，负载 $\mathrm{R_L}$ 能获得多大的功率？（2）匹配变压器的变比；（3）接入匹配变压器之后扬声器获得的最大功率。

【解】 （1）负载电阻 $\mathrm{R_L}$ 直接与等效电源连接时，所得到的功率为

$$P_{\mathrm{L}}=\left(\frac{U_{\mathrm{S}}}{R_{\mathrm{S}}+R_{\mathrm{L}}}\right)^2R_{\mathrm{L}}=\left(\frac{10}{128+8}\right)^2\times8=43.2\mathrm{mW}$$

（2）由于负载获得最大功率的条件是 $R_L'=R_{\mathrm{S}}$（最大功率条件的证明可参考其他书籍），根

据式(7.3-13)，即 $R_L' = K^2 R_L$，得出变压器的变比为

$$K = \sqrt{\frac{R_S}{R_L}} = \sqrt{\frac{128}{8}} = 4$$

（3）在图 7.3-3(b)中，当 $R_L' = R_S = 128\Omega$ 时，负载获得最大功率，即

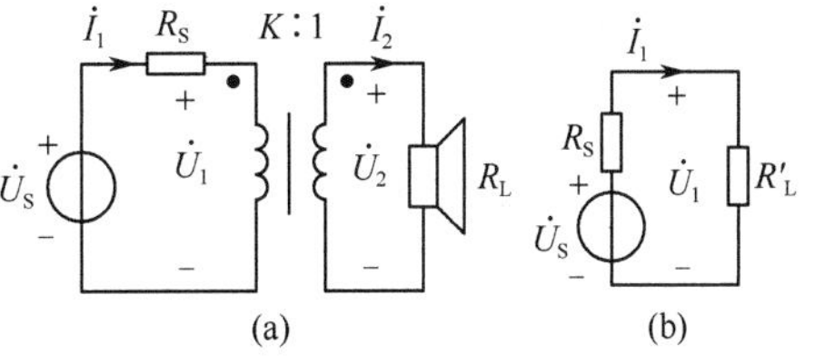

图 7.3-3　例 7.3-3 图

$$P_L = \left(\frac{U_S}{R_S + R_L'}\right)^2 R_L' = \left(\frac{10}{128+128}\right)^2 \times 128 = 195.3\text{mW}$$

或

$$I_1 = \frac{U_S}{R_S + R_L'} = \frac{10}{128+128} = 39\text{mA}$$

$$P_L = I_2^2 R_L = (KI_1)^2 R_L = (4 \times 0.039)^2 \times 8 = 195.3\text{mW}$$

思考题

7.3-1　当变压器的负载电流 I_2 增大时，一次绕组的电流 I_1 为什么也增大？

7.3-2　在图 7.3-1 中，要将一次交流电压由 220V 降至 20V，匝数比应为多少？

7.4　变压器绕组的连接

根据负载的需要，实际工程应用中还经常用多绕组的变压器，用以提高变压器的输出电压和输出电流。那么，若要将这些绕组正确连接起来，必须要知道绕组两端电压的相对极性，而绕组两端电压的相对极性与绕组的绕向有关。只要知道绕组的绕向，就可以确定绕组两端电压的相对极性。所以，变压器绕制好并封装后，一般都有标记，用标记表示各绕组的绕向。这个标记就是我们常说的同名端。不知道绕组的绕向(有的绕组有标记)，这就需要在使用多绕组的变压器时，先要用实验的方法判断出绕组的绕向，然后将绕向相同的端子标记出来，绕向相同的端子就是我们常说的同名端。

1. 同名端的定义与判断

什么叫同名端呢？我们从图 7.4-1 中可以得出答案。在图 7.4-1(a)中，两个绕组绕在同一铁心柱上，且绕向相同。当电流 i_1 从绕组 1 的 1 端流入，i_2 从绕组 2 的 3 端流入时，两电流在绕组 1、2 中产生的磁通方向一致，其结果使磁场增强，则 1 端和 3 端称为同名端，用“•”或“*”表示。同名端也称为同极性端，即 1 端和 3 端的电压极性相同，均为正或负。在图 7.4-1(b)中，当两个绕组的绕向相反时，电流 i_1 还是从绕组 1 的 1 端流入，i_2 还是从绕组 2 的 3 端流入。但是，两电流在绕组中产生的磁通方向相反，其结果使磁场减弱，则 1 端和 3 端为异名端，即 1 端和 3 端的电压极性相反。所以，1、4 端为同名端。

若多年使用过的变压器，当绕组的同名端看不清楚时，或者自行绕制变压器忘记标记绕组的同名端时，可用直流法和交流法判断绕组的同名端。小功率变压器用直流法判断较为方便。图 7.4-2 是用直流法判断绕组同名端的实验电路。绕组 1 接直流电源(干电池)，绕组 2 接直流电压表。当开关 S 闭合瞬间，绕组 1 中产生电流 i_1，其电流的实际方向如图示所示。电流 i_1 在绕组 1 两端产生的自感电压极性为上正下负。此时若电压表的指针正偏时，绕组 2 两端产生的互感电压极性也为上正下负。由于同极性端即为同名端，所以 1 端和 3 端为同名端。若电压表的指针反偏时，1 端和 4 端为同名端。

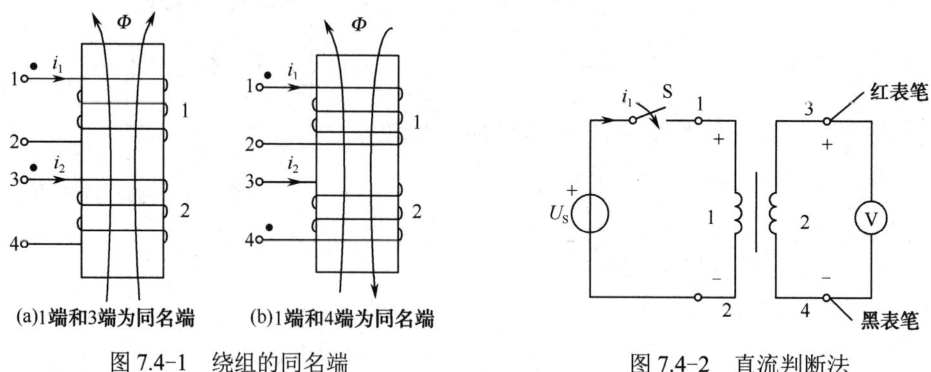

图 7.4-1 绕组的同名端　　　　图 7.4-2 直流判断法

2. 绕组的连接

为了提高变压器的输出电压和输出电流，需要将绕组正确串联和并联。

（1）绕组串联

图 7.4-3(a)是变压器二次绕组的串联接法。两个绕组的异名端相串联，则电流都是从同名端流出或流入，两绕组产生的磁通方向相同，使同名端的电压极性相同，所以异名端串联的绕组可以提高输出电压。图 7.4-3(a)的变压器可向负载提供 36V、2A 的交流电压。

（2）绕组并联

图 7.4-3(b)是变压器二次绕组的并联接法。两个绕组的同名端相并联，则电流都是从同名端流出或流入，两绕组产生的磁场方向相同，使同名端的电压极性相同，所以同名端并联的绕组可以提高输出电流。图 7.4-3(b)的变压器可向负载提供 4A、18V 的交流电压。

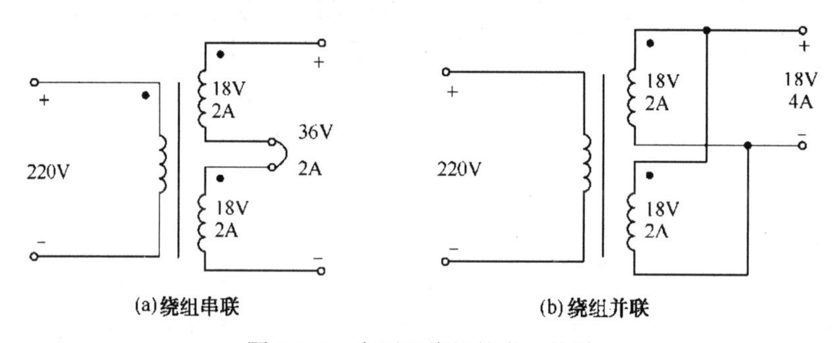

图 7.4-3 变压器绕组的串、并联

思考题

7.4-1　在图 7.4-3(a)中，若其中的一个绕组的电流改为 1A 时，两绕组还可以串联使用吗？

7.4-2　在图 7.4-3(b)中，若其中的一个绕组的电压改为 12V 时，两绕组还可以并联使用吗？

7.5　自耦变压器

在做交流电路实验或调试电路时，经常需要连续可调的 50Hz 的交流电源。实验室中的自耦变压器就是常用的可调交流电源。自耦变压器的外形及原理电路如图 7.5-1 所示。

自耦变压器和普通变压器的结构、工作原理相同，不同的是自耦变压器只有一次绕组，二次绕组是一次绕组的一部分，电路如图 7.5-1(b)所示。自耦变压器的电压变换和电流变换关系仍然是

(a)自耦变压器　　(b)原理电路

图 7.5-1　自耦变压器的外形和原理电路

$$\frac{U_1}{U_2}=\frac{N_1}{N_2}=K \qquad \frac{I_1}{I_2}=\frac{N_2}{N_1}=\frac{1}{K}$$

自耦变压器的一次绕组接于 220V 正弦交流电源，当旋转自耦变压器的手柄时，即图 7.5-1(b)中的 b 点可沿绕组上下滑动，改变自耦变压器的二次绕组 N_2 的匝数，使输出电压可以从 0～250V 之间连续可调。

【引例分析】 引例中的图 7.0-1 是实验室常用的+5V 直流稳压电源。图中的变压器是通过磁耦合的方式传送电信号的；u_1 与 u_2 的关系为：$u_1=Ku_2$，即变比为 $K=u_1/u_2=220/10=22$。i_1与i_2的关系为：$i_2=Ki_1=22i_1$。变压器将交流电压 220V 变换为交流电压 10V 后，通过二极管整流电路将交流电压变换为脉动的直流电压；再经过电容滤波电路进行滤波，减小直流电压的脉动，最后通过+5V 的集成三端稳压块进行稳压，输出直流+5V 电压。有关此直流稳压电源的工作原理将在第 16 章详细介绍。

本 章 小 结

（1）变压器的功能

变压器是利用电磁感应原理实现电能传递的电气设备。变压器具有变电压、变电流、变阻抗的功能，在实际应用中，常将实际变压器当做理想变压器进行分析，即

① 变电压：$\dfrac{U_1}{U_2}=\dfrac{N_1}{N_2}=K$　　② 变电流：$\dfrac{I_1}{I_2}=\dfrac{N_2}{N_1}=\dfrac{1}{K}$

③ 变阻抗：$Z_L'=K^2Z_L$　　④ 视在功率：$S=U_1I_1=U_2I_2$

（2）同名端

绕组的同名端可用直流法和交流法判断，当电流的参考方向是从同名端(打•端)流入时，同名端(打•端)处的互感电压极性相同，当电流的参考方向是从异名端流入时，同名端(打•端)处的互感电压极性相反。

（3）绕组的连接

二次绕组的异名端相串联，可以提高变压器的输出电压；电压相同的二次绕组的同名端相并联，可以提高变压器的输出电流。

（4）自耦变压器

自耦变压器和普通的变压器工作原理相同，不同的是自耦变压器只有一次绕组，二次绕组是一次绕组的一部分。旋转自耦变压器的手柄，就可改变自耦变压器的二次绕组 N_2 的匝数，使输出电压可以从 0～250V 之间连续可调。

习题

7-1　有一台 220V/36V 的单相降压变压器，向 15W 的电阻性负载供电。求：（1）变压器的电压比；（2）一次绕组和二次绕组的电流。

7-2　有一台额定容量为 1000VA、额定电压为 660/220V 的变压器给某居民小区供电。（1）求变压器的一、二次绕组的额定电流；（2）变压器的二次绕组可接 30W、220V 的电阻性用电设备多少个？（3）二次绕组若接 30W、220V 且功率因数 $\cos\varphi = 0.6$ 的电感性用电设备多少个？

7-3　确定题图 7-3 所示各线圈的同名端。

7-4　某多绕组的变压器如题图 7-4 所示。（1）要想获得 12V 和 5V 的输出电压，二次绕组应如何连接？（2）二次绕组一共能输出多少种电压？

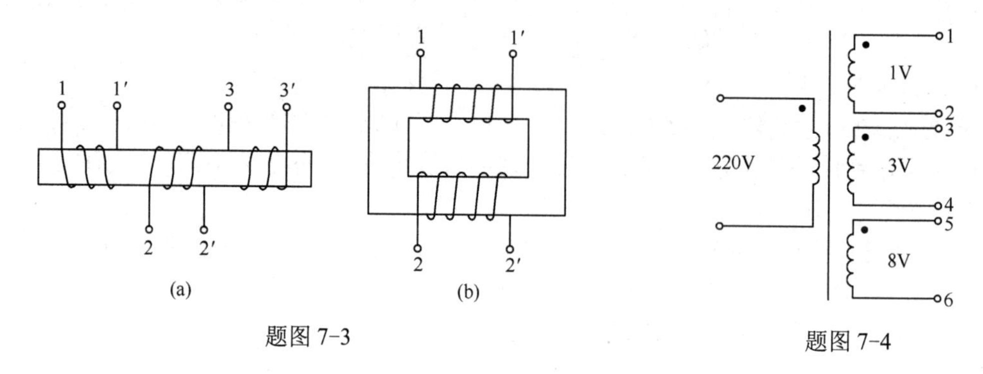

题图 7-3　　　　题图 7-4

7-5　在题图 7-5 中，已知信号源的内阻 $R_S = 800\Omega$，扬声器的电阻 $R_L = 8\Omega$。求：（1）匹配变压器的变比；（2）当 $U_S = 5V$ 时，扬声器获得的最大功率。

7-6　在题图 7-6 中，已知 $U_1 = 220V$, $R_L = 55\Omega$。求变压器的输入功率和输出功率。

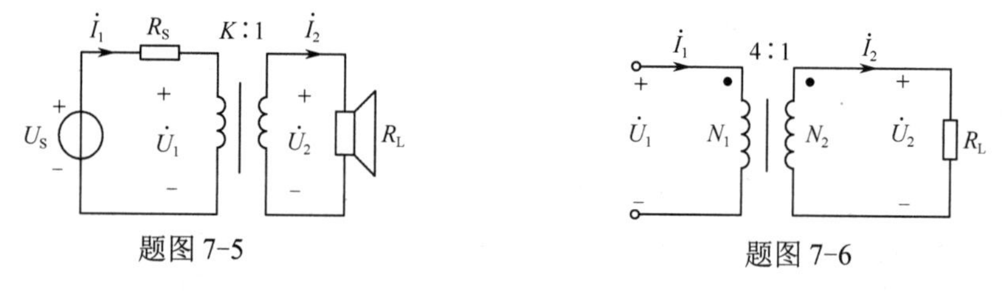

题图 7-5　　　　题图 7-6

7-7　在题图 7-7 中，已知 $\dot{U}_S = 100\angle 0^\circ V$, $R_1 = 40\Omega$, $R_L = 10\Omega$。求 $\dot{U}_1$ 和 $\dot{U}_2$。

7-8　在题图 7-8 中，已知 $\dot{U}_S = 120\sqrt{2}\angle 0^\circ V$, $Z_1 = (8 + j4)\Omega$, $Z_L = (3 + j4)\Omega$。求 $\dot{I}_1$ 和 $\dot{I}_2$。

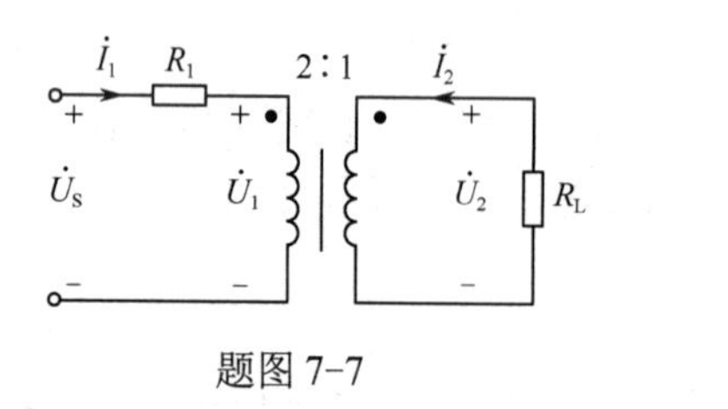

题图 7-7

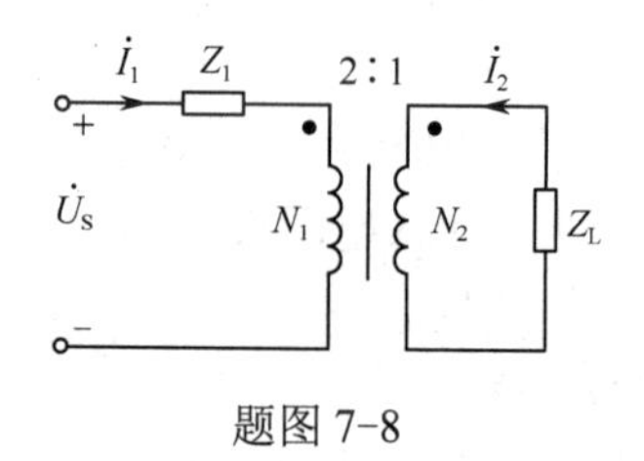

题图 7-8

第8章　电　动　机

【本章主要内容】 本章主要介绍直流电动机、三相异步电动机和单相电动机。电机是实现能量转换的电磁装置，具有可逆性：把机械能转换为电能的称为发电机，把电能转换为机械能的称为电动机。前者用于发电，后者用于提供机械动力。

另一类电机的功能是实现信号的转换和控制，称为控制电机，它们的功率小、质量轻、精度高、动作灵敏、响应快，用于自动控制系统。近年来，应用现代最新科技成果，超越传统电磁理论，新原理电机陆续出现(例如超声波电机、霍尔效应电机、仿生电机等)。

电机种类甚多，功能各异，应用领域广阔，遍及各行各业和物质文化生活。

【引例】 王某在检修电动玩具时，把其中的电动机拆开了，如图 8.0-1 所示。我们对玩具这种小产品，一般都不以为然，但是你能说出这是什么电机吗？转动原理如何？它的故障常出现在哪里？怎样排除？学完本章内容便可做出解答。

图 8.0-1　应用实例图

8.1　直流电动机

直流电动机采用直流电源供电，它有优良的启动性能和调速性能，大功率的直流电动机主要应用于要求启动转矩大和调速性能好的生产机械(如起重设备、电力牵引设备和轧钢机等)；小功率的直流电动机主要用于数控系统、各种电子设备等的控制系统中。

8.1.1　直流电动机的工作原理

直流电动机的工作原理如图 8.1-1 所示。N 和 S 表示固定的磁极，磁极间的磁通是由励磁电流通过励磁绕组产生的(励磁绕组安装在磁极上)。为使画面清晰，图中只画出了磁极铁心，未画出励磁绕组。

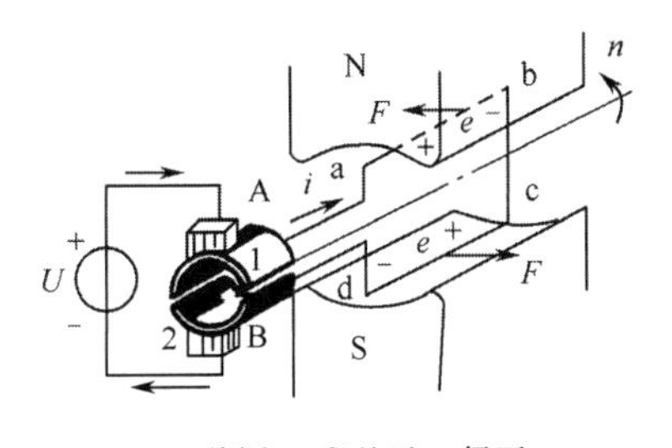

(a) 线圈 ab 段处于 N 极下

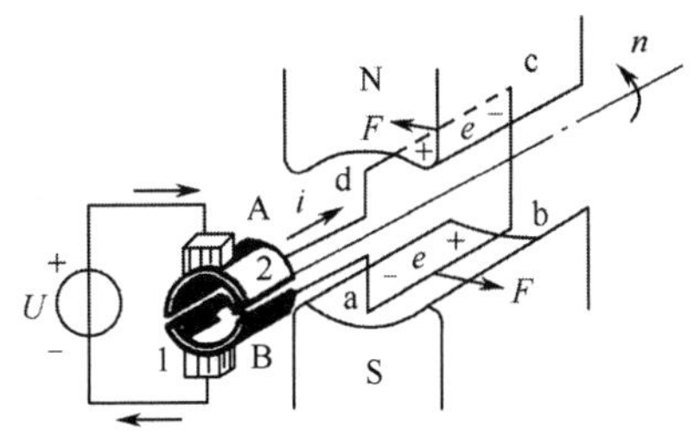

(b) 线圈 ab 段处于 S 极下

图 8.1-1　直流电动机的工作原理

直流电动机的转动部分称为电枢，安装在 N 极和 S 极之间，为讲述方便，图中只画出了电枢绕组的一匝线圈 abcd，线圈的 ab 段和 cd 段处于 N、S 极下，称为线圈的有效边。电枢绕组安装在电枢铁心中，图中未画出电枢铁心。线圈的两端 a 和 b 分别与两个彼此绝缘并与线圈一起旋转的铜片 1 和 2 相连(1 和 2 构成的装置称为换向器，是直流电机独有的特征装置)。A 和 B 是两个固定的电刷，分别与换向片 1 和 2 滑动按触。电枢绕组通过换向片和电刷接到直流电源上，构成电枢回路，电枢电压为 U。下面分析直流电动机的转动原理。

当电枢绕组处于图 8.1-1(a)所示位置时，电枢电流按 A→a→b→c→d→B 的方向流入线圈。以线圈 ab 段为例，它处于 N 极下，电流方向由 a 到 b。根据左手定则，ab 段导体受到电磁力 F 的作用，F 的方向如图所示，电动机逆时针方向转动。

当电枢绕组处于图 8.1-1(b)所示位置时(电动机转动 180°)，电枢电流按 A→d→c→b→a→B 的方向流入线圈。线圈的 ab 段转到 S 极下，电流方向由 b 到 a(注意，电流方向改变了，这就是换向)。根据左手定则，ab 段导体受到相反方向电磁力 F 的作用，如图所示。只有这样才能保证电动机按原方向转动(这就是换向的作用)。线圈的 cd 段，情况也是如此。

上面分析的是一匝线圈的情况。实际的直流电动机，电枢绕组是多匝的，在 N、S 极下电枢绕组受到的总电磁力很大，电磁力产生电磁转矩 T(简称转矩)。转矩 T 与每极磁通 Φ、电枢电流 I_a 成正比，即

$$T = K_T \Phi I_a \tag{8.1-1}$$

式中，K_T 是与电机结构有关的常数。

电动机转动时，电枢绕组的 ab 段和 cd 段导体不断地切割磁力线，于是在绕组中产生感应电动势 e，如图 8.1-1(a)和(b)所示。根据右手定则可知，e 的方向与绕组电流 i 相反，故称为反电动势。实际直流电动机电枢绕组的总反电动势用 E 表示。反电动势 E 与每极磁通 Φ、电动机转速 n 成正比，即

$$E = K_E \Phi n \tag{8.1-2}$$

式中，K_E 是与电机结构有关的常数。

电动机稳定运行时，电动机的转矩 T 与轴上所拖动的机械负载的转矩 T_L 总能保持平衡状态(即 $T = T_L$)，并以稳定的转速 n 转动，拖动生产机械工作。

直流电动机的转动原理如上所述，余下的一个问题就是怎样向励磁绕组供电，使其产生励磁电流和磁通，形成 N、S 磁极。

励磁绕组可以使用单独的电源 U_f，也可以和电枢绕组共用一个电枢电源 U。因此，直流电动机的励磁方式有如图 8.1-2(a)、(b)、(c)、(d)所示 4 种，依次为他励式、并励式、串励式和复励式(有两套励磁绕组)。电动机也因此而得名，分别称为他励式电动机、并励式电动机、串励式电动机和复励式电动机。

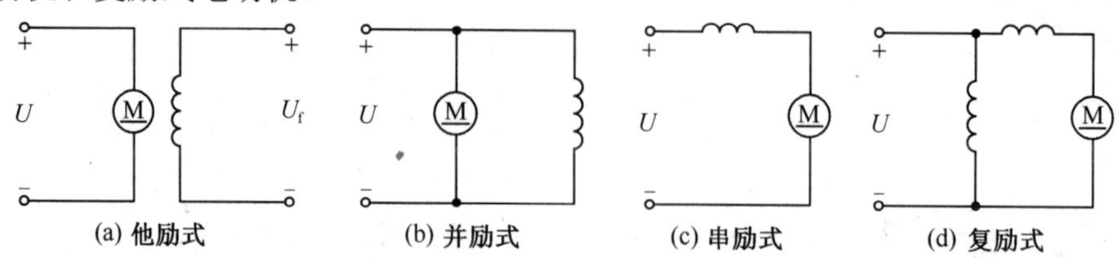

图 8.1-2　直流电动机的励磁方式

思考题

8.1-1　直流电动机由几大部分构成？各起什么作用？

8.1-2　什么是直流电动机的换向？为什么需要换向？

8.1-3　直流电动机的电磁转矩是怎样产生的？反电动势是怎样产生的？为何称为反电动势？

*8.1.2　直流电动机的使用

我们以他励式电动机为例，从启动、反转和调速三个方面讨论直流电动机的使用问题。

1．启动

图 8.1-3 是他励电动机启动时的工作电路，在电枢电路中串联了启动电阻 R_{st}。为什么要串联 R_{st}？原因是，电动机在启动瞬间，转速 $n=0$，反电动势 $E=K_E\Phi n=0$，电枢的启动电流

$$I_{ast}=\frac{U-E}{R_a}=\frac{U}{R_a}$$

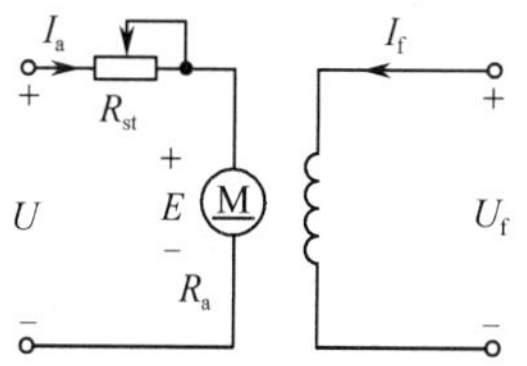

由于电枢电阻 R_a 数值很小，启动电流 I_{ast} 数值很大(是额定电流 I_{aN} 的 10～20 倍)，这样大的电流是电动机换向所不允许的。因此在启动电动机之前必须在电枢电路中串联一个限制启动电流的启动电阻 R_{st}，电动机启动后，转速 n 上升，反电动势 E 增大，电枢电流 I_{ast} 逐渐减小，这时逐渐减小启动电阻 R_{st}，直至 R_{st} 为零，完成启动操作。

图 8.1-3　他励电动机的启动

【例 8.1-1】 他励电动机，已知额定电枢电压 $U_N=110V$，额定电枢电流 $I_{aN}=50A$，电枢电阻 $R_a=0.12\Omega$。问：（1）如果直接启动，计算电枢的启动电流 I_{ast}，它是 I_{aN} 的多少倍？（2）如果要求 I_{ast} 不超过 I_{aN} 的两倍，启动电阻 R_{st} 应为多少？

【解】 电路图如图 8.1-3 所示。

（1）直接启动时　$I_{ast}=\dfrac{U_N}{R_a}=\dfrac{110}{0.12}=916.7A$　$\dfrac{I_{ast}}{I_{aN}}=\dfrac{916.7}{50}=18.3$ 倍

（2）　$\dfrac{U_N}{R_a+R_{st}}=2I_{aN}$　$R_{st}=\dfrac{U_N}{2I_{aN}}-R_a=\dfrac{110}{2\times 50}-0.12=0.98\Omega$

由上例可见，串联启动电阻能显著减小启动电流，有利于换向。但启动电流也不宜过小，否则启动转矩($T_{st}=K_T\Phi I_{ast}$)也将减小，会延长启动时间。一般按 $I_{ast}\leqslant(1.5\sim2.5)I_{AN}$ 计算启动电阻 R_{st}。

2．反转

如果要电动机反转，由转矩公式 $T=K_T\Phi I_a$ 可知方法分别如下：

（1）改变磁通 Φ 的方向(将励磁绕组的两端对调位置)。

（2）改变电枢电流 I_a 的方向(将电枢绕组的两端对调位置)。

因为这样均可改变转矩 T 的方向，实现电动机的反转。应当注意，当改变绕组接线时，必须是在电动机停机和断开电源的情况下进行。

3．调速

图 8.1-4 是他励电动机调速时的工作电路(此图即为他励电动机完善的工作电路)，图中 $R_{st}=0$(因为每次启动完成之后都把 R_{st} 调至零)，图中 R_f 是调速电阻。

由式(8.1-2)可以推出他励电动机的调速公式为

$$E=K_E\Phi n\qquad n=\frac{E}{K_E\Phi}$$

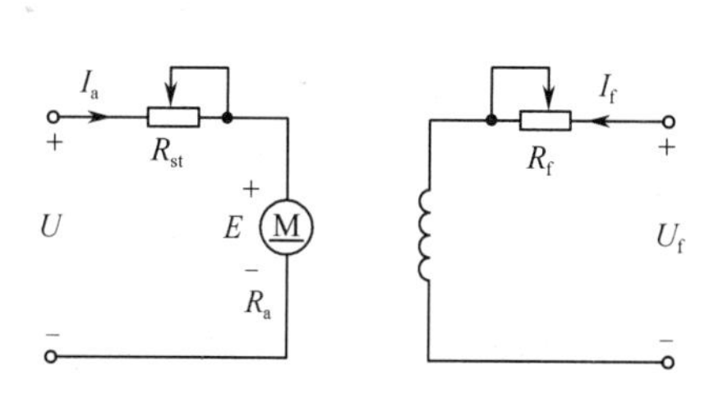

图 8.1-4　他励电动机的调速

在他励电动机的电枢电路中，可以写出如下关系式：

$$U = E + I_a R_a \quad 或 \quad E = U - I_a R_a$$

所以
$$n = \frac{U - I_a R_a}{K_E \Phi} = \frac{U}{K_E \Phi} - \frac{R_a}{K_E \Phi} I_a$$

在上式中，我们已经知道 R_a 的数值很小，所以电动机的转速 n 主要由第一项决定，即

$$n \approx \frac{U}{K_E \Phi} \tag{8.1-3}$$

n 的单位为转/分(r/min)

由式(8.1-3)可得到他励电动机的调速方法：

(1) 改变电枢电压调速。

(2) 改变励磁磁通调速(调节励磁电阻 R_f 改变励磁电流，进而改变励磁磁通)。

(3) 同时改变电枢电压和励磁磁通调速，可加大调速范围。

以上讨论的是他励式电动机的使用问题，实际应用中并励式电动机更为普遍，因为并励式电动机可以省去一个励磁电源，而且并励式电动机的性能与他励式基本相同。下面两例是他励电动机和并励电动机的调速计算。

【例 8.1-2】 他励电动机电路如图 8.1-4 所示。其额定励磁电压 $U_{fN} = 220V$，额定电枢电压 $U_N = 220V$，额定电枢电流 $I_{aN} = 60A$，电枢电阻 $R_a = 0.5\Omega$，额定转速 $n_N = 1500r/min$。现采用调压的方法将电动机转速调至 $n = 1350r/min$，电枢电压 U 应调至多少？设调速后负载转矩 T_L 不变。

【解】 (1) 调速后负载转矩 T_L 不变，即电动机转矩 T 不变。因为电动机转矩 $T = K_T \Phi I_a$，可知 T 不变，Φ 不变(仍保持原来数值)，所以电枢电流 I_a 也不变。

(2) 根据转速公式计算其中的电压 U。

调速前的转速公式为
$$n_N = \frac{E}{K_E \Phi} = \frac{U_N - I_{aN} R_a}{K_E \Phi} = \frac{220 - 60 \times 0.5}{K_E \Phi} = 1500\ r/min$$

可以算出
$$K_E \Phi = \frac{220 - 60 \times 0.5}{1500} = \frac{19}{150}$$

调速后的转矩公式为
$$n = \frac{U - I_a R_a}{K_E \Phi} = \frac{U - 60 \times 0.5}{19/150} = 1350\ r/min$$

计算结果为 $U = 201V$。

【例 8.1-3】 并励电动机工作电路如图 8.1-5 所示。已知 $U = 110V$，$I_a = 12A$，$R_a = 0.3\Omega$，电动机转速 $n = 3000r/min$。为提高转速，把励磁电阻 R_f 调大，使磁通 Φ 减小 10%。如果负载转矩不变，那么电动机的转速提高到多少？

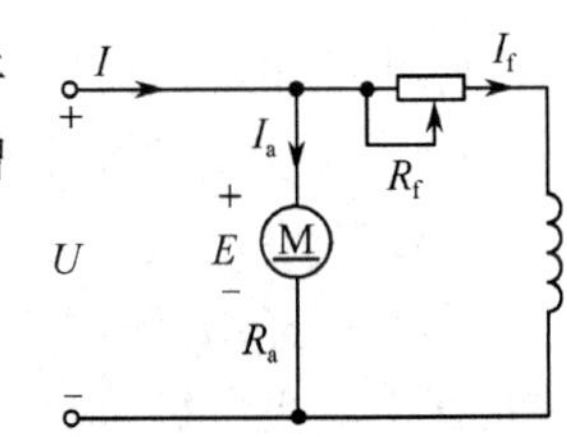

图 8.1-5 例 8.1-3 图

【解】 (1) 因为负载转矩不变，所以电动机转矩 T 不变(保持平衡)。在公式 $T = K_T \Phi I_a$ 中，因为 Φ 减小到 $\Phi' = 0.9\Phi$，所以 I_a 必须增大到 I_a'，才能保持 T 不变。即

$$K_T \Phi I_a = K_T \Phi' I_a' \qquad I_a' = \frac{\Phi I_a}{\Phi'} = \frac{\Phi}{0.9\Phi} I_a = \frac{1}{0.9} \times 12 = 13.3A$$

(2) 利用转速公式计算转速。

调速前 $n = \dfrac{U - I_a R_a}{K_E \Phi}$，调速后 $n' = \dfrac{U - I_a' R_a}{K_E \Phi'}$

$$n'/n = \frac{U - I_a' R_a}{K_E \Phi'} \Big/ \frac{U - I_a R_a}{K_E \Phi} = \left(\frac{U - I_a' R_a}{U - I_a R_a}\right) \frac{\Phi}{\Phi'} = \left(\frac{110 - 13.3 \times 0.3}{110 - 12 \times 0.3}\right) \frac{\Phi}{0.9\Phi} = \frac{106.01}{106.4} \times \frac{1}{0.9} = 1.107$$

所以调速后的转速 $n' = 1.107n = 1.107 \times 3000 = 3321r/min$。

思考题

8.1-4 他励电动机启动电流大的原因是什么？用什么方法限制启动电流过大？一般限制

在什么范围？

8.1-5　怎样实现他励电动机的反转？如果同时改变磁通Φ和电流I_a的方向，他励电动机能否反转？为什么？

8.1-6　他励电动机有哪些调速方法？

*8.1.3　永磁式直流电动机

在小功率（几瓦至几百瓦）直流电动机中，磁极多采用永久磁铁（永磁体），称为永磁式直流电动机，其图形符号如图 8.1-6 所示，其中 1 为永磁体，2 为电枢。因为没有励磁绕组，所以整个电机体积小，质量轻，结构简单，适于大批量生产，成本低廉。

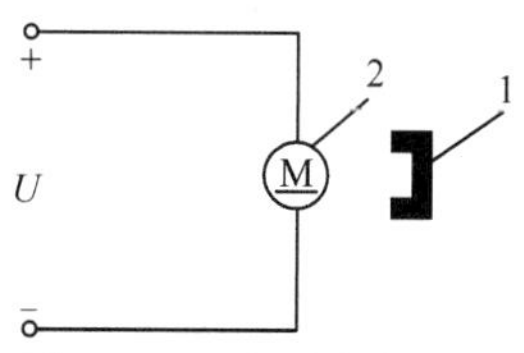

图 8.1-6　永磁式电动机

永磁体可由多种磁性材料制成，由稀土材料制成的永磁体性能优异。我国有丰富的稀土资源（储量占世界总量的3/4），发展稀土永磁电机具有得天独厚的优势。

永磁式直流电动机是经济适用的小机种，广泛应用于汽车电器、家用电器、医疗器械、计算机外部设备和便携式电子设备等许多方面。图 8.0-1 所示的玩具电机就是一个微型永磁式直流电动机。在使用过程中，故障常发生在换向器和电刷上，由于换向火花和电刷摩擦易产生污垢，造成接触不良，认真清理一下即可。

8.2　三相异步电动机

三相异步电动机是工业应用中最为重要的电动机，它结构简单，维护方便，使用三相交流电源，运行成本低廉，广泛应用于各种机床、轻工机械、交通运输机械、起重机械以及传送带、通风机、水泵等。

8.2.1　三相异步电动机的结构

与直流电动机一样，三相异步电动机也是由两大部件构成的：定子（固定部分）和转子（转动部分）。

1．定子

图 8.2-1 表示三相异步电动机的结构，其中图(a)是外形图，图(b)是结构图。由图(b)可以看出，定子由定子铁心和定子绕组构成，固定在机座上。定子绕组是三相对称的（A-X、B-Y、C-Z），可以接成星形或三角形，通过接线盒与三相电源的火线 A、B、C 相连（图上未画出三相电源）。

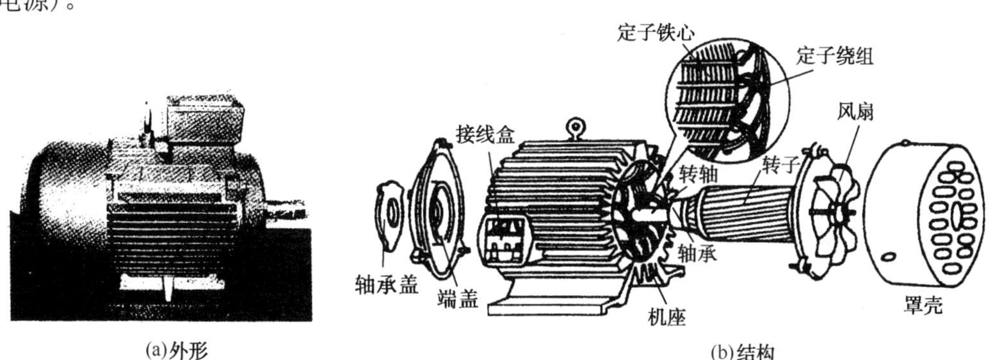

(a)外形　　(b)结构

图 8.2-1　三相笼形异步电动机的外形与结构

2．转子

三相异步电动机的转子有笼型和绕线型两种，如图 8.2-2 和图 8.2-3 所示。

笼型转子：转子铁心呈圆柱状，在转子铁心表面上的槽内放置铜质导条，其两端用铜质端环相接(这是个短路环)，如图 8.2-2(a)所示。这个笼形的装置称为笼型转子，它自行封闭，与外界电路无联系。在转子铁心槽内也可浇铸铝液，铸成一个铝质的笼子，称为铸铝转子，如图 8.2-2(b)所示。铝质转子比铜质转子更经济且工艺简单，应用广泛。

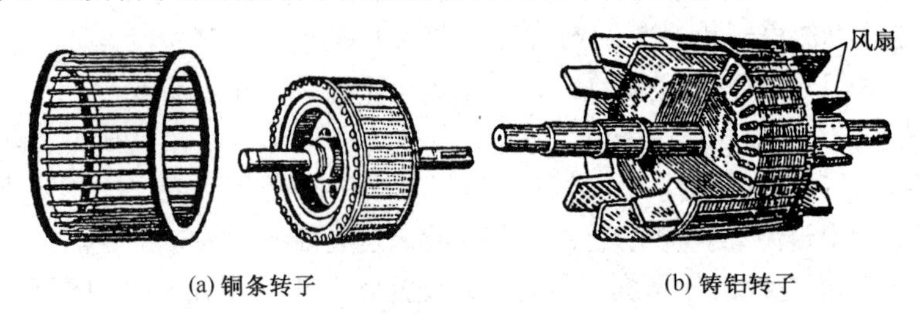

(a) 铜条转子　　(b) 铸铝转子

图 8.2-2　笼型转子

绕线型转子：这种转子的特点是，在转子铁心的槽内放置的不是自行封闭的笼型装置，而是接成星形的开放的三相绕组，如图 8.2-3 所示。图 8.2-3(a)是绕线型转子的外形图，已接成星形的转子三相绕组连接 3 个滑环，3 个滑环固定在转轴上。3 个滑环上用弹簧压着 3 个电刷，电刷上有 3 根外引线。3 根外引线可以连接外电阻，也可以自行短接。图 8.2-3(b)是绕线型转子的等效电路的示意图。

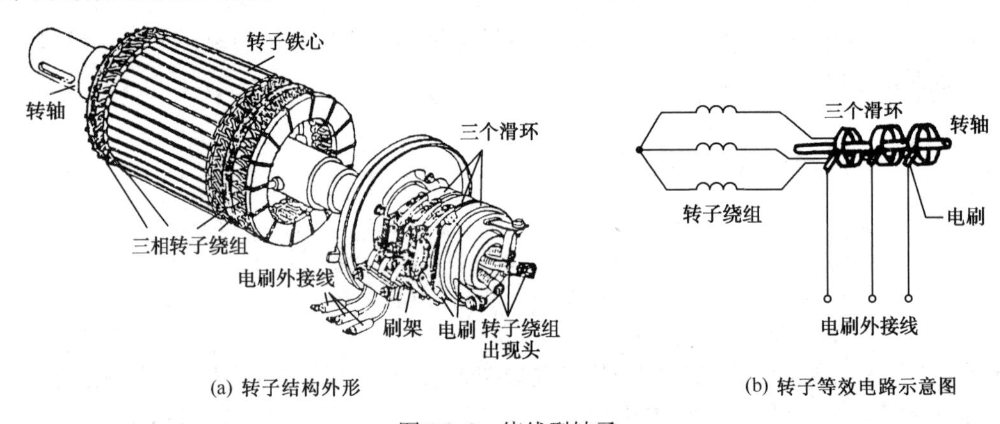

(a) 转子结构外形　　(b) 转子等效电路示意图

图 8.2-3　绕线型转子

三相异步电动机因其转子型式的不同分为笼型三相异步电动机和绕线型三相异步电动机。因此，怎样区分一台三相异步电动机是笼型的还是绕线型的呢？最简单的辨认方法就是看看转轴上有没有 3 个滑环和 3 个电刷。如有，则为绕线型；如无，则为笼型。

笼型三相异步电动机，用于一般生产机械；绕线型三相异步电动机，用于起重机、锻压机等设备。

思考题

8.2-1　三相异步电动机的定子和转子是怎样构成的？

8.2-2　笼型三相异步电动机和绕线型三相异步电动机在结构上有何不同？怎样简单地区分一台三相异步电动机是笼型的还是绕线型的？

8.2.2 三相异步电动机的工作原理

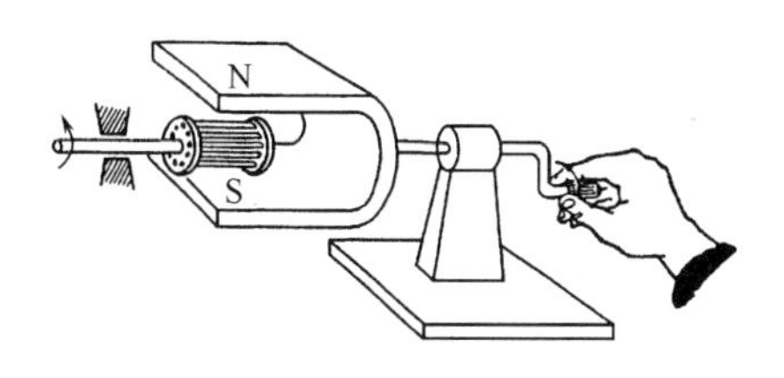

图 8.2-4 旋转的磁场拖动笼型转子旋转

三相异步电动机的转动原理可通过图 8.2-4 所示的模型实验来理解。图中的主要部分是：一对可以转动的 N、S 磁极(U 形永久磁铁)；一个由许多铜条构成的笼型转子(以下简称转子)。

观察现象：当通过手柄摇动磁极时，发现转子总是跟着磁极一起转动：摇得快，转子转得快；摇得慢，转子转得慢；反摇，转子反转；不摇，转子停转。转子与磁极之间没有机械联系，为什么它能紧紧地跟随磁极转动呢？可以肯定，转子与磁极之间存在电磁力，那么电磁力是如何产生的呢？

理论分析：图 8.2-5 是上面模型的断面图。当顺时针方向摇动磁极时，磁力线切割转子铜条(图中只画出了 N、S 极下的两根铜条)。换个角度看问题，这相当于磁极不动转子逆时针方向转动，转子铜条切割磁力线，在转子铜条中产生感应电动势和感应电流，它们的方向由右手定则确定，如图中的⊙和⊗所示。转子铜条中的电流称为转子电流。

载有转子电流的铜条处于磁场之中，在磁场的作用下，载流转子铜条上产生电磁力 F 与 F'，并产生电磁转矩，推动转子转动起来，转动方向与 N、S 磁极的转动方向(即旋转磁场的方向)相同。

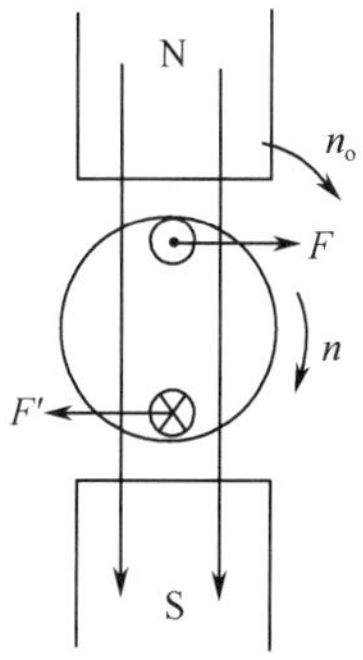

下面分析实际的三相异步电动机的工作原理。在实际的三相异步电动机中，也有像图 8.2-4 那样的旋转磁极和旋转磁场，不过磁极是隐形的，看不见。

图 8.2-5 转子的转动原理

1. 定子的旋转磁场

（1）旋转磁场的产生

三相异步电动机的旋转磁场是由定子产生的。产生的条件是：①三相绕组(A–X、B–Y、C–Z)，空间位置互相相差120°；②通入对称三相电流(i_A、i_B、i_C)。于是，定子三相绕组中就会产生如图 8.2-6 所示的按顺时针旋转的磁场。

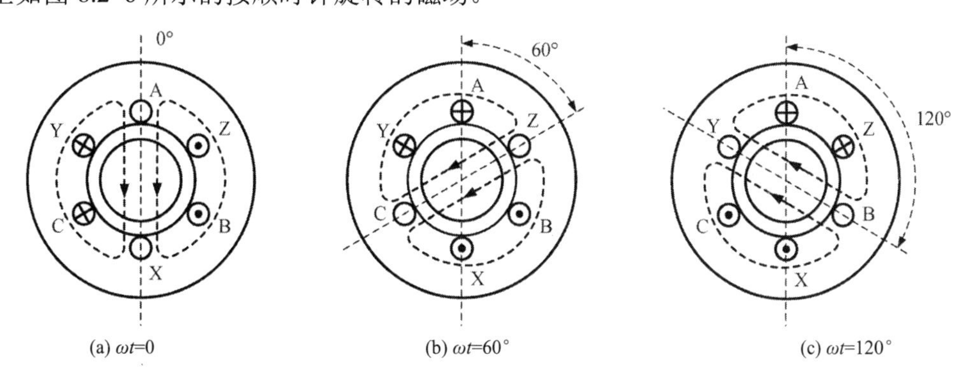

(a) ωt=0　(b) ωt=60°　(c) ωt=120°

图 8.2-6 定子旋转磁场的产生

（2）旋转磁场的磁极对数 p

在图 8.2-6 中，产生一对 N、S 磁极(p = 1)。如果每相绕组是由两个线圈串联组成的(A_1–X_1–A_2–X_2, B_1–Y_1–B_2–Y_2, C_1–Z_1–C_2–Z_2)，三相绕组的首端在空间上互差60°对称分布，通入对称的三相电流后，就能产生两对 N、S 磁极(p = 2)，如图 8.2-7 所示。当电流经过 60° 电角度，旋转磁场在空间旋转了 30°，也就是说，旋转磁场在空间转过的角度是定子电流角度的一半。因此，电流变化一个周期，合成磁场只在空间旋转 180°。依次类推，可以产生多对磁极。

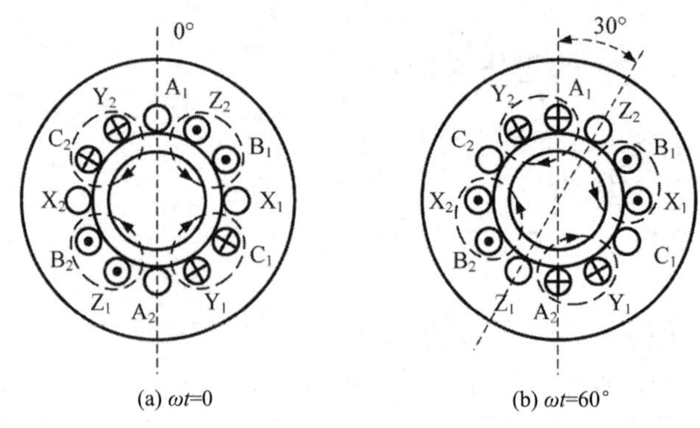

图 8.2.7　四极旋转磁场

（3）旋转磁场的转速

旋转磁场的转速用 n_0 表示，在图 8.2-6 中，$p=1$，转速 n_0 与电源频率 f_1 的关系如表 8.2-1 所示。定子电流交变一次，所产生的旋转磁场在空间上转 1 圈(即 1 转)；定子电流频率为 f_1，定子电流每分钟变化 $60f_1$ 次，磁极 N 在空间转过 $60f_1$ 圈。所以 $p=1$ 时，旋转磁场转速的关系式可以写为

$$n_0=60f_1$$

在图 8.2-7 中，$p=2$，转速 n_0 与电源频率 f_1 的关系如表 8.2-2 所示。定子电流交变一次，所产生的旋转磁场在空间上只转了半圈。所以，$p=2$ 时，旋转磁场的转速的关系式可以写为

$$n_0=\frac{60f_1}{2}$$

表 8.2-1　转速 n_0 与电源频率 f_1 的关系($p=1$)

电源频率 f_1	旋转磁场转速 n_0
每秒变化 1 次	每秒转动 1 圈
2 次	2 圈
⋮	⋮
f_1 次	f_1 圈
每分钟变化 $60f_1$ 次	每分钟转动 $60f_1$ 圈

表 8.2-2　转速 n_0 与电源频率 f_1 的关系($p=2$)

电源频率 f_1	旋转磁场转速 n_0
每秒变化 1 次	每秒转动 1/2 圈
2 次	2/2 圈
⋮	⋮
f_1 次	$f_1/2$ 圈
每分钟变化 $60f_1$ 次	每分钟转动 $60f_1/2$ 圈

可以推知，当 $p=3$ 时，$n_0=\frac{60f_1}{3}$；当磁极对数为 p 时，旋转磁场的转速为

$$n_0=\frac{60f_1}{p} \tag{8.2-1}$$

n_0 的单位为转/分(r/min)

我国的工频 $f_1=50\text{Hz}$，按式(8.2-1)可得出常用的三相异步电动机磁极对数 p 和旋转磁场转速 n_0 的对应关系，如表 8.2-3 所示。

表 8.2-3　常用三相异步电动机磁极对数和旋转磁场的转速

p(对)	1	2	3	4	5	6
n_0(r/min)	3000	1500	1000	750	600	500

（4）旋转磁场的转向

定子旋转磁场的转向决定于三相电源的相序 A、B、C。电动机定子的 3 根线按正序接到三相电源 3 条火线上，旋转磁场正转。相反，电动机定子的 3 根线依次按负序接到三相电源 A、C、B(B、C 换位)三条火线上时，旋转磁场反转。因此，当需要旋转磁场反转时，只要将和三相电源连接的电动机的 3 根线中的任意两根的一端对调位置即可。

2．转子的转速

转子的转速就是三相异步电动机的转速。转子总是跟随着定子旋转磁场而转动，转子转速 n 总是小于旋转磁场的转速 n_0。如果两者相等，即 $n = n_0$，那么转子与旋转磁场之间就没有相对运动，磁力线就不切割转子导体，转子电动势、转子电流、电磁力和电磁转矩等均不存在。也就是说，转子转速 n 不可能与旋转磁场转速 n_0 同步，只能是异步的，这就是异步电动机名称的由来。通常把定子旋转磁场的转速 n_0 称为同步转速，转子转速 n 称为异步转速，两者之差 $\Delta n = n_0 - n$ 称为相对转速或转速差，转速差 Δn 与同步转速 n_0 之比称为转差率。转差率用小写字母 s 表示，即

$$s = \frac{\Delta n}{n_0} = \frac{n_0 - n}{n_0} \times 100\% \tag{8.2-2}$$

转差率是异步电动机的一个重要物理量，异步电动机的许多特性都与转差率 s 有密切关系。由上式可以写出异步转速 n、同步转速 n_0 和转差率 s 之间的关系，即

$$n = (1 - s)n_0 \tag{8.2-3}$$

式中 s 数值很小(一般只有百分之几)，异步转速 n 只比同步转速 n_0 略小。

【例 8.2-1】 有一台三相异步电动机，其额定转速(即电动机轴上拖动额定机械负载时的转速) $n_N = 975\text{r/min}$，电源频率 $f_1 = 50\text{Hz}$。求电动机的磁极对数 p 和额定转差率 s_N。

【解】 (1) 磁极对数 p。由于三相异步电动机额定转速 n_N 接近而略小于同步转速 n_0，因此根据 $n_N = 975\text{r/min}$，判断其同步转速为 $n_0 = 1000\text{r/min}$。所以磁极对数由式(8.2-1)可得

$$p = \frac{60 f_1}{n_0} = \frac{60 \times 50}{1000} = 3$$

(2) 额定转差率 s_N。由式(8.2-2)可知

$$s_N = \frac{n_0 - n_N}{n_0} \times 100\% = \frac{1000 - 975}{1000} \times 100\% = 2.5\%$$

思考题

8.2-3 三相异步电动机的定子绕组满足什么条件才能产生旋转磁场？

8.2-4 画出例 8.2-1 中三相异步电动机定子旋转磁极的空间分布图。

8.2-5 怎样才能使三相异步电动机定子旋转磁场反转？

8.2.3 三相异步电动机的机械特性

三相异步电动机是生产机械的动力，我们最关心的就是三相异步电动机在驱动生产机械时，能提供多大的电磁转矩 T(以下简称转矩)和多大的转速 n，以及其转矩 T 和转速 n 之间的关系(见图 8.2-8)。

从三相异步电动机的工作原理我们知道，三相异步电动机的转矩是由于其转子在磁场中受到电磁力的作用而产生的。三相异步电动机的转矩经推导可用下式表示：

$$T = K \frac{s R_2 U_1^2}{R_2^2 + (s X_{20})^2} \tag{8.2-4}$$

式中，K 为常数，与电动机结构有关；R_2 和 X_{20} 是转子电阻和感抗，均为定值；U_1 为定子绕组的电源电压(相电压)。

上式说明，三相异步电动机的转矩 T 是转差率 s 的函数。而且，三相异步电动机的转矩 T 还与电源电压 U_1 的平方成正比。电源电压 U_1 的波动对转矩的影响很大。例如电源电压降低到额定电压的 70%时，则转矩下降到原来的 49%。过低的电源电压往往使电动机不能启动，在运

行中如果电源电压下降太多，很可能使电动机因其转矩小于负载转矩而停转。这些现象的发生都会引起电动机电流的增加以致超过其额定电流，如不及时断开电源，则可能将电动机烧毁。一般来说，当电源电压低于其额定值的85%时，就不允许三相异步电动机投入运行。

1．三相异步电动机的转矩曲线 $T=f(s)$

由式(8.2-4)可知，在 U_1、R_2 和 X_{20} 为定值的条件下，可画出 T 和 s 的关系曲线 $T=f(s)$，称为三相异步电动机的转矩曲线，如图 8.2-8(a)所示。

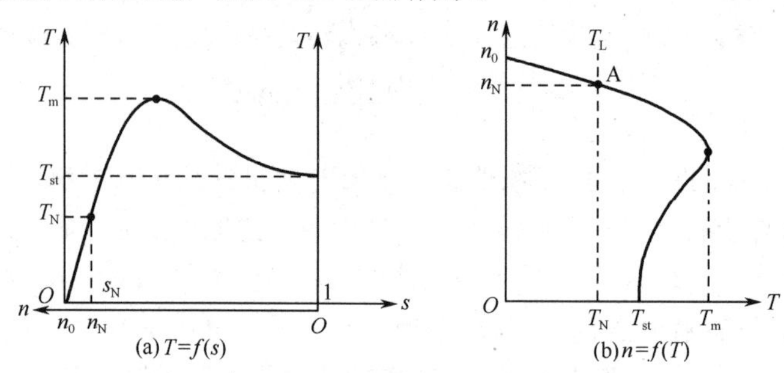

图 8.2-8　转矩曲线和机械特性曲线

2．三相异步电动机的机械特性曲线 $n=f(T)$

转矩曲线 $T=f(s)$以 s 为横坐标，变量是转差率 s 而不是转速 n，使用时感到不便。为此，需要将 $T=f(s)$曲线进行三点变动：

（1）将 s 轴变为 n 轴(把 $s=1$ 处作为 n 的原点 O)，s 轴的反方向即为 n 轴的方向；

（2）将 T 轴平移至 $s=1$ 处；

（3）将坐标平面顺时针方向旋转 90°。

这样就得到非常好用的 $n=f(T)$曲线，称为三相异步电动机的机械特性曲线，如图 8.2-8(b)所示。

三相异步电动机的机械特性曲线 $n=f(T)$，能表示出电动机任何时刻的工作状态。利用该曲线可以分析电动机的运行性能和运行状态。在 $n=f(T)$曲线上要注意以下三个重要转矩：

（1）启动转矩 T_{st}

$n=f(T)$曲线是电动机接通电源后，运行的全部轨迹，启动转矩 T_{st} 就是该曲线上的第一点，虽然转速 $n=0$，但转矩 $T_{st}\neq 0$，此时的物理过程是：以工频和磁极对数 $p=1$ 的电动机为例，电动机一接通电源，旋转磁场立即以相对转速$\Delta n=n_0-n=n_0-0=n_0=3000$r/min 的高速切割静止的转子导体，产生很大的转子电流，转子受到电磁力和电磁转矩的作用，静止的转子从 $n=0$ 开始启动。启动瞬间的电磁转矩就是启动转矩 T_{st}，如图 8.2-8(b)所示。

启动转矩 T_{st} 反映了电动机带负载(这里是机械负载)启动的能力。T_{st} 数值大，说明电动机可带额定负载和重负载启动；反之，电动机只能轻载启动或空载启动。

（2）额定转矩 T_N

电动机带负载启动后，转速 n 沿 $n=f(T)$曲线迅速上升(加速过程很短)，超过最大转矩 T_m，继续加速。如果电动机轴上所带的机械负载的转矩 T_L 等于电动机的额定转矩 T_N，电动机便在 A 点处稳定运行，电动机转矩与负载转矩平衡($T_N=T_L$)，A 点称为额定工作点，如图 8.2-8(b)所示，A 点的横坐标是额定转矩 T_N，纵坐标是额定转速 n_N。

额定转矩 T_N 反映了电动机的额定工作能力。处于额定状态的电动机，可连续长时间运行，既可充分发挥电动机的潜力，又能保持电动机有较长的使用寿命。

电动机额定转矩 T_N 的数值，可通过其铭牌上的两个数据 P_N 和 n_N 计算，公式为

$$T_N = 9550\frac{P_N}{n_N} \tag{8.2-5}$$

式中，P_N 是电动机轴上输出的机械功率，单位为 kW；n_N 是电动机的额定转速，单位为 r/min；T_N 的单位为 $N \cdot m$。

（3）最大转矩 T_m

T_m 是 $n = f(T)$ 曲线上转矩 T 的最大值，所以称为最大转矩。最大转矩 T_m 反映了电动机的过载能力，其具体意义将通过下面的例 8.2-3 说明。

【例 8.2-2】 已知笼型三相异步电动机的如下数据：$P_N = 22\text{kW}$，$n_N = 1470\text{r/min}$，$T_{st}/T_N = 1.4$，$T_m/T_N = 2.0$，$f_1 = 50\text{Hz}$。分析计算：

（1）该电动机的同步转速 n_0 是多少？额定转差率 s_N 是多少？

（2）该电动机的磁极对数 p 是多少？

（3）该电动机的额定转矩 T_N、启动转矩 T_{st}、最大转矩 T_m 是多少?

【解】 （1）因为 $n_N = 1470\text{r/min}$，与其相近的同步转速 $n_0 = 1500\text{r/min}$。额定转差率为

$$s_N = \frac{n_0 - n_N}{n_0} = \frac{1500-1470}{1500} = 0.02$$

（2）由式(8.2-1)，该电动机的磁极对数为

$$p = \frac{60f_1}{n_0} = \frac{60\times 50}{1500} = 2$$

（3）$T_N = 9550\frac{P_N}{n_N} = 9550\times\frac{22}{1470} = 142.9\text{N}\cdot\text{m}$

$T_{st} = 1.4T_N = 1.4\times 142.9 = 200.1\ \text{N}\cdot\text{m}$

$T_m = 2T_N = 2\times 142.9 = 285.8\ \text{N}\cdot\text{m}$

【例 8.2-3】 图 8.2-9 是电动机驱动生产机械的工作示意图。当电动机转矩 T 与负载转矩 T_L 平衡时(T 与 T_L 大小相等，方向相反)，电动机稳定运行。已知电动机的数据如下：$P_N = 55\text{kW}$，$n_N = 1480\text{r/min}$，$T_{st}/T_N = 2.0$，$T_m/T_N = 2.2$。

（1）计算电动机的转矩 T_N、T_{st} 和 T_m;

（2）定性画出 $n = f(T)$曲线，标出额定工作点 A、轻载区、过载区；

（3）如果负载转矩 T_L 为如下数值，分析电动机能否正常工作？

（a）$T_L = 0.5T_N$；（b）$T_L = 2T_N$；（c）$T_L = 2.2T_N$。

【解】 （1）$T_N = 9550\frac{P_N}{n_N} = 9550\times\frac{55}{1480} = 354.9\text{N}\cdot\text{m}$

$T_{st} = 2T_N = 2\times 354.9 = 709.8\ \text{N}\cdot\text{m}$

$T_m = 2.2T_N = 2.2\times 354.9 = 780.8\ \text{N}\cdot\text{m}$

（2）$n = f(T)$曲线如图 8.2-10 所示。

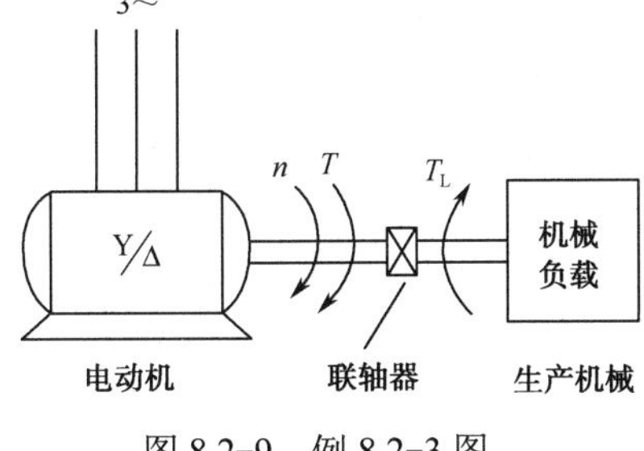

图 8.2-9 例 8.2-3 图

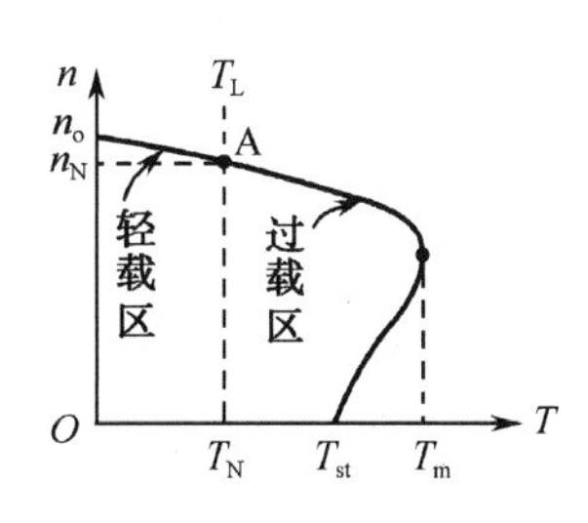

图 8.2-10 例 8.2-3 图

（3）分析如下：

（a）$T_L = 0.5T_N$时，其工作点在轻载区，电动机能稳定工作，运行正常。

（b）$T_L = 2T_N$时，其工作点在过载区，电动机能稳定工作，T_m值越大，过载区越宽，电动机过载能力越强。但因过载，电流大，电机过热，只能短时过载，长时过载将烧毁电动机。因此，过载运行属于不正常运行。

（c）$T_L = 2.2T_N = T_m$ 时，此时电动机到达过载区的高限，电动机处于危险状态。原因：电动机一旦受到负载的突然冲击或电源电压的突然下降(这些因素是不可避免的)，电动机将因带不动负载而停转，接着便是因停转而被烧毁。

思考题

8.2-6　三相异步电动机的机械特性曲线 $n = f(T)$有何用途？

8.2-7　三相异步电动机的轻载区和过载区在 $n = f(T)$曲线上的什么位置？以什么为界？

8.2-8　三相异步电动机的负载转矩 T_L 为什么不能接近、等于和超过电动机的最大转矩 T_m？否则将会如何？

8.2.4　三相异步电动机的使用

一台生产机械上往往有几台电动机同时工作，分工控制复杂的传动机构以及润滑系统和冷却系统。运动机构的各种动作都是由电动机的启动、停车、反转、调速和制动等环节实现的。

使用电动机，应先会看电动机的铭牌，了解各项数据的意义。现以型号为 Y132M-4 的电动机为例，它的铭牌如下。

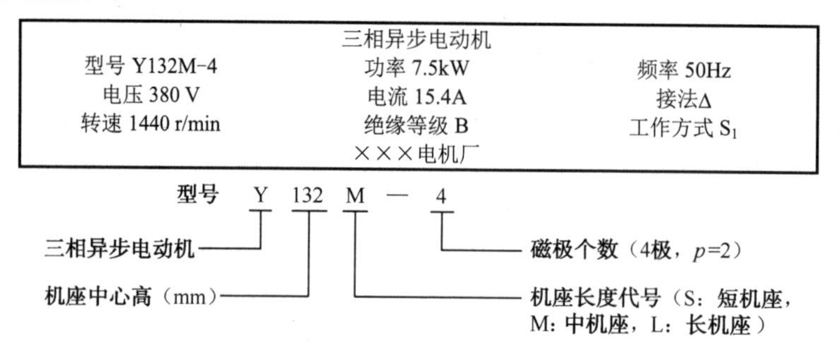

各项数据的意义：铭牌上标的功率值、电压值、电流值、频率值和转速值均指额定值(其中，电压值是定子绕组的线电压，电流值是定子绕组的线电流)。符号△指定子绕组为三角形接法。绝缘等级是指电动机使用的绝缘材料的等级，不同等级的绝缘材料容许的极限温度不同，B 级绝缘材料的极限温度为 130℃。工作方式为 S_1，S_1 表示电动机连续工作。

下面以笼型三相异步电动机为主，介绍三相异步电动机的启动、反转、调速和制动。

1．启动

在启动开始的瞬间，转速 $n = 0$，旋转磁场与静止的转子之间有着最大的相对转速$\Delta n = n_0 - n = n_0$，磁场以最高转速 n_0 切割转子导体。因此，转子的启动电流很大。和变压器的道理一样，转子的启动电流很大，定子的启动电流也必然很大。定子启动电流是其额定电流的 5～7 倍。

启动电流大造成的不利影响有两个方面：一是对电动机自身，二是对周边的电气设备。

虽然启动电流大，但因电动机启动过程很短(数秒钟)，除非频繁启动，一般对电动机本身影响不大，不至于引起过热和损坏。但是，过大的启动电流通过供电线路时，会在线路上产生电压降，致使供电线路电压降低，这将严重影响邻近的照明和电气设备的正常工作(例如，电灯突然变暗，生产机械因电动机的转矩和转速发生变化而工作不稳定等)。

三相异步电动机启动电流大，但启动转矩并不大，这是因为启动时转子的功率因数低(启动时转子感抗大，这里不做具体分析)。启动转矩小会延长启动时间，甚至不能带负载启动。可采用两种办法解决启动转矩小的问题。一是，有些生产机械对电动机的启动转矩没有特殊要求，可以采用轻载或空载启动，启动完成后再加上负载。二是，起重用的生产机械要求启动转矩大的电动机，可选用绕线型三相异步电动机。因此，启动电流大是启动时的主要问题，必须采用适当的启动方法。

（1）直接启动

直接启动就是不采取任何措施，直接将电动机与电源接通。此种方法最简单实用，而且节省设备投资。

一台三相异步电动机能否直接启动，有以下规定。原则是，电动机的启动电流在供电线路上引起的电压波动是在允许的范围内，这样才不会明显影响同一线路上其他电器设备和照明负载的工作。按规定，7.5kW 以下的小容量笼型三相异步电动机可以直接启动。对大容量电动机来说，如果电源容量较大，能满足如下要求时也可以直接启动，即

$$\frac{I_{st}}{I_N} \leqslant \frac{1}{4}\left[3+\frac{电源容量(kVA)}{电动机功率(kW)}\right]$$

式中，I_{st} 是电动机的启动电流，I_N 是电动机的额定电流。

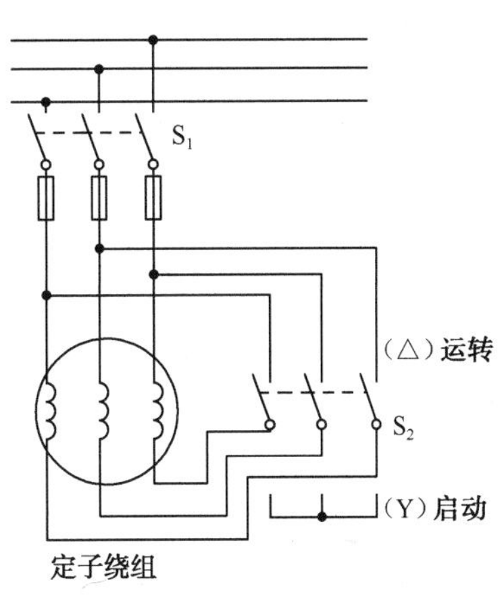

图 8.2-11　Y-△换接降压启动

（2）降压启动

如果直接启动时会引起较大的线路电压降，严重影响电力网的供电质量，就必须采用降压启动的方式。降压启动，就是在启动时降低加在定子绕组上的电压，以减小启动电流。笼型三相异步电动机的降压启动常采用以下几种方法：

① 星形-三角形(Y-△)换接降压启动。Y-△换接降压启动方法只适用于电动机的定子绕组在正常工作时接成三角形的情况。启动时，把定子三相绕组先接成星形，待启动后转速接近额定转速时，再将定子绕组换接成三角形。Y-△换接降压启动线路如图 8.2-11 所示。

设定子每相绕组的等效阻抗为$|Z|$，电源线电压为 U_l，当绕组接成 Y 启动时，如图 8.2-12(a)所示，可以看出，每相绕组上的电压降低$\sqrt{3}$倍，其启动电流为

$$I_{stY}=\frac{U_{pY}}{|Z|}=\frac{U_l/\sqrt{3}}{|Z|}=\frac{1}{\sqrt{3}}U_l\frac{1}{|Z|}$$

当绕组接成△启动时，如图 8.2-12(b)所示，其启动电流为

$$I_{st\triangle}=\sqrt{3}I_{p\triangle}=\sqrt{3}\frac{U_l}{|Z|}=\sqrt{3}U_l\frac{1}{|Z|}，\quad \frac{I_{stY}}{I_{st\triangle}}=\frac{\frac{1}{\sqrt{3}}U_l\frac{1}{|Z|}}{\sqrt{3}U_l\frac{1}{|Z|}}=\frac{1}{3}$$

这就是 Y-△启动时，因定子绕组连接成 Y，每相绕组上的电压降低到正常工作电压的$1/\sqrt{3}$，而启动电流只有连接成△直接启动时的 1/3，效果明显。

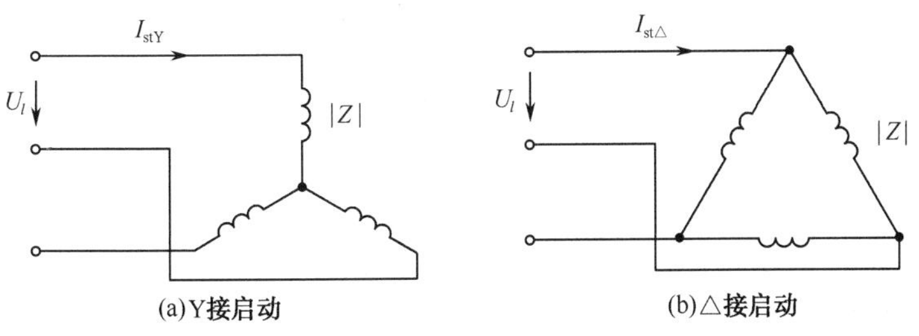

图 8.2-12　Y-△换接启动时的启动电流

由于电动机转矩与电源电压的平方成正比，接成 Y 启动时，定子绕组相电压只有△连接时的 $1/\sqrt{3}$。所以启动转矩也明显降低，只有直接启动时的 1/3，损失了一些启动转矩。采用这种方法时，启动电流和启动转矩为

$$\left.\begin{aligned} I_{\mathrm{stY}} &= \frac{1}{3} I_{\mathrm{st}\triangle} \\ T_{\mathrm{stY}} &= \frac{1}{3} T_{\mathrm{st}\triangle} \end{aligned}\right\} \tag{8.2-6}$$

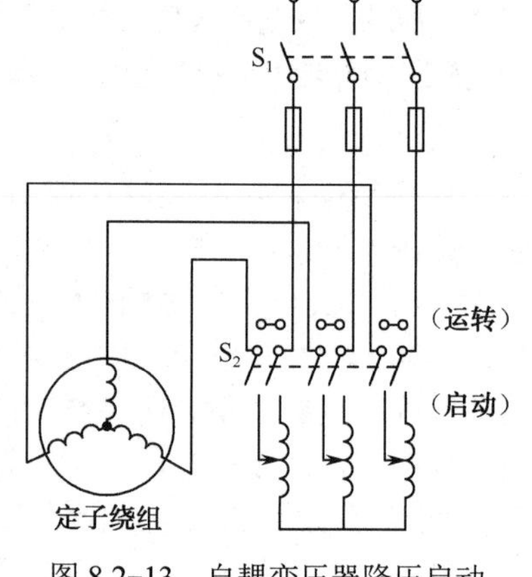

图 8.2-13　自耦变压器降压启动

电动机采用 Y-△换接降压启动时，启动转矩减小，所以应当空载或轻载启动，待电动机的转速接近额定转速时，再加上负载，电动机立即进入正常工作状态。

Y-△换接降压启动具有设备简单、维护方便、动作可靠等优点，应用较为广泛，目前 Y 系列 4～100kW 的笼型三相异步电动机都是 380V、△连接，均可采用 Y-△启动器降压启动。因此，Y-△换接降压法得到了广泛应用。

② 自耦变压器降压启动。自耦变压器降压启动的线路如图 8.2-13 所示。启动前把开关 S_1 合到电源上。启动时，把开关 S_2 扳到“启动”位置，电动机定子绕组便接到自耦变压器的副边，于是电动机就在低于电源电压的条件下启动。当其转速接近额定转速时，再把开关 S_2 拉到“运转”位置上，使电动机的定子绕组在额定电压下运行。

自耦变压器通常备有几个抽头，以便得到不同的电压，根据对启动转矩的要求选用。自耦降压启动适用于容量较大的或者正常运行时定子绕组联成星形不能采用 Y-△换接启动的笼型三相异步电动机。

采用自耦降压启动，启动电流和启动转矩均减小。

（3）软启动

还有一种新式的启动方法，称为软启动，其电路框图如图 8.2-14 所示。图中的软启动器是大功率电子设备，它能控制笼型电动机实现软启动，在启动过程中，电动机的输入电压已经预设为线性函数关系，从零开始逐渐上升至设定值，电动机平稳启动，电流和转矩逐渐增大，转速逐渐升高。

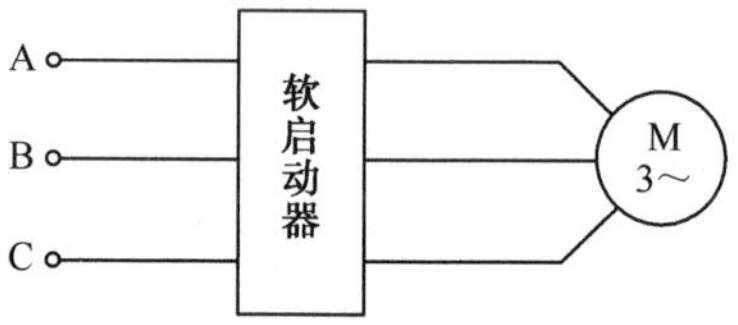

软启动法的主要优点是：

① 有软启动的功能。电动机启动平稳，能减小对机械负载的冲击，延长机器的使用寿命。

图 8.2-14　电动机的软启动

② 有软停车的功能。电动机停车时，减速平稳，逐渐停车，可以克服瞬间停车的弊病，减轻对重载机械的冲击，减少设备的损坏。

③ 有参数可调的功能。可以根据机械负载和供电网的具体情况，调整软启动器的启动参数。

【例 8.2-4】 Y225M-4 型三相异步电动机：$P_N = 45\text{kW}$, $n_N = 1480\text{r/min}$, $T_N = 290.4\,\text{N}\cdot\text{m}$, $U_N = 380\text{V}$, $I_N = 84.2\text{A}$, $I_{st}/I_N = 7.0$, $T_{st}/T_N = 1.9$，△接法。

（1）如果直接启动该电动机，计算启动电流 $I_{st\triangle}$ 和启动转矩 $T_{st\triangle}$；

（2）为降低启动电流采用 Y-△降压启动法，计算启动电流 I_{stY} 和启动转矩 T_{stY}；

（3）在负载转矩 T_L 为电动机额定转矩 T_N 的 70%和 50%时，采用 Y-△降压启动法，电动机能否启动？

【解】　（1）直接启动：$I_{st\triangle} = 7I_N = 7\times 84.2 = 589.4\text{A}$

$$T_{st\triangle} = 1.9T_N = 1.9\times 290.4 = 551.8\,\text{N}\cdot\text{m}$$

（2）Y-△降压启动：$I_{stY}=\frac{1}{3}I_{st\triangle}=\frac{1}{3}\times589.4=196.5A$

$$T_{stY}=\frac{1}{3}T_{st\triangle}=\frac{1}{3}\times551.8=183.9\ \text{N}\cdot\text{m}$$

（3）当 $T_L=0.7T_N$ 时，$0.7T_N=0.7\times290.4=203.3\ \text{N}\cdot\text{m}>183.9\ \text{N}\cdot\text{m}$，电动机不能启动。

当 $T_L=0.5T_N$ 时，$0.5T_N=0.5\times290.4=145.2\ \text{N}\cdot\text{m}<183.9\ \text{N}\cdot\text{m}$，电动机可以启动。可见，采用 Y-△降压启动法时，电动机只能轻载或空载启动。

2．反转

生产过程中，有时要求电动机反转。如前所述，只要将电动机三相定子绕组接到电源的三根线任意对调两根即可。

3．调速

电动机的调速，就是用人为的方法改变电动机的机械特性，使在同一负载下获得不同的转速，以满足生产过程的需要。例如，起重机在提放重物时，为了工作和安全的需要，随时调整转速。研究三相异步电动机的调速方法时，可从式(8.2-3)出发，即

$$n=(1-s)n_0=(1-s)\frac{60f_1}{p}$$

可以看出，有三种方案：改变电动机的磁极对数 p、改变电动机的电源频率 f_1 和改变电动机的转差率 s，均可对电动机进行调速。

（1）变极(p)调速

普通的三相异步电动机的磁极对数，出厂时已经确定，不能用改变磁极对数的方法进行调速。为了用户的调速，制造厂有专门制造的双速和多速电动机。例如 YD250S-12/8/6/4 型三相异步电动机，YD 表示三相异步多速电动机；12 表示 12 极($p=6$)；8 表示 8 极($p=4$)；6 表示 6 极($p=3$)；4 表示 4 极($p=2$)。用户可根据调速需要选用各种多速电动机。由于磁极数只能成对改变，所以这种调速方法得到的是有级调速。

（2）变频(f_1)调速

改变电源频率进行调速，是三相异步电动机最理想的调速方法。近年来，由于大功率半导体电子技术的发展，三相异步电动机的变频调速技术发展很快，已达到相当高的水平。变频调速的原理框图如图 8.2-15 所示。变频器向电动机提供频率 f_1 可调的三相电压，因此电动机可进行变频调速，而且是连续平滑的无级调速。

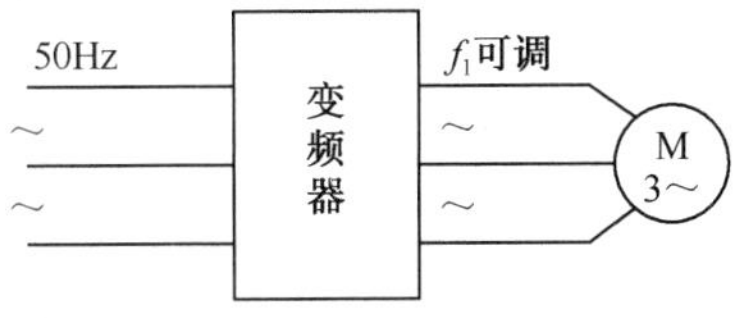

图 8.2-15　变频器

（3）变转差率(s)调速

此种调速方法只适用于绕线型三相异步电动机。前已述及，绕线型三相异步电动机的转子绕组有三根外引线(见图 8.2-3)。需要调速时，将星形连接的三相调速电阻接入转子绕组即可。由于三相调速电阻(有滑动触点)可调，所以也可得到无级调速。

4．制动

切断电源后，电动机的转子因惯性和储有动能还会继续转动，然后自由停车。为了缩短时间，提高生产率和安全性，需要对电动机采取制动措施，即强迫停车。

制动有机械制动和电气制动两种。机械制动是通过电磁抱闸的摩擦作用给电动机施加制动力，使之迅速停车。电气制动的常用方法是：能耗制动、反接制动、发电反馈制动。下面介绍一下能耗制动的简单原理。

能耗制动的电路和原理如图 8.2-16(a)和(b)所示。在图 8.2-16(a)中，首先拉开电源开关

S，电动机定子绕组脱离电源，旋转磁场立即消失；接着迅速将开关 S 投向直流电源，使直流电通入定子绕组，产生直流磁场，如图 8.2-16(b)所示。直流磁场固定不动，而转子因惯性继续转动，转子导体切割磁力线，产生感应电流，其方向可由右手定则确定，如图所示。载流导体受磁场作用产生电磁力 F，F 的方向可由左手定则确定，如图所示。可以看出，电磁力的方向与转子转动方向相反，起制动作用，电动机很快就停止了转动。所以，这个力也称为制动力。

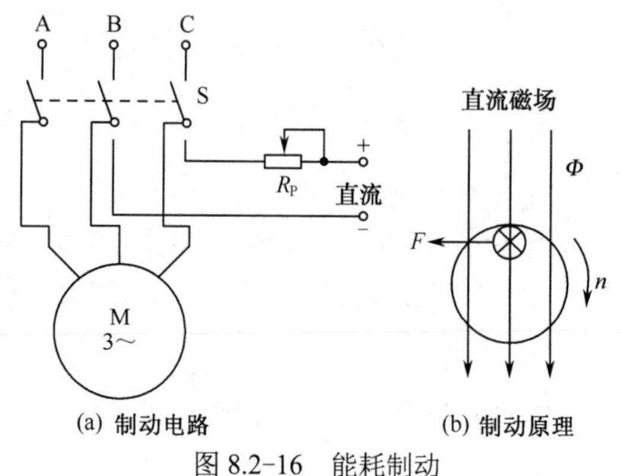

图 8.2-16　能耗制动

制动力的大小与直流电流的大小有关，可通过电阻 R_P 调节，但通入的电流不能大于定子绕组的额定电流，否则会烧坏定子绕组。

以上方法从根本上说，是以消耗转子的动能的原理来实现制动的，所以称为能耗制动。

思考题

8.2-9　三相异步电动机铭牌上的功率是指定子输入的电功率，还是指轴上输出的机械功率？

8.2-10　三相异步电动机的启动电流 I_{st} 为什么大？它是额定电流 I_N 的多少倍？如果 I_{st} 过大，对供电线路有何影响？

8.2-11　三相异步电动机在运行过程中，如果转子被卡住不能转动，电动机的电流如何变化？后果如何？

8.2-12　三相异步电动机有哪些调速方法？

8.2-13　YD250S-12/8/6/4 型多速电动机，型号后面四个数字意义是什么？该电动机有几级同步转速 n_0？各为多少？设电源频率 $f_1 = 50\text{Hz}$。

8.2-14　能耗制动时，转子上的制动力是如何产生的？为何称为能耗制动？

8.3　单相电动机

在只有单相交流电源的地方，可以使用单相电动机。下面介绍 3 种单相电动机：电容式单相电动机、罩极式单相电动机和串励式单相电动机。前两种具有异步电动机的特性，所以也称为单相异步电动机，后一种具有直流电动机的特性，但都可以使用单相交流电源(50Hz，220V)。

1. 电容式单相电动机

图 8.3-1(a)是电容式单相电动机定子绕组接线图，转子是笼型的。在电动机的定子上有 A 和 B 两个绕组，两绕组在空间相差 90°。A 是工作绕组，其中电流为 $\dot{I}_A$；B 是启动绕组(为使电动机能产生启动转矩而专设)，它与电容 C 串联，产生分相电流 $\dot{I}_B$。如果 C 的容量合适，可使 $\dot{I}_B$ 与 $\dot{I}_A$ 的相位差为 90°，如图 8.3-1(b)所示。理论证明：两个在空间上相差 90°的绕组，通入两个在相位上相差 90°的电流，也能产生旋转磁场。实际上，两个绕组在空间位置上只要有一定的角度差，再通入两个有一定相位差的电流，则均能产生旋转磁场。

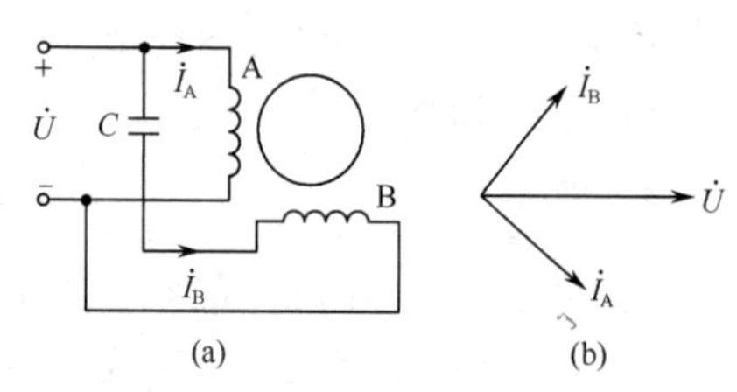

图 8.3-1　电容式单相电动机

与三相异步电动机一样，有了定子旋转磁场，笼型转子便能产生启动转矩而转动起来。电容式单相电动机常用于家用电器(例如电风扇、电冰箱、洗衣机等)。

2. 罩极式单相电动机

图 8.3-2 是罩极式单相电动机的结构原理图。在图 8.3-2(a)和(b)中，在每个磁极的 1/3～1/4 处开一个槽，磁极被分成一个大磁极和一个小磁极两部分。在小磁极上罩着一个短路铜环，故小磁极称为罩极。罩极从整个磁极分出一部分磁通(Φ_2)，有分磁作用，故把罩极上的铜环称为分磁环。

这样，每个磁极上的磁通被分成Φ_1 和Φ_2 两部分，它们在空间位置上相差一个角度，如图 8.3-2(c)所示。

另一方面，当磁通交变时，短路环内会产生感应电流。感应电流将阻碍罩极内磁通Φ_2 的变化，使Φ_2 在相位上滞后于Φ_1，两者有一个相位差。理论证明：两部分磁极有空间位置差，而且，通过其中的两个磁通有相位差，其合成磁场也是旋转磁场，旋转磁场的方向是由未罩部分向被罩部分旋转。于是，转子产生启动转矩转动起来。

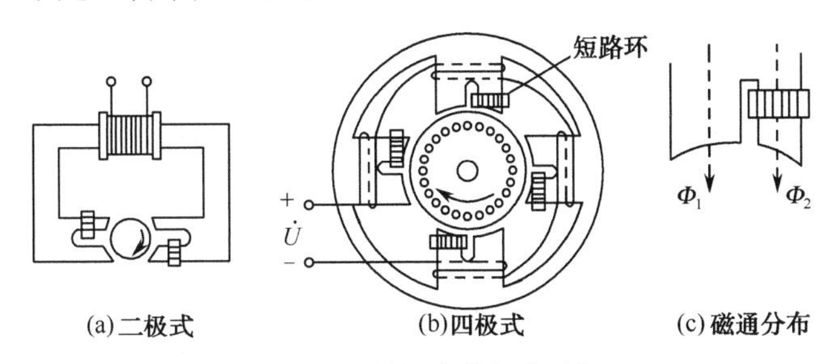

图 8.3-2　罩极式单相电动机

罩极式单相电动机的启动转矩较小，主要应用于对启动转矩要求不高的小型设备中(例如吹风机、电风扇等)。

3. 串励式单相电动机

串励式单相电动机的结构原理如图 8.3-3(a)、(b)和(c)所示，图(a)是结构图，图(b)和(c)是转动原理图。从图(b)和图(c)上可以看出，励磁绕组与电枢绕组串联接在单相电源上。在电源的正半周，电流流入励磁绕组和电枢绕组，励磁绕组产生磁通，电枢产生电磁转矩，按图示方向转动；在电源的负半周，励磁电流和电枢电流同时改变方向，但电枢产生的电磁转矩方向不变，因此电枢的转动方向也不变，电动机始终按着一个方向旋转。

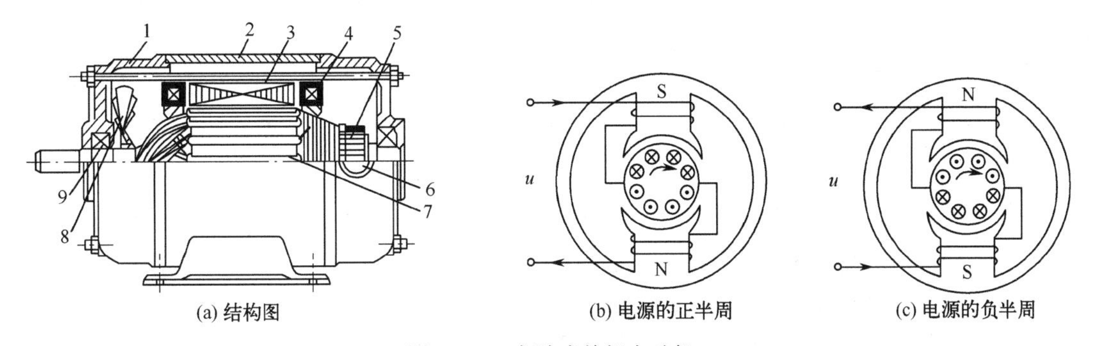

图 8.3-3　串励式单相电动机

1—端盖；2—机壳；3—定子铁心；4—定子绕组；5—换向器；6—电刷装置；7—电枢；8—风扇；9—轴承

串励式单相电动机的磁极铁心和电枢铁心均由硅钢片制成。

串励式单相电动机具有如下优点：

（1）具有柔和的软机械特性(转矩增大时，转速自动降低；转矩减小时，转速自动升高)，如图 8.3-4 所示。

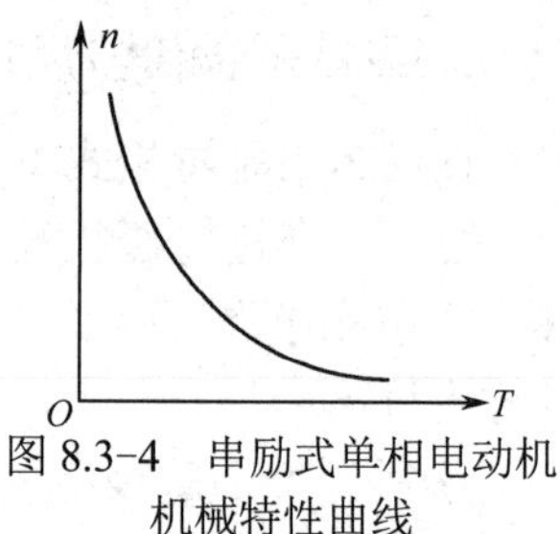

图 8.3-4　串励式单相电动机机械特性曲线

（2）启动转矩大，能带负载启动。

（3）过载能力强，运行中不易被卡住。

（4）转速高，体积小，质量轻。其他交流电动机的转速都与电源频率有关，工频时，转速不会超过 3 000r/min。而串励式单相电动机的转速，一般为 4 000～26 000r/min，甚至更高。

（5）也可使用直流电源，交、直流两用，使用方便。

综合以上特点，串励式单相电动机特别适用于高速电动工具。例如手电钻、冲击电钻、电磨、电刨、电锯、电剪刀、电扳手、打浆机、搅拌器、电吹风、电动缝纫机等。

思考题

8.3-1　电容式单相电动机定子上的绕组 B 起什么作用？电容分相是什么意思？

8.3-2　罩极式单相电动机的罩极在什么地方？罩极起什么作用？

8.3-3　串励式单相电动机在电源的负半周时，其转动方向为什么不变？

本章小结

本章讨论了多种电动机，实际上就是两大类：直流电动机和交流电动机，都很实用。

（1）电动机的基本结构

定子和转子是电动机的两大基本部件。直流电动机的定子又称为磁极，转子称为电枢，直流电动机的特征装置是电枢上的换向器。绕线型三相异步电动机的特征装置是转子上的 3 个滑环和电刷。

（2）电动机的基本原理

各种电动机都是以“载流导体在磁场中受电磁力的作用”的电磁理论为基础的，都有产生磁场的部分和获得电磁力的部分，只是具体形式不同而已。

（3）电动机的主要关系式

① 直流电动机：转矩 $T = K_T \Phi I_a$，反电动势 $E = K_E \Phi n$。

② 三相异步电动机：同步转速 $n_0 = 60 f_1 / p$，异步转速 $n = (1-s) n_0$，转差率 $s = (n_0 - n)/n_0$，额定转矩 $T_N = 9550 \dfrac{P_N}{n_N}$。

习题

8-1　他励电动机，已知额定电枢电压 $U_N = 110V$，额定电枢电流 $I_{aN} = 40A$，电枢电阻 $R_a = 0.16\Omega$。计算：

（1）如果直接启动该电动机，启动电流 I_{ast} 是多少？是 I_{aN} 的多少倍？

（2）如果要求 I_{ast} 不超过 I_{aN} 的 1.5 倍，启动电阻 R_{st} 应为多少？

8-2　他励电动机的额定励磁电压 $U_{fN} = 110V$，额定电枢电压 $U_N = 110V$，额定电枢电流 $I_{aN} = 30A$，电枢电阻 $R_a = 0.4\Omega$，额定转速 $n_N = 2000r/min$。在励磁磁通 Φ 和负载转矩 T_L 不变的条件下，要求将转速调至 $n = 1800r/min$，电枢电压 U 应为多少？

8-3　现有一台并励电动机，电路如图 8.1-5 所示。已知：电源电压 $U = 110V$，电枢电流 $I_a = 45A$，电枢

电阻 $R_a = 0.2\Omega$，电动机转速 $n = 1500\text{r/min}$。在电枢电压和负载转矩不变的条件下，增大励磁电阻 R_f，使磁通 Φ 减小 15%进行调速。计算此时电动机的转速。

8-4　Y280S-8 型三相异步电动机：$P_N = 37\text{kW}$，$n_N = 740\text{r/min}$，$I_N = 78.2\text{A}$，$I_{st}/I_N = 6.0$，$T_{st}/T_N = 1.8$，$T_m/T_N = 2.0$。求：（1）电动机的 n_0, s_N 和 p；（2）电动机的 I_{st}；（3）电动机的 T_N, T_{st} 和 T_m。

8-5　某三相异步电动机：$P_N = 10\text{kW}$，$n_N = 1460\text{r/min}$，$I_N = 19.9\text{A}$，$I_{st}/I_N = 7$，$T_{st}/T_N = 1.9$，$T_m/T_N = 2.2$，△形接法。计算：（1）电动机的 n_0, p 和 s_N；（2）电动机的 T_N, T_{st} 和 T_m；（3）在供电网不允许启动电流 I_{st} 超过 100A 的情况下，该电动机是否允许直接启动？如果采用 Y-△降压启动，启动电流 I_{stY} 是多少？

8-6　某三相异步电动机数据如下：$P_N = 18.5\text{kW}, n_N = 2930\text{r/min}, T_{st}/T_N = 2, T_m/T_N = 2.2$。

（1）计算 T_N, T_{st} 和 T_m 之值；

（2）在 $n = f(T)$ 曲线上分析：① 三相异步电动机在稳定运行的情况下，如果负载转矩 T_L 增加（不大于 T_m），电动机能否继续稳定运行？② 如果负载转矩 T_L 增加到大于 T_m 时，电动机能否继续稳定运行？

8-7　三相异步电动机在满载和空载下启动时，启动电流 I_{st} 是否相同？启动转矩 T_{st} 是否相同？说明理由。

8-8　Y250M-2 型三相异步电动机，已知 $P_N = 55\text{kW}, n_N = 2970\text{r/min}, U_N = 380\text{V}, I_N = 102.7\text{A}, I_{st}/I_N = 7.0, T_{st}/T_N = 2.0$，△形接法。计算：

（1）该电动机直接启动的启动电流 $I_{st\triangle}$ 和启动转矩 $T_{st\triangle}$。

（2）该电动机采用 Y-△降压启动时的启动电流 I_{stY} 和启动转矩 T_{stY}。

（3）如果负载转矩 T_L 为电动机额定转矩 T_N 的 60%时，采用 Y-△降压启动法，电动机能否启动？

8-9　今有一离心式水泵，流量 $Q = 0.05\text{m}^3/\text{s}$，扬程 $H = 12.2\text{m}$，水泵转速 $n_N = 1460\text{r/min}$，水泵效率 $\eta_1 = 0.6$。采用笼型三相异步电动机拖动，连续运行（水泵与电动机直接连接，效率 $\eta_2 \approx 1$），请选择电动机。电动机功率计算公式为：$P = \dfrac{\rho QH}{102\eta_1\eta_2}$，式中 $\rho = 1000\text{kg/m}^3$（水的密度）。

8-10　题图 8-10 是电风扇原理电路，其中的电动机是电容式单相异步电动机。琴键开关控制风速：0 位停止，1、2、3 位分别为快、中、慢速。调速变压器原绕组的匝数 N_1 由琴键开关调节，副绕组匝数为 N_2。

（1）设变压器原边电压和副边电压为 U_1 和 U_2，试写出风扇电动机电压 U_2 的关系式。

（2）根据 U_2 的关系式说明电风扇的调速原理。

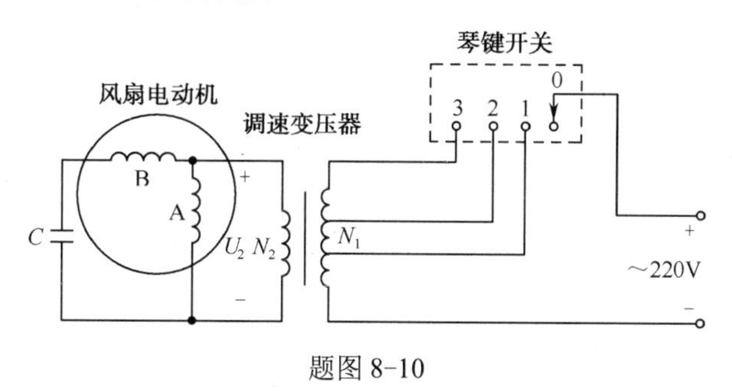

题图 8-10

第 9 章　继电接触器控制电路

【本章主要内容】 本章主要介绍各种低压控制电器的结构、工作原理，各种基本控制电路的分析、设计的一般方法。

【引例】 图 9.0-1 是生产车间用来搬运货物的吊车运行示意图。吊车由电动机拖动，在吊车启动工作后，它可以运行到左端或右端终点，自行停止，等待装货或卸货，然后自动运行到右端或左端终点，自动停止，等待卸货或装货，如此往复运行。这一系列复杂的动作过程是如何自动完成的呢？学完本章内容就能解答这个问题。

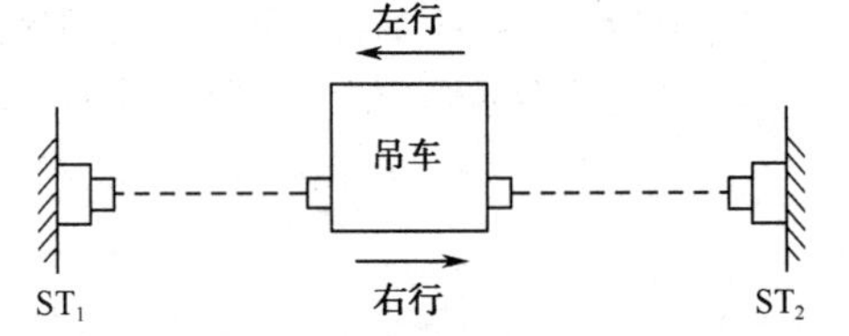

图 9.0-1　运货吊车运行示意图

9.1　常用低压控制电器

低压控制电器的种类繁多，一般可分为手动电器和自动电器两类。手动电器是由操作人员人工操控的，如闸刀开关、组合开关、按钮等；自动电器则是按照指令、电信号(如电压、电流等)或其他物理量(如生产机械运动部件的速度、行程或动作时间等)的变化而自动动作的，如继电器、接触器、行程开关等。

9.1.1　手动电器

1. 空气断路器

空气断路器是常用的电源开关。它不仅有引入电源和隔离电源的作用，还兼有过载、短路、欠压和失压保护的作用。空气断路器的外形与结构原理如图 9.1-1 所示，它的触点由操作者通过手动操作将其闭合，并被连杆装置上的锁钩锁住，使负载与电源接通(合闸)。如果电路严重过载或发生短路故障，与主电路串联的过流脱扣器(电磁铁)的电流线圈 2(图中只画出一相)就产生足够强的电磁吸力把衔铁 1 往下吸，通过杠杆作用顶开锁钩，在释放弹簧的作用下，主触点迅速断开，切断电源，从而实现过载或短路保护。如果电源电压严重下降(欠压)或发生断电(失压)故障，并联在电源相线上的欠压脱扣器(电磁铁)的电压线圈 4 因电磁力不足或消失，吸不住衔铁 3，衔铁被松开，由于杠杆作用向上顶开锁钩，释放弹簧将主触点迅速断开，切断电源，从而实现欠压或失压保护。

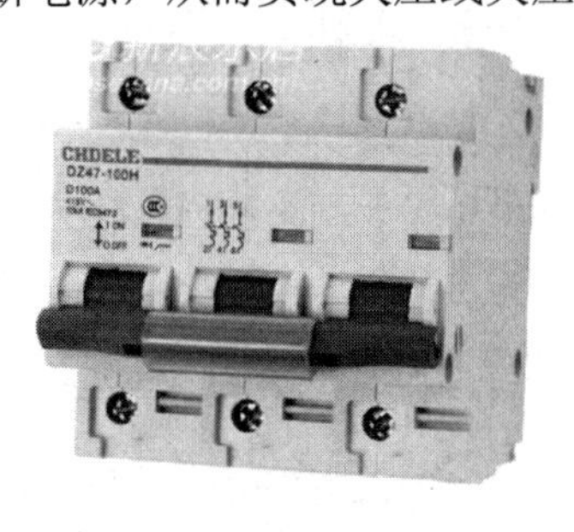

(a)外形

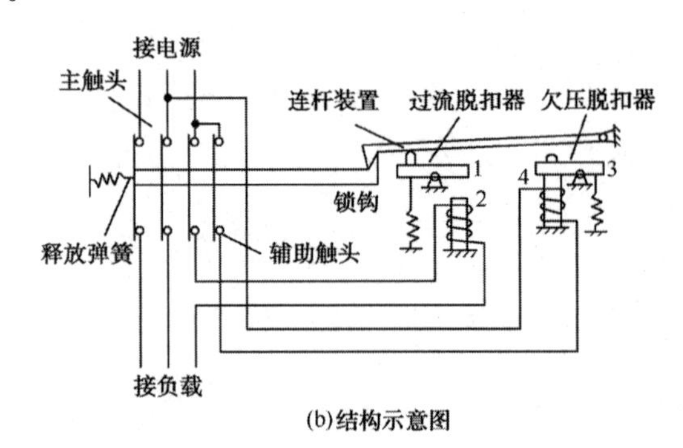

(b)结构示意图

图 9.1-1　空气断路器

空气断路器跳闸后，用户应及时查明原因，排除故障并重新合闸后，空气断路器才能继续工作。

2．按钮

按钮是一种发出指令的电器，主要用来与接触器、继电器等相配合，实现对电动机或其他电气设备的远距离控制。

按钮的外形、结构和电路符号如图 9.1–2 所示。在图 9.1–2(b)所示的结构示意图中，左边的按钮为常闭按钮，中间的按钮为常开按钮，右边的按钮为复合按钮。1 是按钮帽，2 是复位弹簧，3 是静触点，4 是动触点，5 是基座。按钮的动作原理是，按钮帽 1 未被按下时，左边的按钮静触点 3 是闭合的，所以这对静触点称为常闭触点，中间的按钮静触点是断开的，这对静触点称为常开触点。按钮被按下时，左边的按钮动触点下移，常闭触点断开；中间的按钮动触点下移，常开触点闭合，当松开按钮时，在复位弹簧的作用下，动触点恢复原位，静触点也恢复到原来的状态。

为了满足不同的操作和控制要求，按钮可以有多对触点。有一对常闭触点和一对常开触点的按钮称为复合按钮，如图 9.1–2(b)右边的按钮所示。当按下复合按钮时，动触点先与上面的静触点分开，即常闭触点断开，然后与下面的静触点接通，即常开触点闭合。当松开按钮时，按钮复位，在复位弹簧的作用下，常开触点先断开，然后常闭触点闭合。

常闭按钮、常开按钮以及复合按钮的电路符号如图 9.1–2(c)所示。

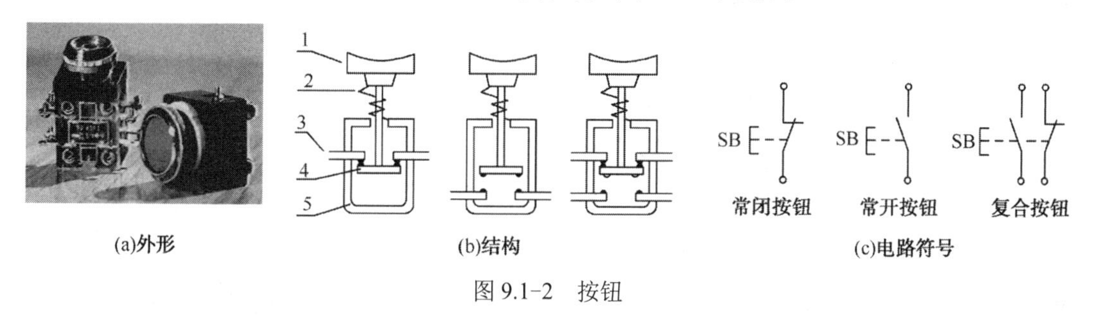

图 9.1–2　按钮

9.1.2　自动电器

1．熔断丝

熔断丝又称保险丝，是一种最简单而有效的短路保护电器，其中的熔丝或熔片是用电阻率较高的易熔合金如铅锡合金制成的，或是用截面积较小的良导体如铜、银等制成的。熔断丝串接在被保护电路中，电路在正常工作时，熔断丝不应熔断，当电路发生短路或严重过载时，有很大的电流通过熔断丝，使其熔丝或熔片发热而自动熔断，切断电路，达到短路保护的目的。常用的插入式、管式熔断丝的外形结构及电路符号如图 9.1–3(a)、(b)和(c)所示。

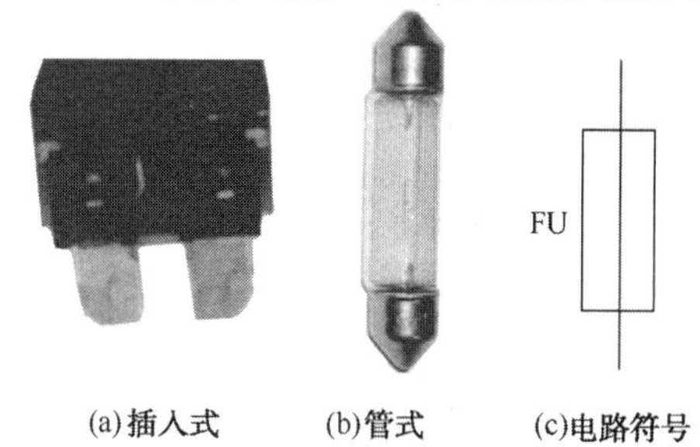

图 9.1–3　熔断丝

2．热继电器

热继电器是用于保护电动机免受长时间过载的一种保护电器。电动机长期过载，会使电动机过热，加速电动机绕组绝缘老化，严重时将导致电动机烧毁。热继电器是利用电流的热效应而动作的，其外形、动作原理和电路符号如图 9.1–4(a)、(b)和(c)所示。在图 9.1–4(b)中，发热元件，即电阻丝 1 绕制在由热膨胀系数不同的两种金属材料压制在一起的双金属片 2 上，电阻丝与主电路串接，通过电阻丝的电流是电动机的定子电流。电流使电阻丝产生热量，双金属片升温，双金属片受热膨胀而变形，由于下面的金属片的热膨胀系数比上面的大，因此双金属片的自由端将上翘。若电阻丝通过的电流为电动机额定电流，双金属片的变形不大，自由端上翘不会超出扣板 3，若电动机过载，定子电流超过了额定电流，电阻丝产生的热量增多，双金属片变形增大，经过一定时间后，双金属片的自由端上翘超出扣板，扣板在拉簧 4 的作用下转动，通过扣板将常闭触点 5 断开，若将常闭触点与控制电动机的接触器线圈串联，其断开后控制电路断电，使电动机与电源断开，电动机受到保护。故障排除后，通过复位按钮 6 复位，以便重新工作。

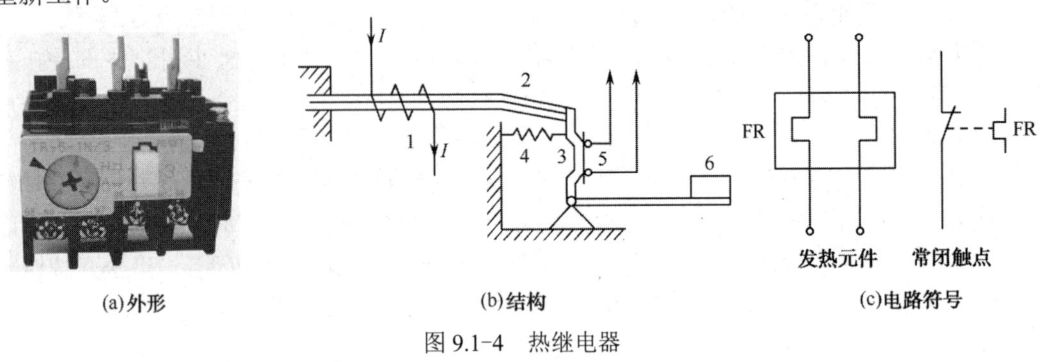

(a)外形　(b)结构　(c)电路符号

图 9.1-4　热继电器

3．接触器

接触器是利用电磁铁的电磁吸力控制触点闭合与断开的电磁开关。接触器可以接通或切断由电源到负载的主电路，接触器具有可频繁操作、控制容量大的优点。接触器分为交流接触器和直流接触器两类，作用原理基本相同，本节只讨论交流接触器。交流接触器的外形、结构和电路符号如图 9.1-5(a)、(b)、(c)和(d)所示。

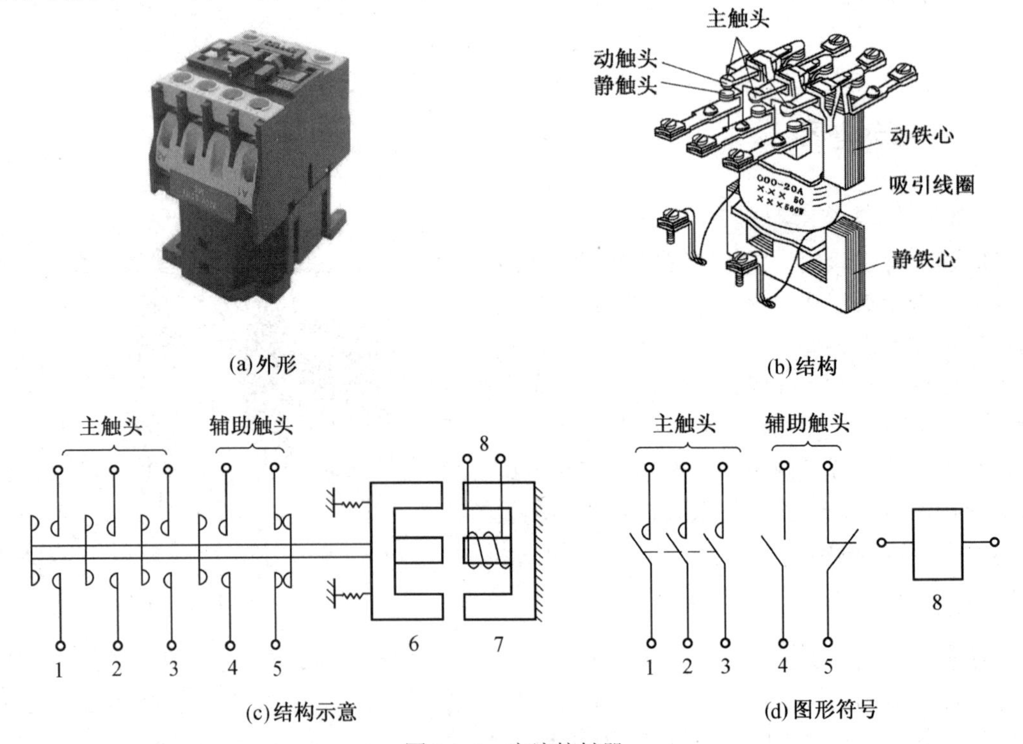

(a)外形　(b)结构

(c)结构示意　(d)图形符号

图 9.1-5　交流接触器

交流接触器主要由电磁铁和触点两部分构成，如图 9.1-5(b)所示。电磁铁的铁心分上下两部分，下铁心是固定不动的，称为静铁心，上面装有吸引线圈，上铁心可以上下移动，称为动铁心。触点包括三对主触点和若干对辅助触点（结构图中未画出）。每对触点由动触点和静触点组成，如图 9.1-5(c)所示。在图 9.1-5(c)中，1、2、3 是主触点，4、5 是辅助触点，6 是动铁心，7 是静铁心，8 是吸引线圈。图 9.1-5(d)是主触点、辅助触点和线圈的电路符号。

当接触器的吸引线圈通电后，产生电磁力，使动铁心向下运动，于是带动整个触点系统，即主触点吸合，辅助触点中的常开触点吸合，常闭触点断开。如果线圈断电，电磁力消失，动铁心被释放(动铁心上有拉力弹簧)，整个触点系统也恢复到未通电的状态。

主触点接触面积较大，能通过较大的电流，一般接在主电路中，辅助触点接触面积较小，能通过较小的电流，一般接在控制电路中。

选用接触器时应当注意主触点的额定电流、线圈的额定电压和触点数量等，常用的国产交流接触器有 CJ10、CJ12、CJ120 等系列。CJ10 系列的主触点额定电流有 5A、10A、20A、40A、75A、120A 等，线圈的额定电压为 220V 或 380V。

4. 时间继电器

时间继电器是对控制电路实现时间控制的电器。时间继电器种类繁多，较常见的有电子式、电磁式、电动式和空气阻尼式时间继电器。目前电子式时间继电器的使用越来越广泛。

以空气式时间继电器为例，说明其工作原理。时间继电器有通电延时和断电延时两种类型。图 9.1-6(a)、(b)和(c)为通电延时继电器的外形、结构及电路符号。在图 9.1-6(b)中，当线圈 1 通电时，动铁心 2 被向下吸合，活塞杆 3 在弹簧 4 作用下开始向下运动，但与活塞 5 相连的橡皮膜 6 向下运动时要受到空气的阻尼作用，所以活塞不能很快下移。与活塞杆相连的杠杆 8 运动也是缓慢的，微动开关 9 不能立即动作。随着外界空气不断由进气孔 7 进入，活塞逐渐下移。当移到最下端时，杠杆 8 使微动开关 9 动作，常开触点闭合，常闭触点断开。通电延时继电器的线圈、常开触点和常闭触点的电路符号如图 9.1-6(c)所示。从线圈通电时刻开始到微动开关动作为止，这一段时间称为延时时间。延时时间的长短可通过螺钉 10 改变进气孔 7 的大小来调节。空气时间继电器的延时范围分 0.4～60s 和 0.4～180s 两种。

从图 9.1-6(b)还可以看到，时间继电器还有两对瞬时动作触点 13(一对常开，一对常闭)，线圈通电时，瞬时动作触点立即动作，没有延时作用。

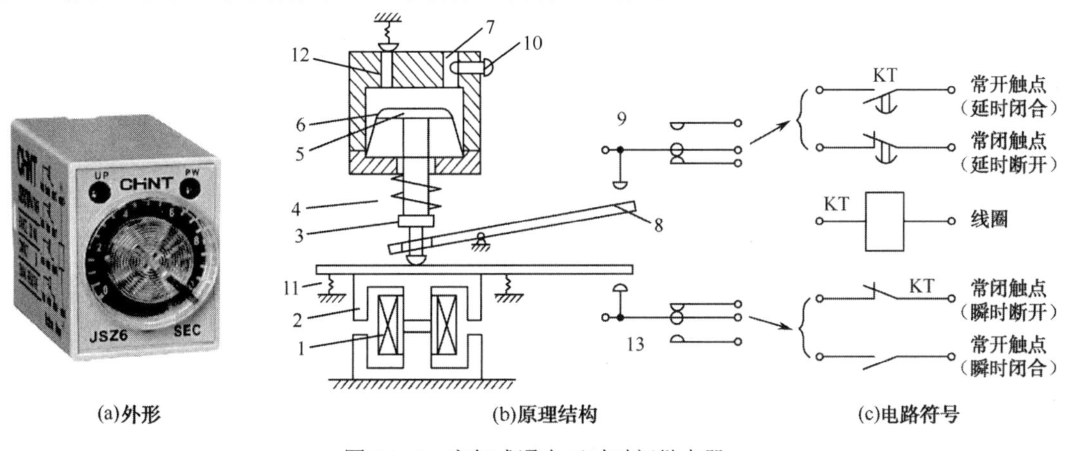

(a)外形　(b)原理结构　(c)电路符号

图 9.1-6　空气式通电延时时间继电器

思考题

9.1-1　什么是复合按钮？复合按钮是如何工作的？

9.1-2　熔断丝和热继电器都属于保护电器，两者的用途有何区别？

9.1-3　当交流接触器的线圈通电和断电时，它的常开触点和常闭触点是如何动作的？

9.2　常用低压控制电路

在工农业生产中，大多数生产机械都是由电动机拖动的，生产机械的运动部件的动作往往是比较复杂的，因此作为控制运动部件动作的电气电路也比较复杂，但这些复杂的控制电路也都是由一些基本的控制电路组成的。

9.2.1　直接启动控制电路

图 9.2-1 是中、小容量三相异步电动机直接启动的控制电路结构图。其中使用了闸刀开关 QS、熔断丝 FU、交流接触器 KM、热继电器 FR 和按钮 SB 等几种控制电器。

1．工作原理

在图 9.2-1 中，合上闸刀开关 QS，按下启动按钮 SB_1(常开按钮)，交流接触器 KM 的线圈通电，其通电回路为 1→2→3→4→5→6→7→8→9，电磁吸力将动铁心吸合，带动 3 对主触点闭合，电动机启动运转，当松开按钮 SB_1 时，SB_1 触点断开，交流接触器 KM 的线圈断电，电磁吸力消失，释放动铁心，主触点断开，电动机断电停止转动。

按下启动按钮，电动机就转动，松开启动按钮，电动机就停止转动，这种控制方式称为点动控制。

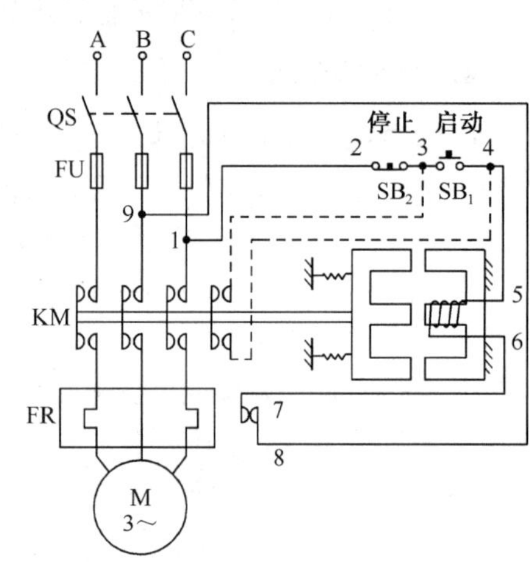

图 9.2-1　电动机直接启动控制电路结构图

如果在启动按钮 SB_1 两端并联一对交流接触器的常开辅助触点，如图中虚线所示，那么，电动机启动后，即使松开了启动按钮 SB_1，因交流接触器的常开辅助触点已经闭合，保证了线圈回路电流的畅通，电动机也可以继续转动下去。这种控制方式称为电动机的连续运转控制，在此，交流接触器的这对辅助常开触点起了自锁作用，称为自锁触点。

需要电动机停止时，按下停止按钮 SB_2(常闭按钮)，交流接触器线圈断电，其动铁心复位，主触点断开，电动机断电停止运转。

2．保护环节

(1) 短路保护

图 9.2-1 中的熔断丝 FU 起短路保护作用，一旦发生短路事故，其熔丝立即熔断，切断电源，电动机立即停转。

(2) 过载保护

图 9.2-1 中的热继电器 FR 起过载保护作用。当电动机长时间过载时，热继电器的发热元件严重发热，促使其常闭触点断开(图中的 7、8 触点)，因而交流接触器线圈断电，主触点 KM 断开，电动机停转。另外，图中将热继电器中的两个发热元件分别串联在任意两相电源线中，其作用在于，当电动机在单相运行时(断一根电源线，电动机还能运行，但定子绕组电流增大了)，仍保证有一个或两个发热元件在起作用，保证电动机不会因长时间单相运行而受损。

（3）失压与欠压保护

图 9.2-1 中的交流接触器除了通、断电动机的电源外，还具有失压与欠压保护作用，即电路在运行过程中，如果电源电压过低或突然断电，使交流接触器的线圈达不到额定电压或没有电压，交流接触器的动铁心将复位，主触点和自锁辅助触点断开，电动机停转；若供电恢复正常后，由于交流接触器的线圈上没有电压，其主触点是断开的，所以电动机不会自行启动，可避免电动机突然自行启动而造成事故。如要启动电动机，必须再次按下启动按钮 SB_1。

3．控制电路原理图

控制电路的原理图是将控制电路中使用的电器用它们的电路符号表示，并将同一电器的不同部件依据所属的不同电路分开画出。为了识别它们，分散的各个部件用同一文字符号标注。图 9.2-2 所示控制电路即为图 9.2-1 所示控制电路结构图的原理电路图。

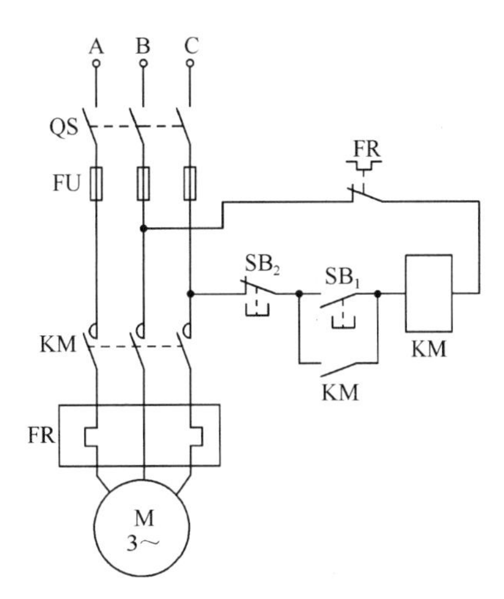

图 9.2-2　电动机直接启动控制电路原理图

由控制电路原理图可见，交流接触器 KM 的线圈和主触点分别接在不同电路中，交流接触器的主触点与电动机的定子绕组串联，用来通、断电动机的电源，由于电路中电流较大，故称为主电路。交流接触器的线圈、辅助触点、按钮和热继电器的常闭触点组成的电路用于控制接触器线圈的通电和断电，即控制电动机的启动和停止，这部分电路的电流一般较小，故称为控制电路。

在不同的工作状态下，各个控制电器具有不同的动作，触点时开时闭。然而，在原理图上只能表示出一种情况。因此人们约定，原理图上所有控制电器的触点状态(断开或闭合)，均表示在起始情况下的位置，即在未通电或未发生机械动作时的位置。对交流接触器来说，原理图上表示的是它的铁心未吸合时的位置；对按钮来说，原理图上表示的则是它们未被按下时的位置。

9.2.2　正反转控制电路

生产机械的运动部件往往有正反两个方向的运动。例如，起重机的提升与下降、机床工作台的前进与后退等。这些方向相反的运动是由电动机的正转和反转实现的。

1．正反转控制的主电路

三相异步电动机的正转和反转可通过对调电动机定子绕组三根电源线中的任意两根来实现，其控制电路的主电路如图 9.2-3 所示。图中有正转接触器 KM_1 和反转接触器 KM_2 的主触点。当 KM_1 主触点闭合时，电动机正转；当 KM_2 主触点闭合时，电动机定子绕组的三根电源线中有两根(A 和 B)被对调，因而电动机反转。

应当注意的是，电动机在工作时，两个交流接触器的主触点不能同时闭合，否则将造成这两根电源线之间的短路。为此，必须设法保证两个交流接触器的线圈在任何情况下都不能同时通电。这种控制称为互锁或联锁。

2．正反转控制电路

下面分析两种有互锁的正反转控制电路。在图 9.2-4 所示的控制电路中，正转接触器 KM_1

的常闭辅助触点 KM_1 与反转接触器 KM_2 的线圈串联，而反转接触器 KM_2 的常闭辅助触点 KM_2 与正转接触器 KM_1 的线圈串联，则这两个常闭触点称为互锁触点。这样，当正转接触器 KM_1 线圈通电，电动机正转时，互锁常闭触点 KM_1 断开了反转接触器 KM_2 线圈的电路，因此，即使误按了反转启动按钮 SB_2，反转接触器 KM_2 的线圈也不能通电；同理，当反转接触器 KM_2 线圈通电，电动机反转时，互锁常闭触点 KM_2 断开了正转接触器 KM_1 的线圈电路，因此，即使误按了正转启动按钮 SB_1，正转接触器 KM_1 的线圈也不能通电，从而实现了互锁，保证了在任何情况下，只有一个交流接触器工作。

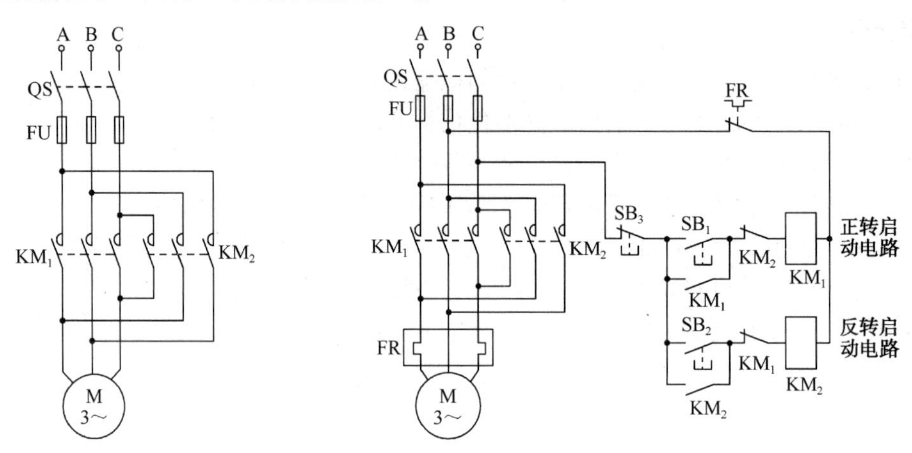

图 9.2-3　电动机正反转控制的主电路

图 9.2-4　电动机正反转控制电路

图 9.2-4 所示的控制电路的缺点是，在正转过程中需要反转时，必须先按停止按钮 SB_3，待互锁常闭触点 KM_1 闭合后，再按反转启动按钮 SB_2，才能使电动机反转，操作上很不方便。

为了解决上述问题，使电动机能直接正反转，将图 9.2-4 中所使用的启动按钮 SB_1 和 SB_2 换成复合按钮，将 SB_1 的常闭触点串接在反转控制电路中，SB_2 的常闭触点串接在正转控制电路中，这时的电路如图 9.2-5 所示。这样，当电动机正转运行时若要反转，可直接按下反转启动按钮 SB_2，使串联在正转控制电路中的常闭触点先断开，正转接触器 KM_1 的线圈断电，其主触点 KM_1 断开，反转控制电路中的常闭触点 KM_1 恢复闭合，当按钮 SB_2 的常开触点闭合时，反转接触器的线圈 KM_2 通电，电动机立刻反转。

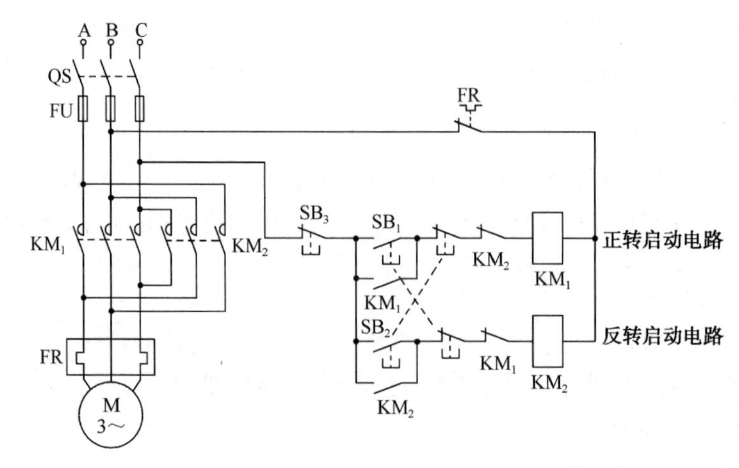

图 9.2-5　电动机直接正反转控制电路

【例 9.2-1】 指出图 9.2-6 中电动机正反转控制电路存在什么问题？启动时会出现什么现象？

【解】 图中电气互锁触点 KM_1 与 KM_2 连接错误，没有形成互锁，当按下启动按钮 SB_1 或 SB_2 时，对应回路线圈通电，常闭触点断开，线圈断电，常闭触点又闭合，线圈又通电，如此反复动作，交流接触器发出连续的“咔嚓”声，如不及时松开按钮，可能损坏交流接触器甚至电动机。

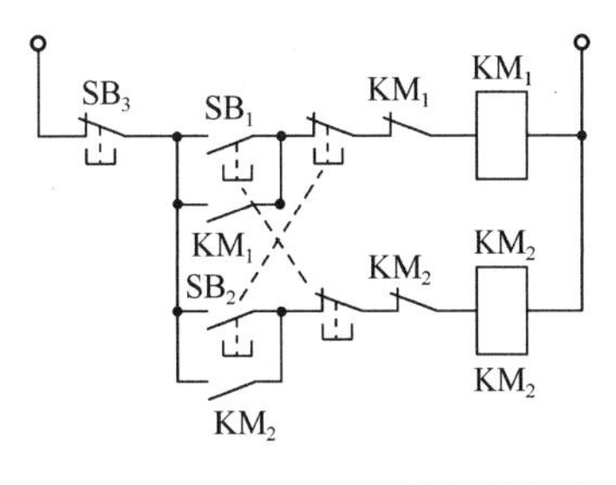

图 9.2-6 电动机正反转控制电路

思考题

9.2-1 什么是失压、欠压保护？用闸刀开关直接控制电动机时，有没有失压、欠压保护？

9.2-2 在图 9.2-4 中，哪些部件起自锁作用？没有自锁情况如何？哪些部件起互锁作用？没有互锁情况如何？

9.2-3 在图 9.2-5 中，什么是电气互锁？什么是机械互锁？各起什么作用？

9.3 顺序控制

在生产车间中，常见到多台电动机拖动一套设备的情况。为了满足各种生产工艺的要求，几台电动机必须按照一定的顺序启动和停车。例如，车床主轴电动机必须在润滑油泵电动机开动之后才能启动，而润滑油泵电动机必须在车床主轴电动机停车之后才能停车；传送带为了避免物料堆积，各电动机的启、停要有一定顺序，等等。

图 9.3-1 所示的主电路中有 M_1 和 M_2 两台电动机，启动时，只有 M_1 先启动，M_2 才能启动；停车时，只有 M_2 先停车，M_1 才能停车。下面分析其工作过程。

启动时，按下 SB_2，交流接触器 KM_1 通电并自锁，使电动机 M_1 启动并运行。此后再按下 SB_4，交流接触器 KM_2 通电并自锁，使电动机 M_2 启动并运行。如果在按下 SB_2 之前按下 SB_4，由于交流接触器 KM_1 和 KM_2 的常开触点都未闭合，因此交流接触器 KM_2 的线圈是不会通电的。所以，如果 M_1 未启动，则不能启动 M_2。

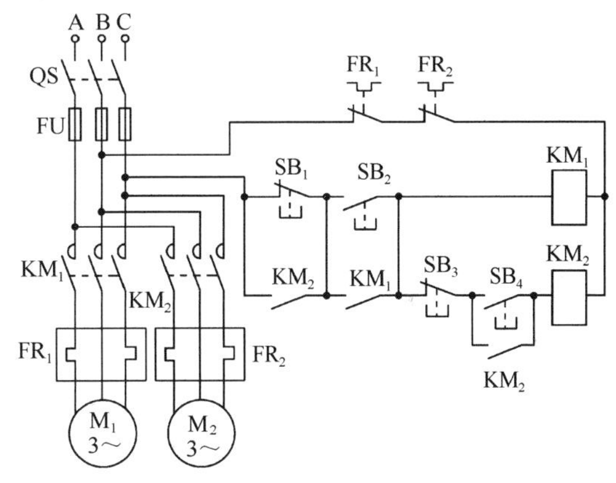

图 9.3-1 两台电动机的顺序启停控制线路

停车时，先按下 SB_3，让交流接触器 KM_2 的线圈断电，使 M_2 先停车后，再按下 SB_1，M_1 才能停车。只要交流接触器 KM_2 通电，SB_1 就会被 KM_2 的常开触点短路而失去作用，所以在按下 SB_3 之前按下 SB_1，交流接触器 KM_1 和 KM_2 都不会断电。两台电动机都不能停车。

由于热继电器 FR_1 和 FR_2 的常闭触点都串联在控制电路中，所以无论哪一台电动机过载，都将切断控制电路，两台电动机均脱离电源，停止转动，得到过载保护。

【例 9.3-1】 铣床有一台主轴电动机和一台给进电动机，要求：（1）主轴电动机启动后，给进电动机才能启动；（2）给进电动机既可以与主轴电动机同时停车，也可以单独停车。画出这两台电动机的控制电路。

【解】 设 KM_1 为主轴电动机的接触器，KM_2 为给进电动机的接触器。为了实现主轴电动机和给进电动机的先后启动顺序，可把主轴电动机控制接触器的一个辅助常开触点 KM_1 与给进电动机控制接触器 KM_2 串联，如图 9.3-2 所示。可见，只有在主轴电动机启动

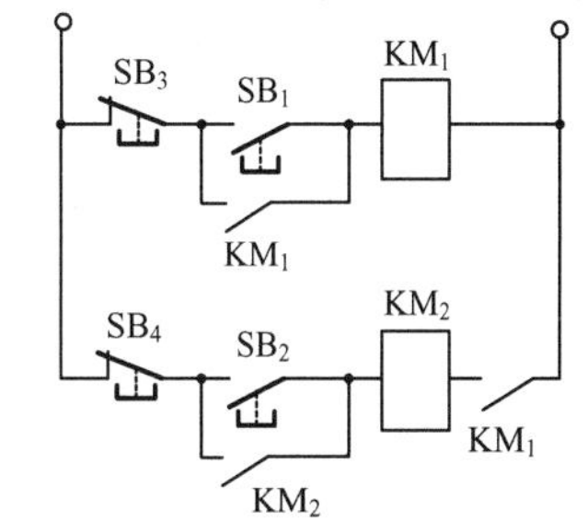

图 9.3-2 两台电动机的顺序启停控制线路

后，KM_1 的辅助常开触点闭合时，KM_2 线圈才能通电，启动给进电动机；按下 SB_3，主轴电动机和给进电动机同时停车；按下 SB_4，给进电动机单独停车。

9.4 行程控制

在生产流程中，往往需要对生产机械的运动部件进行限程、限位和自动往返的控制，这类控制称为行程控制。

行程控制需要用行程开关。行程开关的结构与复合按钮相似，也有一对常闭触点和常开触点。行程开关的外形、结构和电路符号如图 9.4-1(a)、(b)和(c)所示。图 9.4-1(a)中左边为压杆式行程开关，右边为滚轮式行程开关，两者结构基本相同。以压杆式为例，其结构如图 9.4-1(b)所示。其中，1 为压杆，2 为常闭触点，3 为恢复弹簧，4 为常开触点。当外部物体碰撞压杆时，压杆下移，常闭触点断开，常开触点闭合；当外部物体离开后，压杆和触头恢复原位。在图 9.4-1(c)中，注意常开触点和常闭触点符号上的小三角标志，这是与其他控制电器符号的区别之处。

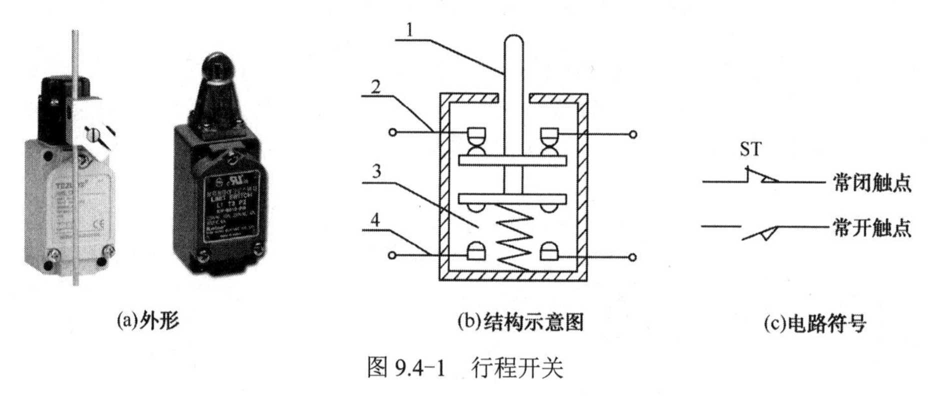

(a)外形　(b)结构示意图　(c)电路符号

图 9.4-1　行程开关

图 9.4-2(a)是生产车间使用的吊车行程控制示意图，吊车的左行和右行通过电动机的正反转控制电路来实现，如图 9.4-2(b)所示。当吊车运行到两端的终点时，必须立即停车，否则会发生严重事故。为此，对吊车采取限位控制。在吊车行程两端的终点各安装一个行程开关 ST_1 和 ST_2，并将 ST_1 的常闭触点串联在正转接触器 KM_1 的控制电路中，将 ST_2 的常闭触点串联在反转接触器 KM_2 的控制电路中。这样，吊车就可在行程两端的终点之间安全地运行。

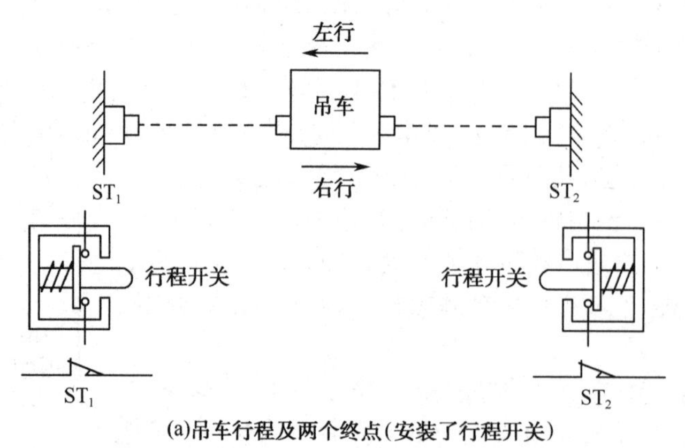

(a)吊车行程及两个终点(安装了行程开关)

图 9.4-2　吊车的行程控制电路

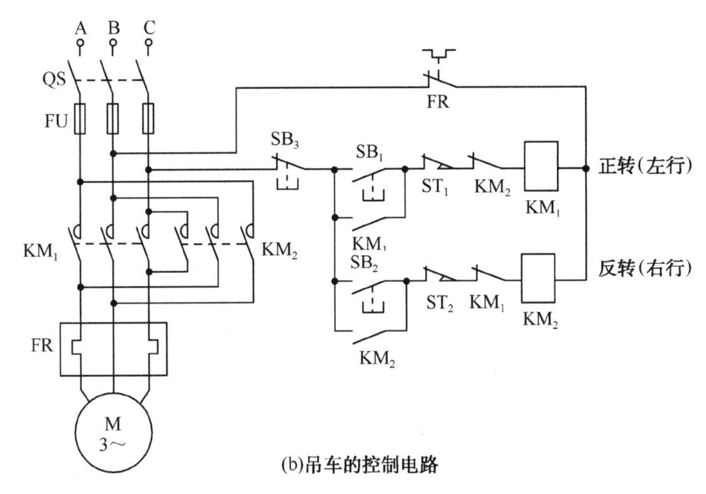

图 9.4-2　吊车的行程控制电路（续）

由图 9.4-2(a)和(b)可以看出，当按下正转启动按钮 SB_1 时，正转接触器 KM_1 的线圈通电，电动机正转，带动吊车左行，直到左端终点时，吊车上的挡块将行程开关 ST_1 的压杆碰进，压开常闭触点，使接触器 KM_1 的线圈断电，电动机停转，吊车停止运行。此时即使误按左行启动按钮 SB_1，接触器 KM_1 线圈也不会通电，从而保证吊车不会超过行程开关 ST_1 所限定的位置。当按下反转按钮 SB_2 时，电动机反转，吊车右行，当到达右端终点时，同样受到行程开关 ST_2 的限制，使吊车停止运行。可见，吊车只能在 ST_1 和 ST_2 所限定的行程范围内运行，实现了吊车的终端保护。

【例 9.4-1】 在图 9.4-2 所示吊车的行程控制电路的基础上，利用行程开关的常开触点设计控制电路，实现吊车的自动往返运动。

【解】 控制电路如图 9.4-3 所示，将正转行程开关的常开触点 ST_1 与反转启动按钮 SB_2 并联，反转行程开关的常开触点 ST_2 与正转启动按钮 SB_1 并联。这样，当按下 SB_1 使电动机正转，带动吊车左行，到达左端终点时，吊车上的挡块将行程开关 ST_1 的压杆碰进，压开常闭触点， KM_1 线圈断电，吊车停止左行。同时将 ST_1 的常开触点闭合(相当于按下 SB_2)，电动机反转，吊车右行；同样，吊车右行到达右端终点时，吊车上的挡块将 ST_2 的压杆碰进，压开常闭触点，KM_2 线圈断电，吊车停止右行。同时将 ST_2 的常开触点闭合，电动机正转，吊车左行，如此周而复始，直到按下停止按钮 SB_3。

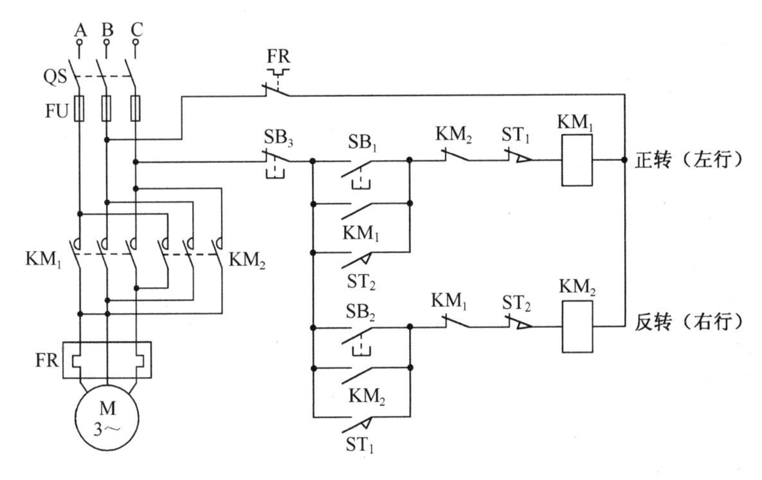

图 9.4-3　吊车的自动往返控制电路

9.5 时间控制

在自动化生产线中，常要求各种操作或各种工艺过程之间有准确的时间间隔，或者按一定的时间启动或停止某些设备等。这些控制是由时间继电器来完成的。

图 9.4-2(a)中所示的车间运货吊车，如要求它运行到左端终点后，自动停车装货，经过设定的装货时间后，自动运行到右端终点，等待卸货后，又自动运行到左端终点等待装货，可通过在图 9.4-2(b)所示吊车的控制电路中接入时间继电器和行程开关的常开触点来实现，其电路如图 9.5-1 所示。

在图 9.5-1 中，行程开关 ST_1 的常闭触点与控制电动机左行的接触器 KM_1 线圈串联，ST_1 的常开触点与延时通电时间继电器 KT_2 的常开触点 KT_2 串联后再与控制电动机右行的启动按钮 SB_2 并联。行程开关 ST_2 的常闭触点与控制电动机右行的接触器 KM_2 线圈串联，ST_2 的常开触点与延时通电时间继电器 KT_1 的常开触点 KT_1 串联后，再与控制电动机左行的启动按钮 SB_1 并联。

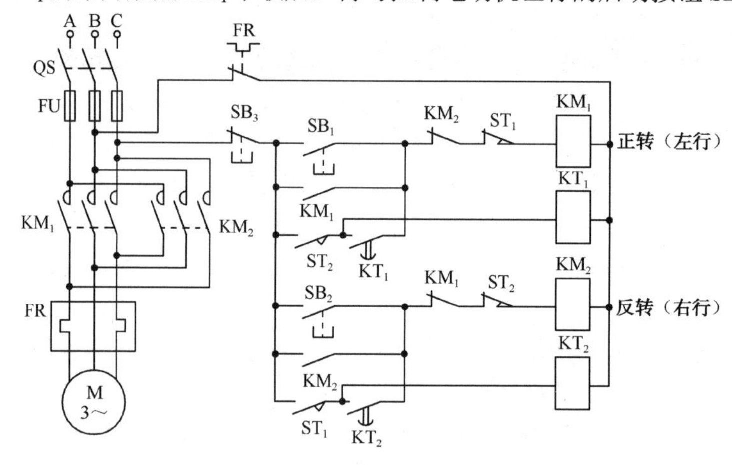

图 9.5-1 吊车的自动往复、装卸控制电路

当按下正转启动按钮 SB_1 时，接触器 KM_1 线圈通电，电动机正转，带动吊车左行，直到左端终点，吊车上的挡块将行程开关 ST_1 的压杆碰进，压开常闭触点 ST_1，接触器 KM_1 的线圈断电，电动机停转，吊车停止运行，吊车开始装货。与此同时，行程开关 ST_1 的常开触点 ST_1 闭合，时间继电器 KT_2 的线圈通电，经过设定时间(装货时间)，时间继电器延时常开触点 KT_2 闭合，接触器 KM_2 线圈通电，电动机反转，带动吊车右行，直到右端终点，吊车停止运行，等待卸货后，自动继续左行，进入下一个循环。直到按下停止按钮 SB_3，吊车停止运行。

至此，本章开头引例提出的问题得到解决。

【例 9.5-1】 利用时间继电器设计控制电路，实现电动机的 Y-△启动。

【解】 电动机 Y-△启动控制电路有多种电路形式，图 9.5-2 所示是其中一种。为了控制星形接法启动的时间，图中设置了通电延时的时间继电器 KT。电路的控制过程如下：

按下 SB_2，接触器 KM_1、KM_3、时间继电器 KT 的线圈通电，KM_1、KM_3 主触点闭合，同时时间继电器瞬时动作常开触点闭合形成自锁，电动机接成 Y 形降压启动；经过预先整定的延时时间后，KT 的延时断开常闭触点断开，KM_1、KM_3 线圈断电，其主触点断开，与 KM_2 线圈串联的 KM_1 辅助常闭触点闭合，KM_2 通电、接着 KM_3 线圈通电，其主触点闭合，电动机切换成△形正常运行。

图 9.5-2 的控制电路是在 KM_3 断电的情况下进行 Y-△换接的，这样做有两个好处：第一，可以避免由于接触器 KM_1、KM_2 换接时可能引起的电源短路；第二，在 KM_3 断电，即主

电路脱离电源的情况下进行 Y-△换接，因而触点间不会产生电弧。

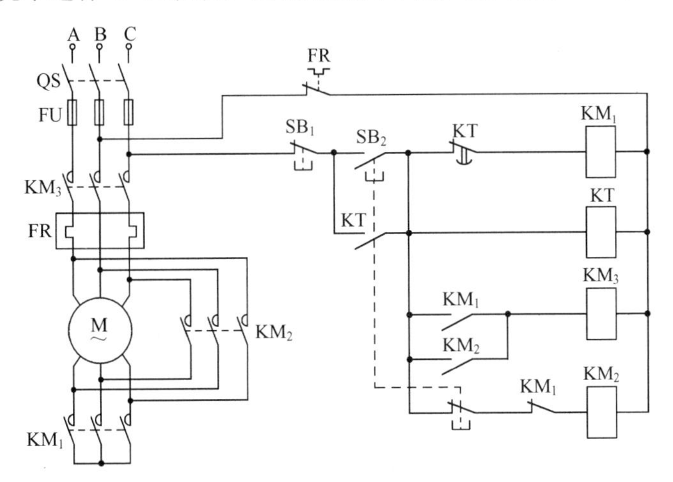

图 9.5-2　电动机 Y-△启动控制电路

本 章 小 结

由按钮、继电器和接触器等控制电器实现对电动机的控制称为继电接触器控制。本章讲述了两方面的内容，一是常用控制电器，二是基本控制电路。

（1）常用控制电器

① 手动电器。闸刀开关、按钮属于手动电器，由工作人员手动操作。空气断路器虽然需要人工合闸，但在电路过载、短路、失压、欠压时能自动跳闸。所以，它兼有手动和自动双重特性。

② 自动电器。熔断丝、接触器、热继电器、时间继电器、行程开关等属于自动电器，它们根据指令或电信号等自动动作。

（2）基本控制电路

① 采用继电接触控制，可对电动机进行单向运行控制、正反转控制、顺序控制以及机械运动部件的行程控制和时间控制等。任何复杂的控制电路都是由这些基本控制电路组成的。

② 在控制电路的原理图上，所有电器的触点所处位置都表示线圈未通电或电器未受外力时的位置。同一电器的各部件要用同一文字符号标注，以利于识别。

③ 为了安全运行，控制电路中必须有保护环节，熔断丝实现短路保护，热继电器实现过载保护，自动空气开关实现过载和短路保护，交流接触器实现失压和欠压保护。

④ 分析设计控制电路时，首先要了解电动机或生产机械的工作要求，然后把主电路和控制电路分开设计。交流接触器的主触点、热继电器的发热元件串接于主电路中，按钮、行程开关、交流接触器的线圈、热继电器的常闭触点、时间继电器的线圈和触点串接于控制电路中。

习题

9-1　在图 9.2-2 所示的电动机启、停控制电路中，如果其控制电路被接成如题图 9-1(a)、(b)和(c)所示几种情况(主电路不变)，试问电动机能否正常启动和停车？电路存在什么问题？

9-2　画出能在两处控制一台电动机启动与停车的控制电路。

9-3　画出电动机既能点动又能连续运行的控制电路。

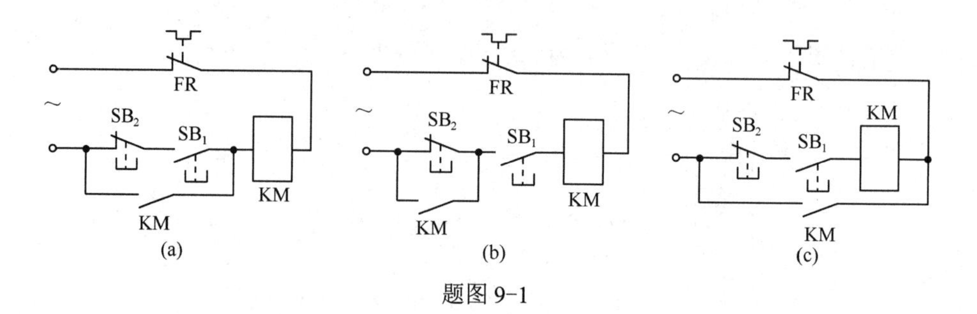

题图 9-1

9-4　今有两台电动机 M_1 和 M_2，试按以下要求设计启、停控制电路(主电路可以不画出)。要求：M_1 启动后，M_2 才能启动；M_2 既可以单独停车，也可以与 M_1 同时停车。

9-5　根据图 9.2-2 所示的电路接线做实验时，将开关 QS 闭合后，按下启动按钮 SB_1 出现以下现象，请分析原因并采取处理措施。

(1) 交流接触器 KM 不动作；(2) 交流接触器 KM 动作，但电动机不转动；(3) 电动机转动，但一松开按钮 SB_1，电动机就不转；(4) 电动机不转动或转速很慢，并有“嗡嗡”声；(5)交流接触器发热、冒烟甚至烧坏。

9-6　今有 M_1 和 M_2 两台电动机，它们的启动与停车控制电路如题图 9-6 所示(主电路未画出，与图 9.3-1 相同)。请分析两台电动机 M_1 和 M_2 的启动和停车顺序。

9-7　某车床有两台电动机，一台带动油泵，一台带动主轴。要求：

(1) 主轴电动机必须在油泵电动机启动后才能启动；(2) 主轴电动机能正反转，并能单独停车；(3) 有短路、过载和欠压保护。画出这两台电动机的控制电路。

9-8　请画出 3 台电动机 M_1、M_2 和 M_3 顺序启动的控制电路。要求：M_1 启动后 M_2 才能启动，M_2 启动后 M_3 才能启动，3 台电动机同时停车。

9-9　题图 9-9 所示的三相异步电动机正反转控制电路有错误。请指出有几处错误，并改正。

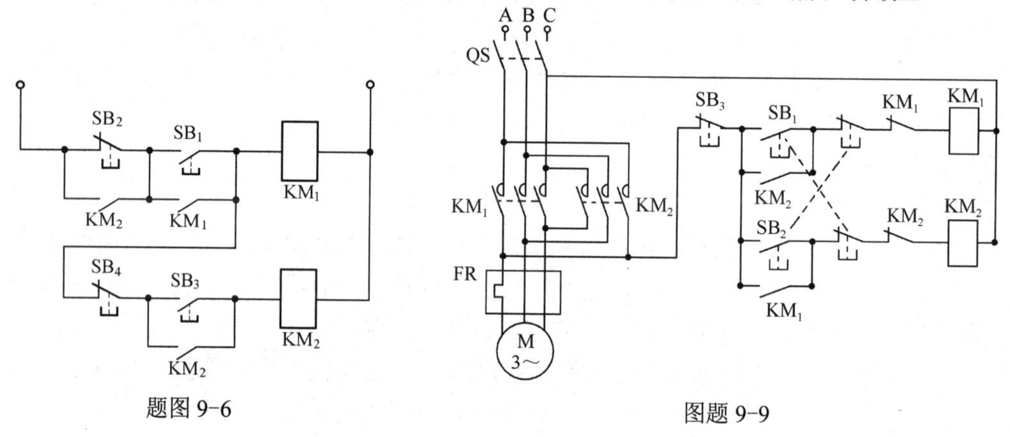

题图 9-6　　图题 9-9

9-10　在题图 9-10(a)和(b)所示的时间控制电路中，时间继电器 KT 的动作时间均设定为 10s，分析两控制电路的工作过程。

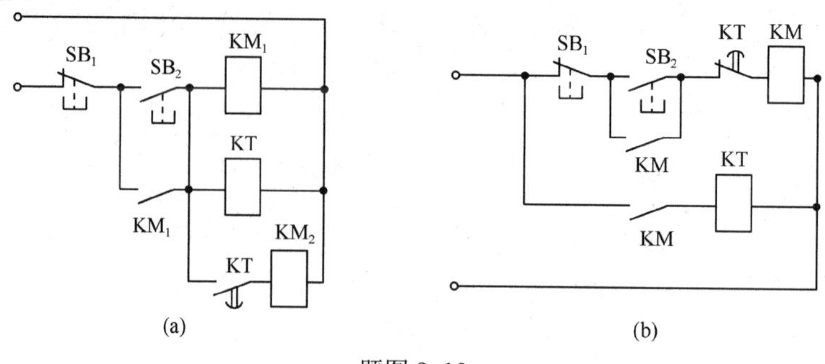

题图 9-10

第二部分　模拟电子技术

第 10 章　常用半导体器件

【本章主要内容】 本章主要介绍半导体二极管、半导体三极管和半导体场效应晶体管的基本结构、工作原理和主要特征，为后面将要讨论的放大电路、逻辑电路等内容打下基础。

【引例】 电子设备(手机、计算机等)随处可见，我们都知道，构成它们的最基本的器件是半导体二极管、三极管和场效应晶体管。但是，制造这些器件的核心材料不是导体，而是半导体。这是为什么？与导体相比，半导体有何特殊之处？下面按层次对半导体进行分析。

10.1　半导体的导电特性

自然界的物质按导电能力可分为导体、绝缘体和半导体。导体的导电能力强，绝缘体不导电，半导体的导电能力介于导体和绝缘体之间，常温下更接近于绝缘体。

半导体的导电能力受外界条件的影响很大，通过实验人们发现半导体有如下特点：

（1）对温度敏感。当环境温度升高时，半导体的导电能力增强。人们利用这一特点制成了热敏元件，用来检测温度的变化。

（2）对光照敏感。有些半导体无光照时电阻率很高，一旦被光照射后其电阻率下降，导电能力增强。人们利用这一特点制成了光电管、光电池等光敏元件。

（3）对杂质敏感。如果在纯净的半导体内掺入微量的某种元素，其导电能力可以增加几十万倍乃至几百万倍，掺杂后的导电能力剧增。人们利用这一特点制成了半导体二极管、三极管和场效应晶体管等。

半导体为什么会有这些特点呢？这是由其原子结构决定的。下面分析一下半导体的内部结构和导电机理。

10.1.1　本征半导体

在半导体技术中，用得最多的半导体是硅和锗，图 10.1-1(a)和(b)是硅和锗的原子结构和电子分布图。它们的外层各有 4 个价电子，都是四价元素。将硅和锗材料提纯后并形成单晶体，所有的原子都排列整齐。这样的半导体称为晶体，用这样的材料制成的管子称为晶体管。

本征半导体就是纯净的、晶格完整的半导体。在这种半导体中，每一个原子与相邻的 4 个原子结合。每一个原子的一个价电子与另一个相邻原子的一个价电子组成一个电子对，这对价电子是每两个相邻原子共有的，它们把相邻原子结合在一起，形成共价键结构，如图 10.1-2 所示。

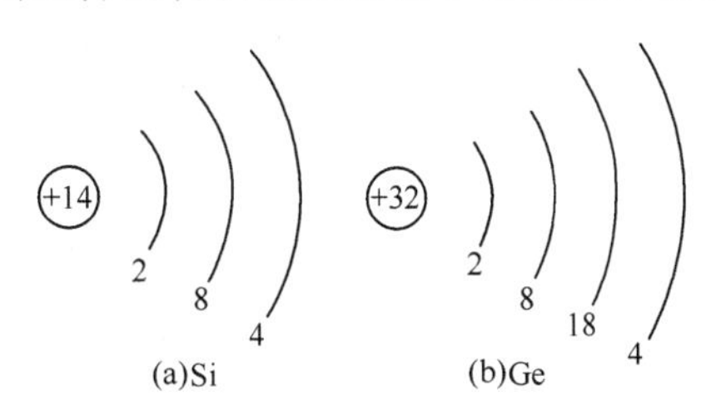

图 10.1-1　硅和锗的原子结构

在共价键结构的晶体中，每个原子最外层有 8 个价电子是较稳定的状态。但这些价电子一旦获得足够的能量(例如温度升高)后，其中个别价电子便可挣脱原子核的束缚而成为自由电子，如图 10.1-3 中的 1 处所示，这称为热激发。温度愈高，产生的自由电子愈多。与此同时，价电子脱离原子核的束缚成为自由电子后，在共价键的原处就留下一个“空位”，如图 10.1-3 中的 2 处所示，这个空位称为空穴。自由电子和空穴同时产生，成对出现，自由电子和空穴数量相等。

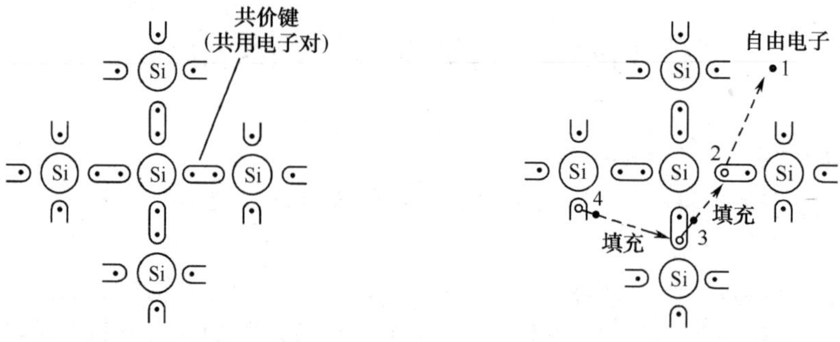

图 10.1-2　共价键结构　　图 10.1-3　自由电子和空穴的形成

一般情况下，原子是呈电中性的，但当价电子成为自由电子后，原子的中性被破坏，它因出现空穴而带正电(为以下分析的需要，可以认为空穴带正电)。因此，有空穴的原子就吸引相邻原子的价电子，来填充这个空穴，如图 10.1-3 中的 3 处所示。于是相邻原子的共价键中又出现一个空穴，这个空穴也可由其他相邻原子中的价电子来填充，而后再出现一个空穴，如图 10.1-3 中的 4 处所示。如此继续下去，空穴不断地被价电子填充，就好像带正电的空穴在运动一样(实际上是价电子在运动)。所以，为了容易区分自由电子和价电子的运动，我们可将价电子的运动视为空穴运动。

综上所述，在本征半导体中存在两种载流子：自由电子和空穴，两者成对出现，数目相等。温度对本征半导体影响很大，温度升高，热激发出来的载流子数目就增加。

半导体的导电方式有两种，即自由电子导电和空穴导电(实际上是价电子导电)，这是半导体导电不同于导体导电的本质差别。

本征半导体中载流子的总数很少，导电能力很差。如果掺入其他合适的微量元素，可大大提高其导电能力。

10.1.2　N 型半导体和 P 型半导体

掺入杂质的半导体称为杂质半导体。由于掺入的杂质不同，杂质半导体有两种类型。

1．N 型半导体

若在四价硅(或锗)晶体中，掺入少量五价元素磷(P)，一个五价磷原子便占据一个硅原子的位置，如图 10.1-4 所示。由于掺入晶体的磷原子数比硅原子数少得多，因此整个晶体结构基本上不变，只是某些位置上的硅原子被磷原子取代。磷原子中最外层 5 个价电子只有 4 个能够和相邻的 4 个硅原子组成共价键结构。余下的一个价电子受原子核的吸引很弱，在常温下，这个价电子因吸收一定的能量而脱离原子核，成为自由电子[①]。其余的磷原子也是如此，于

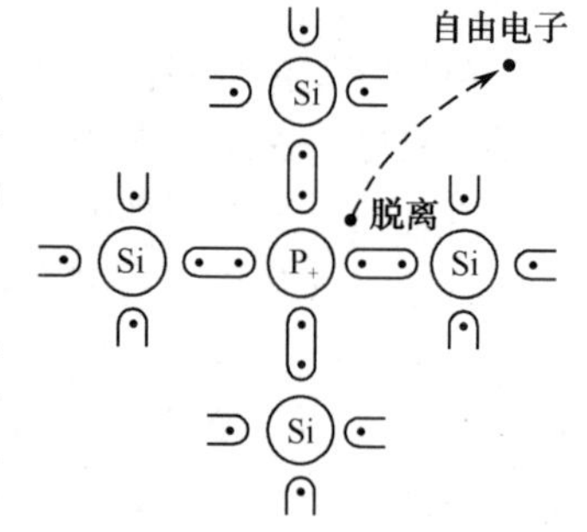

图 10.1-4　掺入五价元素(磷)

① 磷原子因失去一个价电子而成为不能移动的正离子。

是杂质半导体中的自由电子数目大量增加，参与导电的载流子主要是自由电子，所以称其为电子型半导体，又称N型半导体。

在 N 型半导体中，自由电子的数目可增加几十万倍，大大超过硅晶体热激发产生的电子-空穴对的数目，并且由于自由电子的数量增加，复合的机会也增加，从而使空穴的数目更少。因此，在N型半导体中，自由电子是多数载流子，而空穴是少数载流子。

2．P型半导体

若在硅(或锗)晶体中掺入少量三价元素硼(B)，由于每个硼原子最外层只有 3 个价电子，因而在构成共价键结构时，将因缺少一个价电子而形成一个空穴，如图 10.1-5 所示。当相邻原子的价电子获得能量时，就可能来填充这个空穴[①]，相邻原子因失去一个价电子而产生新的空穴。每一个硼原子都能提供一个空穴，于是空穴数目大量增加，这也加大了复合机会，使自由电子的数目更少。这种杂质半导体中，空穴是多数载流子，自由电子是少数载流子，所以称其为空穴型半导体，又称P型半导体。

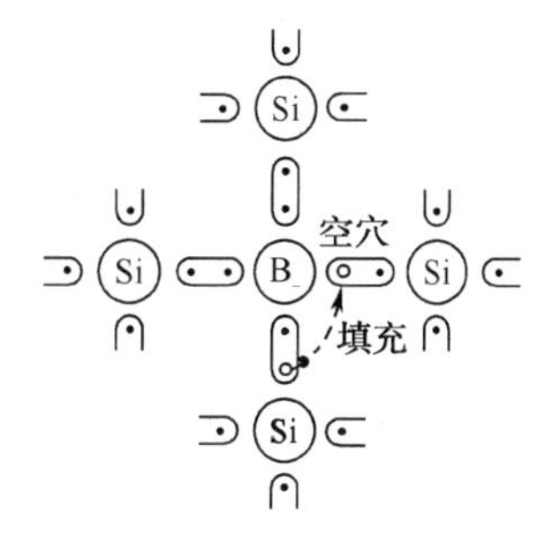

图 10.1-5　掺入三价元素(硼)

无论是N型半导体还是P型半导体，多数载流子的数目主要取决于掺杂的浓度，而少数载流子的数目则与温度有关。虽然它们都有一种载流子占多数，但整个晶体还是不带电的，这是因为多少载流子数目等于掺杂的原子数目加上少数载流子数目，使半导体呈中性。

10.1.3　PN结

虽然 N 型和 P 型半导体的导电能力比本征半导体增强了许多，但还不能直接用来制造半导体器件，因为它们缺少某种特性。如果采用下述掺杂工艺，使一块半导体一边形成N型半导体，另一边形成 P 型半导体，那么在两边的交界面处会出现一个薄层，称为 PN 结。PN 结是制造各种半导体器件的基础。

1．PN结的形成

一块半导体晶片的两边注入不同杂质后分别形成 P 型和 N 型半导体，如图 10.1-6(a)所示。图中⊖表示得到一个电子的硼离子，带负电；⊕表示失去一个电子的磷离子，带正电。由于 P 型区空穴浓度高，N 型区空穴浓度低，所以空穴要从 P 型区向 N 型区扩散，结果在交界面的左侧留下一些带负电的硼离子。同样的原因，N型区的自由电子要向P型区扩散，结果在交界面右侧留下一些带正电的磷离子。于是在交界面两侧的薄层内，由⊖和⊕离子形成了一个空间电荷区，这个空间电荷区称为PN结，如图10.1-6(b)所示。

在空间电荷区，正负离子虽然带有电荷，但不能移动，不能参与导电。而且在这个区域内载流子极少，所以空间电荷区的电阻率极高。

在交界面两侧的正负电荷，会形成一个电场，称为内电场，其方向如图 10.1-6(b)所示。从内电场的方向可以看出，由P型区向N型区扩散空穴和由N型区向P型区扩散电子将受到电场力的阻碍。也就是说，内电场对多数载流子的扩散运动起阻挡作用，因而空间电荷区又称为阻挡层。

在 P 型区和 N 型区还有少数载流子在运动，少数载流子的运动称为漂移运动。两区的少

① 硼原子因得到一个价电子而成为不能移动的负离子。

数载流子的电荷极性与多数载流子相反。由内电场的方向可以看出，电场力对少数载流子的漂移运动起推动作用，如图 10.1-6(c)所示。

通过以上分析可知，在 PN 结形成过程中，存在两种运动：一种是多数载流子因浓度差别而产生的扩散运动；另一种是少数载流子因内电场的出现而产生的漂移运动。这两种运动有因果关系：开始是多数载流子的扩散运动，接着便是空间电荷区的逐渐加宽，内电场的逐步加强，多数载流子的扩散运动逐渐减弱和少数载流子的漂移运动逐渐增强，最后，扩散运动和漂移运动达到动态平衡，内电场和空间电荷区以及 PN 结均处于稳定状态，PN 结保持一定的宽度。

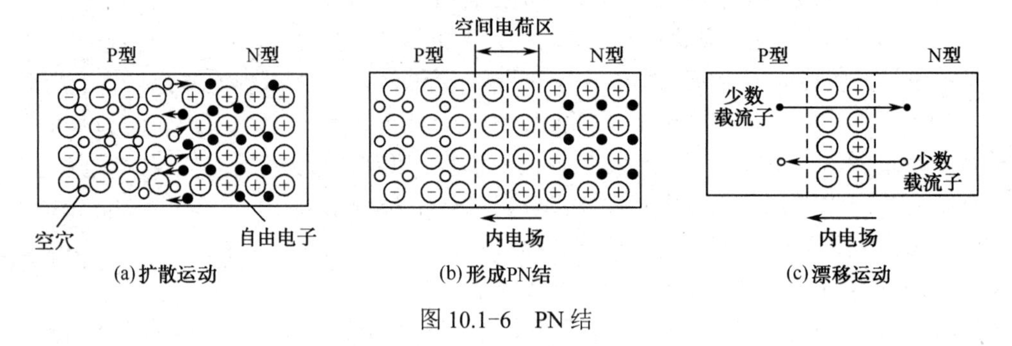

图 10.1-6　PN 结

2．PN 结的特性

上面讨论的是 PN 结没有外加电压的情况。若在 PN 结两端的 P 型区和 N 型区加上电压，会出现什么情况呢？

（1）PN 结外加正向电压

所谓外加正向电压，是指电源的正极接 PN 结的 P 型区，电源的负极接 PN 结的 N 型区，如图 10.1-7(a)所示(PN 结外加正向电压时，简称正偏)。由图可知，电源外电场方向和 PN 结内电场方向相反，外电场大大削弱了内电场的作用，这就使得扩散运动和漂移运动的动态平衡被破坏。外电场将驱使 P 型区的空穴和 N 型区的自由电子进入空间电荷区，空间电荷区变窄，从而使得多数载流子的扩散运动得到加强，形成较大的正向电流，电流的方向是从 P 型区流向 N 型区，即空穴的运动方向。外电场愈强，正向电流愈大，PN 结呈现的正向电阻愈低。正向电流包括空穴电流和自由电子形成的电流两部分。由于空穴电流实际上是价电子产生的，所以空穴电流(价电子电流)和自由电子形成的电流两者方向相同。外电源不断地向半导体提供电荷，使正向电流得以维持。

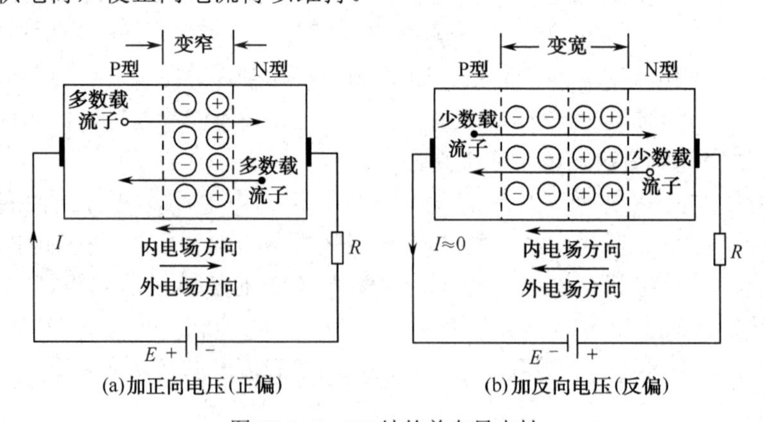

图 10.1-7　PN 结的单向导电性

（2）PN 结外加反向电压

PN 结外加反向电压，是指电源的正极接 PN 结的 N 型区，负极接 PN 结的 P 型区，如图 10.1-7(b)所示(PN 结外加反向电压时，简称反偏)。此时电源外电场方向与 PN 结内电场方向相同，使内电场增强，PN 结加宽，多数载流子的扩散运动受阻难于进行。另一方面，由于内电场增强，使得少数载流子的漂移运动加强，在电路中形成反向电流。但因少数载流子的数量很少，反向电流也很小($I \approx 0$)，PN 结呈现的反向电阻很高。

总之，PN 结外加正向电压时，PN 结电阻很小，正向电流很大，PN 结处于导通状态，电流方向从 P 型区流向 N 型区；PN 结外加反向电压时，PN 结电阻很大，反向电流很小，近似为零，则认为 PN 结处于截止状态。PN 结的这种特性称为单向导电性。

思考题

10.1-1　半导体的导电方式与金属导体的导电方式有什么不同？

10.1-2　什么是 N 型半导体和 P 型半导体？它们的多数载流子和少数载流子是怎样产生的？

10.1-3　N 型半导体中自由电子多于空穴，P 型半导体中空穴多于自由电子。那么，是否 N 型半导体带负电？P 型半导体带正电？

10.1-4　空间电荷区既然是由带电的正负离子形成的，为什么它的电阻率很高？

10.2　半导体二极管

1. 基本结构

半导体二极管的结构十分简单，它是用一个 PN 结做成管心，在 P 型区和 N 型区两侧接上两根电极引线，再用金属或塑料管壳封装而成的。按其结构形式，半导体二极管可分为点接触型和面接触型两大类。

二极管的外形如图 10.2-1(a)所示，二极管的结构如图 10.2-1(b)和(c)所示。前者为点接触型，PN 结面积很小，因而通过的电流小，但其高频性能好，多用于高频和小功率电路。后者为面接触型，PN 结面积较大，但其工作频率较低，一般用于整流电路。二极管的图形符号见图 10.2-1(d)。

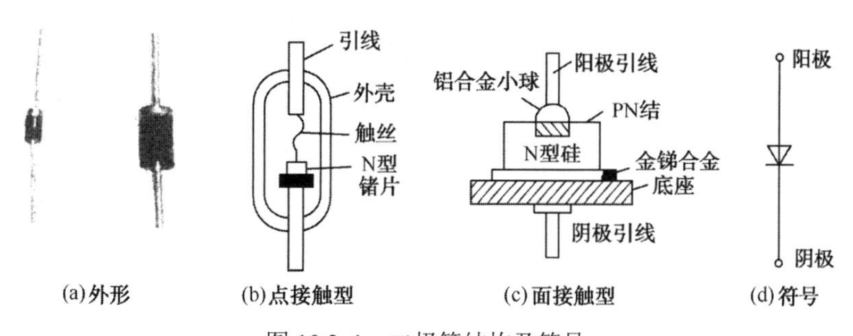

图 10.2-1　二极管结构及符号

2. 伏安特性

半导体二极管本质上是一个 PN 结，因此，它具有单向导电性，这一单向导电性可用伏安特性曲线表达出来。图 10.2-2 为二极管的伏安特性曲线，由图可见，当外加正向电压很低时，外电场还不能克服 PN 结内电场对多数载流子扩散运动的阻力，故正向电流很小，几乎为零。当正向电压超过一定数值时，内电场被大大削弱，电流增长很快。这个数值的正向电压称为死区电压，其大小与材料和环境温度有关。硅管的死区电压约为 0.5V，锗管约为 0.1V。

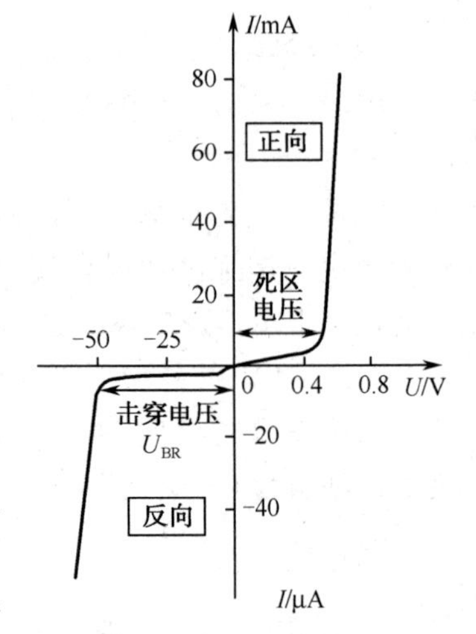

图 10.2-2　二极管的伏安特性曲线

由图 10.2-2 还可以看出，在正向特性区，二极管一旦导通，它两端的电压近似为一常数。对硅管，此值约为 0.6～0.7V；对锗管，约为 0.2～0.3V。此电压即为二极管正向工作时的管压降。在反向特性区，由于少数载流子的漂移运动，形成很小的反向电流，此反向电流有两个特点，一是它随温度的升高增长很快；二是在反向电压不超过某一范围时，反向电流的大小基本不变，而与反向电压的大小无关，故通常称它为反向饱和电流。当反向电压增加到某一值时，反向电流将突然增大，二极管的单向导电性被破坏，这种现象称为击穿，这一电压称为二极管的反向击穿电压 U_{BR}。二极管被击穿后，不能恢复原来的性能，即损坏了。二极管发生击穿的原因是外加强电场把原子最外层的价电子拉出来，使载流子数目增多，而处于强电场中的载流子又因获得强电场所供给的能量而加速，将其他电子撞击出来，两者形成连锁反应，反向电流愈来愈大，最后使得二极管反向击穿。

3. 主要参数

为了正确使用二极管，除了理解其伏安特性之外，还要掌握其相应的参数。下面只介绍二极管的几个常用的参数。

（1）最大整流电流 I_{FM}

最大整流电流 I_{FM} 是指二极管长时间正向导通时，允许流过的最大正向平均电流。二极管在使用时不能超过此值，否则二极管将因过热而损坏。

（2）反向峰值电压 U_{RM}

反向峰值电压 U_{RM} 是指二极管反向截止时允许外加的最高反向工作电压，U_{RM} 的数值大约等于二极管的反向击穿电压 U_{BR} 的一半，以确保管子安全工作。

（3）反向峰值电流 I_{FM}

反向峰值电流 I_{RM} 是指在常温下二极管加反向峰值电压 U_{RM} 时，流经管子的电流。I_{RM} 说明了二极管质量的好坏，反向电流大说明它的单向导电性差，而且受温度影响大。硅管的反向电流较小，一般在几个微安以下。锗管较大，一般为硅管的几十到几百倍。

4. 应用举例

由于半导体二极管具有单向导电性，因而得到了广泛应用。在电路中常用来作为整流、检波、钳位、隔离、保护、开关等元件使用。

【例 10.2-1】 二极管电路如图 10.2-3(a)和(b)所示，请分析二极管的工作状态和它们所起的作用。设二极管为理想二极管。

【解】 （1）在图 10.2-3(a)所示电路中，二极管阳极电位为+12V，阴极通过电阻接在+6V 电源上，所以二极管阳极电位高于阴极电位，是正偏，二极管处于导通状态。因为是理想二极管，二极管两端的电压降为零，所以点 2 的电位等于+12V，与点 1 的电位相等，即点 2 的电位被钳在点 1 的电位上，这就是二极管的钳位作用。

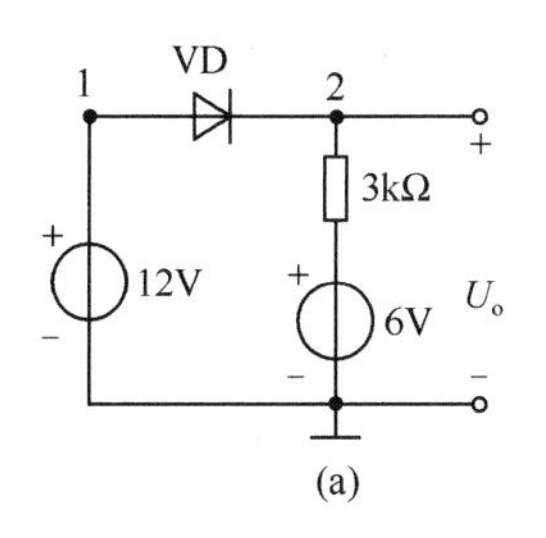

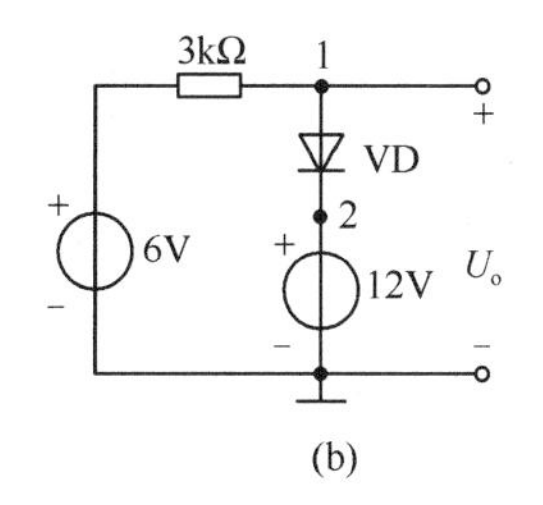

图 10.2-3　例 10.2-1 的图

（2）在图 10.2-3(b)所示电路中，二极管阳极通过电阻接+6V 电源，阴极电位为+12V，所以二极管阳极电位低于阴极电位，是反偏，二极管处于截止状态。因为是理想二极管，二极管两端之间相当于断路，即点 1 和点 2 被二极管隔离，这就是二极管的隔离作用。

总之，二极管阳极和阴极两边连接着两个点(两个电路)，当二极管导通时，两边电路被连在一起，相关两点的电位相等(钳位)；当二极管截止时，两边电路被断开(隔离)，相关两点电位不相等，视具体电路而定。

【例 10.2-2】 在图 10.2-4 所示电路中，请分析二极管 VD_1 和 VD_2 的工作状态，并求输出电压 U_o。设二极管为理想二极管。

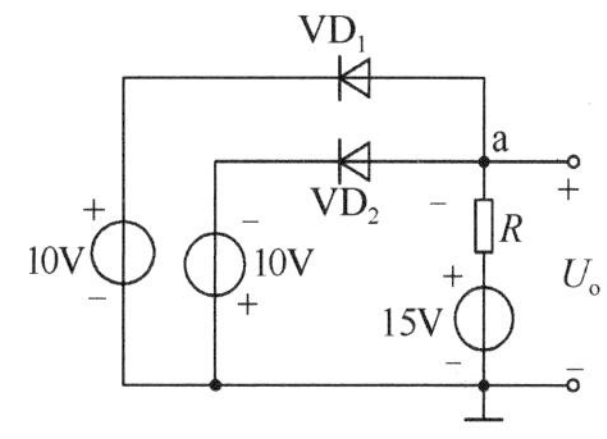

图 10.2-4　例 10.2-2 图

【解】 （1）本题有个特殊之处：二极管 VD_1 和 VD_2 的阳极接在一起(共阳极)，电位相同，通过电阻 R 接在+15V 电源的高电位上；而 VD_1 和 VD_2 的阴极电位分别为+10V 和−10V。表面上看，VD_1 和 VD_2 均正偏，都有导通的可能。实际上是如此吗？

在这种情况下，常采用以下分析方法：哪只二极管的阴极电位低(即 PN 结上外加电场强)，哪只二极管就优先导通。

在图 10.2-4 中，VD_2 阴极电位低(−10V)，所以 VD_2 优先导通。VD_2 导通后起钳位作用，它将 a 点电位钳在−10V 的数值上，于是立即使 VD_1 反偏而截止，隔离了+10V 电源。

（2）因为 a 点电位是−10V，所以 $U_o = -10V$。

【例 10.2-3】 在图 10.2-5 所示电路中，已知 $U_S = 5V$，$u_i = 10\sin\omega t V$，画出输出电压 u_o 的波形。设二极管为理想二极管。

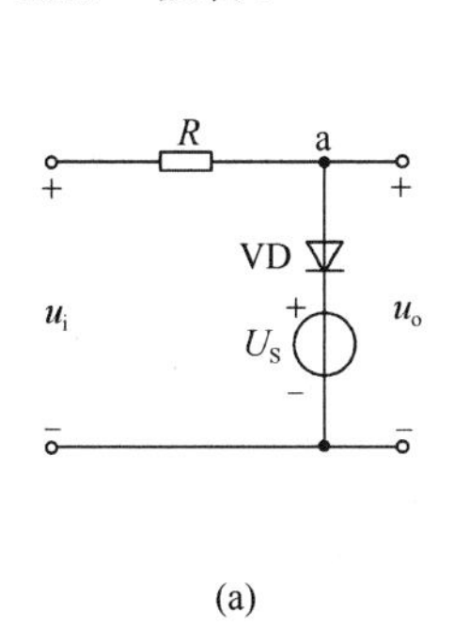

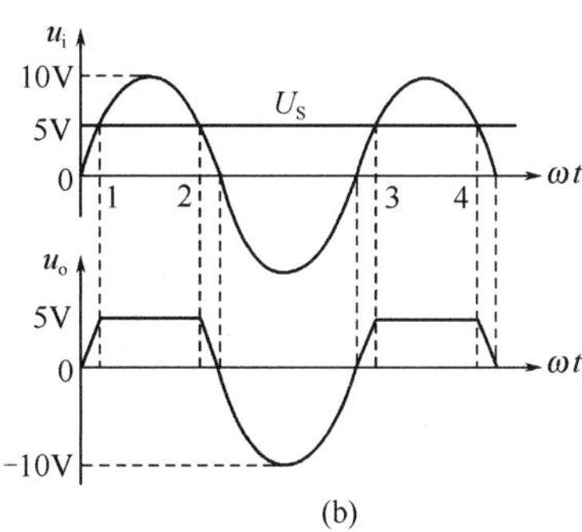

图 10.2-5　例 10.2-3 图

【解】 先假设二极管截止：此时二极管的阳极电位等于 u_i，二极管的阴极电位等于 $U_S = 5V$。

（1）当 $u_i = 10\sin\omega t < 5V$ 时，阳极电位低于阴极电位，假设成立，二极管截止，此时 $u_o = u_i$；

（2）当 $u_i = 10\sin\omega t > 5V$ 时，阳极电位高于阴极电位，假设不成立，二极管导通，此时 $u_o = 5V$。

u_o的波形图如图 10.2-5（b）所示，u_o的输出电压被钳位在 $U_S = 5V$ 上。

【例 10.2-4】 图 10.2-6 是用二极管保护继电器线圈的原理电路，请分析该电路的工作原理。

【解】 图 10.2-6(a)是无保护的继电器线圈工作电路，工作时，开关 S 闭合，电流为 I，电感线圈储存磁场能量。当开关 S 断开时，电感线圈与电源脱离，电感要释放能量，最终电流为零。因开关 S 断开后，电流急剧下降，电流变化率 di/dt 和磁通变化率 $d\Phi/dt$ 均很大，致使线圈两端产生很高的电动势 e_L(e_L 的作用是，力图阻止电流和磁通的减小，其方向是下“+”上“−”)。由于此时电感线圈没有释放回路，只能通过电源和开关 S 释放能量，这样，在开关 S 两端的电压就是 $U+e_L$，致使击穿开关 S 的气隙，产生火花，烧蚀开关表面。

为了保护开关，一般在线圈两端并联一个反偏的二极管 VD，即 VD 的阴极接电源“+”端，阳极接电源“−”端，电路如图 10.2-6(b)所示。

这样，当开关 S 断开时，由于电感线圈产生的电动势 e_L 极性为下“+”上“−”，所以二极管 VD 导通，与电感线圈组成闭合电路，电感线圈通过二极管 VD 释放能量。电路正常工作时，二极管 VD 反偏截止，对电路无影响。

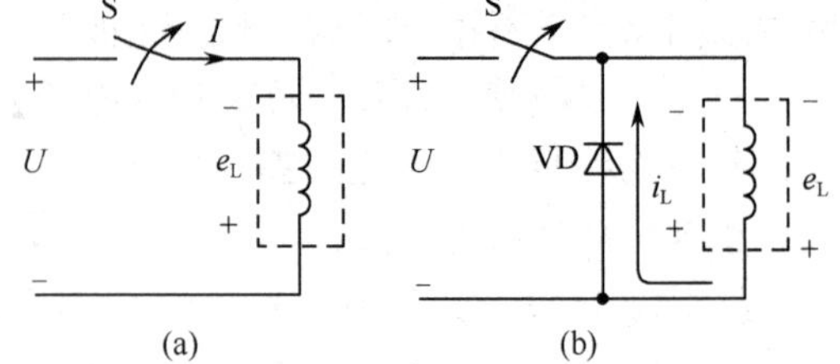

图 10.2-6　例 10.2-4 图

思考题

10.2-1　为什么二极管会有死区电压？硅管和锗管的死区电压各约为多少？

10.2-2　二极管正向导通时，硅管和锗管的正向工作电压各约为多少？反向截止时，二极管的最高反向工作电压为多少才能确保管子安全工作？

10.3　特殊二极管

上面介绍的是普通二极管，下面介绍几种特殊类型的二极管。

1．稳压二极管

稳压二极管是一种特殊的面接触型硅二极管，由于它在电路中与适当阻值的电阻配合后能起稳定电压的作用，故称稳压管，其电路符号如图 10.3-1(b)所示。

稳压管的伏安特性曲线形状与普通二极管类似，只是反向特性比普通二极管的反向特性更加陡峭。

普通二极管正常工作时，反向电压不允许达到击穿电压值，否则将被击穿并损坏。稳压管却不同，它恰恰是在反向击穿电压下工作(由于制造工艺不同和引入了限流电阻，稳压管不会损坏)。由图 10.3-1(a)所示特性曲线可以看出，稳压管工作在反向击穿区时，因为曲线陡峭，稳压管两端电压变化(ΔU_Z)甚小，可是稳压管的电流却在很大范围内变化(ΔI_Z)。这就是稳压管反向击穿特性曲线上的关键之处，稳压管的稳压作用便由此而来。

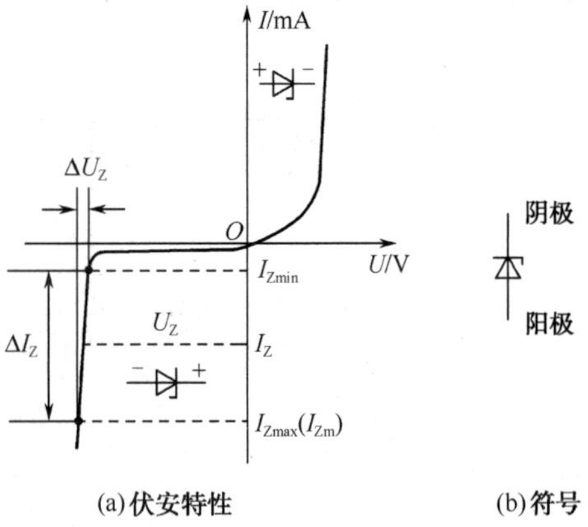

(a)伏安特性　(b)符号

图 10.3-1　稳压管的伏安特性和图形符号

稳压管的主要参数有 U_Z、I_Z 和 I_{Zm}，意义如下：

U_Z 是稳定电压，即稳压管在正常工作时，管子两端的电压值。

I_Z 是稳定电流，即稳压管在正常工作时，管子通过的电流值。

I_{Zm}是最大稳定电流，即稳压管正常工作时，允许通过的最大电流值，此限不能超过。

【例 10.3-1】 分析图 10.3-2 电路中稳压管 VD_Z 的稳压作用。

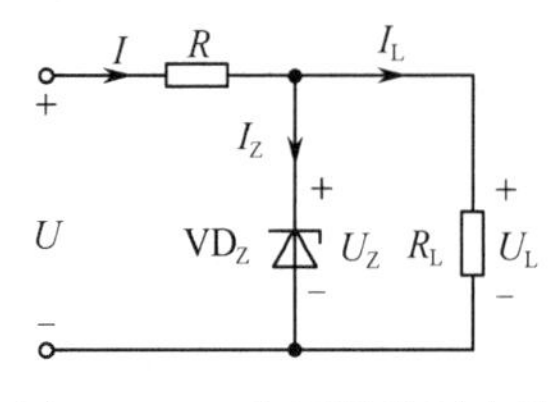

图 10.3-2 稳压管稳压电路

【解】 在电路的实际工作中，电源电压 U 经常会出现波动，负载根据实际需要也经常变化。电源波动和负载变化都会使负载的端电压 U_L 不稳定。为使负载电压稳定，可在电源和负载之间接上由稳压管 VD_Z 和限流电阻 R 组成的稳压电路，如图 10.3-2 所示。现分析以下两种情况的稳压原理。

（1）设电源电压波动（负载不变）

若 U 增加，负载电压 U_L（稳压管电压 U_Z）随着增加，从图 10.3-1(a)所示稳压管的伏安特性曲线上可以看出，U_Z 的增加会引起 I_Z 的显著增加，从而使电流 I 增大，电阻 R 上的电压 U_R 随着增大，U_L 回落，从而使 U_L 保持基本不变。其稳压过程可表示为

$$U\uparrow \longrightarrow U_L\uparrow \longrightarrow U_Z\uparrow \longrightarrow I_Z\uparrow\uparrow \longrightarrow I\uparrow \longrightarrow U_R\uparrow \longrightarrow U_L\downarrow$$

（2）设负载变化（电源电压不变）

若 R_L 减小（用电负载增多），I_L 增大，I 也增大，电阻 R 上的电压 U_R 随着增大，U_L 和 U_Z 则减小，U_Z 的减小会引起 I_Z 的显著减小，而使 I 减小，U_R 也减小，U_L 回升，从而使 U_L 保持基本不变。其稳压过程为

$$R_L\downarrow \longrightarrow I_L\uparrow \longrightarrow I\uparrow \longrightarrow U_R\uparrow \longrightarrow U_L\downarrow \longrightarrow U_Z\downarrow \longrightarrow I_Z\downarrow\downarrow \longrightarrow I\downarrow \longrightarrow U_R\downarrow \longrightarrow U_L\uparrow$$

由此可见，稳压管稳压电路是通过稳压管电流 I_Z 的调节作用和限流电阻 R 上电压降 U_R 的补偿作用而使输出电压稳定的。

【例 10.3-2】 设计一个稳压管稳压电路，如图 10.3-3 所示。已知：电源电压 $U = 20V$，负载电阻 $R_L = 0.8k\Omega$，负载所需稳定电压 $U_L = 12V$。请选择稳压管 VD_Z 和限流电阻 R。

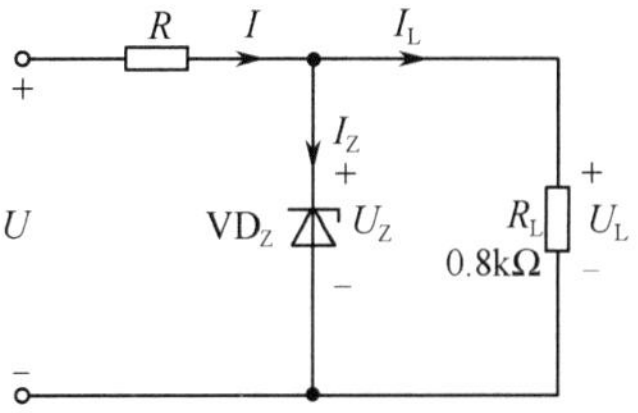

图 10.3-3 例 10.3-2 图

【解】 （1）负载电流 $I_L = \dfrac{U_L}{R_L} = \dfrac{12}{0.8\times10^3} = 15mA$。

（2）选择稳压管 VD_Z。稳压管的稳定电压 $U_Z = U_L = 12V$，可选择 2CW60 型硅稳压管（见附录 D），其 $U_Z = 12V$, $I_Z = 5mA$, $I_{Zm} = 19mA$。

（3）选限流电阻 R。电源电流 $I = I_Z + I_L$，$R = \dfrac{U - U_Z}{I} = \dfrac{20-12}{(5+15)\times10^{-3}}$=400Ω。

如果按 $I_Z = I_{Zm}$=19mA 考虑，则 $R = \dfrac{U - U_Z}{I} = \dfrac{20-12}{(19+15)\times10^{-3}}$=235.3Ω。

可见 R 的选择范围较大（400～235Ω），取 R = 300Ω，I_Z 在允许范围之内（5～19mA），稳压管可以安全工作。

2. 发光二极管

发光二极管（常称为 LED）也是由一个 PN 结组成的，常用的半导体材料是砷化镓和磷化镓。其外形和图形符号如图 10.3-4 所示。

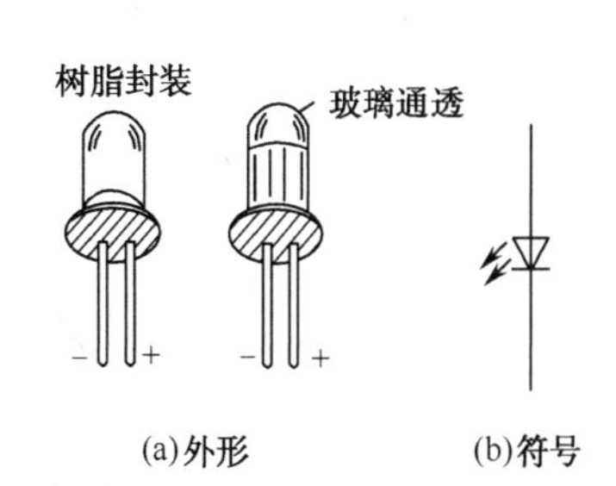

(a)外形 (b)符号

图 10.3-4 发光二极管的外形和符号

当发光二极管外加正向电压时，发光二极管正向导通，从 N 区扩散到 P 区的电子和由 P 区扩散到 N 区的空穴，在 PN 结附近数微米区域内复合，释放出能量，从而发出一定波长的红光、绿光或黄光。当发光二极管外加反

向电压时，发光二极管反向截止。

发光二极管的工作电压一般在 2V 以下，工作电流为几个毫安。

由于发光二极管具有工作电压低、体积小、功耗低、寿命长、工作可靠、使用方便等特点，所以被广泛用做工作指示灯和各种数字仪表、测量仪器、微型计算机及其他电子设备的数字显示。发光二极管也可用于照明和装饰照明，以及可充电的便携式移动照明。

3. 光电二极管

光电二极管是利用 PN 结的光敏特性制成的，它将接收到的光的变化转换为电流的变化。图 10.3-5(a)和(b)是它的外形和图形符号，其结构与普通二极管相似，管壳上有一个能入射光线的透明窗口。光电二极管是在反向电压下工作的。当无光照时，其反向电流很小，称为暗电流。当有光照时，产生较大的反向电流，称为光电流。光照愈强，光电流也愈大。

4. 光耦合器

光耦合器是由发光器件和光敏器件组成的，如图 10.3-6(a)和(b)所示。电信号在输入端，使发光二极管发光，光敏二极管接受照射，输出光电流。这样，通过电→光→电的转换，将电信号从输入端传送到输出端。光耦合器是用光传输电信号的电隔离器件(两管之间无电的联系)。

(a)外形 (b)符号 (a) 外形 (b) 原理电路

图 10.3-5 光电二极管的外形和符号

图 10.3-6 光耦合器

10.4 半导体三极管

10.4.1 基本结构

半导体三极管简称为晶体管，它由两个 PN 结组成，按其工作方式可分为 NPN 型和 PNP 型两大类，其外形、结构和电路符号如图 10.4-1 所示。

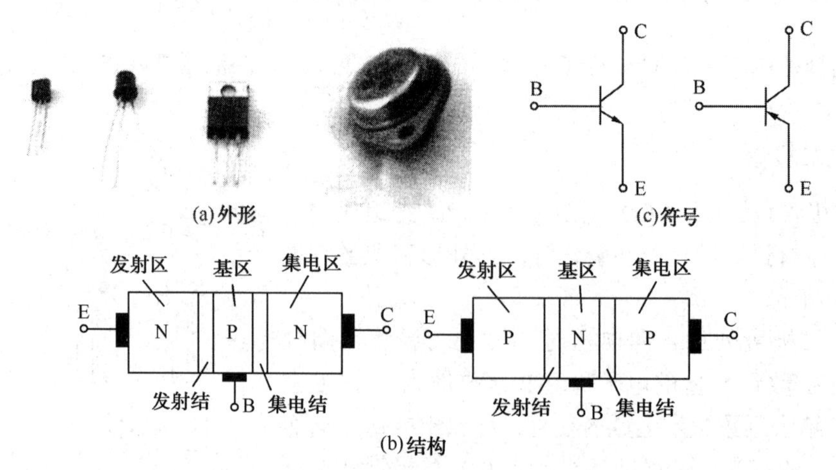

(a)外形 (c)符号

(b)结构

图 10.4-1 晶体管外形、结构和电路符号

由图 10.4-1(b)可知，两类晶体管都分成基区、发射区、集电区三个区。每个区分别引出的电极称为基极(B)、发射极(E)和集电极(C)。基区和发射区之间的 PN 结称为发射结；基区和集电区之间的 PN 结称为集电结。不论是 NPN 型或 PNP 型，都具有如下三个共同的特点：第一，基区的厚度很薄，掺杂浓度很低；第二，发射区的掺杂浓度很高；第三，集电结的结面积大。

NPN 型和 PNP 型晶体管尽管在结构上有所不同，但其工作原理是相同的。本书均以 NPN 型为例讲述其工作原理，如果遇到 PNP 型晶体管，只要把电源极性更换一下就可以了。

10.4.2 载流子分配及电流放大原理

为了了解晶体管的内部工作原理，我们先来分析一个实验电路，如图 10.4-2 所示。图中 E_B 是基极电源，R_B 是基极电阻，E_C 是集电极电源，R_C 是集电极电阻，$E_C > E_B$。晶体管接成两个回路：基极回路和集电极回路，发射极是公共端，这种接法称为共发射极接法。

因为 $V_B > V_E$，所以发射结上加的是正向电压(正偏)；$V_C > V_B$，所以集电结上加的是反向电压(反偏)。

实验时，改变基极电阻 R_B 的数值，则发现：基极电流 I_B、集电极电流 I_C 和发射电流 I_E 的大小都发生变化。现将各电流的测量结果列于表 10.4-1 中。

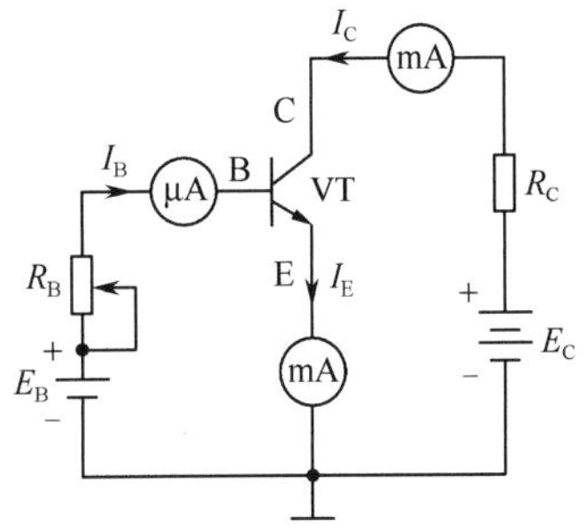

图 10.4-2 晶体管电流放大电路

表 10.4-1 实验的测量数据

各极电流(mA)	测量结果						
I_B	−0.001	0	0.02	0.04	0.06	0.08	0.10
I_C	0.001	0.01	0.70	1.50	2.30	3.10	3.95
I_E	0	0.01	0.72	1.54	2.36	3.18	4.05

实验数据分析

(1) 实验数据中的每一列都说明，流进晶体管的电流的代数和为零，可以写为

$$I_E = I_C + I_B$$

(2) 从电流的数量级上看，I_C 和 I_E 近似相等，且比 I_B 大得多，当 I_B 发生变化时，则 I_C 和 I_E 均随着变化。I_C 和 I_B 的比值在一定的范围内近似为常量。如

$$\frac{I_{C4}}{I_{B4}} = \frac{1.50}{0.04} = 37.5 \qquad \frac{I_{C5}}{I_{B5}} = \frac{2.3}{0.06} = 38.3 \qquad \frac{I_{C6}}{I_{B6}} = \frac{3.10}{0.08} = 38.7$$

如果 I_B 有一个微小的增量ΔI_B，如 I_B 从 0.04mA 增加到 0.06mA，增量ΔI_B =0.02mA，那么 I_C 就有很大的增量，即 I_C 从 1.5mA 增加到 2.3mA，增量ΔI_C = 0.8mA。二者比值为 $\frac{\Delta I_C}{\Delta I_B} = \frac{0.8}{0.02} = 40$。由上述数据分析可以看出，晶体管具有显著的电流放大作用[①]。

上述结论是在晶体管的发射结正偏、集电结反偏情况下得出的。

下面我们以晶体管内部载流子的运动和分配规律来研究晶体管的电流放大原理。载流子在晶体管内部的运动可分为发射区、基区和集电区三个区域来分析，而基区是核心，发生在基区

① 表 10.4-1 前两项数据的意义见本节主要参数 2、3 两项。

的现象能从本质上说明什么是晶体管的电流放大作用。

为了看清晶体管内部的载流子，把图 10.4-2 改画为图 10.4-3 所示电路，发射结仍为正偏，集电结仍为反偏。以下分析的主要方面是多数载流子。

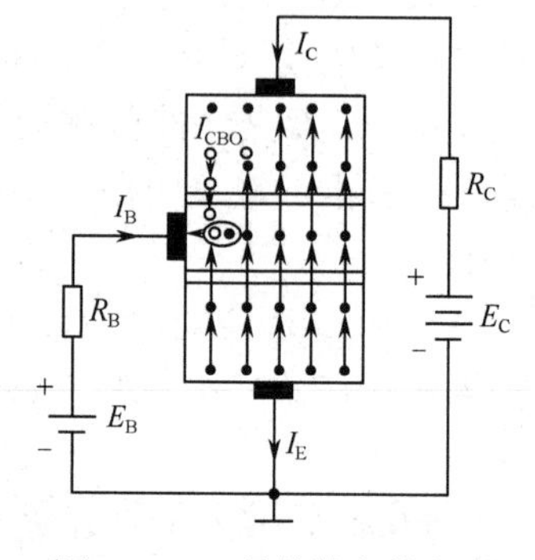

图 10.4-3　晶体管中的电流

① 发射区向基区扩散电子

因为发射结正偏，发射区的多数载流子(电子)将向基区扩散，形成发射极电流 I_E。与此同时，基区的空穴向发射区扩散，这一部分电流极小(因为基区空穴浓度很低)，可忽略不计。此时大量电子将越过发射结进入基区。

② 电子在基区进行扩散与复合

由发射区进到基区的电子，起初都聚集在发射结边缘，而靠近集电结的电子很少。这样，在基区形成了电子浓度上的差别，因此电子要向集电结边缘扩散。

在扩散过程中，由于基区自身的空穴浓度很低，而且基区很薄，所以绝大部分电子能扩散到集电结边缘，只有一小部分电子和基区的空穴相遇而复合掉。为便于理解，假设有 1000 个电子到达集电结，而只有 10 个电子被空穴复合，那么两者数量分配之比为 1000:10，用 $\overline{\beta}$ 表示，即为 $\overline{\beta}$=1000/10=100。

基极电源 E_B 的正极接基区，因此基极电源不断地从基区拉走受激发的价电子，这相当于不断补充基区被复合掉的空穴，并形成基极电流 I_B。

③ 集电区收集从发射区扩散过来的电子

由于集电结反偏，内电场增强，集电区的多数载流子(电子)不能扩散到基区，但内电场能把扩散到集电结边缘的电子拉到集电区。这部分电子流形成集电极电流 I_C。

以上便是载流子在三个区的运动情况，其中基区的运动最为关键。载流子在基区，奔向集电区的电子和被空穴复合的电子，在数量分配上有固定的比例关系，即为 $\overline{\beta}$。

下面说一下集电区的少数载流子空穴。在内电场的作用下空穴漂移到基区，形成反向饱和电流 I_{CBO}，该电流数值很小，可忽略不计(I_{CBO} 的意义见本节主要参数第 2 项)。

综上所述可得到三个结论：

（1）发射极电流 I_E、基极电流 I_B、集电极电流 I_C 的关系是 $I_E = I_B + I_C$，满足 KCL。

（2）集电极电流 I_C、基极电流 I_B 的关系是 $I_C = \overline{\beta} I_B$，可以认为晶体管能把数值为 I_B 的电流放大 $\overline{\beta}$ 倍并转化为集电极电流 I_C。这就是晶体管的电流放大作用。

（3）晶体管的电流放大作用，可以理解为晶体管的控制作用，即小电流 I_B 控制大电流 I_C，控制系数为 $\overline{\beta}$。

10.4.3　特性曲线

晶体管的特性曲线是内部载流子运动规律的外部表现，它反应了晶体管的性能，是分析放大电路的重要依据。最常用的是共发射极接法时的输入特性曲线和输出特性曲线。这些特性曲线可用晶体管特性曲线图示仪直观地显示出来，也可以通过如图 10.4-4 所示的实验电路进行测绘。

1. 输入特性曲线

输入特性曲线是指当集-射极电压 U_{CE} 为常数时，输入回路(基极回路)中基极电流 I_B 与基-射极电压 U_{BE} 之间的关系曲线，即 $I_B = f(U_{BE})$，如图 10.4-5 所示。

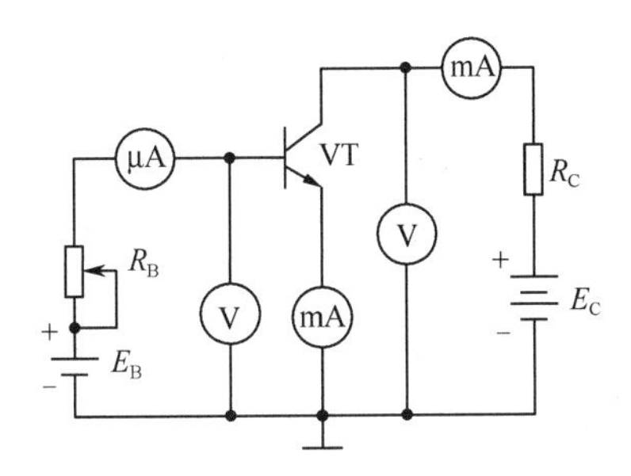

图 10.4-4　测量晶体管特性的实验

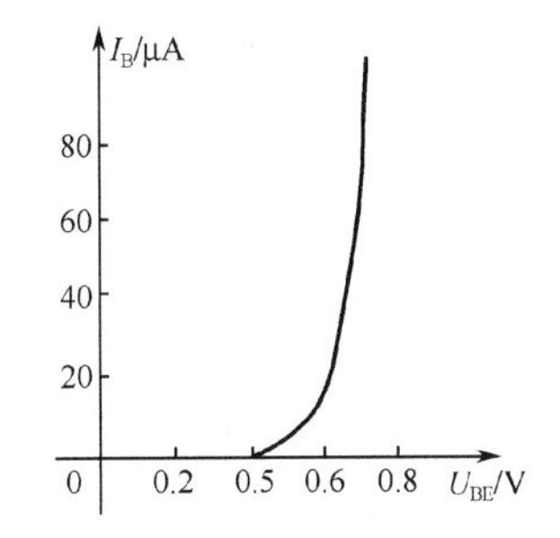

图 10.4-5　3DG6 晶体管的输入特性曲线

对硅管而言，当$U_{CE} \geqslant 1V$时，集电结反向偏置，使内电场足够强，可以把从发射区扩散到基区的电子中的绝大部分拉入集电区。如果此时再增大U_{CE}，只要U_{BE}不变，即发射结的内电场不改变，那么，从发射区发射到基区的电子数就一定，因而 I_B 也就基本上不变，故$U_{CE} \geqslant 1V$后的输入特性基本上是重合的。所以，通常只画$U_{CE} \geqslant 1V$的一条输入特性曲线。

由图 10.4-5 可见，晶体管的输入特性和二极管的正向伏安特性一样。当$U_{BE} < 0.5V$时(锗管为 0.1V)，$I_B \approx 0$，即此时晶体管处于截止状态，$U_{BE} < 0.5V$的区域同样称为死区。当$U_{BE} > 0.5V$后，I_B 增长很快。在正常工作情况下，NPN 型硅管的发射结工作电压$U_{BE} = 0.6 \sim 0.7V$ (PNP 型锗管的$U_{BE} = -0.2 \sim -0.3V$)。

2. 输出特性曲线

晶体管的输出特性曲线是指当基极电流 I_B 为常数时，输出电路(集电极回路)中集电极电流 I_C 与集-射极电压U_{CE}之间的关系曲线，即$I_C = f(U_{CE})$。在不同的 I_B 下，可得出不同的曲线，所以晶体管的输出特性曲线是一组曲线，如图 10.4-6 所示。

当 I_B 一定时，从发射区扩散到基区的电子数大致是一定的。在 $U_{CE} = 0 \sim 1V$ 这一段，随着U_{CE}的增大(集电结反偏，内电场增强，收集电子能力加强)，I_C 线性增加。在 U_{CE} 超过大约 1V 以后，内电场已足够强，这些电子的绝大部分都被拉入集电区而形成 I_C，以致当 U_{CE} 继续增大时，I_C 也不再有明显的增加，具有恒流特性。

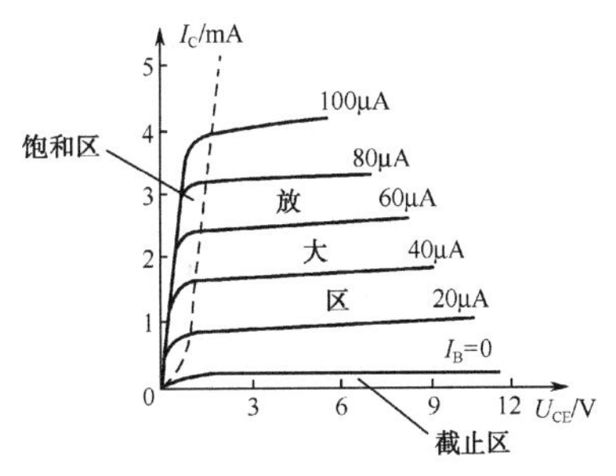

图 10.4-6　3DG6 晶体管的输出特性曲线

当 I_B 增大时，相应的 I_C 也增大，曲线上移，而且 I_C 比 I_B 增加得更多，这就是晶体管的电流放大作用的表现。

通常把晶体管的输出特性曲线分为三个工作区：

(1) 曲线的中间部分称为放大区。在这个区域内，I_C 与 I_B 基本上成正比关系，即 $I_C=\overline{\beta} I_B$，因此放大区又称为线性区。此时晶体管的发射结处于正向偏置，集电结处于反向偏置。

(2) $I_B = 0$ 的那条曲线以下的狭窄区域称为截止区。在这个区域内，由于 $I_B \approx 0$，$I_C \approx 0$，晶体管的 C、E 极之间相当于一个断开的开关。

(3) 左部画虚线的区域称为饱和区。在这个区域内，I_B 增加，I_C 增加不多，I_C 与 I_B 的线性关系被破坏，$I_C \neq \overline{\beta} I_B$，晶体管失去电流放大作用。晶体管饱和时，电压$U_{CE} = 0.2 \sim 0.3V$(锗管为 $0.1 \sim 0.2V$)，U_{CE}数值很小，近似为零，此时晶体管的 C、E 极之间相当于一个闭合的开关。

10.4.4　主要参数

晶体管的参数用来表征其性能和适用范围，是选管和设计电路的依据。晶体管的参数很多，这里只介绍几个主要参数。

1. 共射极电流放大系数 $\overline{\beta}$ 和 β

当晶体管接成共射极电路且工作在放大状态时，在静态(无输入信号)时集电极电流 I_C 与基极电流 I_B 的比值称为共发射极静态(又称直流)电流放大系数，用 $\overline{\beta}$ 表示，即

$$\overline{\beta}=I_C/I_B \tag{10.4-1}$$

当晶体管工作在动态(有输入信号)时，基极电流的变化量为 ΔI_B，由它引起的集电极电流变化量为 ΔI_C、ΔI_C 和 ΔI_B 的比值称为动态(又称交流)电流放大系数，用 β 表示，即

$$\beta=\Delta I_C/\Delta I_B \tag{10.4-2}$$

由以上两式可知，两个电流放大系数的含义不同，但在输出特性曲线近于平行等距的情况下，两者数值上较为接近，因而通常在估算时，即认为 $\beta\approx\overline{\beta}$ 。

由于制造工艺的分散性，同一种型号的晶体管，β 值也有差别。常用晶体管的 β 值在 20～200 之间。

2. 集-基极反向饱和电流 I_{CBO}

I_{CBO} 是当发射极开路($I_E=0$)时的集电流(见表 10.4-1 中第 1 列的 I_C 值)。I_{CBO} 是由少数载流子漂移运动(主要是集电区的少数载流子向基区运动)产生的，它受温度影响很大。在室温下，小功率锗管的 I_{CBO} 约为几微安到几十微安，小功率硅管在 1μA 以下。温度每升高 10℃，晶体管的 I_{CBO} 大约增加 1 倍。在实际应用中此数值愈小愈好。硅管的温度稳定性比锗管的要好，在环境温度较高的情况下应尽量采用硅管。

3. 集-射极穿透电流 I_{CEO}

I_{CEO} 是基极开路($I_B=0$)时的集电极电流(见表 10.4-1 中第 2 列的 I_C 值)。因为它是从集电极穿透晶体管而到达发射极的，所以又称穿透电流。

由于集电结反向偏置，集电区的空穴漂移到基区形成电流 I_{CBO}。而发射结正向偏置(在 E_C 作用下)，发射区的少量电子扩散到基区，其中一小部分与形成 I_{CBO} 的空穴相复合，而大部分被集电结拉到集电区，如图 10.4-7 所示，由于基极开路，即 $I_B=0$，所以参与复合的电子流也应等于 I_{CBO}。根据晶体管内部电流分配原则，从发射区扩散到达集电区的电子数，应为在基区与空穴复合的电子数的 $\overline{\beta}$ 倍，即此时集电极电流 $I_{CEO}=I_{CBO}+\overline{\beta}I_{CBO}=(1+\overline{\beta})I_{CBO}$。当 $I_B\neq 0$ 时，即基极不开路时，集电极电流应为

$$I_C=\overline{\beta}I_B+I_{CEO} \tag{10.4-3}$$

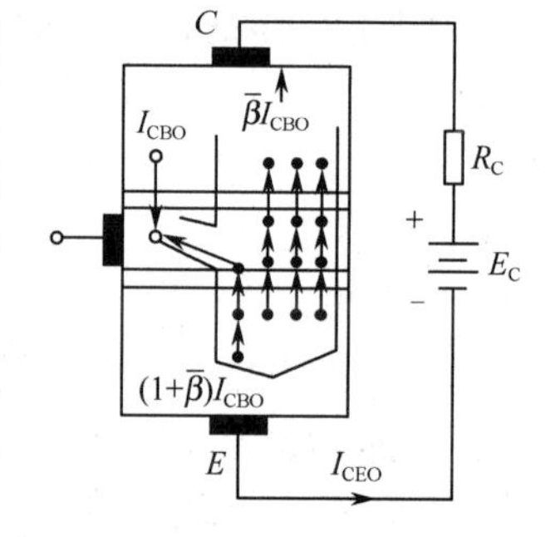

图 10.4-7 集-射极穿透电流

由以上分析可知，温度升高时，I_{CBO} 增大，I_{CEO} 随着增加，于是集电极电流 I_C 亦增加。所以，选用晶体管时一般希望 I_{CEO} 小一些。因为 $I_{CEO}=(1+\overline{\beta})I_{CBO}$，所以应选用 I_{CBO} 小的晶体管，而且 $\overline{\beta}$ 值亦不能太大，一般 $\overline{\beta}$ 值以不超过 200 为好。一般选用 $\overline{\beta}=50$～100 的晶体管。

4. 集电极最大允许电流 I_{CM}

集电极电流 I_C 超过一定值时，晶体管 $\overline{\beta}$ 值要下降。当 $\overline{\beta}$ 值下降到正常值 2/3 时的集电极电流，称为集电极最大允许电流 I_{CM}。因此在使用晶体管时，若 $I_C>I_{CM}$，晶体管不一定损坏，但 $\overline{\beta}$ 值要大大下降。

5. 集-射极击穿电压 $U_{(BR)CEO}$

基极开路时，加在集电极和发射极之间的最大允许电压称为集-射极击穿电压 $U_{(BR)CEO}$，当晶体管的集-射极电压 $U_{CE}>U_{(BR)CEO}$ 时，I_C 将突然增大，晶体管被击穿。当温度升高时，$U_{(BR)CEO}$ 随着下降，使用时应特别注意。

6. 集电极最大允许耗散功率 P_{CM}

由于集电极电流通过集电结时将产生热量，使结温升高，从而会引起晶体管参数变化。当晶体管因受热而引起的参数变化不超过允许值时，集电极所消耗的最大功率，称为集电极最大允许耗散功率 P_{CM}。

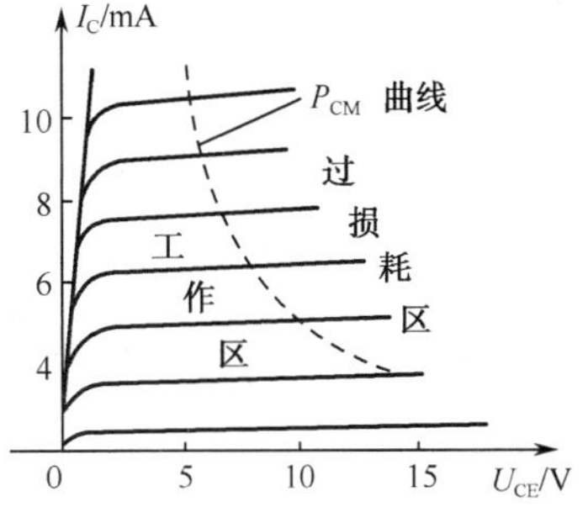

图 10.4-8　3DG6 的 P_{CM} 曲线

P_{CM} 主要受晶体管的温升限制，一般来说锗管允许结温为 70℃～90℃，硅管约为 150℃。

晶体管的 P_{CM} 值制造时已被确定，由 $P_{CM} = U_{CE}I_C$ 可知，U_{CE} 和 I_C 在输出特性曲线上的关系为一双曲线，这条曲线称为 P_{CM} 曲线，图 10.4-8 所示为 3DG6 的 P_{CM} 曲线。曲线左方 $U_{CE}I_C < P_{CM}$，是晶体管安全工作区；右方则为过损耗区，是晶体管不允许的工作区。

以上所介绍的几个参数中，β、I_{CBO} 和 I_{CEO} 是表示一个晶体管优劣的主要指标。I_{CM}、$U_{(BR)CEO}$ 和 P_{CM} 是晶体管的极限参数，表明晶体管的使用限制。

【例 10.4-1】 放大电路中的晶体管 VT1 和 VT2 如图 10.4-9(a) 和 (b) 所示，用直流电压表测得各点对地电位值是：$V_1 = 8V$, $V_2 = 1.2V$, $V_3 = 1.9V$；$V_4 = -3.3V$, $V_5 = -9V$, $V_6 = -3.1V$。(1) 确定 VT_1 的类型和各电极；(2) 确定 VT_2 的类型和各电极。

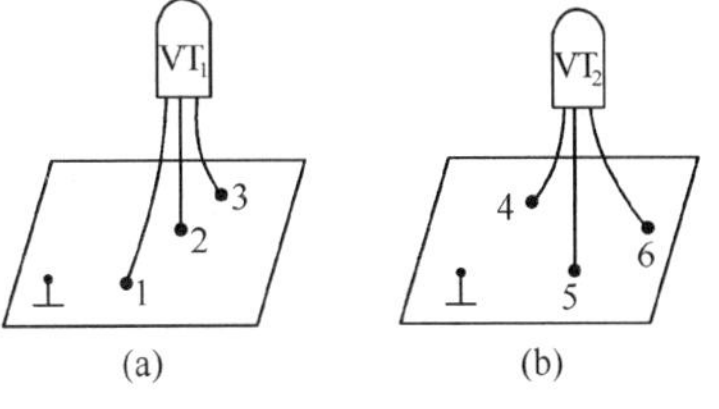

图 10.4-9　例 10.4-1 图

【解】 确定放大电路晶体管的类型和电极时，可参考以下两点：

(a) NPN 型管子的 $U_{BE} = 0.6～0.7V$；PNP 型管子的 $U_{BE} = -0.2～-0.3V$。

(b) NPN 型管子各极电位是 $V_C > V_B > V_E$；PNP 型管子各极电位是 $V_E > V_B > V_C$。所以，

(1) VT_1 管：$V_3 - V_2 = 1.9 - 1.2 = 0.7V$，是 NPN 型。1 是集电极，3 是基极，2 是发射极。

(2) VT_2 管：$V_4 - V_6 = -3.3-(-3.1) = -0.2V$，是 PNP 型。5 是集电极，4 是基极，6 是发射极。

思考题

10.4-1　晶体管的基区为什么掺杂浓度很低，而且厚度很薄？

10.4-2　要使晶体管工作在放大状态，发射结为什么必须正偏？集电结为什么必须反偏？

10.4-3　怎样理解晶体管的电流放大作用实际上是一种控制作用？是哪个电路控制哪个电路？是哪个量控制哪个量？在控制过程中，电路会有功率和能量消耗，那么这些功率和能量由何处供给？

10.4-4　图 10.4-2 是 NPN 型晶体管电流放大电路，如果改用 PNP 型晶体管，那么电源 E_C 和 E_B 的正、负极应如何连接？电流 I_B、I_C、I_E 的方向如何？

10.5　场效应晶体管

场效应晶体管是一种工作原理与普通晶体管截然不同的半导体三极管，其作用也可用做放大元件和开关元件等，外形也与普通晶体管相似。在普通晶体管中，电子和空穴两种载流子同时参与导电；而在场效应晶体管中，仅靠一种多数载流子导电。另外，普通晶体管是电流控制型器件，通过基极电流控制集电极电流，信号源必须提供输入电流，晶体管才能工作，所以输入电阻较低(约 $10^2～10^4\Omega$)；场效应晶体管则是电压控制型器件，通过输入电压的电场效应控制输出回路的电流，因而得名场效应晶体管。由于场效应晶体管的输出电流受

控于输入电压，基本上不需要输入电流，所以输入电阻很高(可达 $10^9 \sim 10^{14}\Omega$)，这是场效应晶体管的重要特点。场效应晶体管还有制造工艺简单、便于集成和受温度与辐射影响小等特点，得到广泛应用。

场效应晶体管按其结构和导电原理的不同，分为几种类型，其中绝缘栅型场效应晶体管最为典型，应用最为广泛。这种管子是由金属电极、氧化物绝缘层和半导体材料构成的，故又称为金属-氧化物-半导体场效应晶体管，简称 MOS 管①。MOS 管从制造工艺上分为增强型和耗尽型两类，从导电原理上分为 N 沟道和 P 沟道两种形式。下面分析 N 沟道增强型和 N 沟道耗尽型 MOS 管。

10.5.1 N 沟道增强型 MOS 管

1. 基本结构

图 10.5-1(a)是 N 沟道增强型 MOS 管的结构示意图。

用一块杂质浓度较低的 P 型硅薄片做衬底，其上扩散两个相距很近的高掺杂 N^+型区，并在 P 型硅表面上制成一层二氧化硅绝缘层，再在两个 N^+型区和二氧化硅表面安放三个金属电极，分别是源极 S、栅极 G 和漏极 D，这就是增强型 MOS 管。增强型 MOS 管的图形符号如图 10.5-1(b)所示。

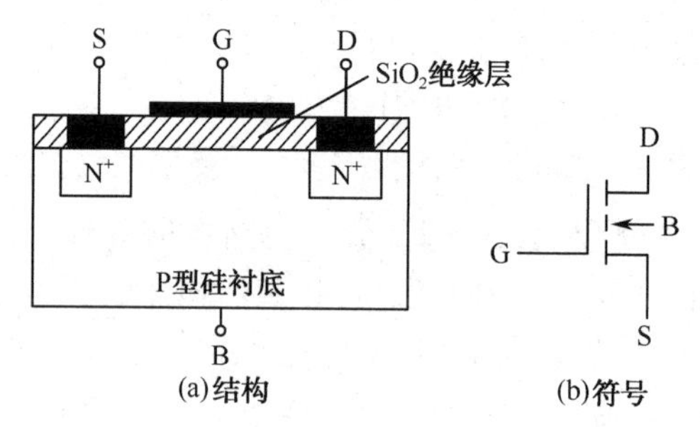

图 10.5-1 N 沟道增强型 MOS 管的结构和符号

2. 工作原理

由图 10.5-1(a)可见，栅极 G 与另两个电极和衬底之间是绝缘的，所以有绝缘栅之称。还可以看出，N^+型漏区和 N^+型源区之间被 P 型衬底隔开，漏区 D 和源区 S 之间存在两个背靠背的 PN 结，当栅极-源极电压 $U_{GS}=0$ 时，不管漏极和源极之间加多大的电压，两个 PN 结中总有一个是反向偏置的，漏极电流很小，近似为零。

如果在栅极和源极之间加上正向电压 U_{GS}，情况就会发生变化：在 U_{GS} 的作用下，SiO_2 绝缘层会产生垂直于衬底表面的电场，如图 10.5-2 所示。由于 SiO_2 绝缘层很薄，可以产生很强的电场，电场强度可达 $10^5 \sim 10^6$V/cm。于是，P 型衬底中的电子受到强电场力的吸引，到达表层，形成一个电子薄层(N 型层，因与 P 型衬底极性相反，也称为反型层)。这个薄层便是漏极 D 与源极 S 之间的导电沟道(即导电通道)，称为 N 型沟道。U_{GS} 正值愈高，N 型沟道愈宽。此类 MOS 管称为 N 沟道增强型 MOS 管，简称 NMOS 管。形成导电沟道后，在漏极-源极电压 U_{DS} 作用下，将产生漏极电流 I_D，管子导通，如图 10.5-3 所示。

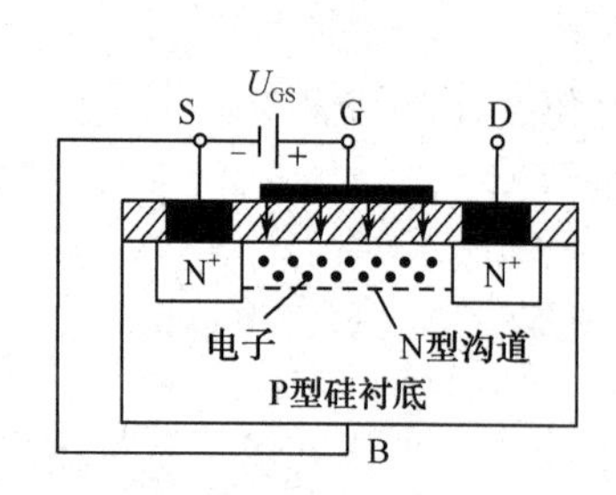

图 10.5-2 N 沟道增强型 MOS 管导电沟道的形成

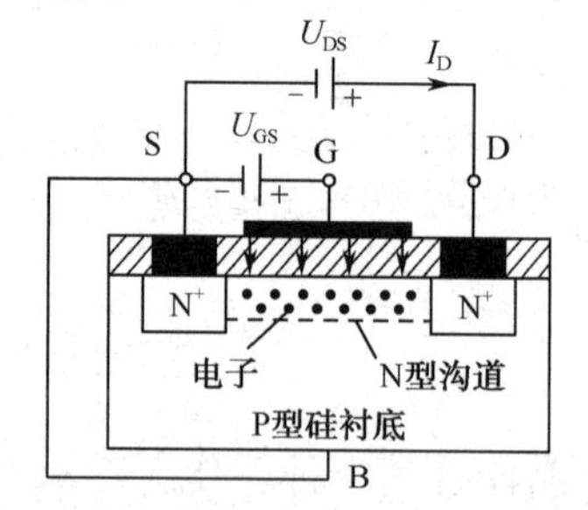

图 10.5-3 N 沟道增强型 MOS 管的导通

3. 特性曲线

NMOS 管的特性曲线有转移特性曲线和输出特性曲线，如图 10.5-4(a)和(b)所示。

① MOS 是 Metal（金属）、Oxide（氧化物）和 Semiconducter（半导体）的缩写。

转移特性是 U_{GS} 与 I_D 的关系，即

$$I_D = f(U_{GS})\big|_{U_{DS}=定值}$$

转移特性曲线表述了栅源电压 U_{GS} 对漏极电流 I_D 的控制作用。在一定的漏源电压 U_{DS} 下，使管子从不导通到导通的临界 U_{GS} 值，称为开启电压，用 $U_{GS(th)}$表示。当 $0 < U_{GS} < U_{GS(th)}$ 时，N 型沟道尚未形成，漏极电流 $I_D = 0$；当 $U_{GS} > U_{GS(th)}$时，N 型沟道形成，且在 U_{DS} 一定时，漏极电流 I_D 随 U_{GS} 的上升而增大。

输出特性是 U_{DS} 与 I_D 的关系，即

$$I_D = f(U_{DS})\big|_{U_{DS}=定值}$$

该曲线类似普通晶体管的输出特性曲线。

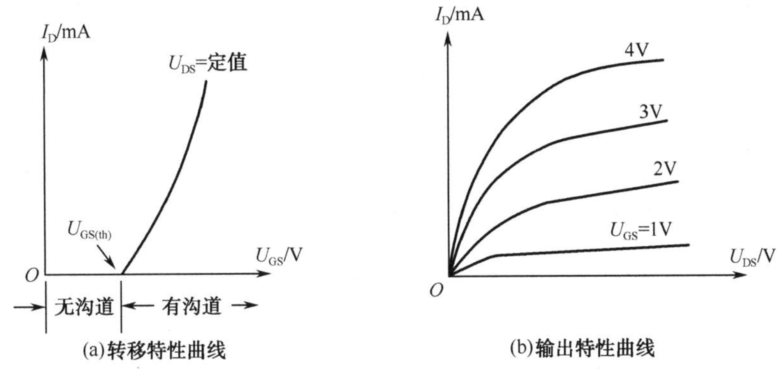

图 10.5-4　N 沟道增强型 MOS 管的特性曲线

10.5.2　N 沟道耗尽型 MOS 管

上面讨论的增强型 MOS 管在制造时未生成原始导电沟道，只有在外加栅源电压 U_{GS} 的作用下才产生导电沟道。如果在制造时，就在漏、源极之间预先生成一条原始的导电沟道，这类 MOS 管就称为耗尽型 MOS 管。

图 10.5-5(a)和(b)是耗尽型 NMOS 管的结构示意图和电路符号。它在制造时就在二氧化硅绝缘层中掺入了大量正离子。在这些正离子产生的强电场作用下，即使栅源电压 $U_{GS} = 0$，P 型衬底表面也能感应出电子薄层(反型层)，形成漏、源极之间的导电沟道(N 沟道)。只要在漏、源极之间加正向电压 U_{DS}，就会产生漏极电流 I_D，如图 10.5-6 所示。此时，如果在栅、源极之间加正向电压，即 $U_{GS} > 0$，则将在沟道中感应出更多的电子，使沟道变宽，漏极电流 I_D 增大；反之，如果在栅、源极之间加反向电压，即 $U_{GS} < 0$，则会在沟道中感应出正电荷与电子复合，使沟道变窄，漏极电流 I_D 减小。当 U_{GS} 负到一定值时，导电沟道被夹断，漏极电流 $I_D = 0$。此时的 U_{GS} 称为夹断电压，用 $U_{GS(off)}$表示。

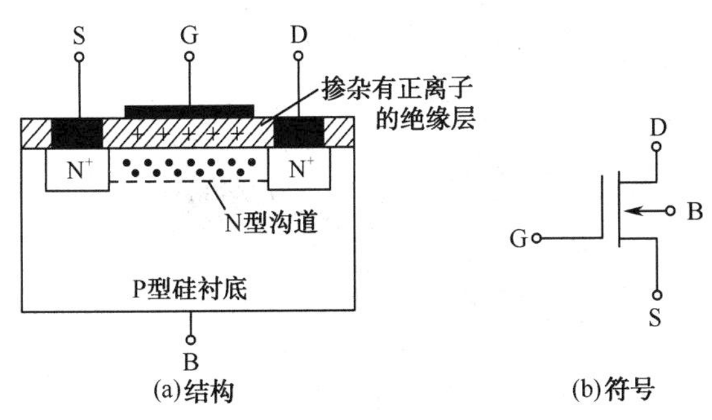

图 10.5-5　N 沟道耗尽型 MOS 管的结构和符号

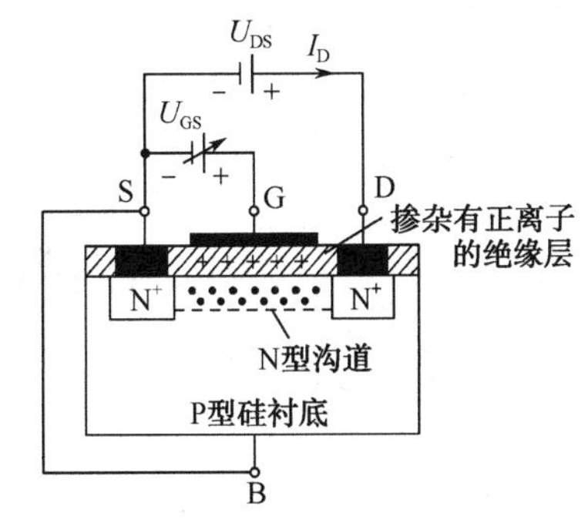

图 10.5-6　N 沟道耗尽型 MOS 管的导通

N 沟道耗尽型 MOS 管的转移特性曲线和输出特性曲线如图 10.5-7(a)和(b)所示。耗尽型 NMOS 管对栅、源极电压 U_{GS} 的要求比较灵活，无论 U_{GS} 是正，是负，还是零，都能控制漏极电流 I_D。

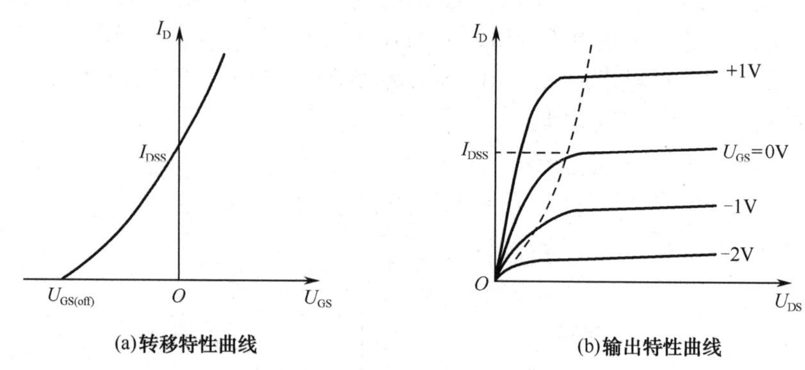

图 10.5-7　N 沟道耗尽型 MOS 管的特性曲线

MOS 管无论是增强型还是耗尽型，除 N 沟道类外，还有 P 沟道类，这类管子称为 PMOS 管。与 NMOS 管比较，PMOS 管的衬底是 N 型半导体，源区和漏区则是 P^+型的，工作原理与 NMOS 管相似。但电源 U_{GS} 和 U_{DS} 的极性与 NMOS 管相反。增强型 PMOS 管的开启电压 $U_{GS(th)}$为负，耗尽型 PMOS 管的夹断电压 $U_{GS(off)}$为正。增强型和耗尽型 PMOS 管的表示符号与增强型和耗尽型 NMOS 管相似，只是衬底的箭头方向相反(PMOS 管衬底箭头方向向外)。

表示场效晶体管放大能力的参数是跨导，用 g_m 表示，即

$$g_m = \left.\frac{\Delta I_D}{\Delta U_{GS}}\right|_{U_{DS}=\text{定值}}$$

它定义为：当漏源电压为某固定数值时，漏极电流 I_D 的微小变化量ΔI_D 与引起其变化的栅源电压 U_{GS} 的微小变化量ΔU_{GS} 的比值。

g_m 描述了栅源电压 U_{GS} 对漏极电流 I_D 的控制能力，$\Delta I_D / \Delta U_{GS}$ 就是场效晶体管转移特性曲线上某点切线的斜率。

在上式中，若 I_D 的单位是毫安(mA)，U_{GS} 的单位是伏(V)，则 g_m 的单位是毫西门子(mS)。

思考题

10.5-1　场效应晶体管与普通晶体管在控制方式上有何区别？

10.5-2　为什么场效应晶体管具有很高的输入电阻？

10.5-3　增强型 NMOS 管和耗尽型 NMOS 管有何区别？

10.6　半导体二极管伏安特性的仿真

本节研究二极管伏安特性的非线性。

图 10.6-1(a)、(b)是二极管外加直流电源时的仿真电路图。

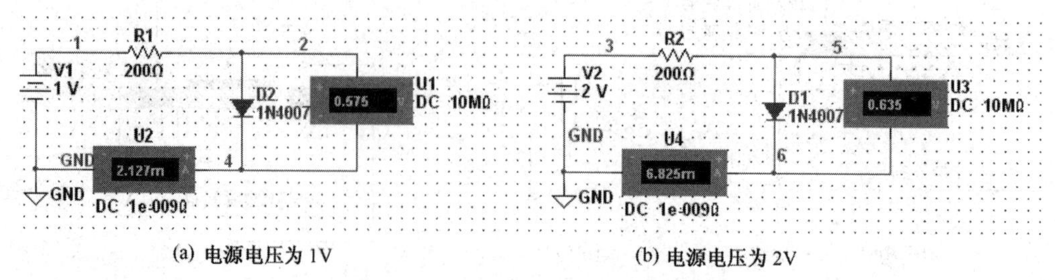

图 10.6-1　测量二极管的正向伏安特性

仿真内容为：

（1）用直流电压表和电流表测量二极管的伏安特性。

（2）测量二极管的正向电阻

在图 10.6-1(a)中，当直流电源电压为 1V 时，二极管两端的电压表读数为 0.575V，电流表读数为 2.127mA，二极管处于微导通状态；在图(b)中，当直流电源电压为 2V 时，电压表的读数为 0.635V，电流表的读数为 6.825mA；二极管进入快速导通状态；再增加电源电压，其测量结果如表 10.6-1 所示。

表 10.6-1　二极管正向伏安特性的测量结果

直流电源电压	1V	2V	3V	4V	5V	6V
二极管两端电压	0.575V	0.635V	0.663V	0.681V	0.695V	0.706V
二极管流过的电流	2.127mA	6.825mA	12mA	17mA	22mA	26mA
二极管的直流电阻	270Ω	93Ω	52.5Ω	40Ω	31.5Ω	27Ω

结论：（1）从仿真结果可见，当电源电压增加时，二极管中的电流增加较多，变化量较大，而二极管两端的电压增加较少，变化量不大；说明二极管两端电压不是常数，二极管的正向电阻不是常数，即二极管是非线性元件。

（2）从表 10.6-1 可见，二极管的正向电流越大，其正向电阻越小；说明二极管两端电压增加量越小，即二极管的正向伏安特性越陡。

本 章 小 结

本章讨论了以下两个方面的内容。

1．半导体的导电特性

（1）半导体导电能力受温度、光照和掺杂的影响(掺杂的影响最为显著)。

（2）本征半导体掺杂后形成 N 型半导体和 P 型半导体，最后得到 PN 结。

（3）PN 结具有单向导电性，由此决定了它在半导体电子技术中的重要地位，制造各种半导体器件都离不开它。

2．半导体器件

（1）二极管系列

主要包括二极管、稳压二极管、发光二极管、光电二极管和光耦合器。尽管它们的外形、原理和用途不同，但仍有相同之处。应掌握两条主线：①都是由一个 PN 结构成的(光耦合器实际上也是如此)。②都以单向导电性为理论基础。

其余需要掌握的是：

① 实际二极管：正向导通时，管子的正向压降，硅管 0.6～0.7V，锗管 0.2～0.3V。使用时，管子的正向电流 $I < I_{FM}$(最大正向平均电流)，管子的反向电压 $U < U_{RM}$(最高反向工作电压)。

理想二极管：定性分析时常将二极管视为理想二极管。此时二极管正偏导通相当于短路(钳位)，反偏截止相当于断路(隔离)。

② 稳压管：它的主要用途是稳压，工作在反向击穿区，使用时，管子的稳压电流 $I_Z < I_{Zmax}$(最大稳压电流)。稳压管如果用在正向区，它相当于二极管。

（2）晶体管系列

主要包括晶体管、场效应晶体管。它们有相同之处也有不同之处。相同之处主要指它们的功能相同（都有放大作用，可用做放大元件和开关元件）。不同之处主要指它们的结构、导电原理和控制方式。需要掌握的是：

① 晶体管：它是电流控制型器件，分为 NPN 型和 PNP 型两大类，有放大、饱和、截止三种工作状态。

（a）放大装态：$I_C=\overline{\beta} I_B$，具有电流放大作用。条件是发射结正偏，集电结反偏。

（b）饱和状态：$I_C \neq \overline{\beta} I_B$，没有电流放大作用。条件是发射结正偏，集电结也正偏。晶体管饱和的标志是管压降 $U_{CE}\approx 0$。此时 C、E 之间相当于开关的闭合。

（c）截止状态：$I_C \approx 0$。条件是，发射结反偏，集电结也反偏。晶体管截止的标志是 $I_C \approx 0$；或者发射结反偏、零偏。此时 C、E 之间相当于开关的断开。

在分析晶体管工作状态时，根据 $U_{CE}\approx 0$ 可判定晶体管已处于饱和状态；根据 $I_C\approx 0$ 或 $U_{BE} < 0$（反偏）或 $U_{BE}=0$（零偏），都可判定晶体管已处于截止状态。

② 场效应晶体管：场效应晶体管是电压控制型器件，工作在放大区时，$I_D = g_m U_{GS}$。

本书只分析了 NMOS 管。和 NMOS 管相对应的还有 PMOS 管，这两种管子在后续内容中将会用到。

习题

10-1　二极管电路如题图 10-1(a)和(b)所示，求输出电压 U_o。设二极管为理想二极管。

10-2　分析题图 10-2(a)和(b)所示二极管 VD_1 和 VD_2 的工作状态，并求输出电压 U_o。设二极管为理想二极管。

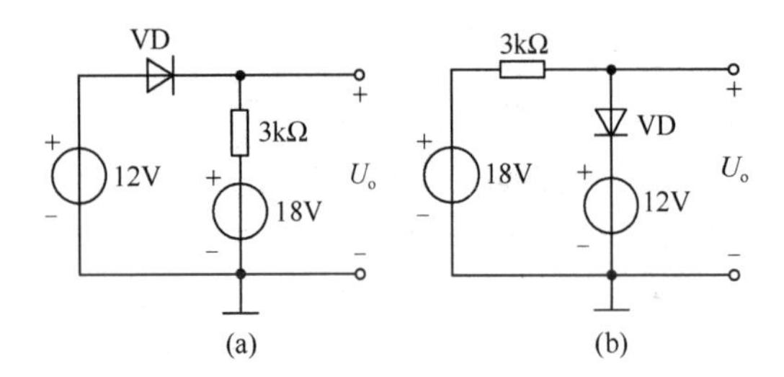

题图 10-1

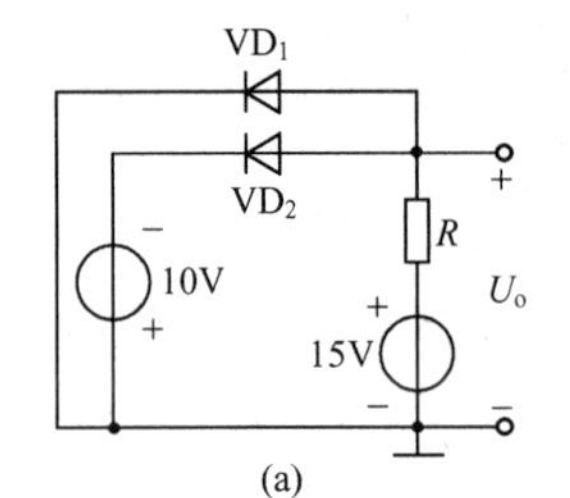

VD_1　VD_2　12V　9V　R　6V　U_o　(b)

题图 10-2

10-3　在题图 10-3 中，分别求出下列情况下输出端 F 的电位及各元件（R、VD_A、VD_B）中通过的电流。（1）$V_A = V_B = 0V$；（2）$V_A = 3V$，$V_B = 0V$；（3）$V_A = V_B = 3V$。设二极管为理想二极管。

10-4　在题图 10-4 中，已知 $u_i = 10\sin\omega t V$，$E = 5V$，画出输出电压 u_o 的波形图。设二极管为理想二极管。

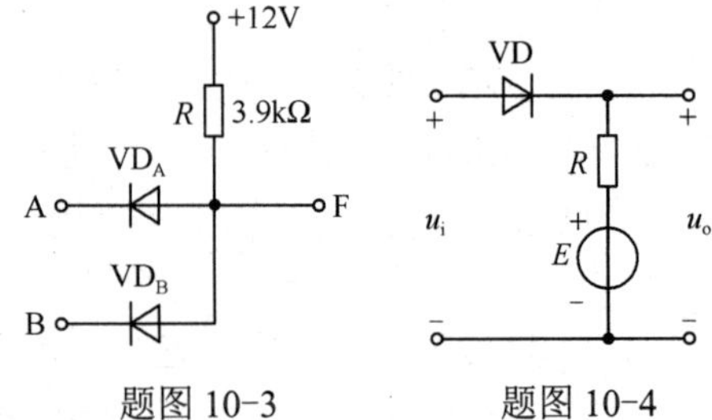

题图 10-3　　题图 10-4

10-5　在题图 10-5 所示各电路中，稳压管 VD_{Z1} 和 VD_{Z2} 的稳定电压分别为 6V 和 8V，正向压降均为 0.7V。求各电路输出的电压 U_o。

10-6　题图 10-6 是放大电路板的一部分（只画出了三只 NPN 型或 PNP 型晶体管，其余元件未画出），放大电路由+12V 电源供电。现已测出若干点的电位值：

（1）$V_1 = 8V, V_2 = 2.6V, V_3 = 3.2V$；（2）$V_4 = 10.2V, V_5 = 10V, V_6 = 5V$；（3）$V_7 = 0.7V, V_8 = 0V, V_9 = 8.5V$。

请对管子的类型和电极进行分析，在圆括号内标出电极（B、E、C），在方括号内标出类型（NPN、PNP）。

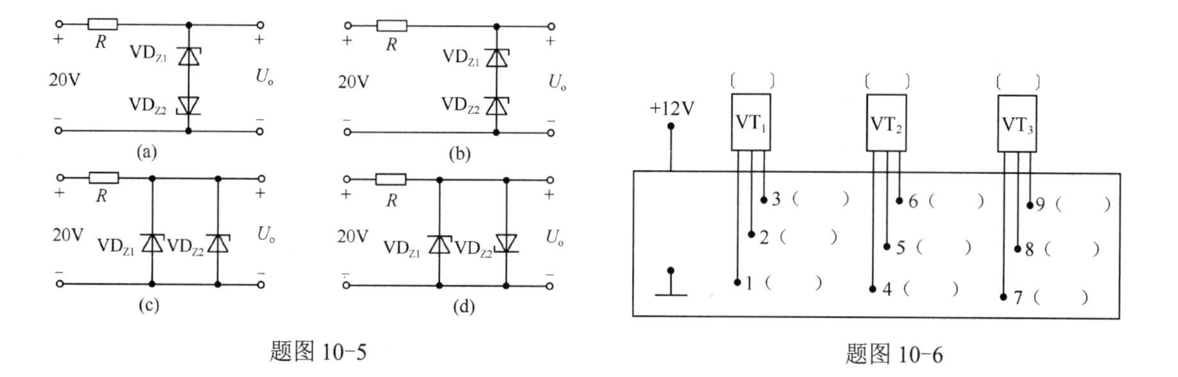

题图 10-5　　　　题图 10-6

10-7　在题图 10-7 中，设 $u_i=10\sin\omega t$V，画出输出电压 u_o 的波形图。设二极管为理想二极管。

10-8　有两个稳压管 VD_{Z1} 和 VD_{Z2}，稳定电压分别为 5.5V 和 8.5V，正向电压均为 0.5V。如果要得到 3V、6V、9V、14V 几种稳定电压，请画出各稳压电路图。

10-9　在题图 10-9 中，稳压管 VD_{Z1} 的稳定电压为 5V，稳压管 VD_{Z2} 的稳定电压为 8V。求输出电压 U_o 和电流 I、I_{Z1}、I_{Z2}。

10-10　稳压管稳压电路如题图 10-10 所示，其中的稳压管为 2CW59 型，稳定电压 U_Z = 10V，最大稳定电流 I_{Zm}= 20mA。验算该电路设计是否存在问题。如果存在问题，请局部简单修改一下设计。

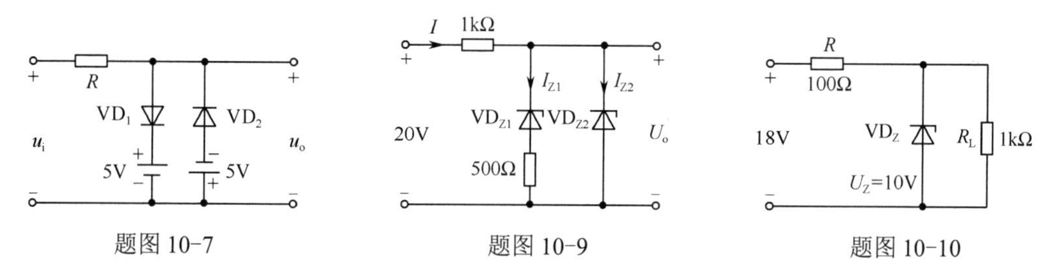

题图 10-7　　　　题图 10-9　　　　题图 10-10

10-11　题图 10-11 是由二极管、晶体管和小型直流继电器构成的自动关灯电路(用于走廊或楼道短时照明)。按一下按钮 SB 后，继电器线圈 KA 通电，吸合其常开触头 KA_1，接通交流电源，电灯亮。经过一定时间 t 后，电灯自动熄灭。

（1）分析该电路的工作原理，二极管 VD 起什么作用？

（2）若电容电压 U_C 降低至 1V 时电灯熄灭，计算时间 t(晶体管发射结电阻忽略不计)。

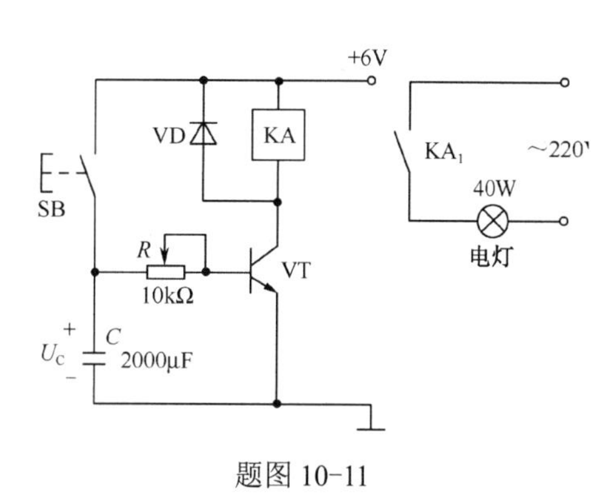

题图 10-11

第11章　基本放大电路

【本章主要内容】 放大电路的类型很多，本章主要介绍共发射极交流电压放大电路、共集电极交流电压放大电路和差分放大电路的基本组成、基本工作原理和基本分析方法，为学习后面的集成运算放大电路打好基础。

来自宇宙和人类生产活动中的某些信号源十分微弱，必须经过接收、转换、处理和放大才能利用。放大电路就具有将微弱的电信号加以放大的能力，是电子设备中最常用的基本单元之一，广泛应用于通信、自动控制、科学研究、交通运输、军事装备中。

【引例】 扩音机工作时，是如何把话筒中的微弱语音信号放大成宏亮声音的？能量也能放大吗？这个问题的解答就在下面的讨论中。

11.1　共发射极交流电压放大电路

共发射极交流电压放大电路如图11.1−1所示，晶体管VT的发射极为输入回路和输出回路所共有，故称共发射极放大电路。正弦信号的电压放大器是应用最广泛的放大器，在以下的分析中，我们把图11.1−1所示的共发射极交流电压放大电路简称为放大电路。

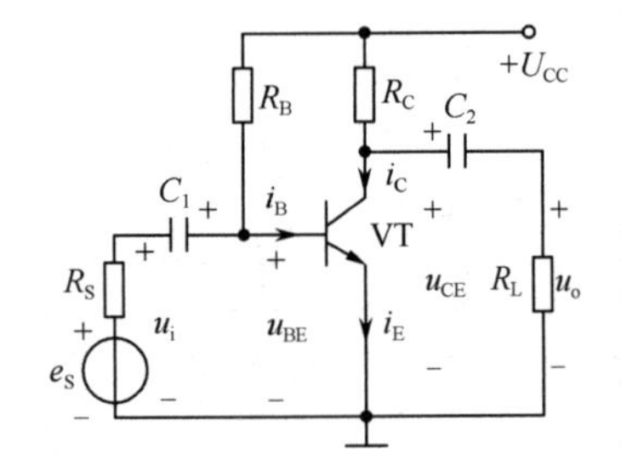

图11.1−1　交流电压放大电路

11.1.1　放大电路的基本组成

无论何种类型的放大电路，均由三部分组成。第一部分是晶体管VT，它是放大电路的核心(具有最关键的电流放大作用)。第二部分是直流偏置电路，使晶体管发射结正偏($V_B > V_E$，$U_{BE} = 0.6\sim0.7V$)，集电结反偏($V_C > V_B$)。当U_{CC}为定值时(一般为十几伏)，选取适当阻值的R_B和R_C即可满足偏置电路的要求。一般R_B约为几百千欧，R_C约几千欧。第三部分是为信号提供通路的耦合电容C_1和C_2。C_1的作用是将输入信号(u_i)传递到晶体管上，C_2的作用是将被晶体管放大后的信号(u_o)送到负载R_L上。C_1和C_2的另一个作用是：C_1可以隔断直流电源U_{CC}对信号源的影响，C_2可以隔断直流电源U_{CC}对负载R_L的影响。所以，C_1和C_2既称耦合电容器，又称隔直电容器。由于工作要求，C_1和C_2的容量较大(容抗很小)，一般为几十至几百微法。

以上讨论的是NPN管放大电路，如果是PNP管放大电路，只需将电源U_{CC}和电容C_1及C_2的极性改变一下即可。

11.1.2　放大电路的放大原理

放大电路在工作过程中，有静态($u_i = 0, u_o = 0$)和动态($u_i \neq 0, u_o \neq 0$)之分，下面用图解的方式予以直观的展示。

1. 静态

放大电路静态时，由于$u_i = 0$，晶体管没有接收到交流信号，就没有交流信号输出，所以负载R_L上的输出信号$u_o = 0$。此时在晶体管的电路中，电压、电流只有直流成分，没有交流成分，如图11.1−2所示。在输入电路有U_{BE}和I_B，在输出电路有

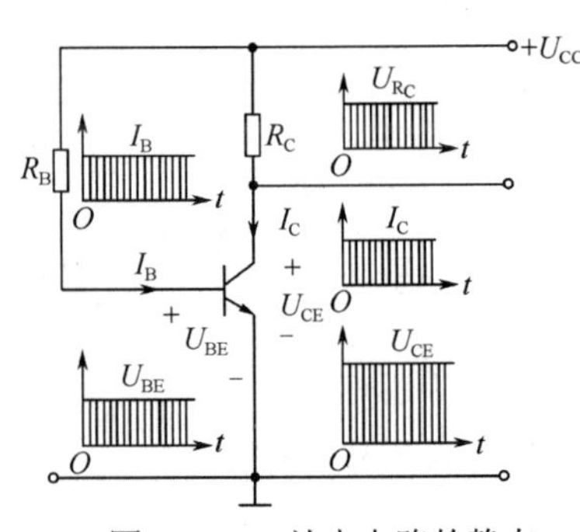

图11.1−2　放大电路的静态

I_C和U_{CE}，它们都是直流量，称为静态值。它们的关系是

$$U_{BE}(0.7V) \longrightarrow I_B \xrightarrow{\beta} I_C \nearrow U_{RC} \searrow U_{CE}$$

其中，$U_{CE}=U_{CC}-I_CR_C$，U_{CE}是晶体管的管压降，I_CR_C是集电极电阻R_C上的电压降U_{Rc}，两者之和等于直流电源电压U_{CC}(此结论也适用于动态)。

2．动态

为使电路图清晰，暂不画出信号源和负载电阻。输入端用 1 和 2 表示，标出输入电压u_i；输出端用 3 和 4 表示，标出输出电压u_o，如图 11.1-3 所示。

当放大电路的输入电压$u_i \neq 0$时，u_i通过C_1(C_1可视为短路)径直到达晶体管的发射结，叠加在静态电压U_{BE}上，总电压可表示为$u_{BE}=U_{BE}+u_{be}$，式中$u_{be}=u_i$。以静态电压U_{BE}为基准，u_{be}上下以正弦规律变化，但发射结总电压u_{BE}始终为正，保持正偏，晶体管处于放大状态。u_{be}产生基极电流i_b，i_b叠加在静态电流I_B上。i_b被放大β倍变成集电极电流i_c，i_c叠加在静态电流I_C上。i_c流过集电极电阻R_C，产生交流信号电压降$u_{Rc}=i_cR_C$，u_{Rc}叠加在静态电压降U_{Rc}上。与图 11.1-2 相比，在图 11.1-3 上，电阻R_C增加了一个交流信号电压降$u_{Rc}=i_cR_C$。

根据集电极电阻R_C电压降与晶体管管压降之和等于电源电压U_{CC}的结论，在图 11.1-3 中，R_C上增加一个电压降u_{Rc}，晶体管上就应该减少一个等量的电压降u_{ce}，使$u_{RC}+u_{ce}=0$，即$u_{ce}=-u_{Rc}=-i_cR_C$。在这里，R_C起了这样的作用：将晶体管的电流信号转换为电压信号。从图上可看出，交流信号管压降u_{ce}通过C_2(此时，C_2可视为短路)送至输出端，这就是输出电压u_o，即$u_o=u_{ce}$。从以上分析可知，u_o的幅度比u_i大多了，这就是电压放大的作用，而且u_o的相位与u_i相反。以上过程的各交流信号分量的传输路径关系是

$$u_i(\mu V\text{级}) \longrightarrow u_{be} \longrightarrow i_b \xrightarrow{\beta} i_c \nearrow u_{Rc} \searrow u_{ce} \longrightarrow u_o(mV\text{级})$$

综上所述，对动态放大电路可得如下结论：（1）u_o的幅度比u_i增大了；（2）u_o的相位与u_i相反；（3）u_o的频率与u_i相同。

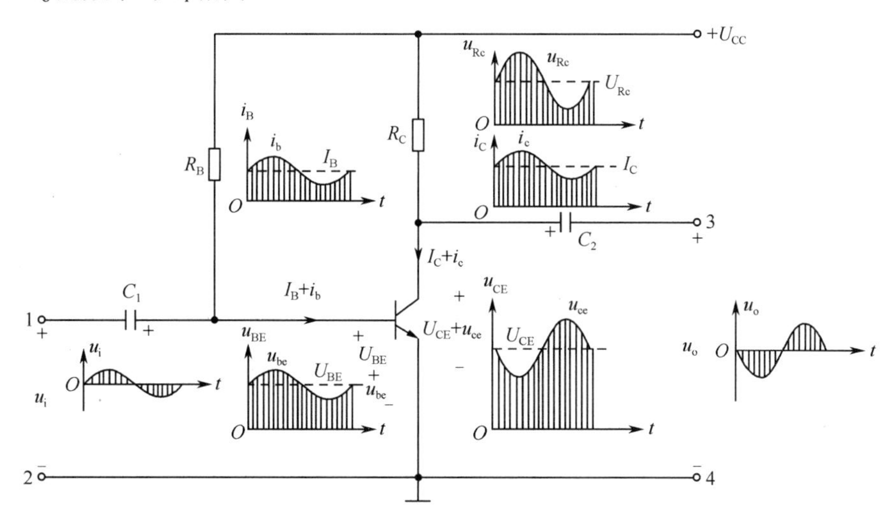

图 11.1-3 放大电路的动态

扩音机是放大电路最典型的应用实例。语音信号经话筒转换为微弱的电压信号u_i，再经过二至三级电压放大电路的放大，增强后的信号u_o足以驱动扬声器发出响亮的声音，再现语音信号，而且可以随意调节音量的大小。

扬声器发出的音频能量，是来自放大电路中的直流电源，而不是原始信号能量被放大的结果(能量不能放大)，这也符合能量守恒原理。

在放大电路中，有静态值(直流分量)、动态值(交流分量)和它们的合成量(直流量与交流量叠加)。为便于区分和使用，电压、电流的表示符号如表 11.1-1 所示。

表 11.1-1　交流电压放大电路中电压和电流的符号

名　　称	静　　态	动　　态		
	直流量	交流量瞬时值	交流量有效值	总瞬时值
基极电流	I_B	i_b	I_b	$i_B = I_B + i_b$
集电极电流	I_C	i_c	I_c	$i_C = I_C + i_c$
发射极电流	I_E	i_e	I_e	$i_E = I_E + i_e$
集-射极电压	U_{CE}	u_{ce}	U_{ce}	$u_{CE} = U_{CE} + u_{ce}$
基-射极电压	U_{BE}	u_{be}	U_{be}	$u_{BE} = U_{BE} + u_{be}$

思考题

11.1-1　集电极电阻 R_C 是如何把晶体管的电流放大作用转化为电压放大作用的？

11.1-2　电压放大电路在动态过程中，是什么原因使输出信号 u_o 的相位与输入信号 u_i 相反，而不是同相？

11.1-3　交流电压放大电路中，电压及电流为什么有直流分量和交流分量？

11.1.3　放大电路的分析方法

上面讨论了放大电路的信号放大原理，接下来要对放大电路的主要性能指标进行计算，并分析放大电路的稳定性和非线性失真。

1. 放大电路的静态分析

在前面讨论中，我们知道，静态时，电路中只有直流分量 U_{BE}、I_B、I_C 和 U_{CE}，称之为静态值。如何计算这些静态值呢？

(1) 用估算法确定静态值

放大电路静态时的电路如图 11.1-4 所示，因为电路中各个量都是直流量，所以该电路称为直流通路。

晶体管工作在放大状态时，发射结正偏，偏压 U_{BE} = 0.6～0.7V(硅管)，是已知量，而且数值很小。因此只需计算 I_B、I_C、U_{CE} 三个量即可。由图 11.1-4 可知

$$I_B = \frac{U_{CC} - U_{BE}}{R_B} \approx \frac{U_{CC}}{R_B} \tag{11.1-1}$$

式中 U_{BE} 比 U_{CC} 小得多，估算时一般忽略不计。

$$I_C = \beta I_B \tag{11.1-2}$$

$$U_{CE} = U_{CC} - I_C R_C \tag{11.1-3}$$

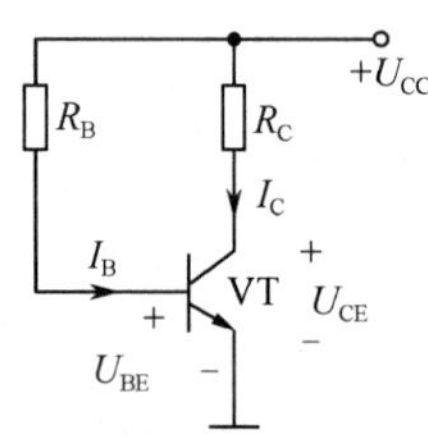

图 11.1-4　放大电路的直流通路

可见，若已知 R_B、R_C、晶体管的 β 和电源电压 U_{CC} 各值，静态值可以很容易求出。

【例 11.1-1】 在图 11.1-1 中，已知 U_{CC} = 12V, R_B = 300kΩ, R_C = 4kΩ，晶体管的 β =37.5。估算放大电路的静态值。

【解】 由式(11.1-1)、式(11.1-2)和式(11.1-3)可得

$$I_B \approx U_{CC} / R_B = 12/300 \times 10^3 = 0.04\text{mA} = 40\mu\text{A}$$

$$I_C = \beta I_B = 37.5 \times 0.04 = 1.5\text{mA} \quad U_{CE} = U_{CC} - I_C R_C = 12 - 1.5 \times 4 = 6\text{V}$$

(2) 用图解法确定静态值

在本例中，已知条件给出的不是晶体管的电流放大系数 β，而是晶体管的输出特性曲线，

如图 11.1-5(b)所示，这时就不能用估算法确定静态值，只能采用图解法。

为便于说明和理解，我们把图 11.1-4 所示的直流通路中的输出回路改画成如图 11.1-5(a)所示的形式，其左侧是晶体管非线性电路，I_B、I_C、U_{CE} 各量均反映在输出特性曲线上，如图 11.1-5(b)所示；其右侧是一段线性电路，电压 $U_{CE}=U_{CC}-I_C R_C$，变量 U_{CE} 和 I_C 是线性关系。为求静态值，必须在图 11.1-5(b)上画出这条直线。方法：①在坐标轴上各定一个点，当 $I_C=0$ 时，$U_{CE}=12V$；当 $U_{CE}=0$ 时，$I_C=U_{CC}/R_C=12/4\times10^3=3mA$。②连接两点得一直线，此直线称为直流负载线。③直流负载线与 $I_B=40\mu A$ 的那条特性曲线有一交点 Q，称静态工作点，Q 点的三个坐标值就是静态值，即 $I_B=40\mu A$, $I_C=1.5mA$, $U_{CE}=6V$，与例 11.1-1 相同。

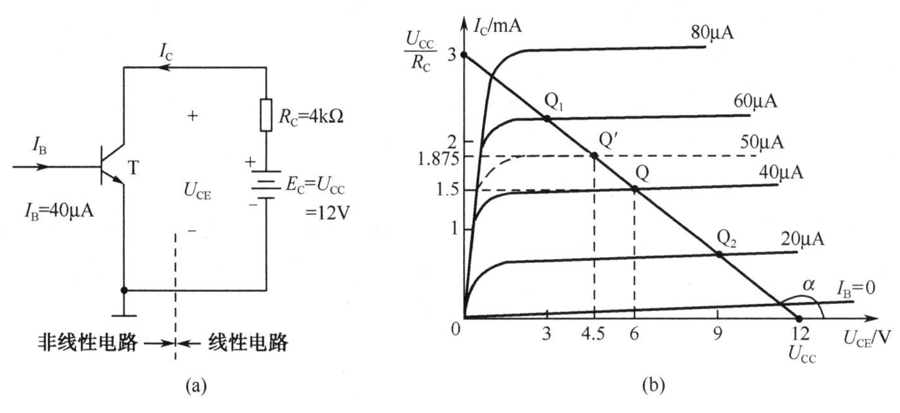

图 11.1-5 静态值的图解法

由图 11.1-5(b)可以看出，当 I_B 值大小不同时，点 Q 在负载线上的位置也不同，而 I_B 值是通过基极电阻(偏置电阻)R_B 调节的。R_B 增加，I_B 减小，点 Q 沿负载线下移；R_B 减小，I_B 增加，点 Q 沿负载线上移。放大电路的静态工作点(静态值)对放大电路工作性能的影响甚大，一般应设置在特性曲线放大区的中部。这是因为点 Q 设在此处的好处是，线性区范围宽，能获得较大的电压放大倍数，而且信号的失真也小。

【例 11.1-2】 在例 11.1-1 中，$U_{CC}=12V$，$R_C=4k\Omega$不变，而基极偏置电阻 R_B 由原来的 300kΩ减小为 240kΩ，晶体管的输出特性曲线如图 11.1-5(b)所示。用图解法求静态值，并分析工作点位置是否合适。

【解】 （1）画直流负载线。由于 U_{CC} 和 R_C 不变，所以负载线仍为原来那条。

（2）求静态值。因为 $I_B\approx U_{CC}/R_B=12/240\times10^3=50\mu A$，工作点为Q′，如图 11.1-5(b)所示(特性曲线上原先没有这条线，是补画的，用虚线表示)。则 I_C=1.875mA，U_{CE}=4.5V。

（3）分析工作点的位置。可以看出，由于 R_B 减小，I_B 增加，Q′点上移，线性区的范围小了，不如 Q 点好。

2．放大电路的动态分析

动态时，输入信号 $u_i\neq0$，放大电路有输入信号。在静态值 U_{BE}、I_B、I_C、U_{CE} 各直流分量(直流分量仍用上述方法确定)的基础上，又出现了 u_i、u_{be}、i_b、i_c、u_{ce}、u_o 等交流分量，两种分量共存。

像直流通路一样，交流分量所经过的路径称为交流通路。画交流通路时要注意两点：一是 C_1 和 C_2 对交流信号相当于短路；二是直流电源对交流信号也相当于短路(因其内阻忽略不计)。这样就可画出图 11.1-1 所示放大电路的交流通路，如图 11.1-6 所示。

动态分析的主要任务是计算放大电路的电压放大倍数、输入电阻和输出电阻，以及分析非线性失真、频率特性、负反馈等问题。

晶体管放大电路是非线性电路，这就给动态分析造成了困难。因此，动态分析之前，首先应对放大电路进行必要的线性化处理，然后按线性电路分析。

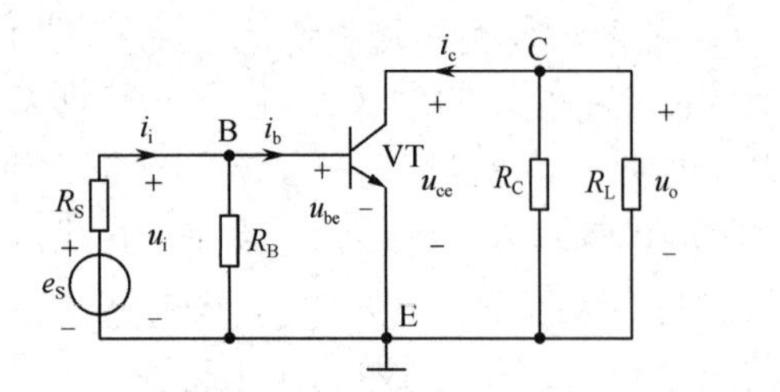

图 11.1-6　放大电路的交流通路

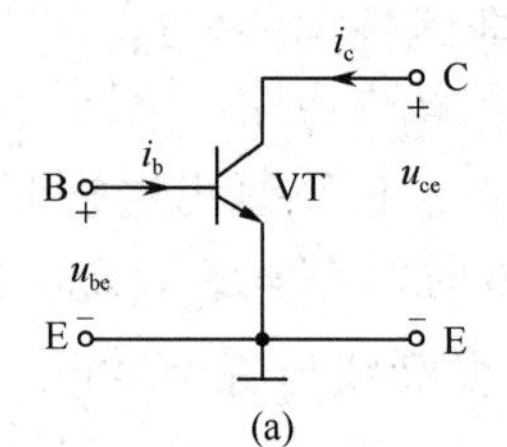

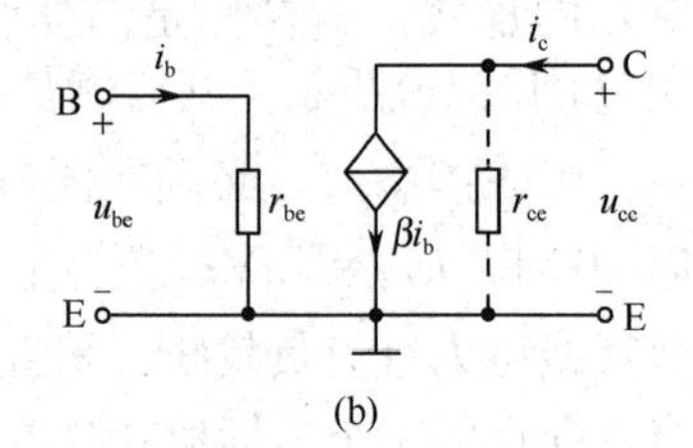

图 11.1-7　晶体管的微变等效电路

（1）晶体管的微变等效电路

放大电路的线性化，关键问题是晶体管的线性化。线性化的条件是，晶体管在小信号(微变量)情况下工作。这样，在工作点附近的微小范围内，可用直线段近似地代替晶体管特性的曲线段。图 11.1-7(a)是图 11.1-6 所示交流通路中的晶体管，u_{be}、i_b、i_c、u_{ce}是交流信号分量，它们的幅值很小，符合线性化条件。图 11.1-8(a)和(b)是晶体管的输入特性曲线和输出特性曲线。当放大电路输入信号很小时，工作点 Q 附近的曲线段 ab 和 cd 均可按直线段处理。在图 11.1-8(a)上，当 U_{CE}为常数时，ΔU_{BE}和ΔI_B可认为是小信号 u_{be}和 i_b，两者之比为一电阻，用 r_{be}表示，即

$$r_{be}=\left.\frac{\Delta U_{BE}}{\Delta I_B}\right|_{U_{CE}}=\left.\frac{u_{be}}{i_b}\right|_{U_{CE}}$$

r_{be} 称为晶体管的交流输入电阻。在小信号条件下，r_{be} 的数值较小，一般约为 1kΩ。低频小功率晶体管的 r_{be}通常用下式估算：

$$r_{be}=200\Omega+(1+\beta)\frac{26(\text{mV})}{I_E(\text{mA})} \tag{11.1-4}$$

式中，I_E为放大电路静态时的发射极电流。计算 r_{be}时，I_E可用集电极电流 I_C代替，因为 $I_E\approx I_C$。这样，在小信号作用下，晶体管的基极和发射极之间就可用等效电阻 r_{be}来代替，如图 11.1-7(b)所示。

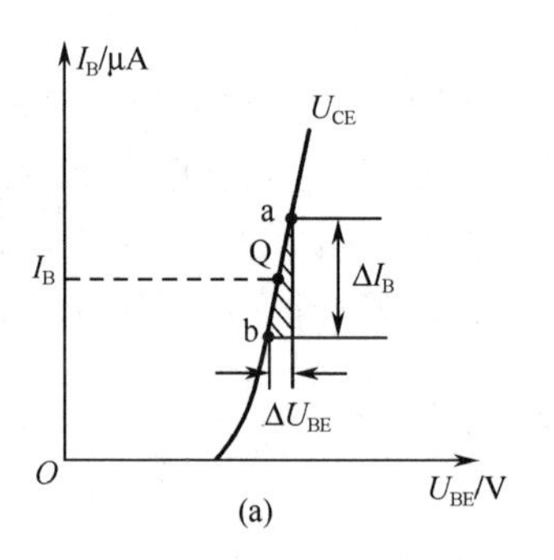

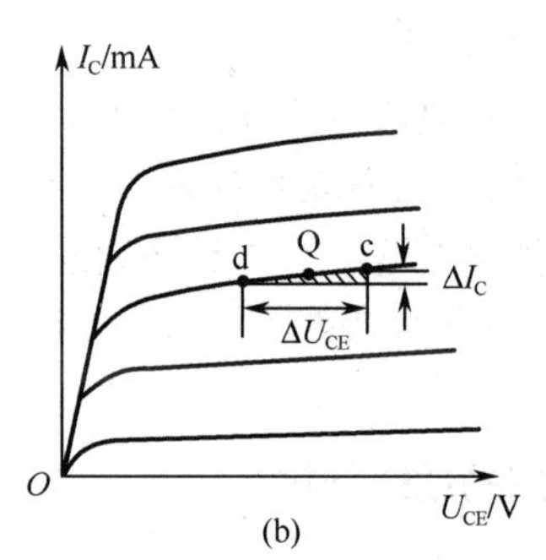

图 11.1-8　晶体管的特性曲线

根据晶体管电流放大原理，$i_c=\beta i_b$，i_c受 i_b控制，若 i_b不变，i_c也不变，具有恒流特性。所以，集电极和发射极之间可用一个受控恒流源来代替，如图 11.1-7(b)所示。

在图 11.1-8(b)中，因为各曲线不完全与横轴平行，当 I_B 为常数时，在 Q 点附近，ΔU_{CE}和ΔI_C可认为就是小信号 u_{ce}和 i_c，两者之比为一电阻，用 r_{ce}表示，即

$$r_{ce}=\left.\frac{\Delta U_{CE}}{\Delta I_C}\right|_{I_B}=\left.\frac{u_{ce}}{i_c}\right|_{I_B}$$

r_{ce} 称为晶体管的交流输出电阻，它也是个常数。在图 11.1-7(b)中，r_{ce} 与受控恒流源并联。这就是晶体管在小信号工作条件下完整的微变等效电路。在实际应用中，因为 r_{ce} 数值很大(约几十千欧到几百千欧)，分流作用极小，可忽略不计，故本书在后面的电路中均不画出 r_{ce}。

（2）放大电路的微变等效电路

晶体管线性化以后，放大电路的交流通路线性化就十分简单。把图 11.1-6 中的晶体管 VT 用图 11.1-7(b)代替，就成了放大电路的微变等效电路，如图 11.1-9 所示。通过放大电路的微变等效电路，进行如下计算。

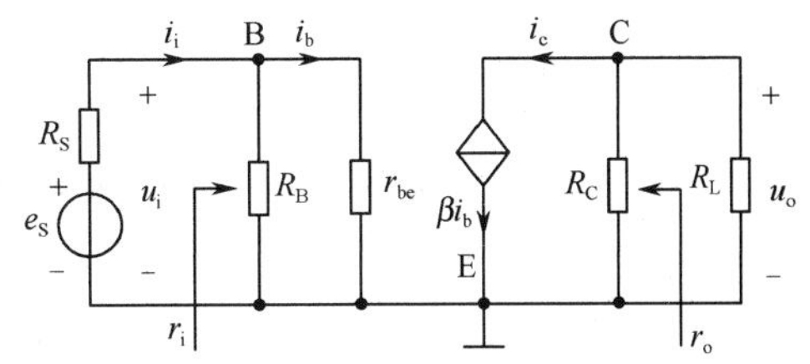

图 11.1-9　放大电路的微变等效电路

① 电压放大倍数 A_u

输入信号为正弦量，电压、电流可用相量表示。

输入电压　　$\dot{U}_i = \dot{I}_b r_{be}$

输出电压　　$\dot{U}_o = -\dot{I}_c R'_L = -\beta \dot{I}_b R'_L$

式中 R'_L 为等效负载电阻，有

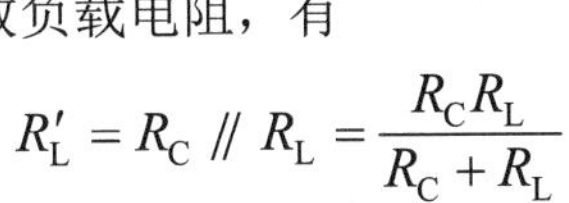

$$R'_L = R_C \mathbin{/\!/} R_L = \frac{R_C R_L}{R_C + R_L}$$

电压放大倍数
$$A_u = \frac{\dot{U}_o}{\dot{U}_i} = \frac{-\beta \dot{I}_b R'_L}{\dot{I}_b r_{be}}$$

所以
$$A_u = -\beta \frac{R'_L}{r_{be}} \tag{11.1-5}$$

若放大电路输出端开路(未带负载)，则

$$A_u = -\beta \frac{R_C}{r_{be}}$$

上式中的负号表示输出电压 $\dot{U}_o$ 的相位与输入电压 $\dot{U}_i$ 的相位相反。电压放大倍数 A_u 的数值与晶体管的电流放大系数 β 和交流输入电阻 r_{be} 有关，也与集电极电阻 R_C 和负载电阻 R_L 有关，有负载时 $|A_u|$ 下降。

② 输入电阻 r_i 和输出电阻 r_o

在图 11.1-9 所示放大电路中，信号源 e_S, R_S 和负载 R_L 都不是放大电路本身的组成部分。把信号源和负载移开，余下的才是放大电路，此时放大电路无输入，无输出。下面分析其输入电阻和输出电阻。

（a）输入电阻 r_i

输入电阻 r_i 就是从放大电路的输入端口看进去的电阻，如图中箭头所示，所以

$$r_i = \dot{U}_i / \dot{I}_i$$

即
$$r_i = R_B \mathbin{/\!/} r_{be} \approx r_{be}$$

因为基极电阻 R_B 为几百千欧，而 r_{be} 较小，约 1kΩ，两个电阻数值大小相差悬殊，所以 $r_i \approx r_{be}$。一般为减少信号源的负担，希望放大电路的输入电阻 r_i 尽量大一些，但共发射极放大电路的输入电阻 r_i 不是很大。

（b）输出电阻 r_o

输出电阻 r_o 就是从放大电路的输出端口看进去的电阻，如图中箭头所示，所以

$$r_o = R_C$$

放大电路是负载的信号源，一般希望信号源的内阻 r_o 尽量小一些，这样，当它带负载时，输出电压数值才能平稳，带负载能力强。

【例 11.1-3】 在例 11.1-1 所示放大电路中，负载电阻 $R_L = 6\text{k}\Omega$，其余参数不变($U_{CC} = 12\text{V}$, $R_C = 4\text{k}\Omega$, $R_B = 300\text{k}\Omega$, $\beta = 37.5$)，计算电压放大倍数、输入电阻和输出电阻。

【解】（1）求电压放大倍数。在例 11.1-1 中已求得 $I_C = 1.5\text{mA}$，而 $I_E \approx I_C = 1.5\text{mA}$，取 $\beta = 37.5$，$I_E = 1.5\text{mA}$，则

$$r_{be} = 200 + (1+\beta)\frac{26(\text{mV})}{I_E(\text{mA})} = 200 + (1+37.5)\times\frac{26(\text{mV})}{1.5(\text{mA})} = 0.867\text{k}\Omega$$

放大电路输出端开路时
$$A_u = -\beta\frac{R_C}{r_{be}} = -37.5\times\frac{4}{0.867} = -173$$

放大电路带负载时
$$A_u = -\beta\frac{R_L'}{r_{be}} = -37.5\times\frac{\frac{4\times6}{4+6}}{0.867} = -104$$

可见，放大电路带负载后，电压放大倍数$|A_u|$下降。

（2）输入电阻和输出电阻为

$$r_i = R_B//r_{be} \approx r_{be} = 0.867\text{k}\Omega \qquad r_o = R_C = 4\text{k}\Omega$$

11.1.4 放大电路的非线性失真

放大电路在对信号放大时，要求不能失真。所谓失真，就是输出波形有畸变。失真的原因主要有两种，一是因为放大电路的静态工作点位置不合适(设计不合理)，二是输入信号幅度太大，使放大电路的工作范围超出晶体管的线性区，进入非线性区，故这种失真称为非线性失真。

在图 11.1-10 中，工作点 Q_1 位置太高，靠近晶体管输出特性曲线的饱和区。在 Q_1 工作范围内，输出电压 u_o 波形严重失真，u_o 负半周被削顶。因为是 Q_1 靠近饱和区造成的，所以称为饱和失真。

工作点 Q_2 位置太低，靠近晶体管输出特性曲线的截止区。在 Q_2 工作范围内，输出电压 u_o 的正半周被削顶，失真也很严重。因为是 Q_2 靠近截止区造成的，所以称为截止失真。

放大电路的工作点的位置很重要，必须远离饱和区和截止区，如果位置不合适，可调节基极偏流电阻 R_B，改变基极偏置电流 I_B，即可得到最佳的工作点。

由图 11.1-10 可以看出，工作点 Q 的最佳位置是负载线的中部。在此处，晶体管输出特性曲线的线性度高，范围宽，可以容纳大幅度信号。此时，无论是晶体管集电极电流 i_c，还是输出电压 u_o，波形都是最好的。

由图 11.1-10 还可以看出，如果输入信号幅度很小，即使工作点在 Q_1 或 Q_2 处，也可不失真。所以，是否失真，与信号幅度也有关系。

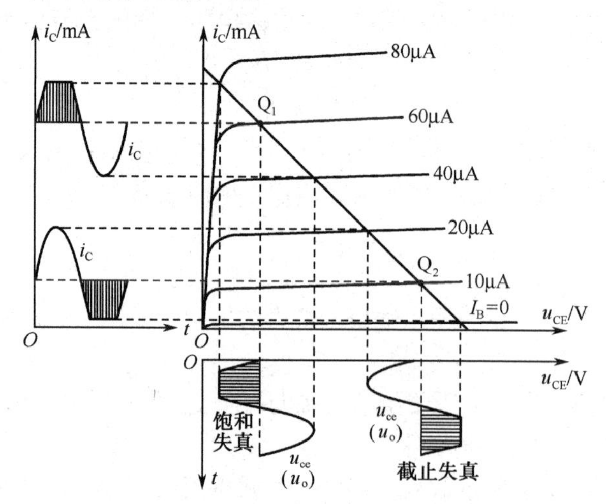

图 11.1-10 工作点不合适引起输出电压波形失真

思考题

11.1-4　什么是放大电路的静态工作点和静态值？用什么方法确定静态值？

11.1-5　什么是饱和失真和截止失真？产生失真的原因是什么？两种失真主要反映在输出信号u_o波形上的什么部分？

11.1-6　放大电路的静态工作点的最好位置在何处？此处有什么优点？

11.1-7　发现输出电压 u_o 波形失真，是否说明放大电路静态工作点的位置一定不合适？还可能有其他原因吗？

11.1-8　实验中，在示波器上观察到放大电路输出信号波形严重失真。用直流电压表测量电压发现：（1）$U_{CE} \approx U_{CC}$。分析此时晶体管处于何种工作状态？怎样调节基极电阻 R_B 才能使放大电路工作正常？（2）$U_{CE} < U_{BE}$。分析此时晶体管处于何种工作状态？怎样调节 R_B 才能使放大电路工作正常？

11.1-9　晶体管为什么需要线性化？线性化的条件是什么？

11.1-10　什么是放大电路的输入电阻 r_i 和输出电阻 r_o？r_i 和 r_o 的数值大些好，还是小些好？

11.1-11　放大电路输入电阻 r_i 为什么近似等于 r_{be}？输出电阻 r_o 是否包含负载电阻 R_L 在内？

11.1.5　放大电路的温度稳定性

放大电路工作时，由于元器件发热，使环境温度升高。因此，温度将始终伴随着放大电路，并产生一定的负面影响。

温度升高引起的变化是

$$温度\uparrow \begin{cases} \beta\uparrow \\ I_{CBO}\uparrow \end{cases} \rightarrow I_{CEO}\uparrow \rightarrow I_C\uparrow \rightarrow Q\uparrow$$

温度升高，最终导致放大电路静态工作点上移，靠近甚至进入饱和区，对放大电路产生严重影响。因此，放大电路必须具有温度稳定性和自适应环节，即使温度上升，也能稳定地工作。下面分析两种放大电路。

1．固定偏置式放大电路

前面讨论的图 11.1-1 所示放大电路，其偏置电流

$$I_B = \frac{U_{CC} - U_{BE}}{R_B} \approx \frac{U_{CC}}{R_B}$$

当 U_{CC} 和 R_B 选定后，I_B 就固定不变了。这种电路称为固定偏置式放大电路，当温度升高时，I_C 增大，工作点上移，可能进入饱和区。这种放大电路虽然结构简单，但静态工作点随温度变化，电路中缺少自适应环节，温度稳定性差，在实际中很少用。

2．分压偏置式放大电路

图 11.1-11 所示放大电路便是分压偏置式放大电路，与固定偏置式电路相比，只多用了三个元件，即 R_{B2}、R_E 和 C_E，但得到的是电路温度稳定性好，具有自适应能力。分析如下：由它的直流通路(见图 11.1-12)可知，该电路在直流通路上采取了两个措施：

（1）固定基极电位 V_B

由图可知　　　$I_1 = I_2 + I_B$

若使　　　$I_2 \gg I_B$　　　(11.1-6)

可认为 R_{B1} 和 R_{B2} 是串联的，则有

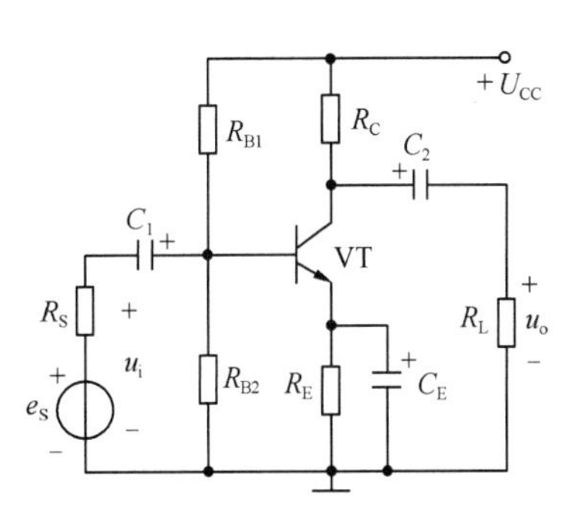

图 11.1-11　分压偏置式放大电路

$$I_1 \approx I_2 \approx \frac{U_{CC}}{R_{B1}+R_{B2}}$$

基极电位可由 R_{B1} 和 R_{B2} 分压确定，即

$$V_B = I_2 R_{B2} = \frac{R_{B2}}{R_{B2}+R_{B2}} U_{CC} = \text{定值}$$

可以认为 V_B 与晶体管的参数无关，不受温度的影响，而仅由 U_{CC}、R_{B1}、R_{B2} 所固定。

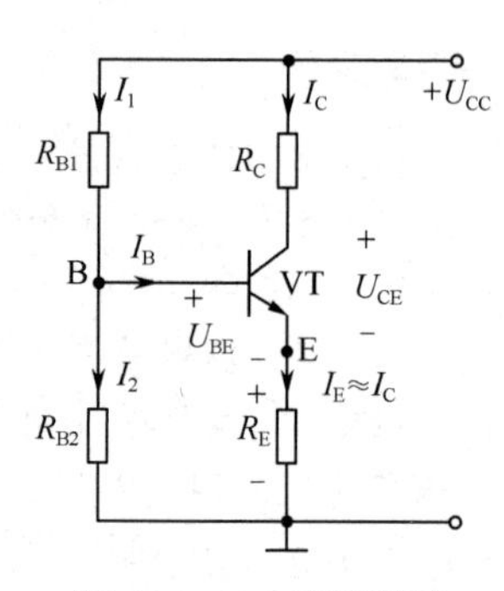

图 11.1-12　直流通路

（2）固定集电极电流 I_C

因为
$$I_C \approx I_E = \frac{V_E}{R_E} = \frac{V_B - U_{BE}}{R_E}$$

若使
$$V_B \gg U_{BE} \tag{11.1-7}$$

则有
$$I_C \approx I_E \approx V_B / R_E = \text{定值}$$

同样可以认为 I_C 不受温度影响，而仅由 V_B 和 R_E 所固定。

以上是在满足式(11.1-6)和式(11.1-7)两个条件下得到的结果。实际上，对 NPN 管而言，一般取 $I_2=(5\sim10)I_B$ 和 $V_B=(5\sim10)U_{BE}$，按此设计电路即可。

分压偏置式放大电路稳定 I_C 和工作点的实质是，当温度升高集电极电流 I_C 增大时，R_E 的电流 I_E 增大，电位 V_E 上升，而 V_B 固定不变，迫使发射结电压 U_{BE} 减小。于是 I_B 减小，I_C 回落。在温度的动态变化中，I_C 保持基本不变，工作点得以稳定，其温度过程可表示如下：

$$\text{温度}\uparrow \rightarrow I_C\uparrow \rightarrow I_E\uparrow \rightarrow V_E\uparrow \xrightarrow{V_B\text{固定}} U_{BE}\downarrow \rightarrow I_B\downarrow \rightarrow I_C\downarrow$$

图 11.1-11 中的电容 C_E 对稳定静态工作点不起作用，它仅在放大电路的动态时起作用。假如没有 C_E，动态时，发射极信号电流 i_e 流过电阻 R_E 会产生信号电压 $u_e = i_e R_E$。此电压会在输入端与输入信号 u_i 叠加，削弱净输入信号 u_{be}，因而降低了电压放大倍数。为避免 i_e 流过 R_E，在 R_E 旁边用 C_E 专为 i_e 开一条路，让 i_e 流过，故 C_E 称为旁路电容器。C_E 容量大(几十至几百微法)，容抗小，对交流信号电流 i_e 可视为短路。

分压偏置式放大电路的计算方法与固定偏置式放大电路大致相同。

【例 11.1-4】 在图 11.1-11 所示分压偏置式放大电路中，已知 $U_{CC}=12V$, $R_{B1}=30k\Omega$, $R_{B2}=10k\Omega$, $R_C=3k\Omega$, $R_E=1.5k\Omega$, $R_L=6k\Omega$，晶体管的$\beta=46$, $U_{BE}=0.6V$，C_1、C_2 和 C_E 足够大。（1）求放大电路的静态值；（2）求电压放大倍数、输入电阻和输出电阻；（3）如果 R_E 两端未接旁路电容 C_E，以上两项计算有何变化？

【解】　（1）静态值(用估算法)

$$V_B \approx \frac{R_{B2}}{R_{B1}+R_{B2}} U_{CC} = \frac{10}{30+10} \times 12 = 3V \qquad V_E = V_B - U_{BE} = 3-0.6 = 2.4V$$

$$I_E = V_E / R_E = 2.4/1.5 = 1.6mA \qquad I_C \approx I_E = 1.6mA \qquad I_B = I_C/\beta = 1.6/46 = 35\mu A$$

$$U_{CE} \approx U_{CC} - I_C(R_C+R_E) = 12 - 1.6\times(3+1.5) = 4.8V$$

（2）电压放大倍数、输入电阻和输出电阻

计算 A_u、r_i 和 r_o 时，需要画出该放大电路的微变等效电路，如图 11.1-13 所示。它与固定偏置式放大电路的微变等效电路基本相同。

① 电压放大倍数 A_u

$$\dot{U}_i = \dot{I}_b r_{be}，\quad \dot{U}_o = -\dot{I}_c R'_L = -\beta \dot{I}_b R'_L$$

$$A_u = \frac{\dot{U}_o}{\dot{U}_i} = -\beta\frac{\dot{I}_b R'_L}{\dot{I}_b r_{be}} = -\beta\frac{R'_L}{r_{be}}$$

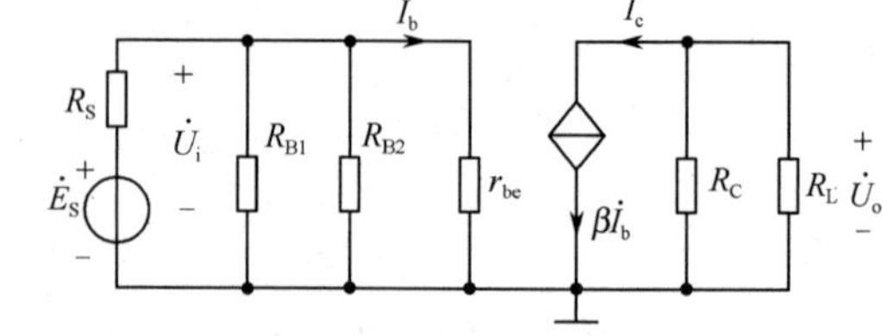

图 11.1-13　例 11.1-4 的微变等效电路（有 C_E）

式中 $$r_{\text{be}}=200+(1+\beta)\frac{26}{I_{\text{E}}}=200+(1+46)\times\frac{26}{1.6}\approx 1\text{k}\Omega$$

$$R'_{\text{L}}=R_{\text{C}}\ /\!/\ R_{\text{L}}=3\ /\!/\ 6=2\text{k}\Omega$$

所以 $$A_{\text{u}}=-\beta\frac{R'_{\text{L}}}{r_{\text{be}}}=-46\times\frac{2}{1}=-92$$

② 输入电阻 r_{i} 和输出电阻 r_{o}

$$r_{\text{i}}=R_{\text{B1}}\ /\!/\ R_{\text{B2}}\ /\!/\ r_{\text{be}}$$

这里的 R_{B1} 和 R_{B2} 的数值不是很大(几十千欧，而在固定偏置式放大电路中，R_{B} 为几百千欧)，所以不能忽略不计。因此

$$r_{\text{i}}=30\ /\!/\ 10\ /\!/\ 1\approx 0.88\text{k}\Omega \qquad r_{\text{o}}=R_{\text{c}}=3\text{k}\Omega$$

（3）R_{E} 两端无旁路电容器 C_{E}

由图 11.1-11 和图 11.1-12 可见，无旁路电容器时，直流通路不变，所以静态值不变，静态工作点不变。但微变等效电路却不同了，如图 11.1-14 所示，射极电阻 R_{E} 留在电路中，本应流经旁路电容器的交流信号电流 $\dot{I}_{\text{e}}$ 却要流过 R_{E}，这将对分压偏置式放大电路产生影响。

① 电压放大倍数 A_{u}

由图 11.1-14 所示微变等效电路可以看出

$$\begin{aligned}\dot{U}_{\text{i}}&=\dot{I}_{\text{b}}r_{\text{be}}+\dot{I}_{\text{e}}R_{\text{E}}=\dot{I}_{\text{b}}r_{\text{be}}+(\dot{I}_{\text{b}}+\dot{I}_{\text{c}})R_{\text{E}}\\&=\dot{I}_{\text{b}}r_{\text{be}}+(\dot{I}_{\text{b}}+\beta\dot{I}_{\text{b}})R_{\text{E}}\\&=\dot{I}_{\text{b}}r_{\text{be}}+\dot{I}_{\text{b}}(1+\beta)R_{\text{E}}=\dot{I}_{\text{b}}[r_{\text{be}}+(1+\beta)R_{\text{E}}]\end{aligned}$$

$$\dot{U}_{\text{o}}=-\dot{I}_{\text{c}}R'_{\text{L}}=-\beta\dot{I}_{\text{b}}R'_{\text{L}}$$

$$A_{\text{u}}=\frac{\dot{U}_{\text{o}}}{\dot{U}_{\text{i}}}=-\beta\frac{\dot{I}_{\text{b}}R'_{\text{L}}}{\dot{I}_{\text{b}}[r_{\text{be}}+(1+\beta)R_{\text{E}}]}=-\beta\frac{R'_{\text{L}}}{r_{\text{be}}+(1+\beta)R_{\text{E}}}$$

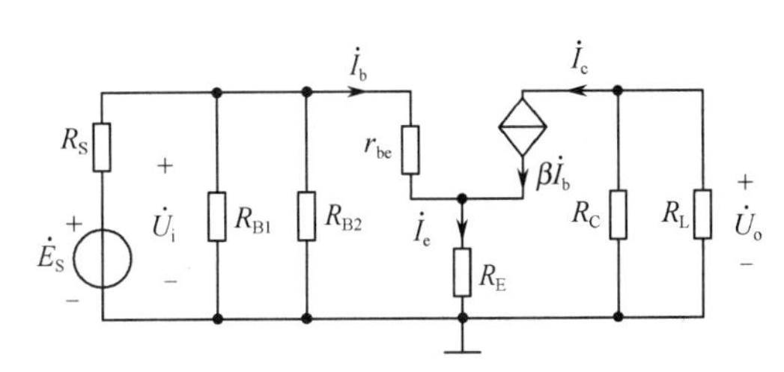

图 11.1-14　例 11.1-4 的微变等效电路(无 C_{E})

② 输入电阻 r_{i} 和输出电阻 r_{o}

与有 C_{E} 的电路相比，这里的输入电阻 r_{i} 还要考虑射极电阻 R_{E}。因此，输入电阻 r_{i} 是由三个部分并联而成的：一个是 R_{B1}，另一个是 R_{B2}，第三个要用关系式表示，即

$$\dot{U}_{\text{i}}/\dot{I}_{\text{b}}=[r_{\text{be}}+(1+\beta)R_{\text{E}}]$$

所以 $$r_{\text{i}}=R_{\text{B1}}\ /\!/\ R_{\text{B2}}\ /\!/\ [r_{\text{be}}+(1+\beta)R_{\text{E}}]$$

输出电阻 $$r_{\text{o}}=R_{\text{C}}$$

代入数据 $$A_{\text{u}}=-\beta\frac{R'_{\text{L}}}{r_{\text{be}}+(1+\beta)R_{\text{E}}}=-46\times\frac{2}{1+(1+46)\times 1.5}=-1.3$$

$$r_{\text{i}}=R_{\text{B1}}\ /\!/\ R_{\text{B2}}\ /\!/\ [r_{\text{be}}+(1+\beta)R_{\text{E}}]=30\ /\!/\ 10\ /\!/\ [1+(1+46)\times 1.5]=6.8\text{k}\Omega$$

$$r_{\text{o}}=R_{\text{C}}=3\text{k}\Omega$$

可见，无 C_{E} 时，电压放大倍数 $|A_{\text{u}}|$ 下降，输入电阻 r_{i} 增大，输出电阻 r_{o} 不变。

思考题

11.1-12　放大电路静态工作点不稳定的主要原因是什么？为什么固定偏置式放大电路工作点不稳定，而分压偏置式放大电路工作点比较稳定？

11.1-13　在分压偏置式放大电路中，什么是旁路电容器？它的作用是什么？如果未接旁路电容器，对放大电路有什么影响？

11.1.6　放大电路的频率特性

在实际工程应用中，需要放大的交流电压信号往往不是单一频率的正弦波。例如广播的语

言和音乐信号，电视的图像和伴音信号以及各种非电量通过传感器转换而来的电信号，都含有各种频率成分的正弦谐波，频率范围相当宽。由于放大电路存在耦合电容、发射极旁路电容以及晶体管的极间电容和连线的分布电容(如果是多级放大电路，还有级间耦合电容)等，这些电容对不同频率的信号呈现的容抗是不一样的。因此，放大电路对不同频率信号的电压放大倍数$|A_u|$不同，输出电压的相位φ也不同，都与频率有关，都是频率的函数，可分别表示为$|A_u| = F_1(f)$和$\varphi = F_2(f)$，前者称为幅频特性，后者称为相频特性，如图 11.1-15(a)和(b)所示。幅频特性和相频特性统称为频率特性，可通过实验做出，也可用仪器测绘。本书讨论的放大电路，其频率范围为 20～20 000Hz。

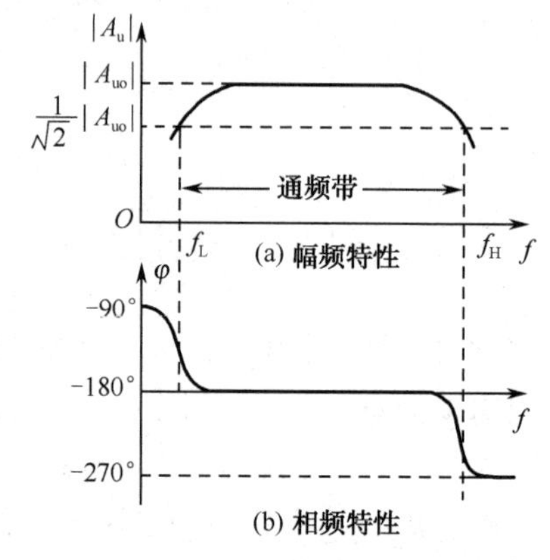

图 11.1-15　交流电压放大电路的频率特性

从频率特性曲线上可以看出，在$|A_u| = F_1(f)$曲线的中间部分(中频段)，曲线平坦，$|A_u|$最大，用$|A_{uo}|$表示，电压放大倍数与频率无关；在$\varphi = F_2(f)$曲线的中间部分，情况也是如此，$\varphi = -180^\circ$(输出信号的相位与输入信号的相位相反)，而且与频率无关。在中频段的两边是低频段和高频段，$|A_u|$都下降，φ也不是-180°。通常将$|A_u|$下降到$|A_{uo}|/\sqrt{2} = 0.707|A_{uo}|$时所对应的频率$f_L$和$f_H$称为下限频率和上限频率，两者之间的频率范围$\Delta f = f_H - f_L$称为放大电路的通频带。$\Delta f$是放大电路的重要指标之一，对放大电路而言，人们希望它的通频带尽量宽一些，能让更多的谐波信号通过并得到较好的放大效果。

显然，在低频段和高频段，放大电路输出信号的幅度和相位都将产生失真，这是由于放大电路中的电容对低频段和高频段电压信号影响较大所致(与频率 f 的高低有关)，所以产生这种失真称为频率失真。

思考题

11.1-14　什么是放大电路的频率失真？它与非线性失真产生的原因有何不同？

11.1-15　放大电路的式(11.1-5)即$A_u = -\beta \frac{R'_L}{r_{be}}$适用于$|A_u| = F_1(f)$曲线上的哪个频段？

11.2　共集电极放大电路

上面所讲的共发射极放大电路，信号是从集电极输出的。本节将要讨论的共集电极放大电路，如图 11.2-1(a)所示，它的信号是从射极输出的，故本电路得名射极输出器。射极输出器对交流信号而言，电源 U_{CC} 相当于短路，集电极相当于接地，集电极成为输入回路和输出回路的公共端，所以射极输出器又称为共集电极放大电路。

11.2.1　静态分析

射极输出器的直流通路如图 11.2-1(b)所示，可确定静态值。

$$I_E = I_B + I_C = I_B + \beta I_B = (1+\beta)I_B$$

$$\begin{aligned} U_{CC} &= I_B R_B + U_{BE} + I_E R_E \\ &= I_B R_B + U_{BE} + (1+\beta)I_B R_E \\ &= U_{BE} + I_B[R_B + (1+\beta)R_E] \end{aligned}$$

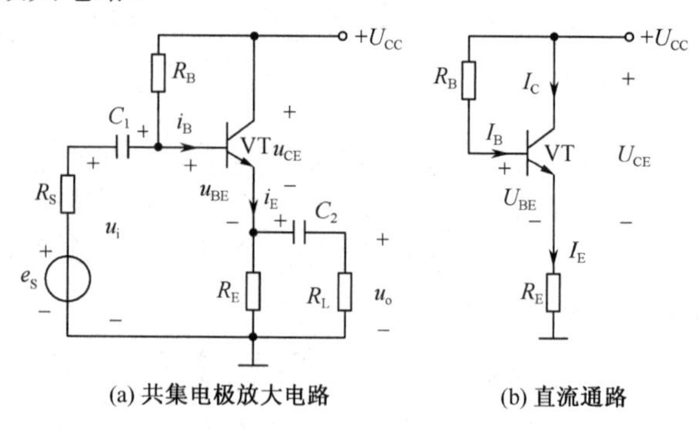

图 11.2-1　射极输出器

$$I_B = \frac{U_{CC} - U_{BE}}{R_B + (1+\beta)R_E} \qquad U_{CE} = U_{CC} - I_E R_E$$

即得静态值 I_B、I_E 和 U_{CE}。

11.2.2 动态分析

射极输出器的微变等效电路如图 11.2-2 所示，可以看出等效负载电阻

$$R_L' = R_E // R_L$$

$$\dot{U}_o = \dot{I}_e R_L' = (\dot{I}_b + \dot{I}_c) R_L' = (\dot{I}_b + \beta \dot{I}_b) R_L' = (1+\beta)\dot{I}_b R_L'$$

$$\dot{U}_i = \dot{I}_b r_{be} + \dot{I}_e R_L' = \dot{I}_b r_{be} + (1+\beta)\dot{I}_b R_L' = \dot{I}_b [r_{be} + (1+\beta) R_L']$$

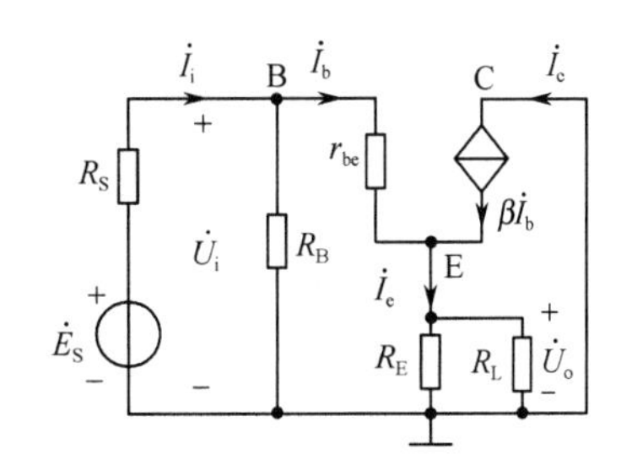

图 11.2-2　射极输出器的微变等效电路

1．电压放大倍数

$$A_u = \frac{\dot{U}_o}{\dot{U}_i} = \frac{(1+\beta)\dot{I}_b R_L'}{\dot{I}_b [r_{be} + (1+\beta) R_L']} = \frac{(1+\beta) R_L'}{r_{be} + (1+\beta) R_L'} \approx 1$$

上式中 $r_{be} \ll (1+\beta) R_L'$，所以射极输出器的电压放大倍数近似等于 1，但恒小于 1，即 $\dot{U}_o \approx \dot{U}_i$，且 U_o 略小于 U_i，没有电压放大作用。但射极电流 $I_e = (1+\beta) I_b$，具有电流放大作用和功率放大作用。

从 $\dot{U}_o \approx \dot{U}_i$ 还可看出一个重要特点：两者不仅大小近似相等，而且还同相位。其功能是：输出电压 $\dot{U}_o$ 紧跟输入电压 $\dot{U}_i$，$\dot{U}_i$ 的大小和相位怎样变化，$\dot{U}_o$ 就跟着怎样变化，具有电压跟随作用，所以射极输出器又称为电压跟随器。

2．输入电阻

由微变等效电路即图 11.2-2 可以看出，射极输出器的输入电阻 r_i 是由两个部分并联构成的，一个是 R_B，另一个要通过关系式求出。这个关系式在上面已经写出，即

$$\dot{U}_i = \dot{I}_b [r_{be} + (1+\beta) R_L']$$

该电阻用关系式表示就是
$$\frac{\dot{U}_i}{\dot{I}_b} = r_{be} + (1+\beta) R_L'$$

于是，输入电阻
$$r_i = R_B \,//\, [r_{be} + (1+\beta) R_L']$$

式中 R_B 数值很大，一般为几十千欧至几百千欧，$[r_{be} + (1+\beta) R_L']$ 数值也比较大。所以，射极输出器的输入电阻很大，可达几十千欧以上，比共发射极放大电路的输入电阻高得多。

3．输出电阻

射极输出器的输出电阻 r_o 采用图 11.2-3 所示电路进行分析。

在输入端，将射极输出器的信号源短路，保留其内阻 R_S，R_S 与 R_B 并联的等效电阻为 R_S'；在输出端，将负载电阻 R_L 移去，外加一交流电压 $\dot{U}_o$，其产生的电流为 $\dot{I}_o$，$\dot{U}_o / \dot{I}_o$ 就是输出电阻 r_o。

从图上可以看出
$$\dot{I}_o = \dot{I}_b + \beta \dot{I}_b + \dot{I}_e$$

R_S' 与 r_{be} 串联承受外加电压 $\dot{U}_o$，所以，

$$\dot{I}_b = \frac{\dot{U}_o}{r_{be} + R_S'}$$

发射极电流
$$\dot{I}_e = \dot{U}_o / R_E$$

则
$$\dot{I}_o = \frac{\dot{U}_o}{r_{be} + R_S'} + \beta \frac{\dot{U}_o}{r_{be} + R_S'} + \frac{\dot{U}_o}{R_E}$$

$$= \dot{U}_o \left(\frac{1+\beta}{r_{be} + R_S'} + \frac{1}{R_E} \right) = \dot{U}_o \frac{(1+\beta) R_E + (r_{be} + R_S')}{(r_{be} + R_S') R_E}$$

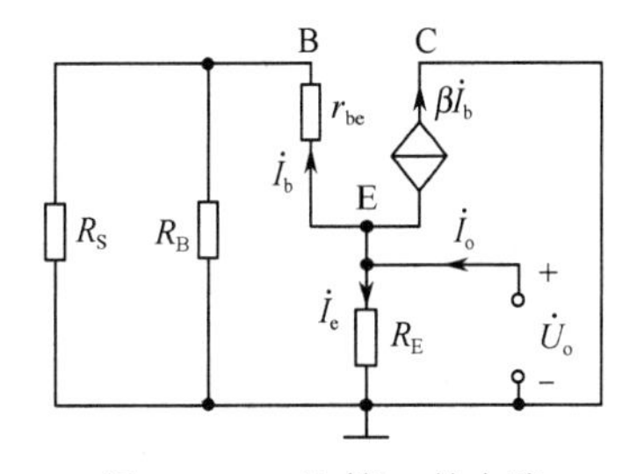

图 11.2-3　计算 r_o 的电路

即
$$r_o = \frac{\dot{U}_o}{\dot{I}_o} = \frac{(r_{be}+R_S')R_E}{(1+\beta)R_E+(r_{be}+R_S')}$$

通常$(1+\beta)R_E \gg (r_{be}+R_S')$，且$\beta \gg 1$。最后得
$$r_o \approx \frac{(r_{be}+R_S')R_E}{\beta R_E} = \frac{r_{be}+R_S'}{\beta}$$

r_o的数值很小。例如，当$\beta=60$，$r_{be}=0.8\text{k}\Omega$，$R_S=50\Omega$，$R_B=200\text{k}\Omega$时，则
$$R_S' = R_S /\!/ R_B = 50 /\!/ 200\times10^3 \approx 50\Omega$$

可知
$$r_o \approx \frac{r_{be}+R_S'}{\beta} = \frac{800+50}{60} = 14.2\Omega$$

可见，r_o 的数值非常小。这就说明射极输出器具有很强的带负载能力，能使负载 R_L 上的电压稳定，因此，射极输出器具有恒压输出的特性。

总之，射极输出器的主要特点是：

（1）电压放大倍数接近于 1。没有电压放大作用，但有电流放大作用，$I_e = (1+\beta)I_b$，因而也有功率放大作用。

（2）输出电压$\dot{U}_o$和输入电压$\dot{U}_i$两者同相，且大小近似相等，输出电压具有跟随作用，因而常用做电压跟随器。

（3）输入电阻很大，$r_i = R_B/\!/[r_{be}+(1+\beta)R_L']$，能大大减轻信号源的负担。它被广泛用于多级放大电路的输入级。

（4）输出电阻很小，$r_o=(r_{be}+R_S')/\beta$，带负载能力强，它被经常用于多级放大电路的输出级。

（5）射极输出器由于具有输入电阻大和输出电阻小的特点，这又使它非常适合在多级放大电路中担当中间级。这时对它的前一级而言，由于射极输出器的输入电阻 r_i 高，它对前级的影响很小，即前级提供的信号电流甚小；对它的后一级而言，由于射级输出器的输出电阻 r_o 低，它对后级的影响也很小，即后级得到的信号电压大。

【例 11.2-1】 在图 11.2-1 所示的射极输出器电路中，已知 $U_{CC}=12\text{V}$, $\beta=60$, $R_B=200\text{k}\Omega$, $R_E=3\text{k}\Omega$, $R_L=3\text{k}\Omega$, $R_S=50\Omega$。（1）求静态值 I_B、I_E 和 U_{CE}；（2）求动态指标 A_u、r_i 和 r_o。

【解】 （1）$I_B = \dfrac{U_{CC}-U_{BE}}{R_B+(1+\beta)R_E} = \dfrac{12-0.6}{200+(1+60)\times3} = \dfrac{11.4}{383} = 0.03\text{mA}=30\mu\text{A}$

$$I_E = (1+\beta)I_B = (1+60)\times0.03 = 1.83\text{mA}，\quad U_{CE} = U_{CC} - I_E R_E = 12-1.83\times3 = 6.51\text{V}$$

（2）$r_{be} = 200+(1+\beta)\dfrac{26}{I_E} = 200+(1+60)\times\dfrac{26}{1.83} = 1.1\text{k}\Omega$

$$R_L' = R_E /\!/ R_L = 3 /\!/ 3 = 1.5\text{k}\Omega$$

所以
$$A_u = \frac{(1+\beta)R_L'}{r_{be}+(1+\beta)R_L'} = \frac{(1+60)\times1.5}{1.1+(1+60)\times1.5} = 0.988$$

$$r_i = R_B /\!/ [r_{be}+(1+\beta)R_L'] = 200 /\!/ [1.1+(1+60)\times1.5] = 200 /\!/ 92.6 = 63.3\text{k}\Omega$$

$$r_o \approx \frac{r_{be}+R_S'}{\beta} = \frac{\left(1.1+\dfrac{0.05\times200}{0.05+200}\right)\times10^3}{60} = \frac{1.1+0.05}{60}\times10^3 = 19.2\Omega$$

思考题

11.2-1　为什么说射极输出器是共集电极电路？

11.2-2　射极输出器的$\dot{U}_o \approx \dot{U}_i$有哪些含义？

11.2-3　射极输出器的r_i很大，而r_o很小，有何实际意义？它在多级放大电路中有何用途？

上面讲了几种单级电压放大电路，关于它们的静态分析与动态分析异同的比较，列于表 11.2-1 中。

表 11.2-1　基本交流电压放大电路

电路名称	电路图	静态分析	动态分析
固定偏置放大电路		$I_B \approx \frac{U_{CC}}{R_B}$ $I_C = \beta I_B$ $U_{CE} = U_{CC} - I_C R_C$	$A_u = -\beta \frac{R'_L}{r_{be}}$ $r_i = R_B // r_{be} \approx r_{be}$ $r_o = R_C$
分压偏置放大电路		$V_B = \frac{R_{B2}}{R_{B1}+R_{B2}} U_{CC}$ $I_C \approx I_E = \frac{V_B - U_{BE}}{R_E}$ $I_B = \frac{I_C}{\beta}$ $U_{CE} \approx U_{CC} - I_C(R_C + R_E)$	$A_u = -\beta \frac{R'_L}{r_{be}}$ $r_i = R_{B1} // R_{B2} // r_{be}$ $r_o = R_C$
未接 C_E 的分压偏置放大电路		同上	$A_u = -\beta \frac{R'_L}{r_{be}+(1+\beta)R_E}$ $r_i = R_{B1} // R_{B2} // [r_{be}+(1+\beta)R_E]$ $r_o = R_C$
射极输出器		$I_B = \frac{U_{CC} - U_{BE}}{R_B + (1+\beta)R_E}$ $I_C \approx I_E = (1+\beta) I_B$ $U_{CE} = U_{CC} - I_E R_E$	$A_u = \frac{(1+\beta)R'_L}{r_{be}+(1+\beta)R'_L}$ $r_i = R_B // [r_{be}+(1+\beta)R'_L]$ $r_o \approx \frac{r_{be}+R'_S}{\beta}$

11.3　多级电压放大电路

单级晶体管电压放大电路的电压放大倍数一般只有几十至一百，因此不能满足实际要求。解决的办法很简单，可以把几个单级放大电路连接起来，组成一个多级放大电路。其中第一级称为输入级，最后一级称为输出级，其余各级称为中间级。

多级放大电路的级间耦合方式有阻容耦合、变压器耦合和直接耦合三种。前两种只能传送交流信号，后一种既能传送交流信号又能传送直流信号。由于变压器过于笨重，变压器耦合的放大电路已很少采用，实际当中常用的是阻容耦合电压放大电路和直接耦合电压放大电路。

11.3.1　阻容耦合电压放大电路

图 11.3-1 所示电路即为两级阻容耦合电压放大电路。两级之间是通过耦合电容 C_2 及下一级

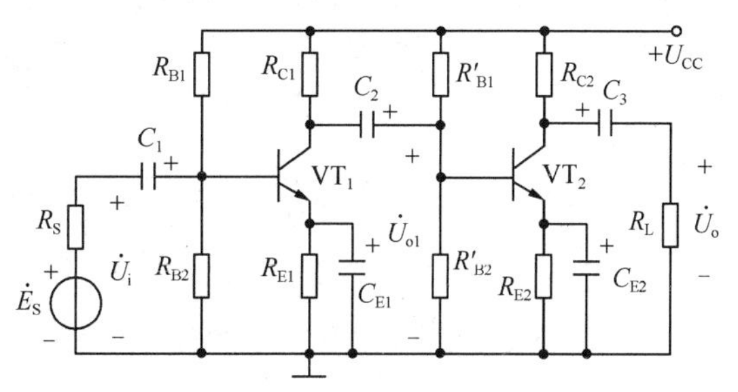

图 11.3-1　两级阻容耦合放大电路

放大电路的输入电阻 r_{i2}(见微变等效电路)连接起来的，故称为阻容耦合。由于 C_2 有隔直作用，它可使前、后级的直流工作状态互不影响，因而前后级的静态值可以单独计算，工作点互不影响。耦合电容的数值很大，容抗很小，使耦合电路上的信号损耗可以忽略不计。实际上，本电路中的 C_1、C_2 和 C_3 都是耦合电容，与 11.1 节中的单级放大电路的耦合电容作用是一样的，分析交流信号通路时，均视为短路。

静态分析：两级静态值单独计算，方法与 11.1 节相同。

以下介绍动态分析：

图 11.3-1 所示两级阻容耦合电压放大电路的微变等效电路如图 11.3-2 所示。从前后两级的分界处可以看出：前级的输出端就是后级的输入端；前级的输出信号就是后级的输入信号。两级都有自己的输入电阻、输出电阻和电压放大倍数。

前级：$r_{i1}=R_{B1}//R_{B2}//r_{be1}$，$r_{o1}=R_{C1}$，$A_{u1}=-\beta_1\dfrac{R'_{L1}}{r_{be1}}$，$R'_{L1}=R_{C1}\ //\ r_{i2}$。

后级：$r_{i2}=R'_{B2}\ //\ R'_{B2}//r_{be2}$，$r_{o2}=R_{C2}$，$A_{u2}=-\beta_2\dfrac{R'_{L2}}{r_{be2}}$，$R'_{L2}=R_{C2}\ //\ R_L$。

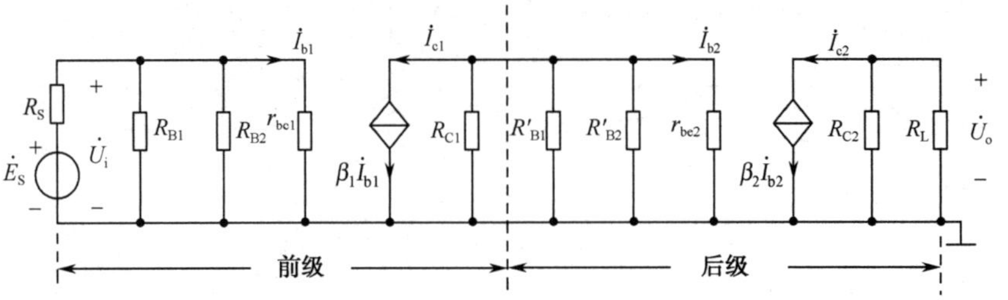

图 11.3-2　图 11.3-1 的微变等效电路

总放大电路：$r_i=r_{i1}=R_{B1}//R_{B2}//r_{be1}$，$r_o=r_{o2}=R_{C2}$，$A_u=\dfrac{\dot U_o}{\dot U_i}=\dfrac{\dot U_{o1}}{\dot U_{i1}}\cdot\dfrac{\dot U_o}{\dot U_{i2}}$，其中，$\dot U_{o1}$ 是前级的输出信号，$\dot U_{i2}$ 是后级的输入信号，$\dot U_{o1}=\dot U_{i2}$，而 $\dfrac{\dot U_{o1}}{\dot U_{i1}}=A_{u1}$，$\dfrac{\dot U_o}{\dot U_{i2}}=A_{u2}$，所以 $A_u=A_{u1}\cdot A_{u2}$。

结论：（1）多级放大电路的电压放大倍数等于各级电压放大倍数的乘积，即 $A_u=A_{u1}\cdot A_{u2}\cdots$。计算等效负载电阻 R'_L 时注意：后级的输入电阻 r_{i2}，就是前级的负载电阻 R_{L1}，各级之间都是如此。

（2）多级放大电路的输入电阻等于第一级的输入电阻，即 $r_i=r_{i1}$。

（3）多级放大电路的输出电阻等于最后一级的输出电阻，本放大电路是两级，因此 $r_o=r_{o2}$。

【例 11.3-1】 两级阻容耦合放大电路如图 11.3-1 所示。已知 $R_{B1}=30\text{k}\Omega$, $R_{B2}=15\text{k}\Omega$, $R'_{B1}=20\text{k}\Omega$, $R'_{B2}=10\text{k}\Omega$, $R_{C1}=3\text{k}\Omega$, $R_{C2}=2.5\text{k}\Omega$, $R_{E1}=3\text{k}\Omega$, $R_{E2}=2\text{k}\Omega$, $R_L=5\text{k}\Omega$, $C_1=C_2=C_3=50\mu\text{F}$, $C_{E1}=C_{E2}=100\mu\text{F}$，晶体管的 $\beta_1=\beta_2=40$, $U_{CC}=12\text{V}$，$r_{be1}=1\text{k}\Omega$, $r_{be2}=0.73\text{k}\Omega$。计算：（1）放大电路的静态值。（2）放大电路的电压放大倍数、输入电阻和输出电阻。

【解】 （1）根据图 11.1-12 所示分压偏置式电压放大电路的直流通路计算本放大电路的静态值。

① 前级　$V_{B1}\approx\dfrac{R_{B2}}{R_{B1}+R_{B2}}U_{CC}=\dfrac{15}{30+15}\times12=4\text{V}$

$$I_{C1}\approx I_{E1}=V_{E1}/R_{E1}\approx V_{B1}/R_{E1}=4/3\approx1.3\text{mA},\quad I_{B1}=I_{C1}/\beta_1=1.3/40\approx0.033\text{mA}=33\mu\text{A}$$

$$U_{CE1}=U_{CC}-I_{C1}R_{C1}-I_{E1}R_{E1}\approx U_{CC}-I_{C1}(R_{C1}+R_{E1})=12-1.3\times(3+3)=4.2\text{V}$$

② 后级　$V_{B2}\approx\dfrac{R'_{B2}}{R'_{B1}+R'_{B2}}U_{CC}=\dfrac{10}{20+10}\times12=4\text{V}$

$$I_{C2} \approx I_{E2} \approx V_{B2} / R_{E2} = 4/2 = 2\text{mA}\text{，}I_{B2} = I_{C2} / \beta_2 = 2/40 = 0.05\text{mA} = 50\mu\text{A}$$

$$U_{CE2} = U_{CC} - I_{C2}(R_{C2} + R_{E2}) = 12 - 2\times(2.5+2) = 3\text{V}$$

（2）根据图 11.3-2 所示微变等效电路计算动态指标如下。

前级电压放大倍数为 $$A_{u1} = -\beta_1 \frac{R'_{L1}}{r_{be1}} = -40\times\frac{0.6}{1} \approx -24$$

其中 $$R'_{L1} = R_{C1} /\!/ r_{i2} = R_{C1} /\!/ R'_{B1} /\!/ R'_{B2} /\!/ r_{be2} = 3 /\!/ 20 /\!/ 10 /\!/ 0.73 = 0.6\text{k}\Omega$$

后级电压放大倍数为 $$A_{u2} = -\beta_2 \frac{R'_{L2}}{r_{be2}} = -\beta_2 \frac{R_{C2} /\!/ R_L}{r_{be2}} = -\frac{40\times 2.5 /\!/ 5}{0.73} = -91$$

总电压放大倍数为 $$A_u = A_{u1}\cdot A_{u2} = (-24)\times(-91) = 2184$$

$$r_i = r_{i1} = R_{B1} /\!/ R_{B2} /\!/ r_{be1} = 30 /\!/ 15 /\!/ 1 = 0.9\text{k}\Omega\text{，}r_o = R_{C2} = 2.5\text{k}\Omega$$

11.3.2 直接耦合电压放大电路

工业控制中的控制量，如温度、压力、流量、长度等，它们通过各种传感器转换成的电量，一般都是变化缓慢的微弱信号，必须经过放大才能驱动执行机构。为了能够放大变化缓慢的电信号，可将阻容耦合方式的耦合电容去掉，把前一级的输出端直接接到后级的输入端，这样便组成了直接耦合放大电路。

直接耦合方式的优点是，既能放大一般的交流信号，也能放大变化缓慢的交流信号，直至直流信号。更重要的是，直接耦合方式便于集成化，实际的集成运算放大器就是由直接耦合多级放大电路组成的。但是采用直接耦合方式也带来了两个特殊问题：

（1）前后级静态工作点相互影响

直接耦合使前后级之间存在直流通路，造成各级工作点相互影响，甚至使放大电路不能正常工作。图 11.3-3 是由 NPN 型晶体管组成的两级直接耦合放大电路。由图可知，由于 $U_{CE1} = U_{BE2} = 0.7\text{V}$，使得第一级放大电路的静态工作点接近饱和区，使动态范围减小。同时，由于 $I_{R_{C1}} = \dfrac{U_{CC} - U_{CE1}}{R_{C1}}$ 较大，使第二级的基极电流 I_{B2} 较大，致使第二级的静态工作点也会处于接近饱和区的位置。通常采用两种方法解决这个问题：

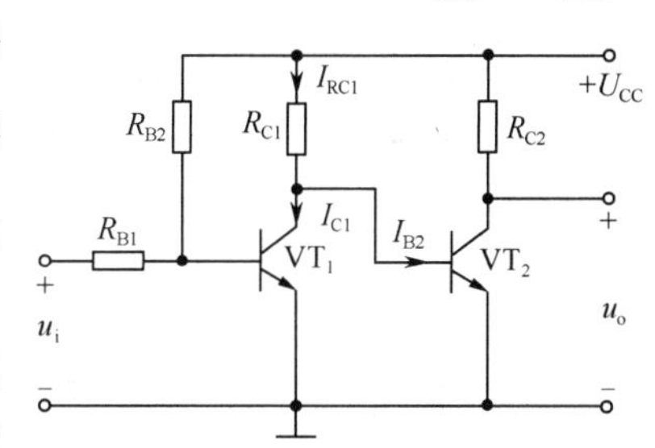

图 11.3-3 直接耦合电压放大电路

（a）串入电阻 R_{E2}，提高第二级晶体管的射极电位 V_{E2}。如图 11.3-4(a)所示。第二级射极电位提高了，其基极电位也提高了，从而保证了第一级的集电极有较高的静态电位，使点 Q 工作在线性区。

（b）串入稳压管 VD_Z(须有补偿电阻 R)，如图 11.3-4(b)所示。稳压管的稳定电压使得静态时第二级射极有比较高的稳定电位，保证了第一级的静态工作点在线性区。

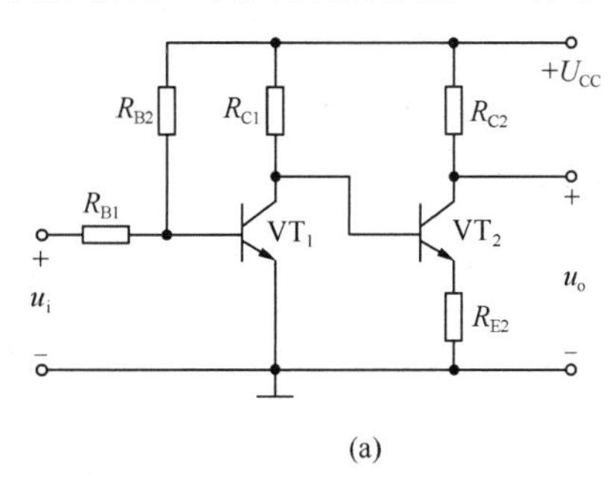

(a)

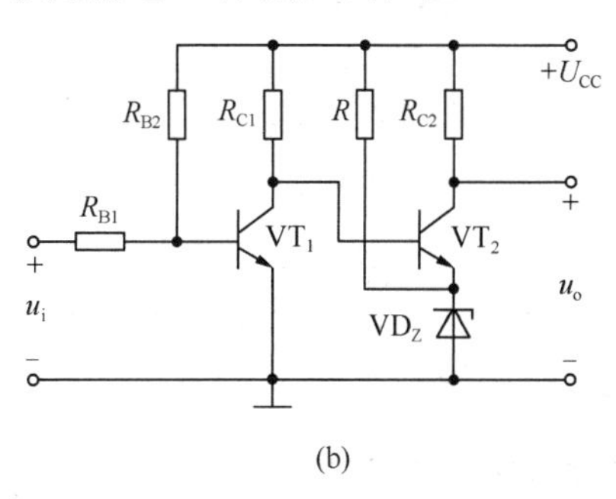

(b)

图 11.3-4 改进后的直接耦合电压放大电路

（2）零点漂移的影响

实际的直接耦合放大电路，当输入电压 u_i=0 时，其输出电压 $u_o \neq 0$，即输出端有一个缓慢变化且无规则变化的电压，这种现象称为零点漂移，简称零漂。

引起零漂的原因很多，如晶体管参数的变化、电源电压的波动、电路元件参数的变化等，其中温度的影响是最严重的，因此，零漂也称温漂。

在阻容耦合的多级放大电路中，由于有耦合电容的存在，零漂这种变化缓慢的信号是不会被逐级传递和放大的。但在直接耦合的多级放大电路中，零漂混同着有用信号被逐级放大。当零漂大到足以和输出的有用信号相比，以至于无法区分出有用信号时，放大电路就失去作用了。因此，必须采用有效的措施对零漂进行抑制。对于多级直接耦合放大电路，第一级的零漂要被后面逐级放大几千倍、几万倍，因而对放大电路的影响最为严重。抑制零点漂移最有效的措施是在多级直接耦合放大电路的第一级选用差分放大电路。差分放大电路是抑制零点漂移最有效的电路。

思考题

11.3-1　多级放大电路为什么有时用阻容耦合，有时用直接耦合？

11.3-2　阻容耦合放大电路各级的静态值如何计算？各级的电压放大倍数、输入电阻和输出电阻如何计算？

11.3-3　与阻容耦合放大电路相比，直接耦合放大电路有哪两个特殊的问题？

11.4　差分电压放大电路

差分电压放大电路是抑制零点漂移最有效的电路，图 11.4-1 所示的电路是由两只晶体管构成的双端输入/双端输出的差分放大电路。信号电压 u_{i1} 和 u_{i2} 由两管基极输入，输出电压 u_o 由两管集电极取出。电路结构左右对称，两边的晶体管和对应的电阻元件的型号、参数以及加工工艺等都完全相同。对要求比较高的场合，差分放大电路的晶体管要采用对管，使其环境温度保持一致。

11.4.1　静态

（1）静态值

由于电路的对称性，当 $u_{i1}=0$、$u_{i2}=0$ 时，两只晶体管的静态值对称，有着相同的工作点，即 $I_{B1}=I_{B2}=I_B$，$I_{C1}=I_{C2}=I_C$，$U_{CE1}=U_{CE2}=U_{CE}$。集电极电位也相等，即 $V_{C1}=V_{C2}$。电路如图 11.4-2 所示。

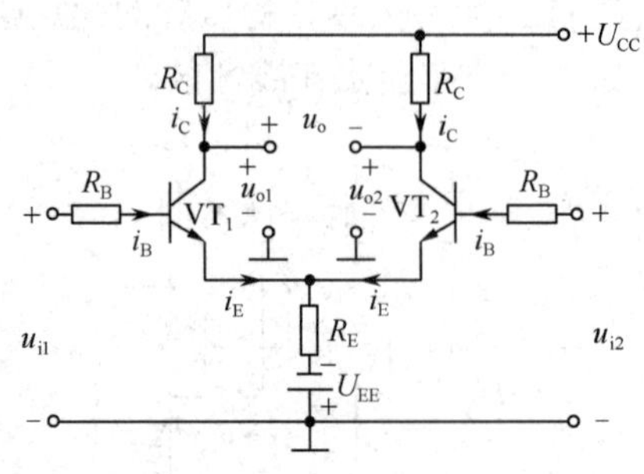

图 11.4-1　差分放大电路

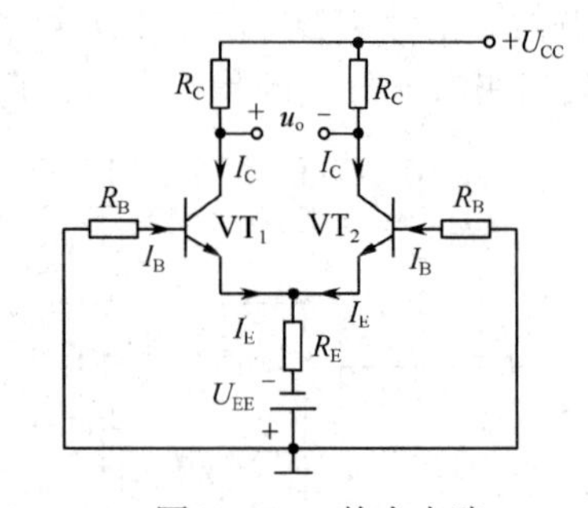

图 11.4-2　静态电路

（2）零点漂移的抑制

在图 11.4-2 中，当温度升高时，VT_1 和 VT_2 两管的集电极电流都增加，集电极电位都下降，每只管子都产生了零点漂移，且变化量相同。为了抑制每个管子的零点漂移，在差分电路中引入了发射极电阻 R_E，R_E 的作用是，将两个管子的集电极零漂电流通过自身的电阻转换成电压增量送回输入端，使两管的 U_{be1} 和 U_{be2} 减小，再使 I_{B1}、I_{B2} 减小，最后使 I_{C1}、I_{C2} 减小，每个管子的零漂被完全抑制了。所以，差分放大电路对两管所产生的零漂，不论是单端输出，还是双端输出，零漂都不存在，电路自身具有抑制能力。例如，电路若是双端输出，则 $u_o = (V_{C1}+\Delta V_{C1}) - (V_{C2}+\Delta V_{C2}) = \Delta V_{C1} - \Delta V_{C2} = 0$。

R_E 抑制两管零漂的过程如下：

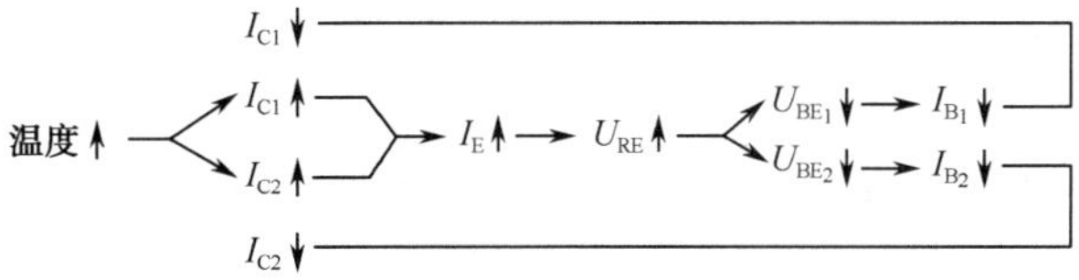

温度 ↑ → $I_{C1}\uparrow$、$I_{C2}\uparrow$ → $I_E\uparrow$ → $U_{RE}\uparrow$ → $U_{BE_1}\downarrow$ → $I_{B_1}\downarrow$ → $I_{C1}\downarrow$

$U_{RE}\uparrow$ → $U_{BE_2}\downarrow$ → $I_{B_2}\downarrow$ → $I_{C2}\downarrow$

上面的过程中体现了电阻 R_E 抑制零漂的作用，R_E 愈大，抑制零漂的作用愈强。但在电源电压 U_{CC} 一定的情况下，过大的 R_E，产生过大的电压 U_{RE}，使两管发射极电位被提高，管压降 U_{CE} 将下降，使静态工作点的位置发生变化(与无 R_E 时的 Q 点比较)，导致动态范围变小，降低了电压放大倍数。为了解决这个问题，在电路中又引入了负电源 U_{EE}。由图 11.4-2 可以看出，两管发射极电位是

$$V_E = -U_{EE} + U_{RE} = -U_{EE} + 2I_E R_E$$

为保证静态工作点的位置不变(和无 R_E 时的 Q 点一样)，必须使 $U_{EE} = 2I_E R_E$，即 U_{RE} 电压被抵消，发射极电位 $V_E = 0$，保证了电压放大倍数不受影响。

负电源 U_{EE} 还有一个作用是，使两个管子的发射结处于正向偏置。

11.4.2　动态

在图 11.4-1 所示的差分电压放大电路中，当 $u_{i1} \neq 0$、$u_{i2} \neq 0$ 时，输入信号有以下几种输入形式。

（1）共模输入

当两个输入信号大小相等、极性相同时，即 $u_{i1} = u_{i2}$，这样的输入称为共模输入，u_{i1} 和 u_{i2} 称为共模信号。

在共模信号作用下，由于差分放大电路的对称性，两管集电极电位相同，因而输出电压 $u_o = 0$，也就是说，差分放大电路对共模信号没有放大能力，共模电压放大倍数 $A_C = 0$。所以，有用的信号，即需要放大的信号不能采用这种方式输入。实际上共模信号就是温漂信号或干扰信号，在放大电路中是需要抑制的。

（2）差模输入

当两个输入信号大小相等而极性相反时，即 $u_{i1} = -u_{i2}$，这样的输入称为差模输入，u_{i1} 和 u_{i2} 称为差模信号。

设 $u_{i1} > 0$，$u_{i2} < 0$，则 u_{i1} 使晶体管 VT_1 集电极电流增大，集电极电位降低 ΔV_{C1}(负值)；u_{i2} 使晶体管 VT_2 集电极电流减小，集电极电位升高 ΔV_{C2}(正值)，若采用双端输出，则输出电压

$$u_o = \Delta V_{C1} - \Delta V_{C2}$$

因为 $\Delta V_{C1} = -\Delta V_{C2}$，所以输出电压 u_o 又可表示为

$$u_o = 2\Delta V_{C1} \text{ 或 } u_o = -2\Delta V_{C2}$$

例如，$\Delta V_{C1} = -1V$，$\Delta V_{C2} = +1V$，则 $u_o = -1 - 1 = -2V$。可见，差分放大电路对差模信号有放大能力，差模电压放大倍数 $A_d \neq 0$。

（3）比较输入

当两个输入信号既非共模又非差模时，它们的大小和极性是任意的，这种输入称为比较输入。两个输入信号在放大电路输入端进行比较后，得出偏差值 $u_{i1}-u_{i2}$，再经放大，输出电压为

$$u_o=A_u(u_{i1}-u_{i2})$$

可见，需要放大的信号(有用的信号)必须采用差模输入或比较输入，信号才能被放大。

（4）共模抑制比

实际上，人们尽管做了很大努力，差分放大电路仍很难完全对称，它对共模信号还是有一定的放大能力。

为了说明差分放大器的质量，即抑制零点漂移的能力，通常用共模抑制比 K_{CMRR} 来表征，即

$$K_{CMRR}=\left|\frac{A_d}{A_c}\right|$$

共模抑制比愈大，说明差分放大电路对差模信号的放大能力愈强，而受共模信号的影响愈小。理想情况是 $A_c=0$，$K_{CMRR}\to\infty$，而实际情况是 K_{CMRR} 不可能趋于无穷大，只能是愈大愈好。

11.4.3　输入-输出方式

图 11.4-1 所示差分电压放大电路是双端输入-双端输出方式。根据使用的需要，该电路也可以采用双端输入-单端输出(取 u_{o1} 或 u_{o2})方式。在图中，如果将一个输入端接地，另一个输入端接输入信号，则称为单端输入-双端输出方式。还有一种输入-输出方式如图 11.4-3(a)和(b)所示，即单端输入-单端输出方式。设输入电压 u_i 为正弦信号，分别加在左图的“1”端和右图的“2”端，输出电压 u_o 均取自晶体管 VT_1 的集电极。可以肯定，两种情况下，电压放大倍数的大小是相同的，但输出电压 u_o 的相位是相同还是相反呢？看看下面的分析。

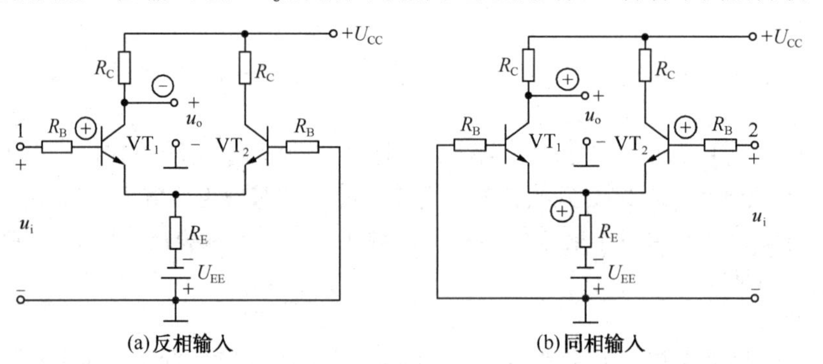

图 11.4-3　单端输入-单端输出

（1）u_i 从“1”端输入

在图 11.4-3(a)中，当 u_i 增大时，有如下过程：

$$\Delta u_i\uparrow\to\Delta u_{be1}\uparrow\to\Delta i_{b1}\uparrow\to\Delta i_{C1}\uparrow\to\Delta u_{RC1}\uparrow\to\Delta u_o\downarrow$$

可见，输入信号 u_i 向正变化，输出信号 u_o 向负变化。输出信号 u_o 的相位与输入信号 u_i 相反，所以把“1”端称为反相输入端。

（2）u_i 从“2”端输入

在图 11.4-3(b)中，当 u_i 增大时，有如下过程：

$$\Delta u_{\mathrm{i}}\uparrow \longrightarrow \Delta u_{\mathrm{be2}}\uparrow \longrightarrow \Delta i_{\mathrm{b2}}\uparrow \longrightarrow \Delta i_{\mathrm{c2}}\uparrow \longrightarrow \Delta i_{\mathrm{e2}}\uparrow \longrightarrow \Delta i_{\mathrm{e}}\uparrow$$

$$\Delta u_{\mathrm{o}}\uparrow \longleftarrow \Delta u_{\mathrm{RC1}}\downarrow \longleftarrow \Delta i_{\mathrm{C1}}\downarrow \longleftarrow \Delta i_{\mathrm{b1}}\downarrow \longleftarrow \Delta u_{\mathrm{be1}}\downarrow \longleftarrow \Delta v_{\mathrm{e}}\uparrow$$

可见，输出信号 u_{o} 与输入信号 u_{i} 一样，都向正变化，输出信号 u_{o} 的相位与输入信号 u_{i} 的相位相同，所以把“2”端称为同相输入端。

在图 11.4-3(a)和(b)中，符号⊕和⊖表示该点在某瞬时电位的变化趋势，⊕表示电位升高，⊖表示电位降低。

差分电压放大电路的电压放大倍数、输入电阻和输出电阻的分析计算方法与阻容耦合电压放大电路的分析计算方法完全相同，并且差分电压放大电路目前常用来作为集成运算放大器件内部电路的输入级，所以本书对其内容就不做详细分析了。

思考题

11.4-1　差分电压放大电路的结构有何特点？为什么它能抑制零点漂移？电路中的电阻 R_{E} 和负电源 U_{EE} 起什么作用？

11.4-2　什么是共模信号和差模信号？差分电压放大电路对它们是怎样区别对待的？

11.4-3　为什么说因温度等因素引起的零点漂移具有共模性质，均属于共模信号？

11.4-4　在单端输入-单端输出的差分电压放大电路中，什么是反相输入端和同相输入端？

11.5　晶体管放大电路的仿真

本节研究基极电阻 R_B 对静态工作点和电压放大倍数的影响。

图 11.5-1 是共射接法的单管放大电路的仿真电路图。其中，晶体管 2SC1815 的 $\beta=120$，输入正弦交流电压的有效值 $U_i=10\mathrm{mV}$，频率为 1kHz。

1. 仿真内容

（1）改变基极电阻，观察静态工作点和电压放大倍数的变化

（2）改变基极电阻，观察静态工作点不合适引起输出电压的失真情况。

2. 仿真结果

（1）测量静态工作点。在图 11.5-1 中，设输入交流电压为零，在电路中接入直流电压表和直流电流表，仿真电路如图 11.5-2 所示。当基极电阻在 500～800kΩ之间变化时，测量静态工作点。其测量结果如表 11.5-1 所示。

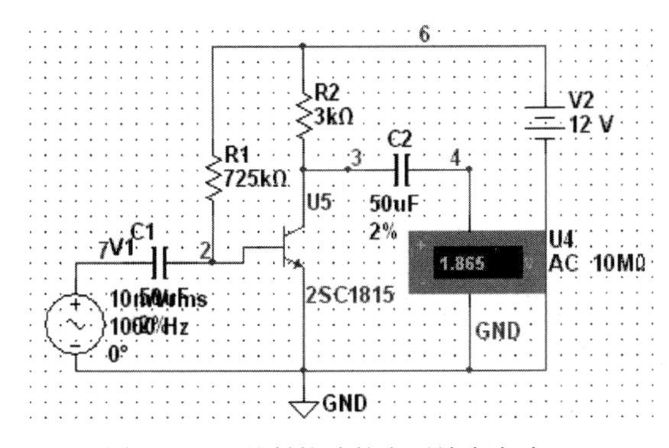

图 11.5-1　共射接法的电压放大电路

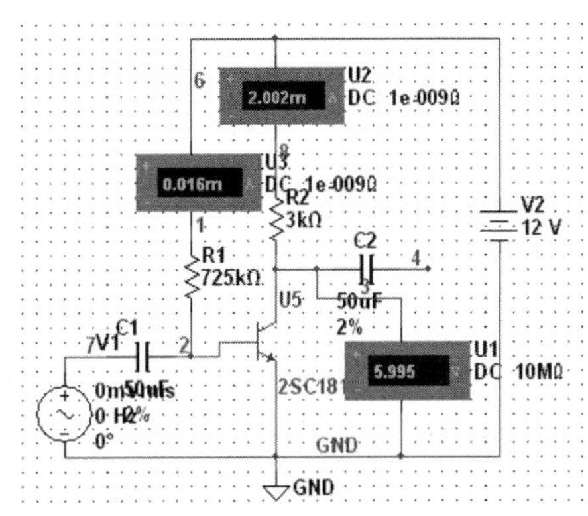

图 11.5-2　测量静态工作点

（2）测量电压放大倍数。在图 11.5-1 电路中输入$U_i=10\text{mV}$，频率为 1kHz 的交流信号。在放大电路的输出端接入交流电压表和示波器。仿真电路如图 11.5-3 所示。当基极电阻在 500～800kΩ之间变化时，测量输出电压，观察输出波形。其测量结果如表 11.5-1 所示，其输出波形如图 11.5-4～图 11.5-7 所示。

表 11.5-1　测量静态工作点及电压放大倍数

R_1 (kΩ)	I_B (μA)	I_C (mA)	U_{CE} (V)	U_i (mV)	U_o (V)	A_u
500	23	2.732	3.872	10	2.242	224.2
550	21	2.512	4.464	10	2.128	212.8
725	16	2.002	5.955	10	1.799	179.9
800	14	1.841	6.476	10	1.686	168.6

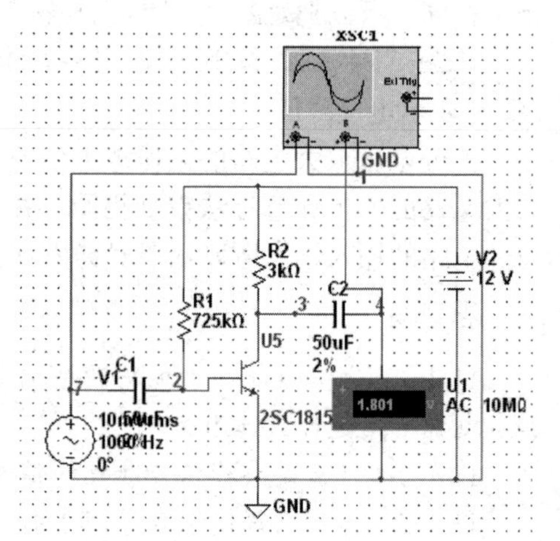

图 11.5-3　测量电压放大倍数

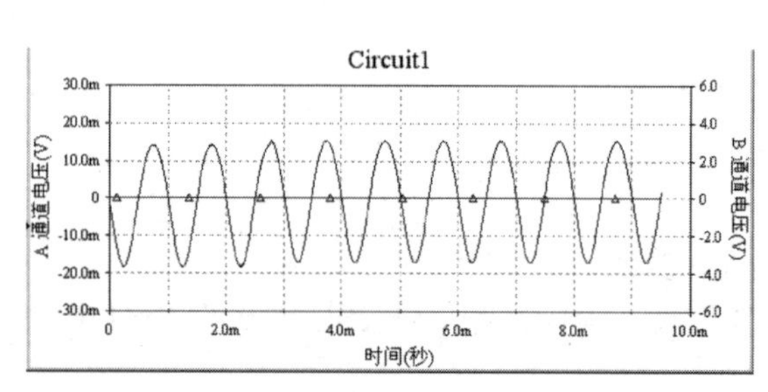

图 11.5-4　$R_1=500\text{k}\Omega$ 时的输出电压波形

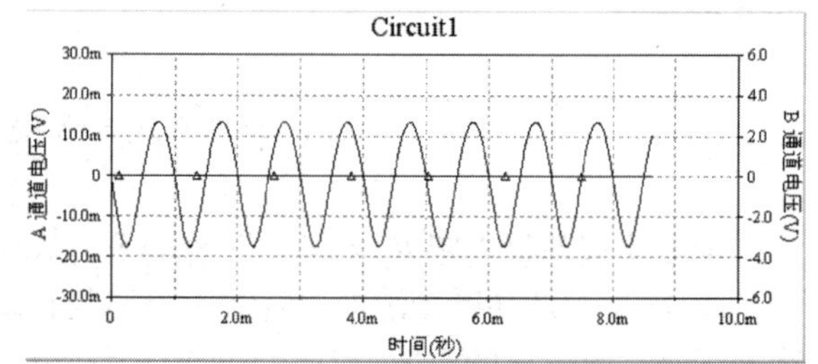

图 11.5-5　$R_1=550\text{k}\Omega$ 时的输出电压波形

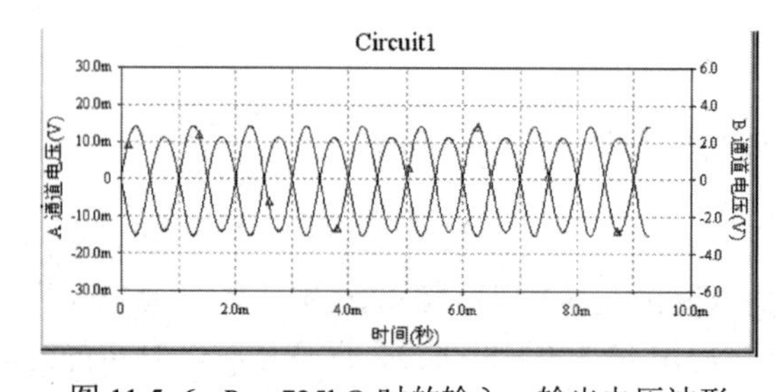

图 11.5-6　$R_1=725\text{k}\Omega$ 时的输入、输出电压波形

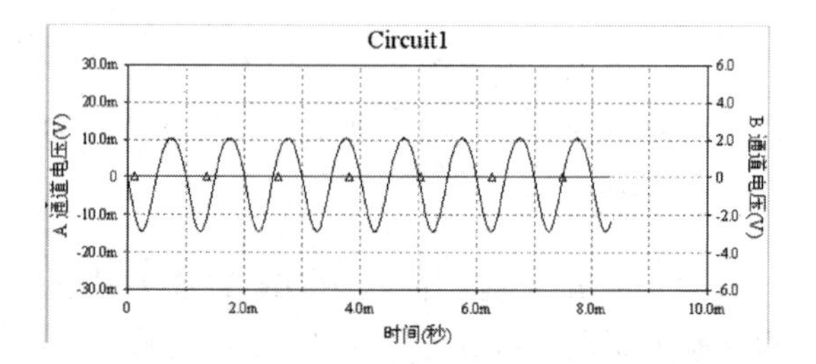

图 11.5-7　$R_1=800\text{k}\Omega$ 时的输出电压波形

（3）观察输出电压的失真情况。在图 11.5-2 中，当基极电阻为350kΩ 和1.5MΩ 时，测量静态工作点，其测量结果如表 11-5-2 所示。然后接入输入信号，用示波器观察输出波形，失真波形如图 11.5-8 所示。

表 11.5-2　工作点不合适的测量值

R_1	I_B (μA)	I_C (mA)	U_{CE} (V)	U_i (mV)	U_o 失真情况
350kΩ	33	3.587	1.364	10	下半波失真
1.5MΩ	7.696	1.067	8.839	10	上半波失真

3. 结论

（1）从仿真结果中可见，在u_o不失真的情况下，基极电阻R_1的大小对静态工作点和电压放大倍数影响最大。改变R_1的数值，静态工作点的位置发生变化，导致输出电压的动态范围变化，从而使电压放大倍数随着变比。在表 11.5-1 中，$R_1=500\text{k}\Omega$时，静态工作点最合适，放大倍数最高。

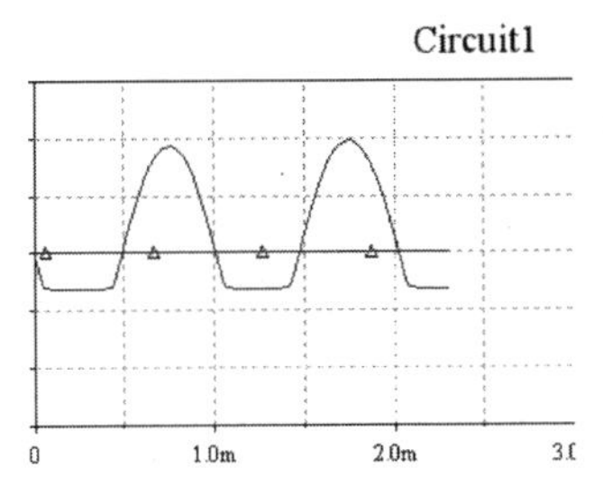

(a) R_1=350kΩ 时，u_o 饱和失真

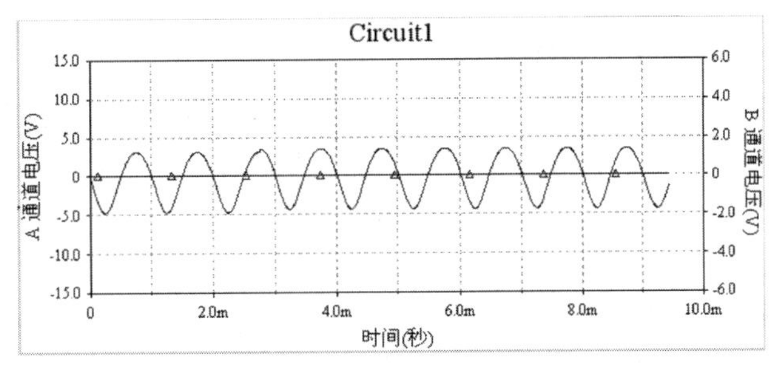

(b) R_1=1.5MΩ 时，u_o 截止失真

图 11.5-8　静态工作点不合适时引起的饱和失真和截止失真

（2）从表 11.5-2 和图 11.5-8 可见，基极电阻 R_1 太小或太大时，使静态工作点偏高或偏低，输出电压波形出现饱和失真和截止失真。

（3）从以上分析可见，在电压放大电路中，合理选择基极电阻的数值是至关重要的，它是直接影响静态工作点和电压放大倍数的一个重要参数。

本 章 小 结

本章讲述了固定偏置式电压放大电路、分压偏置式电压放大电路、射极输出器、多级电压放大电路和差分电压放大电路等 5 种电路，为学习集成放大电路打好基础。虽然涉及的问题很多，但归纳起来也就是如下 3 个问题。

1. 单级电压放大电路

单级电压放大电路是电子电路的基本单元电路，最具代表性的单元电路就是固定偏置电压放大电路、分压偏置式电压放大电路和射极输出器，它们既有共性，又各具特点。

（1）共性

它们的共性是静态、动态、温度稳定性、非线性失真、频率特性、频率失真等(书中只讨论了共发射极电压放大电路的温度稳定性、频率特性、非线性失真和频率失真)。

静态是基础，动态是目的。没有合适的静态工作点，就没有良好的动态性能，温度稳定性变差，失真严重。因此，要掌握静态值的计算、工作点的选择和动态的分析方法。上面 3 种单元电路的静态、动态的分析计算方法基本相同，关键是找对直流通路、交流通路和微变等效电路。

（2）特点

① 共发射极接法的固定偏置式电压放大电路和分压偏置式电压放大电路，它们的电压放大倍数高，输入电阻和输出电阻数值适中(只是固定偏置电压放大电路的工作点不稳定)，应用普遍。

② 共集电极放大电路(射极输出器)，具有两个非常有价值的特点。

a. $\dot{U}_o \approx \dot{U}_i$，且相位相同，具有电压跟随作用，常用做电压跟随器。

b. r_i很大，r_o很小，具有阻抗变换作用，常用做多级放大电路的输入级、中间级和输出级。

2. 多级电压放大电路

实际的电子电路，其多级电压放大电路都是由一级一级的单级电压放大电路构成的，理论上并不复杂，唯一的新问题就是级间的耦合方式及其带来的影响。

耦合方式有：阻容耦合，适于放大交流信号；直接耦合，适于放大交流信号和直流信号。

直接耦合带来的问题是零点漂移。

3．抑制零点漂移

差分电压放大电路就是专门为抑制零点漂移而诞生的，其电路的高度对称性及其足够大的发射极电阻 R_E，是它抑制零点漂移能力的根本所在。这是差分电压放大电路的第一个特殊概念。

第二个特殊概念是，差分电压放大电路的输入信号必须采用差模输入或比较输入；差分电压放大电路对共模信号有很强的抑制作用。

差分电压放大电路是本章的结尾，做为过渡，它与下一章集成放大电路自然地联系起来，集成运算放大电路的第一级就是差分电压放大电路。这样，学习下一章就比较容易了。

习题

11-1 判断题图 11-1 所示各电路能否放大交流信号？说明原因。

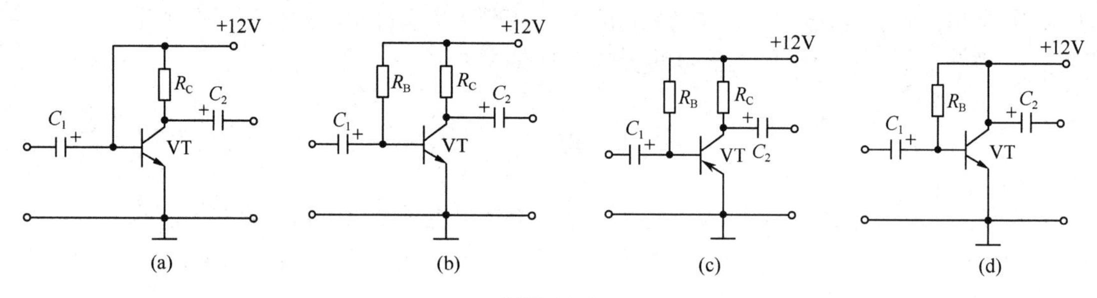

题图 11-1

11-2 晶体管放大电路如题图 11-2(a)所示，已知 U_{CC} = 12V, R_C = 3kΩ, R_B = 240kΩ，晶体管的 β = 40。(1）用直流通路估算静态值 I_B、I_C、U_{CE}；(2）如晶体管的输出特性如题图 11.1-2(b)所示，用图解法作出放大电路的静态工作点；(3）在静态时(u_i = 0) C_1 和 C_2 上的电压各为多少？请标出极性。

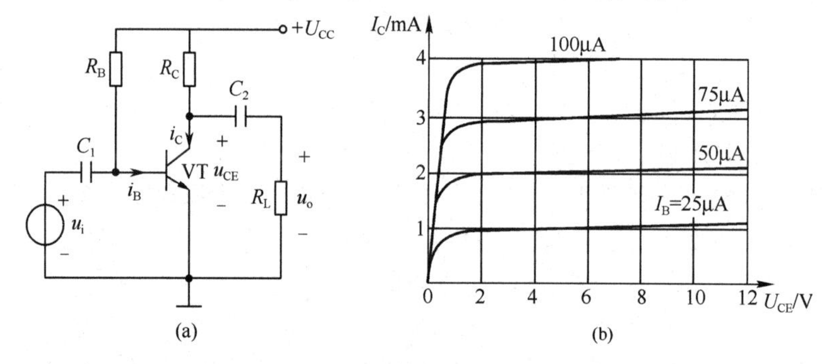

题图 11-2

11-3 晶体管放大电路如题图 11-3 所示，已知 U_{CC} = 12V，R_B = 320kΩ，R_C = 3kΩ，R_L = 6kΩ，晶体管的 β = 50。(1）估算静态值 I_B、I_C、U_{CE}；(2）计算电压放大倍数 A_u、输入电阻 r_i 和输出电阻 r_o；(3）如果输出端不带负载，电压放大倍数 A_u 又是多少？

11-4 在上题的电路中(题图 11-3)，若 U_{CC} = 12V, R_C = 3kΩ，晶体管的 β = 45。(1）若将管子的 U_{CE} 调到 6V，R_B 应调至多大？(2）如果不慎误将 R_B 调至零，对晶体管有何影响？怎样解决这个问题(即使把 R_B 调到零，也没有关系)？

11-5 题图 11-5 为分压偏置式电压放大电路，已知：R_{B1} = 60kΩ，R_{B2} = 20kΩ，R_C = 3kΩ，R_E = 2kΩ，R_L = 6kΩ，U_{CC} = 12V，β = 60。(1）画直流通路，估算 I_B、I_C、U_{CE}；(2）画微变等效电路，计算 A_u、r_i、r_o。

11-6 射极输出器如题图 11-6 所示。已知：U_{CC} = 12V, R_B = 330kΩ, R_E = R_L = 2kΩ, R_S = 40Ω, β = 80, U_{BE} =

0.6V。（1）画直流通路，计算静态值 I_B、I_E、U_{CE}；（2）画微变等效电路，计算 A_u、r_i、r_o。

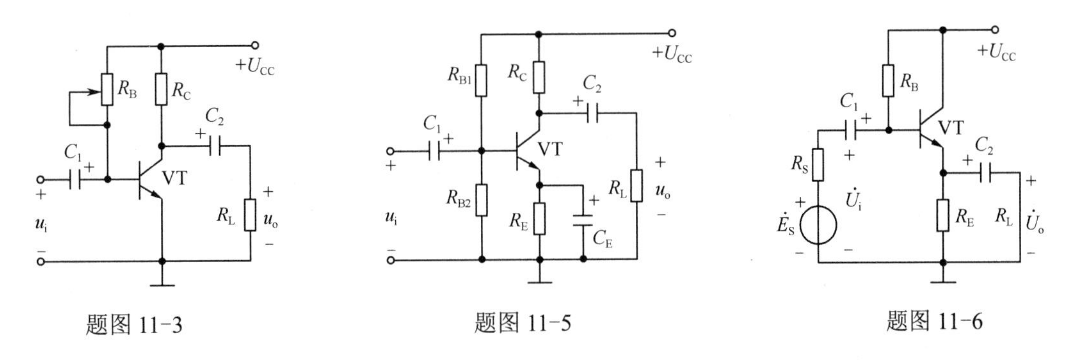

题图 11-3　　题图 11-5　　题图 11-6

11-7　单管交流电压放大电路实验线路板和所使用的仪器如题图 11-7 所示。（1）请将各仪器与线路板正确连接起来；（2）说明如何通过观察输出电压波形来调整静态工作点；（3）如果发现输出电压波形的正半波失真，这是何种失真？如果发现输出电压波形的负半波失真，这又是何种失真？两种失真应如何调整才能消除？

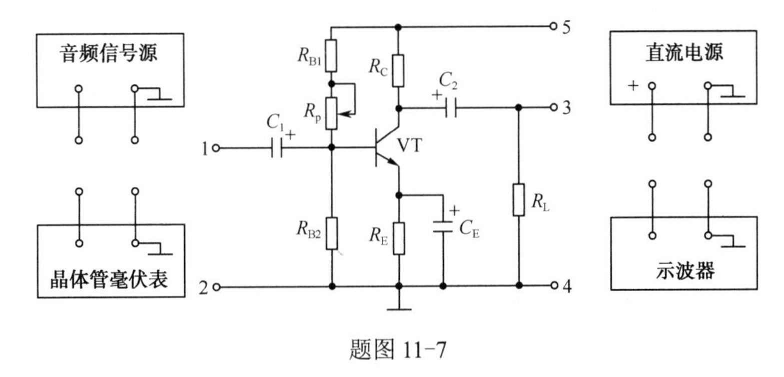

题图 11-7

11-8　在题图 11-8 中，已知 $U_{CC}=12\text{V}$, $R_B=300\text{k}\Omega$, $R_C=2\text{k}\Omega$, $R_E=2\text{k}\Omega$。晶体管的 $\beta=99$, $r_{be}=1\text{k}\Omega$。电路有两个输出电压 $\dot{U}_{o1}$ 和 $\dot{U}_{o2}$。（1）求电压放大倍数 $A_{u1}=\dot{U}_{o1}/\dot{U}_i$；（2）求电压放大倍数 $A_{u2}=\dot{U}_{o2}/\dot{U}_i$。

11-9　分压偏置式电压放大电路如题图 11-9 所示，晶体管的 $\beta=60$，其余数据已标在电路上。（1）估算静态值 I_B、I_C 和 U_{CE}；（2）计算电压放大倍数 A_u 和输入电阻 r_i、输出电阻 r_o；（3）如果未接旁路电容器，A_u、r_i 和 r_o 又为多少？

11-10　题图 11-10 所示电路是输入级采用射极输出器的两级阻容耦合放大电路。已知 $U_{CC}=12\text{V}$，$R_{B1}=300\text{k}\Omega$, $R_{E1}=4\text{k}\Omega$, $R'_{B1}=40\text{k}\Omega$, $R'_{B2}=20\text{k}\Omega$, $R_{C2}=2\text{k}\Omega$, $R_{E2}=2\text{k}\Omega$, $\beta_1=\beta_2=50$, $r_{be1}=1\text{k}\Omega$, $r_{be2}=0.8\text{k}\Omega$。（1）画出微变等效电路；（2）计算电压放大倍数 A_{u1}、A_{u2} 和 A_u；（3）计算输入电阻 r_i 和输出电阻 r_o。

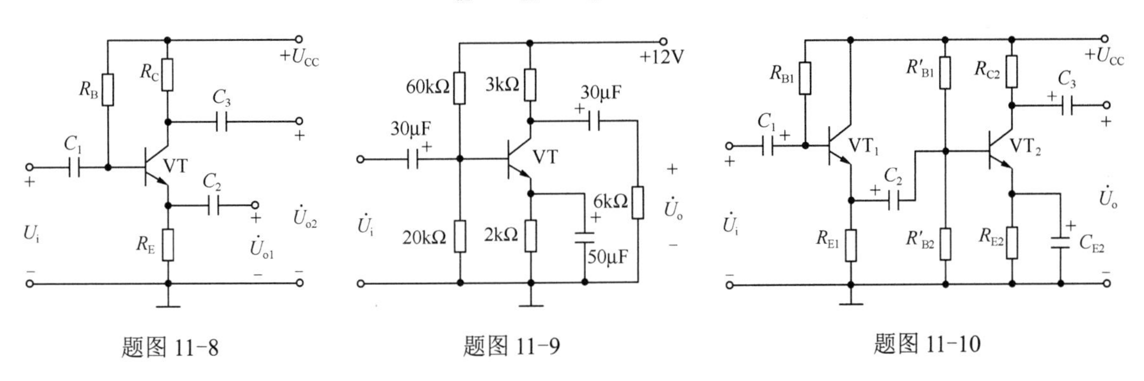

题图 11-8　　题图 11-9　　题图 11-10

11-11　题图 11-11 所示电路是输出级采用射极输出器的两级阻容耦合电压放大电路。已知 $U_{CC}=12\text{V}$, $R_{B1}=66\text{k}\Omega$, $R_{B2}=33\text{k}\Omega$, $R_{C1}=3\text{k}\Omega$, $R_{E1}=1.5\text{k}\Omega$, $R'_{B1}=400\text{k}\Omega$, $R_{E2}=1.5\text{k}\Omega$, $\beta_1=\beta_2=60$, $r_{be1}=0.9\text{k}\Omega$, r_{be2}

$= 1.3\text{k}\Omega$。（1）画出微变等效电路；（2）计算电压放大倍 A_{u1}、A_{u2} 和 A_u；（3）计算输入电阻 r_i 和输出电阻 r_o。

11-12　两级阻容耦合电压放大电路如题图 11-12 所示。已知 $U_{CC} = 18\text{V}$, $R_{B1} = 66\text{k}\Omega$, $R_{B2} = 33\text{k}\Omega$, $R_{C1} = 3\text{k}\Omega$, $R_{E1} = 0.5\text{k}\Omega$, $R'_{E1} = 2.5\text{k}\Omega$, $R'_{B1} = 260\text{k}\Omega$, $R_{E2} = 3\text{k}\Omega$, $R_L = 6\text{k}\Omega$, $\beta_1 = \beta_2 = 50$, $U_{BE1} = U_{BE2} = 0.6\text{V}$。

（1）画出前、后级的直流通路，计算前级的静态值 I_{B1}、I_{C1}、U_{CE1}；后级的静态值 I_{B2}、I_{C2}、U_{CE2}。

（2）已知两管的 $r_{be1} = 0.9\text{k}\Omega$, $r_{be2} = 0.8\text{k}\Omega$。画出微变等效电路，计算电压放大倍数 A_{u1}、A_{u2} 和 A_u；输入电阻 r_i 和输出电阻 r_o。

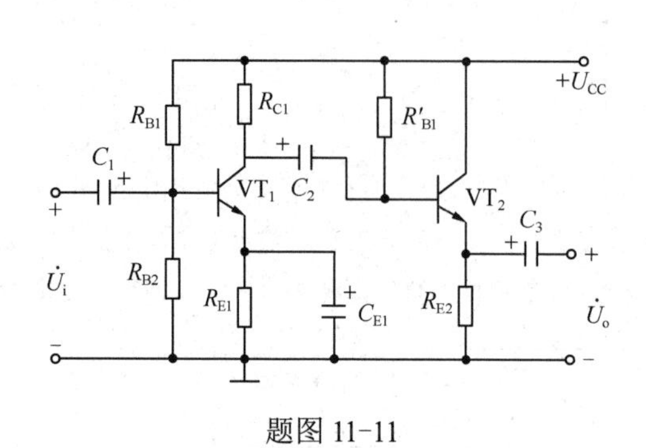

题图 11-11

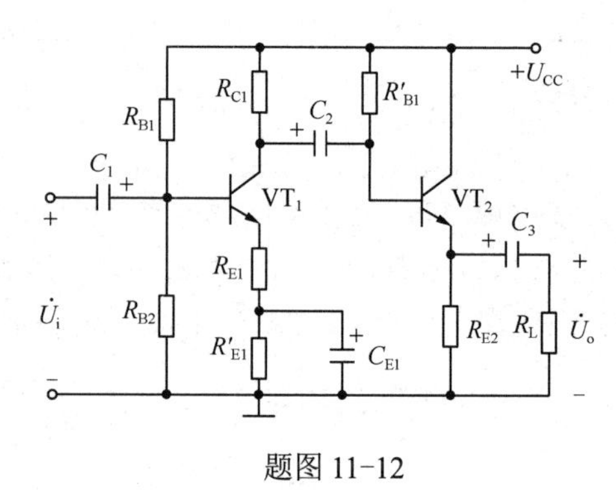

题图 11-12

11-13　在题图 11-13 所示放大电路中，已知 $U_{CC} = 12\text{V}$, $R_C = 2\text{k}\Omega$, $R_L = 2\text{k}\Omega$, $R_B = 100\text{k}\Omega$, $R_P = 1\text{M}\Omega$，晶体管 $\beta = 49$, $U_{BE} = 0.6\text{V}$。

（1）当将 R_P 调到零时，计算静态值 I_B、I_C、U_{CE}，此时晶体管工作在何种状态？

（2）当将 R_P 调到最大时，再求静态值，此时晶体管工作在何种状态？

（3）若使 $U_{CE} = 6\text{V}$，应将 R_P 调到何值？此时晶体管工作在何种状态？

（4）设输入电压 $u_i = U_m \sin\omega t\text{V}$，试对应地画出上述三种状态下输出电压 u_o 的波形(参阅图 11.1-10)。

（5）如果产生波形失真，应如何通过 R_P 进行调整，使放大电路不产生失真？

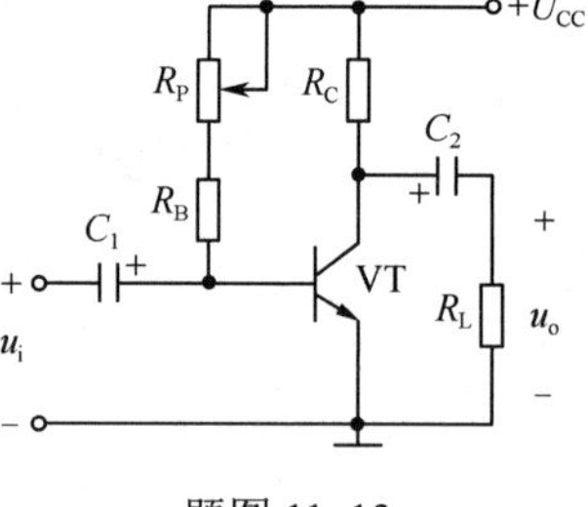

题图 11-13

11-14　放大电路方案设计：某信号源的 $E_S = 10\mu\text{V}$, $f = 1\text{kHz}$, $R_S = 500\Omega$。今需设计一个放大电路，将信号放大至 $U_o = 50\text{mV}$，负载电阻 $R_L = 1.5\text{k}\Omega$。请按如下要求提出设计方案。

（1）对放大电路的要求：（a）输入电阻 $r_i \gg 500\Omega$；（b）输出电阻 $r_o \ll 1.5\text{k}\Omega$；（c）电压放大倍数 $|A_u| \geqslant 5000$；（d）输出电压的相位与输入电压的相位同相；（e）温度稳定性好，非线性失真和频率失真小。

（2）画出方框图和电路图。

（3）合理分配电压放大倍数，每级不超过 80(每级电压放大倍数太大，工作不稳定)。

（4）将有关数据和符号标注在方框图和电路图上。

第 12 章　集成运算放大器

【本章主要内容】 本章主要内容有三个方面：一是介绍集成运算放大器的基本组成、传输特性、主要参数、理想化模型以及它的分析依据；二是像使用晶体管一样(把它称为一个器件)，用以构成各种应用电路，如信号运算电路、信号处理电路等；三是介绍运算放大电路中的负反馈和负反馈对放大电路工作性能的改善。

前面两章讲的放大电路均属于分立元件电路，就是将各种单个的元器件(二极管、晶体管、场效应晶体管、电阻、电容等)用导线连接而成的电子线路。集成电路则是将大量的上述元器件和它们之间的连接导线同时制作在一块半导体芯片上，组成一个整体，再加上外壳封装和引脚便成了高密度的固体电路，称为集成电路。与分立元件电路相比，集成电路的优点甚多，在科学技术上意义重大。用集成电路制造的电子产品，体积更小，重量更轻，功能更强，精度更高，工作更可靠，使用更方便，价格更便宜。集成电路的出现，开辟了微电子技术时代，并促进了许多学科和领域的发展。

就集成电路的类型而言，集成电路有模拟集成电路和数字集成电路之分。本章所讲的集成运算放大器属于模拟集成电路。下一章将学习数字集成电路。

【引例】 在自动化生产过程中，产生许多工艺参量(如温度、压力、流量等)，而且它们之间互有关联(函数关系)。为检测生产过程是否正常，我们可以用传感器采集这些参量并转换成相应的电信号 $u_{i1}, u_{i2}, u_{i3}, \cdots$，如图 12.0-1 所示。将这些信号送入由集成运算放大器构成的运算电路进行数学运算，运算结果 u_o 再送至下一级电路进行处理，最后由计算机调整控制生产过程。

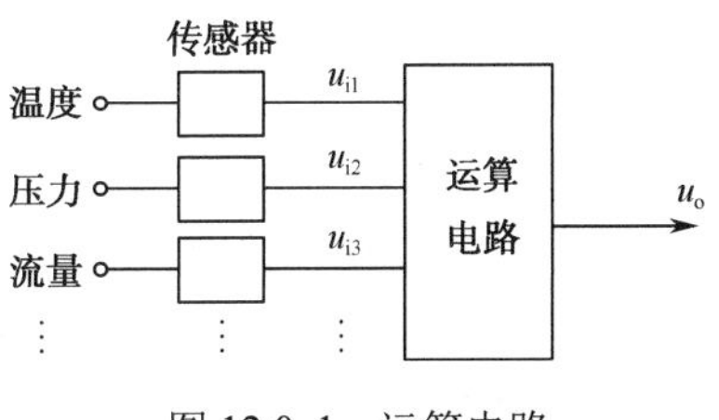

图 12.0-1　运算电路

在上一章的放大电路中，只有一个输入端，输入一个信号。而在图 12.0-1 所示电路中，却有多个输入端，输入的是一个信号群。那么，集成运算放大器电路是根据什么原理对信号群进行运算的呢？请看下面的具体讲述。

12.1　集成运算放大器的基本组成、传输特性和主要参数

1. 基本组成

集成运算放大器，以下称集成运放，其内部是由多级直接耦合电压放大电路构成的，其中包括输入级、中间级、输出级三大部分。输入级是决定整个电路性能的最关键部分，大多采用差分电压放大电路，用以抑制零点漂移。中间级的主要作用是提高电压放大倍数，由二至三级直接耦合电压放大电路组成。输出级多采用射极输出器，用以提高带负载的能力。

目前常用的集成运放是双列直插式，其外形如图 12.1-1(a)所示。集成运放有许多引线端(即引脚)，其中有：两个输入端、一个输出端、正负电源端、地端和调零端等。集成运放的图形符号如图 12.1-1(b)所示(国标)和图 12.1-1(c)所示(国际常用)。其中，u_- 称为反相输入端，即为若在此端输入信号，则输出信号与输入信号反相位；u_+ 称为同相输入端，即为若在此端输入信号，则输出信号与输入信号同相位。

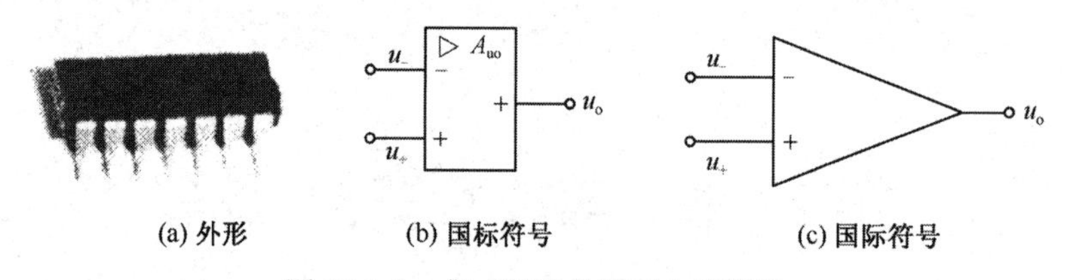

图 12.1-1　集成运放外形和电路符号

2. 传输特性

实际的集成运放，其输出电压 u_o 与输入电压 $u_i(u_i = u_+ - u_-)$ 的关系，称为集成运放的电压传输特性，如图 12.1-2(a)所示，ab 段为线性区，两边是正饱和区和负饱和区。

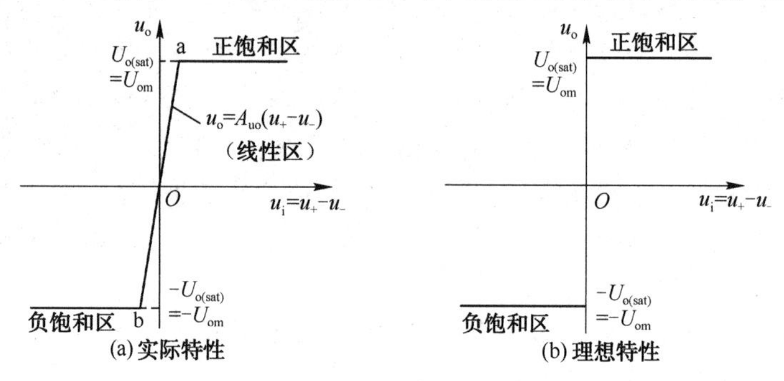

图 12.1-2　集成运放的电压传输特性

（1）线性区

线性区的斜率取决于集成运放的电压放大倍数 A_{uo}，由于 A_{uo} 的数值非常大，所以线性区的直线很陡。在线性区内，u_o 与 u_i 成正比，即

$$u_o = A_{uo}u_i = A_{uo}(u_+ - u_-)$$

（2）饱和区

由于集成运放的正负电源 $(+U_{CC}, -U_{CC})$ 数值是一定的，所以集成运放中的晶体管也有一定的线性工作范围，输出电压 u_o 的数值不可能随 u_i 数值的增加而无限地线性增加。因此，当 u_i 的数值增加到一定限度后，u_o 的数值便会出现正饱和或负饱和，工作点进入正饱和区或负饱和区。

在正饱和区，u_o 的正饱和值 $U_{o(sat)}$ 达到最大输出电压值 $+U_{om}$，而 $+U_{om}$ 又略小于或比较接近于正电源值 $+U_{CC}$。u_o 的正饱和值有如下关系：

$$+U_{o(sat)} = +U_{om} \approx +U_{CC}$$

同理，在负饱和区，u_o 的负饱和值有如下关系：

$$-U_{o(sat)} = -U_{om} \approx -U_{CC}$$

如果集成运放的电源电压 $(+U_{CC}, -U_{CC})$ 为 ± 15V，则 u_o 的饱和电压 $\pm U_{o(sat)} \approx \pm 15\text{V}$ 。

使用集成运放时，如果它工作在线性区，称为线性运用；如果它工作在饱和区，称为非线性运用。

3. 主要参数

集成运放的电压传输特性可以表示它的工作状态，集成运放的具体工作性能则是用一些参数来表示的，选用集成运放时必须了解各主要参数的意义并按规定使用。主要参数如下：

（1）开环电压放大倍数 A_{uo}

开环电压放大倍数是指集成运放输出端和输入端之间没有外接元件时所测出的差模电压放大倍数。A_{uo} 愈大，集成运放愈稳定，运算精度愈高。实际的集成运放其 A_{uo} 一般为 10^4～

10^7(用分贝表示即为80～140dB)[①]。

(2) 最大输出电压 U_{om}

集成运放在不失真的情况下输出的最大电压，称为集成运放的最大输出电压。这个电压可以从集成运放的电压传输特性上看出来。实际工作中，$U_{om} \approx \pm U_{CC}$。

(3) 差模输入电阻 r_{id}

差模输入电阻是指集成运放开环时，两个输入端之间的输入电压变化量与由它引起的输入电流变化量之比。它反映了集成运放输入端向信号源取用的电流的大小，r_{id} 愈大愈好(向信号源取用的电流就愈小)。由于集成运放的输入级采用的是差分放大电路，r_{id} 非常大，可达 10^5～$10^6\Omega$。

(4) 输出电阻 r_o

集成运放的输出级一般多采用射极输出器，所以输出电阻非常小，一般只有几十欧。所以，集成运放带负载能力强。

(5) 输入失调电压 U_{io}

对于理想集成运放来说，当两个输入端信号均为零(即把两个端入端同时接地)时，输出电压也应为零。但实际的集成运放达不到这一点(因为仍然存在零漂)。反过来看，如果要求输出电压为零，必须在输入端加上一个很小的补偿电压，这就是输入失调电压。集成运放的 U_{io} 一般为几毫伏，此值愈小愈好。

(6) 其他参数

集成运放还有其他参数，例如共模抑制比 K_{CMRR}，可高达 10^7。

思考题

12.1-1 集成运放是由哪几部分组成的？为什么采用差分放大电路做输入级？为什么采用射极输出器做输出级？

12.1-2 在集成运放的电压传输特性上，为什么线性区很窄？输出电压 u_o 为什么会有饱和值 $+U_o(sat)$ 和 $-U_o(sat)$？

12.1-3 $A_{uo}=10^6$，如果用分贝表示，等于多少 dB？

12.2 集成运算放大器的理想模型和分析依据

12.2.1 集成运放的理想模型

图 12.1-1(b)所示的集成运放符号也是实际集成运放的电路模型，它的特点是：开环电压放大倍数 A_{uo} 非常大，可达 10^7，输入电阻 r_{id} 非常大，可达 $10^6\Omega$，共模抑制比 K_{CMRR} 非常大，可达 10^7，输出电阻 r_o 非常小，只有几十欧，这些数据已十分接近理想的程度。因此，在分析集成运放时，将它视为理想集成运放。这样，就可使分析变得很简便，而误差在允许范围之内。

理想化的条件是：

(1) 开环电压放大倍数 $A_{uo} \to \infty$；

(2) 开环差模输入电阻 $r_{Id} \to \infty$；

(3) 开环输出电阻 $r_o \to 0$；

(4) 开环共模抑制比 $K_{CMRR} \to \infty$。

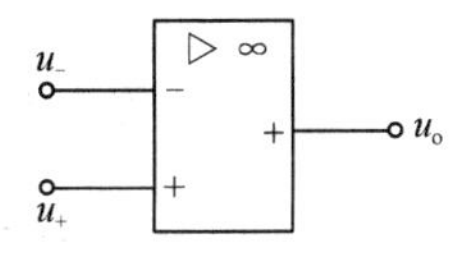

图 12.2-1 集成运放的理想模型

理想化的模型如图 12.2-1 所示，与图 12.1-1(b)所示实际模型几乎

① 放大倍数也可用对数表示，其表示单位为分贝(dB)，即 $A_{uo}=20\lg\dfrac{u_o}{u_i}$ (dB)。

完全相同，只须将符号 A_{uo} 换成∞，即为集成运放的理想模型。

理想集成运放的电压传输特性如图 12.1-2(b)所示，与实际集成运放的电压传输特性十分接近。

12.2.2 分析依据

1. 线性运用的分析依据

（1）由输出电压 u_o 的表达式

$$u_o = A_{uo}(u_+ - u_-) \qquad u_+ - u_- = u_o / A_{uo} \approx 0$$

因为上式中 u_o 为有限值，而 $A_{uo}\to\infty$，于是 $u_- \approx u_+$ 。

（2）由于 $r_{id}\to\infty$，所以流入集成运放输入端的电流 $i_- \approx 0$，$i_+ \approx 0$。

由以上分析可知，线性运用时有两条分析依据：

① 反相输入端和同相输入端电位相等，即

$$u_- \approx u_+ \tag{12.2-1}$$

两输入端之间可视为短路，但实际上并未短路，所以称为虚短。

② 流入反相输入端和同相输入端的电流为零，即

$$i_- \approx 0 \qquad i_+ \approx 0 \tag{12.2-2}$$

两输入端之间可视为断路，但实际上并未断路，所以称为虚断。

2. 非线性运用的分析依据

集成运放工作在饱和区时，根据其电压传输特性可知，输出电压 $u_o \neq A_{uo}(u_+ - u_-)$，$u_o$ 的数值只有两种可能：$+U_{o(sat)}$ 或 $-U_{o(sat)}$，即

① 当 $u_- < u_+$ 时，$u_o = +U_{o(sat)} = +U_{om} \approx +U_{CC}$ (12.2-3)

② 当 $u_- > u_+$ 时，$u_o = -U_{o(sat)} = -U_{om} \approx -U_{CC}$ (12.2-4)

（注意：“u_-”不表示它是负值，“u_+”也不表示它是正值。u_- 和 u_+ 仅仅是两个符号，分别表示运放反相输入端和同相输入端的电位值。）

虚断的概念依然成立，即 $i_- \approx 0$，$i_+ \approx 0$。

思考题

12.2-1 集成运放线性运用时，分析依据是什么？

12.2-2 集成运放非线性运用时，分析依据是什么？

12.3 集成运算放大器的线性应用

集成运放的线性应用，包括信号的基本运算电路(如比例、加法与减法、微分与积分、乘法与除法、对数与指数等)，以及信号的转换与处理电路，本节只选讲其中一部分。

12.3.1 比例运算电路

1. 反相比例运算电路

图 12.3-1 为反相比例运算电路，输入信号 u_i 经过电阻 R_1 接到集成运放的反相输入端，同相输入端经过电阻 R_2 接地，同相输入端无信号。为使集成运放工作在线性区，输出电压 u_o 经

反馈电阻 R_F 反馈到反相输入端，形成一个负反馈的闭环系统①。

下面从分析集成运放的两条依据出发，分析该电路的比例运算关系。

根据虚断　　$i_- \approx 0,\quad i_+ \approx 0$

根据虚短　　$u_- \approx u_+ = 0$

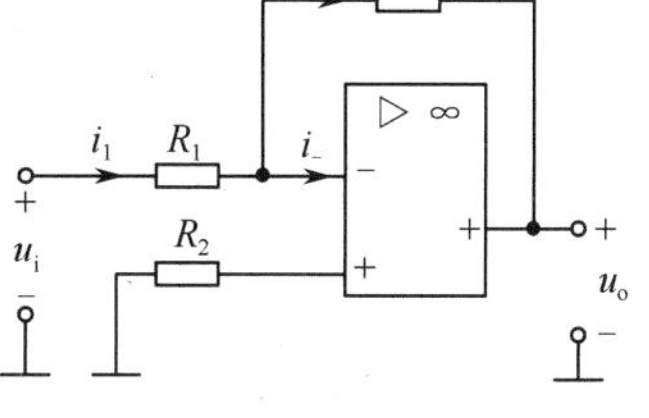

图 12.3-1　反相比例运算电路

可知　　$i_1 \approx i_f$

而　　$i_1 = \dfrac{u_i - u_-}{R_1} = \dfrac{u_i}{R_1}$，$i_f = \dfrac{u_- - u_o}{R_F} = -\dfrac{u_o}{R_F}$，$\dfrac{u_i}{R_1} = -\dfrac{u_o}{R_F}$

所以
$$u_o = -\frac{R_F}{R_1}u_i \qquad (12.3\text{-}1)$$

可见，输出电压 u_o 与输入电压 u_i 为比例运算关系，故称比例运算电路。式中负号表明输出电压 u_o 的极性与输入电压 u_i 的极性相反。

由于此时集成运放工作在闭环状态之下，所以电压放大倍数称为闭环电压放大倍数，用 A_{uf} 表示，即
$$A_{uf} = u_o / u_i = -R_F / R_1 \qquad (12.3\text{-}2)$$

由式(12.3-1)可知，电阻 R_1 和 R_F 参与运算，如果它们的精度足够高，就能保证运算电路有足够的精确度，而与集成运放本身的参数无关。电阻 R_2 不参与运算，其作用是保证集成运放两输入端(即保证输入级差分电压放大电路的 VT_1 管和 VT_2 管的静态工作点相等)电阻要保持相等。也就是说，当 $u_i = 0$，$u_o = 0$ 时，集成运放的反相输入端的对地电阻 R_1 与 R_F 并联应当和同相输入端的对地电阻 R_2 相等。R_2 称为静态平衡电阻，其数值为
$$R_2 = R_1 /\!/ R_F \qquad (12.3\text{-}3)$$

反相比例运算电路有一个特例：在式(12.3-1)中，如果 $R_1 = R_F$，则
$$u_o = -u_i \qquad (12.3\text{-}4)$$

说明输出电压 u_o 与输入电压 u_i 大小相等、极性相反，该电路称为反相器。

2．同相比例运算电路

在图 12.3-1 所示反相比例运算电路中，将信号输入端和接地端交换位置，输入信号从同相输入端输入，就得到同相比例运算电路，如图 12.3-2 所示。该电路仍然是负反馈闭环系统。

根据虚短　　$u_- \approx u_+ = u_i$

根据虚断　　$i_- \approx 0,\quad i_+ \approx 0$

于是　　$i_1 = i_f$

$$i_1 = \frac{0 - u_-}{R_1} = -\frac{u_i}{R_1},\quad i_f = \frac{u_- - u_o}{R_F} = \frac{u_i - u_o}{R_F},\quad -\frac{u_i}{R_1} = \frac{u_i - u_o}{R_F}$$

整理得
$$u_o = \left(1 + \frac{R_F}{R_1}\right)u_i \qquad (12.3\text{-}5)$$

为便于后面引用，此式还可表示为
$$u_o = \left(1 + \frac{R_F}{R_1}\right)u_+ \qquad (12.3\text{-}6)$$

电压放大倍数　　$A_{uf} = 1 + \dfrac{R_F}{R_1}$

静态平衡电阻仍然是　　$R_2 = R_1 /\!/ R_F$

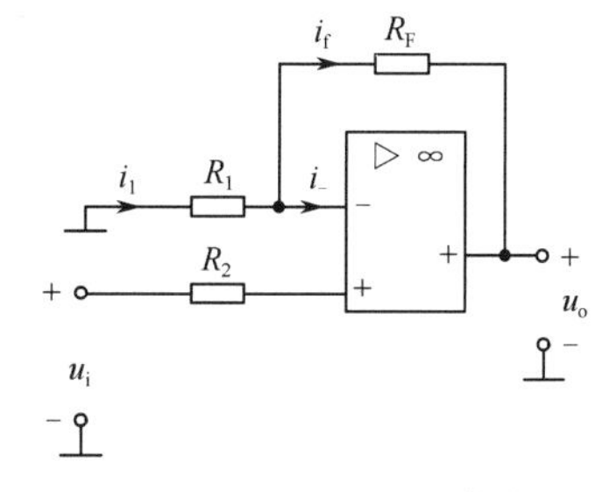

图 12.3-2　同相比例运算电路

① 参考本章 12.5 节。

同相比例运算电路也有一个特例：在式(12.3-5)中，如果 $R_1=\infty$，且 $R_F=0$；或者 $R_1=\infty$，输出电压和输入电压的关系为

$$u_o = u_i \tag{12.3-7}$$

这就是说，输出电压与输入电压大小相等，极性相同。此时的同相比例运算电路称为电压跟随器，电路如图 12.3-3(a)和(b)所示，其中，图(a)电路非常简单。两种形式的电压跟随器，前一种应用普遍。

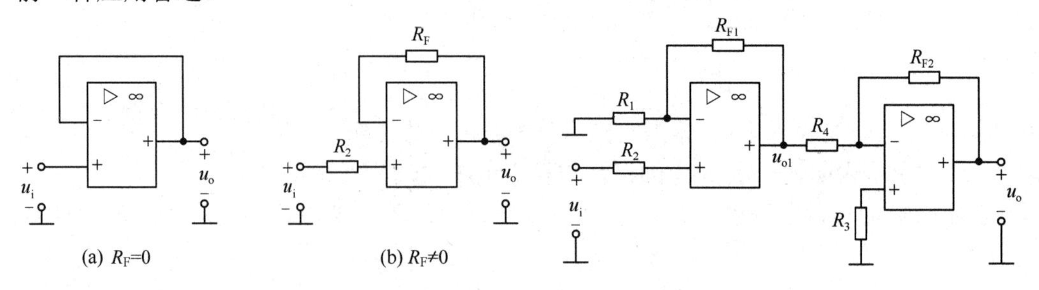

图 12.3-3　电压跟随器　　　　图 12.3-4　例 12.3-1 图

【例 12.3-1】 在图 12.3-4 所示运算电路中，已知 $u_i=1V$, $R_1=R_{F1}=10k\Omega$, $R_4=20k\Omega$, $R_{F2}=100k\Omega$。求输出电压 u_o 及静态平衡电阻 R_2 和 R_3。

【解】 这是两级运算电路。第一级为同相比例运算电路，输出电压为

$$u_{o1}=\left(1+\frac{R_{F1}}{R_1}\right)u_i=\left(1+\frac{10}{10}\right)\times 1=2V$$

第二级为反相比例运算电路，输出电压为

$$u_o=-\frac{R_{F2}}{R_4}u_{i2}=-\frac{R_{F2}}{R_4}u_{o1}=-\frac{100}{20}\times 2=-10V$$

静态平衡电阻 $R_2=R_1/\!/R_{F1}=10/\!/10=5k\Omega$, $R_3=R_4/\!/R_{F2}=20/\!/100=16.7k\Omega$。

【例 12.3-2】 运算电路如图 12.3-5 所示。电阻 R_F 对 R_3 和 R_4 电路的分流作用很小，可以忽略不计。(1) 求电压放大倍数 A_{uf}; (2) 该电路是否仍为反相比例运算电路?

【解】 (1) 由于 $u_-\approx u_+=0$ 和 $i_-\approx i_+\approx 0$，所以

$$i_1=i_f\text{，}\quad i_1=\frac{u_i}{R_1}\text{，}\quad i_f=\frac{-u_o'}{R_F}\text{，}\quad u_o'=-\frac{R_F}{R_1}u_i$$

因为 R_F 对 R_3 和 R_4 的分流作用可以忽略，所以 u_o' 用分压公式得

$$u_o'=\frac{R_4}{R_3+R_4}u_o$$

可以表示出

$$-\frac{R_F}{R_1}u_i=\frac{R_4}{R_3+R_4}u_o$$

整理得

$$u_o=-\frac{R_F}{R_1}\left(1+\frac{R_3}{R_4}\right)u_i\text{，}\quad A_{uf}=-\frac{R_F}{R_1}\left(1+\frac{R_3}{R_4}\right)$$

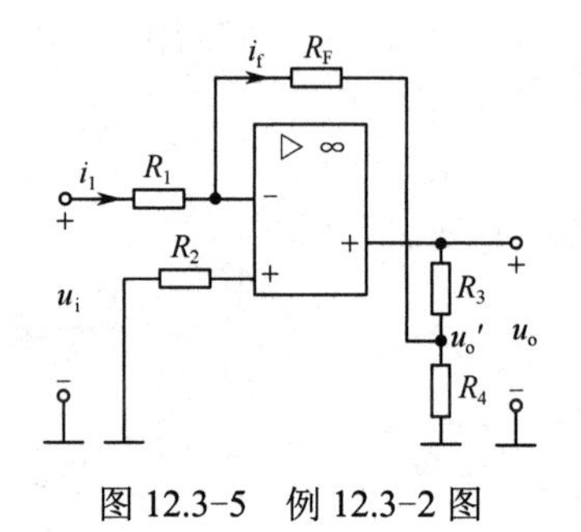

图 12.3-5　例 12.3-2 图

(2) 该电路仍为反相比例运算电路，不同的是，比例系数还可由 $(1+R_3/R_4)$ 进行调节，即 R_F 不用取值很大，也能获得较高的放大倍数。

12.3.2　加法运算电路

实现多个输入信号并按各自不同的比例求和的电路称为加法运算电路。与比例运算电路一样，加法运算电路也有反相加法运算电路和同相加法运算电路。

1．反相加法运算电路

反相加法运算电路的多个输入电压(信号群)，均作用于集成运放的反相输入端，如图 12.3−6 所示。图中有 3 个输入信号 u_{i1}、u_{i2} 和 u_{i3}，由于反相输入端 $u_- \approx 0$，故

$$i_{i1} = u_{i1}/R_{11}, \qquad i_{i2} = u_{i2}/R_{12}, \qquad i_{i3} = u_{i3}/R_{13}$$

而
$$i_f = -u_o/R_F$$

因为
$$i_{i1} + i_{i2} + i_{i3} = i_f$$

即
$$\frac{u_{i1}}{R_{11}} + \frac{u_{i2}}{R_{12}} + \frac{u_{i3}}{R_{13}} = -\frac{u_o}{R_F}$$

整理得
$$u_o = -\left(\frac{R_F}{R_{11}}u_{i1} + \frac{R_F}{R_{12}}u_{i2} + \frac{R_F}{R_{13}}u_{i3}\right) \qquad (12.3\text{−}8)$$

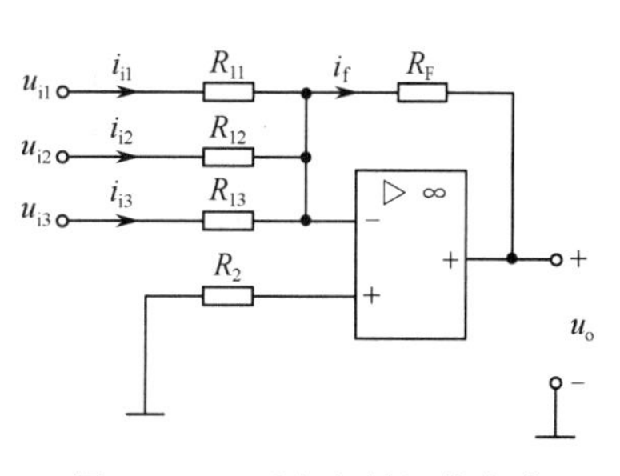

图 12.3−6　反相加法运算电路

如果取 $R_{11} = R_{12} = R_{13} = R_1$，则 $u_o = -\dfrac{R_F}{R_1}(u_{i1} + u_{i2} + u_{i3})$

如果取 R_{11}、R_{12}、R_{13}、R_F 均为同值，则 $u_o = -(u_{i1} + u_{i2} + u_{i3})$

上式中负号的意义和反相比例运算关系式的负号一样。

静态平衡电阻　　　$R_2 = R_{11} /\!/ R_{12} /\!/ R_{13} /\!/ R_F$

加法运算电路也可以利用叠加原理进行分析。例如，对图 12.3−6 所示电路，设 u_{i1} 单独作用，将另外两输入端接地，如图 12.3−7 所示。对电阻 R_{12} 和 R_{13} 而言，左边接地，右边是反相输入端，电位 $u_- \approx 0$，所以

$$i_{i2} = 0, \qquad i_{i3} = 0, \qquad i_{i1} = i_f$$

电路实现的是反相比例运算，即 $u_{o1} = -\dfrac{R_F}{R_{11}}u_{i1}$

用同样的方法，可分别求出 u_{i2} 和 u_{i3} 单独作用时的输出电压，即

$$u_{o2} = -\frac{R_F}{R_{12}}u_{i2}, \qquad u_{o3} = -\frac{R_F}{R_{13}}u_{i3}$$

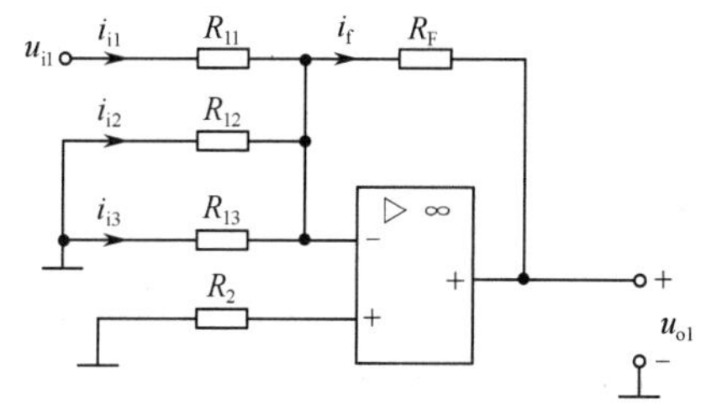

图 12.3−7　用叠加原理分析图 12.3−6 电路

三个输入信号同时作用时，输出电压为

$$u_o = u_{o1} + u_{o2} + u_{o3} = -\left(\frac{R_F}{R_{11}}u_{i1} + \frac{R_F}{R_{12}}u_{i2} + \frac{R_F}{R_{13}}u_{i3}\right)$$

结果与式(12.3−8)一致。

2．同相加法运算电路

同相加法运算电路的多个输入信号均作用于集成运放的同相输入端，如图 12.3−8 所示。

实际上，这是个多输入信号的同相比例运算电路，由式(12.3−6)可知

$$u_o = \left(1 + \frac{R_F}{R_1}\right)u_+$$

式中 u_+ 可由结点电压法写出，即

$$u_+ = \frac{\dfrac{u_{i1}}{R_{21}} + \dfrac{u_{i2}}{R_{22}} + \dfrac{u_{i3}}{R_{23}}}{\dfrac{1}{R_{21}} + \dfrac{1}{R_{22}} + \dfrac{1}{R_{23}} + \dfrac{1}{R_{24}}} = \frac{\sum \dfrac{u_i}{R_{2i}}}{\sum \dfrac{1}{R_{2i}}}$$

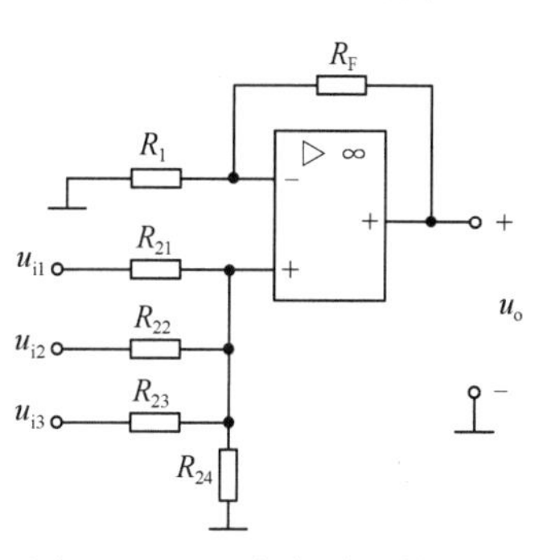

图 12.3−8　同相加法运算电路

所以 $$u_o=\left(1+\frac{R_F}{R_1}\right)\frac{\dfrac{u_{i1}}{R_{21}}+\dfrac{u_{i2}}{R_{22}}+\dfrac{u_{i3}}{R_{23}}}{\dfrac{1}{R_{21}}+\dfrac{1}{R_{22}}+\dfrac{1}{R_{23}}+\dfrac{1}{R_{24}}}=\left(1+\frac{R_F}{R_1}\right)\frac{\sum\dfrac{u_i}{R_{2i}}}{\sum\dfrac{1}{R_{2i}}} \tag{12.3-9}$$

平衡电阻 $$R_1//R_F=R_{21}//R_{22}//R_{23}//R_{24}$$

【例 12.3-3】 一个控制系统输出电压 u_o 与温度、压力和速度三个物理量所对应的电压信号(经过传感器将三个物理量转换成电压信号分别为 u_{i1}、u_{i2} 和 u_{i3})之间的关系为 $u_o=-10u_{i1}-4u_{i2}-2.5u_{i3}$，若用图 12.3-6 所示运算电路来模拟上述关系，计算电路中各电阻的阻值(设 $R_F=100\text{k}\Omega$)。

【解】 本章开头的引例与此例题类似。在此例中，由式(12.3-8)可知

$$\frac{R_F}{R_{11}}=10,\quad \frac{R_F}{R_{12}}=4,\quad \frac{R_F}{R_{13}}=2.5$$

因而 $$R_{11}=\frac{R_F}{10}=\frac{100}{10}=10\text{k}\Omega,\quad R_{12}=\frac{R_F}{4}=\frac{100}{4}=25\text{k}\Omega,\quad R_{13}=\frac{R_F}{2.5}=\frac{100}{2.5}=40\text{k}\Omega$$

$$R_2=R_{11}//R_{12}//R_{13}//R_F=10//25//40//100\approx5.73\text{k}\Omega$$

【例 12.3-4】 在图 12.3-9 所示的运算电路中，已知 $u_{i1}=1\text{V}$，$u_{i2}=-1\text{V}$，$R_1=R_F=10\text{k}\Omega$，$R=5\text{k}\Omega$，求输出电压 u_o。

【解】 这是一个两级运算电路，第一级是反相器，其输出电压为

$$u_{o1}=-\frac{R_F}{R_1}u_{i1}=-\frac{10}{10}\times1=-1\text{V}$$

第二级是反相输入加法运算电路，其输出电压为

$$u_o=-\frac{2R}{R}(u_{o1}+u_{i2})=-2\times(-1-1)=4\text{V}$$

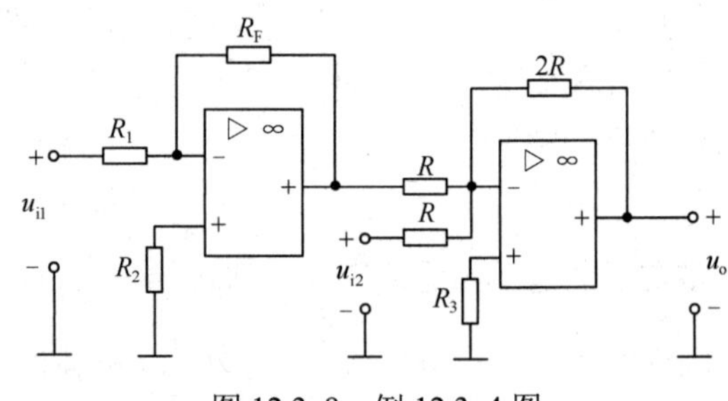

图 12.3-9　例 12.3-4 图

12.3.3　减法运算电路

要实现信号的相减，必须将两个信号(或两个信号群)分别送到运放的同相输入端和反相输入端，如图 12.3-10 所示。

用叠加原理的概念来分析比较简单：

(1) 当 u_{i1} 单独作用时，$u_{i2}=0$(设想同相输入端通过 R_2 接地)，此时电路变为反相比例运算电路，输出电压分量

$$u_{o1}=-\frac{R_F}{R_1}u_{i1}$$

(2) 当 u_{i2} 单独作用时，$u_{i1}=0$(设想反相输入端通过 R_1 接地)，此时电路变为同相比例运算电路，输出电压分量

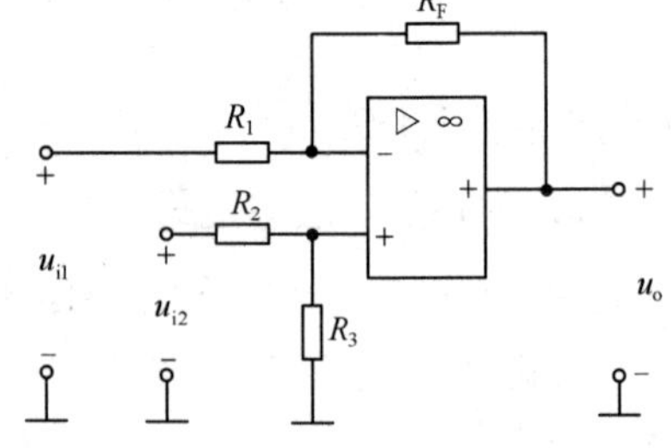

图 12.3-10　减法运算电路

$$u_{o2}=\left(1+\frac{R_F}{R_1}\right)u_+=\left(1+\frac{R_F}{R_1}\right)\frac{R_3}{R_2+R_3}u_{i2}$$

(3) 当 u_{i1} 和 u_{i2} 共同作用时，输出电压

$$u_o=u_{o1}+u_{o2}$$

$$u_o=\left(1+\frac{R_F}{R_1}\right)\frac{R_3}{R_2+R_3}u_{i2}-\frac{R_F}{R_1}u_{i1} \tag{12.3-10}$$

若 $R_2 = R_1$ 和 $R_3 = R_F$，上式化简为

$$u_o = \frac{R_F}{R_1}(u_{i2} - u_{i1}) \tag{12.3-11}$$

若 4 个电阻同值，则

$$u_o = u_{i2} - u_{i1} \tag{12.3-12}$$

由式(12.3-11)可见，输出电压 u_o 与输入电压之差$(u_{i2} - u_{i1})$成正比，所以此种输入方式也称差分输入；由式(12.3-12)可见，输出电压 u_o 等于两个输入电压 u_{i2} 与 u_{i1} 直接相减，实现了简单的减法运算。

在图 12.3-10 中，如果将 R_3 断开$(R_3 = \infty)$，则式(12.3-10)可化简为

$$u_o = \left(1 + \frac{R_F}{R_1}\right)u_{i2} - \frac{R_F}{R_1}u_{i1} \tag{12.3-13}$$

即为同相比例运算电路输出电压和反相比例运算电路输出电压之和。在实际应用中，R_3 断开的这种类型电路很多，因此，式(12.3-13)以后会常用到。

【例 12.3-5】 在图 12.3-11 所示运算电路中，已知 $R_{11} = 60\text{k}\Omega$，$R_{12} = 30\text{k}\Omega$，$R_{21} = 50\text{k}\Omega$，$R_{22} = 50\text{k}\Omega$，$R_{23} = 100\text{k}\Omega$，$R_F = 120\text{k}\Omega$，$u_{i1} = 2\sin\omega t\text{V}$，$u_{i2} = -0.5\text{V}$，$u_{i3} = 4\text{V}$，$u_{i4} = -2\text{V}$。分析 u_o 的运算式。

【解】 本题有两个信号群，分别作用于运放的反相输入端和同相输入端，现采用叠加原理，如图 12.3-12(a)和(b)所示，分别计算如下。

（1）在反相输入端信号 u_{i1} 和 u_{i2} 作用时，设同相输入端 u_{i3} 和 u_{i4} 均为零(接地)，如图 12.3-12(a)所示，有如下关系式：

$$u_{o1} = -\left(\frac{R_F}{R_{11}}u_{i1} + \frac{R_F}{R_{12}}u_{i2}\right) = -\left(\frac{120}{60} \times 2\sin\omega t + \frac{120}{30} \times (-0.5)\right) = -(4\sin\omega t - 2)\text{V}$$

（2）在同相输入端信号 u_{i3} 和 u_{i4} 作用时，设反相输入端信号 u_{i1} 和 u_{i2} 均为零(接地)，如图 12.3-12(b)所示，有如下关系式：

$$u_{o2} = \left(1 + \frac{R_F}{R_1}\right)u_+$$

式中

$$R_1 = R_{11} // R_{12} = 60 // 30 = 20\text{k}\Omega$$

$$u_+ = \frac{\dfrac{u_{i3}}{R_{21}} + \dfrac{u_{i4}}{R_{22}}}{\dfrac{1}{R_{21}} + \dfrac{1}{R_{22}} + \dfrac{1}{R_{23}}} = \frac{\dfrac{4}{50} + \dfrac{-2}{50}}{\dfrac{1}{50} + \dfrac{1}{50} + \dfrac{1}{100}} = 0.8\text{V}$$

所以

$$u_{o2} = \left(1 + \frac{120}{20}\right) \times 0.8 = 5.6\text{V}$$

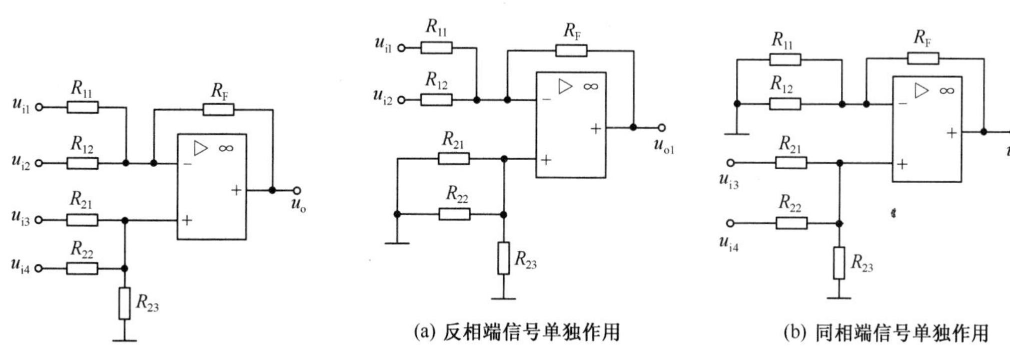

图 12.3-11　例 12.3-5 的电路

图 12.3-12　例 12.3-5 的叠加法

（3）在所有输入信号共同作用下，则有

$$u_o = u_{o1} + u_{o2} = -4\sin\omega t + 2 + 5.6 = (7.6 - 4\sin\omega t)\text{V}$$

上述单级减法运算电路(见图 12.3-10)，采取差分输入方式，其输入电阻已经很高，对其前的信号源有利。在实际应用中，为了进一步提高减法运算电路的输入电阻，常采用两级运算电路实现减法运算，如图 12.3-13 所示。

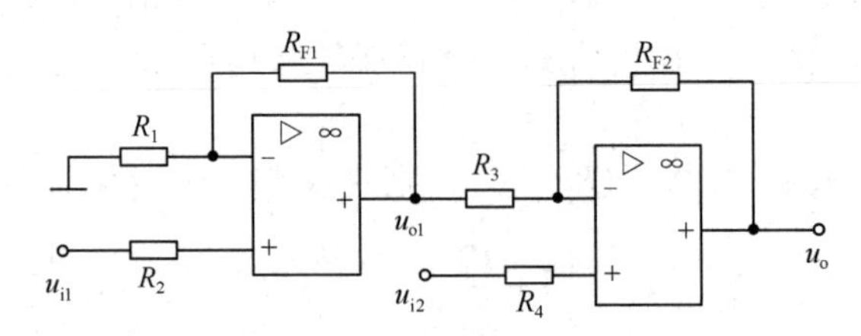

图 12.3-13　高输入电阻的减法运算电路

图中第一级为同相比例运算电路，其输出电压

$$u_{o1} = \left(1 + \frac{R_{F1}}{R_1}\right)u_{i1}$$

第二级为差分输入的减法运算电路，其输出电压 u_o 由式(12.3-13)可知

$$u_o = \left(1 + \frac{R_{F2}}{R_3}\right)u_{i2} - \frac{R_{F2}}{R_3}u_{o1} = \left(1 + \frac{R_{F2}}{R_3}\right)u_{i2} - \frac{R_{F2}}{R_3}\left(1 + \frac{R_{F1}}{R_1}\right)u_{i1}$$

若取 $R_1 = R_{F2}$，$R_{F1} = R_3$，则

$$u_o = \left(1 + \frac{R_{F2}}{R_3}\right)u_{i2} - \frac{R_{F2}}{R_3}\left(1 + \frac{R_3}{R_{F2}}\right)u_{i1} = \left(1 + \frac{R_{F2}}{R_3}\right)u_{i2} - \left(1 + \frac{R_{F2}}{R_3}\right)u_{i1}$$

所以运算结果是

$$u_o = \left(1 + \frac{R_{F2}}{R_3}\right)(u_{i2} - u_{i1})$$

12.3.4　微分运算电路

将前述反相比例运算电路中的 R_1 换成电容 C(其余不变)，就成为微分运算电路，如图 12.3-14 所示，实现 u_o 与 u_i 之间的微分运算。

从两条依据出发，$u_- \approx u_+ = 0$，$i_1 = i_f$。i_1 是电容 C 中的电流，它与电容两端电压 u_C 是微分关系。进一步分析，i_1 与输入电压 u_i 也是微分关系，即

$$i_1 = C\frac{\mathrm{d}u_C}{\mathrm{d}t} = C\frac{\mathrm{d}(u_i - u_-)}{\mathrm{d}t} = C\frac{\mathrm{d}u_i}{\mathrm{d}t}$$

另一个电流

$$i_f = \frac{u_- - u_o}{R_F} = \frac{-u_o}{R_F}$$

整理得

$$u_o = -R_F C\frac{\mathrm{d}u_i}{\mathrm{d}t} \tag{12.3-14}$$

输出信号 u_o 是输入信号 u_i 的微分，所以图 12.3-14 是微分运算电路。

作为特例，当 u_i 是阶跃信号时，微分运算电路的输出电压 u_o 将在 u_i 发生突变时，产生尖脉冲，如图 12.3-15 所示。尖脉冲的幅度与时间常数 $R_F C$ 和信号突变时的变化速率 $\frac{\mathrm{d}u_i}{\mathrm{d}t}$ 成正比，但最大值受集成运放饱和电压的限制。

【例 12.3-6】 分析图 12.3-16 所示电路的运算功能。

【解】 与微分电路相比，该电路在 C 上并联了一个电阻 R_1。因此

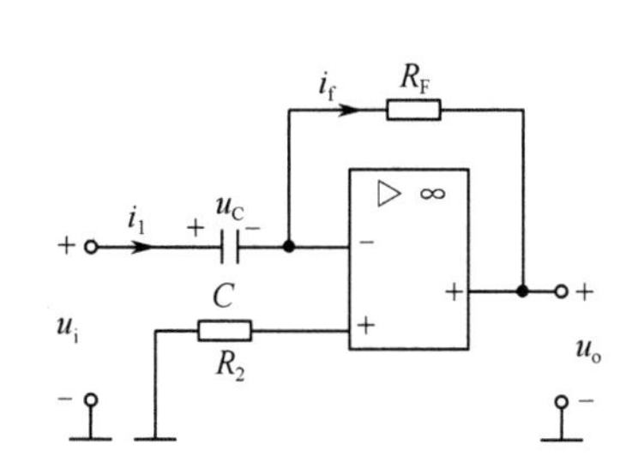

图 12.3-14 微分运算电路

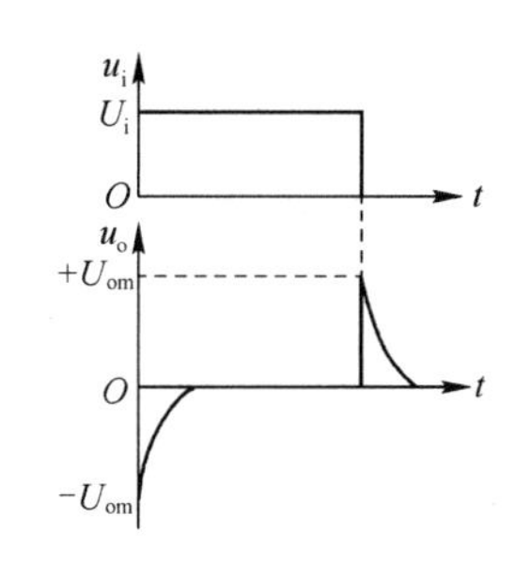

图 12.3-15 微分电路的阶跃输入与输出波形

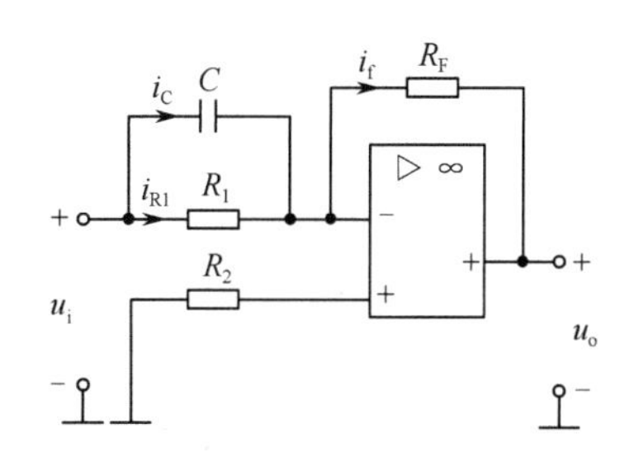

图 12.3-16 例 12.3-6 电路

$$i_f = i_{R1} + i_C$$

则

$$u_o = -i_f R_F = -(i_{R1} + i_C)R_F$$

$$= -\left(\frac{u_i}{R_1} + C\frac{du_i}{dt}\right)R_F = -\left(\frac{R_F}{R_1}u_I + R_F C\frac{du_i}{dt}\right)$$

可以看出，式中第一项为比例运算，第二项为微分运算，该电路称为比例-微分调节器(简称 PD 调节器)，可用于控制系统中。

12.3.5 积分运算电路

积分运算是微分运算的逆运算，只要将微分运算电路中的电容和反馈电阻调换位置，就构成了积分电路，如图 12.3-17 所示，实现 u_o 与 u_i 之间的积分运算。

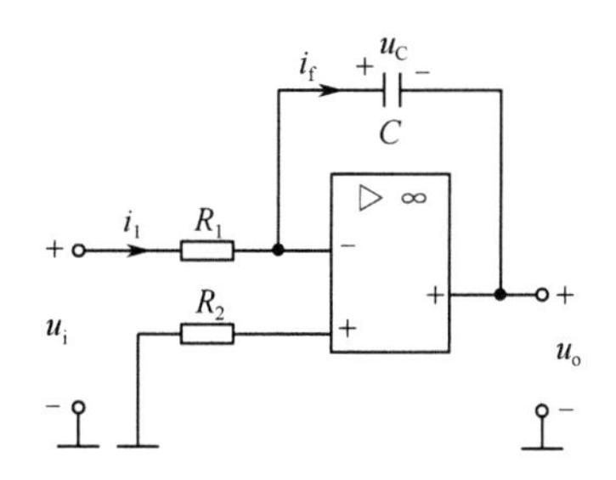

图 12.3-17 积分运算电路

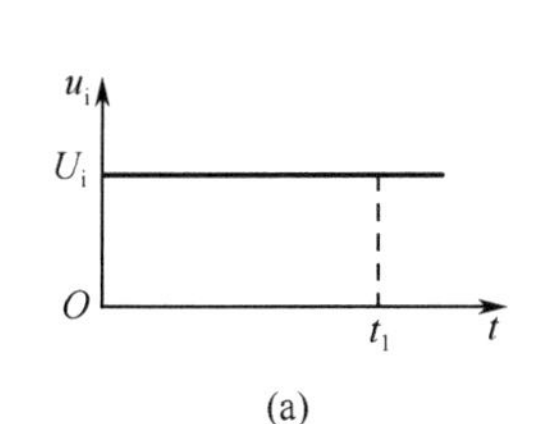

图 12.3-18 积分运算电路的阶跃输入与输出

因为 $u_- \approx 0$，所以 $i_1 = \frac{u_i}{R_1}$，$i_f = i_1 = \frac{u_i}{R_1}$；

又因为 $u_o = -u_C = -\frac{1}{C}\int i_f dt$，所以

$$u_o = -\frac{1}{R_1 C}\int u_i dt \tag{12.3-15}$$

即 u_o 与 u_i 是积分运算关系。

作为积分运算的特例，当 u_i 是阶跃信号时，积分运算电路的输出电压为

$$u_o = -\frac{1}{R_1 C}\int u_i dt = -\frac{1}{R_1 C}\int U_i dt = -\frac{U_i}{R_1 C}t$$

可见输出电压 u_o 与时间 t 成线性关系（$0 \leqslant t \leqslant t_1$），如图 12.3-18(b)所示。当 u_o 向负值方向增大到运放的饱和电压值($-U_{om}$)时，运放进入非线性区，不再保持积分关系。

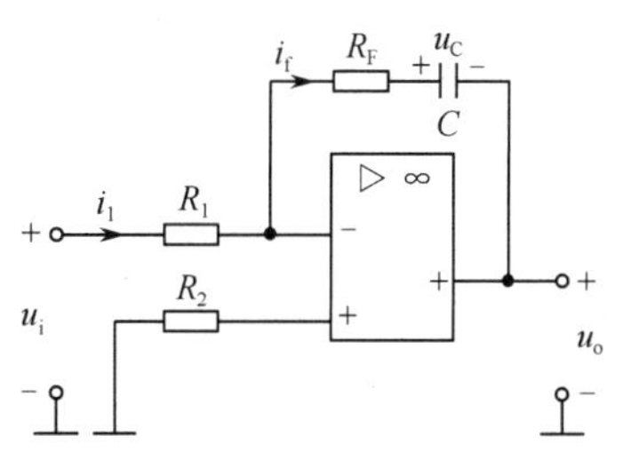

图 12.3-19 例 12.3-7 图

【例 12.3-7】 试分析图 12.3-19 所示电路的运算功能。

【解】 与积分电路相比，该电路在 R_F 支路中串联了电容

C。利用以下关系，可找出该电路的运算关系。由于$u_- = 0$，所以

$$i_f = i_1 = \frac{u_i}{R_1}, \quad u_o = -(i_f R_F + u_C) = -\left(\frac{R_F}{R_1}u_i + u_C\right)$$

而

$$u_C = \frac{1}{C}\int i_f \mathrm{d}t = \frac{1}{R_1 C}\int u_i \mathrm{d}t$$

所以

$$u_o = -\left(\frac{R_F}{R_1}u_i + \frac{1}{R_1 C}\int u_i \mathrm{d}t\right)$$

式中第一项为比例运算，第二项为积分运算，该电路称为比例-积分调节器(简称 PI 调节器)，也用于控制系统中。

思考题

12.3-1 分析各种运算电路的基本依据是虚短和虚断，怎样深刻理解$u_- \approx u_+$和$i_- \approx i_+ = 0$这两个关系式？

（1）如果反相输入端和同相输入端的电位完全相等(真的短路)是否可以？结果是什么？

（2）如果流入反相输入端和同相输入端的电流完全等于零(真的断路)是否可以？结果是什么？

（3）为什么说A_{uo}和r_{id}两个参数愈大，集成运算电路的运算精度愈高？实际的集成运放这两个参数的大致数量级是多少？

12.3-2 在反相比例运算电路中，集成运放的反相输入端的电位$u_- \approx 0$，即该点电位与地相等，但实际上该点并未接地，因此常把该点称为虚地。那么，在同相比例运算电路中，其反相输入端的电位u_-是多少？该点是不是虚地？

为方便对比与使用，现将各种运算电路及其运算式列于表 12.3-1 中。

表 12.3-1 基本运算电路

电路名称	电路图	运算关系	平衡电阻
1．反相比例运算电路	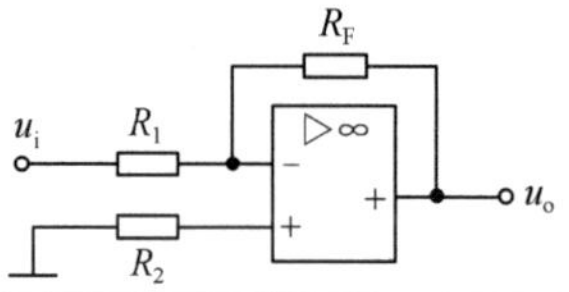 u_i, R_1, R_F, R_2, ▷∞, −, +, u_o	$u_o = -\frac{R_F}{R_1}u_i$	$R_2 = R_1 // R_F$
特例：反相器	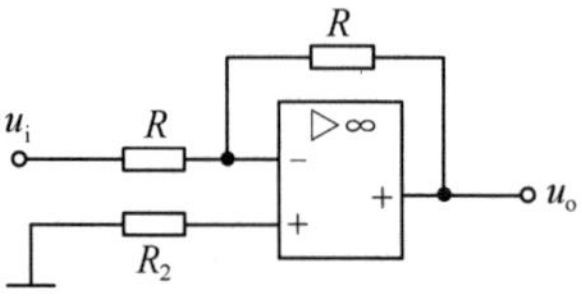 u_i, R, R, R_2, ▷∞, −, +, u_o	上式中$R_1 = R_F = R$ $u_o = -u_i$	$R_2 = \frac{R}{2}$
2．同相比例运算电路	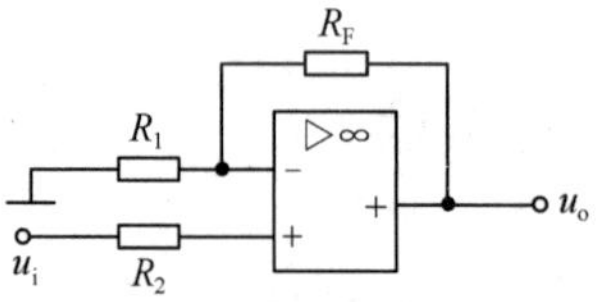 R_1, R_F, u_i, R_2, ▷∞, −, +, u_o	$u_o = \left(1+\frac{R_F}{R_1}\right)u_+$ $u_o = \left(1+\frac{R_F}{R_1}\right)u_i$	$R_2 = R_1 // R_F$
特例：电压跟随器	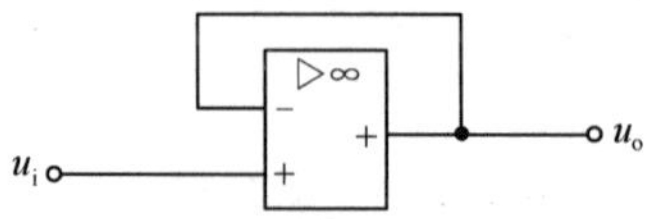 u_i, ▷∞, −, +, u_o	上式中$R_1 = \infty$，$R_F = 0$，$u_o = u_i$	$R_2 = R_F = 0$
3．反相加法运算电路	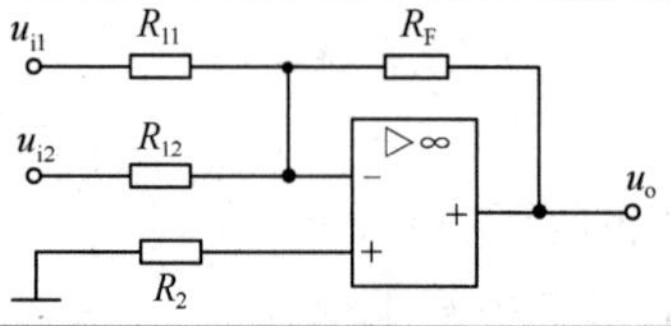 u_{i1}, R_{11}, u_{i2}, R_{12}, R_F, R_2, ▷∞, −, +, u_o	若$R_{11} = R_{12} = R_1$ $u_o = -\frac{R_F}{R_1}(u_{i1} + u_{i2})$	$R_2 = R_{11} // R_{12} // R_F$

续表

电路名称	电路图	运算关系	平衡电阻
4. 同相加法运算电路		$u_o=\left(1+\dfrac{R_F}{R_1}\right)u_+$ $u_+=\dfrac{\dfrac{u_{i1}}{R_{21}}+\dfrac{u_{i2}}{R_{22}}}{\dfrac{1}{R_{21}}+\dfrac{1}{R_{22}}+\dfrac{1}{R_{23}}}$	$R_1 // R_F = R_{21} // R_{22} // R_{23}$
5. 减法运算电路		若 $R_1=R_2$，$R_F=R_3$ $u_o=\dfrac{R_F}{R_1}(u_{i2}-u_{i1})$	$R_2 // R_3 = R_1 // R_F$
6. 微分运算电路		$u_o=-R_F C\dfrac{du_i}{dt}$	$R_2=R_F$
7. 积分运算电路		$u_o=-\dfrac{1}{R_1 C}\int u_i dt$	$R_2=R_1$

12.3.6 其他线性应用电路

集成运放还有许多其他线性应用电路，例如信号的转换与处理电路、精密整流电路等。这里只简单介绍一下信号处理方面的有源滤波器的工作原理。

所谓滤波器，是指该电路具有滤波的作用，或者说选频作用，它能让规定频率段(频带)的信号顺利通过，而阻止和抑制其他频率段(频带)的信号通过，因此滤波器也是一种选频电路。

滤波器如果只用电阻、电感、电容等无源元件构成，则称为无源滤波器。如果还含有集成运放(有源器件)，则称为有源滤波器。与无源滤波器比较，有源滤波器在滤波的过程中还具有放大能力，而且输出阻抗低，增强了输出电压的稳定性。

有源滤波器广泛应用于通信、测量和自动控制等领域。

下面介绍有源低通滤波器和有源高通滤波器的工作原理。

1. 有源低通滤波器

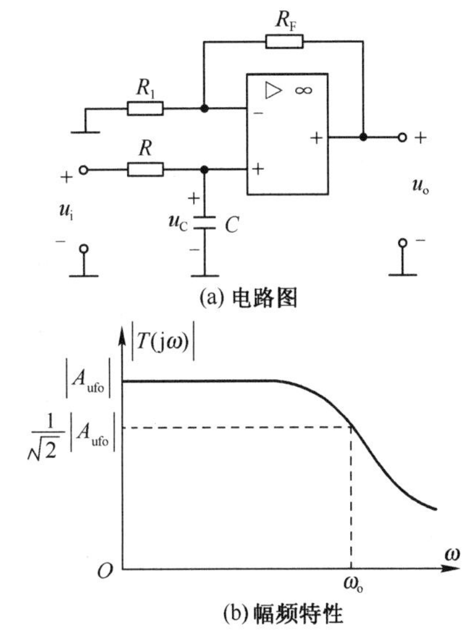

图 12.3-20 有源低通滤波器

图 12.3-20(a)是有源低通滤波器的电路图，它是由 RC 无源低通滤波器和一个集成运放构成的，输入信号从运放的同相输入端送入。设输入信号 u_i 为任一频率的正弦波，可用相量表示，则

$$\dot{U}_+ = \dot{U}_C = \frac{\frac{1}{j\omega C}}{R+\frac{1}{j\omega C}}\dot{U}_i = \frac{\dot{U}_i}{1+j\omega RC}$$

因为是同相比例运算电路，所以

$$\dot{U}_o = \left(1+\frac{R_F}{R_1}\right)\dot{U}_+ = \left(1+\frac{R_F}{R_1}\right)\frac{\dot{U}_i}{1+j\omega RC}, \quad \frac{\dot{U}_o}{\dot{U}_i} = \frac{1+\frac{R_F}{R_1}}{1+j\omega RC}$$

设 $\omega_o = \frac{1}{RC}$，称为截止角频率，则上式可写为

$$\frac{\dot{U}_o}{\dot{U}_i} = \frac{1+\frac{R_F}{R_1}}{1+j\frac{\omega}{\omega_o}}$$

若以角频率ω为变量，则该滤波电路的频率特性为

$$T(j\omega) = \frac{1+\frac{R_F}{R_1}}{1+j\frac{\omega}{\omega_o}} = \frac{1+\frac{R_F}{R_1}}{\sqrt{1+\left(\frac{\omega}{\omega_o}\right)^2}\angle\arctan\frac{\omega}{\omega_o}} = \frac{|A_{ufo}|}{\sqrt{1+\left(\frac{\omega}{\omega_o}\right)^2}}\angle-\arctan\frac{\omega}{\omega_o}$$

其模和幅角分别为

$$|T(j\omega)| = \frac{|A_{ufo}|}{\sqrt{1+\left(\frac{\omega}{\omega_o}\right)^2}}\ \text{(幅频特性)} \qquad \varphi(\omega) = -\arctan\frac{\omega}{\omega_o}\ \text{(相频特性)}$$

幅频特性如图 12.3-20(b)所示，其中

$\omega=0$ 时，$|T(j\omega)|=|A_{ufo}|$；$\omega=\omega_0$ 时，$|T(j\omega)|=\frac{1}{\sqrt{2}}|A_{ufo}|$；$\omega=\infty$时，$|T(j\omega)|=0$

电路的截止频率为 $\omega_o = \frac{1}{RC}$，$f_o = \frac{1}{2\pi RC}$

2. 有源高通滤波器

图 12.3-21(a)是有源高通滤波器的电路图，它是由 RC 无源高通滤波器和一个集成运放构成的，信号从运放的同相端送入。设输入信号 u_i 为任一频率的正弦波，则

$$\dot{U}_+ = \frac{R}{R+\frac{1}{j\omega C}}\dot{U}_i = \frac{\dot{U}_i}{1+\frac{1}{j\omega RC}}$$

根据同相比例运算电路可知

$$\dot{U}_o = \left(1+\frac{R_F}{R_1}\right)\dot{U}_+ = \left(1+\frac{R_F}{R_1}\right)\frac{\dot{U}_i}{1+\frac{1}{j\omega RC}} = \left(1+\frac{R_F}{R_1}\right)\frac{\dot{U}_i}{1-j\frac{\omega_o}{\omega}}$$

式中 $\omega_o = \frac{1}{RC}$。则 $$\frac{\dot{U}_o}{\dot{U}_i} = \frac{1+\frac{R_F}{R_1}}{1-j\frac{\omega_o}{\omega}}$$

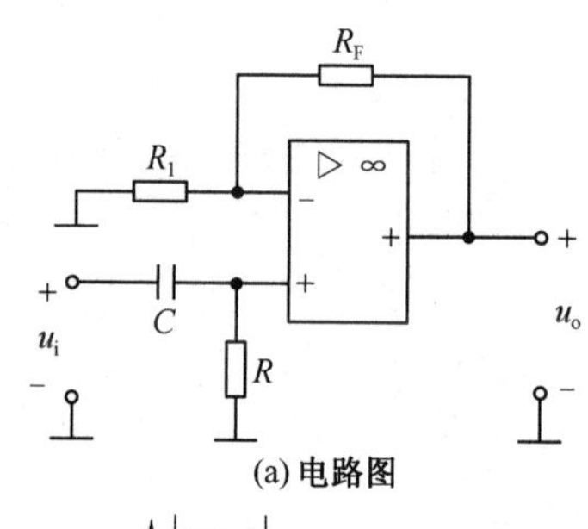

(a) 电路图

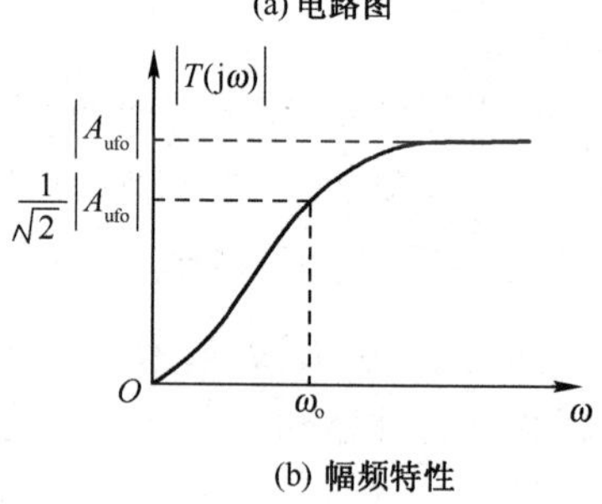

(b) 幅频特性

图 12.3-21　有源高通滤波器

频率特性
$$T(\mathrm{j}\omega)=\frac{1+\dfrac{R_F}{R_1}}{1-\mathrm{j}\dfrac{\omega}{\omega_o}}=\frac{1+\dfrac{R_F}{R_1}}{\sqrt{1+\left(\dfrac{\omega_o}{\omega}\right)^2}\angle-\arctan\dfrac{\omega_o}{\omega}}=\frac{|A_{ufo}|}{\sqrt{1+\left(\dfrac{\omega_o}{\omega}\right)^2}}\angle\arctan\frac{\omega_o}{\omega}$$

其幅频特性和相频特性分别为
$$|T(\mathrm{j}\omega)|=\frac{|A_{ufo}|}{\sqrt{1+\left(\dfrac{\omega_o}{\omega}\right)^2}}\qquad \varphi(\omega)=\arctan\left(\frac{\omega_o}{\omega}\right)$$

幅频特性如图 12.3-21 (b) 所示，其中

$\omega=0$ 时，$|T(\mathrm{j}\omega)|=0$；$\omega=\omega_o$ 时，$|T(\mathrm{j}\omega)|=\frac{1}{\sqrt{2}}|A_{ufo}|$；$\omega=\infty$ 时，$|T(\mathrm{j}\omega)|=|A_{ufo}|$

电路的截止频率
$$\omega_o=\frac{1}{RC},\quad f_o=\frac{1}{2\pi RC}$$

12.4 集成运算放大器的非线性应用

集成运放的非线性应用的基本电路是电压比较器。顾名思义，电压比较器的功能就是比较两个输入电压哪个大，哪个小，并在它的输出端把比较结果用正饱和值或负饱和值反映出来。电压比较器是个原理简单但用途很多的电路。

12.4.1 电压比较器

只要把集成运放的反相输入端和同相输入端中的任何一端加上输入信号 u_i，另一端加上参考电压 U_R，就成了电压比较器，如图 12.4-1 (a) 所示，图中输入信号 u_i 加在反相输入端，参考电压 U_R 加在同相输入端，即
$$u_-=u_i,\quad u_+=U_R$$

由式 (12.2-3) 和式 (12.2-4) 可知
$$u_-=u_i>U_R\text{ 时，}u_o=-U_{om}$$
$$u_-=u_i<U_R\text{ 时，}u_o=+U_{om}$$

电压比较器的电压传输特性如图 12.4-1 (b) 所示。

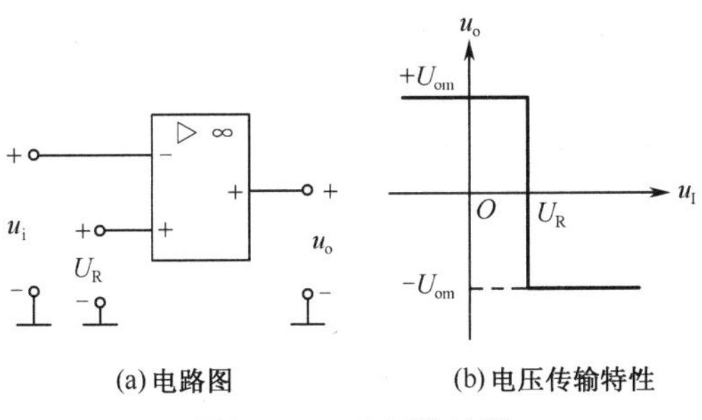

(a) 电路图　(b) 电压传输特性

图 12.4-1　电压比较器

【例 12.4-1】 图 12.4-2 是利用电压比较器构成的温度过限保护电路。R_t 是具有负温度系数的热敏电阻(温度高时，电阻变小)，它与 R_2 串联组成采样电路，将取得的信号 u_i 送到电压比较器的同相输入端(与图 12.4-1 (a) 相反)。R_3 与 R_4 串联组成参考电压电路，将取得的参考电压 U_R 送到电压比较器的反相输入端。晶体管 VT 和继电器 KM 组成驱动电路，KM 的常闭触

头 KM_1 负责控制加热器电路的通与断。分析该电路的工作原理。

【解】 系统工作正常时，温度未超过上限值，则

$$u_i < U_R \text{ ，} u_o = -U_{om}$$

晶体管 VT 截止，继电器线圈 KM 不通电，其常闭触头 KM_1 不动作，加热器工作。

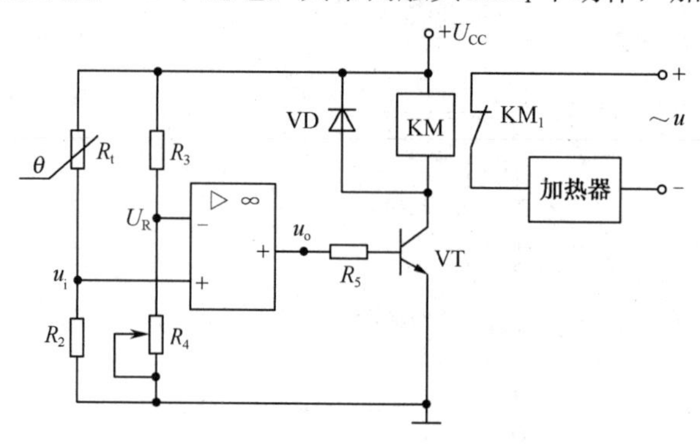

图 12.4-2　例 12.4-1 图

当系统的温度超过上限值时，热敏电阻 R_t 的阻值明显变小，电阻 R_2 上的电压 u_i 数值明显变大，改变了对比关系，即

$$u_i > U_R \text{ ，} u_o = +U_{om}$$

晶体管 VT 饱和导通，继电器线圈 KM 通电，其常闭触头 KM_1 断开，切断加热器电源，加热器停止加热，从而实现了温度过限保护。

加热器停止加热后，温度降低，R_t 阻值增大，u_i 数值变小，又有

$$u_i < U_R \text{ ，} u_o = -U_{om}$$

晶体管 VT 重新截止，继电器线圈 KM 断电，其常闭触头 KM_1 闭合，加热器接通电源而继续工作。

图 12.4-2 中的 VD 是续流二极管，当继电器 KM 线圈断电后，其能量通过二极管释放掉，从而保护了晶体管 VT。

12.4.2　过零比较器

当电压比较器的参考电压 $U_R = 0$ 时，输入信号 u_i 与零电平比较，其电路和电压传输特性如图 12.4-3(a)和(b)所示，电压传输特性通过零点，故称过零比较器，它是电压比较器的特例。

过零比较器可用来测定输入信号 u_i 是大于零还是小于零，又称检零器。当 $u_i > 0$ 时，$u_o = -U_{om}$；当 $u_i < 0$ 时，$u_o = +U_{om}$。

过零比较器的输入信号 u_i 如果是正弦波，则输出信号 u_o 是方波，即电压比较器可以进行波形变换，如下例所示。

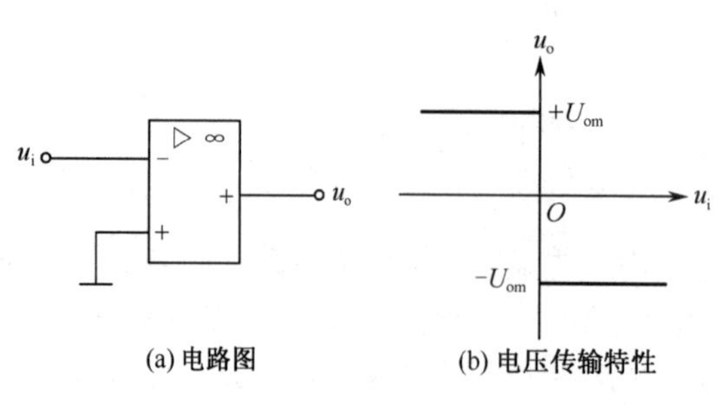

图 12.4-3　过零比较器

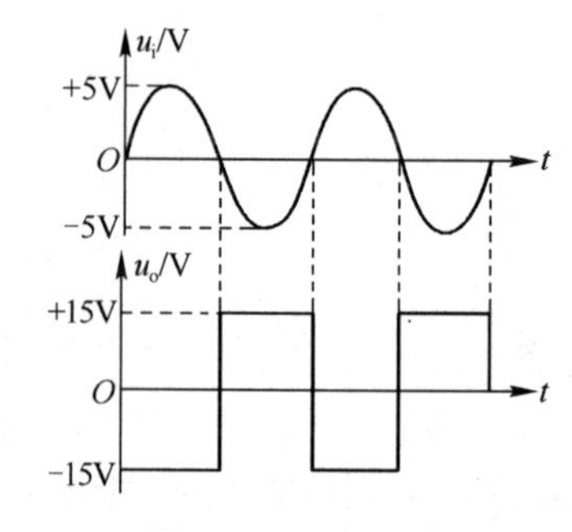

图 12.4-4　例 12.4-2 图

【例 12.4-2】 设 $u_i = 5\sin\omega t$V 加在过零比较器的反相输入端，画出其输出电压 u_o 的波形。运放的型号为 CF741，电源电压为±15V。

【解】 根据图 12.4-3(b)所示过零比较器的电压传输特性可知，在信号的正半周，$u_i > 0$，$u_o = -U_{om} \approx -15$V；在信号的负半周，$u_i < 0$，$u_o = +U_{om} \approx +15$V。输入与输出电压波形如图 12.4-4 所示。

12.4.3 限幅器

在过零比较器的输出端接入二极管或稳压管，可使过零比较器变为限幅器，具有限幅功能。

1．单向限幅器

图 12.4-5(a)是过零比较器接入二极管的单向限幅器，图中电阻 R 起限流作用。

设输入信号为正弦波，如图 12.4-5(b)所示。正半周时，$u_i > 0$，比较器输出电压 $u'_o = -U_{om}$；负半周时，$u_i < 0$，比较器输出电压 $u'_o = +U_{om}$，如图 12.4-5(c)所示。

再看输出电压 u_o，$u'_o = -U_{om}$ 时，二极管 VD 正向导通，忽略其正向压降，$u_o = 0$；$u'_o = +U_{om}$ 时，二极管 VD 反向截止，$u_o = +U_{om}$，如图 12.4-5(d)所示。

可以看出，由于二极管的单向导电作用，使 u'_o 的负半波受限，被削掉，u_o 只能得到 u'_o 的正半波(打影线部分)，单向受限。

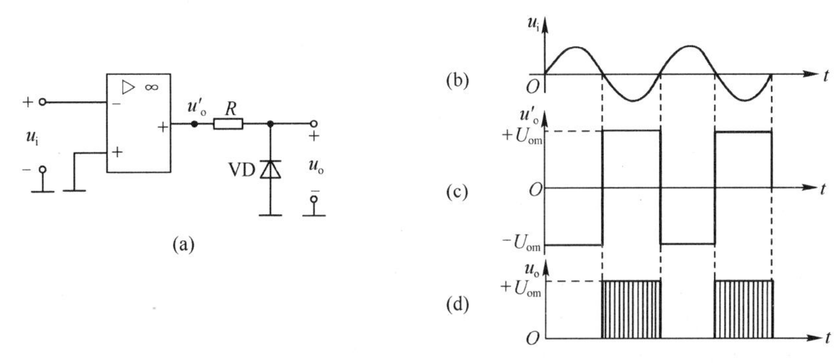

图 12.4-5　单向限幅器

2．双向限幅器

图 12.4-6(a)是过零比较器接入双向稳压管 VD_{Z1} 和 VD_{Z2} 的双向限幅器，其中 R 是限流电阻。

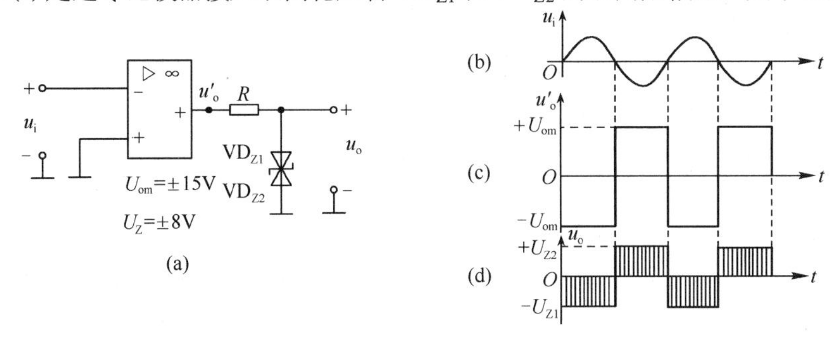

图 12.4-6　双向限幅器

设输入信号为正弦波，如图 12.4-6(b)所示。$u_i > 0$ 时，$u'_o = -U_{om}$；$u_i < 0$ 时，$u'_o = +U_{om}$，如图 12.4-6(c)所示。

输出电压 u_o 的波形是这样的：当 $u'_o = -U_{om}$ 时，稳压管 VD_{Z2} 正向导通，VD_{Z1} 反向导通而稳压，忽略 VD_{Z2} 的正向压降，则 $u_o = -U_{Z1}$；当 $u'_o = +U_{om}$ 时，稳压管 VD_{Z1} 正向导通，VD_{Z2} 反向导通而稳压，忽略 VD_{Z1} 的正向压降，则 $u_o = +U_{Z2}$，如图 12.4-6(d)所示，图中，$|U_{Z1}| = |U_{Z2}| = 8$V。

可以看出，由于双向稳压管的作用，输出电压 u_o 的双向波幅小于 u'_o 的双向波幅(打影线部

分为 u_o 的双向波幅)，双向受限。

以上简单介绍了集成运放的非线性应用，主要讲述了电压比较器、过零比较器和限幅器的工作原理。电压比较器还有其他类型，限于篇幅，就不一一介绍了。

12.5 集成运算放大电路中的负反馈

在 12.3 节曾说过，为使集成运放工作在线性区，需要通过反馈电阻 R_F 将运放的输出电压 u_o 反馈到其反相输入端，形成负反馈的闭环系统。实际上，在分立元件放大电路和集成运算放大电路中都需要负反馈，因为负反馈对放大电路的工作质量和稳定性都有重要意义。本节将讨论反馈的基本概念、反馈的判别方法和负反馈对放大电路的影响三个问题。

12.5.1 反馈的基本概念

(1) 什么是反馈

将放大电路(或电路系统)输出端信号(电压或电流)的一部分(或全部)通过某种电路(该电路称为反馈电路)引回至输入端，称为反馈。引入反馈的放大电路称为闭环放大电路，如图 12.5-1(b)所示；未引入反馈的放大电路称为开环放大电路，如图 12.5-1(a)所示。

(2) 正反馈和负反馈

引回信号的结果若使放大电路的净输入信号减弱了，称为负反馈；反之，使净输入信号增强了，称为正反馈。为提高放大电路的稳定性，都采用负反馈。带有负反馈的放大电路都有两个部分：一个是无反馈的放大电路 A(单级或多级)；另一个是反馈电路 F(由电阻、电容元件组成，也可以是一个电路)，F 把输出电路和输入电路联系起来，对放大电路的影响非常大。

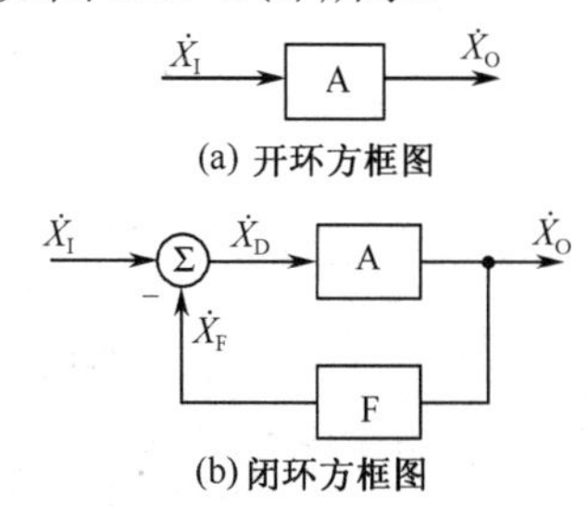

图 12.5-1 开环和闭环放大电路方框图

在图 12.5-1 中，信号用 $\dot{X}$ 表示，可以是直流量或正弦量。$\dot{X}_I, \dot{X}_O, \dot{X}_F$ 分别表示输入信号、输出信号、反馈信号，它们可以表示电压，也可以表示电流。图中的箭头表示信号的传递方向，符号Ⓢ是比较环节(表示 $\dot{X}_F$ 与 $\dot{X}_I$ 进行比较)，得出的净输入信号 $\dot{X}_D$ 再送给放大器 A 进行放大。

(3) 电压反馈和电流反馈

在放大电路的输出端，有两个物理量可供反馈：输出电压 u_o 和输出电流 i_o。

如果反馈信号 $\dot{X}_F$ 取自 u_o 并与之成正比，称为电压反馈；如果反馈信号 $\dot{X}_F$ 取自 i_o 并与之成正比，称为电流反馈。

(4) 串联反馈和并联反馈

在放大电路的输入端，输入电路和反馈电路可以有两种连接方式：串联和并联。

若反馈信号 $\dot{X}_F$ 电路与输入信号 $\dot{X}_I$ 电路是以串联形式产生净输入信号 $\dot{X}_D$ 的，称为串联反馈；如果反馈信号 $\dot{X}_F$ 电路与输入信号 $\dot{X}_I$ 电路是以并联形式产生净输入信号 $\dot{X}_D$ 的，称为并联反馈。

由上可以看出，放大电路的负反馈有 4 种类型，即电压串联负反馈、电压并联负反馈、电流串联负反馈和电流并联负反馈，每种负反馈都有不同的作用和效果。

12.5.2 反馈的判别

1. 有无反馈的判别

在图 12.5-2(a)、(b)和(c)所示电路中，第一个电路只有信号的正向传递，没有反向的回馈，所以是无反馈电路。第二个电路，不仅有信号的正向传递，还有信号的回馈(通过 R_F)，在运放的输入端与输入信号进行比较，所以是有反馈的电路。第三个电路有信号的正向传递，好像也有信号的回馈，但反馈电阻 R_F 的左端接地，反馈回来的信号为零，所以不算有反馈。

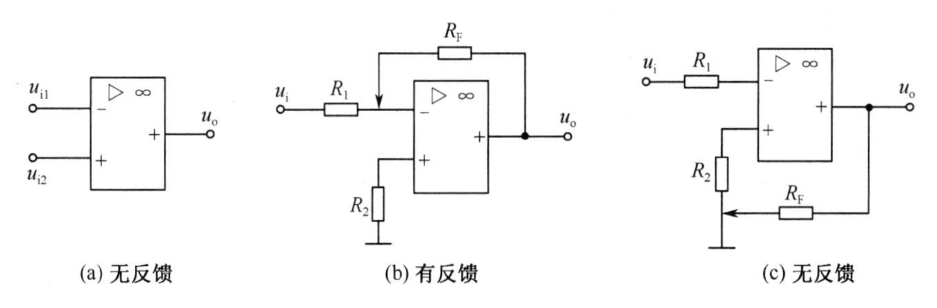

(a) 无反馈　(b) 有反馈　(c) 无反馈

图 12.5-2　是否有反馈的电路

2. 反馈类型的判别

反馈类型的判别包含三个内容：（1）正反馈和负反馈的判别；（2）电压反馈和电流反馈的判别；（3）串联反馈和并联反馈的判别。

下面通过例题说明具体的判别方法。

【例 12.5-1】 判别图 12.5-3(a)所示电路的反馈类型。

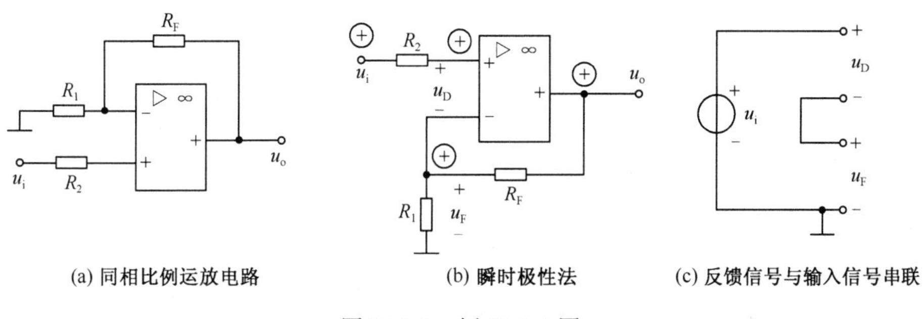

(a) 同相比例运放电路　(b) 瞬时极性法　(c) 反馈信号与输入信号串联

图 12.5-3　例 12.5-1 图

【解】 图 12.5-3(a)是同相比例运算电路，为便于判别反馈类型，将其改画成如图 12.5-3(b)所示电路。

（1）正反馈和负反馈的判别。采用瞬时极性法，具体如下：

① 首先设定输入信号 u_i 在某瞬时电位的极性(高于地电位为正，用⊕表示；低于地电位为负，用⊖表示)，然后逐点判断有关各点电位的极性和输出信号 u_o 的极性，最后找到反馈信号 u_F 的极性。

② 若反馈信号 u_F 使净输入信号 u_D 减弱，为负反馈；若反馈信号 u_F 使净输入信号 u_D 增强，为正反馈。

在图 12.5-3(b)上使用瞬时极性法：设 u_i 电位为上升趋势，用⊕表示，则 u_i 为⊕，同相输入端 u_+ 为⊕，输出端 u_o 为⊕，经 R_F 反馈 u_F 为⊕，反相输入端 u_- 为⊕。以上过程可表示为

$$u_i\uparrow \rightarrow u_+\uparrow \rightarrow u_o\uparrow \rightarrow u_F\uparrow \rightarrow u_-\uparrow$$

反馈电压 u_F 与输出电压 u_o 成正比，即 $u_F=\dfrac{R_1}{R_1+R_F}u_o$，式中 $\dfrac{R_1}{R_1+R_F}$ 称为反馈系数，u_F 与 u_i 的对比如图 12.5-3(c)所示。可以看出，u_F 使净输入信号 $u_D(u_D=u_i-u_F)$ 减弱，所以是负反馈。判别正、负反馈还有另一简便方法：在图 12.5-3(b)上，u_- ⊕说明运放的 u_- 端电位被 u_F 抬高了，净输入信号 u_D 必然减小，所以是负反馈。

（2）电压反馈和电流反馈的判别。由图 12.5-3(b)可清楚地看出，反馈信号 u_F 取自运放的输出电压 u_o，所以是电压反馈。

（3）串联反馈和并联反馈的判别。由图 12.5-3(b)还可看出，反馈信号 u_F 电路和输入信号 u_i 电路是以串联形式进行比较，得出净输入信号 u_D 的，如图 12.5-3(c)所示，所以是串联反馈。

综合起来，图 12.5-3(a)所示电路的反馈类型是：串联电压负反馈。

【例 12.5-2】 图 12.5-4(a)所示电路是反相比例运算电路，判别它引入的反馈类型。

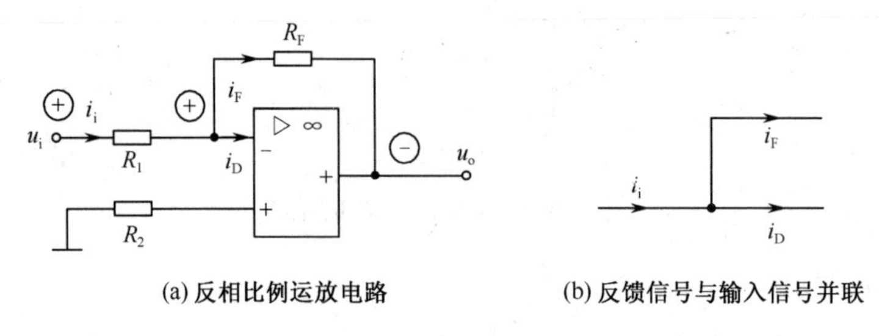

(a) 反相比例运放电路　　(b) 反馈信号与输入信号并联

图 12.5-4　例 12.5-2 图

【解】 有了上例的判别经验，本题的判别(三个步骤）就比较简单了。

（1）正、负反馈的判别：设 u_i 为⊕，u_- 为⊕，u_o 为⊖。这就表明，此时反相输入端的电位高于输出端的电位，图中所标输入电流 i_i 和反馈电流 i_F 的方向，就是它们的实际方向。显然，反馈电流 i_F 减弱了净输入电流 i_D(设想，如无 i_F，$i_D = i_i$)，所以是负反馈。

（2）电压反馈和电流反馈的判别：反馈电流 $i_F=\dfrac{u_- - u_o}{R_F} \approx -\dfrac{u_o}{R_F}$，可见，$i_F$ 取自输出电压 u_o，并与之成正比，所以是电压反馈。

（3）串联反馈和并联反馈的判别：反馈信号 i_F 电路和输入信号 i_i 电路在运放的输入端是以并联形式进行比较，得出净输入信号 i_D 的，如图 12.5-4(b)所示，所以是并联反馈。

因此，图 12.5-4(a)所示的反相比例运算电路引入的是并联电压负反馈。

【例 12.5-3】 图 12.5-5(a)所示电路是电压跟随器。（1）判别它引入了何种类型的反馈；（2）证明 $A_{uf} \approx 1$。

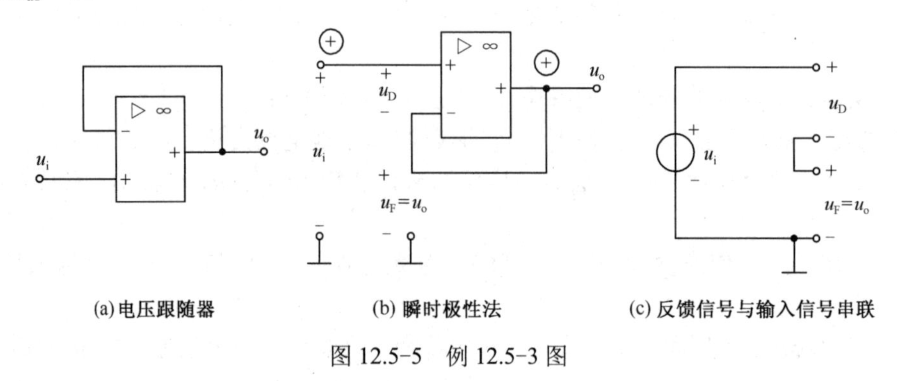

(a) 电压跟随器　　(b) 瞬时极性法　　(c) 反馈信号与输入信号串联

图 12.5-5　例 12.5-3 图

【解】 为了看起来清晰，将电压跟随器的原图画成如图 12.5-5(b)所示电路。

（1）反馈的类型：

① 根据瞬时极性法可以看出，运放的反相输入端的电位被抬高，净输入信号 u_D 减小了，所以是负反馈。

② 反馈电压 u_F 取自输出电压 u_o，而且是 u_o 的全部(反馈系数 $F = 100\%$)，所以是电压反馈。

③ 由图 12.5-5(c)可以看出，反馈电压 u_F 与输入电压 u_i 以串联形式进行比较，取得净输

入电压 u_D，所以是串联反馈。

综合而言，电压跟随器引入的是串联电压负反馈。

（2）证明 $A_{uf} \approx 1$。由图 12.5-5(c)可以看出 $u_i = u_D + u_F = u_D + u_o$，而 $u_D = u_+ - u_- \approx 0$，所以 $u_o \approx u_i$，且非常接近于 u_i。

电压放大倍数 $A_{uf} = u_o / u_i \approx 1$，且非常接近于 1。

【例 12.5-4】试分析图 12.5-6 所示多级放大电路中的级间反馈类型。

【解】（1）图 12.5-6(a)中，前级 B 和后级 A 之间通过反馈元件 R_4 连接，存在反馈。该反馈通路对直流和交流信号均可传递，是交直流反馈。应用瞬时极性法，当输入信号为⊕，通过反馈后得到的净输入信号将被削弱，故是负反馈。反馈信号是从非出输出获得，为电流反馈，反馈回到输入端时，是以电压进行比较的，为串联反馈，故该反馈类型为串联电流负反馈；

（2）图 12.5-6(b)中，前级和后级间有两条级间反馈通路，$R_{f1}(C_2$、$R_{E1})$ 和 $R_{f2}(R_{E23})$。对于反馈 $R_{f1}(C_2$、$R_{E1})$，由于电容的隔直作用，故该反馈为交流反馈；其反馈信号 $\dot{U}_{f1}$ 取自输出端，故为电压反馈；在输入端，反馈信号与输入信号以电压形式进行比较，故为串联反馈；通过瞬时极性法可以得出，反馈后将使净输入信号减弱，故为负反馈。综上，$R_{f1}(C_2$、$R_{E1})$ 所引入的反馈类型为交流串联电压负反馈。

对于反馈 $R_{f2}(R_{E23})$，对交流信号电容 C_4 短路接地，故 R_{f2} 只对直流信号有反馈，为直流反馈；其反馈信号 U_{f2} 取自非输出端，为电流反馈；在输入端，反馈信号与输入信号以电流形式进行比较，为并联反馈；通过瞬时极性法可以得出，反馈后将使净输入信号减弱，故为负反馈。综上，$R_{f2}(R_{E23})$ 所引入的反馈类型为直流并联电流负反馈。

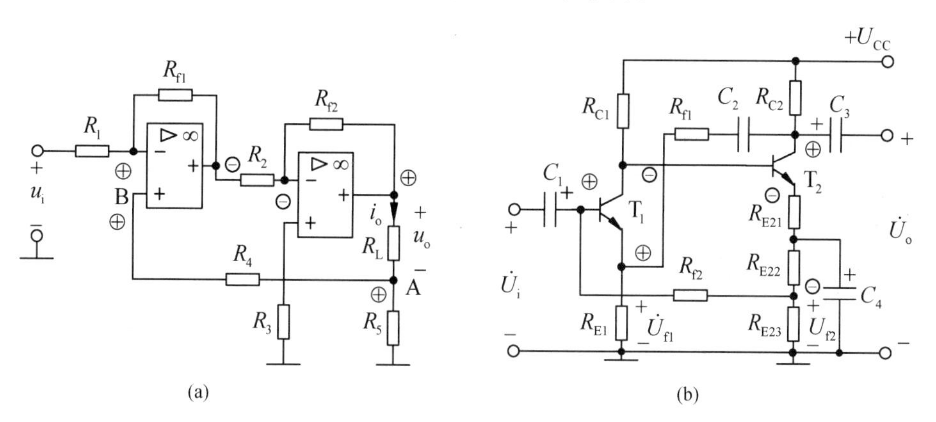

图 12.5-6　例 12.5-4 图

12.5.3　负反馈对放大电路工作性能的改善

在前面介绍的线性集成运放电路都存在负反馈，因为负反馈能使放大电路的工作性能得到多方面的改善。但是，这些改善要付出代价，那就是电压放大倍数降低了。因为在有负反馈的放大电路中，反馈信号的作用与输入信号相反，它总是削弱净输入信号(这相当于输入信号减小了)，因而输出信号幅度减小，降低放大倍数。放大倍数的下降可以很容易地通过增加二级至三级放大得到补偿，而换来的却是放大电路诸多优良的性能。

在有负反馈的放大电路中，计算闭环电压放大倍数及其稳定性的关系式如下(设反馈网络 F 为电阻性)。

图 12.5-1(b)是带有负反馈的放大电路框图，图中上面的基本放大电路 A 的放大倍数，即开环放大倍数为

$$A = \dot{X}_O / \dot{X}_D$$

反馈信号为 $$\dot{X}_F = F\dot{X}_O$$

其中，F 称为反馈系数

净输入信号为 $$\dot{X}_D = \dot{X}_I - \dot{X}_F$$

包括反馈在内的整个放大电路的放大倍数，即闭环放大倍数为

$$A_f = \frac{\dot{X}_o}{\dot{X}_i}$$ ①

由以上几个关系式推导得

$$A_f = \frac{\dot{X}_o}{\dot{X}_i} = \frac{\dot{X}_o}{\dot{X}_d + \dot{X}_f} = \frac{A\dot{X}_d}{\dot{X}_d + AF\dot{X}_d} = \frac{A}{1+AF} \tag{12.5-1}$$

上式是负反馈放大电路中闭环放大倍数 A_f 和开环放大倍数 A 的关系式，分母 $(1+AF)$ 称为反馈深度，其值愈大，负反馈作用愈强，对放大电路的影响愈大，A_f 值愈小。电压跟随器就是典型例子，它的反馈系数 $F=1$，输出电压 u_o 全部被反馈，反馈极深，所以其 $A_{uf} \approx 1$，无电压放大作用。

在式(12.5-1)中，若 $AF \gg 1$，称为深度负反馈，此时该式可写为

$$A_f \approx 1/F \tag{12.5-2}$$

上式说明，深度负反馈时，闭环电压放大倍数 A_f 只与反馈系数 F 有关。下面介绍一下负反馈对放大电路工作性能有哪些改善。

1．提高放大倍数的稳定性

在放大电路中，由于温度、器件参数的变化和负载的改变等多种因素，都会使放大倍数不稳定。而放大倍数不稳定必然影响电路的准确性和工作的可靠性。放大倍数的稳定性常用其相对变化率表示。

对式(12.5-1)求导得 $$\frac{dA_f}{A_f} = \frac{1}{1+AF} \cdot \frac{dA}{A} \tag{12.5-3}$$

式中 dA_f/A_f 是闭环放大倍数的相对变化率，dA/A 是开环放大倍数的相对变化率。显然，前者比后者小，稳定性提高了。

【例 12.5-4】 在图 12.5-3(a)所示同相比例运算电路中，$R_1 = 10\text{k}\Omega$，$R_F = 100\text{k}\Omega$，开环电压放大倍数 $A_{uo} = 10^5$。（1）求闭环电压放大倍数 A_{uf}；（2）当 $dA_{uo}/A_{uo} = 20\%$时，求 dA_{uf}/A_{uf}。

【解】 （1）反馈系数为 $$F = \frac{u_F}{u_o} = \frac{R_1}{R_1 + R_F} = \frac{10}{10+100} = 0.09$$

闭环电压放大倍数为 $$A_{uf} = \frac{A_{uo}}{1 + A_{uo}F} = \frac{10^5}{1 + 10^5 \times 0.09} = 11.1$$

（2） $$\frac{dA_{uf}}{A_{uf}} = \frac{1}{1+A_{uo}F} \frac{dA_{uo}}{A_{uo}} = \frac{1}{1+10^5 \times 0.09} \times 0.2 = 2.2\%$$

2．减小非线性失真

放大电路因器件的非线性或信号幅度过大都将引起输出信号波形的失真，如图 12.5-6(a)所示，图中设 x_i 为正弦波，x_o(波形 1)则产生或轻或重的失真，例如正半周幅度大，负半周幅度小。

① 为简化符号，A 表示开环放大倍数，A_f 表示闭环放大倍数。

引入负反馈如图 12.5-6(b)所示，可将已严重失真的信号 x_o(波形 1)通过反馈电路以反馈信号 x_F 的形式回馈到输入端(x_F 波形失真程度与 x_o 相同)。x_F 与输入信号 x_i 相减得到净输入信号 x_D，x_D 的波形是正半周幅度小，负半周幅度大，刚好与 x_o 相反。这样，经放大后(动态过程)，x_o 信号的正、负半周波形就得到了一定程度的补偿，如波形 2 所示。从本质上说，上述办法就是“用失真的 x_F 来改善 x_o 的失真”，是很巧妙的。所谓改善失真，是指引入负反馈只能减小失真，但不能完全消除失真。如果输入信号 x_i 本身有失真，负反馈是无能为力的。

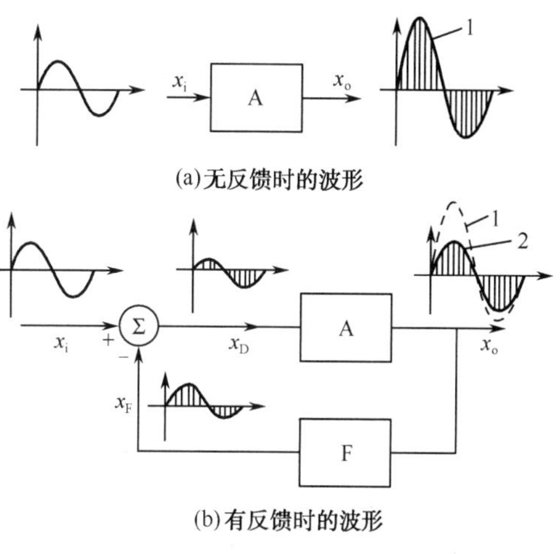

(a)无反馈时的波形

(b)有反馈时的波形

图 12.5-6　减小非线性失真

3．扩展通频带

放大电路的频率特性分为低频段、中频段和高频段。由于集成运放电路采用的是直接耦合方式，无耦合电容，故低频段特性良好。中频段，闭环放大倍数 $A_f=\dfrac{1}{1+AF}$，$|A_{fo}|$数值仅是$|A_o|$的$\dfrac{1}{1+AF}$，下降比较多。高频段，因$|A_o|$数值较低，其反馈信号数值也较低，因而使$|A_{fo}|$降低的量也相对较少，特性曲线的下降趋势就相对较缓。三个频段连接起来，有负反馈集成运放电路的频率特性如图 12.5-7 下面曲线所示，可以看出，通频带($f=0\sim f_2'$)加宽了。

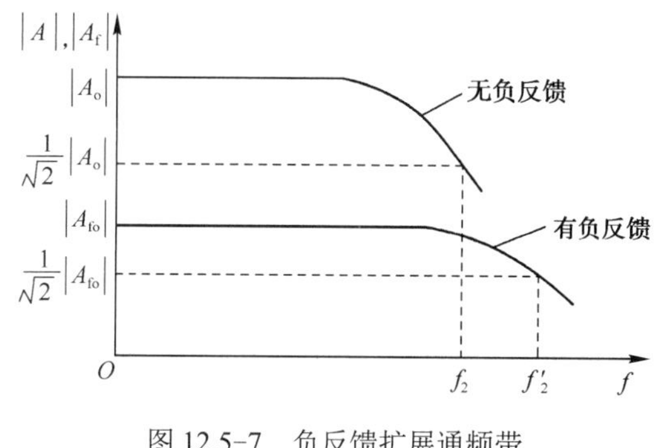

图 12.5-7　负反馈扩展通频带

4．对输入电阻的影响

引入负反馈后，放大电路输入电阻(用 r_{if} 表示)是增大还是减小，与所引入的是串联反馈还是并联反馈有关。

在图 12.5-3 所示串联负反馈电路中，由于 u_F 与 u_i 反相串联，使输入信号 u_i 的一部分被 u_F 抵消，结果使输入信号 u_i 供给运放的输入电流必然减小，这就相当于输入电阻 r_{if} 增大了。

在图 12.5-4 所示并联负反馈电路中，信号源除供给运放 i_D 外，还要增加一电流分量 i_F，因此 i_i 增大了，这相当于输入电阻 r_{if} 减小了。

5．对输出电阻的影响

放大电路引入负反馈后，输出电阻(用 r_{of} 表示)是增大还是减小，与所引入的是电压负反馈还是电流负反馈有关。

(1) 电压负反馈具有稳定输出电压 u_o 的作用，即有恒压输出的特性。例如，当输入电压 u_i 为一定值时，如果输出电压 u_o 由于某种原因而减小，则反馈电压 u_F 也随之减小(因为电压反馈时，u_F 与 u_o 成正比)，其结果使净输入电压 u_D 增大，于是输出电压 u_o 就回升到接近原值。上述过程可表示如下：

$$u_o\downarrow \longrightarrow u_F\downarrow \longrightarrow u_D\uparrow$$
$$u_o\uparrow \longleftarrow$$

可以看出，当输入电压 u_i 为定值时，输出电压 u_o 能保持基本不变，说明放大电路的内阻很低，即电压负反馈放大电路的输出电阻 r_{of} 很低。

（2）电流负反馈具有稳定输出电流 i_o 的作用，即有恒流输出的特性。例如，当输入电压 u_i 为一定值时，如果输出电流 i_o 由于某种原因而增大，则反馈电压 u_F 也随之增大(因为电流反馈时，u_F 与 i_o 成正比)，其结果使净输入电压 u_D 减小，于是输出电流 i_o 就回落到接近原值。上述过程可表示如下：

$$i_o\uparrow \longrightarrow u_F\uparrow \longrightarrow u_D\downarrow \longrightarrow i_o\downarrow$$

能保持输出电流 i_o 的基本不变，说明输出电流 i_o 相当稳定，意味着它的输出电阻 r_{of} 很高。

思考题

12.5-1　为什么深度负反馈时，闭环放大倍数 $A_f \approx 1/F$，而与开环放大倍数 A 无关？

12.5-2　放大电路引入负反馈后，电压放大倍数的稳定性为何会提高？

12.5-3　为什么说放大电路引入负反馈只能减小失真而不能完全消除失真？

12.5-4　放大电路的串联负反馈为何能增大输入电阻，而并联负反馈为何能减小输入电阻？

12.5-5　为什么放大电路的电压负反馈能稳定输出电压，而电流负反馈能稳定输出电流？

12.6　集成运算放大器的使用

1．型号选择

集成运放的类型和型号很多，按技术指标可分为通用型、高速型、高阻抗型、高精度型、低漂移型、低功耗型、大功率型等；按其内部使用的晶体管可分为双极型(由晶体管组成)和单极型(由场效应晶体管组成)；按每一个集成芯片内含有运放的数目又可分为单运放、双运放和四运放等。

应根据实际要求来选用运算放大器，例如需放大微弱信号，第一级运放应选用高输入电阻、高共模抑制比、高开环电压放大倍数、低失调电压、低温漂的运放。如无特殊要求，则选用通用型或多运放型的集成运放。

2．消振和调零

（1）消振

集成运放内部，由于晶体管极间分布电容和其他寄生参数的影响，很容易产生自激振荡，破坏正常工作。消除自激振荡的方法是：外接 RC 消振电路或消振电容，破坏产生自激振荡的条件。由于集成工艺水平的提高，很多运放内部已有消振元件，无须外部消振。

（2）调零

由于集成运放内部不可能完全对称，所以当输入信号为零时，仍有信号输出。为此，使用时要外接调零电路。

3．保护

（1）输入端保护

当输入端所加电压过高时，会损坏输入级晶体管。为此，在输入端外接正、反向并联的二极管 VD_1 和 VD_2，如图 12.6-1 所示。这样，可将输入电压限制在二极管正向压降之内(限幅保护)。运放正常工作时，净输入电压极小，两只二极管均处于截止状态，对运放没有影响。

（2）输出端保护

为防止输出电压过大，外接双向稳压管或两只稳压管反向串联，如图 12.6-2 所示。当输出电压大于稳压管的工作电压时，稳压管被击穿，将输出电压限制在(U_Z+U_D)的范围内，U_Z是稳压管的稳定电压，U_D是稳压管的正向压降。当运放正常工作时，输出电压小于稳压管的工作电压，稳压管不会被击穿，稳压管相当于断路，对运放没有影响。

（3）电源端保护

为防止运放正、负电源接反而损坏运放，可在正、负电源支路中顺接二极管。若电源一旦接反，二极管反偏截止，隔断电源，这就起了保护运放的作用，如图 12.6-3 所示。

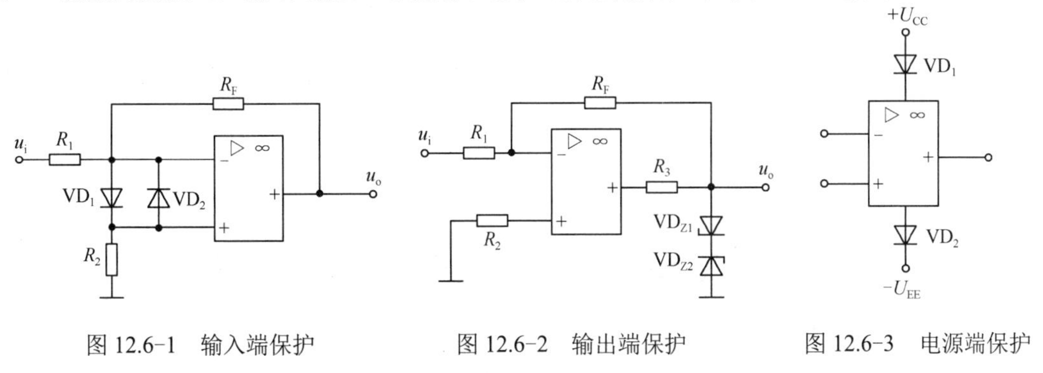

图 12.6-1　输入端保护　　图 12.6-2　输出端保护　　图 12.6-3　电源端保护

12.7　低通滤波电路的仿真

本节研究无源、有源滤波器的幅频特性。

图 12.7-1(a)、(b)所示是由 RC 组成的无源低通滤波器和有源低通滤波器的仿真电路图。其中，$R_1=R_2=510\Omega, C_1=C_2=0.1\mu F$，集成运算放大器为 LM324，接成电压跟随器。直流工作电源电压为 12V，输入交流电压的有效值为 1V，频率为 3kHz。

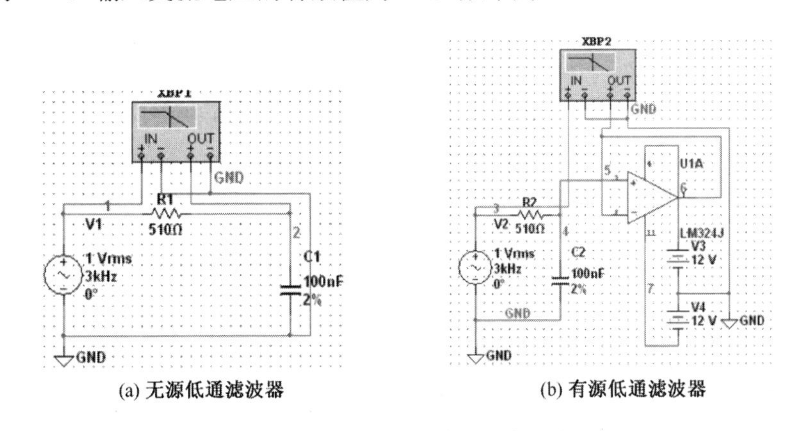

(a) 无源低通滤波器　　(b) 有源低通滤波器

图 12.7-1　低通滤波器仿真电路

1. 仿真内容

（1）测量无源低通滤波器无载和有载时的幅频特性

（2）测量有源低通滤波器无载和有载时的幅频特性

2. 仿真结果

在图 12.7-1(a)中，用波特图示仪测量出 RC 无源低通滤波器的幅频特性如图 12.7-2(a)所示。在图 12.7−1(b)中，用波特图示仪测量出有源低通滤波器的幅频特性如图 12.7−2(b)所示。

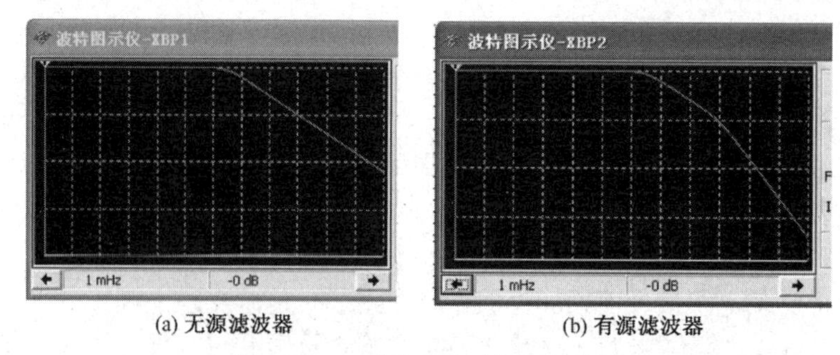

(a) 无源滤波器　　(b) 有源滤波器

图 12.7−2　不接负载时的幅频特性

在图 12.7−1(a)和(b)中接入负载为100Ω的电阻后，测量出的有载幅频特性如图 12.7−3(a)和(b)所示。

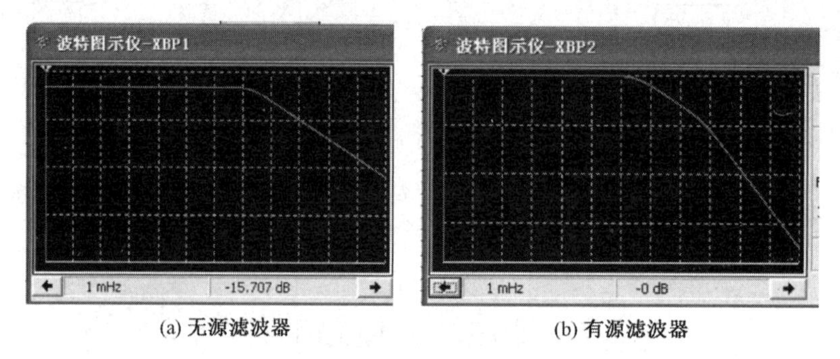

(a) 无源滤波器　　(b) 有源滤波器

图 12.7−3　负载为100Ω电阻时的幅频特性

3. 结论

(1) 从图 12.7−2 中可见，有源滤波器比无源滤波器的幅频特性曲线陡，即有源滤波器的滤波效果好。

(2) 将图 12.7−3(a)和图 12.7−2(a)的幅频特性曲线进行比较可见，无源滤波器带上负载时，其幅频特性曲线没有负载开路时的幅频特性曲线那样陡，即无源滤波器带上负载后滤波效果变差；而比较图 12.7−3(b)和图 12.7−2(b)，可见，有源滤波器带上负载后的幅频特性曲线与不带负载时的幅频特性曲线是一样的，即有源滤波器带上负载后滤波效果不变。

从以上分析可见，有源滤波器的滤波效果比无源滤波器的滤波效果好。

本 章 小 结

本章内容联系紧密，系统性极强，主要有四个部分。

(1) 运放的基本组成、传输特性、主要参数和理想模型，并把理想模型视为一个像晶体管一样的小器件。这个器件可以线性(闭环)应用，也可以非线性(开环)应用。

(2) 线性应用时，引出了五种运算电路和两种滤波电路。分析它们的基本依据是：(1) $u_- \approx u_+$；(2) $i_- \approx i_+ \approx 0$。

(3) 非线性应用时，引出了电压比较器和限幅器。分析它们的基本依据是：(1) $u_+ > u_-$ 时，$u_O \approx +U_{om}$；$u_+ < u_-$ 时，$u_O \approx -U_{om}$。(2) $i_+ \approx i_- \approx 0$。

(4) 最后，讲述了运放电路中的负反馈(即线性应用)的基本概念及其对放大电路工作性能的改善。至此，运放线性应用的理论才算完整。线性应用中的基本运算电路，是本章最主要的内容。

运放只是一个器件，它本身不具备任何运算功能，需要外部电路配合才能构成各种运算电路。实际的运放并不是理想的运放，所以在实际应用中，一般都要接入调零电路。为了安全使用，还要接入保护电路。在要求较高的场合，非理想运放所带来的误差也要考虑，并进行必要的补偿。

习题

12-1　在题图 12-1 所示运算电路中，已知 $u_i = 1\text{V}$，求输出电压 u_o 和静态平衡电阻 R_2、R_3。

12-2　运算电路如题图 12-2 所示。已知 $u_{i1} = 0.1\text{V}$，$u_{i2} = 0.5\text{V}$，求输出电压 u_o 和静态平衡电阻 R_2、R_3。

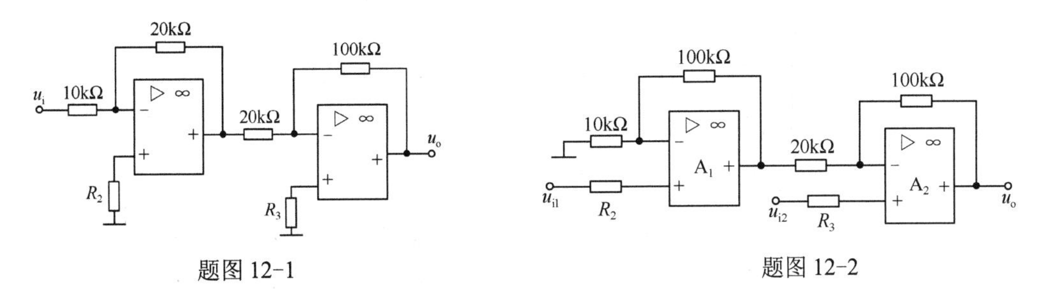

题图 12-1　　　　题图 12-2

12-3　写出题图 12-3 中各运算电路的输入、输出关系式。

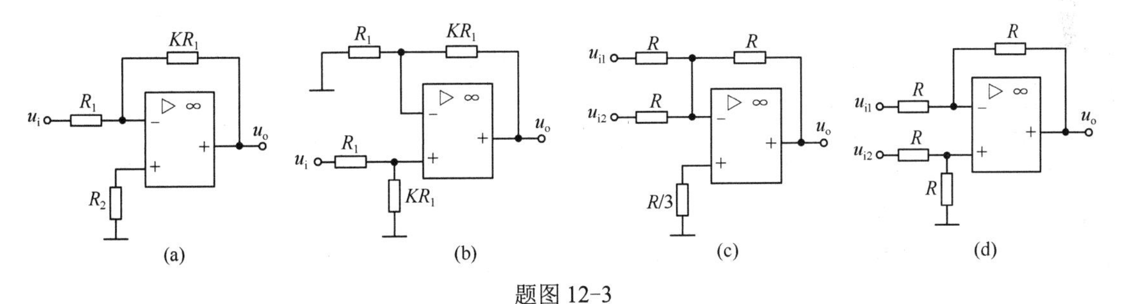

题图 12-3

12-4　计算题图 12-4 所示运算电路输出电压 u_o。

12-5　运算电路如题图 12-5 所示，计算输出电压 u_o。

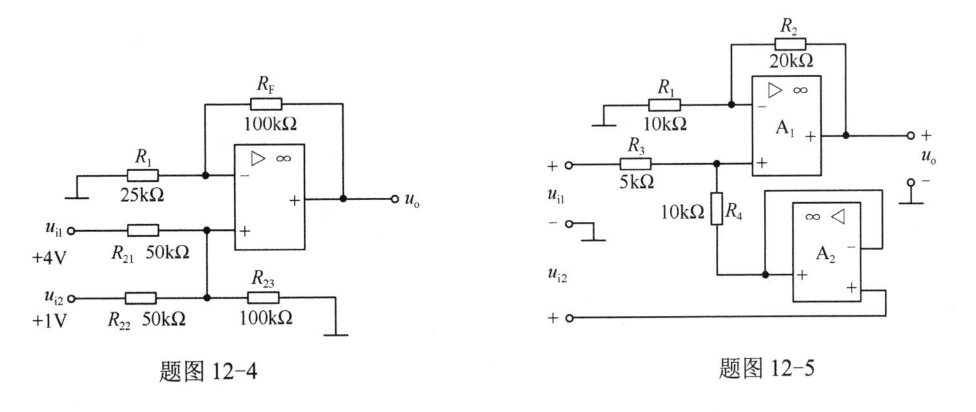

题图 12-4　　　　题图 12-5

12-6　分析题图 12-6 所示运算电路 u_o 与 u_i 的运算关系。

12-7　在题图 12-7 所示电压比较器中，输入电压 $u_i = 10\sin\omega t\text{V}$。画出输出电压 u_o' 和 u_o 的波形(二极管 VD 的正向压降忽略不计)。

12-8　在题图 12-8 所示两级运算电路中，R_L 是负载电阻，R_F 是反馈电阻。判别从运放 A_2 输出端至运放 A_1 输入端之间是何种类型的反馈。

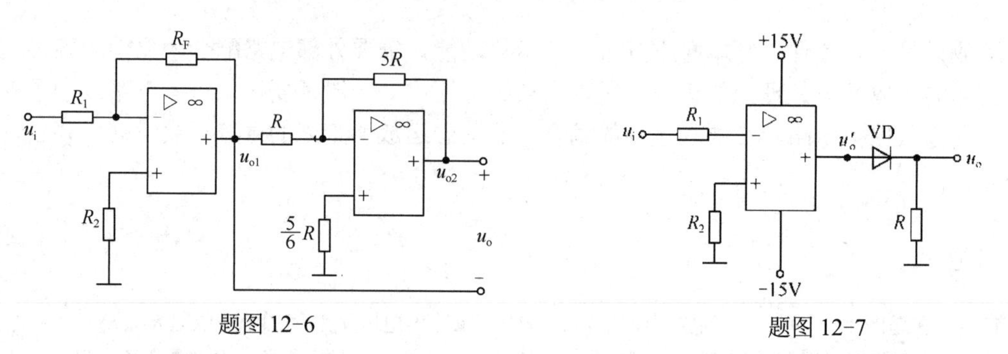

题图 12-6　　题图 12-7

12-9　在题图 12-9 所示运算电路中，$u_{i1}=0.6\text{V}$，$u_{i2}=2\text{V}$。求输出电压 u_o 与静态平衡电阻 R_2、R_3。

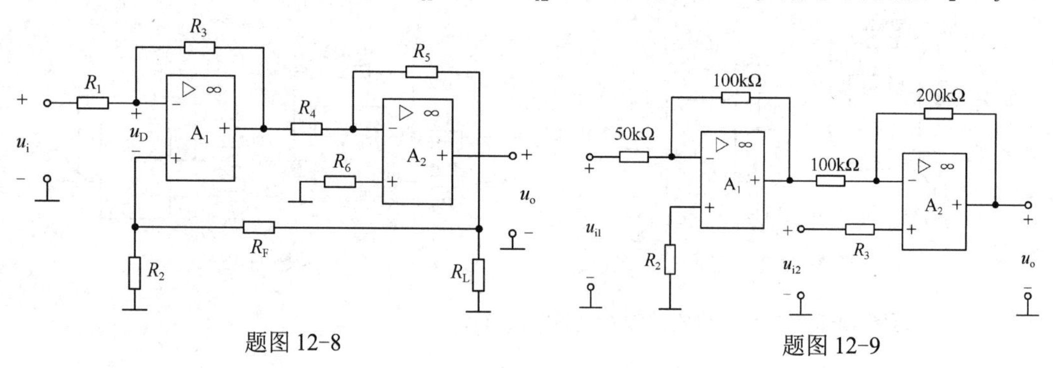

题图 12-8　　题图 12-9

12-10　在题图 12-10 所示运算电路中，已知：$u_{i1}=1\text{V}$，$u_{i2}=0.8\text{V}$，$u_{i3}=-0.6\sin\omega t\text{V}$，$u_{i4}=2.5\text{V}$，其他数据如图所示。求输出电压 u_o。

12-11　运算电路如题图 12-11 所示，写出输入电压 u_i 和输出电压 u_o 的运算关系。

12-12　在题图 12-12 所示运算电路中，运放的电源电压为±15V，输入信号 u_{i1} 和 u_{i2} 为阶跃电压，如图所示。当输入信号接入 6s 后，输出电压 u_o 已经上升到几伏？是否超出了线性区？

12-13　电压比较器如图 12.4-1 所示。反相输入端的输入电压为 u_{i1}，其波形如题图 12-13(a)所示；同相输入端的输入电压为 u_{i2}，其波形如题图 12-13(b)所示。画出输出电压 u_o 的波形。

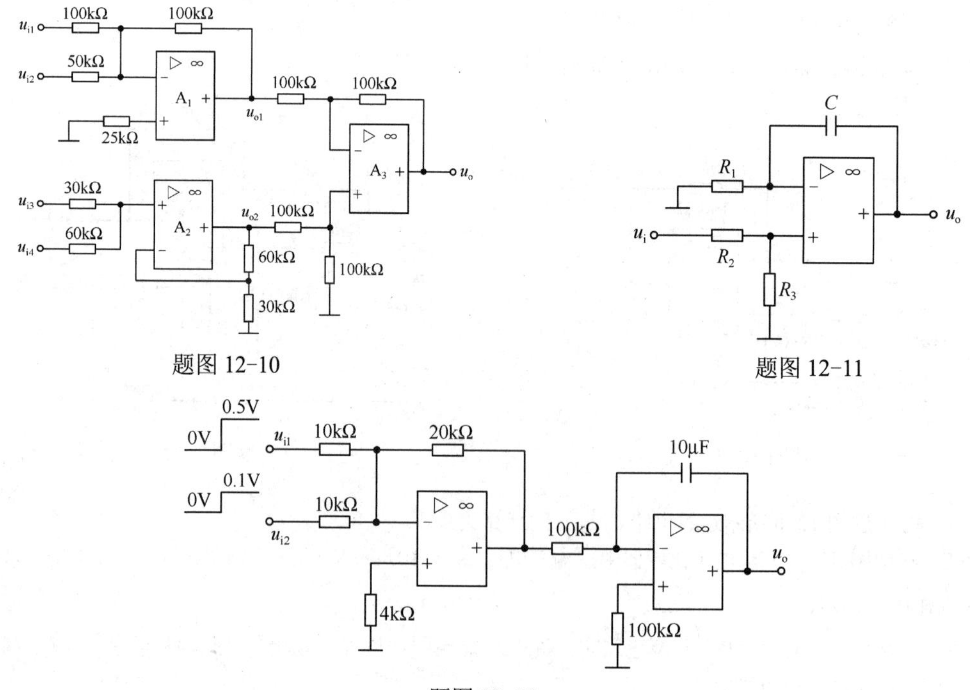

题图 12-10　　题图 12-11

题图 12-12

12-14 运算电路如题图 12-14 所示，已知 $u_{i1}=+2\text{V}$，$u_{i2}=-0.5\text{V}$。求输出电压 u_o。

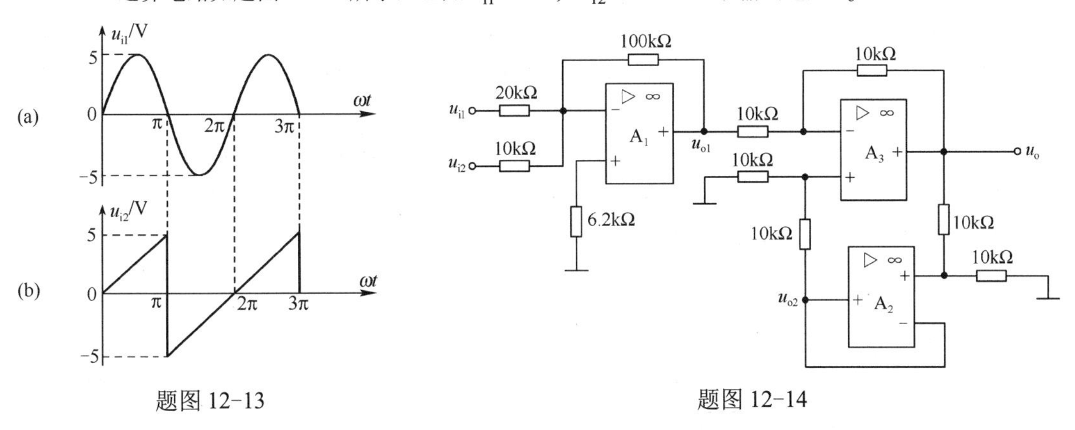

题图 12-13　　　　题图 12-14

12-15 在题图 12-15 所示电路中，运放 A_1 和 A_2 构成了两个电压跟随器。

（1）试证明：电阻 R_G 中的电流 $i_G=\dfrac{u_{i2}-u_{i1}}{R_G}$，且电阻 R_1 和 R_2 中的电流与 i_G 近似相等。

（2）若 $R_1=R_2=R$，写出 u_o 的运算关系式。

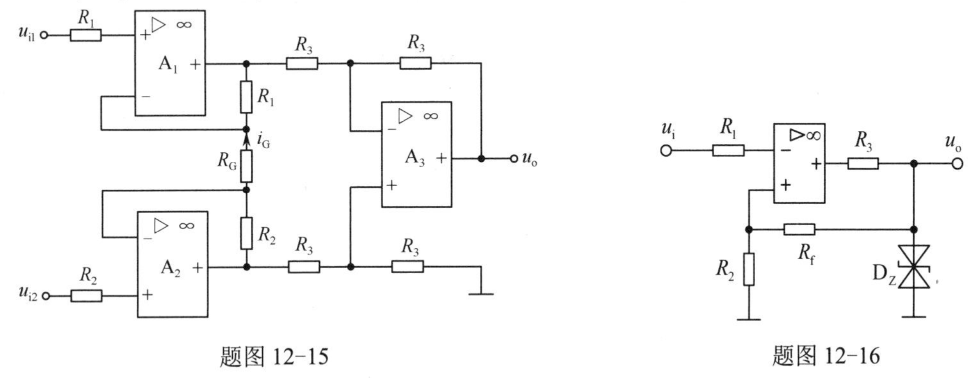

题图 12-15　　　　题图 12-16

12-16 在题图 12-16 所示电路中，$R_2=R_f$，双向稳压管的稳定电压 $U_Z=\pm6\text{V}$，正向降压为 0.7V，当输入电压 $u_i=6\sin\omega t\text{V}$ 时，试画出输出电压 u_O 的波形。

12-17 在题图 12-17 所示运算电路中，电阻电桥四臂在正常情况下均为 $R(\Delta R=0)$，电桥平衡，输出量 $u_o=0$。当某桥臂受温度或应变力等非电量因素影响而变化 ΔR 时，便破坏了电桥的平衡，$u_o\neq0$。输出量 u_o 可以反映电阻的变化量 ΔR，从而能间接测量非电量的大小。分析 $u_o=f(\delta)$ 的表达式（设 $\delta=\dfrac{\Delta R}{R}$）。

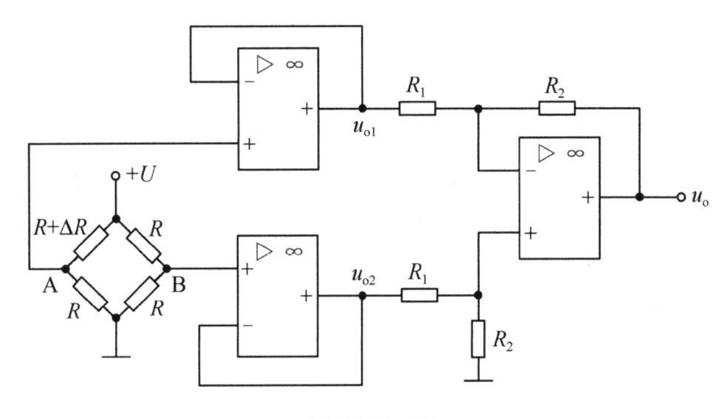

题图 12-17

12-18 题图 12-18(a)和(b)是液体恒温加热电路，其中图(a)是其控制电路，图(b)是加热电路。在控制电路中，R_1～R_3 和 R_t 构成测温电桥，产生信号电压 u_{i1} 和 u_{i2}，u_{i1} 随温度而变（R_t 是正温度系数热敏电阻，温度升高电阻增大，u_{i1} 增大；温度降低电阻减小，u_{i1} 减小）。R_4～R_7 和 A_1 构成差分运放放大电路，其输出电压 $u_{o1}=10(u_{i2}-u_{i1})$，u_{o1} 加在电压比较器 A_2 的同相输入端，再控制后续电路。本加热电路的工作要求是：

（1）当温度在预置值范围内时，u_{i1} 数值较大，控制后续电路使加热电路暂停加热，此时绿色指示灯（LED_1）亮。

（2）当温度低于预置值时，u_{i1} 数值明显减小，控制后续电路使加热电路接通电源，继续加热，此时红色指示灯（LED_2）亮。图中电位器 R_9 用于设置液体温度的预置值。运放 A_1 和 A_2 的电源电压为±15V，为图清晰，电源接线未画出。请分析该加热电路的工作原理。

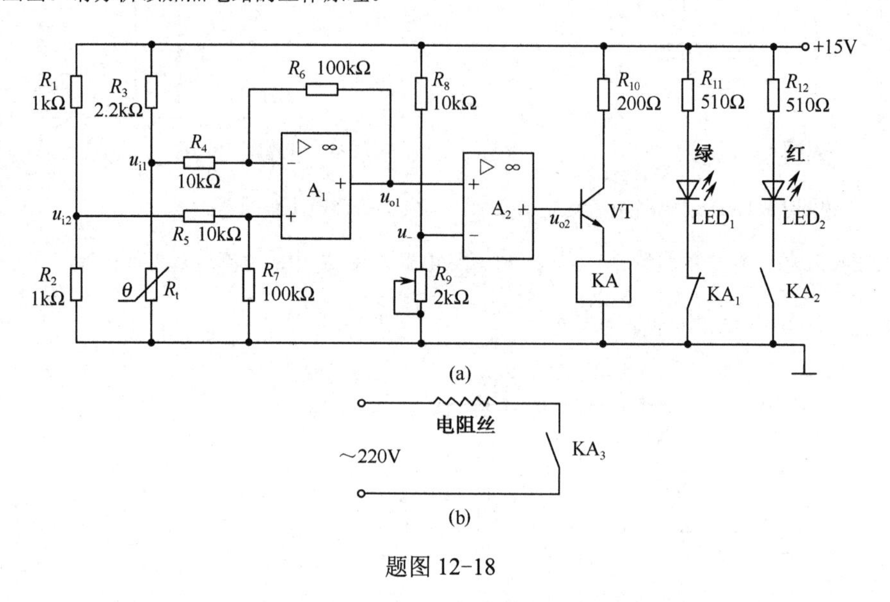

题图 12-18

第三部分　数字电子技术

第 13 章　组合逻辑电路

【本章主要内容】本章主要介绍基本逻辑门电路的功能、描述方法、逻辑函数及其化简，组合逻辑电路的分析与设计，常用中规模集成组合逻辑电路的工作原理与应用。

【引例】　在数字系统中，需要对某些设备的运行情况进行监测，如三台电动机的工作情况。当三台电动机正常运转时，绿色指示灯亮；当一台电动机停止转动时，黄色指示灯亮；当两台电动机停转时，红色指示灯亮；当三台电动机都停转时，红、黄两色指示灯均亮。如何设计电路实现这个要求，学完本章内容后，就可以解决这个问题。

13.1　概　　述

在数字系统中，处理的信号为数字信号。数字信号在时间和数值上都是离散的，因此用“0”和“1”来表示事物的两个对立状态，如三极管的导通与截止、电平的高与低、开关的闭合与断开、指示灯的亮与灭等，它们没有任何数值意义。这种表示方式称为二值逻辑或数字逻辑，实现这种二值逻辑的电路就是数字逻辑电路，简称数字电路。

在数字电路中，最基本的单元为逻辑门电路，它是由三极管、场效应管等元件构成的，这些半导体器件都处于开关状态。目前常用的逻辑门电路是由三极管和场效应管构成的，称为 TTL 门电路和 CMOS 逻辑门电路。随着 CMOS 工艺的发展，自然能耗的短缺，为了降低功耗，CMOS 逻辑门电路将逐渐替代 TTL 逻辑门电路。

逻辑门电路可分为分立元件门电路和集成门电路，分立元件门电路是由二极管和三极管等开关元件构成的，集成门电路(Integrated Gate Circuit)是将晶体管、电阻等元件和内部电路连线一起做在一块半导体基片上，然后封装起来构成一个电路单元。集成门电路按规模可分成小规模集成电路(SSI)、中规模集成电路(MSI)、大规模集成电路(LSI)和超大规模集成电路(VLSI)，并且随着电子技术的发展，集成电路的集成度也会越来越高。

数字电路研究的对象是输出与输入的逻辑关系，使用的工具为布尔代数，它最早是由英国数学家乔治·布尔(George Boole)在 1847 年提出的，主要是研究逻辑变量之间的关系。由于数字电路中的元件都处于开关状态，故被称为开关代数或逻辑代数。在逻辑代数中，变量的取值只有两种：0 和 1，称为逻辑“0”和逻辑“1”，而普通代数的取值可以是任何数，这是两者本质的区别。在运算规则方面，逻辑代数和普通代数有些规则很相似，如结合律、分配律等，但逻辑代数有自己特有的运算规则，如反演规则、对偶规则等。逻辑代数的运算包含三种基本运算，即与运算(AND)、或运算(OR)和非运算(NOT)，由三种基本运算可以派生出与非、或非等其他复杂的运算。

13.2　逻辑运算及门电路

13.2.1　基本逻辑运算及其门电路

1．与运算及与门

与逻辑运算也称为逻辑乘，两变量的与逻辑运算可用逻辑代数式表示为

$$Y = A \cdot B \tag{13.2-1}$$

其中“·”为与逻辑运算符号，一般可以省略。若将输入变量 A、B 及输出 Y 的所有取值列成表，如表 13.2-1 所示，此表称为真值表。由表 13.2-1 可以看出，其规律为有“0”出“0”，全“1”出“1”。实现与逻辑运算的门电路称为与门，标准逻辑符号如图 13.2-1 所示，其中图 13.2-1(a)为国际标准符号，是本书采用的符号；图 13.2-1(b)为国际常用符号。

由二极管构成的与门电路如图 13.2-2 所示，其中 A 和 B 为输入端，Y 为输出端。设输入、输出的高电平为 3V，即逻辑“1”；低电平为 0V，即逻辑“0”。当 $V_A = V_B = 0V$ 时，二极管 VD_A 和 VD_B 同时导通，忽略二极管的正向压降，则输出 $V_Y = 0V$；当 $V_A = 0V, V_B = 3V$ 时，二极管 VD_A 优先导通，使输出 $V_Y = 0V$，VD_B 截止；同理，当 $V_A = 3V$，$V_B = 0V$ 时，二极管 VD_B 优先导通，使输出 $V_Y = 0V$，VD_A 截止；当 $V_A = V_B = 3V$ 时，二极管 VD_A 和 VD_B 同时导通，使输出 $V_Y = 3V$。因此得到输入/输出电压值如表 13.2-2 所示，根据表 13.2-1 判定为与逻辑关系。

表 13.2-1　与逻辑运算真值表

输入		输出
A	B	Y
0	0	0
0	1	0
1	0	0
1	1	1

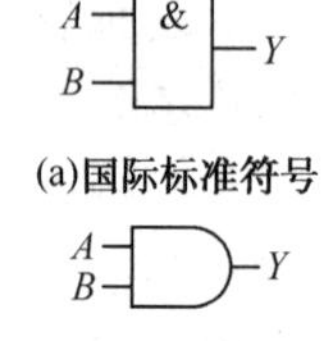

(a)国际标准符号

(b)国际常用符号

图 13.2-1　与门逻辑符号

图 13.2-2　二极管与门电路

表 13.2-2　与门电路的输入/输出

输入		输出
V_A/V	V_B/V	V_Y/V
0	0	0
0	3	0
3	0	0
3	3	3

2．或逻辑运算及或门

或逻辑运算也称为逻辑加，两变量的或逻辑运算可用逻辑代数式表示为

$$Y = A + B \tag{13.2-2}$$

其中“+”为或逻辑运算符号，不可以省略。其真值表如表 13.2-3 所示，由表 13.2-3 看出，其规律为全“0”出“0”，有“1”出“1”。实现或逻辑运算的门电路称为或门，标准逻辑符号如图 13.2-3 所示。

由二极管构成的或门电路如图 13.2-4 所示。设输入、输出的高电平仍为 3V，即逻辑“1”；低电平为 0V，即逻辑“0”。当 $V_A = V_B = 0V$ 时，二极管 VD_A 和 VD_B 同时导通，忽略二极管的正向压降，输出 $V_Y = 0V$；当 $V_A = 0V$，$V_B = 3V$ 时，二极管 VD_B 优先导通，使输出 $V_Y = 3V$，VD_A 截止；同理，当 $V_A = 3V$，$V_B = 0V$ 时，二极管 VD_A 优先导通，使输出 $V_Y = 3V$，VD_B 截止；当 $V_A = V_B = 3V$ 时，二极管 VD_A 和 VD_B 同时导通，使输出 $V_Y = 3V$。输入、输出电压值如表 13.2-4 所示，根据表 13.2-3 判定为或逻辑关系。

表 13.2-3 或逻辑运算真值表

输入		输出
A	B	Y
0	0	0
0	1	1
1	0	1
1	1	1

(a)国际标准符号

(b)国际常用符号

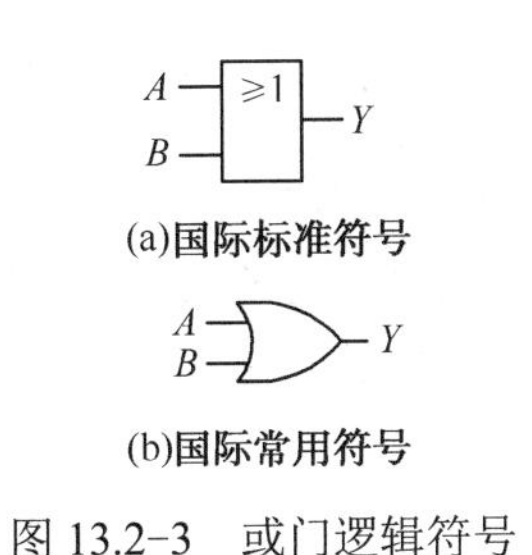

图 13.2-3 或门逻辑符号

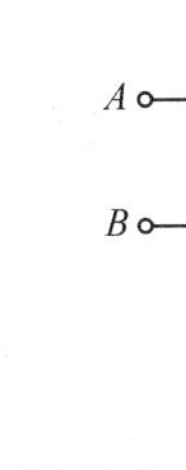

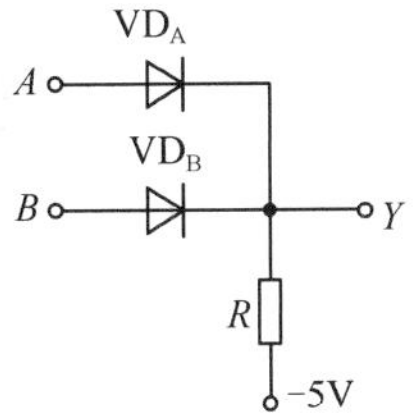

图 13.2-4 二极管或门电路

表 13.2-4 或门电路的输入/输出

输入		输出
V_A/V	V_B/V	V_Y/V
0	0	0
0	3	3
3	0	3
3	3	3

3．非逻辑运算及非门

非逻辑运算就是取反逻辑，逻辑代数式表示为

$$Y = \overline{A} \tag{13.2-3}$$

其真值表如表 13.2-5 所示，由表 13.2-5 看出，“0”取反为“1”，“1”取反为“0”。实现非逻辑运算的门电路称为非门，标准逻辑符号如图 13.2-5 所示。

表 13.2-5 非逻辑运算真值表

输入	输出
A	Y
0	1
1	0

(a)国际标准符号

(b)国际常用符号

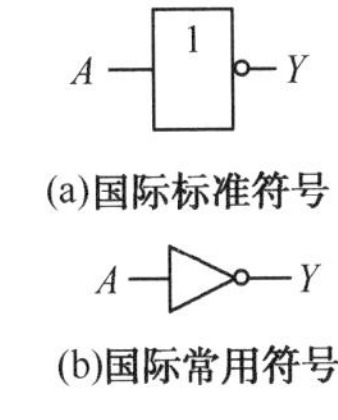

图 13.2-5 非门逻辑符号

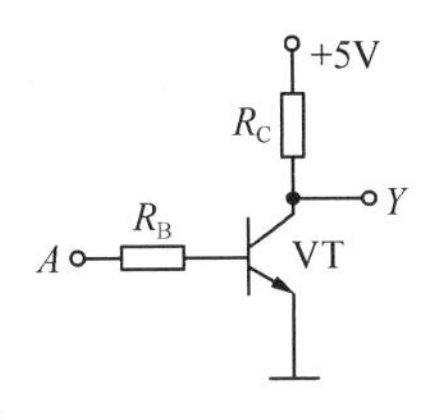

图 13.2-6 三极管非门电路

表 13.2-6 非门电路的输入/输出

输入	输出
V_A/V	V_Y/V
0	5
5	0

由三极管构成的非门电路如图 13.2-6 所示。设输入、输出的高电平为 5V，即逻辑“1”；低电平为 0V，即逻辑“0”。当 $V_A = 0V$ 时，三极管 VT 截止，则输出 $V_Y \approx 5V$；当 $V_A = 5V$ 时，选择合适的电阻值，使得三极管处于饱和导通状态，则输出 $V_Y \approx 0V$。其输入、输出电压值如表 13.2-6 所示，根据表 13.2-5 判定为非逻辑关系。

集成的 TTL 非门(也称反相器)的型号有 74LS04 等，其内部有 6 个非门，引脚图参看附录 F，集成非门的外形及内部原理电路如图 13.2-7 所示。

(a)外形图

(b)内部原理电路

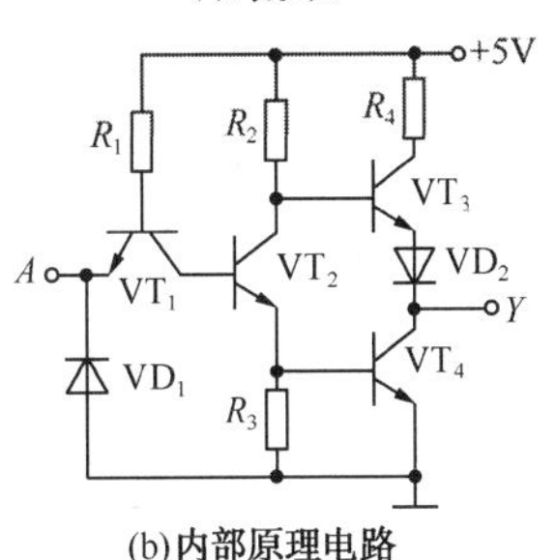

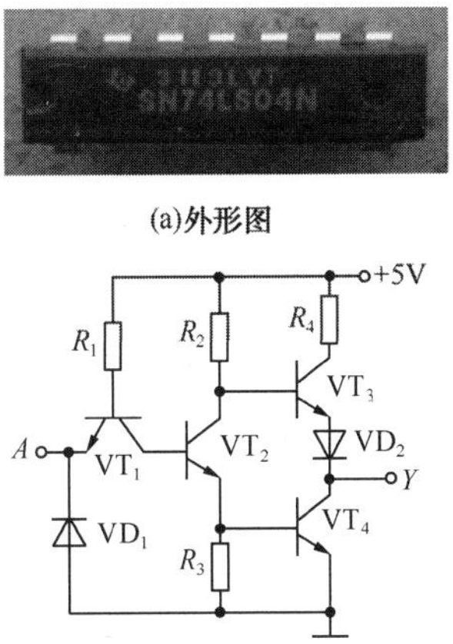

图 13.2-7 集成非门

13.2.2 复杂逻辑运算及其门电路

由上面的三种基本运算可以组合成与非运算、或非运算、与或非运算、异或运算和同或运算。

1．与非运算及与非门

两输入逻辑变量的与非运算逻辑式为

$$Y = \overline{AB} \tag{13.2-4}$$

其真值表如表 13.2-7 所示，其规律为有“0”出“1”，全“1”出“0”。与非门的逻辑符号如图 13.2-8 所示。

集成与非门有四 2 输入与非门 74LS00、74LS01 等，74LS00 的引脚图见附录 F，典型的集成与非门的外形图与内部原理电路如图 13.2-9 所示。

表 13.2-7　与非逻辑运算真值表

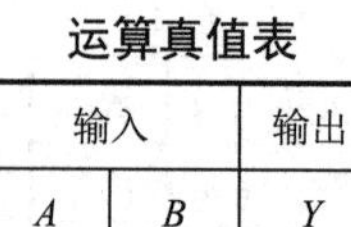

输入		输出
A	*B*	*Y*
0	0	1
0	1	1
1	0	1
1	1	0

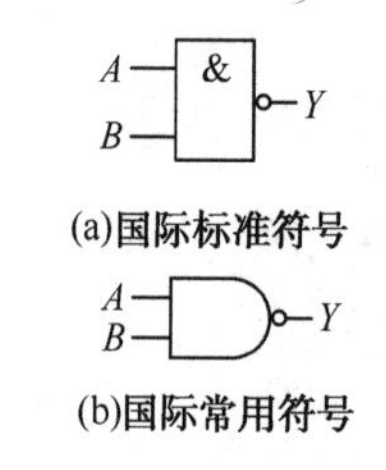

(a)国际标准符号

(b)国际常用符号

图 13.2-8　与非门逻辑符号

(a) 外形图

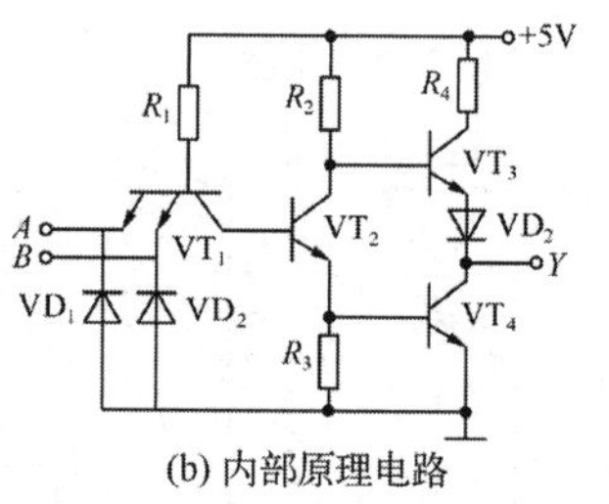

(b) 内部原理电路

图 13.2-9　集成与非门

2．或非运算及或非门

两输入逻辑变量的或非运算逻辑式为

$$Y = \overline{A+B} \tag{13.2-5}$$

其真值表如表 13.2-8 所示，其规律为有“1”出“0”，全“0”出“1”。或非门的逻辑符号如图 13.2-10 所示。

表 13.2-8　或非逻辑运算真值表

输入		输出
A	*B*	*Y*
0	0	1
0	1	0
1	0	0
1	1	0

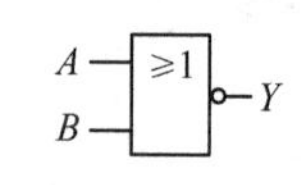

(a)国际标准符号

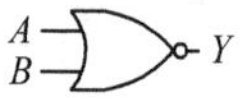

(b)国际常用符号

图 13.2-10　或非门逻辑符号

表 13.2-9　异或逻辑运算真值表

输入		输出
A	*B*	*Y*
0	0	0
0	1	1
1	0	1
1	1	0

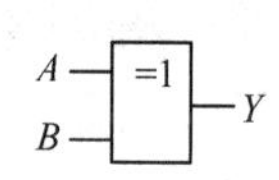

(a)国际标准符号

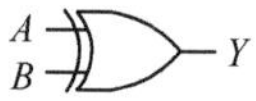

(b)国际常用符号

图 13.2-11　异或门逻辑符号

3．异或、同或运算及异或、同或门

如果两个输入逻辑变量的取值相同，输出为“0”，取值不同，输出为“1”。这种逻辑关系称为异或逻辑运算，其表达式为

$$Y = \overline{A}B + A\overline{B} = A \oplus B \tag{13.2-6}$$

其中“⊕”为异或逻辑运算符号，不可以省略。异或逻辑运算的真值表如表 13.2-9 所示，逻辑符号如图 13.2-11 所示。

异或逻辑运算具有以下性质：

① $0 \oplus A = A$；② $1 \oplus A = \overline{A}$；③ $A \oplus A = 0$；④ $A \oplus \overline{A} = 1$

如果两个输入逻辑变量的取值相同，输出为“1”，取值不同，输出为“0”。这种逻辑关系称为同或逻辑运算，它是异或的取反。其表达式为

$$Y = \overline{A}\overline{B} + AB = A \odot B = \overline{A \oplus B} \tag{13.2-7}$$

其中“⊙”为同或逻辑运算符号，不可以省略。同或逻辑运算的真值表如表 13.2-10 所示，逻辑符号如图 13.2-12 所示。

表 13.2-10　同或逻辑运算真值表

输入		输出
A	*B*	*Y*
0	0	1
0	1	0
1	0	0
1	1	1

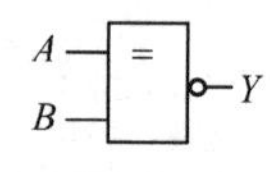

(a)国际标准符号

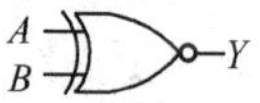

(b)国际常用符号

图 13.2-12　同或门逻辑符号

4. 正逻辑与负逻辑

在图 13.2-2 的二极管与门电路中，设高电平 3V 为逻辑“1”，低电平 0V 为逻辑“0”，这种逻辑称为正逻辑。如果设低电平 0V 为逻辑“1”，高电平 3V 为逻辑“0”，这种逻辑称为负逻辑。本书均采用正逻辑。

思考题

13.2-1 门电路在数字电路中起什么作用？若两个输入端的与门电路，其中一个输入端加方波信号，另一个输入端加高电平，则与门电路的输出信号是什么？

13.3 逻辑函数及其化简

13.3.1 逻辑代数基本公式、常用定律及运算规则

逻辑代数包含与、或、非及其复杂的逻辑运算，它与普通代数运算有相似之处，也有本质区别，特别注意的是逻辑代数的变量取值只有“0”和“1”两种，没有数值的意义。下面给出逻辑代数的基本公式、常用定律及运算规则。

1. 基本公式

（1）与运算　　$0\cdot A=0$；$1\cdot A=A$；$A\cdot A=A$；$A\cdot\overline{A}=0$

（2）或运算　　$0+A=A$；$1+A=1$；$A+A=A$；$A+\overline{A}=1$

（3）非运算　　$\overline{\overline{A}}=A$；$\overline{1}=0$；$\overline{0}=1$

2. 常用定律

（1）交换律　　$A\cdot B=B\cdot A$；$A+B=B+A$

（2）结合律　　$A(BC)=(AB)C$；$A+(B+C)=(A+B)+C$

（3）分配律　　$A+BC=(A+B)(A+C)$

（4）吸收律　　$A+AB=A$；$A+\overline{A}B=A+B$；$AB+A\overline{B}=A$；$A(A+B)=A$；

$A\cdot\overline{AB}=A\overline{B}$；$\overline{A}\cdot\overline{AB}=\overline{A}$；$AB+\overline{A}C+BC=AB+\overline{A}C$

（5）摩根定律　　$\overline{AB}=\overline{A}+\overline{B}$；$\overline{A+B}=\overline{A}\cdot\overline{B}$

3. 运算规则

（1）代入规则

任何一个含有变量 A 的等式，如果将所有出现 A 的位置都用同一个逻辑函数 G 来替换，则等式仍然成立，这就是代入规则。

【例 13.3-1】 若等式 $A+BC=(A+B)(A+C)$ 成立，设 $C=\overline{A}+\overline{B}$，证明等式 $A+\overline{A}B=A+B$ 成立。

证明：将 C 用 $\overline{A}+\overline{B}$ 代替，代入已知等式中，其左边为

$$A+BC=A+B(\overline{A}+\overline{B})=A+\overline{A}B$$

等式右边为

$$(A+B)(A+C)=(A+B)(A+\overline{A}+\overline{B})=(A+B)\cdot 1=A+B$$

由于

$$A+BC=(A+B)(A+C)$$

故可证得

$$A+\overline{A}B=A+B$$

利用代入规则可证得多变量的摩根定律，如对于等式 $\overline{AB}=\overline{A}+\overline{B}$，将 B 用 BC 代替，则有

$$\overline{ABC}=\overline{A}+\overline{BC}=\overline{A}+\overline{B}+\overline{C}$$

对于等式 $\overline{A+B}=\overline{A}\cdot\overline{B}$，将 B 用 BC 代替，则

$$\overline{A+B+C}=\overline{A}\cdot\overline{B+C}=\overline{A}\cdot\overline{B}\cdot\overline{C}$$

（2）反演规则

若已知逻辑函数 Y 的逻辑式，则只要将 Y 式中所有的“•”换为“+”，“+”换为“•”，

常量“0”换成“1”，“1”换成“0”，所有原变量(不带非号)换成反变量，所有反变量换成原变量，得到的新的逻辑函数式即为原式 Y 的反函数 $\overline{Y}$（也称补函数)，这就是反演规则。

反演规则可用于求已知逻辑函数的反函数，但要注意下面两点：

① 要遵守“先与后或”的优先运算次序；

② 两个变量以上取反的非号要保留。

【例 13.3−2】 若某逻辑函数 $Y = AB + \overline{B}C$，求其反函数 $\overline{Y}$。

【解】 求某逻辑代数的反函数有两种方法，即直接求反和利用反演规则。

① 直接求反　$\overline{Y} = \overline{AB + \overline{B}C} = \overline{AB} \cdot \overline{\overline{B}C} = (\overline{A} + \overline{B})(B + \overline{C}) = \overline{A}B + \overline{A}\overline{C} + \overline{B}\overline{C}$

② 利用反演规则　$\overline{Y} = (\overline{A} + \overline{B})(B + \overline{C}) = \overline{A}B + \overline{A}\overline{C} + \overline{B}\overline{C}$

由此可知，利用反演规则可以很方便求得一个逻辑函数的反函数。

（3）对偶规则

① 逻辑函数对偶式

设 Y 是一个逻辑函数，如果将 Y 中所有的“+”换成“•”，“•”换成“+”，“1”换成“0”，“0”换成“1”，而逻辑变量形式保持不变，则所得新的逻辑函数式 Y_d 称为 Y 的对偶式。

② 对偶规则

如果两个逻辑函数 Y 和 G 相等，则其对偶式 Y_d 和 G_d 也必然相等。反之，若两个逻辑函数的对偶式相等，则这两个逻辑函数也相等。

利用对偶规则可证明逻辑函数等式成立，注意在利用对偶规则求对偶式时，依然遵守“先与后或”的原则，并且两个以上变量的非号要保留。

【例 13.3−3】 利用对偶规则证明等式 $A + BC = (A + B)(A + C)$。

证明：设 $Y = A + BC$，$G = (A + B)(A + C)$，它们的对偶式为

$$Y_d = A \cdot (B + C) = AB + AC,\quad G_d = AB + AC$$

由于 $Y_d = G_d$，故 $Y = G$，即证得 $A + BC = (A + B)(A + C)$。

13.3.2　逻辑关系的描述方法

在组合逻辑电路中，描述输出和输入逻辑关系的方法有逻辑函数式、真值表、逻辑电路、时序波形图、卡诺图等，在这里我们先介绍逻辑函数式、真值表、逻辑电路和时序波形图，卡诺图在后面的逻辑函数化简中介绍。

1．逻辑函数式

描述输出、输入逻辑关系的逻辑代数式，称为逻辑函数式，如

$$Y = AB + BC + AC \tag{13.3-1}$$

2．真值表

将输入、输出的全部取值列入表中，就构成真值表。由式(13.3−1)可得真值表如表 13.3−1 所示。由真值表可见，输出 $Y = 1$ 有四项，ABC 取值为 011, 101, 110 和 111。故其逻辑式可写成

$$Y = \overline{A}BC + A\overline{B}C + AB\overline{C} + ABC \tag{13.3-2}$$

表 13.3−1　真值表

输入			输出
A	B	C	Y
0	0	0	0
0	0	1	0
0	1	0	0
0	1	1	1
1	0	0	0
1	0	1	1
1	1	0	1
1	1	1	1

式(13.3−2)和式(13.3−1)虽然形式不同，但真值表相同，说明表示的是同一逻辑关系，很明显式(13.3−1)要比式(13.3−2)简单得多。

由式(13.3−2)可知，当由真值表写原函数 Y 的逻辑式时，取值为“1”的项为逻辑加，而每一个 $Y = 1$ 对应的输入为逻辑乘，输入为“0”写成反变量，输入为“1”写成原变量。由真值表写反函数 $\overline{Y}$ 的逻辑式时，只要写取值为“0”的项做逻辑加即可。

【例 13.3-4】 表 13.3-2 为某逻辑函数的真值表，写出其逻辑式。

【解】 由表 13.3-2 所示真值表可以写出

$$Y_1 = \overline{A}\overline{B}C + \overline{A}B\overline{C} + A\overline{B}\overline{C} + ABC$$

$$Y_2 = \overline{A}\overline{B}\overline{C} + \overline{A}BC + A\overline{B}C + AB\overline{C}$$

由表 13.3-2 看出，当输入有奇数个高电平时，输出 $Y_1 = 1$；当输入有偶数个高电平时，输出 $Y_2 = 1$，且 $Y_2 = \overline{Y_1}$。实现此逻辑函数的电路是奇偶判别电路。

表 13.3-2 例 13.3-4 真值表

输入			输出
A	B	C	$Y_1\ Y_2$
0	0	0	0 1
0	0	1	1 0
0	1	0	1 0
0	1	1	0 1
1	0	0	1 0
1	0	1	0 1
1	1	0	0 1
1	1	1	1 0

3. 逻辑电路

用门电路符号实现输出、输入的逻辑关系就是逻辑电路。用与门实现式(13.3-1)的逻辑电路如图 13.3-1 所示。

若将式(13.3-1)两次取反，并利用摩根定律化成与非形式，即

$$Y = AB + BC + AC = \overline{\overline{AB + BC + AC}} = \overline{\overline{AB} \cdot \overline{BC} \cdot \overline{AC}}$$

则由与非门实现的逻辑电路如图 13.3-2 所示。可见，不同的逻辑电路可实现同一逻辑关系，但电路的繁简、门类型的多少不同。

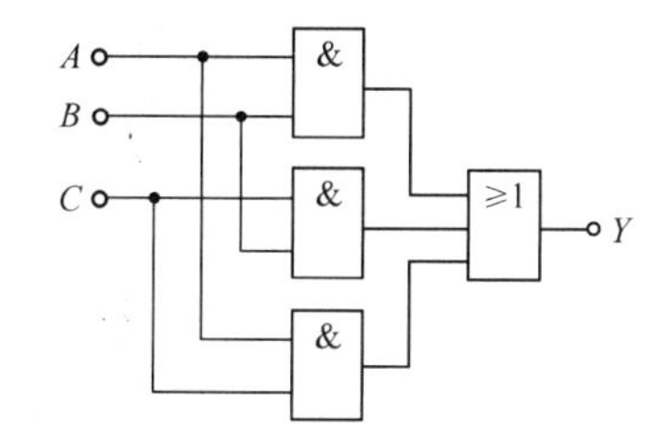

图 13.3-1 与门实现的逻辑电路图

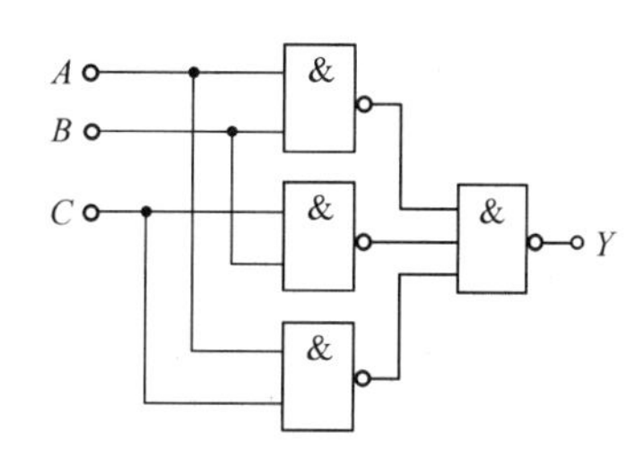

图 13.3-2 与非门实现的逻辑电路图

【例 13.3-5】 写出图 13.3-3 所示逻辑电路的函数式，并列出真值表，说明电路输出和输入的逻辑关系。

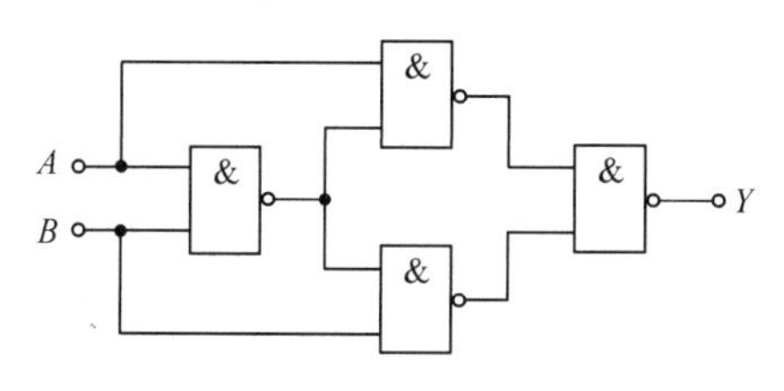

图 13.3-3 例 13.3-5 的逻辑电路图

表 13.3-3 例 13.3-5 真值表

输入		输出
A	B	Y
0	0	0
0	1	1
1	0	1
1	1	0

【解】 由图 13.3-3 写出

$$Y = \overline{\overline{A \cdot \overline{AB}} \cdot \overline{B \cdot \overline{AB}}}$$

利用摩根定律化简得

$$Y = \overline{\overline{A \cdot \overline{AB}} \cdot \overline{B \cdot \overline{AB}}} = A \cdot \overline{AB} + B \cdot \overline{AB} = A(\overline{A} + \overline{B}) + B(\overline{A} + \overline{B}) = A\overline{B} + \overline{A}B$$

其真值表如表 13.3-3 所示，由表可以看出，输出和输入为异或逻辑关系。

4. 时序图

画出逻辑电路输出、输入电压随时间变化的波形，称为时序图。图 13.3-4 为异或逻辑关系的时序图，即当输入 A 和 B 电平不同时，输出 Y 为高电平；当输入 A 和 B 电平相同时，输出 Y 为低电平。注意，在数字电路中，输入、输出的高电平和低电平都有一定的范围，如 TTL 逻辑门输入低电平最大值为 0.8V，输入高电平最小值为 2V，故数字电路抗干扰能力比模拟电路强。

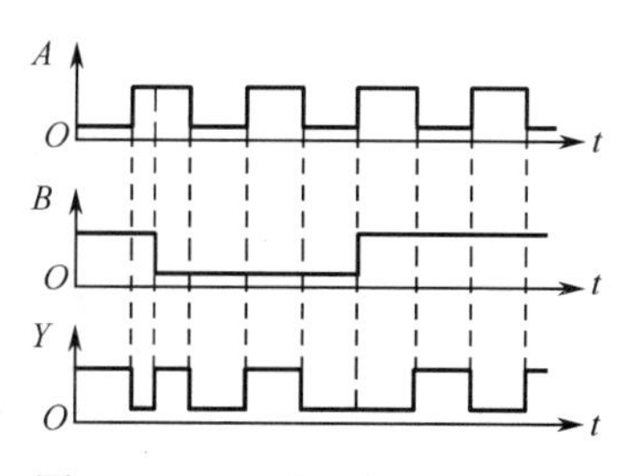

图 13.3-4 异或逻辑关系时序图

【例 13.3-6】 某逻辑电路的输入、输出波形如图 13.3-5 所示，写出其真值表和输出端逻辑式，并画出用与非门实现的逻辑电路。

【解】 由图 13.3-5 得出逻辑电路的真值表如表 13.3-4 所示。由真值表写出电路的逻辑式，即

$$Y=\overline{A}\overline{B}C+\overline{A}B\overline{C}+A\overline{B}C+ABC$$

若由与非门实现此逻辑关系，则对上式两次取反，即

$$Y=\overline{\overline{\overline{A}\overline{B}C+\overline{A}B\overline{C}+A\overline{B}C+ABC}}=\overline{\overline{\overline{A}\overline{B}C}\cdot\overline{\overline{A}B\overline{C}}\cdot\overline{A\overline{B}C}\cdot\overline{ABC}}$$

其逻辑电路如图 13.3-6 所示。

表 13.3-4　例 13.3-6 真值表

输入			输出
A	B	C	Y
0	0	0	0
0	0	1	1
0	1	0	1
0	1	1	0
1	0	0	0
1	0	1	1
1	1	0	0
1	1	1	1

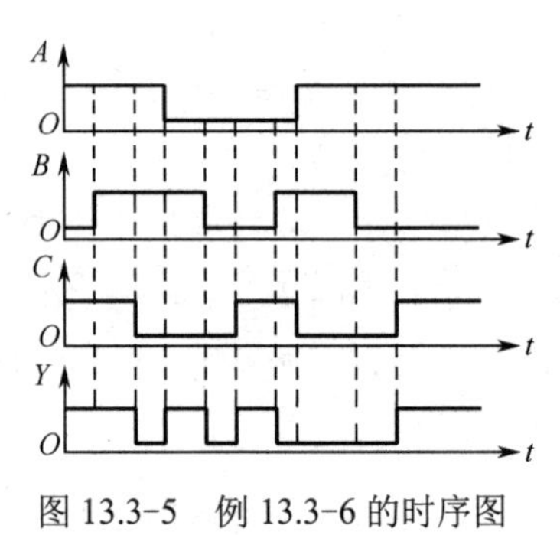

图 13.3-5　例 13.3-6 的时序图

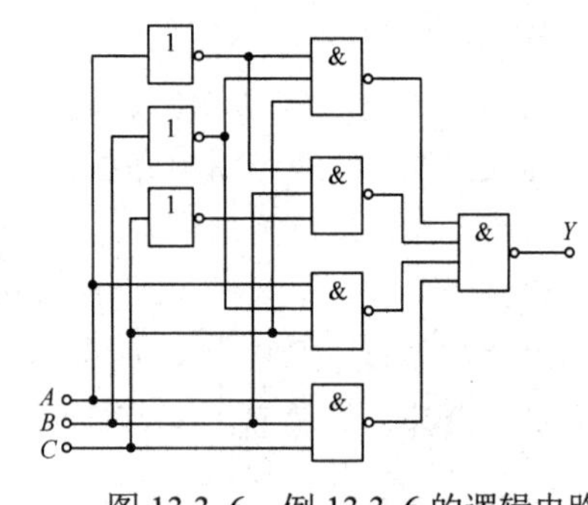

图 13.3-6　例 13.3-6 的逻辑电路

由上分析可见，数字电路中输入与输出的逻辑关系可分别用逻辑函数式、真值表、逻辑电路和时序图表示，并且它们之间可以方便的进行转换。

13.3.3　逻辑函数的化简

由上节的例 13.3-6 可知，图 13.3-6 的逻辑电路是根据逻辑函数式画出来的，且逻辑电路所用元件的多少完全由逻辑函数式的繁简决定。在工程应用中追求的是，在逻辑功能不变的情况下，所设计的逻辑电路使用的元件数最少，元件类型最少，这样电路连线少、成本低、体积小，工作可靠。也就是说，要设计出最简单的逻辑电路，就要化简逻辑函数式。若将例 13.3-6 中的逻辑函数式先化简成最简式，那么逻辑电路就少用几个与非门元件了。

总之，在设计逻辑电路之前，必须要对逻辑函数式进行化简。逻辑函数化简的方法有多种，这里只介绍公式法化简和卡诺图化简。

1．公式法化简

公式法化简就是利用逻辑代数的公式、定律对逻辑函数进行简化。此方法要求熟练记住公式，并掌握一定的技巧。如果逻辑函数式比较复杂，可能不确定最终函数是否最简。

【例 13.3-7】 化简下面的逻辑函数，并说明利用了什么公式。

① $Y_1=\overline{A}\overline{B}+AC+BC$；② $Y_2=ACD+\overline{A}D+CD+\overline{C}\overline{D}$；③ $Y_3=A\overline{B}+B\overline{C}+\overline{A}B+\overline{B}C$

【解】①

$$\begin{aligned}Y_1&=\overline{A}\overline{B}+AC+BC\\&=\overline{A}\overline{B}+(A+B)C\\&=\overline{A}\overline{B}+\overline{\overline{A}\overline{B}}\cdot C\text{ ——利用摩根定律 }\overline{AB}=\overline{A}+\overline{B}\\&=\overline{A}\overline{B}+C\text{ ——利用公式 }A+\overline{A}B=A+B\end{aligned}$$

②

$$\begin{aligned}Y_2&=ACD+\overline{A}D+CD+\overline{C}\overline{D}\\&=(A+1)CD+\overline{A}D+\overline{C}\overline{D}\text{ ——利用 }1\cdot A=A\text{ 或 }A+AB=A\\&=CD+\overline{A}D+\overline{C}\overline{D}\text{ ——利用 }1+A=1\text{ 和 }1\cdot A=A\end{aligned}$$

③

$$
\begin{aligned}
Y_3 &= A\bar{B} + B\bar{C} + \bar{A}B + \bar{B}C \\
&= A\bar{B}(C+\bar{C}) + (A+\bar{A})B\bar{C} + \bar{A}B + \bar{B}C \text{——利用 } A+\bar{A}=1 \\
&= \underline{\underline{A\bar{B}C}} + A\bar{B}\bar{C} + AB\bar{C} + \underline{\bar{A}B\bar{C}} + \underline{\bar{A}B} + \underline{\underline{\bar{B}C}} \\
&= \bar{B}C + A\bar{C}(\bar{B}+B) + \bar{A}B \text{——利用 } A+AB=A \\
&= \bar{B}C + A\bar{C} + \bar{A}B \text{——利用 } A+\bar{A}=1
\end{aligned}
$$

2．卡诺图化简

（1）卡诺图

卡诺图也是表示逻辑关系的一种方法，它将逻辑函数图形化，是一种平面方格阵图。二变量、三变量、四变量的卡诺图如图 13.3-7 所示。

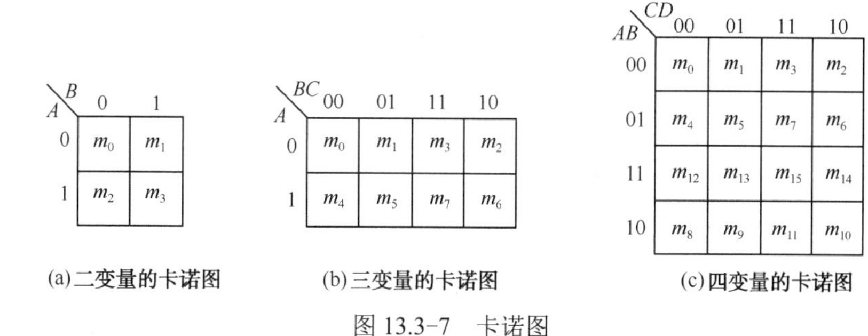

(a)二变量的卡诺图　(b)三变量的卡诺图　(c)四变量的卡诺图

图 13.3-7　卡诺图

n 变量的卡诺图其方格数为 2^n 个，其中方格外面的数码为变量的取值，如图 13.3-7(b)中 BC 的取值为 00、01、11、10，要注意 11 和 10 位置进行了互换，这是为了化简的需要。m_i 称为最小项，它是所有输入变量的乘积项，如图(a)中的 $m_1 = \bar{A}B$，即当 $AB = 01$ 时，$m_1 = 1$，其下标正好是 01 的十进制数，也就是在写最小项时，取值为 1 的变量写原变量，取值为 0 的变量写成反变量。同理可以写出其他的最小项，如图(a)中 $m_0 = \bar{A}\bar{B}$、图(b)中 $m_6 = AB\bar{C}$、图(c)中 $m_{11} = A\bar{B}CD$ 等。最小项具有如下性质：①变量取值中只有一组取值使得某最小项为 1，其他取值均为零。如图 13.3-7(c)中 $m_8 = A\bar{B}\bar{C}\bar{D}$，只有 $ABCD = 1000$ 时，$m_8 = 1$，其他取值均为零。②所有最小项之和等于 1，即 $\sum_{i=0}^{2^n-1} m_i = 1$。

在卡诺图中，若相邻的最小项只有一个变量取值不同，叫做逻辑相邻，如图 13.3-7(c)中的 $m_{13} = AB\bar{C}D$ 和 $m_{15} = ABCD$，它们只有 C 取值不同，这样，在某一函数式中含有 m_{13} 和 m_{15} 时，就可以消去变量 C。需要注意的是，$m_0 = \bar{A}\bar{B}\bar{C}\bar{D}$、$m_2 = \bar{A}\bar{B}C\bar{D}$、$m_8 = A\bar{B}\bar{C}\bar{D}$ 都为逻辑相邻，但与 $m_5 = \bar{A}B\bar{C}D$ 不是逻辑相邻。

（2）逻辑函数的卡诺图

由于卡诺图中的每一项都是最小项，故在画逻辑函数的卡诺图时，必须把逻辑函数式转换成最小项之和的形式。通常函数逻辑式不一定是最小项之和的形式，如逻辑式

$$Y = AB + A\bar{C} + BC \tag{13.3-3}$$

这就需要利用逻辑代数公式 $A + \bar{A} = 1$ 进行配项，将缺少的变量补上。如对于式(13.3-3)，通过配项可以得到最小项之和的形式为

$$
\begin{aligned}
Y &= AB(C+\bar{C}) + A(B+\bar{B})\bar{C} + (A+\bar{A})BC \\
&= ABC + AB\bar{C} + AB\bar{C} + A\bar{B}\bar{C} + ABC + \bar{A}BC \\
&= m_3 + m_4 + m_6 + m_7 = \sum_i m_i (i = 3,4,6,7)
\end{aligned}
$$

即上面的逻辑函数式包含 m_3、m_4、m_6、m_7 四个最小项，当每一个最小项为 1 时，该函数值都为"1"，没有出现的最小项对应的逻辑函数式为"0"。故将逻辑函数式中含有的最小项用 1 填入它在卡诺图的小方格中，其他最小项在小方格中填"0"，但为了简单明了，卡诺图中"0"不标出。式(13.3-3)的逻辑函数式的卡诺图如图 13.3-8 所示。

画逻辑函数卡诺图除了用配项法把其转换成最小项之和的方法，也可以通过真值表和观察法得到卡诺图，特别是四变量以上的逻辑函数，利用配项法和真值表都非常烦琐，但利用观察法就很简单。例如，在逻辑式(13.3-3)中，$AB(A=1，B=1)$乘积项包含两个最小项 m_6 和 m_7，故可直接在 $A=1$ 和 $B=1$ 相交的位置填上"1"。同理可以找出逻辑函数其他最小项的位置。

A \ BC	00	01	11	10
0			1	
1	1		1	1

图 13.3-8　逻辑函数的卡诺图

【例 13.3-8】 利用真值表画出如下逻辑函数的卡诺图。

$$Y = A\overline{B} + A\overline{C} + \overline{A}B + \overline{A}C$$

【解】 根据所给逻辑式写出的真值表如表 13.3-5 所示。在卡诺图中，将真值表中输出取值为 1 所对应的最小项以"1"填入卡诺图的相应小方格中即可，如图 13.3-9 所示。

表 13.3-5　例 13.3-8 真值表

输入			输出
A	B	C	Y
0	0	0	0
0	0	1	1
0	1	0	1
0	1	1	1
1	0	0	1
1	0	1	1
1	1	0	1
1	1	1	0

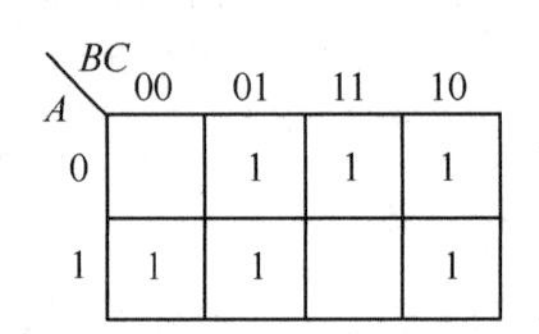

图 13.3-9　例 13.3-8 的卡诺图

【例 13.3-9】 利用观察法画出如下逻辑函数的卡诺图。

$$Y = A + A\overline{C} + \overline{B}CD + \overline{D}$$

【解】 在所给四变量逻辑函数中，第一项 $A=1$ 时，$Y=1$，而 A 包含 8 个最小项，即

$$A(B+\overline{B})(C+\overline{C})(D+\overline{D})$$
$$= A\overline{B}\,\overline{C}\,\overline{D} + A\overline{B}\,\overline{C}D + A\overline{B}C\overline{D} + A\overline{B}CD + AB\overline{C}\,\overline{D} + AB\overline{C}D + ABC\overline{D} + ABCD$$
$$= m_8 + m_9 + m_{10} + m_{11} + m_{12} + m_{13} + m_{14} + m_{15}$$

这 8 个最小项的位置全部填"1"，如图 13.3-10 所示；同理第二项 $A\overline{C}$ 包含 4 个最小项，为 m_8、m_9、m_{12} 和 m_{13}，它们包含在 A 的 8 个最小项中。而第三项 $\overline{B}CD$ 包含两个最小项，为 m_3 和 m_{11}；第四项 $\overline{D}$ 也包含 8 个最小项。因此所给逻辑函数的卡诺图如图 13.3-10 所示。

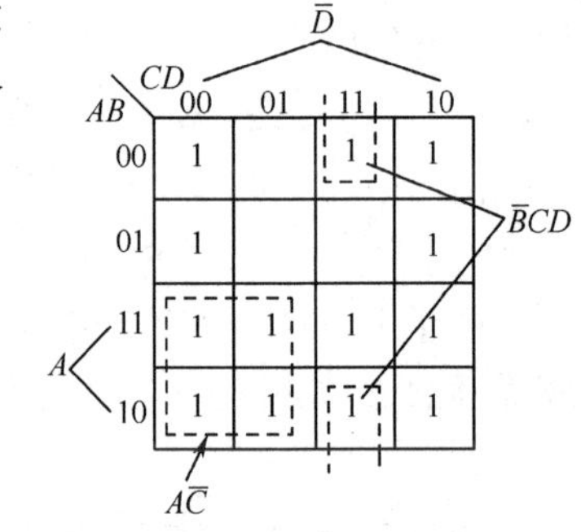

图 13.3-10　例 13.3-9 的逻辑函数卡诺图

（3）逻辑函数的卡诺图化简法

逻辑函数卡诺图化简法的步骤为：

① 画出逻辑函数卡诺图。

② 圈完卡诺图中所有的"1"，且圈数最少。

圈"1"的规则为：

a. 圈"1"的个数必须为 2^n 个，如 2, 4, 8, …。

b. 圈中的"1"必须是逻辑相邻的。

c. 圈中含"1"的个数要尽量多，圈要"能大不小"，但必须为 2^n 个。

d. "1"可以被不同的圈重复圈过，但每个圈中必须有未被圈过的"1"。

③ 利用消去法写出每个圈的最简乘积项(与项)。其写法如下：

a．若圈中“1”的个数为 2 个，可以消去一个取值不同的变量。如在图 13.3-11(a)中，m_{12}和m_{13}构成一个圈，它们为几何及逻辑相邻，其中变量 A、B 和 C 的取值相同，而 D 取值不同，其和为

$$m_{12}+m_{13}=AB\overline{C}\overline{D}+AB\overline{C}D=AB\overline{C}(\overline{D}+D)=AB\overline{C}$$

即保留了取值相同的变量，取值为“1”写成原变量，取值为“0”写成反变量，消去取值不同的变量，此圈写成最简乘积项为$AB\overline{C}$。

同理，在图 13.3-11(a)中的m_8和m_{12}构成的圈，取值相同的变量为 A、C 和 D，而 B 取值不同，故写成乘积项为$A\overline{C}\overline{D}$。注意$m_{12}$被重复圈过。而最小项$m_2$和$m_{10}$几何不相邻，但逻辑相邻，它们也构成一个圈，取值相同的变量为 B、C 和 D，写成乘积项为$\overline{B}C\overline{D}$。

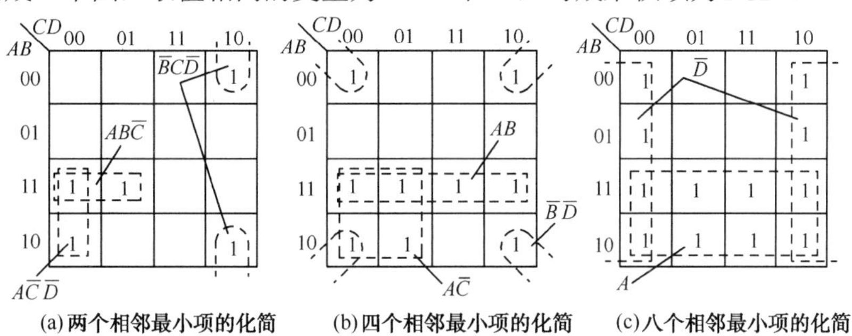

(a) 两个相邻最小项的化简　(b) 四个相邻最小项的化简　(c) 八个相邻最小项的化简

图 13.3-11　相邻最小项的化简

b．若圈中“1”的个数为 4 个，则可以消去 2 个取值不同的变量。如在图 13.3-11(b)中，m_{12}、m_{13}、m_{14}和m_{15}构成一个圈，它们的和为

$$\begin{aligned}m_{12}+m_{13}+m_{14}+m_{15}&=AB\overline{C}\overline{D}+AB\overline{C}D+ABC\overline{D}+ABCD\\&=AB(\overline{C}\overline{D}+\overline{C}D+C\overline{D}+CD)=AB\end{aligned}$$

即保留取值相同的变量 A、B，消去取值不同的变量 C、D，写成乘积项为AB。同理可写出由m_8、m_9、m_{12}和m_{13}构成圈的乘积项为$A\overline{C}$，由m_0、m_2、m_8和m_{10}构成圈的乘积项为$\overline{B}\overline{D}$。

c．若圈中“1”的个数为 8 个，则可以消去 3 个取值不同的变量。如在图 13.3-11(c)中，由m_8～m_{15}构成的圈，它们取值相同的变量只有 A，故其乘积项为 A。而两边 8 个最小项也是逻辑相邻的，它们只有变量$\overline{D}$取值相同，故其乘积项为$\overline{D}$。

d．结论：若圈中有2^n个“1”，则可消去 n 个变量。

④ 把各个最简乘积项相加，即为逻辑函数的最简与或式(乘积和)。

【例 13.3-10】 利用卡诺图化简下面的逻辑函数。

$$Y_1=A\overline{B}+B\overline{C}+\overline{A}B+\overline{B}C，\quad Y_2=\overline{A\overline{B}+B\overline{C}}+C\overline{D}+A\overline{B}C$$

【解】（1）Y_1的卡诺图如图 13.3-12 所示，其圈法有两种，如图(a)和(b)所示。

对于图(a)的圈法，逻辑函数的最简与或式为

$$Y_1=A\overline{B}+\overline{A}C+B\overline{C}$$

对于图(b)的圈法，逻辑函数的最简与或式为

$$Y_1=\overline{A}B+A\overline{C}+\overline{B}C$$

可见，卡诺图化简所得逻辑函数的最简与或式不是唯一的。

（2）Y_2的逻辑式必须先化成与或式，即

$$\begin{aligned}Y_2&=\overline{A\overline{B}+B\overline{C}}+C\overline{D}+A\overline{B}C=\overline{A\overline{B}}\cdot\overline{B\overline{C}}+C\overline{D}+A\overline{B}C\\&=(\overline{A}+B)\cdot(\overline{B}+C)+C\overline{D}+A\overline{B}C=\overline{A}\overline{B}+\overline{A}C+BC+C\overline{D}+A\overline{B}C\end{aligned}$$

则Y_2的卡诺图及“1”的圈法如图 13.3-13 所示，其最简与或式为

$$Y_2=\overline{A}\overline{B}+C$$

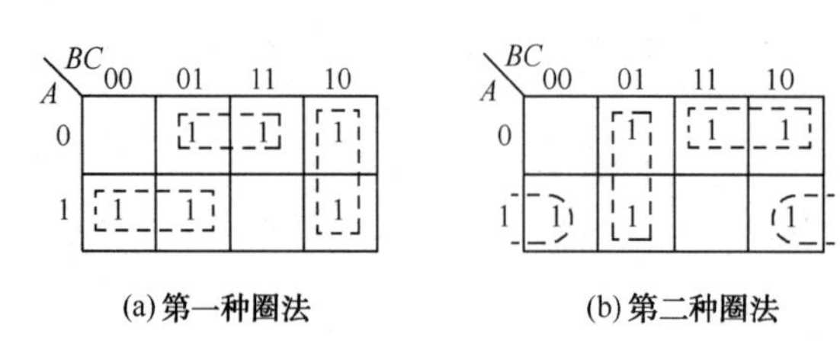

图 13.3-12　例 13.3-10 中 Y_1 的卡诺图

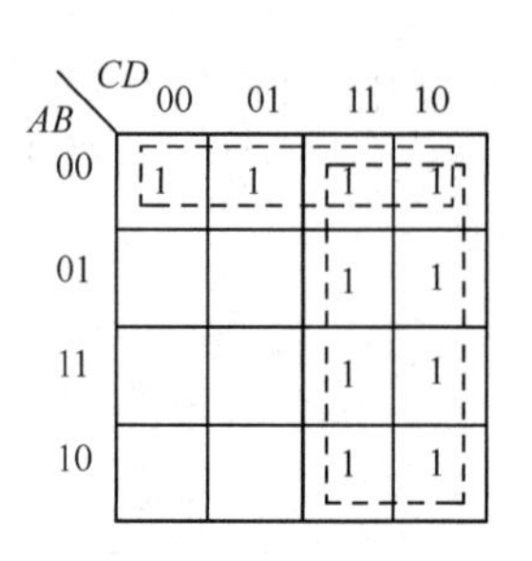

图 13.3-13　例 13.3-10 中 Y_2 的卡诺图

【例 13.3-11】 利用卡诺图法将下列函数化成最简与或式。

$$Y=\sum_i m_i(i=1,3,4,5,7,9,11,13)$$

【解】 逻辑函数 Y 的卡诺图及“1”的圈法如图 13.3-14 所示。其最简与或式为

$$Y=\overline{C}D+\overline{A}D+\overline{B}D+\overline{A}B\overline{C}$$

AB \ CD	00	01	11	10
00		1	1	
01	1	1	1	
11		1		
10		1	1	

图 13.3-14　例 13.3-11 的卡诺图

（4）具有无关项逻辑函数的化简

在某些逻辑电路中，输入变量的某些取值可能不出现或者不允许取某些值，这些取值组合构成的最小项称为无关项。如在译码电路中，输入的 4 位二进制 BCD 码，只有 0000～1001，而 1010～1111 这六种状态不出现，故在设计电路时这六种状态作为无关项。无关项的表示可以用方程的形式，如 $AB+CD=0$ 或 $\sum_d m_d(d=3,7,11,12,13,14,15)=0$ 。包含无关项的逻辑函数可以表示为

$$Y=\sum_i m_i+\sum_d m_d$$

也可表示为

$$\begin{cases}Y=\sum_i m_i\\ AB+CD=0\end{cases}$$

在逻辑函数化简时，利用无关项可以使逻辑函数更简单。其中无关项在逻辑函数的卡诺图中用“×”表示。在化简逻辑函数时，无关项可以视为“1”，也可以视为“0”，这要视圈最多个“1”　(2^n) 而定，直到圈完“1”为止。

【例 13.3-12】 将下面的逻辑函数化简为最简与或式。

$$Y=\sum_i m_i(i=0,1,6,9,14,15)+\sum_d m_d(d=2,4,7,8,10,11,12,13)$$

【解】 逻辑函数的卡诺图如图 13.3-15 所示。其最简与或式为

$$Y=BC+\overline{B}\overline{C}$$

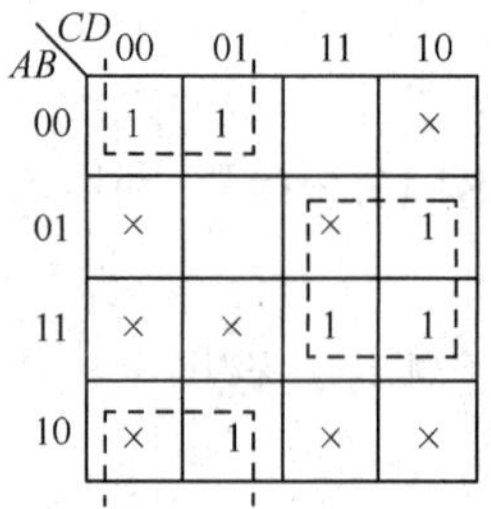

图 13.3-15　例 13.3-12 中逻辑函数 Y 的卡诺图

思考题

13.3-1　什么叫卡诺图的逻辑相邻和几何相邻？

13.3-2　什么叫无关项？如何使用无关项化简逻辑函数？

13.4　组合逻辑电路的分析与设计

13.4.1　组合逻辑电路的分析

组合逻辑电路的分析就是在给定逻辑电路情况下，通过写逻辑式、列真值表得出电路的逻

辑功能。其分析步骤为

（1）由所给的逻辑电路写出输出端逻辑式，并化成最简与或式。

（2）由最简与或式列出输出、输入真值表。

（3）根据真值表分析输出和输入的逻辑关系。

【例 13.4-1】 分析图 13.4-1 所示电路的逻辑功能。

【解】 输出端逻辑式为
$$Y = A\cdot\overline{AB} + B\cdot\overline{AB}$$
化简得
$$Y = A(\overline{A}+\overline{B}) + B(\overline{A}+\overline{B}) = A\overline{B} + \overline{A}B$$
根据上式写出电路的真值表如表 13.4-1 所示，由表看出，当两个输入变量取值不同时，输出 $Y = 1$，否则为 0，故此该电路为异或电路。

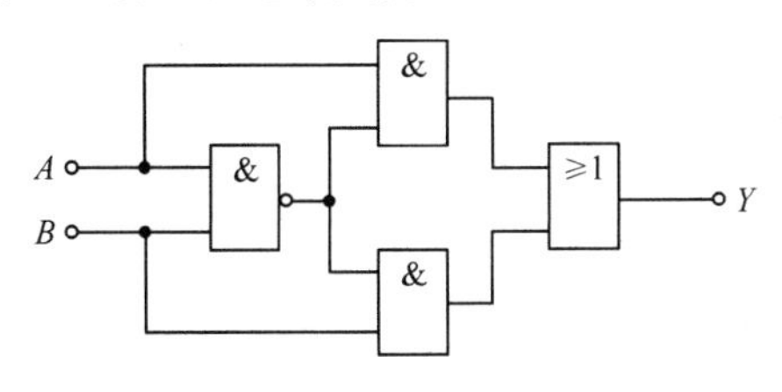

图 13.4-1　例 13.4-1 的逻辑电路

表 13.4-1　例 13.4-1 真值表

输入		输出
A	B	Y
0	0	0
0	1	1
1	0	1
1	1	0

【例 13.4-2】 电路如图 13.4-2 所示，分析其逻辑功能。

【解】（1）由所给逻辑电路写出输出端的逻辑式，即
$$Y = \overline{A\cdot\overline{ABC} + B\cdot\overline{ABC} + C\cdot\overline{ABC}}$$

（2）化简输出端逻辑式，根据摩根定律得
$$\begin{aligned} Y &= \overline{A\cdot\overline{ABC}}\cdot\overline{B\cdot\overline{ABC}}\cdot\overline{C\cdot\overline{ABC}} \\ &= (\overline{A}+ABC)\cdot(\overline{B}+ABC)\cdot(\overline{C}+ABC) \\ &= \overline{A}\overline{B}\overline{C} + ABC \end{aligned}$$

（3）由最简逻辑式写出真值表，如表 13.4-2 所示。

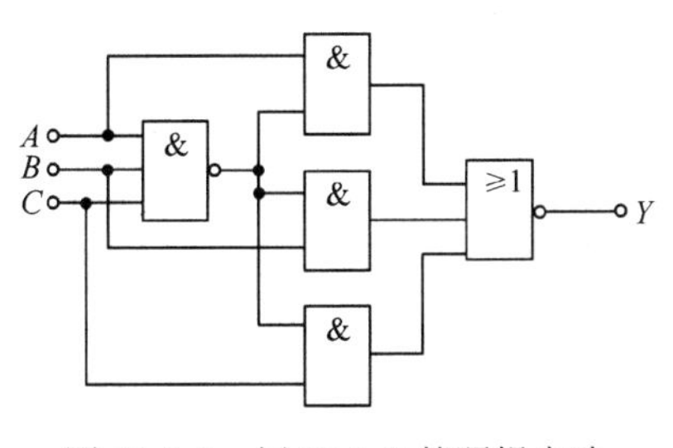

图 13.4-2　例 13.4-2 的逻辑电路

表 13.4-2　例 13.4-2 真值表

输入			输出
A	B	C	Y
0	0	0	1
0	0	1	0
0	1	0	0
0	1	1	0
1	0	0	0
1	0	1	0
1	1	0	0
1	1	1	1

（4）由表 13.4-2 可知，当三个输入端状态相同时，输出为高电平，不同时为低电平，故此电路为判一致电路。

13.4.2　组合逻辑电路的设计

组合逻辑电路设计是分析的逆过程，它是在给定逻辑要求情况下，通过列真值表、写逻辑式，化简逻辑式并变换成相应的形式，最后画出逻辑电路图。其一般步骤为

（1）确定输入、输出变量并进行逻辑赋值。

（2）根据所给逻辑要求列出真值表。

（3）由真值表写出逻辑式并化简成相应的形式。

（4）画出逻辑电路图。

【例 13.4-3】 设计一三人表决电路，要求 A、B、C 三人中只要有两个人以上同意，决议就能通过。但 A 具有决定权，即如果 A 同意，其他人不同意也能通过，用与非门实现上述要求。

【解】（1）根据题意，输入为 A、B、C 三人，同意为“1”，不同意为“0”。输出 Y 为决议，决议通过为“1”，不通过为“0”。

（2）由逻辑要求可得到真值表如表 13.4-3 所示，其 Y 的逻辑函数式为

$$Y = \overline{A}BC + A\overline{B}\,\overline{C} + A\overline{B}C + AB\overline{C} + ABC$$

表 13.4-3 例 13.4-3 真值表

输入			输出
A	B	C	Y
0	0	0	0
0	0	1	0
0	1	0	0
0	1	1	1
1	0	0	1
1	0	1	1
1	1	0	1
1	1	1	1

（3）将逻辑函数式用卡诺图化简，如图 13.4-3 所示。则化简后的逻辑函数式为

$$Y = A + BC$$

（4）由于题中要求用与非门实现，故对上面的逻辑函数式进行两次取反，并利用摩根定律得

$$Y = \overline{\overline{A + BC}} = \overline{\overline{A} \cdot \overline{BC}}$$

画出实现的逻辑电路如图 13.4-4 所示。

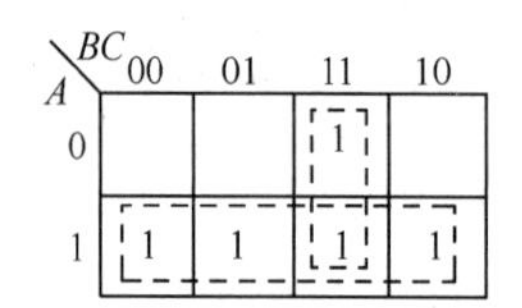

图 13.4-3 例 13.4-3 的卡诺图

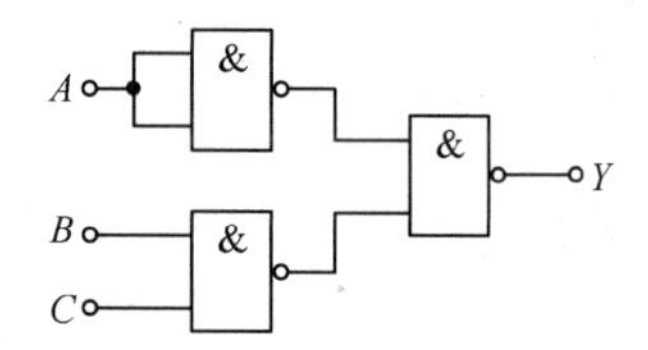

图 13.4-4 例 13.4-3 的逻辑电路

【例 13.4-4】 某工厂有 15kW 和 25kW 两台发电机组，用电设备有三台，即 10kW、15kW 和 25kW。三台用电设备可部分工作，但不能全部工作。设计一个由与非门实现的供电控制逻辑电路，要求用电设备能达到最佳匹配。

【解】（1）根据题意，输入为三台用电设备，对应设为 A、B、C，且工作为“1”，不工作为“0”。输出为两台发电机组，对应为 Y_1 和 Y_2，且工作为“1”，不工作为“0”。

（2）由题中要求列出真值表如表 13.4-4 所示，其中 $ABC = 111$ 不出现，作为无关项。

（3）由真值表写出输出的逻辑式为

$$Y_1 = \overline{A}B\overline{C} + \overline{A}BC + A\overline{B}\,\overline{C} + A\overline{B}C \qquad Y_2 = \overline{A}\,\overline{B}C + \overline{A}BC + A\overline{B}C + AB\overline{C}$$

将以上的逻辑函数式用卡诺图化简，如图 13.4-5 所示。卡诺图化简后，写出最简的逻辑式并转换成与非式，即

$$Y_1 = A\overline{B} + \overline{A}B = \overline{\overline{A\overline{B} + \overline{A}B}} = \overline{\overline{A\overline{B}} \cdot \overline{\overline{A}B}} \qquad Y_2 = AB + C = \overline{\overline{AB + C}} = \overline{\overline{AB} \cdot \overline{C}}$$

（4）实现的逻辑电路如图 13.4-6 所示。

表 13.4-4 例 13.4-4 真值表

输入			输出
A	B	C	Y_1 Y_2
0	0	0	0 0
0	0	1	0 1
0	1	0	1 0
0	1	1	1 1
1	0	0	1 0
1	0	1	1 1
1	1	0	0 1
1	1	1	× ×

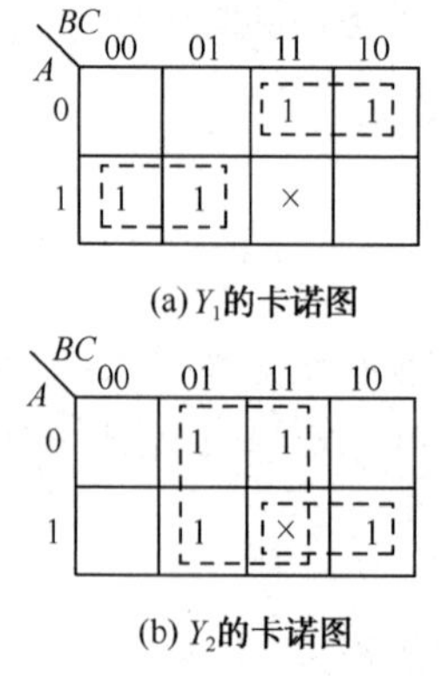

图 13.4-5 例 13.4-4 的卡诺图

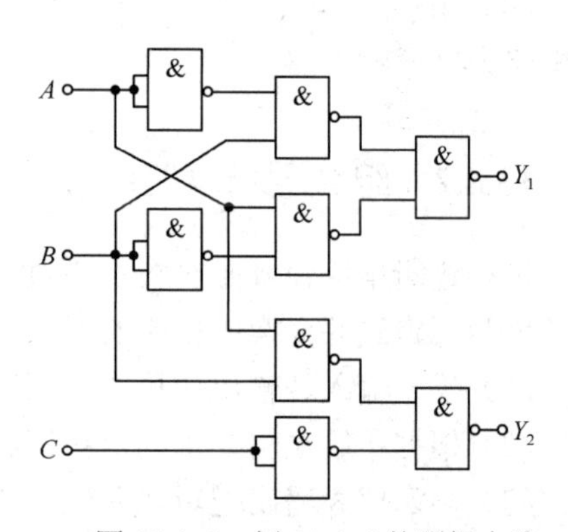

图 13.4-6 例 13.4-4 的逻辑电路

思考题

13.4-1　在进行组合逻辑电路设计时，电路简单与否与什么有关？逻辑函数是否一定最简？

13.5　常用中规模组合逻辑电路

13.5.1　运算电路

1．加法电路

（1）半加器

当只做两个一位二进制数相加而不考虑低位进位输入时，这种加法器称为半加器。半加器的真值表如表 13.5-1 所示，其中输入 A 和 B 为一位二进制数的加数及被加数，输出 S 为和，输出 C_o 为进位。由真值表得出，半加器输出端的逻辑式为

$$S = \overline{A}B + A\overline{B} = A \oplus B \tag{13.5-1}$$

$$C_o = AB \tag{13.5-2}$$

实现的逻辑电路及逻辑符号如图 13.5-1 所示。

表 13.5-1　半加器真值表

输入		输出	
A	B	S	C_o
0	0	0	0
0	1	1	0
1	0	1	0
1	1	0	1

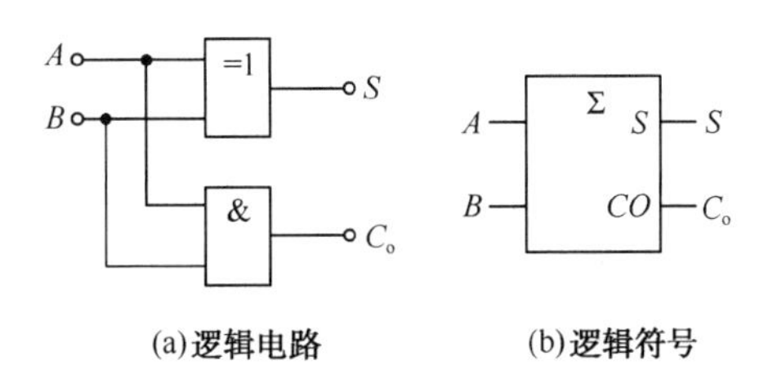

(a) 逻辑电路　(b) 逻辑符号

图 13.5-1　半加器的逻辑电路及逻辑符号

（2）全加器

若进行两个一位二进制数相加且考虑低位进位输入时，这种加法器称为全加器。全加器的真值表如表 13.5-2 所示。其中输入有三个，即加数 A、被加数 B 和低位进位 C_I；输出有两个，即和 S 及向高位的进位 C_o。输出端的逻辑式为

$$S = A \oplus B \oplus C_I \tag{13.5-3}$$

$$C_o = AB + (A + B)C_I \tag{13.5-4}$$

实现全加器的逻辑电路及符号如图 13.5-2 所示。

表 13.5-2　全加器真值表

输入			输出	
A	B	C_I	S	C_o
0	0	0	0	0
0	0	1	1	0
0	1	0	1	0
0	1	1	0	1
1	0	0	1	0
1	0	1	0	1
1	1	0	0	1
1	1	1	1	1

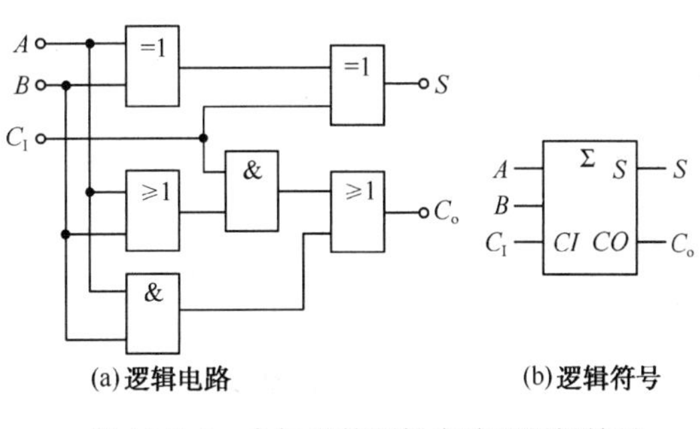

(a) 逻辑电路　(b) 逻辑符号

图 13.5-2　全加器的逻辑电路及逻辑符号

如果实现 n 位二进制数相加，则需要 n 个全加器，图 13.5-3 为四位串行进位的加法电路，输入为两个四位二进制数，即 $A_3A_2A_1A_0 = 1100$ 和 $B_3B_2B_1B_0 = 0101$ 。最低位没有进位输

入，故 C_I 接地，运算的结果为 $C_3S_3S_2S_1S_0 = 10001$。由图 13.5-3 看出，串行进位方式是低位的进位输出接到高位的进位输入端上，这样必须在低位做完加法后得到进位输出，才能进行高位的加法运算，因此其速度必然不高。

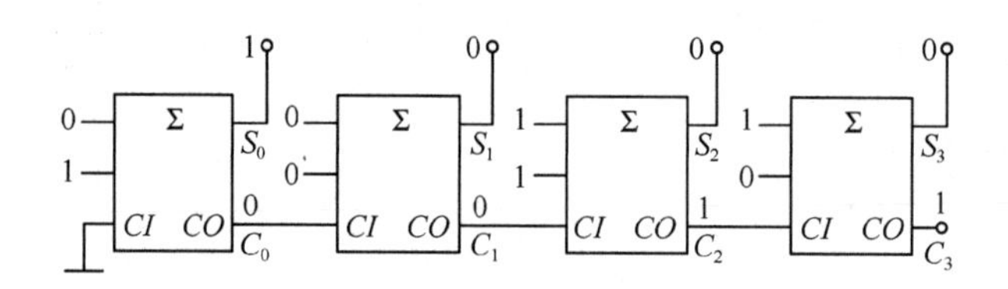

图 13.5-3 四位二进制串行进位加法电路

为了提高运算速度，在输入端加数和被加数的相加同时，产生每一位的进位输出，这就是并行进位加法电路，进位的原理是根据式(13.5-4)而来的。如若进行图 13.5-3 的四位并行进位加法器，则对于最低位 $C_I = 0$，其进位输出为

$$C_0 = A_0B_0$$

而第二位的进位输出为 $C_1 = A_1B_1 + (A_1 + B_1)C_0 = A_1B_1 + (A_1 + B_1)A_0B_0$

同理可写出第三位和第四位的进位输出为

$$C_2 = A_2B_2 + (A_2 + B_2)C_1 = A_2B_2 + (A_2 + B_2)(A_1B_1 + (A_1 + B_1)A_0B_0)$$

$$C_3 = A_3B_3 + (A_3 + B_3)C_2 = A_3B_3 + (A_3 + B_3)(A_2B_2 + (A_2 + B_2)(A_1B_1 + (A_1 + B_1)A_0B_0))$$

因此当输入两个四位二进制数 $A_3A_2A_1A_0$ 和 $B_3B_2B_1B_0$ 时，则 $C_3C_2C_1C_0$ 同时产生，每一位可同时做加法运算，这样提高了运算速度，但也增加了电路的复杂程度。

74LS283 为集成四位并行进位加法芯片，其引脚图见附录 F，逻辑符号如图 13.5-4 所示。其中 $A_3A_2A_1A_0$ 和 $B_3B_2B_1B_0$ 是两个相加的四位二进制数，CI 为进位输入，当只做四位二进制数相加时，此端接地。如果扩展为高于四位的加法器，此端与低位片的进位输出相连。

图 13.5-5 所示电路为由两片 74LS283 构成的 8 位二进制加法电路。对于每一片来讲为并行进位方式，而两片之间为串行进位方式。

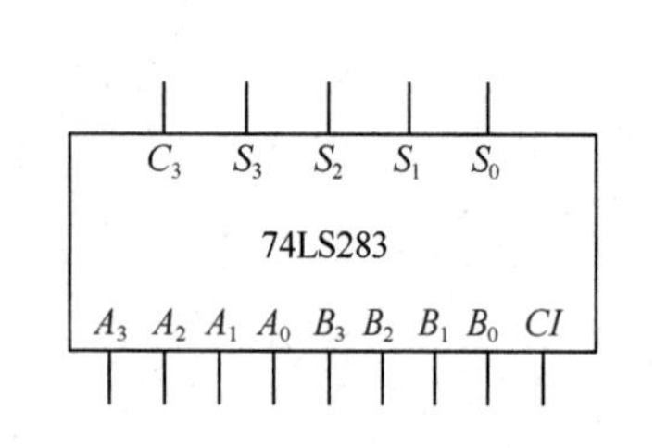

图 13.5-4 74LS283 的逻辑符号

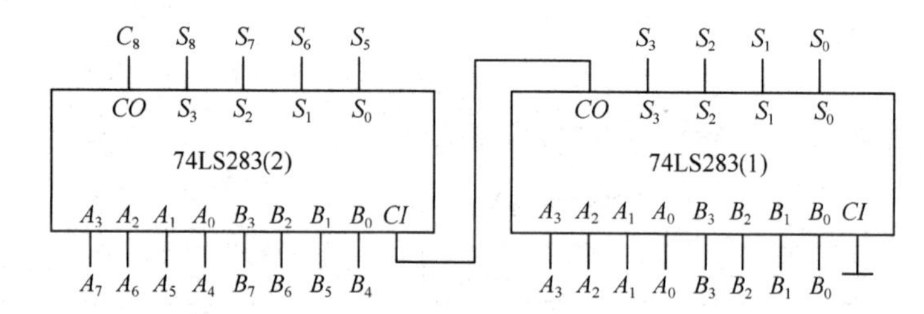

图 13.5-5 由两片 74LS283 构成八位加法器

2. 比较电路

比较电路的作用是比较两个二进制数的大小，比较结果有三种，即大于、等于和小于。对于比较两个一位二进制数的大小，如 A 和 B，其真值表如表 13.5-3 所示。比较电路输出端的逻辑式为

$$Y_{(A<B)} = \overline{A}B\text{，}\quad Y_{(A=B)} = \overline{A}\overline{B} + AB\text{，}\quad Y_{(A>B)} = A\overline{B}$$

实现比较电路的逻辑电路如图 13.5-6 所示。

表 13.5-3　一位数值比较器的真值表

输入		输出		
A	B	$Y_{(A<B)}$	$Y_{(A=B)}$	$Y_{(A>B)}$
0	0	0	1	0
0	1	1	0	0
1	0	0	0	1
1	1	0	1	0

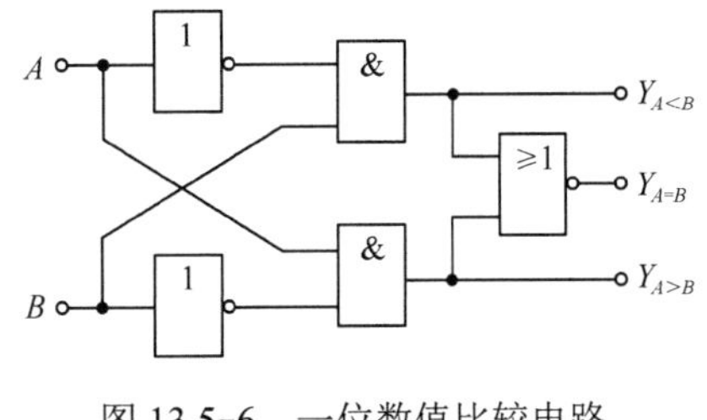

图 13.5-6　一位数值比较电路

若实现多位二进制数相比较，如比较两个四位二进制数 $A=A_3A_2A_1A_0$ 和 $B=B_3B_2B_1B_0$，则先比较高位，即 A_3 和 B_3。若 $A_3>B_3$，结果为 $A>B$，那么 $Y_{(A>B)}=1$；若 $A_3<B_3$，结果为 $A<B$，那么 $Y_{(A<B)}=1$；若 $A_3=B_3$，则比较次低位 A_2 和 B_2，直到所有的位数比较完为止。

74LS85 为集成四位比较器，其引脚图见附录 F，逻辑符号如图 13.5-7 所示。其中 $IN_{(A<B)}$、$IN_{(A=B)}$和 $IN_{(A>B)}$为扩展输入端。当比较两个 4 位以下的二进制数时，将 $IN_{(A<B)}$和 $IN_{(A>B)}$接低电平，$IN_{(A=B)}$接高电平；当比较 4 位以上的二进制数时，将低位的输出对应接到高位的扩展输入端上，图 13.5-8 为 8 位比较器的连线图。

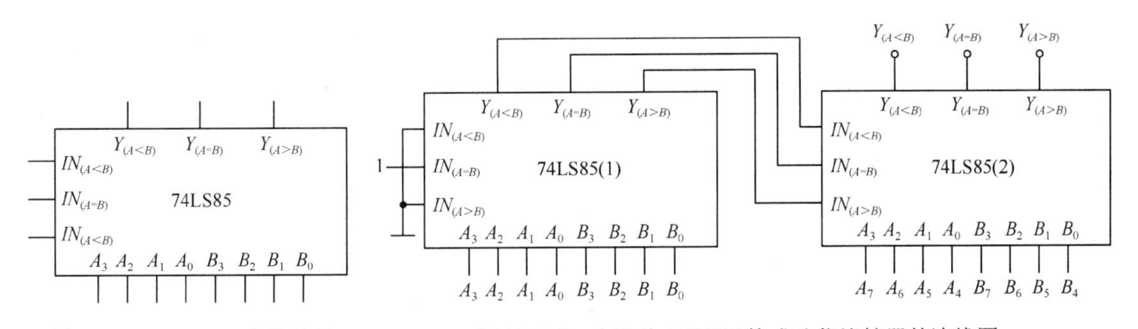

图 13.5-7　74LS85 逻辑符号　　　图 13.5-8　由两片 74LS85 构成八位比较器的连线图

【例 13.5-1】 由集成四位比较器 74LS85 构成的电路如图 13.5-9 所示，请分析其工作原理。

【解】 由图中可以看出，一个输入为 8421BCD 码①，一个输入为 0101，输出取自 $Y_{(A>B)}$。故当输入的二进制数(8421BCD 码)小于 5 时，输出 $Y_{(A>B)}$为低电平；当输入的二进制数大于或等于 5 时，输出为高电平，故此电路为四舍五入电路。

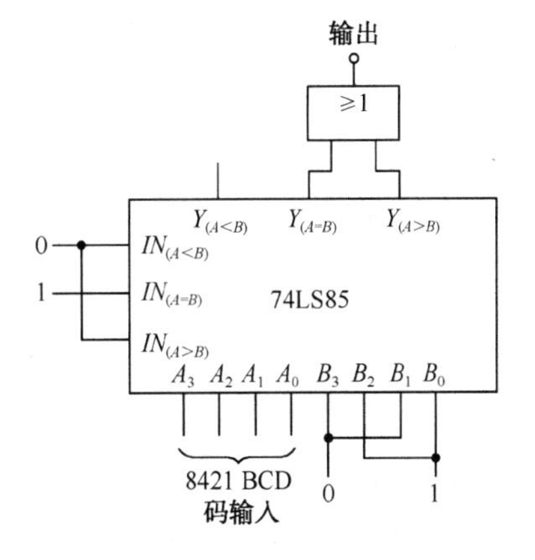

图 13.5-9　例 13.5-1 电路

13.5.2　编码器

将某些高、低电平信号编成二进制代码的电路，被称为编码器。如在计算机中，CPU 处理的是二进制代码，键盘输入时就要将英文字母、阿拉伯数字等编成二进制代码，也就是国际公认的 ASCII 码。

按输出、输入的关系，编码器分为二进制编码器、二-十进制编码器，无论是哪一种编码器都可分为普通编码器和优先编码器。编码器的原理框图如图 13.5-10 所示，其中二进制编码器的输出若为 n 位二进制代码，输入的信号个数则是 2^n，故也称为 2^n 线-n 线编码器，如 $n=3$，则称

① 8421BCD 码即二进制编码的十进制码，其编码为 0000～1001。

为 8 线-3 线编码器。

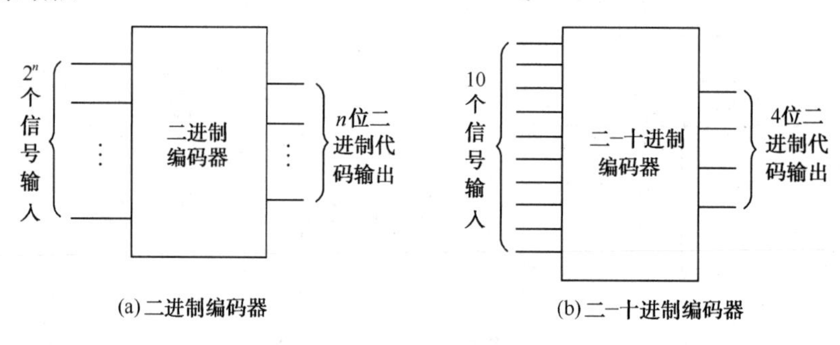

(a) 二进制编码器　　(b) 二-十进制编码器

图 13.5-10　编码器原理框图

1．普通编码器

以 4 线-2 线普通编码器为例，它的原理框图及真值表如图 13.5-11 所示，其中 $I_3 \sim I_0$ 为 4 个输入信号，高电平有效；Y_1 和 Y_0 为 2 位二进制编码输出。由于输入为 4 个逻辑变量，故有 16 个最小项，未出现的最小项作为无关项处理，则由图 13.5-11(b) 的真值表画出输出端的卡诺图如图 13.5-12 所示。

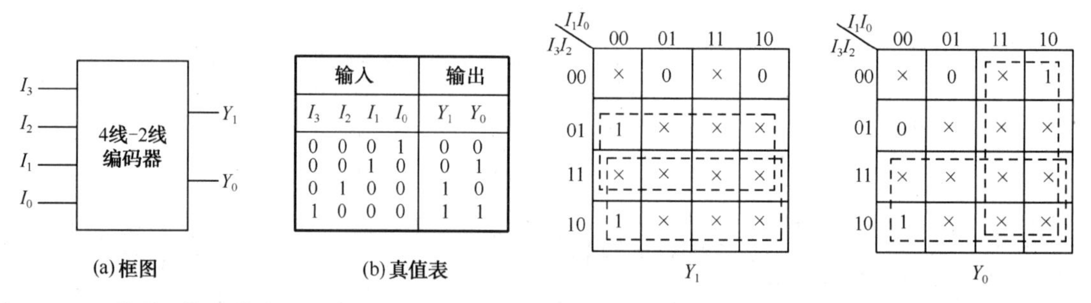

输入				输出	
I_3	I_2	I_1	I_0	Y_1	Y_0
0	0	0	1	0	0
0	0	1	0	0	1
0	1	0	0	1	0
1	0	0	0	1	1

I_3I_2 \ I_1I_0	00	01	11	10
00	×	0	×	0
01	1	×	×	×
11	×	×	×	×
10	1	×	×	×

Y_1

I_3I_2 \ I_1I_0	00	01	11	10
00	×	0	×	1
01	0	×	×	×
11	×	×	×	×
10	1	×	×	×

Y_0

(a) 框图　　(b) 真值表

图 13.5-11　普通 4 线-2 线编码器的原理框图及真值表　　图 13.5-12　4 线-2 线普通编码器输出端的卡诺图

由卡诺图可得输出端的逻辑式为

$$\begin{cases} Y_1 = I_2 + I_3 = \overline{\overline{I_2} \cdot \overline{I_3}} \\ Y_0 = I_1 + I_3 = \overline{\overline{I_1} \cdot \overline{I_3}} \end{cases} \tag{13.5-5}$$

根据式(13.5-5)，4 线-2 线普通编码器电路可用 2 个两输入或门实现，如图 13.5-13(a)所示，此时输入为高电平有效；也可由 2 个两输入与非门实现，如图 13.5-13(b)所示，此时输入为低电平有效。

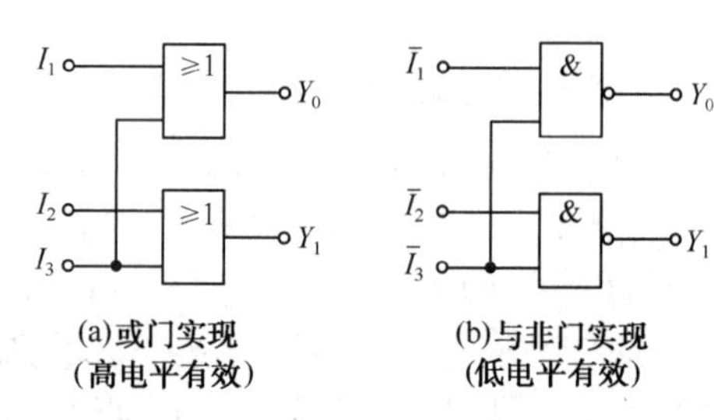

(a) 或门实现（高电平有效）　　(b) 与非门实现（低电平有效）

图 13.5-13　4 线-2 线普通编码器电路

2．优先编码器

优先编码器的输入有优先权高低之分，优先权高的输入端优先编码。如 4 线-2 线优先编码器，设 I_3 的优先权最高，I_2 次之，I_0 最低，其真值表如图 13.5-14(a)所示。由表可以看出，当 I_3 输入高电平时，无论其他输入端状态如何，输出均为 $Y_1Y_0 = 11$；当 I_3 输入低电平而 I_2 输入高电平时，无论 I_1、I_0 为何，输出均为 $Y_1Y_0 = 10$；当 I_3, I_2, I_1 输入都是低电平时，此时无论 I_0 为何，输出的编码均为 $Y_1Y_0 = 00$。

由图 13.5-14(a)的真值表画出输出端的卡诺图如图 13.5-14(b)所示，则输出端的逻辑式为

$$\begin{cases} Y_1 = I_2 + I_3 = \overline{\overline{I_2} \cdot \overline{I_3}} \\ Y_0 = I_3 + \overline{I_2} I_1 = \overline{\overline{I_3} \cdot \overline{\overline{I_2}\, I_1}} \end{cases} \tag{13.5-6}$$

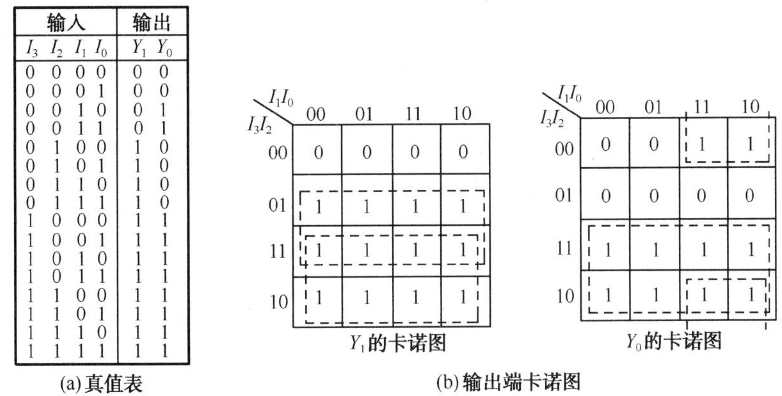

输入				输出	
I_3	I_2	I_1	I_0	Y_1	Y_0
0	0	0	0	0	0
0	0	0	1	0	0
0	0	1	0	0	1
0	0	1	1	0	1
0	1	0	0	1	0
0	1	0	1	1	0
0	1	1	0	1	0
0	1	1	1	1	0
1	0	0	0	1	1
1	0	0	1	1	1
1	0	1	0	1	1
1	0	1	1	1	1
1	1	0	0	1	1
1	1	0	1	1	1
1	1	1	0	1	1
1	1	1	1	1	1

(a) 真值表

I_3I_2 \ I_1I_0	00	01	11	10
00	0	0	0	0
01	1	1	1	1
11	1	1	1	1
10	1	1	1	1

Y_1的卡诺图

I_3I_2 \ I_1I_0	00	01	11	10
00	0	0	1	1
01	0	0	0	0
11	1	1	1	1
10	1	1	1	1

Y_0的卡诺图

(b) 输出端卡诺图

图 13.5–14　4 线–2 线优先编码器的真值表及输出端卡诺图

利用与非门实现 4 线–2 线优先编码器的电路如图 13.5–15 所示，此时输入为低电平有效。

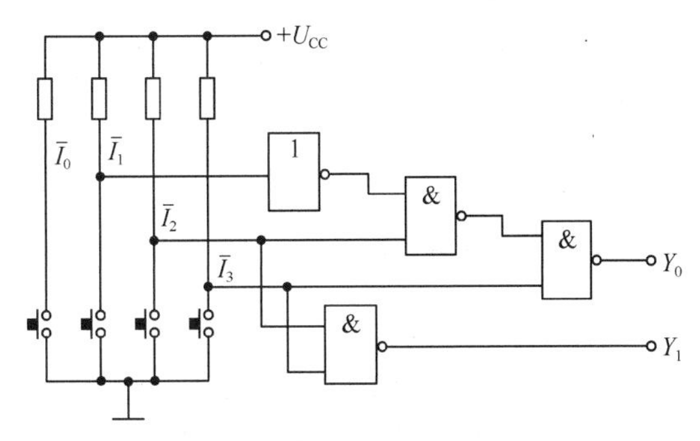

图 13.5–15　4 线–2 线优先编码器电路

3. 集成优先编码器

74LS148 为集成 8 线–3 线优先编码器，其引脚图见附录 F，逻辑符号及功能表如图 13.5–16 所示。其中 $\overline{EI}$ 为片选通端，当 $\overline{EI}$ 为低电平时，允许有信号输入；当 $\overline{EI}$ 为高电平时，禁止编码，输出端状态均为高电平。$\overline{GS}$ 为输出扩展端，当禁止编码或允许编码但没信号输入时，此端输出高电平；只在有信号输入时，$\overline{GS}$ 输出低电平。EO 为输出选通端，当 $\overline{EI}$ 为低电平且有信号输入时，此端输出高电平。$\overline{I}_0 \sim \overline{I}_7$ 为信号输入端，低电平有效，并且 $\overline{I}_7$ 是优先权最高位，$\overline{I}_0$ 是优先权最低位。$\overline{A}_2$、$\overline{A}_1$、$\overline{A}_0$ 为编码输出端，编码为反码[①]，如当 $\overline{EI}$ 为低电平、$\overline{I}_7 = 0$(有信号输入)且其他输入端任意时(因为 $\overline{I}_7$ 是优先权最高位)，$\overline{A}_2\overline{A}_1\overline{A}_0 = 000$(7 的二进制原码为 111)。

利用两片 74LS148 可以构成 16 线–4 线编码器，其电路如图 13.5–17 所示。图中 74LS148(1)的片选通端 $\overline{EI} = 0$，故总允许它输入信号，编码器工作；而 74LS148(2)的片选通端 $\overline{EI}$ 接到 74LS148(1)的输出选通端 EO 上，根据图 13.5–16(b)的功能表可知，只有在 74LS148(1)无信号输入时，EO 输出低电平，74LS148(2)才允许编码，故 74LS148(2)的优先权要比 74LS148(1)的低。在这里利用 $\overline{GS}$ 端作为输出编码位数扩展，作为四位二进制编码的高位输出。

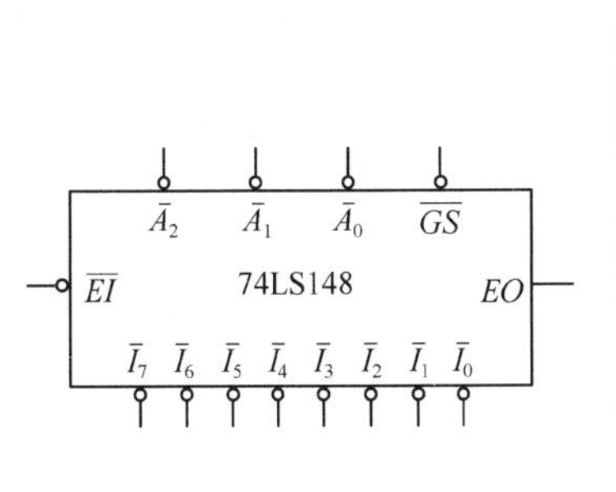

(a) 逻辑符号

输入									输出				
$\overline{EI}$	$\overline{I}_0$	$\overline{I}_1$	$\overline{I}_2$	$\overline{I}_3$	$\overline{I}_4$	$\overline{I}_5$	$\overline{I}_6$	$\overline{I}_7$	$\overline{A}_2$	$\overline{A}_1$	$\overline{A}_0$	$\overline{GS}$	EO
1	×	×	×	×	×	×	×	×	1	1	1	1	1
0	1	1	1	1	1	1	1	1	1	1	1	1	0
0	×	×	×	×	×	×	×	0	0	0	0	0	1
0	×	×	×	×	×	×	0	1	0	0	1	0	1
0	×	×	×	×	×	0	1	1	0	1	0	0	1
0	×	×	×	×	0	1	1	1	0	1	1	0	1
0	×	×	×	0	1	1	1	1	1	0	0	0	1
0	×	×	0	1	1	1	1	1	1	0	1	0	1
0	×	0	1	1	1	1	1	1	1	1	0	0	1
0	0	1	1	1	1	1	1	1	1	1	1	0	1

(b) 功能表

图 13.5–16　集成 8 线–3 线优先编码器 74LS148 的逻辑符号及功能表

① 反码是指原二进制码的每一位都求反，称为原二进制码的反码。

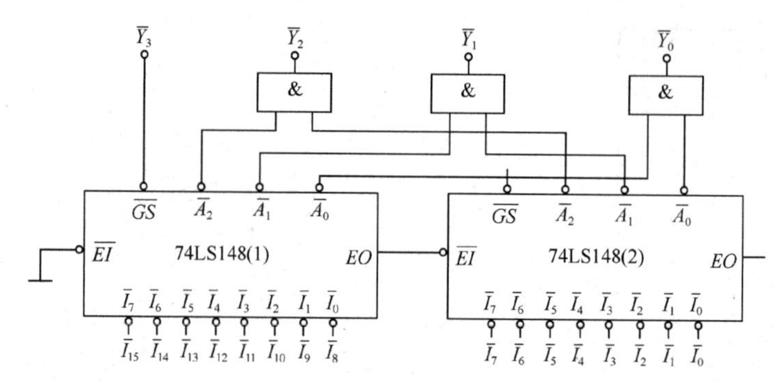

图 13.5-17　利用两片 8 线-3 线优先编码器扩展为 16 线-4 线优先编码器

假如 $\overline{I}_{15}$ 为低电平，即有信号输入，74LS148(1)的 $\overline{A}_2\overline{A}_1\overline{A}_0$=000，$\overline{Y}_3=\overline{GS}$=0，故输出编码为 $Y_3Y_2Y_1Y_0$= 0000(15 的原码为 1111)，即反码输出。若 $\overline{I}_5$ 为低电平，$\overline{I}_{15}\sim\overline{I}_6$ 为高电平，即 74LS148(1)无信号输入，则根据功能表可知，$\overline{Y}_3=\overline{GS}=1$，$\overline{A}_2\overline{A}_1\overline{A}_0=111$，$EO=0$。74LS148(2)的 $\overline{EI}$ 为低电平，其输出为 $\overline{A}_2\overline{A}_1\overline{A}_0=010$，故输出编码为 $Y_3Y_2Y_1Y_0$= 1010(5 的原码为 0101)，所以扩展后输出仍为反码输出。

13.5.3　译码器

译码是编码的逆过程，故译码器是将二进制代码译成电平信号输出的电路，它是数字系统中常用的组合逻辑部件，常用于控制、顺序脉冲的产生及显示驱动等。译码器可分为二进制译码器(也称 n 线-2^n 线译码器)、二-十进制译码器(也称为 4 线-10 线译码器)及译码驱动器(也称 4 线-7 线译码器)。

1．二进制译码器

以 3 线-8 线译码器为例，其框图及真值表如图 13.5-18 所示。3 线-8 线译码器的输入为 3 位二进制编码 A_2、A_1 和 A_0，输出为 8 个信号 $Y_7\sim Y_0$，高电平有效。

由真值表写出输出端的逻辑式为

$$Y_0=\overline{A}_2\overline{A}_1\overline{A}_0=m_0,\quad Y_1=\overline{A}_2\overline{A}_1A_0=m_1,\quad Y_2=\overline{A}_2A_1\overline{A}_0=m_2,$$
$$Y_3=\overline{A}_2A_1A_0=m_3,\quad Y_4=A_2\overline{A}_1\overline{A}_0=m_4,\quad Y_5=A_2\overline{A}_1A_0=m_5,$$
$$Y_6=A_2A_1\overline{A}_0=m_6,\quad Y_7=A_2A_1A_0=m_7$$

即
$$Y_i=m_i(i=0,1,\cdots,7)$$

可见，译码器的输出等于输入的最小项，故也称为最小项译码器，逻辑电路如图 13.5-19 所示。

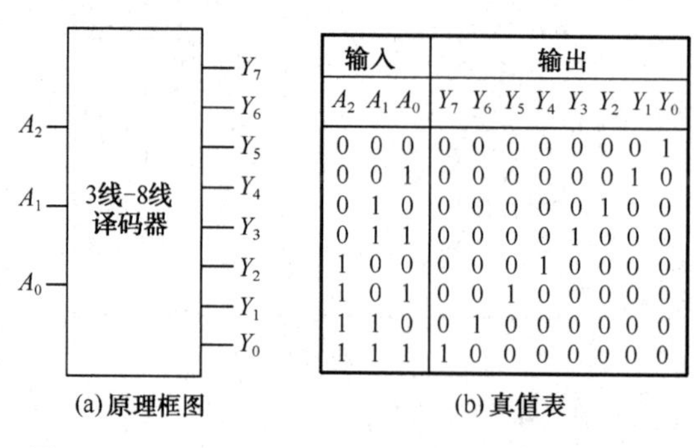

(a)原理框图

输入			输出							
A_2	A_1	A_0	Y_7	Y_6	Y_5	Y_4	Y_3	Y_2	Y_1	Y_0
0	0	0	0	0	0	0	0	0	0	1
0	0	1	0	0	0	0	0	0	1	0
0	1	0	0	0	0	0	0	1	0	0
0	1	1	0	0	0	0	1	0	0	0
1	0	0	0	0	0	1	0	0	0	0
1	0	1	0	0	1	0	0	0	0	0
1	1	0	0	1	0	0	0	0	0	0
1	1	1	1	0	0	0	0	0	0	0

(b)真值表

图 13.5-18　3 线-8 线译码器的原理框图及真值表

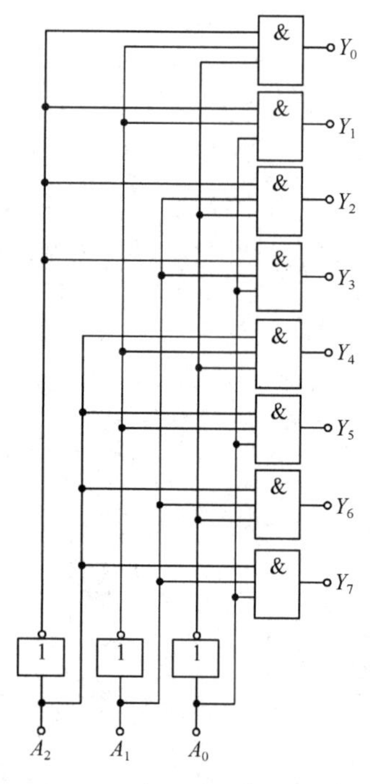

图 13.5-19　3 线-8 线译码器逻辑电路

74LS138 为集成 3 线-8 线译码器，其引脚图见附录 F，逻辑符号及功能表如图 13.5-20 所示，其内部电路与图 13.5-19 相似，与门换成了与非门，故输出为最小项取反，即

$$\overline{Y}_i = \overline{m}_i (i = 0,1,\cdots,7)$$

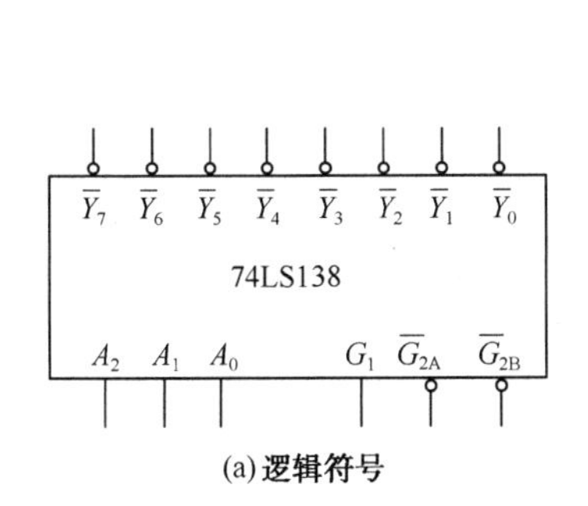

(a) **逻辑符号**

输入					**输出**							
G_1	$\overline{G}_{2A}+\overline{G}_{2B}$	A_2	A_1	A_0	$\overline{Y}_7$	$\overline{Y}_6$	$\overline{Y}_5$	$\overline{Y}_4$	$\overline{Y}_3$	$\overline{Y}_2$	$\overline{Y}_1$	$\overline{Y}_0$
0	×	×	×	×	1	1	1	1	1	1	1	1
×	1	×	×	×	1	1	1	1	1	1	1	1
1	0	0	0	0	1	1	1	1	1	1	1	0
1	0	0	0	1	1	1	1	1	1	1	0	1
1	0	0	1	0	1	1	1	1	1	0	1	1
1	0	0	1	1	1	1	1	1	0	1	1	1
1	0	1	0	0	1	1	1	0	1	1	1	1
1	0	1	0	1	1	1	0	1	1	1	1	1
1	0	1	1	0	1	0	1	1	1	1	1	1
1	0	1	1	1	0	1	1	1	1	1	1	1

(b) **功能表**

图 13.5-20　集成 3 线-8 线译码器 74LS138 的逻辑符号及功能表

除此之外，74LS138 又添加了 3 个控制端，即 G_1、$\overline{G}_{2A}$ 和 $\overline{G}_{2B}$。当 G_1 为低电平或者 $\overline{G}_{2A}$ 和 $\overline{G}_{2B}$ 有一个为高电平时，禁止译码，译码器输出高电平。只有当 G_1 端接高电平且 $\overline{G}_{2A}$ 和 $\overline{G}_{2B}$ 同时接低电平时，允许译码器工作。通过这三个端口可以利用两片 74LS138 扩展成 4 线-16 线译码器，其中之一的连线图如图 13.5-21 所示。图中当 A_3 为低电平时，选中 74LS138(2) 译码，74LS138(1) 禁止译码；当 A_3 为高电平时，允许 74LS138(1) 译码，而禁止 74LS138(2) 译码。

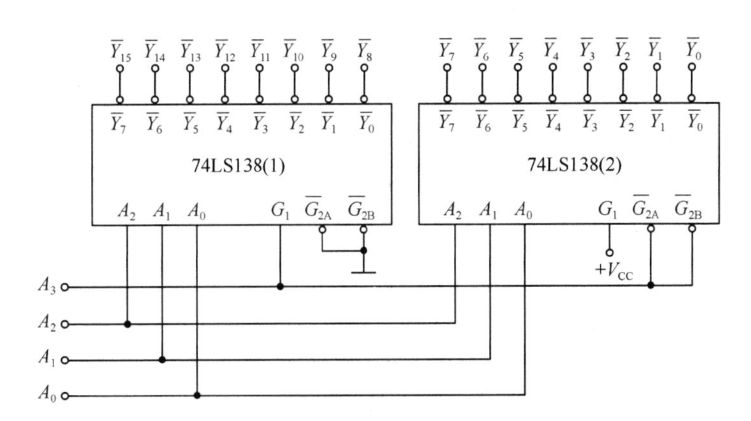

图 13.5-21　由两片 3 线-8 线译码器 74LS138 构成 4 线-16 线译码器

除了集成 3 线-8 线译码器 74LS138，还有集成双 2 线-4 线译码器 74LS139、集成 4 线-16 线译码器 74LS154 等，这些都属于二进制译码器。

2．二-十进制译码器

二-十进制译码器输入为四位 8421BCD 码，输出为十个高低电平信号，其原理框图如图 13.5-22 所示。

74LS42 为集成二-十进制译码器，其引脚图见附录 F，逻辑符号及功能表如图 13.5-23 所示。其中输入为 4 位 8421BCD 码，输出为 10 线，故也称为 4 线-10 线译码器。未出现的输入状态作为无关项处理。其输出也是最小项取反的形式，即低电平有效。输出端逻辑式为

$$\overline{Y}_i = \overline{m}_i (i = 0,1,\cdots,9)$$

将 74LS42 的 A_3 端作为选通端，以 $A_2A_1A_0$ 作为输入端，$\overline{Y}_7 \sim \overline{Y}_0$ 作为输出端，则可当做 3 线-8 线译码器使用。

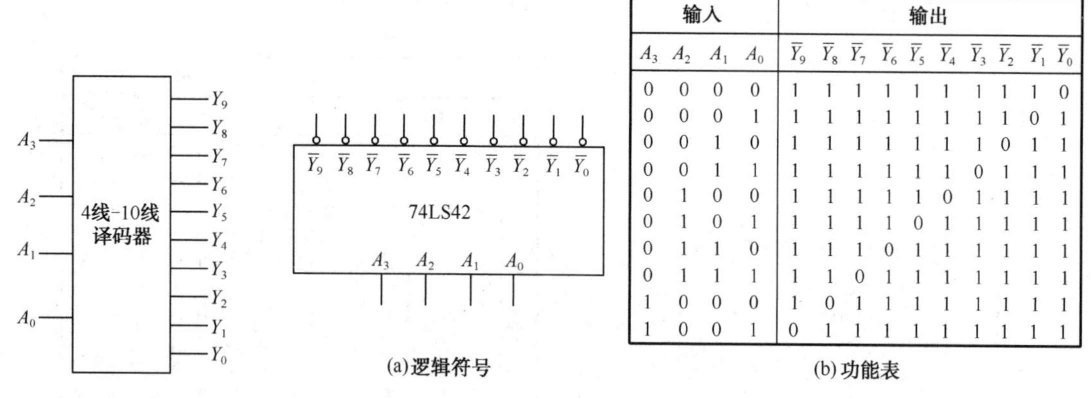

输入				输出									
A_3	A_2	A_1	A_0	$\overline{Y}_9$	$\overline{Y}_8$	$\overline{Y}_7$	$\overline{Y}_6$	$\overline{Y}_5$	$\overline{Y}_4$	$\overline{Y}_3$	$\overline{Y}_2$	$\overline{Y}_1$	$\overline{Y}_0$
0	0	0	0	1	1	1	1	1	1	1	1	1	0
0	0	0	1	1	1	1	1	1	1	1	1	0	1
0	0	1	0	1	1	1	1	1	1	1	0	1	1
0	0	1	1	1	1	1	1	1	1	0	1	1	1
0	1	0	0	1	1	1	1	1	0	1	1	1	1
0	1	0	1	1	1	1	1	0	1	1	1	1	1
0	1	1	0	1	1	1	0	1	1	1	1	1	1
0	1	1	1	1	1	0	1	1	1	1	1	1	1
1	0	0	0	1	0	1	1	1	1	1	1	1	1
1	0	0	1	0	1	1	1	1	1	1	1	1	1

图 13.5-22　二-十进制译码器原理框图

(a)逻辑符号　(b)功能表

图 13.5-23　74LS42 的逻辑符号及功能表

3．显示及译码显示驱动电路

在日常生活中，比如红绿灯倒计时显示、电子手表、电梯等，显示的都是十进制数 0～9 十个数码，因此在数字电子系统中，必须把二进制数转换成能驱动显示十进制数码的字符显示器的电平信号，实现这种功能的数字电路就是译码显示驱动电路。

常用的字符显示器有七段发光二极管字符显示器(Light Emitting Diode，LED)和七段液晶字符显示器(Liquid Cristal Display，LCD)，这里只简单介绍 LED 的原理和驱动。

(1) 七段发光二极管字符显示器

七段发光二极管字符显示器利用发光二极管构成七段字符显示，它可分为共阳极 LED 和共阴极 LED，图 13.5-24 所示为其逻辑符号、内部结构示意图及外形图。由图 13.5-24(b)可知，共阳极 LED 发光二极管的阳极接在一起为 COM 端，接高电平，驱动各段二极管点亮为低电平有效。

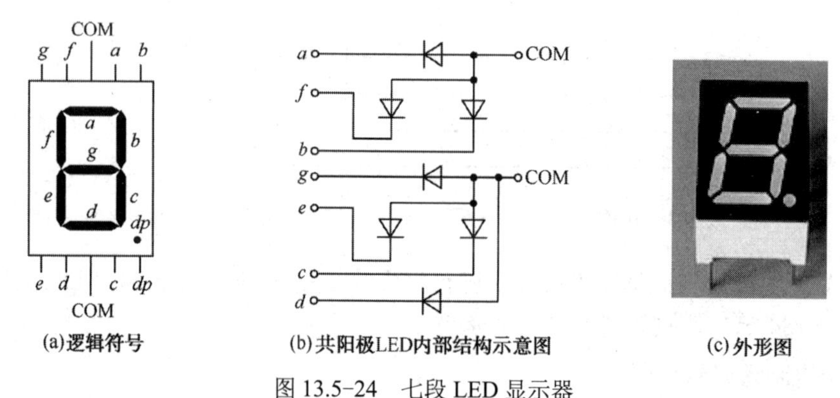

(a)逻辑符号　(b)共阳极LED内部结构示意图　(c)外形图

图 13.5-24　七段 LED 显示器

由图 13.5-24(b)看出，当 a、b、c、d、e、f 端加低电平而 g 端加高电平时，只有 g 端不亮，显示的数字为“0”，如图 13.5-25 所示。同理当 b 和 c 端输入低电平而其余端输入高电平时，显示的数字为“1”。依次类推，当 LED 各段加不同电平时，即可显示图 13.5-25 所示的各个数码。

(2) 译码显示驱动电路

为了驱动 LED，需要将 4 位 8421BCD 码转换成 7 个高、低电平信号输出，以驱动七段字符显示器，这种译码电路也称为 4 线-7 线译码器。集成译码显示驱动电路有 74LS47 和 74LS48 两种，输入为 4 位 8421BCD 码，输出为集电极开路输出[①]，内部接有 2kΩ的上拉电阻[②]，可直接接到 LED 的 a～g 端。其中 74LS47 驱动共阳极 LED，74LS48 驱动共阴极 LED。图 13.5-26 为 74LS48 的逻辑符号和功能表，其引脚图见附录 F。

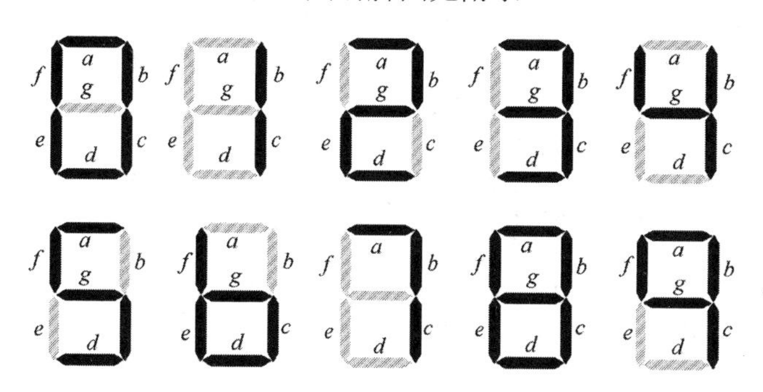

图 13.5-25　七段二极管显示 0～9 个数码

无论 74LS47 还是 74LS48，都具有灯测试功能和消隐“0”的功能。由图 13.5-26(b)的功能表可知，当灯测试端 $\overline{LT}$ 加低电平时，不管输入为何种状态，a～g 端输出都是高电平，所有的字段都点亮，显示数字“8”，这是为了测试 LED 的好坏，正常工作时加高电平；$\overline{RBI}$ 是“0”消隐端，当此端为低电平时，若输入 $A_3A_2A_1A_0$ = 0000，此时 a～g 端输出都是低电平，应该显示的“0”不能显示，这是为了消除小数点前面和后面多余的“0”。$\overline{BI}/\overline{RBO}$ 为双向端口，称为灭灯输入/灭零输出端，当作为输入加低电平时，无论输入状态如何，a～g 输出为低电平(见功能表最后一行)，显示器不亮；而当“0”消隐端 $\overline{RBI}$ 为低电平，且输入 $A_3A_2A_1A_0$ = 0000 时，该端口输出一低电平(见功能表倒数第二行)，这是为了消除多余的“0”设置的。

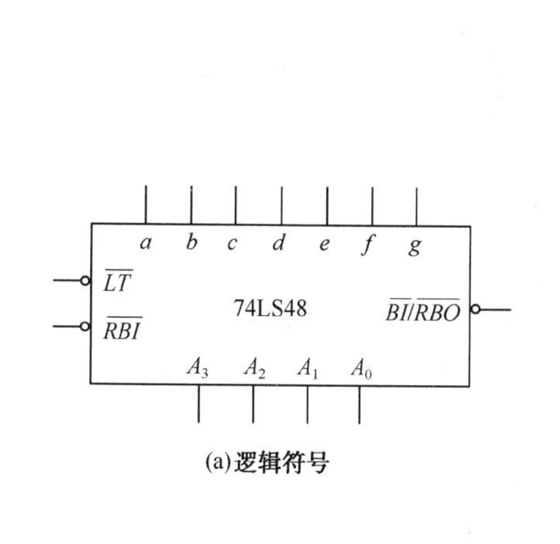

(a)逻辑符号

显示数码	输入						$\overline{BI}/\overline{RBO}$	输出						
	$\overline{LT}$	$\overline{RBI}$	A_3	A_2	A_1	A_0		a	b	c	d	e	f	g
0	1	1	0	0	0	0	1	1	1	1	1	1	1	0
1	1	1	0	0	0	1	1	0	1	1	0	0	0	0
2	1	1	0	0	1	0	1	1	1	0	1	1	0	1
3	1	1	0	0	1	1	1	1	1	1	1	0	0	1
4	1	1	0	1	0	0	1	0	1	1	0	0	1	1
5	1	1	0	1	0	1	1	1	0	1	1	0	1	1
6	1	1	0	1	1	0	1	0	0	1	1	1	1	1
7	1	1	0	1	1	1	1	1	1	1	0	0	0	0
8	1	1	1	0	0	0	1	1	1	1	1	1	1	1
9	1	1	1	0	0	1	1	1	1	1	0	0	1	1
	1	1	1	0	1	0	1	0	0	0	1	1	0	1
	1	1	1	0	1	1	1	0	0	1	1	0	0	1
	1	1	1	1	0	0	1	0	1	0	0	0	1	1
	1	1	1	1	0	1	1	1	0	0	1	0	1	1
	1	1	1	1	1	0	1	0	0	0	1	1	1	1
	1	1	1	1	1	1	1	0	0	0	0	0	0	0
$\overline{LT}$	0	×	×	×	×	×	1	1	1	1	1	1	1	1
$\overline{RBI}$	1	0	0	0	0	0	0	0	0	0	0	0	0	0
$\overline{BI}/\overline{RBO}$	×		×	×	×	×	0	0	0	0	0	0	0	0

(b)功能表

图 13.5-26　集成译码显示驱动器 74LS48 的逻辑符号及功能表

① 集电极开路门是一种集电极开路输出结构的 TTL 门电路。

② 上拉电阻是集电极开路门外接的负载电阻。

图 13.5-27 为 74LS47 和 74LS48 驱动一位 LED 的应用电路。其中图(a)中的电阻为限流电阻，图(b)中由于 74LS48 内部有 2kΩ的上拉电阻，可以不用外接电阻。

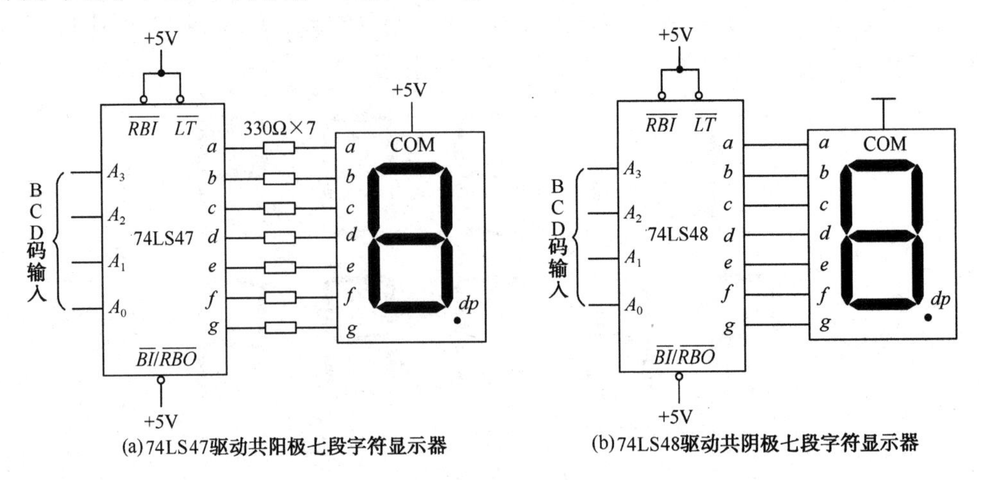

图 13.5-27 译码显示驱动电路的应用

【例 13.5-2】 图 13.5-28 所示为四位数码显示电路，请分析其工作原理，并说明显示的是什么数字。

【解】 由于左数第一位的“0”消隐端 $\overline{RBI}$ 接地为低电平，故当输入 $A_3A_2A_1A_0$ = 0000 时，不会显示“0”，同时 $\overline{BI}/\overline{RBO}$ 输出低电平；对于左数第二位，如果输入为零，则不会显示，因为其 $\overline{RBI}$ 为低电平，但由于输入 $A_3A_2A_1A_0$ = 0101，所以显示为“5”；而左数第三位其 $\overline{RBI}$ 为高电平，虽然 $A_3A_2A_1A_0$= 0000，则仍显示“0”，且有小数点显示；左数第四位输入为 $A_3A_2A_1A_0$ = 1000，显示为“8”。根据上述分析，显示的数字为“50.8”。

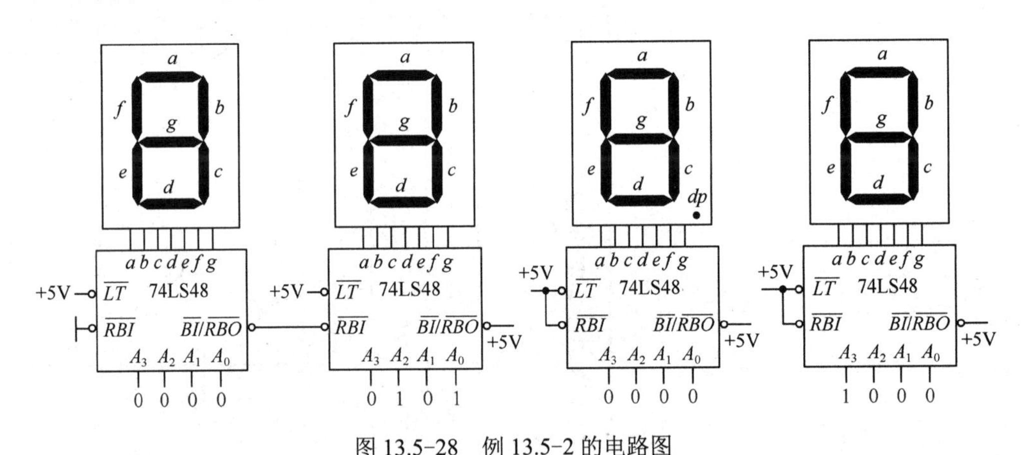

图 13.5-28 例 13.5-2 的电路图

此例说明了“0”消隐端 $\overline{RBI}$ 和灭灯输入/灭零输出端 $\overline{BI}/\overline{RBO}$ 的应用，因为人们习惯“50.8”，而不是“050.8”。

4．译码器的其他应用

译码器除了译码，还可作为数据分配器和多输出组合逻辑电路使用。数据分配器是数据由一个输入端输入，输出有多个端口，但数据从哪个端口输出要受到地址编码的控制。另外，由于译码器输出为最小项(高电平有效)或最小项取反(低电平有效)的形式，而逻辑函数均可以变换成最小项之和的形式，所以利用译码器可以设计出多输出的组合逻辑电路。

【例 13.5-3】 利用集成 3 线-8 线译码器 74LS138 实现下面的逻辑函数。

$$\begin{cases} Y_1 = A\overline{C} + \overline{A}B\overline{C} \\ Y_2 = AB + \overline{A}B\overline{C} + A\overline{B}C \\ Y_3 = AB\overline{C} + \overline{A}\overline{C} \\ Y_4 = BC + AB\overline{C} \end{cases}$$

【解】 首先将所给的逻辑函数转换成最小项之和的形式，即

$$\begin{cases} Y_1 = A\overline{C} + \overline{A}B\overline{C} = A(B+\overline{B})\overline{C} + \overline{A}B\overline{C} = \overline{A}B\overline{C} + A\overline{B}\overline{C} + AB\overline{C} = m_2 + m_4 + m_6 \\ Y_2 = AB + \overline{A}B\overline{C} + A\overline{B}C = AB(C+\overline{C}) + \overline{A}B\overline{C} + A\overline{B}C = m_2 + m_5 + m_6 + m_7 \\ Y_3 = AB\overline{C} + \overline{A}\overline{C} = AB\overline{C} + \overline{A}(B+\overline{B})\overline{C} = m_0 + m_2 + m_6 \\ Y_4 = BC + AB\overline{C} = (A+\overline{A})BC + AB\overline{C} = m_3 + m_6 + m_7 \end{cases}$$

由于 74LS138 的输出为最小项取反，即 $\overline{Y_i} = \overline{m_i}$，故将上面方程两次取反可得

$$\begin{cases} Y_1 = \overline{\overline{m_2 + m_4 + m_6}} = \overline{\overline{m}_2 \cdot \overline{m}_4 \cdot \overline{m}_6} = \overline{\overline{Y}_2 \cdot \overline{Y}_4 \cdot \overline{Y}_6} \\ Y_2 = \overline{\overline{m_2 + m_5 + m_6 + m_7}} = \overline{\overline{m}_2 \cdot \overline{m}_5 \cdot \overline{m}_6 \cdot \overline{m}_7} = \overline{\overline{Y}_2 \cdot \overline{Y}_5 \cdot \overline{Y}_6 \cdot \overline{Y}_7} \\ Y_3 = \overline{\overline{m_0 + m_2 + m_6}} = \overline{\overline{m}_0 \cdot \overline{m}_2 \cdot \overline{m}_6} = \overline{\overline{Y}_0 \cdot \overline{Y}_2 \cdot \overline{Y}_6} \\ Y_4 = \overline{\overline{m_3 + m_6 + m_7}} = \overline{\overline{m}_3 \cdot \overline{m}_6 \cdot \overline{m}_7} = \overline{\overline{Y}_3 \cdot \overline{Y}_6 \cdot \overline{Y}_7} \end{cases}$$

用 74LS138 外加与非门实现的逻辑电路如图 13.5-29 所示。可见，利用集成译码器设计多输出组合逻辑电路，电路结构比较简单。

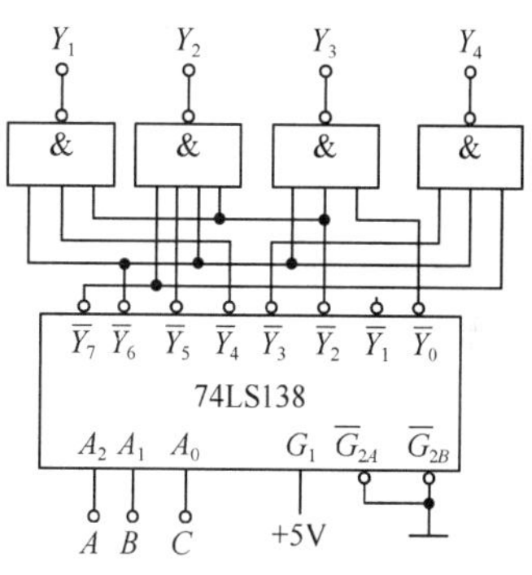

图 13.5-29 例 13.5-3 的电路

13.5.4 数据选择器

数据选择器就是从多个输入数据中，选出一个数据输出。如 2 选 1 数据选择器、4 选 1 数据选择器、8 选 1 数据选择器等，具体选择哪一个数据要由一组二进制编码决定。

以 4 选 1 数据选择器为例，其原理框图如图 13.5-30 所示，真值表如表 13.5-4 所示。其中 D_0～D_3 为数据输入端，A_1 和 A_0 是选择输入端。当 $A_1A_0 = 00$ 时，输出 $Y = D_0$，选择 D_0 数据输出；当 $A_1A_0 = 01$ 时，输出 $Y = D_1$，选择 D_1 数据输出；当 $A_1A_0 = 10$ 时，输出 $Y = D_2$，选择 D_2 数据输出；当 $A_1A_0 = 11$ 时，输出 $Y = D_3$，选择 D_3 数据输出。

由表 13.5-4 写出输出端逻辑式为

$$\begin{aligned} Y &= \overline{A}_1\overline{A}_0 \cdot D_0 + \overline{A}_1 A_0 \cdot D_1 + A_1\overline{A}_0 \cdot D_2 + A_1 A_0 \cdot D_3 \\ &= m_0 \cdot D_0 + m_1 \cdot D_1 + m_2 \cdot D_2 + m_3 \cdot D_3 = \sum_{i=0}^{3} m_i \cdot D_i \end{aligned} \tag{13.5-7}$$

其中 m_i 为选择输入端 A_1 和 A_0 组成的第 i 个最小项。

实现数据选择器的电路如图 13.5-31 所示。一般情况下式(13.5-7)可推广到 2^n 选 1 数据选择器，其输出端逻辑式为

$$Y = \sum_{i=0}^{2^n-1} m_i \cdot D_i \tag{13.5-8}$$

其中 n 为选择输入端的位数，m_i 是选择输入端组合的第 i 个最小项，D_i 为第 i 个数据输入。

根据式(13.5-8)可写出 8 选 1 数据选择器的输出端逻辑式，若选择输入为 A_2, A_1 和 A_0，则

$$
\begin{aligned}
Y &= \sum_{i=0}^{2^3-1} m_i \cdot D_i \\
&= m_0 \cdot D_0 + m_1 \cdot D_1 + m_2 \cdot D_2 + m_3 \cdot D_3 + m_4 \cdot D_4 + m_5 \cdot D_5 + m_6 \cdot D_6 + m_7 \cdot D_7 \\
&= \overline{A}_2\overline{A}_1\overline{A}_0 \cdot D_0 + \overline{A}_2\overline{A}_1 A_0 \cdot D_1 + \overline{A}_2 A_1\overline{A}_0 \cdot D_2 + \overline{A}_2 A_1 A_0 \cdot D_3 + A_2\overline{A}_1\overline{A}_0 \cdot D_4 + \\
&\quad A_2\overline{A}_1 A_0 \cdot D_5 + A_2 A_1\overline{A}_0 \cdot D_6 + A_2 A_1 A_0 \cdot D_7
\end{aligned} \tag{13.5-9}
$$

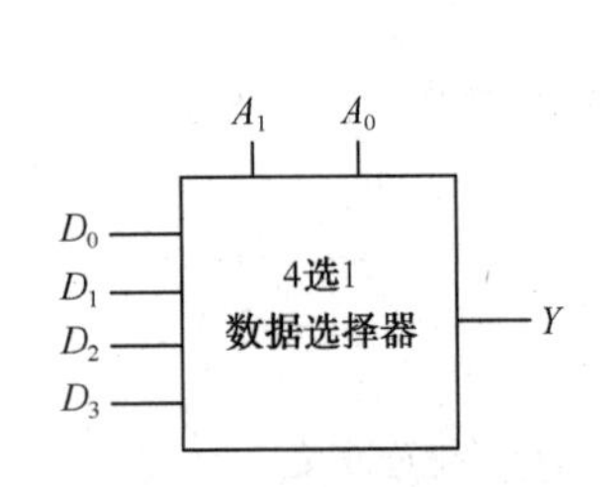

图 13.5-30　4 选 1 数据选择器原理框图

表 13.5-4　4 选 1 数据选择器真值表

输入		输出
A_1	A_0	Y
0	0	D_0
0	1	D_1
1	0	D_2
1	1	D_3

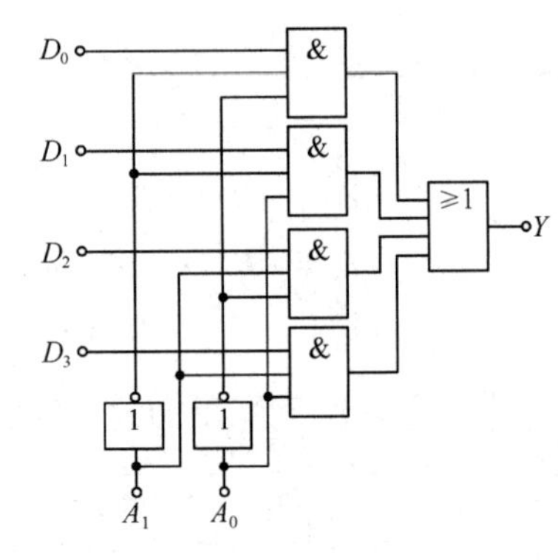

图 13.5-31　4 选 1 数据选择器逻辑电路

集成数据选择器有双 4 选 1 数据选择器 74LS153（原码输出）、8 选 1 数据选择器 74LS151（原、反码输出）、16 选 1 数据选择器 74LS150（反码输出），其各引脚图见附录 F。其中 74LS153、74LS151 的逻辑符号如图 13.5-32 所示。

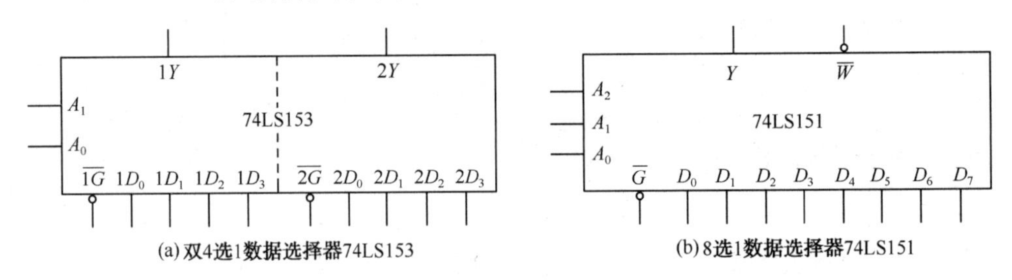

图 13.5-32　集成数据选择器 74LS153 和 74LS151 的逻辑符号

图 13.5-32(a) 的 74LS153 是双 4 选 1 数据选择器，它们共用一对选择输入端 A_1 和 A_0，并且各自增加了片选通端 $\overline{1G}$ 和 $\overline{2G}$。当 $\overline{1G}$ 和 $\overline{2G}$ 加低电平时，允许数据输出；而当 $\overline{1G}$ 和 $\overline{2G}$ 加高电平时，无论选择输入端 A_1 和 A_0 状态如何，输出 1Y 和 2Y 均为低电平。图 13.5-32(b) 的 8 选 1 数据选择器 74LS151 有两个输出端，Y 为原码输出，而 $\overline{W}$ 为反码输出，即 $\overline{W} = \overline{Y}$。同样 74LS151 也具有片选通端 $\overline{G}$，低电平有效。

【例 13.5-4】 利用集成双 4 选 1 数据选择器 74LS153 构成 8 选 1 数据选择器，画出连线图。

【解】 由于 8 选 1 数据选择器的选择输入端有 3 个，而 4 选 1 数据选择器的选择输入端有 2 个，因此要借助 74LS153 的两个片选通端作为 8 选 1 数据选择器的选择输入端的高位。其连线图如图 13.5-33 所示。当 $A_2A_1A_0$ = 011 时，1Y = D_3，而由于 $\overline{2G}$ 为高电平，故 2Y = 0，因此 Y = D_3；当 $A_2A_1A_0$ = 111 时，由于 $\overline{1G}$ 为高电平，则 1Y = 0，而 2Y = D_7，故 Y = D_7。

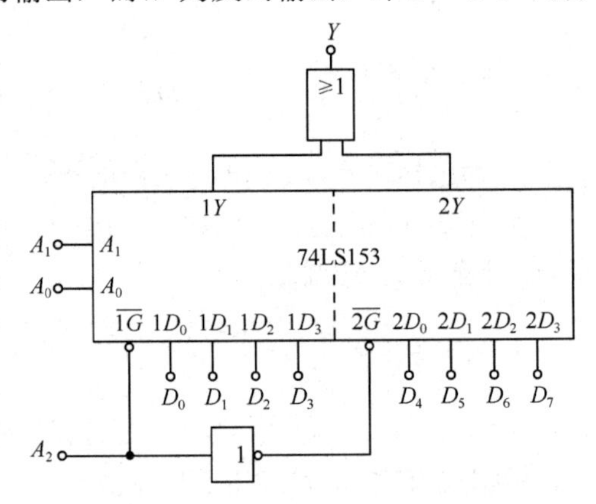

图 13.5-33　例 13.5-4 的电路连线图

由式 (13.5-8) 可知，数据选择器与选择输入端的最小项有关，因此利用数据选择器可以实现组合逻辑函数，只要将选择输入端用逻辑变量代替即可。

【例 13.5-5】 利用 8 选 1 数据选择器实现逻辑函数：$Y = A\overline{B} + \overline{B}C + \overline{A}\overline{C}$。

【解】 由于 8 选 1 数据选择器有 3 个选择输入端，而要实现的逻辑函数为 3 个变量，因此设 $A_2 = A$，$A_1 = B, A_0 = C$。将所给逻辑函数变换成 3 个变量的最小项之和形式，即

$$
\begin{aligned}
Y &= A\overline{B}(C+\overline{C}) + (A+\overline{A})\overline{B}C + \overline{A}(B+\overline{B})\overline{C} \\
&= A\overline{B}C + A\overline{B}\overline{C} + A\overline{B}C + \overline{A}\overline{B}C + \overline{A}B\overline{C} + \overline{A}\overline{B}\overline{C} \\
&= m_0 \cdot 1 + m_1 \cdot 1 + m_2 \cdot 1 + m_3 \cdot 0 + m_4 \cdot 1 + m_5 \cdot 1 + m_6 \cdot 0 + m_7 \cdot 0
\end{aligned}
$$

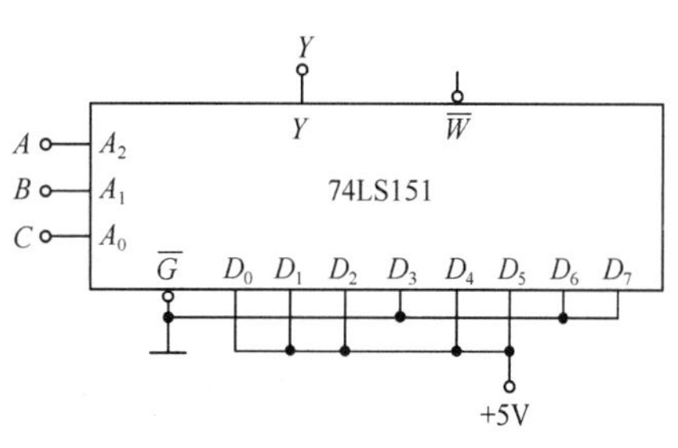

图 13.5-34　例 13.5-5 的逻辑电路

与式(13.5-9)相比较可得

$$D_0 = D_1 = D_2 = D_4 = D_5 = 1, D_3 = D_6 = D_7 = 0$$

则利用集成 8 选 1 数据选择器 74LS151 实现此逻辑函数的连线图如图 13.5-34 所示。可见，利用集成 8 选 1 数据选择器实现的逻辑电路非常简单。

【引例分析】设三台电机为 A, B, C，正常工作为“0”，停转为“1”。输出 Y_1 为绿灯，Y_2 为黄灯，Y_3 为红灯，灯亮为“1”，灯灭为“0”，根据题意可得电路的真值表如表 13.5-5 所示。

表 13.5-5　引例中的真值表

输入			输出		
A	B	C	Y_1	Y_2	Y_3
0	0	0	1	0	0
0	0	1	0	1	0
0	1	0	0	1	0
0	1	1	0	0	1
1	0	0	0	1	0
1	0	1	0	0	1
1	1	0	0	0	1
1	1	1	0	1	1

由真值表写出输出端的逻辑式为

$$
\begin{cases}
Y_1 = \overline{A}\overline{B}\overline{C} \\
Y_2 = \overline{A}\overline{B}C + \overline{A}B\overline{C} + A\overline{B}\overline{C} + ABC \\
Y_3 = \overline{A}BC + A\overline{B}C + AB\overline{C} + ABC
\end{cases}
$$

若由与非门实现，则上述方程可转换成与非式，即

$$
\begin{cases}
Y_1 = \overline{\overline{\overline{A}\overline{B}\overline{C}}} \\
Y_2 = \overline{\overline{\overline{A}\overline{B}C + \overline{A}B\overline{C} + A\overline{B}\overline{C} + ABC}} = \overline{\overline{\overline{A}\overline{B}C} \cdot \overline{\overline{A}B\overline{C}} \cdot \overline{A\overline{B}\overline{C}} \cdot \overline{ABC}} \\
Y_3 = \overline{\overline{\overline{A}BC + A\overline{B}C + AB\overline{C} + ABC}} = \overline{\overline{\overline{A}BC} \cdot \overline{A\overline{B}C} \cdot \overline{AB\overline{C}} \cdot \overline{ABC}}
\end{cases}
$$

实现的电路如图 13.5-35 所示。

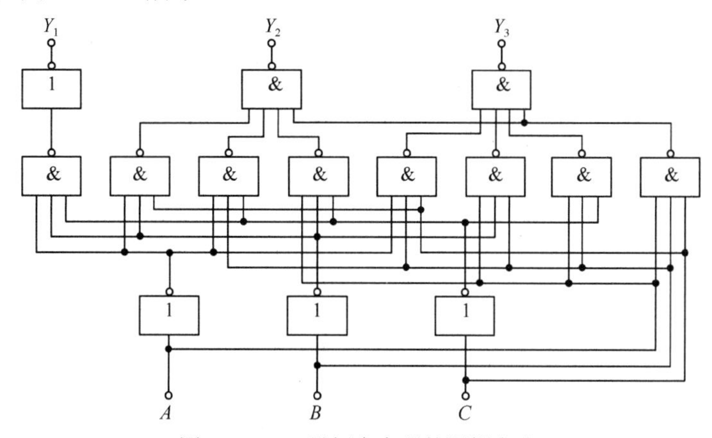

图 13.5-35　引例中实现的逻辑电路

思考题

13.5-1　什么叫半加器？什么叫全加器？若实现两个八位二进制数相加，需要用几个全加器？

13.5-2　什么叫编码？二进制编码器的输入和输出有什么关系？

13.5-3　共阴极七段 LED 显示器的有效电平是什么？是用 74LS47 驱动还是 74LS48 驱动？若要显示“6”，则 $abcdefg$=?

本章小结

（1）逻辑代数是应用于数字电路中的布尔代数，其变量取值只有“0”和“1”，具有独特的运算公式和定律，对应逻辑代数运算有相应的逻辑门电路，它们是组成数字电路的基本单元，可实现各种功能的数字电路。逻辑函数用来描述数字逻辑电路的输出、输入关系，可用真值表、逻辑图、逻辑代数式等表达。为了使逻辑电路的设计简单化，必须对描述其功能的逻辑函数进行化简，其化简的方法有公式法和卡诺图法。

（2）组合逻辑电路的分析是在给定逻辑电路的情况下，分析其逻辑功能。因此需要通过电路写出逻辑函数，再化简，列出真值表，得出电路的功能。组合逻辑电路的设计是根据给定的逻辑要求，得到实现的电路，它是分析的逆过程。首先要根据给定的逻辑要求列出输出、输入真值表，写出逻辑式并化简，根据实际条件转换成需要的形式，再画出逻辑电路。组合逻辑电路的分析和设计是数字电路的重要内容之一。

（3）常用的组合逻辑电路有加法器、比较器、编码器、译码器、数据选择器等，它们各自完成不同的逻辑功能。这些组合逻辑电路都有对应的集成芯片，应掌握其输出、输入的关系，以及使能控制端的特点。利用集成芯片实现组合逻辑电路，可以使得电路连线少、体积小、功耗低，便于扩展及构成比较复杂的逻辑系统。

习题

13-1　写出题图 13-1 的电路输出端逻辑函数式，列出输出、输入的真值表。

13-2　写出题表 13-2 的逻辑函数式。

13-3　用公式法化简下面的逻辑函数：

① $Y_1=\overline{A}\cdot\overline{B}+\overline{A}\cdot BC$；② $Y_2=\overline{A}B\overline{C}+A\overline{C}+\overline{B}\overline{C}$；③ $Y_3=\overline{A}+\overline{A}\overline{B}+BC\overline{D}+B\overline{D}$

13-4　用卡诺图化简下面的逻辑函数：

① $Y_1=\overline{A}(B+C)+AB\overline{C}$；② $Y_2=\overline{A}\overline{B}\overline{C}+B\overline{C}+A\overline{C}\overline{D}+\overline{A}BC\overline{D}+AB\overline{D}$

③ $Y_3=\sum_i m_i(i=0,2,5,7,8,10,13,15)$；④ $Y_4=\sum_i m_i(i=2,3,4,5,9)+\sum_d m(d=10,11,12,13)$

13-5　分析题图 13-5 所示电路的逻辑功能。

题表 13-2

输入			输出	
A	B	C	Y_1	Y_2
0	0	0	1	0
0	0	1	0	1
0	1	0	0	1
0	1	1	1	0
1	0	0	0	1
1	0	1	1	0
1	1	0	1	0
1	1	1	0	1

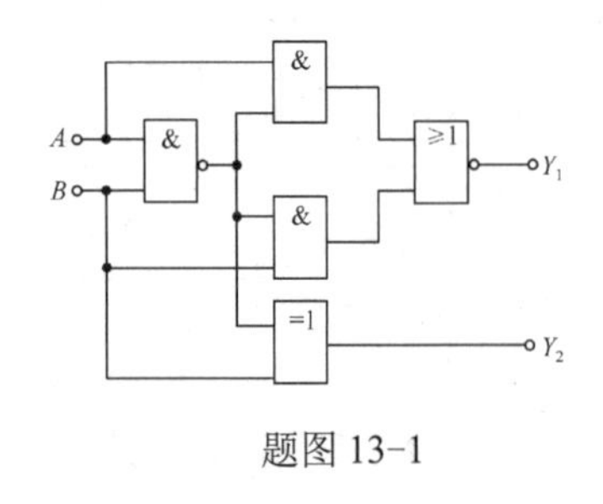

题图 13-1

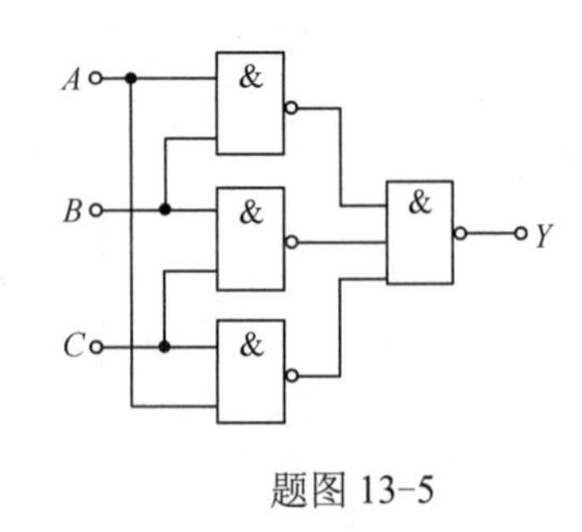

题图 13-5

13-6　电路如题图 13-6 所示，分析其逻辑功能。

13-7　电路如题图 13-7 所示，写出输出端逻辑式，并利用卡诺图化简，列出真值表，分析其逻辑功能。

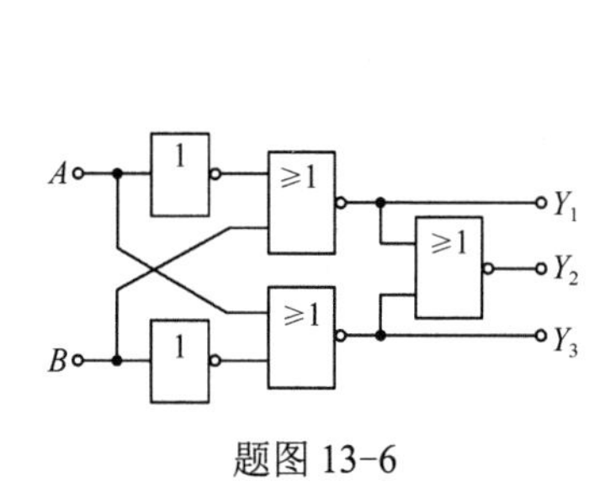

题图 13-6

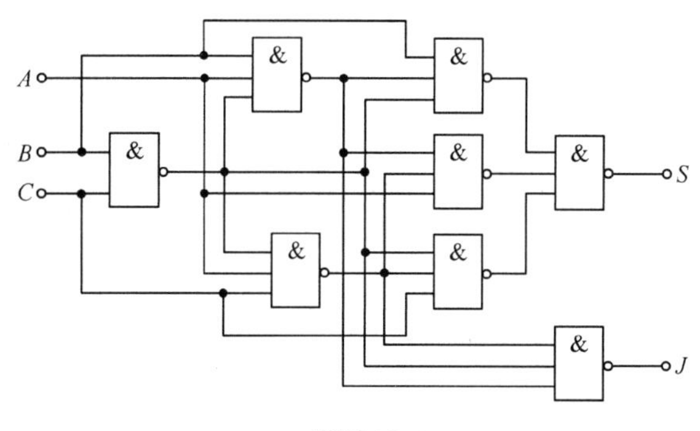

题图 13-7

13-8　利用与非门实现一个交通报警控制电路。要求当交通指示灯红、黄、绿单独工作或黄、绿灯同时工作时为正常，其他情况均为不正常。

13-9　有 A、B、C 三个输入信号通过排队电路，分别由三路输出，在同一时间输出端只能选择一个信号通过。如果有两个或以上信号同时通过时，优先权最高为 A，其次为 B，C 最低。设计该排队电路，并用与非门实现。

13-10　设计一组合逻辑电路，输入 A、B、C、D 为 4 位 8421BCD 码，当被 2 整除时，输出 Y_1 为"1"；当被 3 整除时，输出 Y_2 为"1"；当被 5 整除时，输出 Y_3 为"1"。

13-11　利用集成 3 线-8 线译码器 74LS138 及与非门实现下列逻辑函数：

$$\begin{cases} Y_1 = AB + AC \\ Y_2 = A + \overline{B}C \\ Y_3 = A\overline{B} + \overline{A}C + ABC \end{cases}$$

13-12　由二-十进制译码器 74LS42 构成的电路如题图 13-12 所示，写出输出端的逻辑式，并用卡诺图化简。74LS42 的功能表如图 13.5-23(b)所示。

13-13　用 8 选 1 数据选择实现下面的逻辑函数。

$$Y = \overline{A}\overline{B}C + B\overline{C} + AB\overline{C}$$

13-14　由双 4 选 1 数据选择器 74LS153 实现两变量的异或和同或关系，即 $Y_1 = A \oplus B$, $Y_2 = A \odot B$。74LS153 的逻辑符号如图 13.5-32(a)所示。

13-15　由 8 选 1 数据选择器 74LS151 构成的电路如题图 13-15 所示，写出其逻辑函数，并化简。

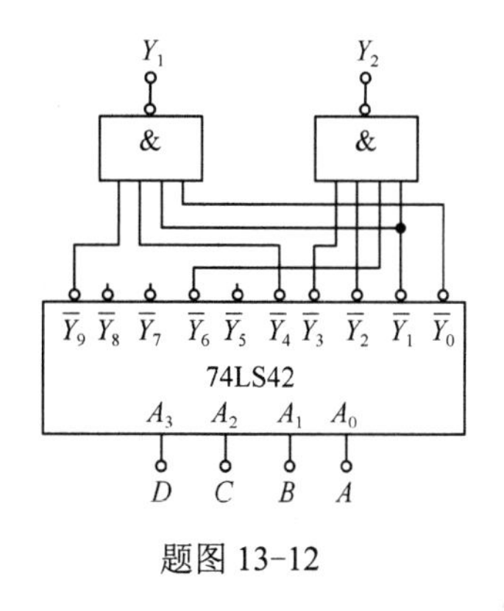

题图 13-12

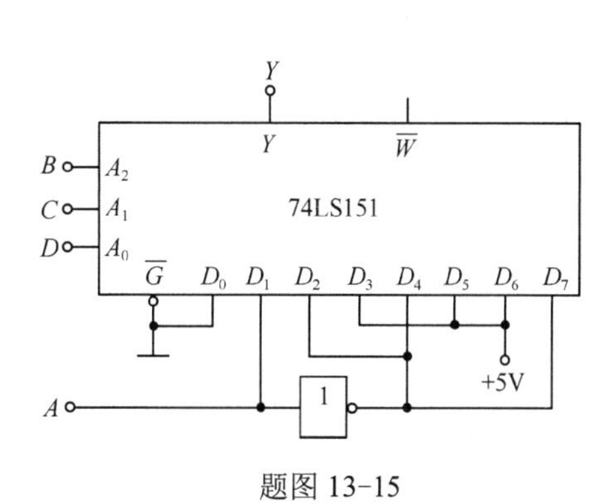

题图 13-15

第 14 章　时序逻辑电路

【本章主要内容】 本章主要介绍构成时序逻辑电路的基本部件——双稳态触发器，讨论时序逻辑电路的分析方法，以及中规模集成时序逻辑部件及应用。

【引例】 在数字系统中，经常会应用到数据检测电路。如图 14.0-1 所示的电路为一串行数据检测电路，是由 JK 触发器和逻辑门组成的，其中 X 为数据输入信号，Y 是输出信号。当 X 输入数据中有连续 4 个“1”或 4 个以上“1”时，输出信号 Y 为高电平。那么，这个电路如何分析？JK 触发器是怎样工作的？Y 和 X 有什么关系？学完本章内容就可以回答上述问题。

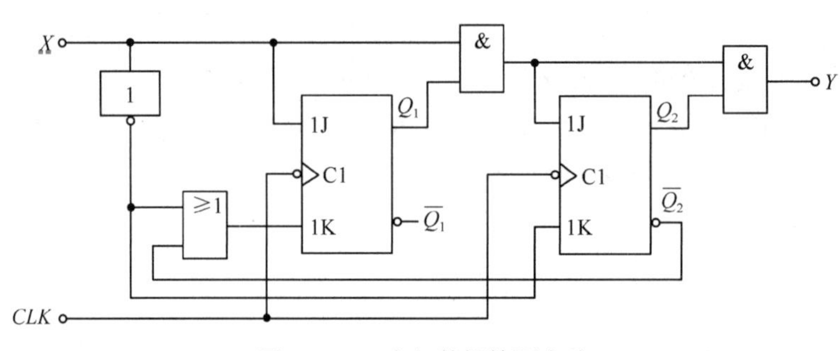

图 14.0-1　串行数据检测电路

14.1　双稳态触发器

14.1.1　概述

时序逻辑电路是数字电路的另一重要组成部分，与组合逻辑电路的区别在于其输出新的状态不仅与输入状态有关，还与输出的原来状态有关。

双稳态触发器是组成时序逻辑电路的基本部件，它能自行保持两个稳定状态，“0”态或“1”态，即能存储 1 位二进制数码。双稳态触发器按照有无时钟控制可分为基本 RS 触发器和时钟触发器。其中时钟触发器按照逻辑功能可分为 RS 触发器、JK 触发器、D 触发器等；按照结构可以分为同步触发器、主从结构触发器和维持阻塞型触发器等；按照触发方式又可分为脉冲触发和边沿触发。

双稳态触发器有两个状态互反的输出端，分别用 Q 和 $\overline{Q}$ 表示。当触发器由一个状态翻转到另一个状态时，除了输入信号触发，新的状态还与输出的原状态相关，因此用 Q^n 表示触发器原来的状态，简称原态（或旧态、初态），新的状态（简称新态或次态）则用 Q^{n+1} 表示。双稳态触发器有置位（Set）和复位（Reset）功能，置位是使触发器的状态为高电平，即 $Q=1$，而使触发器置位的输入端称为置位端；复位是使触发器的状态为低电平，即 $Q=0$，使触发器复位的输入端称为复位端，置位端和复位端是用来设置触发器初始状态的。

下面以逻辑功能分类叙述各触发器的电路、功能表、描述方式及动作特点等。

14.1.2 基本 RS 触发器

基本 RS 触发器具有置位、复位和保持(存储)功能，它可由与非门或或非门反馈构成，图 14.1-1 为由与非门组成的基本 RS 触发器及其逻辑符号。其中 $\overline{R}_D$ 和 $\overline{S}_D$ 为输入端，低电平为有效触发；Q 和 $\overline{Q}$ 为触发器的两个输出端，状态相反。

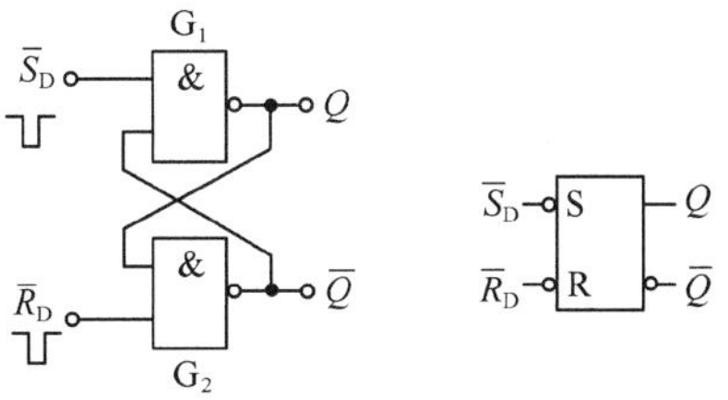

(a)电路　　(b)逻辑符号

图 14.1-1　基本 RS 触发器的逻辑电路及符号

输入信号状态分以下四种情况。

① $\overline{R}_D=0$，$\overline{S}_D=0$：电路如图 14.1-2 所示，不管原来状态如何，此时触发器输出的新态 $Q^{n+1}=\overline{Q}^{n+1}=1$，这不符合双稳态触发器输出状态相反的原则，故这种情况称为禁态，即两个输入端不能同时加低电平，其约束条件为

$$\overline{\overline{R}}_D\cdot\overline{\overline{S}}_D=0$$

当输入信号由低电平同时变成高电平时，如图 14.1-3 所示，输出的状态则无法确定，最终状态是由 G_1 门和 G_2 门的传输延迟时间决定的。若 G_1 门的传输延迟时间短，则 $Q=0$，$\overline{Q}=1$；若 G_2 门的传输延迟时间短，则 $Q=1$，$\overline{Q}=0$，触发器的这种情况称为状态不定。

② $\overline{R}_D=0$，$\overline{S}_D=1$：电路如图 14.1-4 所示，此时不管原态如何，触发器输出新态 $Q^{n+1}=0$，$\overline{Q}^{n+1}=1$，触发器复位，$\overline{R}_D$ 为复位端。

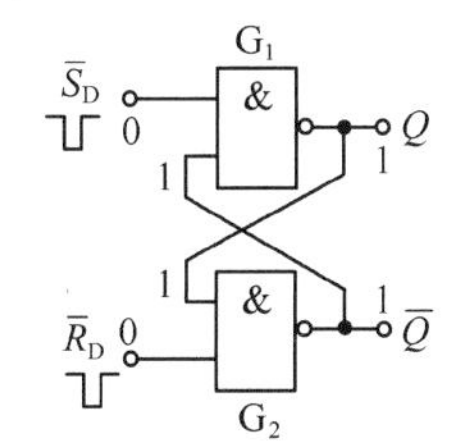

图 14.1-2　$\overline{R}_D=0$ 和 $\overline{S}_D=0$ 的情况

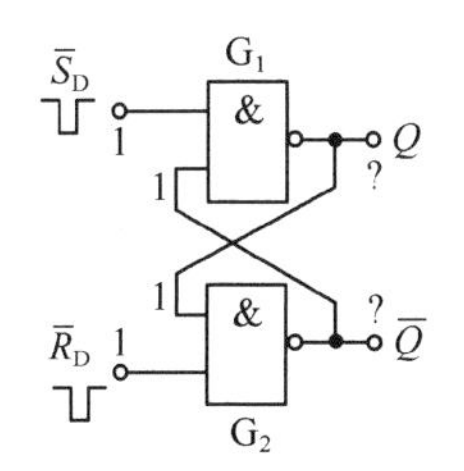

图 14.1-3　$\overline{R}_D=1$ 和 $\overline{S}_D=1$ 的情况

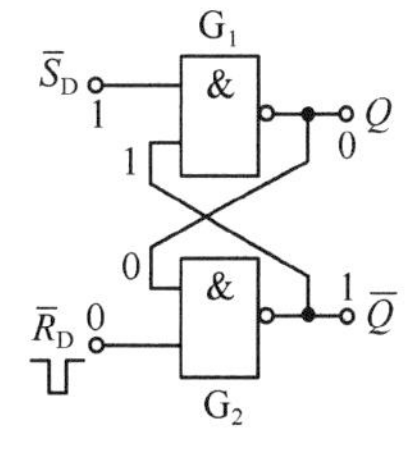

图 14.1-4　$\overline{R}_D=0$ 和 $\overline{S}_D=1$ 的情况

③ $\overline{R}_D=1$，$\overline{S}_D=0$：电路如图 14.1-5 所示，此时不论原态如何，触发器输出新态为 $Q^{n+1}=1$，$\overline{Q}^{n+1}=0$，触发器置位，$\overline{S}_D$ 为置位端。

④ $\overline{R}_D=1$，$\overline{S}_D=1$：此时触发器的新态是由原态决定的。当原态 $Q^n=0$，$\overline{Q}^n=1$ 时，电路如图 14.1-6(a)所示，触发器的状态没有改变，即 $Q^{n+1}=0$；当原态 $Q^n=1$，$\overline{Q}^n=0$ 时，电路如图 14.1-6(b)所示，触发器的状态仍没有改变，即 $Q^{n+1}=1$。在这种情况下，触发器保持原态，称为存储状态。

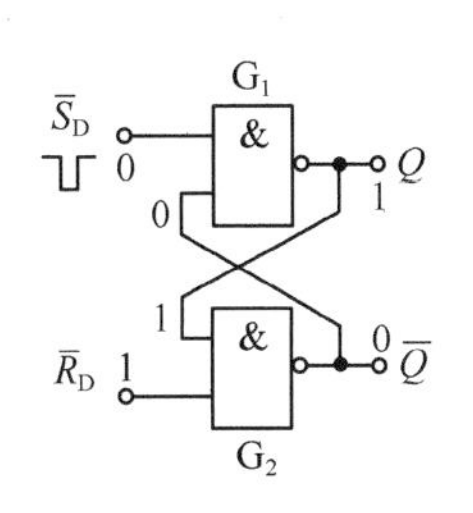

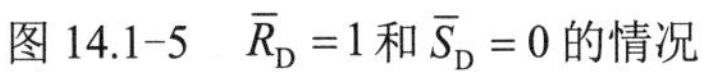

图 14.1-5　$\overline{R}_D=1$ 和 $\overline{S}_D=0$ 的情况

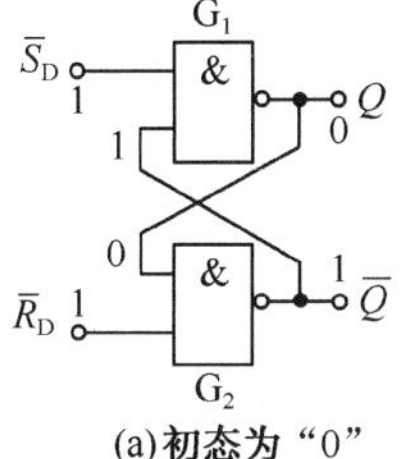

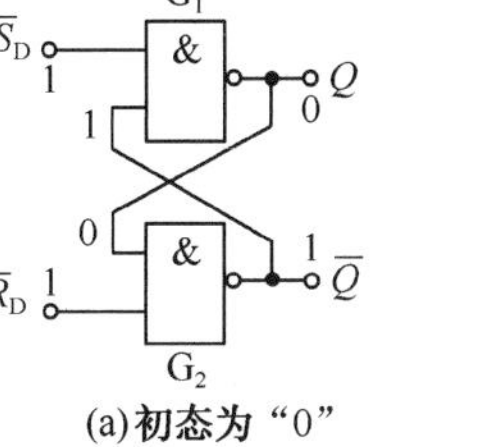

(a)初态为“0”

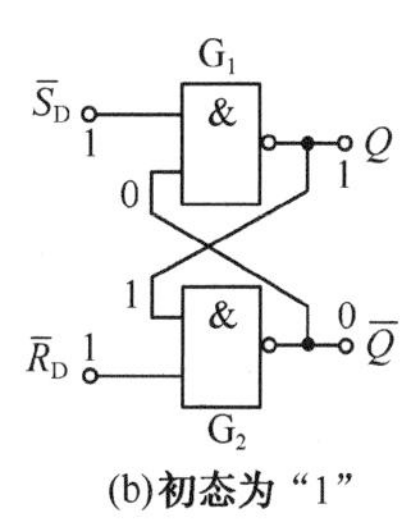

(b)初态为“1”

图 14.1-6　$\overline{R}_D=1$ 和 $\overline{S}_D=1$ 的情况

由上面分析得出基本 RS 触发器的功能表，如表 14.1-1 所示，其中 1*表示禁态。由表可

知，基本 RS 触发器的输出在任何时候都是由输入信号决定的，这是它的动作特点。

表 14.1-1　RS 触发器的逻辑功能表

输入		输出		
$\overline{R}_D$	$\overline{S}_D$	Q^n	Q^{n+1}	功能
0	0	0	1*	禁用
0	0	1	1*	
0	1	0	0	置0
0	1	1	1	
1	0	0	1	置1
1	0	1	1	
1	1	0	0	保持
1	1	1	1	

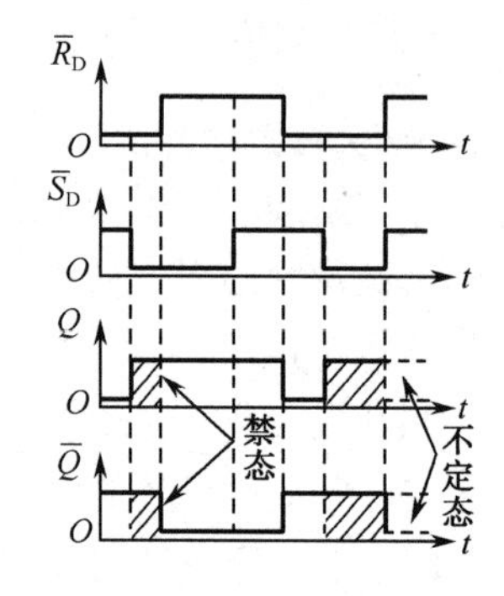

图 14.1-7　例 14.1-1 的输入与输出波形

基本 RS 触发器是时钟双稳态触发器的基本组成部分，其作用是设置触发器初始状态，另外它还可以构成按钮的防抖动电路及数据寄存器。

【例 14.1-1】 对于图 14.1-1(a)所示的基本 RS 触发器，若输入端所加电压波形如图 14.1-7 所示，画出触发器输出端 Q 和 $\overline{Q}$ 的电压波形。

【解】 根据表 14.1-1 可以画出触发器输出端的波形如图 14.1-7 所示。由图可见，当 $\overline{R}_D=\overline{S}_D=0$ 时，输出 $Q=\overline{Q}=1$，触发器为禁态。而当 $\overline{R}_D=\overline{S}_D=0$ 过后，$\overline{R}_D=\overline{S}_D=1$ 时，触发器的状态不定，为不定态。

14.1.3　时钟触发器

在数字系统中，大部分电路存在一个时钟控制各部分电路协调工作，这个时钟就是矩形脉冲信号，被称为时钟脉冲(Clock Pulse)，简称 *CLK* 或 *CP*，其波形如图 14.1-8 所示。脉冲的高低电平也用二值逻辑表示，即“0”和“1”。若 *CLK* 由“0”变化到“1”，称为脉冲的前沿或上升沿；若 *CLK* 由“1”变化到“0”，称为脉冲的后沿或下降沿。

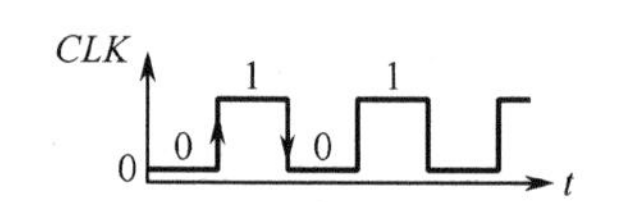

图 14.1-8　时钟脉冲电压波形

时钟双稳态触发器是由电平触发的，即在 $CLK=0$ 期间或 $CLK=1$ 期间动作，这种触发器称为电平触发器。也有在 *CLK* 上升沿或下降沿翻转的，这种触发器称为边沿触发器。由于边沿触发器输出状态翻转只发生在脉冲 *CLK* 的前沿或后沿的一瞬间，而电平触发器动作是在脉冲低电平或高电平期间，故边沿触发器的抗干扰能力要优于电平触发器。

1. RS 触发器

(1) 电平 RS 触发器

电平 RS 触发器由基本 RS 触发器和两个与非门构成，其原理电路及逻辑符号如图 14.1-9 所示。其中 $\overline{R}_D$ 和 $\overline{S}_D$ 为复位端和置位端，用来设置触发器初态，低电平有效。当 $\overline{R}_D=0$，$\overline{S}_D=1$ 时，触发器输出 $Q=0$，$\overline{Q}=1$；当 $\overline{R}_D=1$，$\overline{S}_D=0$ 时，触发器输出 $Q=1$，$\overline{Q}=0$。触发器正常工作时，$\overline{R}_D=\overline{S}_D=1$。

当时钟脉冲 *CLK* 为低电平时，其电路如图 14.1-10 所示，此时不论 *R*、*S* 的状态如何，G_3 门和 G_4 门输出均为高电平，这相当于由 G_1 门和 G_2 门构成的基本 RS 触发器输入端为全“1”状态，由表 14.1-1 可知，触发器保持原态，即存储状态。

当时钟脉冲 *CLK* 为高电平时，G_3 门和 G_4 门输出才由输入端 *R* 和 *S* 的信号决定，所以，触发器的输出 Q 和 $\overline{Q}$ 受时钟脉冲 *CLK* 的控制。下面分析其在 $CLK=1$ 期间触发器的工作情况。

① $R=0$，$S=0$：其电路如图 14.1-11 所示，此时 G_3 门和 G_4 门输出为高电平，触发器保持原态，即存储状态。

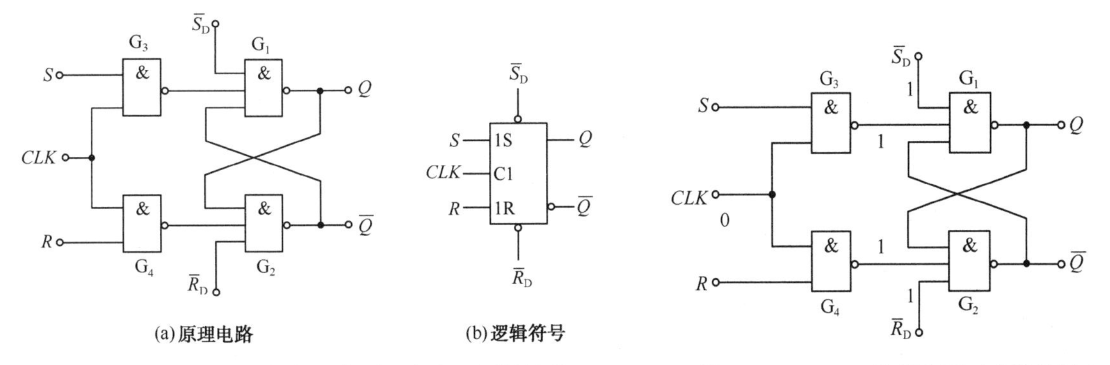

图 14.1-9　电平 RS 触发器的原理电路及逻辑符号　　图 14.1-10　*CLK* 为低电平时电路的状态

② $R=0$，$S=1$：其电路如图 14.1-12 所示，此时 G_3 门输出为“0”，G_4 门输出为“1”。由表 14.1-1 可知，触发器的新状态为 $Q^{n+1}=1$，$\overline{Q}^{n+1}=0$，电路状态为置位状态。

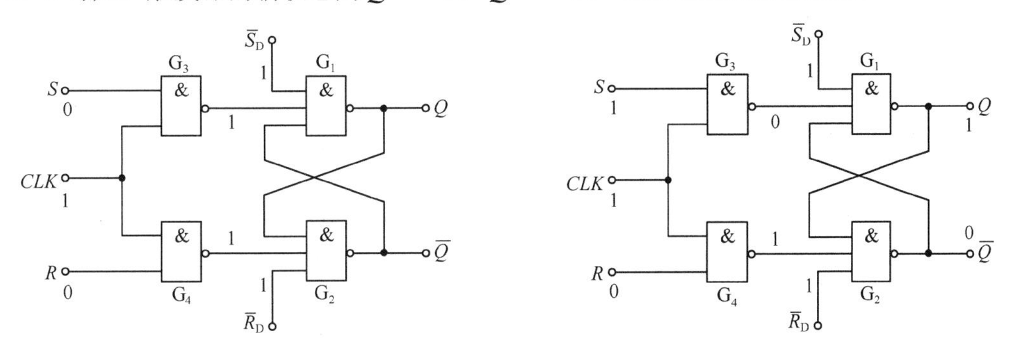

图 14.1-11　*CLK* = 1 且 *R* = 0 和 *S* = 0 时电路状态　　图 14.1-12　*CLK* = 1 且 *R* = 0 和 *S* = 1 时电路的状态

③ $R=1$，$S=0$：其电路如图 14.1-13 所示，此时 G_3 门输出为“1”，G_4 门输出为“0”。由表 14.1-1 可知，触发器的新状态为 $Q^{n+1}=0$，$\overline{Q}^{n+1}=1$，电路状态为复位状态。

④ $R=1$，$S=1$：其电路如图 14.1-14 所示，此时 G_3 门和 G_4 门输出均为“0”，触发器的新状态为 $Q^{n+1}=\overline{Q}^{n+1}=1$，电路状态为禁态，但当 *R* 和 *S* 同时由高电平变为低电平时或 *CLK* 为低电平时，触发器最终的状态是不确定的。

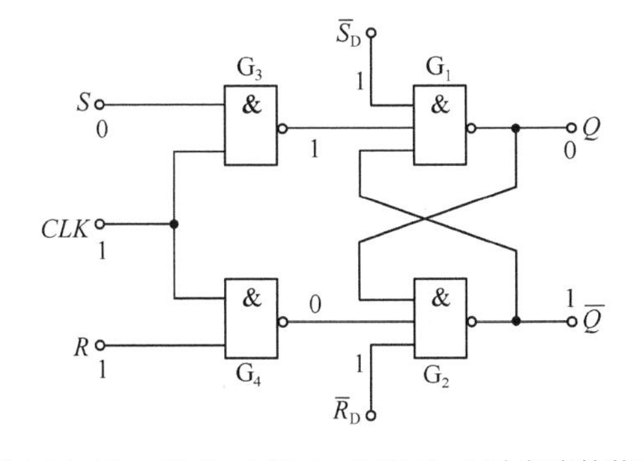

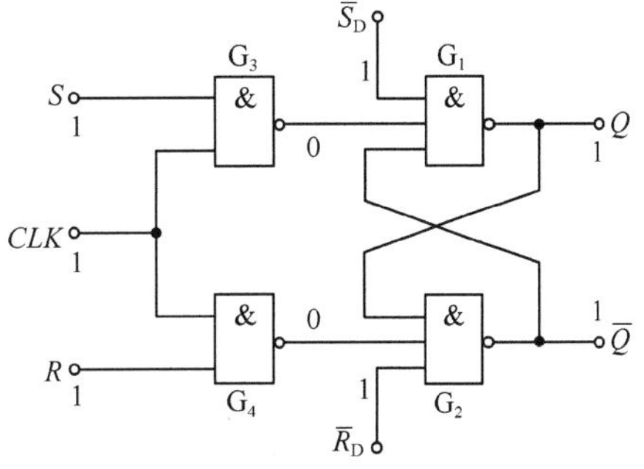

图 14.1-13　*CLK* = 1 且 *R* = 1 和 *S* = 0 时电路的状态　　图 14.1-14　*CLK* = 1 且 *R* = 1 和 *S* = 1 时电路的状态

根据上面的分析得出，电平触发的 RS 触发器的功能表如表 14.1-2 所示。时钟 RS 触发器的动作是在时钟脉冲 *CLK* 为高电平时，输出状态随输入改变的，因此电平 RS 触发器又称为同步 RS 触发器。

【例 14.1-2】 对于图 14.1-9(a)所示的 RS 触发器，若时钟脉冲 *CLK*、输入 *R* 和 *S*、$\overline{R}_D$ 的电压波形如图 14.1-15 所示，并设 $\overline{S}_D=1$，画出输出端 *Q* 和 $\overline{Q}$ 的波形。

表 14.1-2 电平 RS 触发器的逻辑功能

输入					输出	说明
$\overline{R}_D$	$\overline{S}_D$	*CLK*	*R*	*S*	Q^{n+1}	
0	1	×	×	×	0	复位
1	0	×	×	×	1	置位
1	1	0	0	0	Q^n	存储
1	1	1	0	0	Q^n	
1	1	1	0	1	1	置“1”
1	1	1	1	0	0	置“0”
1	1	1	1	1	1*	禁态

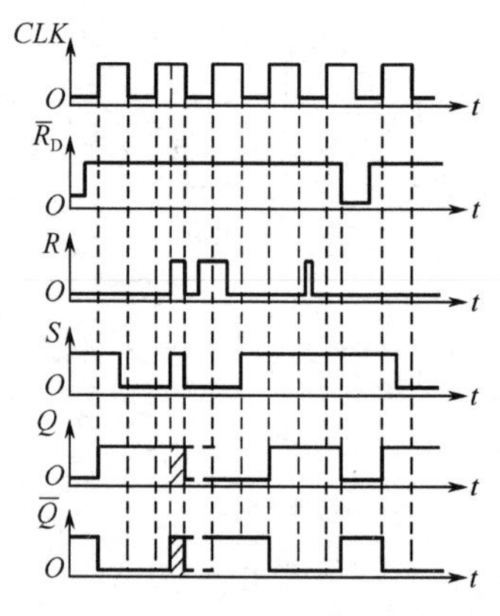

图 14.1-15 例 14.1-2 的输出电压波

【解】 根据表 14.1-2 可以画出触发器输出端的波形如图 14.1-15 所示。由于初始 $\overline{R}_D=0,\overline{S}_D=1$，故电路的初态 *Q* 为低电平。图中阴影部分为 $R = S = 1$ 时，电路输出为禁态，即 $Q=\overline{Q}=1$。而当 *CLK* 转为低电平时，输出端的状态不定，即为图 14.1-15 的虚线部分。

另外，由图 14.1-15 的输出波形可以看出，在 *CLK* 为高电平期间，输入状态的变化随时影响输出状态，这就造成在时钟脉冲期间，输出状态会不断翻转。为了避免这种情况，则产生了主从结构的 RS 触发器。

（2）主从结构的 RS 触发器

为了防止电平 RS 触发器输出状态在时钟脉冲高电平时“乱跳”，在电路结构上做了改变，即利用两个电平触发的 RS 触发器构成主从结构的 RS 触发器，其电路及逻辑符号如图 14.1-16 所示。其中与外接时钟 *CLK* 相连的 RS 触发器称为主触发器，另一个称为从触发器，它们之间是用非门将两个时钟连接在一起的。因此在外接时钟脉冲 *CLK* 高电平时，主触发器的输出状态按表 14.1-2 跟随输入端 *S* 和 *R* 改变，但从触发器的 $CLK_{从}$为低电平，故触发器输出 *Q* 的状态在 *CLK* 高电平期间保持不变。当在外接时钟脉冲 *CLK* 由高电平转为低电平，即下降沿到来后，从触发器的输出状态按表 14.1-2 跟随输入端 *S* 和 *R* 改变，但由于主触发器的 *CLK* 为低电平，故主触发器此时保持不变。

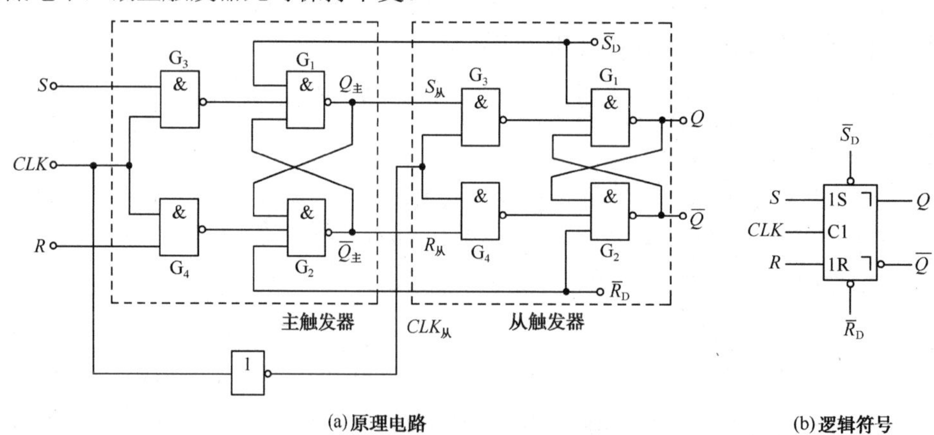

图 14.1-16 主从 RS 触发器的原理电路及逻辑符号

在图 14.1-16(b)中，主从 RS 触发器的逻辑符号中，符号“┐”表示输出状态滞后输入状态。

【例 14.1-3】 若将图 14.1-15 的输入电压波形加在图 14.1-16(a)的主从 RS 触发器上，

画出主触发器输出端 $Q_{主}$和从触发器输出端 Q 的波形。

【解】 根据主从触发器的电路及 RS 触发器功能表 14.1-2，可画出主从触发器的输出电压波形如图 14.1-17 所示。其中在 $CLK=1$ 且 $R=S=1$ 时，主触发器为禁态，即 $Q_{主}=\overline{Q}_{主}=1$，当 CLK 下降沿到来后，从触发器的状态为禁态，即图 14.1-17 的阴影部位。但由于主触发器状态在 $CLK=0$ 期间输出状态不定，故从触发器的状态也变成不定态，直到下一个 CLK 下降沿到来后。

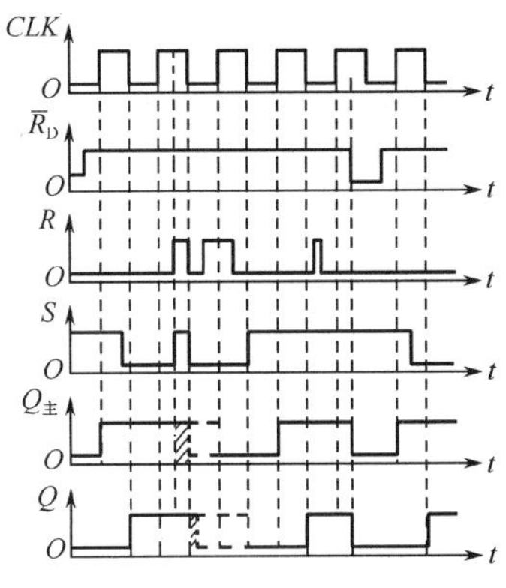

图 14.1-17　例 14.1-3 的输入、输出波形

2．JK 触发器

（1）主从 JK 触发器

尽管主从 RS 触发器在 $CLK=1$ 期间不会出现翻转现象，但仍然存在禁态。为了消除这种状态，将主从 RS 触发器的输出端反馈回输入端，则构成了主从 JK 触发器，其原理电路和符号如图 14.1-18 所示。

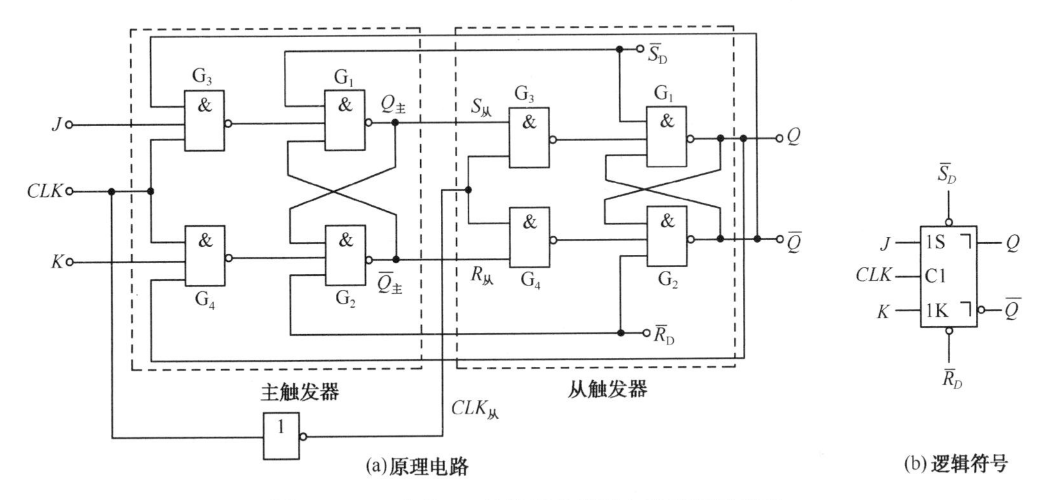

图 14.1-18　主从 JK 触发器的原理电路及逻辑符号

① $J=0$，$K=0$

此时输出状态不能影响主触发器的状态，如同主从 RS 触发器 $R=0$、$S=0$ 的情况，触发器保持原态，即 $Q^{n+1}=Q^n$。

② $J=0$，$K=1$

由于 $J=0$，则主触发器的 G_3 门输出状态始终为“1”。而在 $K=1$ 且 $CLK=1$ 情况下，主触发器中 G_4 门的输出状态是由触发器输出端 Q 的原态决定的。若触发器原态 $Q=Q_{主}=0$，其电路如图 14.1-19 所示。主触发器 G_4 门的输出状态始终为“1”，此时主触发器保持原态，即 $Q_{主}^{n+1}=0$，当 CLK 下降沿到来后，从触发器输出也保持不变，即 $Q^{n+1}=0$。

若触发器原态 $Q=Q_{主}=1$，其电路如图 14.1-20 所示，则主触发器 G_4 门的输出状态始终为“0”，此时主触发器状态由“1”翻转成“0”，即 $Q_{主}^{n+1}=0$。那么当 CLK 下降沿到来后，从触发器输出也由高电平改变成低电平，即 $Q^{n+1}=0$。

总之，在 $J=0$、$K=1$ 的情况下，无论原态如何，新态都为低电平，即 $Q^{n+1}=0$，触发器复位。

③ $J=1$，$K=0$

由于 $K=0$，故主触发器中 G_4 门的状态始终为高电平，而 G_3 门的状态要受 $\overline{Q}$ 的影响。若触发器

原态 $Q=Q_{主}=0$，则$\overline{Q}=1$，此时电路如图 14.1-21 所示。在 CLK=1 期间，主触发器的状态变为$Q^{n+1}=1$，$\overline{Q}^{n+1}=0$。当CLK下降沿到来后，从触发器的状态也由低电平翻转为高电平，即$Q^{n+1}=1$。

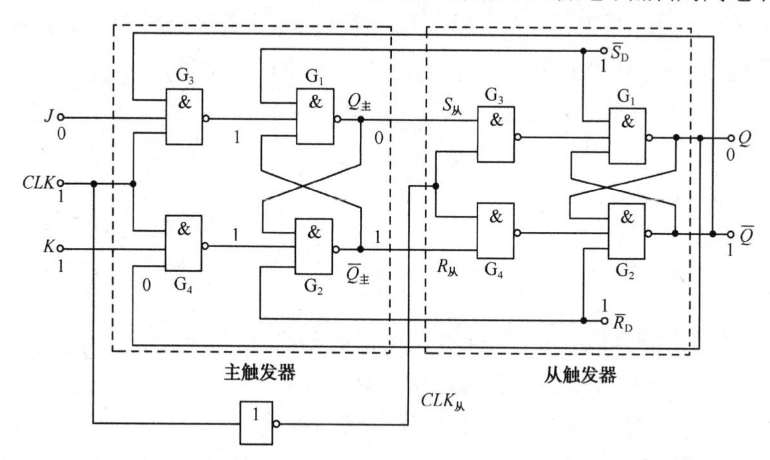

图 14.1-19　$J=0$、$K=1$ 且触发器原态为“0”的情况

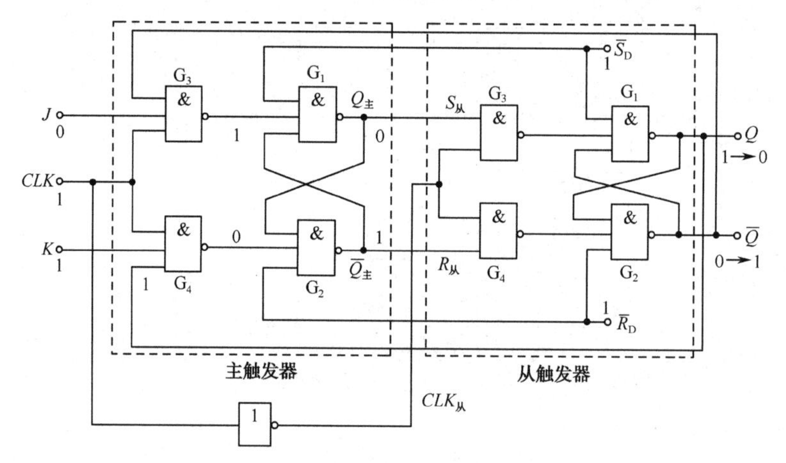

图 14.1-20　$J=0$、$K=1$ 且触发器原态为“1”的情况

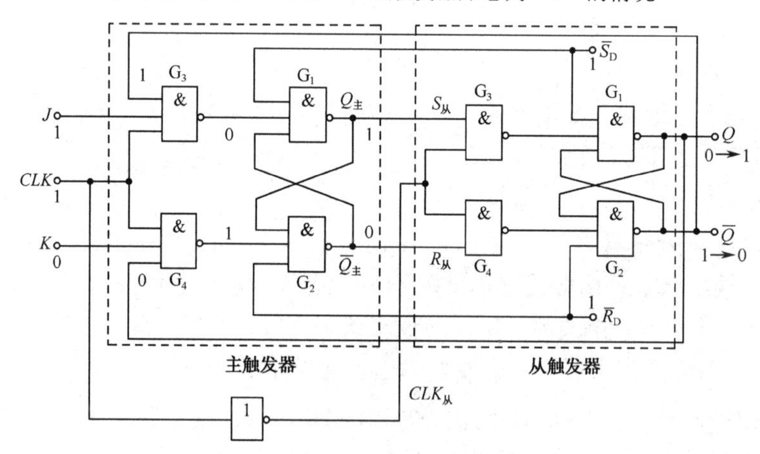

图 14.1-21　$J=1$、$K=0$ 且触发器原态为“0”的情况

当触发器初态为 $Q=Q_{主}=1$，其$\overline{Q}=0$，此时电路如图 14.1-22 所示。在 $CLK=1$ 期间，主触发器的 G_3 和 G_4 门输出均为高电平，主触发器保持原态不变。当 CLK 下降沿到来后从触发器的状态也保持不变，即$Q^{n+1}=1$。

因此，当$J=1$，$K=0$时，无论原态如何，新态均为高电平，即$Q^{n+1}=1$，触发器置位。

④ $J=1$，$K=1$

此种情况下，在 $CLK=1$ 期间，主触发器中 G_3 门和 G_4 门的状态均受输出状态的影响。当触发器原态为 $Q=Q_{主}=0$，$\overline{Q}=\overline{Q}_{主}=1$ 时，其电路如图 14.1-23 所示，则主触发器的状态由“0”翻转成“1”。当 CLK 下降沿到来后，从触发器的状态也由“0”翻转成“1”，即 $Q^{n+1}=1$。

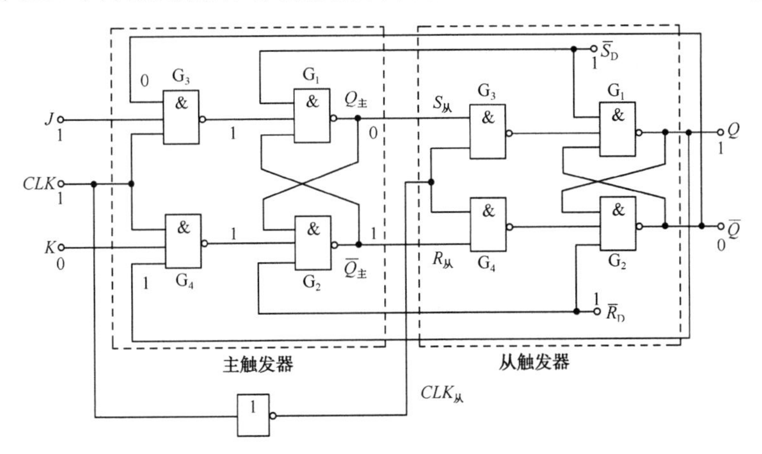

图 14.1-22　$J=1$、$K=0$ 且触发器原态为“1”的情况

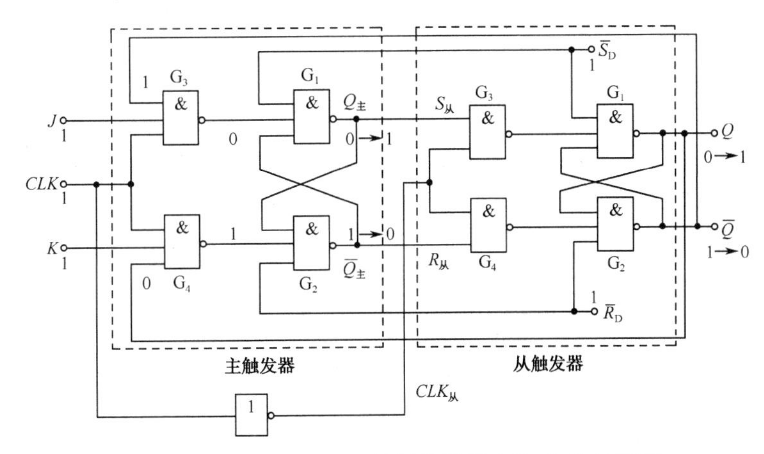

图 14.1-23　$J=1$、$K=1$ 且触发器原态为“0”的情况

若触发器原态为 $Q=Q_{主}=1$，$\overline{Q}=\overline{Q}_{主}=0$，其电路如图 14.1-24 所示。则在 $CLK=1$ 期间，主触发器的状态由“1”翻转成“0”。当 CLK 下降沿到来后，从触发器的状态也由“1”翻转成“0”，即 $Q^{n+1}=0$。

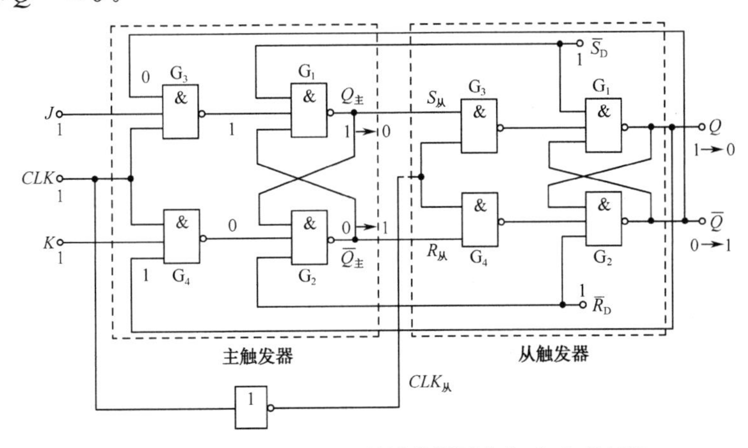

图 14.1-24　$J=1$、$K=1$ 且触发器原态为“1”的情况

故当 $J = 1$，$K = 1$ 时，若触发器原态为“0”，则触发器的新态则翻转成“1”；若原态为“1”，则触发器的新态翻转成“0”，即新态和原态相反，可表示成$Q^{n+1} = \bar{Q}^n$，称为计数状态。

综上所示，对于 JK 触发器，由于反馈线的存在，去掉了 RS 触发器的禁止状态，其功能表如表 14.1-3 所示。

表 14.1-3　JK 触发器的逻辑功能表

输　入					输　出		说　明
$\bar{R}_D$	$\bar{S}_D$	CLK	J	S	Q^{n+1}	$\bar{Q}^{n+1}$	
0	1	×	×	×	0	1	复位
1	0	×	×	×	1	0	置位
1	1	⎍↓	0	0	Q^n	$\bar{Q}^n$	存储
1	1	⎍↓	0	1	0	1	置“0”
1	1	⎍↓	1	0	1	0	置“1”
1	1	⎍↓	1	1	$\bar{Q}^n$	Q^n	计数

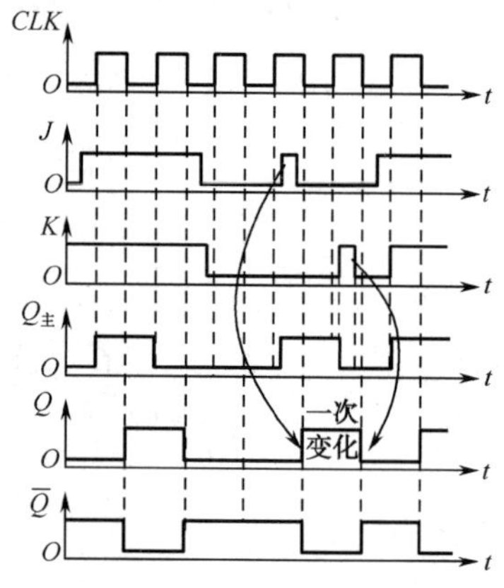

图 14.1-25　例 14.1-4 的输入、输出电压波形

对于图 14.1-18(a)的主从 JK 触发器，当触发器的原态为 $Q = 0$，$\bar{Q} = 1$时，在 $CLK = 1$ 期间，J 的状态改变会引起主触发器状态变化，从而也引起从触发器状态的改变，但改变只有一次，这就是主从 JK 触发器的“一次变化”问题。同理，当触发器的原态为 $Q = 1$，$\bar{Q} = 0$时，在 $CLK = 1$ 期间，K 的状态改变也会引起主触发器状态发生变化。

【例 14.1-4】 将图 14.1-25 的时钟脉冲 CLK、输入端 J 和 K 的电压波形，输入到图 14.1-18(a)的主从 JK 触发器上，设触发器的初态为“0”，画出主触发器和从触发器的输出端 $Q_{主}$、Q 和 $\bar{Q}$ 的波形。

【解】 根据图 14.1-18(a)的 JK 触发器电路及表 14.1-3，画出各输出电压波形如图 14.1-25 所示。由图可以看出，当 $Q = 0$、$CLK = 1$ 期间，若 J 端出现一干扰正脉冲，则会使主触发器翻转，由“0”态变成“1”态，从而引起从触发器输出状态发生改变。同理，在 $Q = 1$、$CLK = 1$ 期间，K 端出现一干扰正脉冲，使主触发器翻转，由“1”态变成“0”态，从而引起从触发器输出状态发生改变，即产生一次变化。

（2）边沿 JK 触发器

为了提高抗干扰能力，将主从 JK 触发器的结构进行了改进，使得输出端的状态只决定时钟脉冲边沿到来时刻的输入端状态，这就是边沿触发的 JK 触发器，简称边沿触发器。利用门电路传输延迟时间的边沿 JK 触发器的电路及逻辑符号如图 14.1-26 所示，CLK 的小圆圈代表下降沿触发。

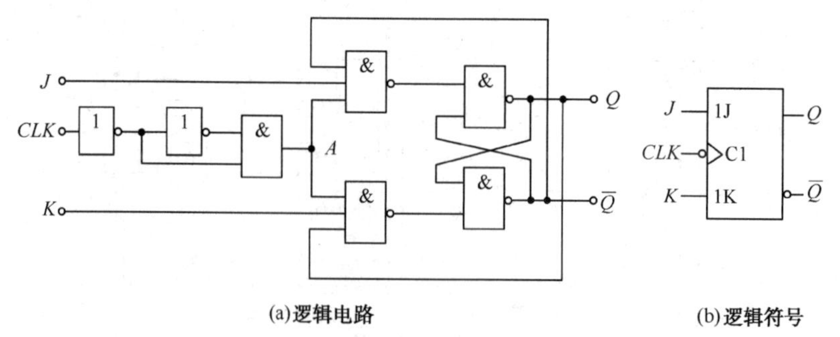

图 14.1-26　下降沿触发的边沿 JK 触发器的电路及逻辑符号

在 CLK 为低电平期间，由图 14.1-27 可知，与门输出为低电平，此时，输入 J 和 K 的状

态不能影响触发器输出状态，输出保持原态。

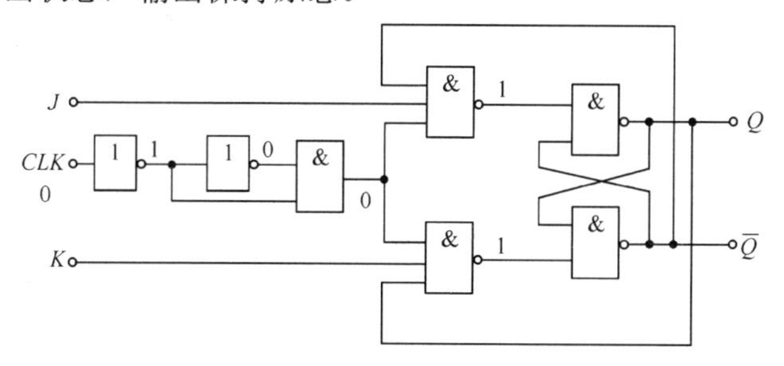

图 14.1-27　在 *CLK* 为低电平期间触发器保持原态

当 *CLK* 为高电平时，其电路如图 14.1-28 所示。与门输出仍为低电平，触发器仍保持原态。

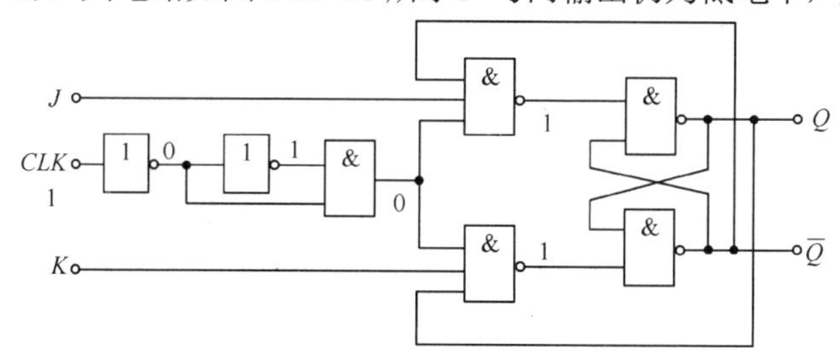

图 14.1-28　在 *CLK* 为高平期间触发器仍保持原态

但当时钟脉冲 *CLK* 由高电平跳变成低电平时，由于门电路的传输延迟时间，使得与门输出一个窄正脉冲，如图 14.1-29 所示。此时触发器输出端状态受输入 *J* 和 *K* 的影响，按表 14.1-3 变化。由于输出端状态只在 *CLK* 下降沿到来时刻由输入端决定，故称为边沿触发器，不存在一次变化问题，因而提高了电路的抗干扰能力。

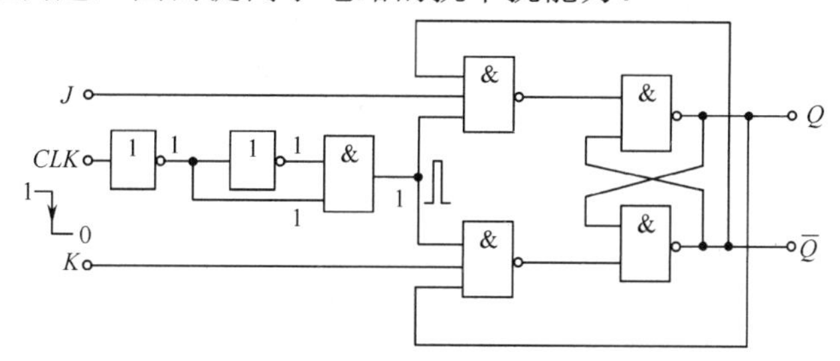

图 14.1-29　在 *CLK* 的下降沿到来时刻触发器输出状态受 *J*、*K* 影响

【例 14.1-5】 若将图 14.1-25 的输入波形加到图 14.1-26(a)的边沿 JK 触发器上，请画出输出端 Q 和 $\overline{Q}$ 的电压波形。

【解】 根据边沿 JK 触发器电路及表 14.1-3 画出输出端 Q 和 $\overline{Q}$ 的电压波形如图 14.1-30 所示。

由此例可以看出，*J* 和 *K* 的干扰脉冲对边沿 JK 触发器没有影响。由于 JK 触发器应用非常广泛，因此集成 JK 触发器的种类很多，如集成双主从 JK 触发器 74LS73、集成双下降沿 JK 触发器 74LS112 等，其引脚图见附录 F。

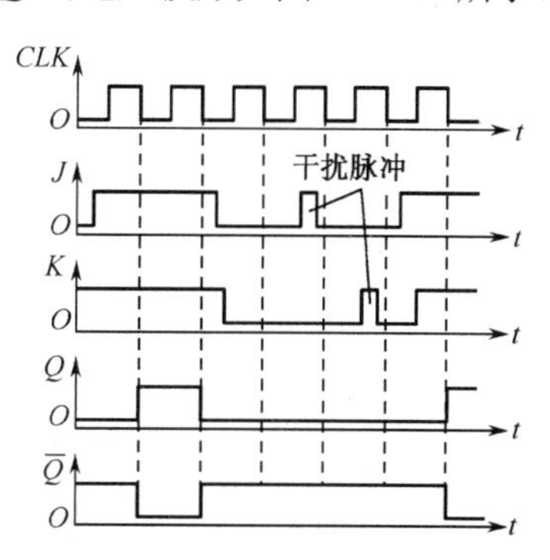

图 14.1-30　例 14.1-5 的输出电压波形

3. D 触发器

D 触发器也称为数据锁存器，其输出端状态随输入端变化。它可由电平 RS 触发器构成电平 D 触发器，也可利用主从 RS 触发器构成主从 D 触发器。边沿 D 触发器有维持阻塞型、利用门电路传输延迟时间构成等。图 14.1-31

为上升沿触发的边沿 D 触发器电路及逻辑符号，它是利用门电路传输延迟时间构成的。

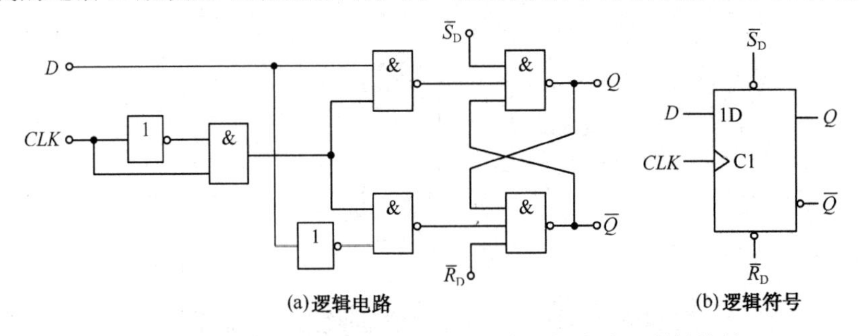

图 14.1-31 上升沿触发的边沿 D 触发器的电路及逻辑符号

在 *CLK* 为高电平时，其电路工作状态如图 14.1-32 所示，与门输出为低电平，*D* 端输入数据不能影响触发器状态，触发器输出保持原态不变。

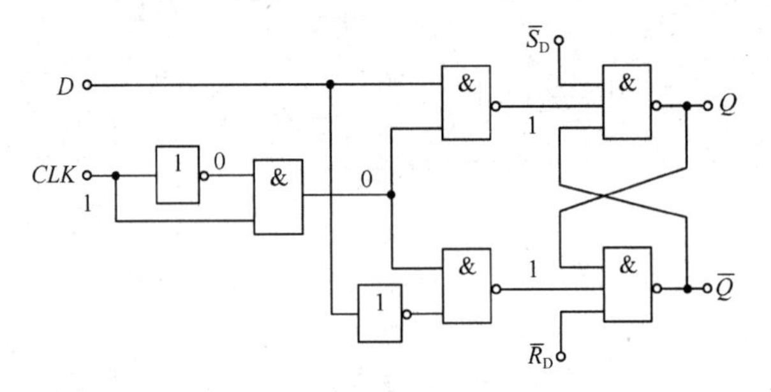

图 14.1-32 *CLK* 为高电平时触发器输出保持原态

当 *CLK* 转为低电平时，其电路工作状态如图 14.1-33 所示，与门输出仍为低电平，*D* 端输入数据不能影响触发器状态，触发器输出还是保持原态不变。

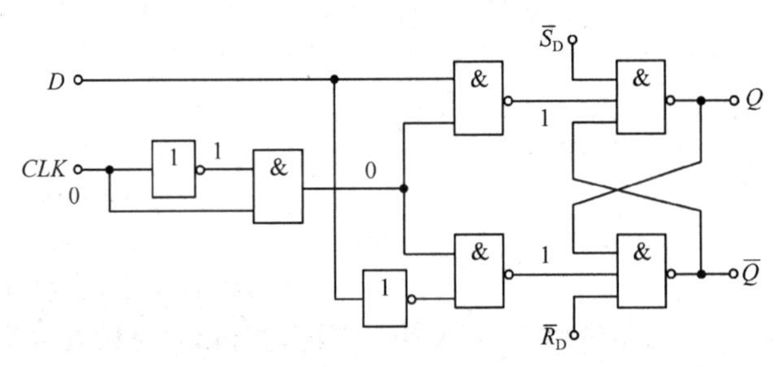

图 14.1-33 *CLK* 为低电平时触发器输出仍保持原态

当时钟脉冲 *CLK* 由低电平跳变到高电平瞬间，则会产生一正脉冲，如图 14.1-34 所示。此时输出端的状态受 *D* 端数据的控制。

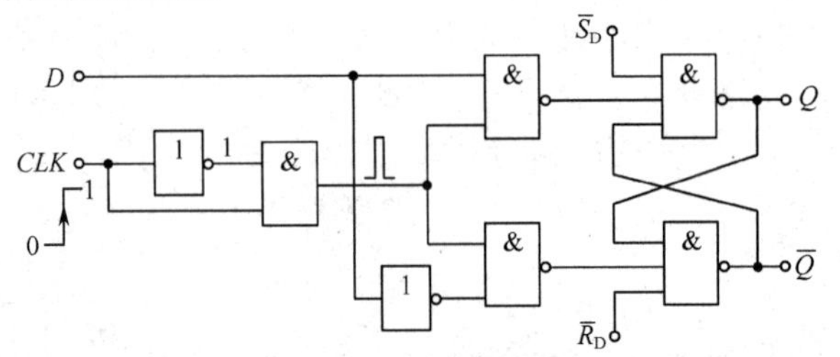

图 14.1-34 *CLK* 上升沿到来时刻触发器输出受输入端的控制

当 $D = 0$ 时，其电路如图 14.1-35 所示，输出端的状态为 $Q^{n+1} = 0$ 。

当 $D = 1$ 时，其电路如图 14.1-36 所示，输出端的状态为 $Q^{n+1} = 1$。

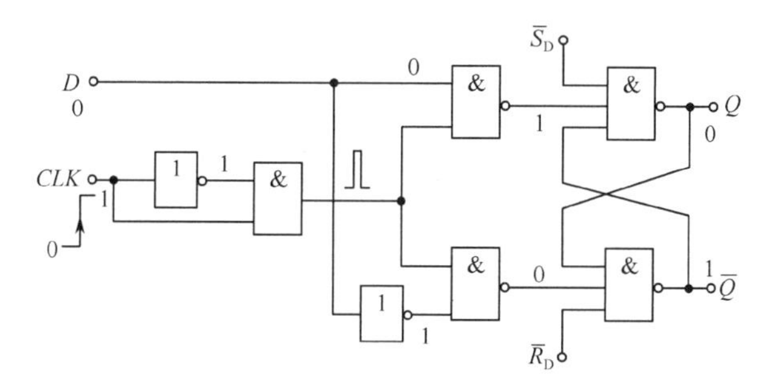

图 14.1-35　*CLK* 上升沿到来时刻 $D=0$ 时触发器输出端的状态

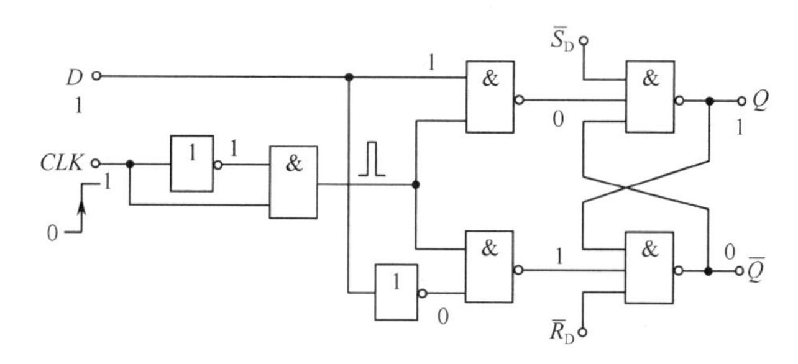

图 14.1-36　*CLK* 上升沿到来时刻 $D=1$ 时触发器输出端的状态

根据上述分析可得到 D 触发器的功能表如表 14.1-4 所示。由表可以看出，D 触发器输出端状态跟随输入端的状态，因此 D 触发器可以锁存或存储一位二进制数码。

集成 D 触发器的型号有 74LS74、74LS75、74LS116 等，其中 74LS75 为高电平触发的 D 锁存器，74LS74、74LS116 为上升沿触发的边沿触发器，74LS74 的引脚图见附录 F。

表 14.1-4　D 触发器的逻辑功能表

输入				输出		说明
$\bar{R}_D$	$\bar{S}_D$	*CLK*	*D*	Q^{n+1}	$\bar{Q}^{n+1}$	
0	1	×	×	0	1	复位
1	0	×	×	1	0	置位
1	1	↑	0	0	1	置“0”
1	1	↑	1	1	0	置“1”

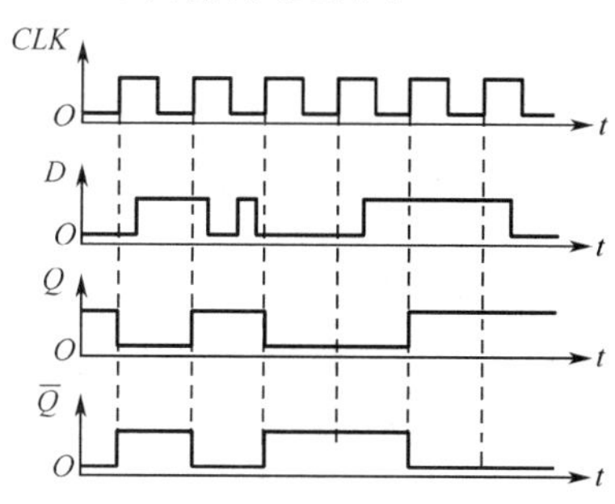

图 14.1-37　例 14.1-6 中 D 触发器的输入与输出的电压波形

【例 14.1-6】 对于图 14.1-31(a)的边沿 D 触发器，若输入波形如图 14.1-37 所示，并设触发器的初态为“1”，画出输出端 Q 和 $\bar{Q}$ 的波形。

【解】 根据表 14.1-4 画出边沿 D 触发器输出端的波形如图 14.1-37 所示，由图可以看出，输出的状态和上升沿到来时刻前 D 的状态相同，但输出状态滞后 D 的状态。

4. T 触发器和 T′ 触发器

T 触发器的功能表如表 14.1-5 所示，由表可见，当 $T=0$ 时，触发器保持原态，即存储状态；当 $T=1$ 时，触发器状态与原态相反，为计数状态。

表 14.1-5　T 触发器的逻辑功能表

输入	输出		说明
T	Q^{n+1}	$\bar{Q}^{n+1}$	
0	Q^n	$\bar{Q}^n$	存储
1	$\bar{Q}^n$	Q^n	计数

T′ 触发器只有计数功能，即 $Q^{n+1}=\bar{Q}^n$ 。T 触发器和 T′ 触发器可以由 JK 触发器构成，根据表 14.1-3 可知，只要 J、K 接在一起，作为输入端 T，就构成了 T 触发器。而当 J、K 接高电平，就构成了 T′ 触发器，因此 T 触发器和

T′触发器没有集成芯片。

14.1.4 时钟双稳态触发器逻辑功能的描述

时钟双稳态触发器逻辑功能的描述有逻辑符号、功能表、特性方程、状态转换图和时序图等，这里只介绍RS触发器、JK触发器、D触发器及T触发器的特性方程和状态转换图。

1. RS触发器

无论电平 RS 触发器还是主从 RS 触发器，其展开的功能如表 14.1-6 所示。从功能表看出，当 R=S=1 时出现禁态，因此将此种情况作为约束状态，即 $RS=0$ 作为约束项。根据表 14.1-6 画出 RS 触发器新态卡诺图，如图 14.1-38 所示。

表 14.1-6 RS触发器功能表

R	S	Q^n	Q^{n+1}
0	0	0	0
0	0	1	1
0	1	0	1
0	1	1	1
1	0	0	0
1	0	1	0
1	1	0	1*
1	1	1	1*

由图 14.1-38 写出 RS 触发器输出端新态的逻辑方程，称为触发器的特性方程，即

$$\begin{cases} Q^{n+1}=S+\bar{R}Q^n \\ \text{约束条件:} RS=0 \end{cases}$$

根据表 14.1-6 可画出 RS 触发器状态转换及条件的图形，如图 14.1-39 所示，称为状态转换图。其中圆中的数码表示触发器输出端的状态，箭头对应的状态为新态，初始端对应初态，上面为状态转换的条件。

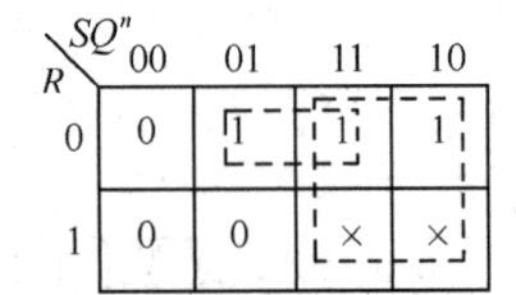

图 14.1-38 RS触发器新态卡诺图

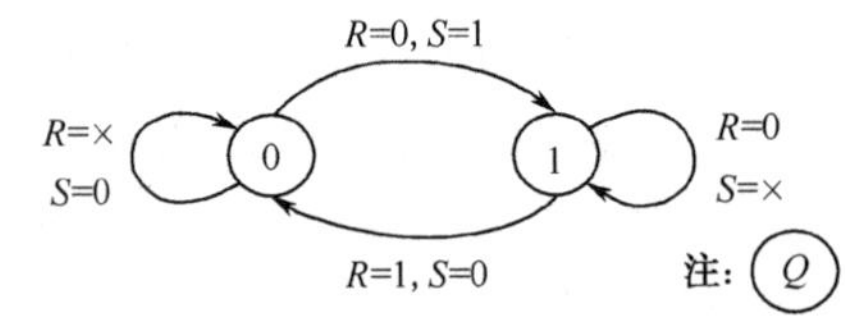

图 14.1-39 RS触发器的状态转换图(约束条件为 $RS=0$)

2. JK触发器

JK 触发器的结构有主从 JK 触发器和边沿 JK 触发器，它们的功能如表 14.1-7 所示。由功能表画出输出端新态卡诺图如图 14.1-40 所示。

由图 14.1-40 的卡诺图可写出 JK 触发器的特性方程为

$$Q^{n+1}=J\bar{Q}^n+\bar{K}Q^n$$

根据功能表 14.1-7 画出 JK 触发器的状态转换图如图 14.1-41 所示。由图可见，当原态为“0”，新态为 1 时，输入有两种情况，即 $J=1$、$K=0$ 或者 $J=1$、$K=1$。若原态为“1”，新态为“0”时，输入为 $J=0$、$K=1$ 或者 $J=1$、$K=1$。同理可得其他两种情况。

表 14.1-7 JK触发器功能表

J	K	Q^n	Q^{n+1}
0	0	0	0
0	0	1	1
0	1	0	0
0	1	1	0
1	0	0	1
1	0	1	1
1	1	0	1
1	1	1	0

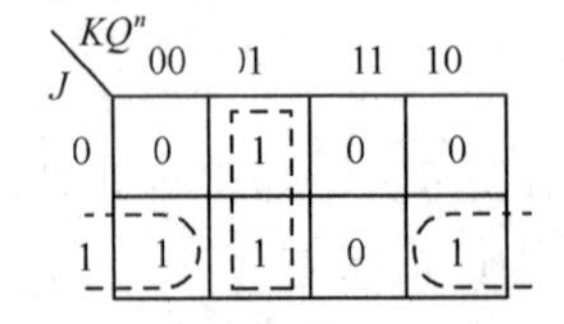

图 14.1-40 JK触发器新态卡诺图

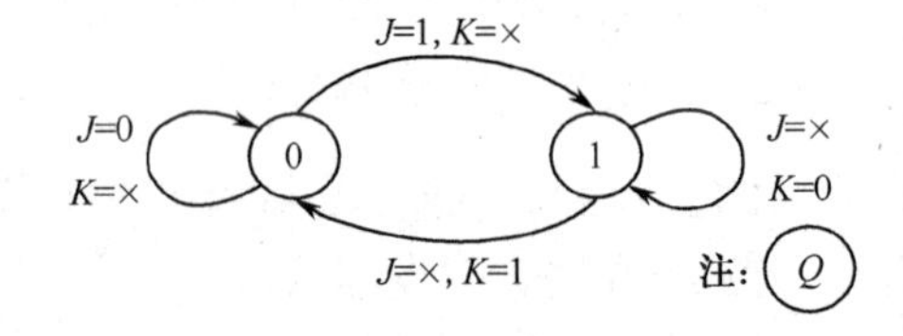

图 14.1-41 JK触发器状态转换图

3. D触发器

D 触发器的功能表如表 14.1-8 所示。从表中可以看出，D 触发器的特性方程为

$$Q^{n+1}=D$$

即触发器的新态与数据输入端 D 的状态一致。

由 D 触发器功能表 14.1-8 画出其状态转换图如图 14.1-42 所示。

表 14.1-8　D 触发器功能表

D	Q^n	Q^{n+1}
0	0	0
0	1	0
1	0	1
1	1	1

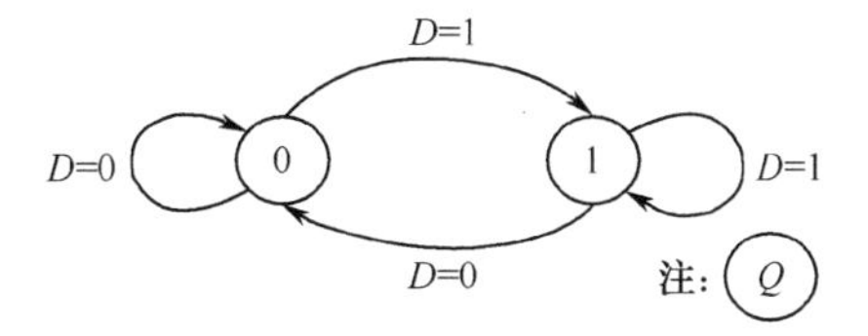

图 14.1-42　D 触发器的状态转换图

4．T 触发器

T 触发器的功能如表 14.1-9 所示，即当 $T=0$ 时，触发器保持原态；当 $T=1$ 时，新态为原态取反。从表 14.1-9 可写出 T 触发器的特性方程，即

$$Q^{n+1}=T\overline{Q}^n+\overline{T}Q^n=T\oplus Q^n$$

表 14.1-9　T 触发器功能表

T	Q^n	Q^{n+1}	功能
0	0	0	保持
0	1	1	
1	0	1	计数
1	1	0	

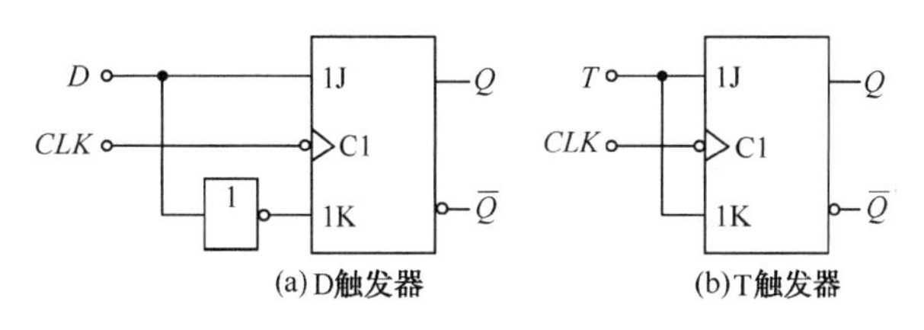

图 14.1-43　由边沿 JK 触发器构成 D 触发器和 T 触发器

【例 14.1-7】 利用下降沿触发的边沿 JK 触发器构成 D 触发器、T 触发器，并画出连接电路。

【解】 比较各触发器的特性方程，即

$$\text{JK:}\quad Q^{n+1}=J\overline{Q}^n+\overline{K}Q^n$$

$$\text{D:}\quad Q^{n+1}=D(Q^n+\overline{Q}^n)=D\overline{Q}^n+DQ^n$$

$$\text{T:}\quad Q^{n+1}=T\overline{Q}^n+\overline{T}Q^n$$

比较上述三个式子可知，若由 JK 构成 D 触发器，则 $J=D$，$K=\overline{D}$；若由 JK 构成 T 触发器，则 $J=K=T$。其逻辑电路如图 14.1-43 所示。

【例 14.1-8】 利用 JK 触发器和 D 触发器构成 T′ 触发器，画出其逻辑电路。

【解】 T′ 触发器即为计数状态，其特性方程为 $Q^{n+1}=\overline{Q}^n$。

对于 JK 触发器，其特性方程为 $Q^{n+1}=J\overline{Q}^n+\overline{K}Q^n$，实现 T′ 触发器有下面三种方式，即

a．$J=K=1$；b．$J=\overline{Q}$，$K=1$；c．$J=\overline{Q}$，$K=Q$

对于 D 触发器，其特性方程为 $Q^{n+1}=D$，若实现 T′ 触发器，必须是 $D=\overline{Q}$，所以实现的逻辑电路如图 14.1-44 所示。

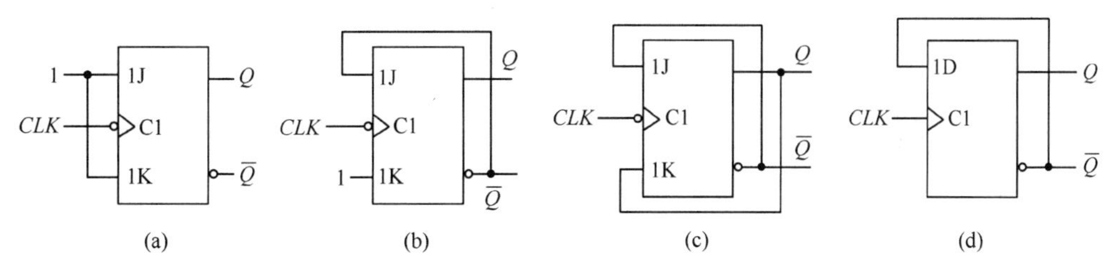

图 14.1-44　例 14.1-8 中由 JK 和 D 触发器构成的 T′ 触发器

思考题

14.1-1 RS 触发器的不定态是什么意思?

14.1-2 什么是触发器的置位和复位？其作用是什么？

14.1-3 JK 触发器在什么情况下，输出的新态是原态的取反，即计数状态？此时若输入的时钟脉冲的频率为 126kHz，则 JK 触发器输出端电压波形的频率是多少？

14.2 时序逻辑电路的分析

14.2.1 概述

时序逻辑电路是由存储电路和组合逻辑电路共同组成的，它的输出状态不仅与输入有关，还与电路的过去状态有关，即具有存储功能。时序逻辑电路的原理框图如图 14.2-1 所示。其中 $x_1 \sim x_i$ 为输入信号；$y_1 \sim y_j$ 为输出信号；$z_1 \sim z_k$ 为存储电路的输入信号；$q_1 \sim q_m$ 为存储电路的输出信号。

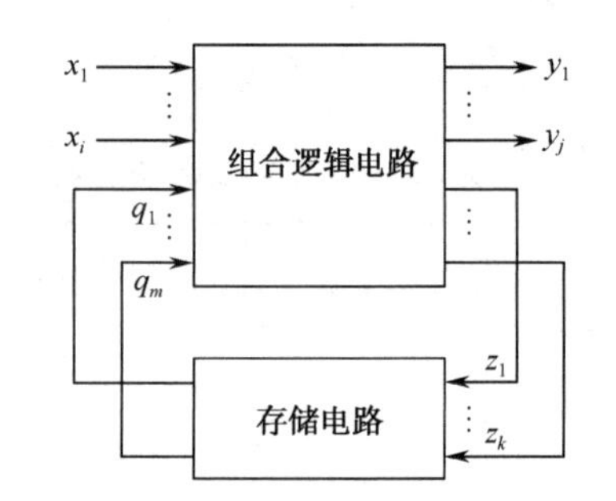

图 14.2-1 时序逻辑电路的原理框图

由图 14.2-1 看出，可用下面三个方程来描述时序逻辑电路的输出和输入的逻辑关系。

（1）输出方程，表示输出与输入及存储电路输出的逻辑关系，即

$$Y(y_1 \cdots y_j) = F[X(x_1 \cdots x_i), Q_n(q_1 \cdots q_m)] \quad (14.2\text{-}1)$$

（2）驱动方程，表示存储电路的输入与时序逻辑电路的输入及存储电路输出的初态之间的逻辑关系，即

$$Z(y_1 \cdots y_j) = F[X(x_1 \cdots x_i), Q_n(q_1 \cdots q_m)] \quad (14.2\text{-}2)$$

（3）状态方程，表示存储电路的输出的新态与时序逻辑电路的输入及存储电路输出的初态之间的逻辑关系，即

$$Q^{n+1}(q_1 \cdots q_m) = F[X(x_1 \cdots x_i), Q^n(q_1 \cdots q_m)] \quad (14.2\text{-}3)$$

时序逻辑电路根据输出与输入是否有关可分为穆尔型(Moore)和米利型(Mealy)，若输出 Y 与输入 X 有关则为米利型；若输出 Y 与 X 无关，则为穆尔型。另外，根据存储电路中触发器的时钟脉冲是否同时接到外接时钟上，将时序逻辑电路分成同步时序逻辑电路和异步时序逻辑电路。同步时序逻辑电路中所有的 CLK 接到同一个时钟上，触发器按同一时钟动作；而异步时序逻辑电路的 CLK 不是接在同一时钟上，触发器翻转是不同时的。显然，异步时序逻辑电路的速度要比同步时序逻辑电路慢，但其电路结构比较简单。

时序逻辑电路的分析就是在给定逻辑电路的情况下，得出电路的逻辑功能，即完成什么工作。

14.2.2 同步时序逻辑电路的分析

对于同步时序逻辑电路分析，可先不考虑时钟脉冲的控制，按下列步骤进行分析即可：

① 列出驱动方程，即触发器的输入端方程。

② 列出输出方程。

③ 列出状态方程，即触发器的新态与原态及输入的关系，这可由触发器的特性方程得到。

④ 列出电路的状态转换表或状态转换图，分析电路的逻辑功能。尽管驱动方程、输出方程和状态方程能描述时序逻辑电路的输出和输入的逻辑关系，但却不能确定电路的作用，因此还需要进一步分析，将电路的所有状态列出来，给出触发器的新态和原态的关系，即利用状态方程得到状态转换表或画出状态转换图；

⑤ 根据状态转换表或状态转换图得出电路的逻辑功能。

【例 14.2-1】 电路如图 14.2-2 所示，分析其逻辑功能，写出电路的驱动方程、状态方程和输出方程。

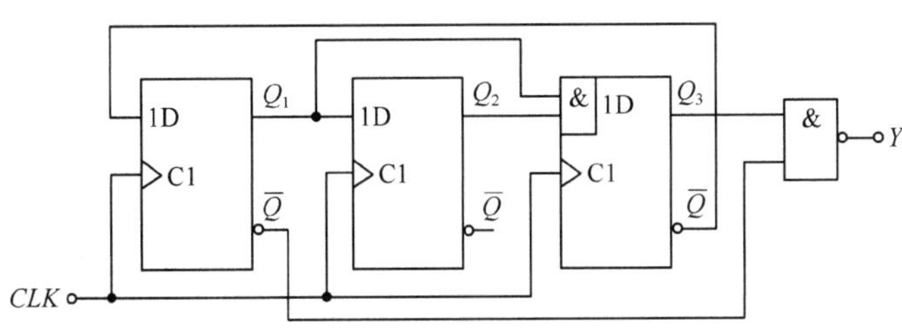

图 14.2-2 例 14.2-1 的逻辑电路

【解】 由电路的结构可知，此电路是穆尔型同步时序逻辑电路。

① 列出驱动方程，即触发器的输入端方程。由图 14.2-2 得

$$D_1 = \bar{Q}_3 \quad D_2 = Q_1 \quad D_3 = Q_1 Q_2$$

② 列出输出方程。由图 14.2-2 得

$$Y = \overline{\bar{Q}_1 Q_3} = Q_1 + \bar{Q}_3$$

③ 列出状态方程。由于 D 触发器的特性方程为$Q^{n+1} = D$，故将驱动方程代入特性方程，得到电路的状态方程为

$$Q_1^{n+1} = D_1 = \bar{Q}_3 \quad Q_2^{n+1} = D_2 = Q_1 \quad Q_3^{n+1} = D_3 = Q_1 Q_2$$

④ 列状态转换表，画出状态转换图。设电路的初态为 000，则由状态方程和输出方程可得到电路的状态转换表如表 14.2-1 所示，其状态转换图如图 14.2-3 所示。

表 14.2-1 例 14.2-1 的状态转换表

初态			次态			输出
Q_3^n	Q_2^n	Q_1^n	Q_3^{n+1}	Q_2^{n+1}	Q_1^{n+1}	Y
0	0	0	0	0	1	1
0	0	1	0	1	1	1
0	1	1	1	1	1	1
1	1	1	1	1	0	1
1	1	0	0	0	0	0
0	1	0	0	0	1	1
1	0	0	0	0	0	0
1	0	1	0	1	0	1

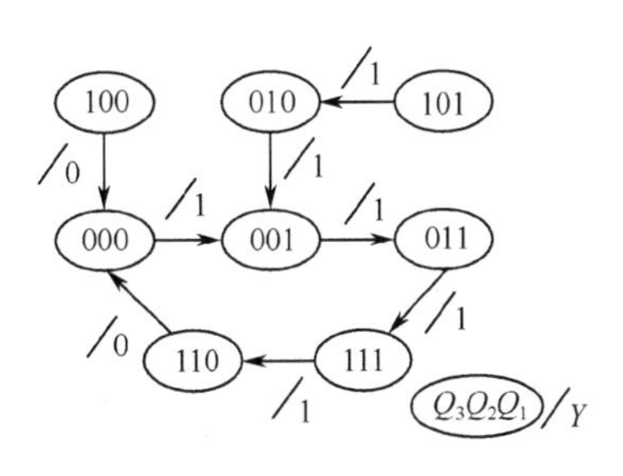

图 14.2-3 例 14.2-1 的状态转换图

由状态转换图看出，此电路在时钟脉冲 *CLK* 控制下，输出端状态构成一个循环，即 000→001→011→111→110→000，即 5 个时钟周期，输出状态循环一次，这种电路叫计数器，由于是 5 个时钟周期循环一次，故称五进制计数器。注意 010、100、101 三个状态不在此循环中，但都可以进入到此循环，这说明电路无论初态为哪一个状态，都可以进入这个循环，这种电路被称为能自启动电路，这是时序逻辑电路所必须要求的。

【例 14.2-2】 由边沿 JK 触发器构成的电路如图 14.2-4 所示，列出电路的驱动方程、输出方程和状态方程，列出电路的状态转换表，画出电路的状态转换图，分析电路的逻辑功能，说明电路能否自启动。画出电路在 8 个时钟脉冲 *CLK* 的作用下，输出端的电压时序图。

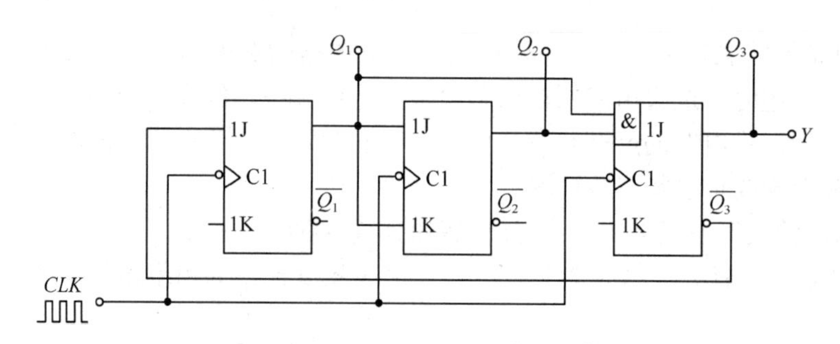

图 14.2-4　例 14.2-2 的逻辑电路

【解】 ① 写出电路的驱动方程。由图 14.2-4 的电路得

$$J_1=\bar{Q}_3, K_1=1;\quad J_2=K_2=Q_1;\quad J_3=Q_2Q_1, K_3=1$$

② 列出电路的输出方程。即

$$Y=Q_3$$

③ 列出电路的状态方程。由于 JK 触发器的特性方程为 $Q^{n+1}=J\bar{Q}^n+\bar{K}Q^n$，将电路的驱动方程代入 JK 触发器的特性方程中，得

$$\begin{cases}Q_1^{n+1}=J_1\bar{Q}_1+\bar{K}_1Q_1=\bar{Q}_3\bar{Q}_1\\Q_2^{n+1}=J_2\bar{Q}_2+\bar{K}_2Q_2=Q_1\bar{Q}_2+\bar{Q}_1Q_2=Q_1\oplus Q_2\\Q_3^{n+1}=J_3\bar{Q}_3+\bar{K}_3Q_3=Q_2Q_1\bar{Q}_3\end{cases}$$

表 14.2-2　例 14.2-2 的状态转换表

初态			新态			输出
Q_3^n	Q_2^n	Q_1^n	Q_3^{n+1}	Q_2^{n+1}	Q_1^{n+1}	Y
0	0	0	0	0	1	0
0	0	1	0	1	0	0
0	1	0	0	1	1	0
0	1	1	1	0	0	0
1	0	0	0	0	0	1
1	0	1	0	1	0	1
1	1	0	0	1	0	1
1	1	1	0	0	0	1

④ 列出状态转换表。设电路的初态为 $Q_3Q_2Q_1=000$，根据电路的状态方程列出电路的状态转换表如表 14.2-2 所示。

⑤ 画出电路的状态转换图。根据表 14.2-2 画出电路的状态转换图如图 14.2-5 所示。由状态转换图可见，此电路也是五进制计数器，但与例 14.2-1 循环的状态不同。而且其余三个状态可以进入此循环，所以电路可以自启动。

⑥ 画出电路输出的时序图。设初态为 $Q_3Q_2Q_1=000$，则电路输出的时序图如图 14.2-6 所示。

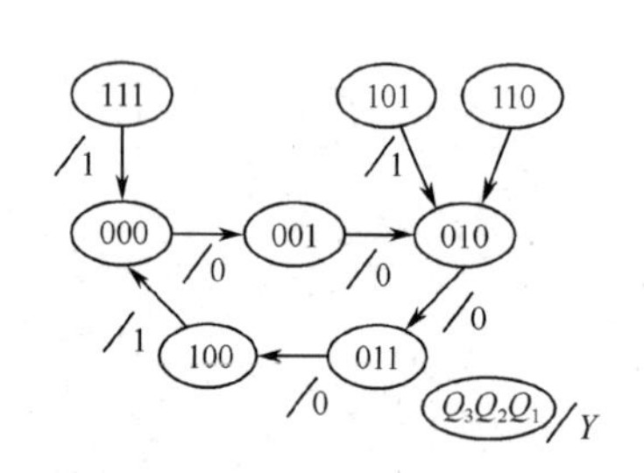

图 14.2-5　例 14.2-2 的电路状态转换图

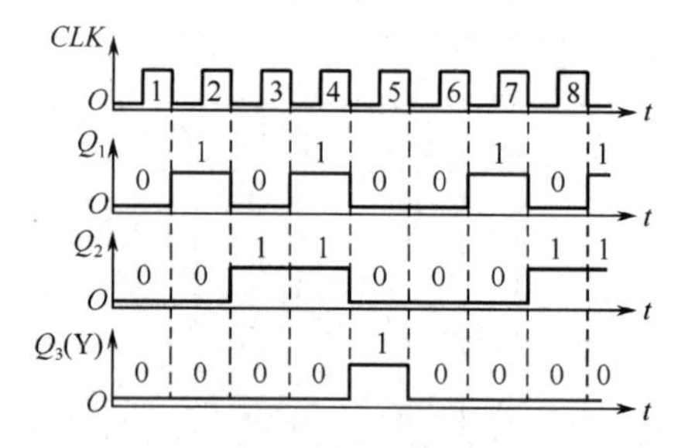

图 14.2-6　例 14.2-2 中输出端的时序图

*14.2.3　异步时序逻辑电路的分析

在异步时序逻辑电路中，由于各触发器的时钟脉冲 *CLK* 不是接在一起的，因此在列出驱动方程、输出方程和状态方程后，若要得到电路的状态转换表，除了利用状态方程，还要考虑各触发器时钟脉冲的控制。

【例 14.2-3】 异步时序逻辑电路如图 14.2-7 所示，分析其电路的逻辑功能。

【解】 ① 列出电路的驱动方程。由图 14.2-7 的电路可得

$$J_0=\overline{Q_1Q_2}, K_0=1;\quad J_1=Q_0, K_1=\overline{\bar{Q}_0\bar{Q}_2};\quad J_3=K_3=1$$

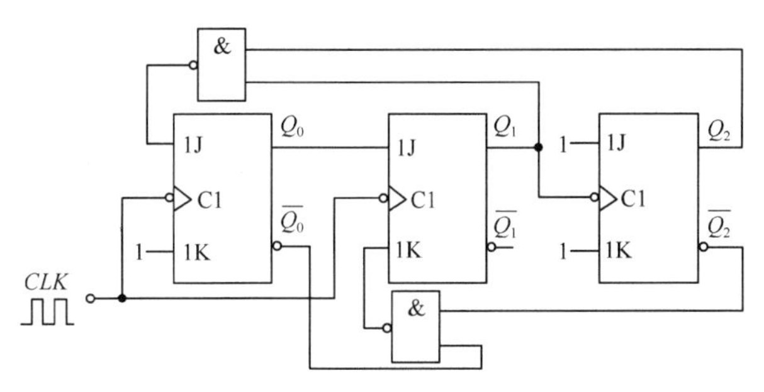

图 14.2-7　例 14.2-3 的逻辑电路

② 写出电路的状态方程。将上面的驱动方程代入 JK 触发器的特性方程 $Q^{n+1}=J\bar{Q}^n+\bar{K}Q^n$ 中，得

$$\begin{cases}Q_0^{n+1}=J_0\bar{Q}_0+\bar{K}_0Q_0=\overline{Q_1Q_2}\cdot\bar{Q}_0\\Q_1^{n+1}=J_1\bar{Q}_1+\bar{K}_1Q_1=Q_0\bar{Q}_1+\bar{Q}_0\bar{Q}_2Q_1\\Q_2^{n+1}=J_2\bar{Q}_2+\bar{K}_2Q_2=\bar{Q}_2\end{cases}$$

③ 写出各触发器的时钟脉冲 CLK。根据图 14.2-7 的电路可知

$$\begin{cases}CLK_0=CLK_1=CLK\\CLK_2=Q_1\end{cases}$$

表 14.2-3　例 14.2-3 的电路状态转换表

时钟脉冲		初　态			次　态		
$CLK(CLK_{0,1})$	CLK_2	Q_2^n	Q_1^n	Q_0^n	Q_2^{n+1}	Q_1^{n+1}	
↓	0	0	0	0	0	0	1
↓	↑	0	0	1	0	1	0
↓	1	0	1	0	0	1	1
↓	↓	0	1	1	1	0	0
↓	0	1	0	0	1	0	1
↓	↑	1	0	1	1	1	0
↓	↓	1	1	0	0	0	0
↓	↓	1	1	1	0	0	0

注：↓表示时钟脉冲的下降沿，↑表示时钟脉冲上升沿。

④ 根据电路的状态方程和各触发器的时钟脉冲列出电路的状态转换表。设电路的初态为 $Q_2Q_1Q_0=000$，在时钟脉冲 CLK 作用下，电路的状态转换表如表 14.2-3 所示。

⑤ 分析逻辑功能。由表 14.2-3 可知，该电路为异步六进制加法计数器，其状态转换为 000→001→010→011→100→101→110→000，且当初态为 $Q_2Q_1Q_0=111$ 时，也能进入该循环，故电路能够自启动。

思考题

14.2-1　同步时序逻辑电路的“同步”是什么概念？

14.2-2　描述时序逻辑电路的三个方程是什么？能否通过这三个方程得出电路的逻辑功能？通过什么方法来分析电路的逻辑功能？

14.3　常用时序逻辑电路

14.3.1　寄存器

寄存器就是能存储二进制数码的时序逻辑电路，所以它是由触发器构成的。1 个触发器可以寄存一位二进制数码，如果要寄存 n 位二进制数码，则需要 n 个触发器。寄存器分为数码寄存器和移位寄存器，只能寄存数据的寄存器称为数码寄存器；不仅能寄存数据还可以将数据进行移位的寄存器称为移位寄存器。

1. 数码寄存器

图 14.3-1 所示电路是由基本 RS 触发器构成的四位数码寄存器。在寄存数码时，首先清

零，即在没有开始寄存数据（寄存端输入低电平）时，$\overline{R}_D$ 端加低电平，使得各触发器初态均为“0”。然后在 $\overline{R}_D$ 端接高电平的情况下，需要寄存数据时，给出寄存指令，即寄存端接高电平，此时输入要寄存的数据，如 $d_3d_2d_1d_0=1010$，则触发器的状态随后变为 $Q_3Q_2Q_1Q_0=1010$，数据已存储在寄存器中。

图 14.3-2 是由边沿 D 触发器构成的四位数码寄存器，与图 14.3-1 相比，不需要清零，只要给出寄存指令，即 *CLK* 上升沿到来，输出状态与输入状态相同，即存入数据。

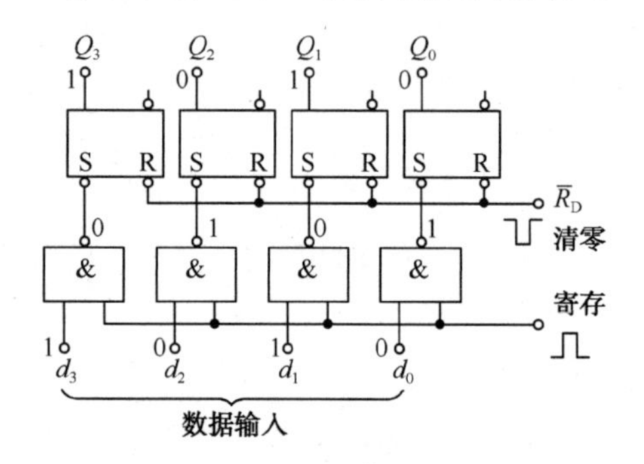

图 14.3-1　由基本 RS 触发器构成的四位数码寄存器

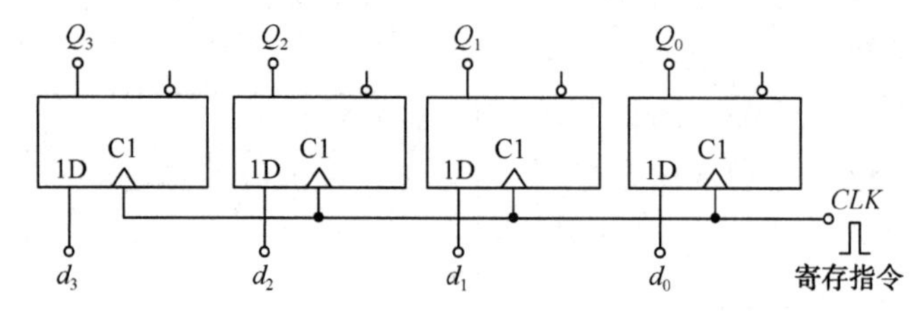

图 14.3-2　由边沿 D 触发器构成的四位数码寄存器

2．移位寄存器

移位寄存器除了可存储数据，还可将数据左移或者右移。根据数据的移动方向，移位寄存器可分为左移寄存器、右移寄存器和双向移位寄存器；也可根据数据的存储方式和取出方式，将移位寄存器分为串入串出（SISO）移位寄存器、串入并出（SIPO）移位寄存器和并入并出（PIPO）移位寄存器。

图 14.3-3 是由 D 触发器构成的串入串出右移（SISO）寄存器，数据是从低位触发器输入的。设寄存的数据为 1011，各触发器的初态为 $Q_0Q_1Q_2Q_3$ = 0000，则在第一个时钟脉冲 *CLK* 的前沿到来前，寄存的数据输入顺序是从高位输入，即 D_I = 1，那么在第一个脉冲的前沿到来后 Q_0 = 1，而其他触发器由于脉冲前沿已过，状态不能改变，所以第一个脉冲的前沿过后，各触发器的状态为 $Q_0Q_1Q_2Q_3$ = 1000。接着输入次高位，即 D_I = 0，第二个脉冲的前沿过后，各触发器的状态为 $Q_0Q_1Q_2Q_3$ = 0100。同理当第四个脉冲的前沿过后，各触发器的状态为 $Q_0Q_1Q_2Q_3$ = 1101。取出数据时，再经过 4 个时钟脉冲，由 D_O 取出数据 1011。故存入数据和取出数据需要 8 个时钟。

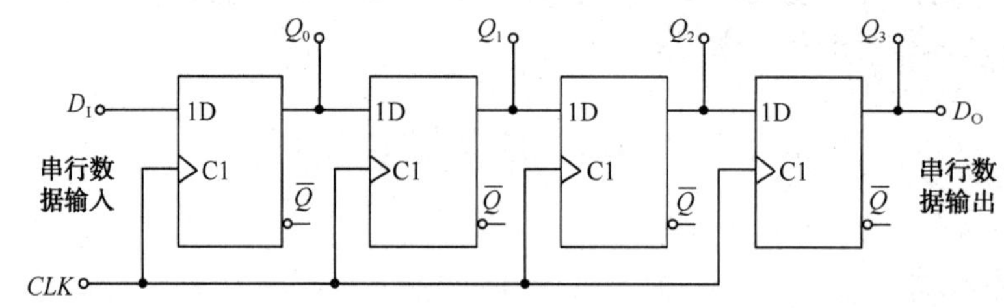

图 14.3-3　由边沿 D 触发器构成的串入串出右移寄存器

若需要并行取出数据，即 SIPO 移位寄存器，则在 4 个脉冲过后，从各触发器的输出端同时取出数据即可。

如果实现左移寄存，寄存器数据从高位触发器的输入端输入，高位触发器的输出接到次高位的触发器输入端 *D* 上，顺次连接，寄存的数据由低位触发器的输出端输出即可。

3．集成双向移位寄存器

74LS194 为集成四位双向通用移位寄存器，具有数据的并行输入、并行输出、左移、右移以及控制输入等功能。74LS194 的功能表及逻辑符号如图 14.3-4 所示，引脚图见附录 F。

输入										输出
		模式		串行		并行				
$\overline{CLR}$	CLK	$S1$	$S0$	SL	SR	A	B	C	D	Q_A Q_B Q_C Q_D
0	×	×	×	×	×	×	×	×	×	0 0 0 0（清零）
1	L	×	×	×	×	×	×	×	×	保持原态
1	↑	1	1	×	×	A	B	C	D	A B C D（并行置数）
1	↑	0	1	×	SR	×	×	×	×	SR Q_A Q_B Q_C（右移）
1	↑	1	0	SL	×	×	×	×	×	Q_B Q_C Q_D SL（左移）
1	×	0	0	×	×	×	×	×	×	保持原态

(a)功能表

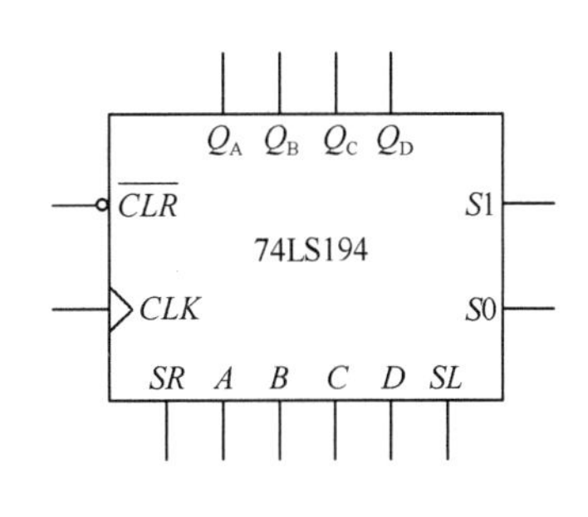

(b)逻辑符号

图 14.3-4　四位双向通用移位寄存器 74LS194 的功能表及逻辑符号

在图 14.3-4 中，$\overline{CLR}$ 为清零输入端，当 $\overline{CLR}$ 为低电平时，寄存器的输出端状态 $Q_AQ_BQ_CQ_D$ 均为低电平，即清零；当不需要清零时，$\overline{CLR}$ 接高电平。$S1$ 和 $S0$ 为状态控制端，当 $S1$ 和 $S0$ 同时为高电平时，可以并行输入数据；当 $S1$ 为低电平、$S0$ 为高电平时，数据在时钟脉冲 CLK 的上升沿作用下，实现右移寄存，数据由右移串行输入端 SR 输入；当 $S1$ 为高电平、$S0$ 为低电平时，寄存的数据在时钟脉冲上升沿的作用下实现左移寄存，由左移串行输入端 SL 输入；当 $S1$ 和 $S0$ 同时接低电平或 CLK 为低电平时，寄存器保持状态不变。

利用两片 74LS194 可扩展成八位双向移位寄存器，电路如图 14.3-5 所示。只要将 74LS194(1)的左移串行输入端 SL 接到 74LS194(2)的低位输出端 Q_A 上，74LS194(2)的右移串行输入端 SR 接到 74LS194(1)的高位输出端 Q_D 上，即实现了八位双向移位寄存器。

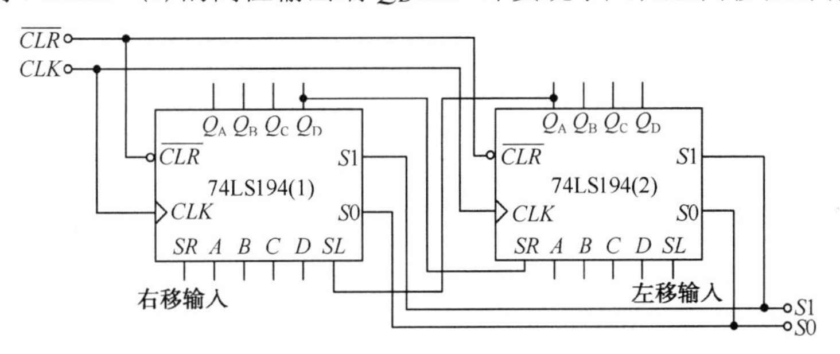

图 14.3-5　由两片双向通用移位寄存器构成八位双向移位寄存器

双向移位寄存器除了实现数据的串-并行转换，也可以作为分频器、序列信号检测电路及环形计数器等。

【例 14.3-1】 由四位双向通用移位寄存器 74LS194 构成的电路如图 14.3-6 所示，分析其逻辑功能。

【解】 此电路的状态控制端 $S1 = 1$，$S0 = 0$，故为左移串行数据输入，当输入端 X 经过 4 个时钟脉冲输入数据为 $Q_AQ_BQ_CQ_D = 1101$ 时，输出 $Y = 1$，并且最后的 1 可以作为下一组 1101 的第一个“1”，该“1”是重叠用的，故此电路完成可重叠的序列信号“1101”的检测功能。

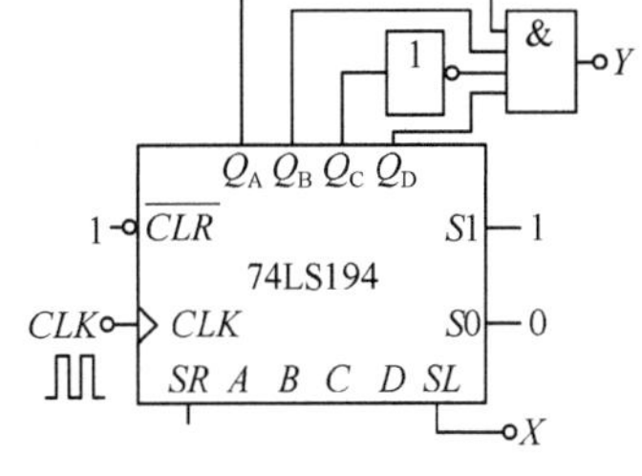

图 14.3-6　例 14.3-1 的电路

14.3.2　计数器

计数器用于累计输入时钟脉冲 CLK 的个数，除了计量脉冲个数，还可作为分频器、定时器等，广泛用于计算机和各种电子设备中。

计数器按进制分为二进制计数器、十进制计数器和任意进制计数器；按时钟脉冲的接入方式分为同步计数器和异步计数器。计数中，若随时钟脉冲数目增加，计数器状态逐渐加“1”，这种计数器称为加法计数器；若逐渐减“1”，则为减法计数器。有的计数器既可以作为加法计数，也可以作为减法计数，这就是可逆计数器。除此之外，还有环形计数器、环扭型计数器等。

1．二进制计数器

（1）同步二进制计数器

同步二进制计数器包括同步二进制加法计数器和同步二进制减法计数器。同步二进制加法计数器是每增加一个时钟脉冲，计数器状态加“1”。若二进制加法计数器输出端的个数(即位数)为 n，则输出状态循环的个数为 2^n，最大计数为 2^n-1，其中称 2^n 为计数器的模长。

四位同步二进制加法计数器的状态转换表如表 14.3-1 所示。由表可以看出，4 位同步二进制加法计数器的模长为 $2^4=16$，最大计数为 $2^4-1=15$，其中 Y 为进位脉冲，即达到最大计数时，计数器输出一正脉冲，作为构成 $n\times n$ 进制的高位时钟脉冲。输出方程为

$$Y=Q_3Q_2Q_1Q_0$$

表 14.3-1　四位同步二进制加法计数器的状态转换表

CLK 序列	触发器状态转换				进位输出
	Q_3	Q_2	Q_1	Q_0	Y
0	0	0	0	0	0
1	0	0	0	1	0
2	0	0	1	0	0
3	0	0	1	1	0
4	0	1	0	0	0
5	0	1	0	1	0
6	0	1	1	0	0
7	0	1	1	1	0
8	1	0	0	0	0
9	1	0	0	1	0
10	1	0	1	0	0
11	1	0	1	1	0
12	1	1	0	0	0
13	1	1	0	1	0
14	1	1	1	0	0
15	1	1	1	1	1

四位同步二进制加法计数器可由 4 个 JK 触发器构成，由表 14.3-1 看出，最低位触发器的输出 Q_0 是计数器状态，故接成T′触发器，即 $J_0=K_0=1$；对于次高位的触发器输出 Q_1，当 $Q_0=0$ 时，Q_1 保持状态不变；而当 $Q_0=1$ 之后下一个时钟脉冲到来时，Q_1 状态发生改变，因此将此触发器接成 T 触发器，且驱动方程为 $J_1=K_1=Q_0$。同理，可得其他触发器的驱动方程为 $J_2=K_2=Q_1Q_0$，$J_3=K_3=Q_2Q_1Q_0$。由此得出四位同步二进制加法计数器的电路，如图 14.3-7 所示。

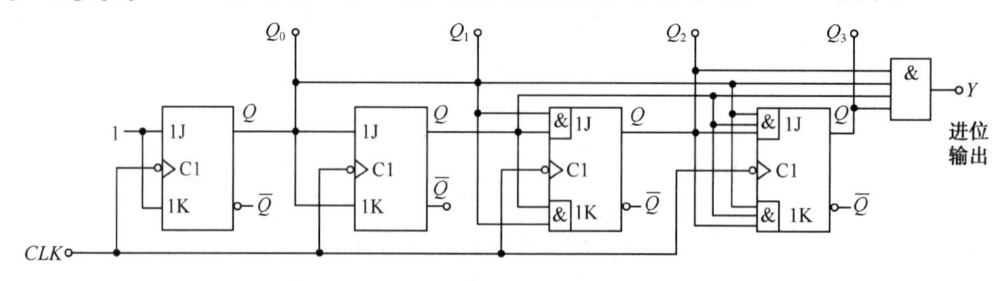

图 14.3-7　四位同步二进制加法计数器

74LS161 为集成四位同步二进制加法计数器，其功能表及逻辑符号如图 14.3-8 所示，引脚图见附录 F。

输入					输出	说明
$\overline{CLR}$	*CLK*	*EP*	*ET*	$\overline{LOAD}$	Q_D Q_C Q_B Q_A	
0	×	×	×	×	0　0　0　0	异步置零
1	↑	×	×	0	*D*　*C*　*B*　*A*	同步预置数
1	×	0	×	1	Q_D　Q_C　Q_B　Q_A	保持（*RCO*不变）
1	×	×	0	1	Q_D　Q_C　Q_B　Q_A	保持（*RCO*=0）
1	↑	1	1	1	加法计数	计数状态

(a) 功能表

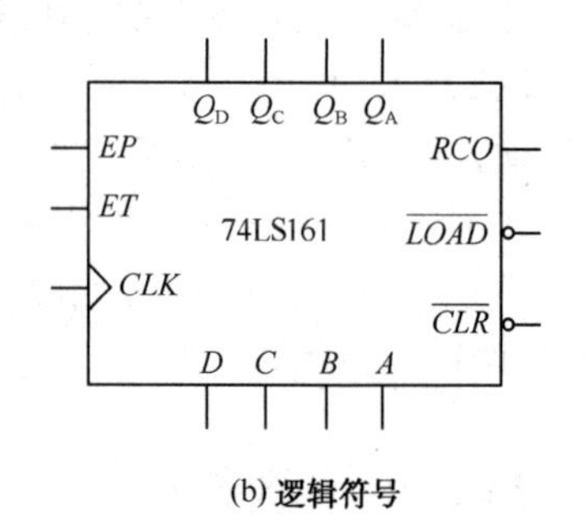

(b) 逻辑符号

图 14.3-8　集成四位同步二进制加法计数器 74LS161 的功能表及逻辑符号

其中 Q_D、Q_C、Q_B、Q_A 为计数器的输出端，*D*、*C*、*B*、*A* 为预置数输入端，*RCO* 为进位输出

端。$\overline{CLR}$ 为异步置零控制端，即无论其他输入端为何种状态，只要 $\overline{CLR}$ 为低电平，输出端全部为低电平。CLK 为时钟脉冲输入端，上升沿触发。$\overline{LOAD}$ 为同步置数控制端，当 $\overline{CLR}$ 为高电平且 $\overline{LOAD}$ 输入低电平时，在时钟脉冲上升沿到来后，输出端状态与输入端相同。EP, ET 为状态控制输入端，当 $\overline{CLR}$ 和 $\overline{LOAD}$ 接高电平时，若 $EP = ET = 1$，为计数状态，输出端 $Q_D\ Q_C\ Q_B\ Q_A$ 的状态由 0000 到 1111；若 $EP = 0$ 或 $ET = 0$，输出保持状态不变，但当 $EP = 0$ 时，进位输出端 RCO 的状态不变，而 $ET = 0$ 的同时，也使 $RCO = 0$。图 14.3-9(a) 为 74LS161 接成计数状态的逻辑电路图，图(b) 为其时序图。

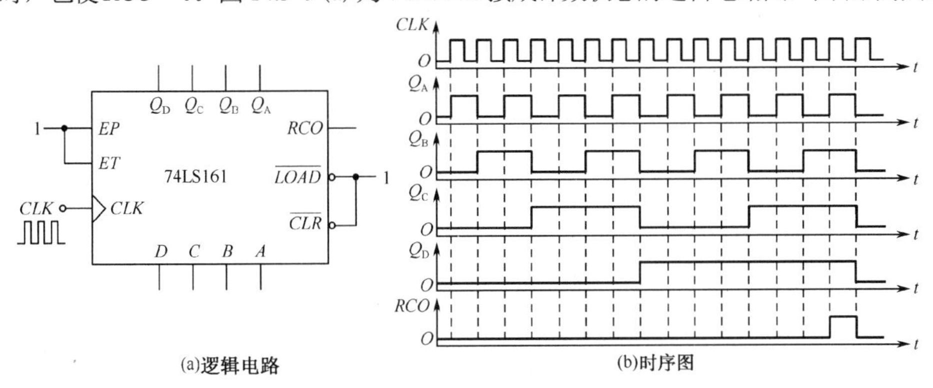

图 14.3-9　74LS161 接成计数状态的逻辑电路及时序图

同步二进制减法计数器是每增加一个时钟脉冲，计数器状态减“1”。四位同步二进制减法计数器的状态转换表如表 14.3-2 所示，若由 JK 触发器构成，从表 14.3-2 看出，最低位输出端 Q_0 仍为计数状态，最低位触发器的驱动方程仍为 $J_0 = K_0 = 1$。而 Q_1 在 $Q_0 = 1$ 保持原态，在 $Q_0 = 0$ 时状态发生变化，Q_1 接成 T 触发器，但 $J_1 = K_1 = \bar{Q}_0$。同理可知 Q_2 是在 Q_1 和 Q_0 同时为低电平时状态翻转，故 $J_2 = K_2 = \bar{Q}_1\bar{Q}_0$，依次类推可得 $J_3 = K_3 = \bar{Q}_2\bar{Q}_1\bar{Q}_0$。借位输出方程为

$$Y = \bar{Q}_3\bar{Q}_2\bar{Q}_1\bar{Q}_0$$

表 14.3-2　四位同步二进制减法计数器的状态转换表

CLK 序列	触发器状态转换				借位输出
	Q_3	Q_2	Q_1	Q_0	Y
0	1	1	1	1	0
1	1	1	1	0	0
2	1	1	0	1	0
3	1	1	0	0	0
4	1	0	1	1	0
5	1	0	1	0	0
6	1	0	0	1	0
7	1	0	0	0	0
8	0	1	1	1	0
9	0	1	1	0	0
10	0	1	0	1	0
11	0	1	0	0	0
12	0	0	1	1	0
13	0	0	1	0	0
14	0	0	0	1	0
15	0	0	0	0	1

实现的电路如图 14.3-10 所示。

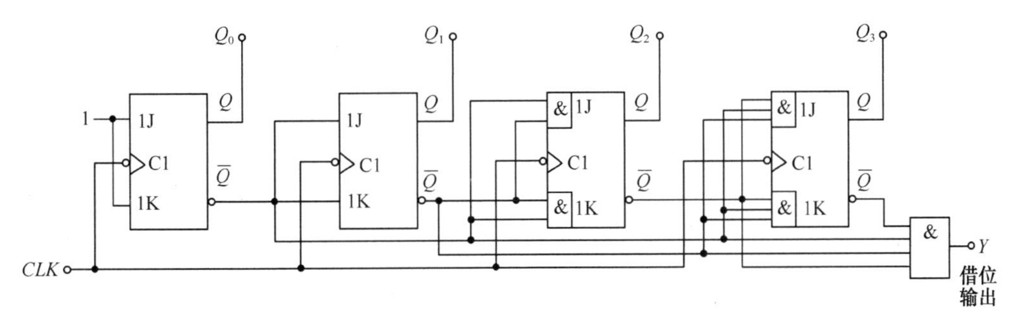

图 14.3-10　四位同步二进制减法计数器

（2）异步二进制计数器

四位异步二进制加法计数器是将各触发器接成 T′ 触发器，由表 14.3-1 看出，Q_0 是随外接时钟脉冲 CLK 翻转的，即每增加一个时钟脉冲，Q_0 翻转一次，故将低位触发器的时钟接到 CLK 上。Q_1 则在 Q_0 由“1”变为“0”时，状态发生改变，如果计数器由下降沿触发器

构成，则将其 CLK 接到 Q_0 上；若由上升沿触发器构成，则将其 CLK 接到 $\bar{Q}_0$ 上。依次类推，图 14.3-11 是由下降沿 JK 触发器构成的四位异步计数器电路。

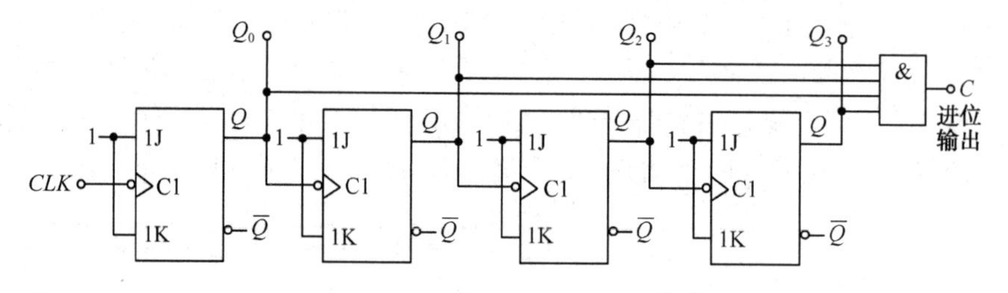

图 14.3-11　四位异步二进制加法计数器

2．十进制计数器

（1）同步十进制计数器

同步十进制加法计数器的状态转换表如表 14.3-3 所示，与表 14.3-1 相比，同步十进制加法计数器的状态循环为 0000～1001，当第十个脉冲到来后计数器的状态 1001 不翻转为 1010，而翻转为 0000，因此需要对图 14.3-7 的 4 位同步二进制计数器电路进行改进，其电路如图 14.3-12 所示。

其驱动方程为
$$\begin{cases} J_0 = K_0 = 1 \\ J_1 = Q_0\bar{Q}_3, K_1 = Q_0 \\ J_2 = K_2 = Q_0Q_1 \\ J_3 = Q_0Q_1Q_2, K_3 = Q_0 \end{cases}$$

输出方程为　　$Y = Q_0Q_3$

当输出状态为 $Q_3Q_2Q_1Q_0 = 1001$ 时，此时驱动方程为
$$\begin{cases} J_0 = K_0 = 1 \\ J_1 = 0, K_1 = 1 \\ J_2 = K_2 = 0 \\ J_3 = 0, K_3 = 1 \end{cases}$$

表 14.3-3　同步十进制加法计数器的状态转换表

CLK 序列	触发器状态转换 Q_3	Q_2	Q_1	Q_0	进位输出 Y
0	0	0	0	0	0
1	0	0	0	1	0
2	0	0	1	0	0
3	0	0	1	1	0
4	0	1	0	0	0
5	0	1	0	1	0
6	0	1	1	0	0
7	0	1	1	1	0
8	1	0	0	0	0
9	1	0	0	1	0
10	0	0	0	0	1

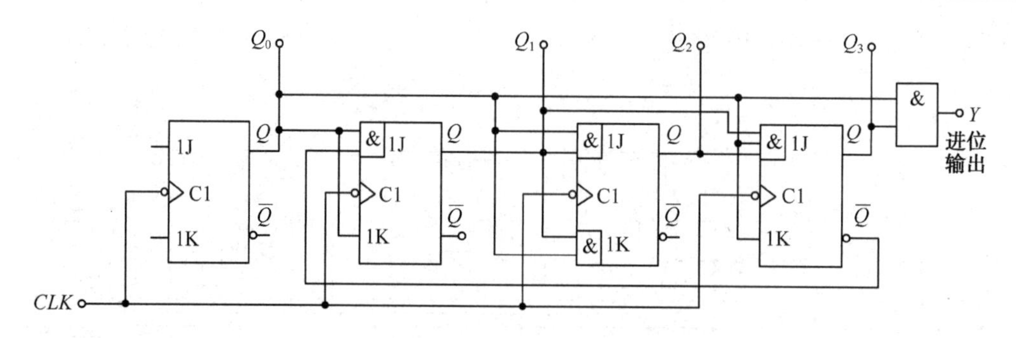

图 14.3-12　同步十进制加法计数器

故当 CLK 下降沿到来后，触发器的状态由 1001 翻转为 0000。电路的状态程为

$$\begin{cases} Q_0^{n+1} = \bar{Q}_0 \\ Q_1^{n+1} = Q_0\bar{Q}_3\bar{Q}_1 + \bar{Q}_0Q_1 \\ Q_2^{n+1} = Q_0Q_1\bar{Q}_2 + \overline{Q_0Q_1} \cdot Q_2 \\ Q_3^{n+1} = Q_0Q_1Q_2\bar{Q}_3 + \bar{Q}_0Q_3 \end{cases}$$

由上述状态方程画出的状态转换图如图 14.3-13 所示，可以看出，图 14.3-13 的电路是可以自启动的。

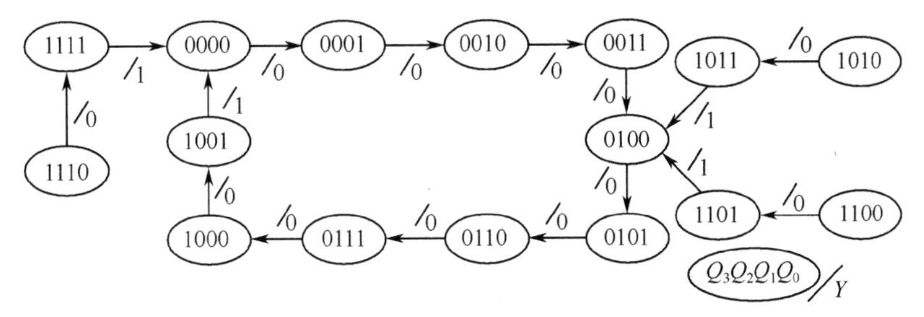

图 14.3-13　同步十进制加法计数器的状态转换图

74LS160 为同步十进制加法计数器，74LS160 与 74LS161 比较，其功能表、逻辑符号及引脚图都相同，只是进制不同而已，74LS161 为 4 位同步二进制计数器(也可称为十六进制计数器)。

图 14.3-14(a)为 74LS160 接成计数状态的逻辑电路，图(b)为其时序图。

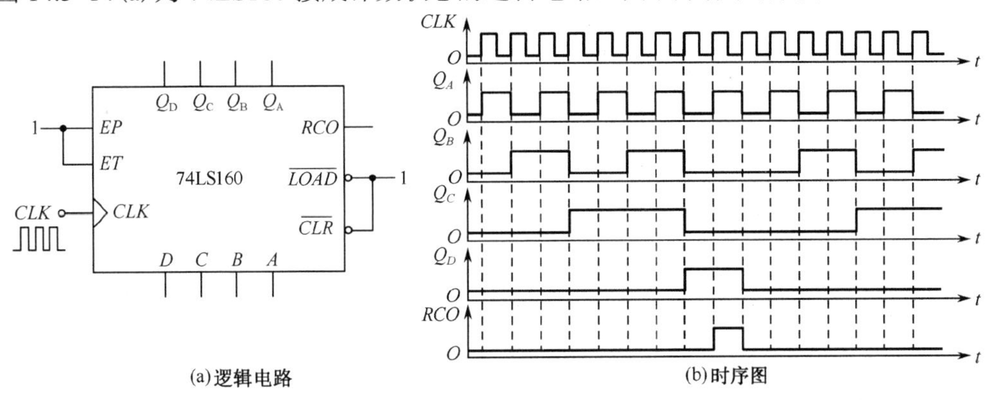

(a)逻辑电路　　(b)时序图

图 14.3-14　74LS160 接成计数状态的电路及时序图

3．任意进制计数器

任意进制计数器既不是二进制计数器，也不是十进制计数器，如红绿灯的 30 秒倒计时则为三十进制减法计数器；钟表为十二进制或二十四进制计数器；一年为三百六十五进制计数器等。任意进制计数器可以由触发器构成，也可以利用集成芯片的清零端或置数端构成，在这里主要介绍由集成芯片构成任意进制计数器。设要实现的计数器进制为 M，集成计数器芯片的进制为 N，则分两种情况。

(1) $M<N$

在此种情况下，只需一片集成芯片即可，如实现十二进制加法计数器，可利用 74LS161 来实现。由于 74LS161、74LS160 等有置零控制输入端和置数控制输入端，故可由两种方法实现，第一种方法是反馈归零法，第二种方法是反馈置数法。

① 反馈归零法

反馈归零法适用于有置零输入端的集成计数器。此种方法利用置零控制输入端 $\overline{CLR}$，使得计数器达到希望的状态后回归到初态“0000”。注意 74LS161、74LS160 的 $\overline{CLR}$ 端为异步置零控制端，异步置零就是产生归零控制信号的状态很短暂，不能计一个时钟脉冲，该状态为过渡状态，译码时不能译出。因此构成 M 进制计数器不包含这个状态。

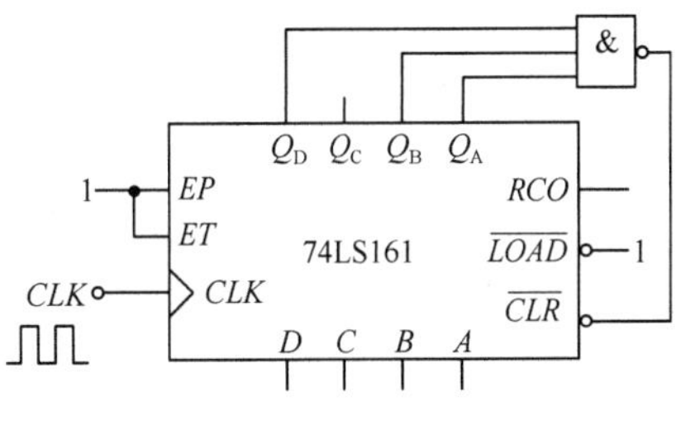

图 14.3-15　例 14.3-2 的电路

【例 14.3-2】 利用 74LS161 构成的计数器如图 14.3-15

所示，分析为多少进制计数器，并画出状态转换图和时序图。

【解】 由图 14.3-15 可知，电路是通过与非门将计数器的输出信号接到置零控制端$\overline{CLR}$上，从而实现反馈归零的。置零控制端为

$$\overline{CLR}=\overline{Q_D Q_B Q_A}$$

设电路的初态为$Q_D Q_C Q_B Q_A$ = 0000，则在时钟脉冲作用下，计数器从 0000 开始计数，其计数状态如图 14.3-16 所示。当计数器计到第 11 个脉冲时，即输出端状态$Q_D Q_C Q_B Q_A$ = 1011，此时电路中的与非门输入端全为高电平，置零控制端$\overline{CLR}$变为低电平，产生清零信号，计数器立即清零回到初态 0000。故电路为十一进制计数器，其时序图如图 14.3-17 所示。

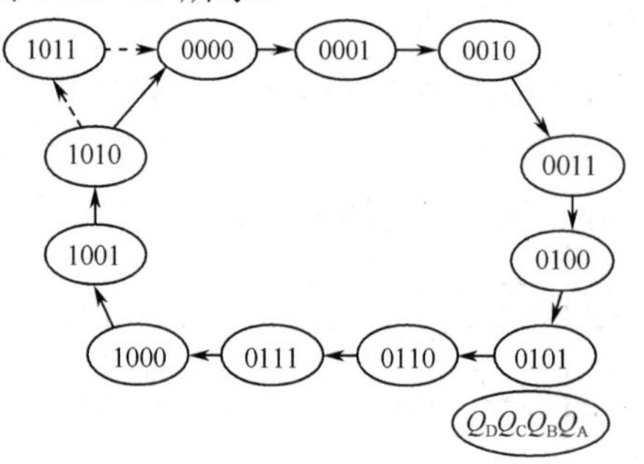

图 14.3-16 例 14.3-2 的状态转换图

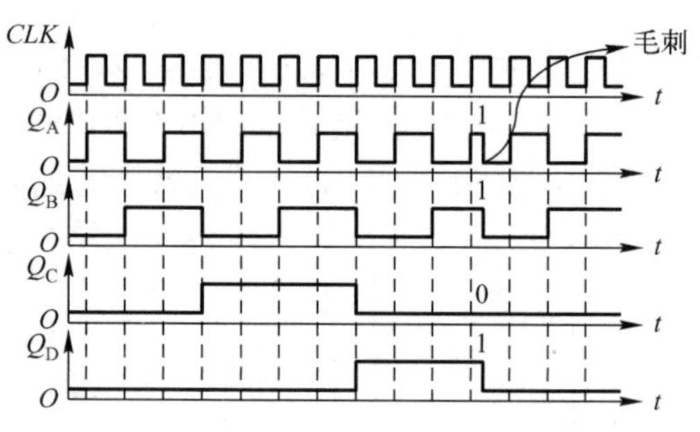

图 14.3-17 例 14.3-2 的时序图

由于 74LS161 为异步置零，1011 出现时间很短，所以，1011 不属于稳定的计数状态，一般称为过渡状态，这个过渡状态导致输出波形出现毛刺，如图 14.3-17 中所示，这是异步清零的缺点。状态转换图 14.3-16 中的 1011 转换方向用虚线所画。

可见，用异步置零端进行反馈归零，会使输出波形出现毛刺，电路容易出现错误。

② 反馈置数法

反馈置数法是利用集成计数器的置数控制端$\overline{LOAD}$使计数器回到预置数的状态。此种方法的初态为预置数，而预置数是可以任意设置的，故这种方法实现 M 进制计数器的初态不一定为 0000，可以是集成 N 进制计数器中的任意一个状态。对于 74LS161、74LS160 来说，预置数为同步预置数，M 个状态中包含了产生预置控制信号的状态，不会出现过渡状态，这是反馈置数法的优势。

【例 14.3-3】 将例 14.3-2 中的反馈归零法换成反馈置数法，再用 74LS161 构成十一进制计数器。

【解】 设电路的初态为$Q_D Q_C Q_B Q_A$ = 0000，选择计数状态从 0000～1010，即为 11 个计数状态，当 74LS161 正常计数到 1010 后，它就必须转到 0000。这个过程要由置数控制端$\overline{LOAD}$来完成，即首先将计数器的输入信号 $DCBA$ 预置为 0000，预置数控制信号的状态为 1010，则与非门的输入端接计数器输出端的Q_D和Q_B，置数控制端$\overline{LOAD}=\overline{Q_D Q_B}$。电路接线图如图 14.3-18 所示。

当 74LS161 计数到 1010 后，$\overline{LOAD}=0$，变为低电平，但此时输出状态保持 1010 不变。当下一个时钟脉冲(第 11 个脉冲)的上升沿到来时，进行置数，计数器的输出状态$Q_D Q_C Q_B Q_A$就变为预置数据 0000。

从上分析可见，计数器在进入 1010 状态后，输出端并没有立即被置数，而是保持该状态不变，直到第 11 个时钟脉冲的上升沿到来时为止。所以说 1010 状态属于稳定的计数状态，即同步置数没有过渡状态，这是同步置数和异步置零的重要区别。此题的状态转换图如图 14.3-19 所示。

将此题的状态转换图与例 14.3-2 的状态转换图进行比较，可见：反馈置数法在第 11 个时钟脉冲的作用下，输出状态从 1010 直接转换为 0000；而反馈归零法(异步置零)在第 11 个时钟

脉冲的作用下，输出状态从 1010 先变为 1011，然后才回到 0000，中间经过 1011 这个过渡状态。总之，在实际当中使用反馈置数法设计 M 进制计数器是首选的方法。

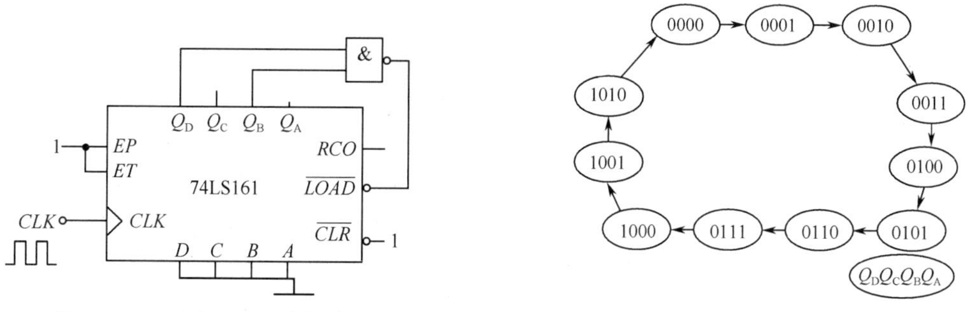

图 14.3-18　例 14.3-3 的电路　　　　图 14.3-19　例 14.3-3 的状态转换图

【例 14.3-4】 利用置数控制端 $\overline{LOAD}$ 将 74LS160 接成六进制计数器，设电路的初态为 0000、0100 和 1000，画出三种实现方案的状态转换图和电路连线图。

【解】 74LS160 为集成同步十进制计数器，而且预置数为同步预置数，产生预置数信号的状态包含在 6 个状态之中，图 14.3-20 为三种初态的电路状态转换图。

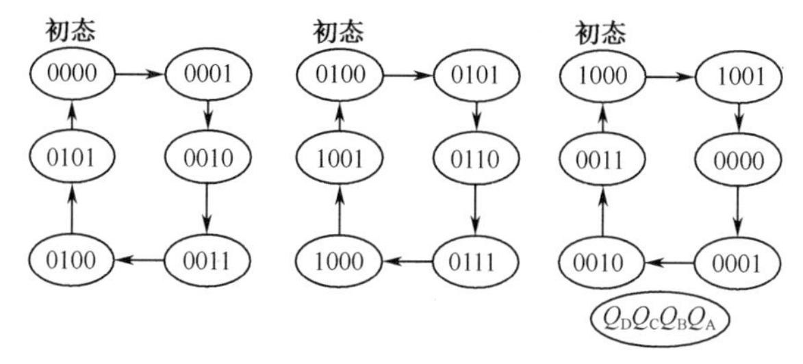

图 14.3-20　例 14.3-4 中不同初态的电路状态转换图

由图 14.3-20 看出，当初态为 0000 时，状态转换为 0000→0001→0010→0011→0100→0101→0000，产生预置数控制信号的状态为 0101，置数控制端为 $\overline{LOAD_1}=\overline{Q_C Q_A}$，同理可得初态为 0100 和 1000 的置数控制端的逻辑式为 $\overline{LOAD_2}=\overline{Q_D Q_A}=\overline{RCO}$，$\overline{LOAD_3}=\overline{Q_B Q_A}$。

注意，当初态为 0100 时，产生预置数控制信号的状态为 1001，此时进位输出 RCO 高电平，故也可利用此端产生置数控制信号，其各实现的电路如图 14.3-21 所示。

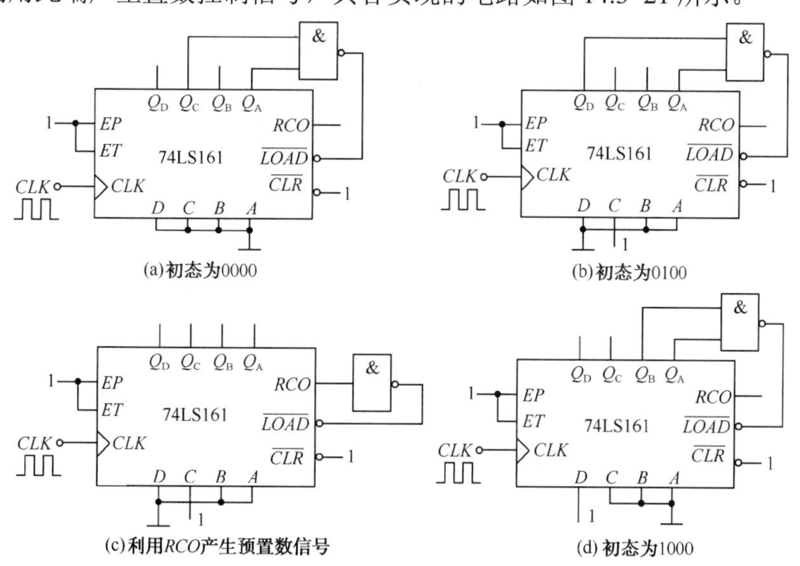

图 14.3-21　例 14.3-4 的六进制计数器

（2）$M>N$

若实现的计数器进制 M 大于集成计数器芯片的进制 N，则需要多片集成计数器。若 M 可分解成 $M=M_1 \times M_2 \cdots$，且 M_1 和 M_2 等都小于 N，则可利用串行进位或并行进位方式构成 N 进制计数器，或者将多片集成 N 进制计数器接成 $N \times N \cdots$ 进制，再利用反馈归零法或反馈置数法构成 M 进制计数器。若 M 不可分解，则只能采用后种方法。

串行进位方式的低位集成计数器的 CLK 为外接时钟，高位集成计数器的 CLK 接到低位芯片的进位输出端或输出负脉冲端，图 14.3-22 所示是利用串行进位方式将两片 74LS161 接成 256 进制计数器的电路。

图中低位片 74LS161(1)在外接时钟脉冲 CLK 作用下，输出端 $Q_DQ_CQ_BQ_A$ 状态由 0000 至 1110 时，进位输出 RCO 都是低电平；而当输出 $Q_DQ_CQ_BQ_A=1111$ 时，RCO 输出高电平，此时 RCO 由 0 翻转为 1 即脉冲前沿，高位片 74LS161(2)的输出状态立刻由 0000 翻转成 0001。实际上应该在低位片输出状态由 1111 回到 0000 时，高位片才能翻转，为了消除这个错误，在图 14.3-22 中加了一个非门，接到高位片的时钟脉冲输出端。

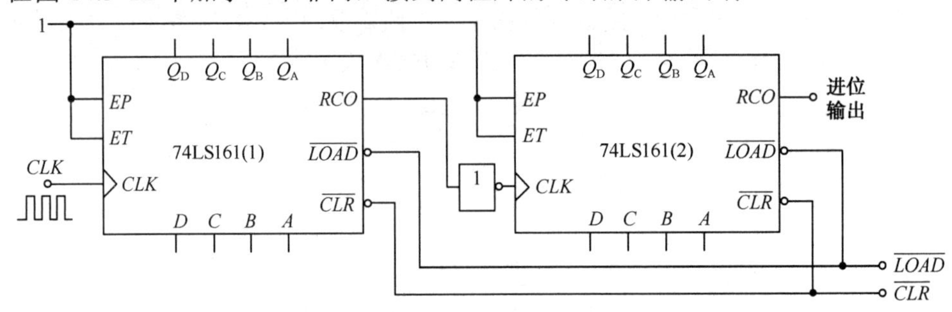

图 14.3-22　按串行进位方式构成的同步 256 进制加法计数器

并行进位方式是各集成计数器的 CLK 同时接到外接时钟脉冲上，即各个计数器在同一时钟脉冲作用下翻转的，各片之间是通过进位输出端连接的。图 14.3-23 是采用并行进位方式将两片十进制计数器 74LS160 接成 100 进制计数器的电路。根据表 14.3-3 可知，低位片 74LS160(1)的输出状态为 0000 到 1000 时，其进位输出 RCO 都为低电平，高位片 74LS160(2)由于 $EP=ET=0$，输出端保持状态不变；而当 74LS160(1)输出状态为 1001 时，它的进位输出 $RCO=1$，使得 74LS160(2)的 $EP=ET=1$，使其处于计数状态。在 CLK 的作用下，74LS160(2)的输出由 0000 翻转为 0001，即低位片 74LS160 状态改变十次，高位片状态变化一次，整个输出是 00~99 一百个状态循环，故为 100 进制计数器。

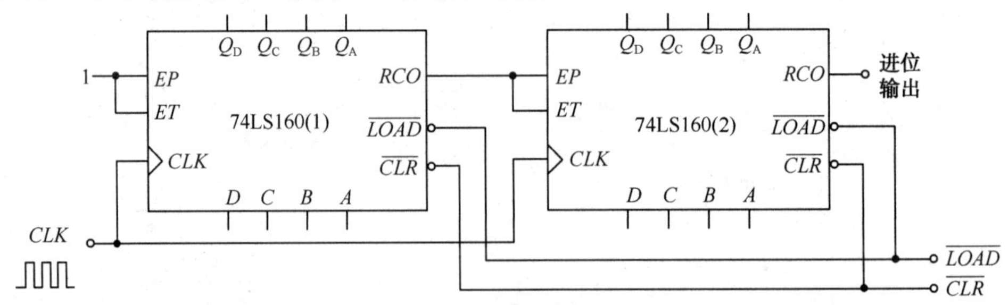

图 14.3-23　按并行进位方式构成的同步 100 进制加法计数器

【例 14.3-5】 利用两片 74LS160 构成 67 进制计数器。

【解】 首先将两片 74LS160 利用串行进位方式或并行进位方式构成 100 进制计数器，如图 14.3-23 所示。然后再用反馈置数法将 100 进制计数电路改接成 67 进制计数器，电路如图 14.3-24 所示。在图 14.3-24 中，设初态为 00000000，若从 0 开始计数，则计数到第 66 个脉冲时，通过与非门电路使两个计数器的预置数控制端 $\overline{LOAD}$ 同时为低电平，此时，两个计数器的预置数控制信号都是 0110 状态。当第 67 个时钟脉冲的上升沿到来时，两个计数器就将事先在输入端 $DCBA$ 上预置的数据 0000 打入计数器中，使两个计数器的输出回到 00000000 状态，实现了 67 进制计数。

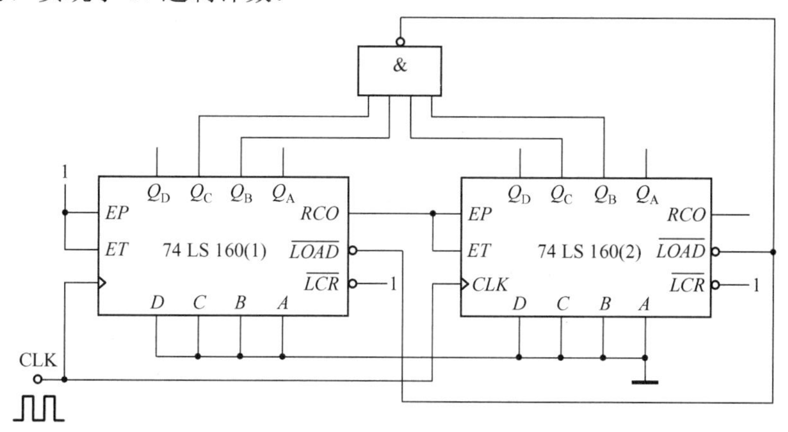

图 14.3-24　例 14.3-5 利用反馈置数法构成 67 进制计数器

以上我们以集成计数器 74LS61、74LS60 为例介绍了二进制、十进制和任意进制计数器的工作原理。实际当中，还有集成计数器 74LS163、74LS162、74LS191、74LS190 等。其中，74LS163 和 74LS162 的置零控制端 $\overline{CLR}$ 为同步置零控制，所以用反馈归零法构成任意进制计数器没有过渡状态。74LS191 是四位同步二进制可逆计数器，它没有置零控制端，并且置数控制端 $\overline{LOAD}$ 是异步控制的；74LS190 是同步十进制计数器，它的置零端和置数端也都是异步控制的，所以这两种计数器构成任意进制计数器时都存在过渡状态。

总之，在实际使用中，读者要根据实际电路的要求选取不同类型的计数器。

思考题

14.3-1　一个四位移位寄存器，要存储四位数据需要几个时钟脉冲？串行取出数据共需要几个时钟脉冲？

14.3-2　什么是计数器的模长？n 位二进制计数器的模长是多少？最大计数是多大？

14.3-3　状态转换图的循环状态表示的是计数器的什么量？

14.3-4　集成计数器的异步清零的“异步”是什么意思？同步预置数的“同步”指的是什么？

【引例分析】 引例中的检测电路如图 14.3-25 所示，下面分析其检测功能。

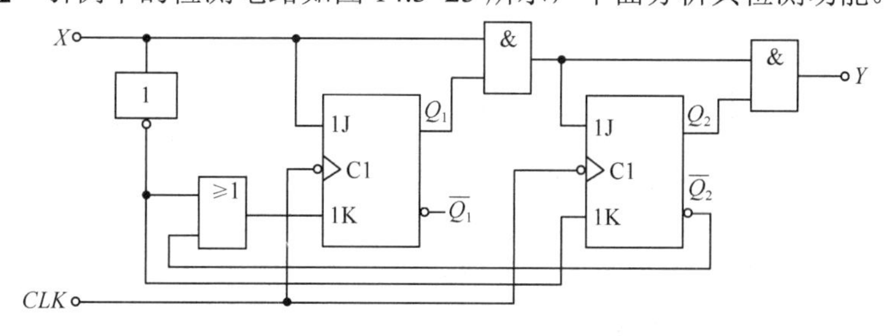

图 14.3-25　图 14.0-1 的串行数据检测电路

（1）写驱动方程。由图 14.3-25 的电路可得

$$\begin{cases} J_1 = X, K_1 = \bar{X} + \bar{Q}_2 = \overline{XQ_2} \\ J_2 = XQ_1, K_2 = \bar{X} \end{cases}$$

（2）写输出方程，即

$$Y = XQ_1Q_2$$

由此方程可以看出，输出 Y 与输入 X 有关，所以这个电路是个米利型时序逻辑电路。

（3）写状态方程。将电路的驱动方程代入 JK 触发器的特性方程，可得

$$\begin{cases} Q_1^{n+1} = J_1\bar{Q}_1 + \bar{K}_1Q_1 = X\bar{Q}_1 + XQ_2Q_1 \\ Q_2^{n+1} = J_2\bar{Q}_2 + \bar{K}_2Q_2 = XQ_1\bar{Q}_2 + XQ_2 \end{cases}$$

（4）列出状态转换表如表 14.3-4 所示。

（5）画出电路的状态转换图如图 14.3-26 所示。

表 14.3-4　状态转换表

输入	初态		次态		输出
X	Q_2^n	Q_1^n	Q_2^{n+1}	Q_1^{n+1}	Y
0	0	0	0	0	0
0	0	1	0	0	0
0	1	0	0	0	0
0	1	1	0	0	0
1	0	0	0	1	0
1	0	1	1	0	0
1	1	0	1	1	0
1	1	1	1	1	1

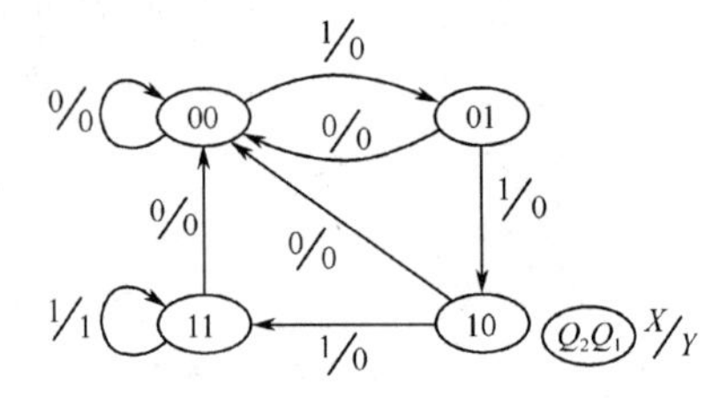

图 14.3-26　电路状态转换图

（6）若输入 X = 01011110010111110 时，设初态为 $Q_2Q_1 = 00$，则由图 14.3-26 的状态转换图可得 Y = 00000010000000110。此电路为串行数据检测电路，当输入 X 中有连续 4 个“1”或 4 个以上“1”时，电路输出 Y 为高电平。

本 章 小 结

（1）双稳态触发器

双稳态触发器是可存储 1 位二进制数码的逻辑电路，具有记忆功能，它是构成时序电路的主要部件。双稳态触发器按逻辑功能可分为 RS 触发器、JK 触发器、D 触发器、T 触发器及 T′ 触发器，其中从结构上又可分为主从结构触发器和边沿触发器，各类触发器的逻辑功能不同，动作特点不同，其描述方法有特性方程、功能表、状态转换图等。

（2）时序逻辑电路的分析

时序逻辑电路的分析方法就是通过已知的逻辑电路写出电路的驱动方程、输出方程及状态方程，由以上各方程得出输出状态转换表或状态转换图，由转换表或状态转换图分析出电路的逻辑功能。

（3）寄存器和计数器

寄存器和计数器是两种基本时序逻辑电路。寄存器寄存二进制数码，它包含数码寄存器和移位寄存器，应用较多的是移位寄存器。寄存器还可以构成序列信号检测电路及环形计数器等。

计数器是数字电路最重要的逻辑部件，计数器计算输入脉冲的个数。计数器根据状态循环的个数，可分为二进制计数器、十进制计数器和任意进制计数器；计数器按时钟脉冲的连接方式可分为同步计数器和异步计数器；计数器随时钟脉冲的增加输出状态是加“1”还是减“1”，可分为加法计数器、减法计数器及可逆计数器。

（4）集成计数器

常用的集成计数器芯片有二进制计数器和十进制计数器，如 74LS161/74LS160、74LS163/74LS162 和 74LS191/74LS190 等。根据反馈归零法和反馈置数法可以组成任意进制的计数器。若计数器的置零端或置数端是异步控制的，则输出信号会出现过渡状态，使用时要注意这一点。

习题

14-1　由与非门构成的基本 RS 触发器电路如题图 14-1(a)所示，若将题图 14-1(b)所示波形加到输入端，画出输出端 Q 和 $\overline{Q}$ 的波形。

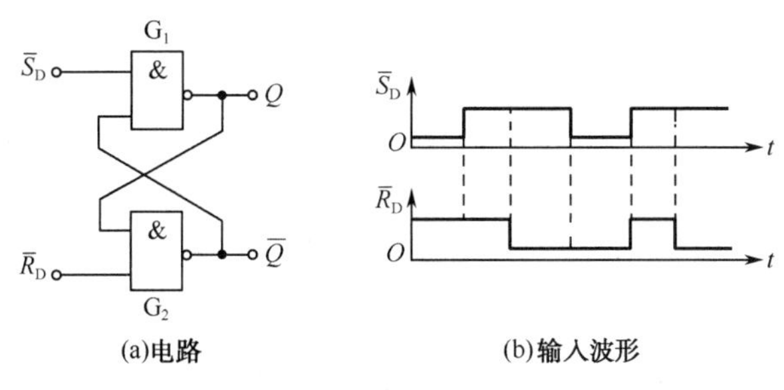

(a)电路　　(b)输入波形

题图 14-1

14-2　电平 RS 触发器如题图 14-2(a)所示。若输入 R、S 及时钟脉冲 CLK 的波形如题图 14-2(b)所示，画出输出端 Q 和 $\overline{Q}$ 的波形。设电路的初态为 0，且 $\overline{S}_D = \overline{R}_D = 1$。

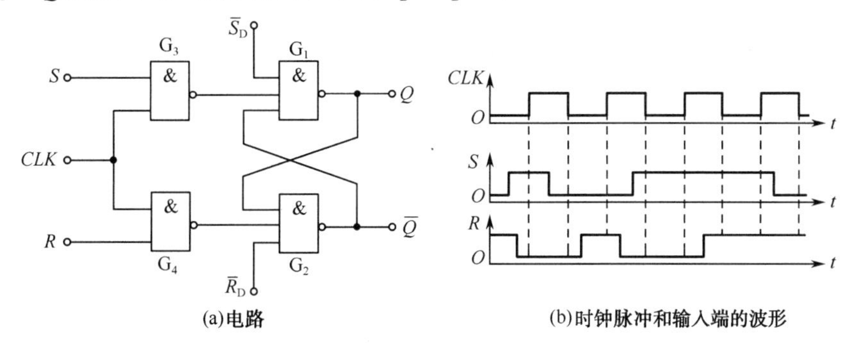

(a)电路　　(b)时钟脉冲和输入端的波形

题图 14-2

14-3　题图 14-3(a)所示电路分别为主从型 RS 触发器和 JK 触发器的逻辑符号，输入波形如题图 14-3(b)所示，画出两种触发器输出端 Q 和 $\overline{Q}$ 的波形。设初态均为 1，且 $\overline{S}_D = \overline{R}_D = 1$。

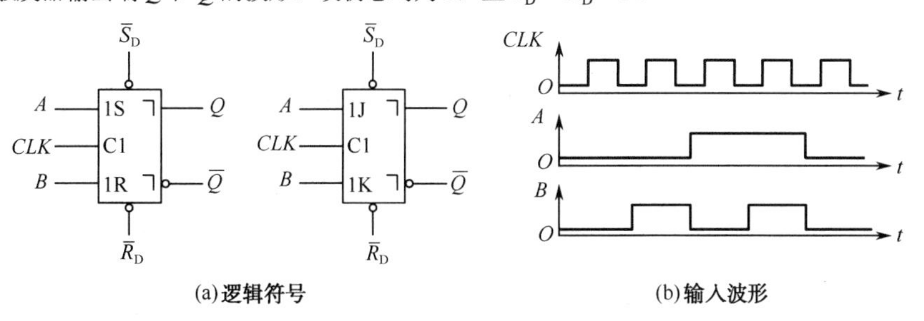

(a)逻辑符号　　(b)输入波形

题图 14-3

14-4　若已知电路及输入端波形如题图 14-4(a)、(b)和(c)所示。(1) 写出各触发器的特性方程；(2) 假设各触发器初态均为 0，画出输出端 Q 和 $\overline{Q}$ 的波形。

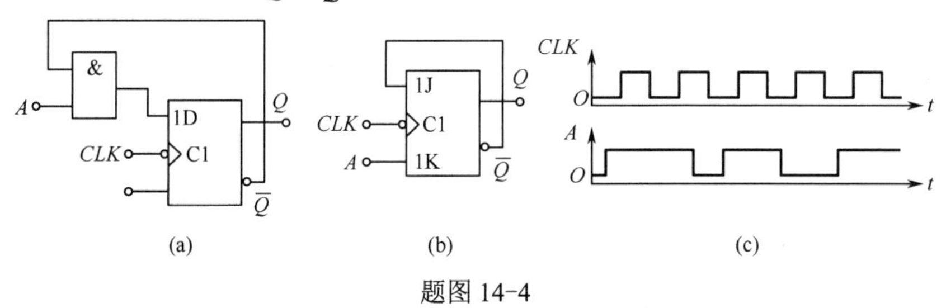

(a)　　(b)　　(c)

题图 14-4

14-5　电路如题图 14-5 所示，时钟脉冲 *CLK* 波形如题图 14-4(c)所示。写出每个触发器的特性方程，并画出 Q_1、Q_2 随 *CLK* 变化的波形，设初态均为 0。

14-6　同步时序逻辑电路如题图 14-6 所示。分析电路的逻辑功能，并画出在 10 个时钟脉冲的作用下输出电压波形。

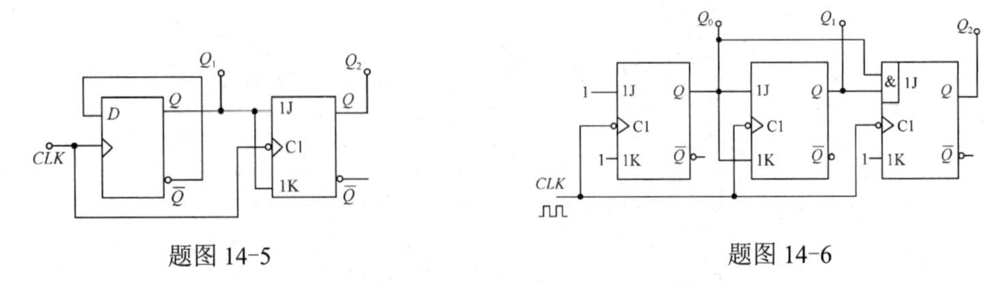

题图 14-5　　　　题图 14-6

14-7　分析题图 14-7 所示电路的逻辑功能。

14-8　由集成双向移位寄存器 74LS194 构成的电路如题图 14-8 所示。画出电路的状态转换图，分析其逻辑功能。

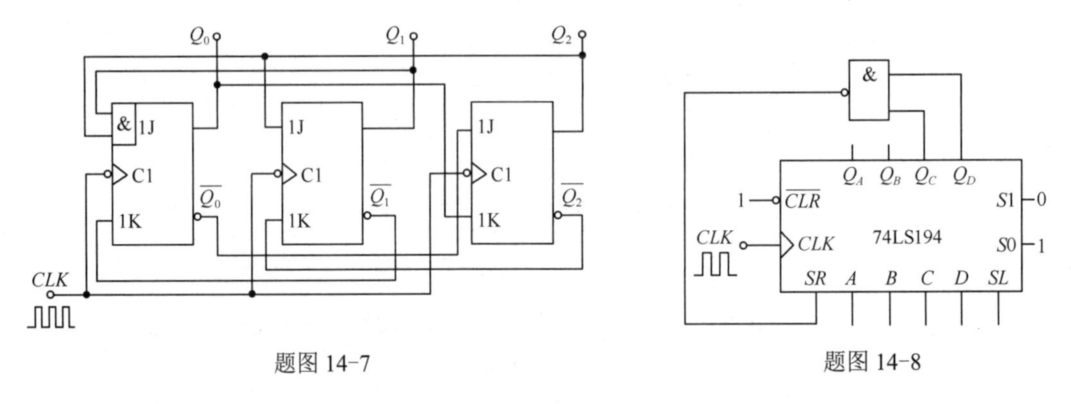

题图 14-7　　　　题图 14-8

14-9　由集成十六进制计数器 74LS161 构成的电路如题图 14-9 所示。写出状态转换表，画出状态转换图，分析计数器的计数功能。

14-10　由集成十进制计数器 74LS160 构成的电路如题图 14-10 所示。(1) 写出状态转换表，(2) 画出状态转换图；(3) 分析计数器的计数功能；(4) 画出在 8 个时钟脉冲作用下输出端的波形图。

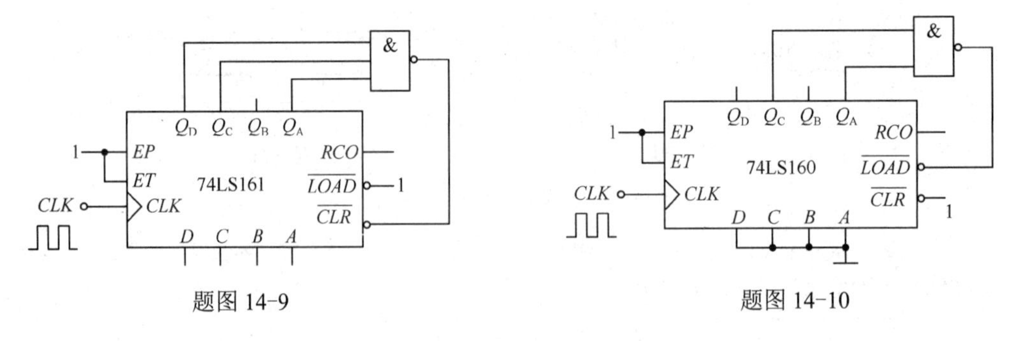

题图 14-9　　　　题图 14-10

14-11　利用 74LS161 构成十进制计数器。(1) 采用反馈归零法；(2) 采用反馈置数法。画出两种电路的状态转换图和连线图。

14-12　电路如题图 14-12 所示。分析当 $M=0$ 和 $M=1$ 时各为多少进制计数器。写出状态转换表，画出状态转换图。

14-13　由两片 74LS161 构成的电路如题图 14-13 所示。分析是多少进制计数器。

14-14　利用反馈置数法将两片 74LS160 接成 60 进制计数器，画出电路连线图。

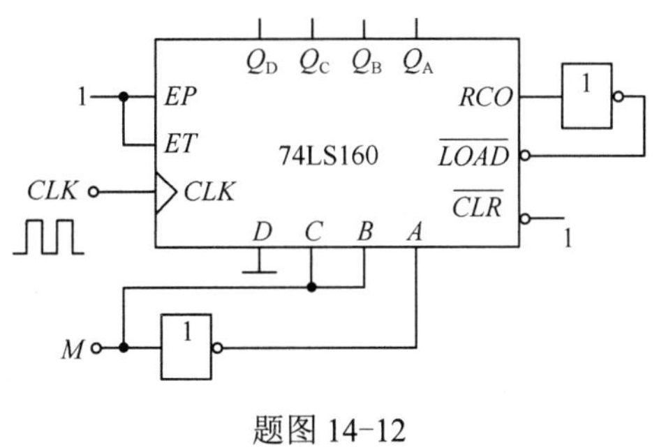

题图 14-12

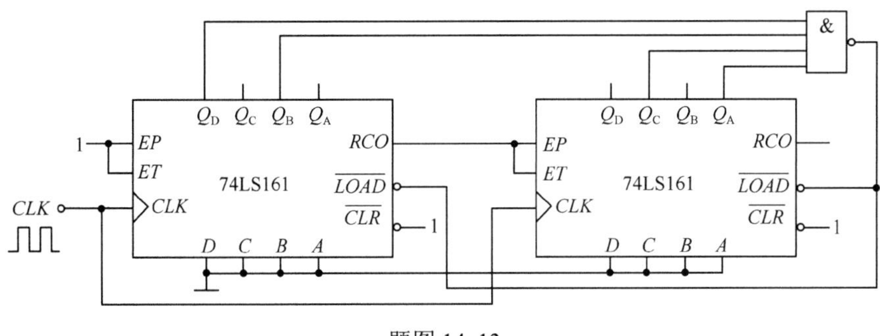

题图 14-13

*第 15 章　数字量与模拟量的转换

【本章主要内容】 本章主要介绍数模转换器(D/A 转换器)和模数转换器(A/D 转换器)的基本原理、电路构成及常用集成芯片。

【引例】 在计算机系统中，传感器输出的信号经滤波、放大后，通过模数转换器变换成数字信号，输入单片机中进行分析和处理后，输出数字信号，这时就需要将数字信号再通过数模转换器变换成模拟信号。图 15.0-1 所示电路是由集成同步十六进制加法计数器 74LS161 和 4 位数模转换电路（DAC）构成的数模转换电路，那么这 4 位数模转换器（DAC）是怎样工作的呢？对应每一个数字量，输出电压是多少？输出电压的波形是什么波形？学完本章内容后可解答这些问题。

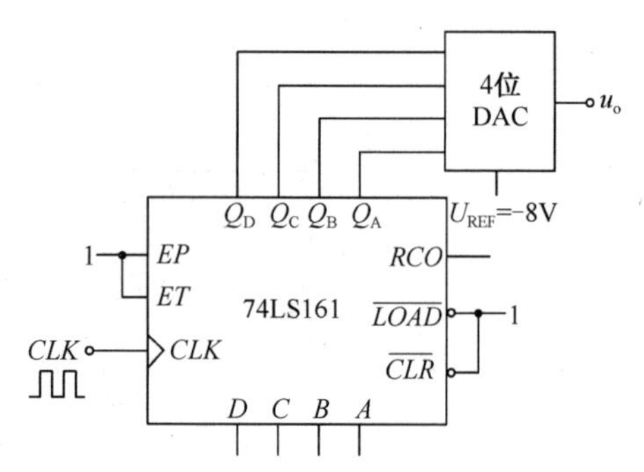

图 15.0-1　数字波形产生电路

15.1　数模转换器（D/A 转换器）

数模转换器是将数字信号转换成模拟信号的电路，简写成 DAC(Digital to Analog Converter)，其内部组成原理框图如图 15.1-1 所示。它是由数码寄存器、数字控制电子模拟开关、解码网络及求和电路构成的。

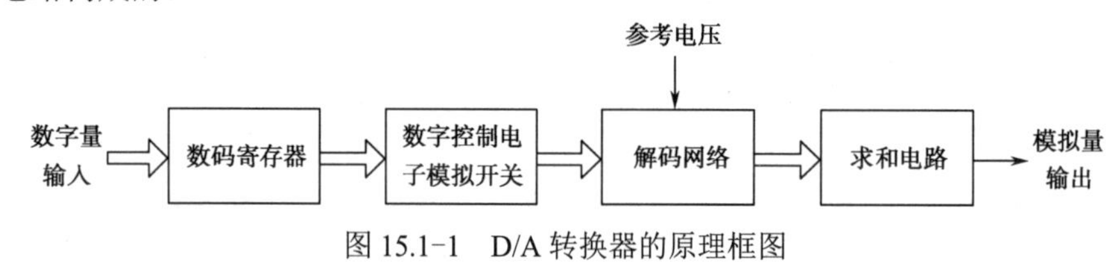

图 15.1-1　D/A 转换器的原理框图

15.1.1　D/A 转换器的工作原理

数模转换器根据解码网络可分为权电阻型、T 形和倒 T 形电阻网络、权电流型、权电容型、开关树型等。

图 15.1-2 为 4 位倒 T 形电阻网络 DAC 的原理电路，它由倒 T 形电阻网络及求和放大器构成。

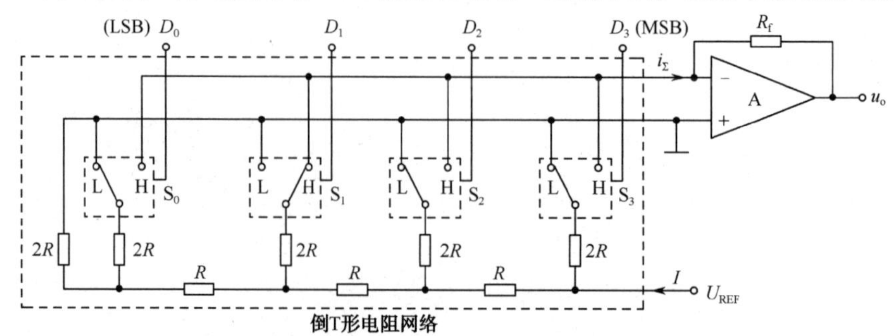

图 15.1-2　倒 T 形电阻网络 DAC 的原理电路

其中 D_3、D_2、D_1、D_0 为数字量输入，D_3 为最高位(MSB)，D_0 为最低位(LSB)；S_3、S_2、S_1、S_0 为电子模拟开关，受数字量控制。当数字量输入端为高电平时，开关合到右侧(合到 H)，有电流流入运算放大器的反相输入端；当数字量输入端为低电平时，开关合到左侧(合到 L)，电流流入运算放大器的同相输入端，即地端；U_{REF} 为参考电压输入端，可正可负。

根据理想运算放大器的“虚断”，可得输出电压为

$$u_o = -i_{\Sigma} R_f \tag{15.1-1}$$

由于理想运算放大器具有“虚短”和“虚地”的特点，则有

$$u_- \approx u_+ = 0$$

即无论开关合在哪一方，电阻 $2R$ 都接到地电位上。不同的是，当输入的数字量为高电平时，电流流入 i_{Σ}；当输入的数字量为低电平时，电流流入地中。故式(15.1-1)可写成

$$u_o = -i_{\Sigma} R_f = -(D_3 I'_{\Sigma 3} + D_2 I'_{\Sigma 2} + D_1 I'_{\Sigma 1} + D_0 I'_{\Sigma 0}) R_f \tag{15.1-2}$$

其中 $I'_{\Sigma 3}$ 为输入 $D_3D_2D_1D_0 =$ 1000 时流向运算放大器反相输入端的电流；$I'_{\Sigma 2}$ 是输入为 $D_3D_2D_1D_0 =$ 0100 时流向运算放大器反相输入端的电流；$I'_{\Sigma 1}$ 是输入为 $D_3D_2D_1D_0 =$ 0010 时流向运算放大器反相输入端的电流；$I'_{\Sigma 0}$ 是输入为 $D_3D_2D_1D_0 =$ 0001 时流向运算放大器反相输入端的电流。

根据叠加原理，当输入数字量为 $D_3D_2D_1D_0 =$1000 时，其倒 T 形电阻网络及等效电路如图 15.1-3(a)、(b)所示。由图(b)可知

$$I'_{\Sigma 3} = \frac{I}{2} = \frac{U_{REF}}{2R} \tag{15.1-3}$$

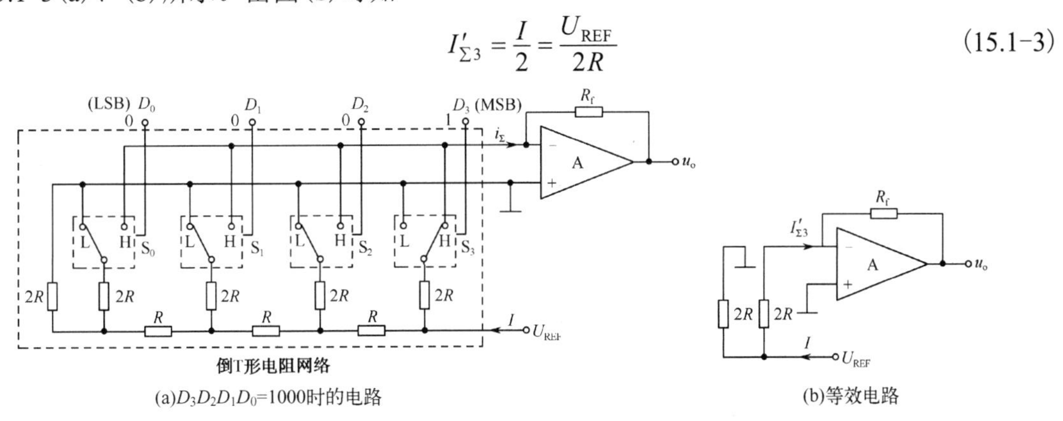

(a) $D_3D_2D_1D_0$=1000时的电路　　(b)等效电路

图 15.1-3　当输入数字量为 $D_3D_2D_1D_0 =$ 1000 时的电路

同理，当输入数字量为 $D_3D_2D_1D_0 =$ 0100 时，其倒 T 形电阻网络及等效电路如图 15.1-4(a)、(b)所示。由图(b)可知

$$I'_{\Sigma 2} = \frac{1}{2} \times \frac{I}{2} = \frac{1}{4} I = \frac{U_{REF}}{2^2 R} \tag{15.1-4}$$

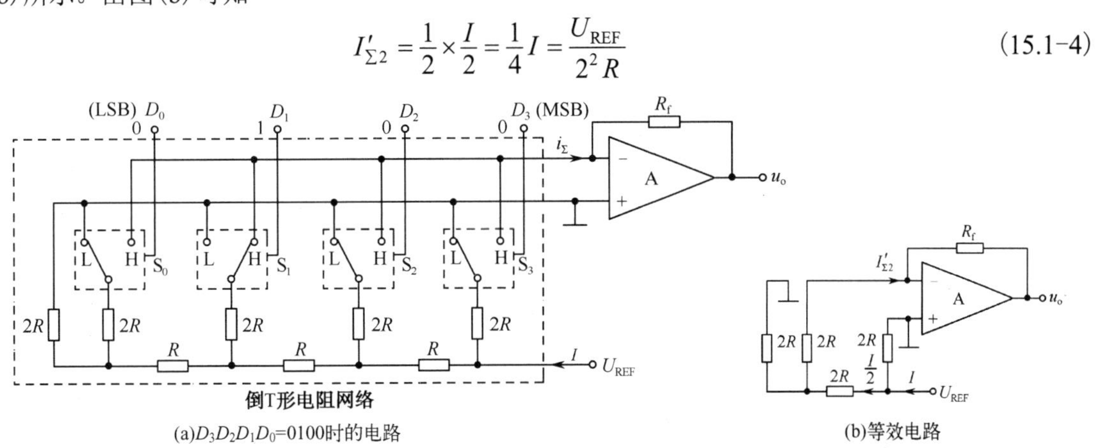

(a) $D_3D_2D_1D_0$=0100时的电路　　(b)等效电路

图 15.1-4　当输入数字量为 $D_3D_2D_1D_0 =$ 0100 时的电路

当输入数字量为 $D_3D_2D_1D_0 = 0010$ 时，其倒 T 形电阻网络的电路如图 15.1-5 所示。等效电路可参考图 15.1-4(b)自行推导。此时流向运算放大器反相输入端的电流为

$$I'_{\Sigma 1} = \frac{1}{8} I = \frac{U_{\text{REF}}}{2^3 R} \tag{15.1-5}$$

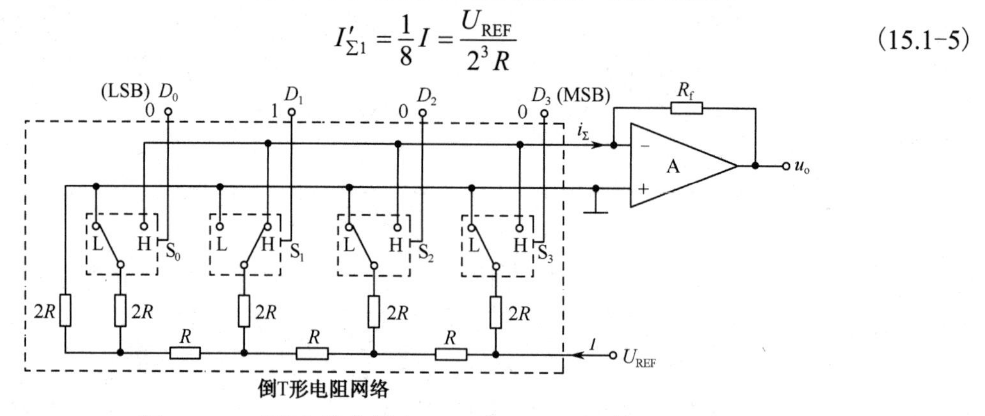

图 15.1-5　当输入数字量为 $D_3D_2D_1D_0 = 0010$ 时的电路

当输入数字量为 $D_3D_2D_1D_0 = 0001$ 时，其倒 T 形电阻网络的电路如图 15.1-6 所示。此时流向运算放大器反相输入端的电流为

$$I'_{\Sigma 0} = \frac{1}{16} I = \frac{U_{\text{REF}}}{2^4 R} \tag{15.1-6}$$

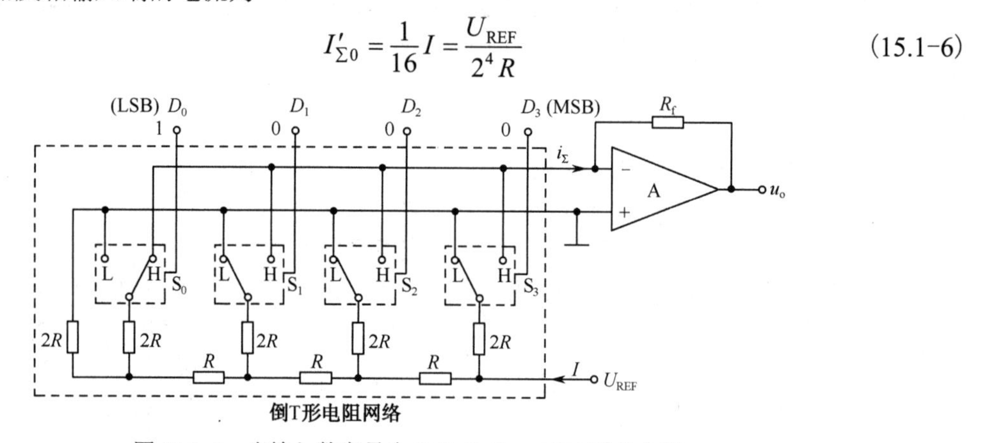

图 15.1-6　当输入数字量为 $D_3D_2D_1D_0 = 0001$ 时的电路

将式(15.1-3)至式(15.1-6)代入式(15.1-2)中，可得

$$\begin{aligned} u_o &= -\left(D_3 \frac{U_{\text{REF}}}{2^1 R} + D_2 \frac{U_{\text{REF}}}{2^2 R} + D_1 \frac{U_{\text{REF}}}{2^3 R} + D_0 \frac{U_{\text{REF}}}{2^4 R}\right) R_f \\ &= -\frac{U_{\text{REF}} \cdot R_f}{2^4 \cdot R} (D_3 \cdot 2^3 + D_2 \cdot 2^2 + D_1 \cdot 2^1 + D_0 \cdot 2^0) \end{aligned} \tag{15.1-7}$$

若取 $R_f = R$，则式(15.1-7)可写成

$$u_o = -\frac{U_{\text{REF}}}{2^4}(D_3 \cdot 2^3 + D_2 \cdot 2^2 + D_1 \cdot 2^1 + D_0 \cdot 2^0) = -\frac{U_{\text{REF}}}{2^4} \sum_{i=0}^{3} D_i \cdot 2^i \tag{15.1-8}$$

由式(15.1-8)可以看出，输出的模拟电压正比于输入的数字量。对于 n 位 D/A 转换器，其通用式为

$$u_o = -\frac{U_{\text{REF}}}{2^n} \sum_{i=0}^{n-1} D_i \cdot 2^i \tag{15.1-9}$$

15.1.2　集成 D/A 转换器简介

图 15.1-7 所示为比较常用的集成 DAC 芯片 8 位 DAC0832 的内部组成框图，其中含有两

个 8 位数据缓冲寄存器、8 位倒 T 形 D/A 转换器、逻辑控制电路及输出电路的辅助电阻元件 R_{fb}，其引脚图参见附录 F。

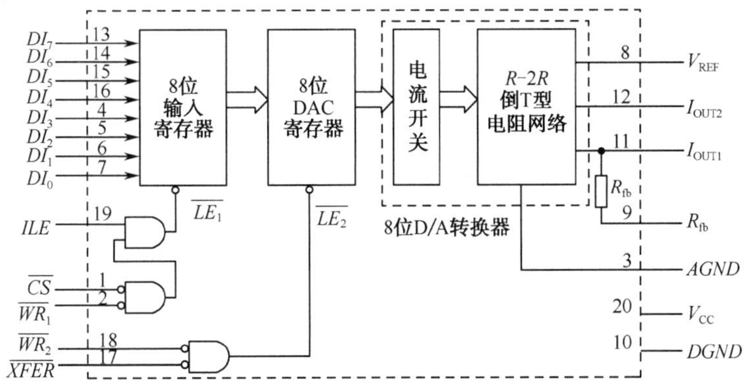

图 15.1-7　集成 DAC0832 的内部组成框图

各引脚功能如下：

① 控制信号：$\overline{CS}$、ILE、$\overline{WR_1}$、$\overline{WR_2}$、$\overline{XFER}$

$\overline{CS}$、ILE、$\overline{WR_1}$ 三个信号配合在一起，用于控制 8 位输入寄存器的操作，$\overline{CS}$ 为片选通信号，低电平有效；ILE 为输入寄存允许信号，高电平有效；$\overline{WR_1}$ 为输入寄存器的写信号，低电平有效；只有当 $\overline{CS}$ 和 $\overline{WR_1}$ 为低电平且 ILE 为高电平时，数字量 DI_0～DI_7 才能寄存到输入寄存器中。$\overline{WR_2}$ 和 $\overline{XFER}$ 这两个信号配合在一起，控制 8 位 DAC 寄存器的操作，$\overline{WR_2}$ 为 DAC 寄存器的写信号，低电平有效；$\overline{XFER}$ 为传送控制信号，低电平有效，只有当二者同时为低电平时，输入寄存器中的数字量才能写入 8 位 DAC 寄存器中。

② 输入数字量：DI_0～DI_7

DI_0～DI_7 为 8 位自然二进制码的数字量输入，其中 DI_0 为最低位(LSB)，DI_7 为最高位(MSB)。

③ 电源、地：U_{REF}、U_{CC}、DGND 和 AGND

U_{REF} 为参考电压，取值范围为-10～+10V；V_{CC} 为电源电压，取值范围为+5～+15V，最佳工作状态时为 15V；DGND 和 AGND 分别为数字电路地和模拟电路地，使用时将最近的两个"地"点短接且只能在一点短接，以减少干扰。

④ 模拟电流输出：I_{OUT1} 和 I_{OUT2}

DAC0832 为电流输出型 D/A 转换器，要获得电压信号，必须外接运算放大器，I_{OUT1} 和 I_{OUT2} 通常接运算放大器的输入端。

⑤ 反馈电阻连接端：R_{fb}

在 DAC0832 中，其内部倒 T 形电阻网络的电阻 R 与 R_{fb} 相等，约为 15kΩ，故运算放大器反馈电阻不需要外接。

DAC0832 为 8 位数模转换器，其典型连线电路如图 15.1-8 所示，这是一种直通工作方式。其输出电压为

$$u_o = -\frac{U_{REF}}{2^8}\sum_{i=0}^{7} D_i 2^i \tag{15.1-10}$$

DAC0832 的直通工作方式是指两个寄存器均处于工作状态，输出电压随数字量的改变而变化，一般用于模拟量能直接迅速地反映数字量变化的系统。

DAC0832 除了直通工作方式外，还有单缓冲工作方式和双缓冲工作方式。单缓冲工作方式是 DAC0832 中的两个寄存器中的一个处于直通方式，另一个处于受控方式；双缓冲工作方

式是 DAC0832 中的两个寄存器均处于受控状态。图 15.1-9 所示为 DAC0832 的双缓冲工作方式连线图。

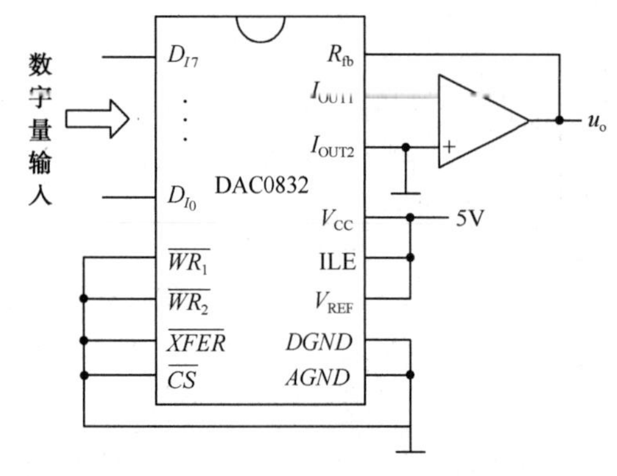

图 15.1-8　DAC0832 的直通工作方式

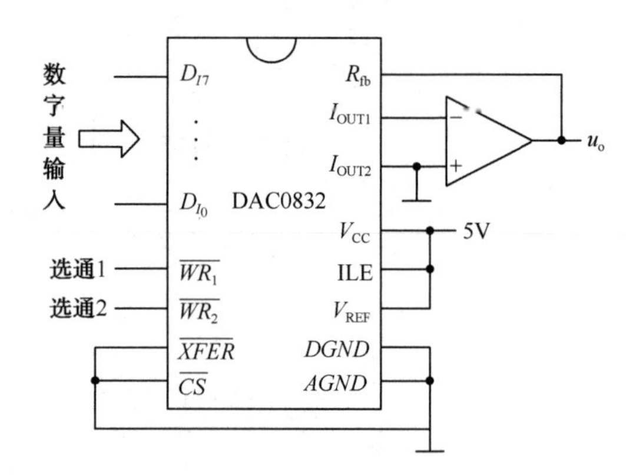

图 15.1-9　DAC0832 的双缓冲工作方式

思考题

15.1-1　DAC 中的运算放大器有何作用？

15.2　模数转换器（A/D 转换器）

15.2.1　A/D 转换器的工作原理

模数转换器(A/D 转换器)是将模拟电压通过采样、量化、编码而转换成数字量的电路，简称为 ADC(Analog to Digital Converter)，其原理框图如图 15.2-1 所示。由于输入的模拟电压在时间和幅度上都是连续的，而输出的数字信号无论是时间上还是幅度上都是离散的，因此在模数转换过程中，只能对一系列选定时刻对输入电压取值，然后转换成数字量输出，因此模数转换过程包含了采样、保持、量化和编码 4 个过程。

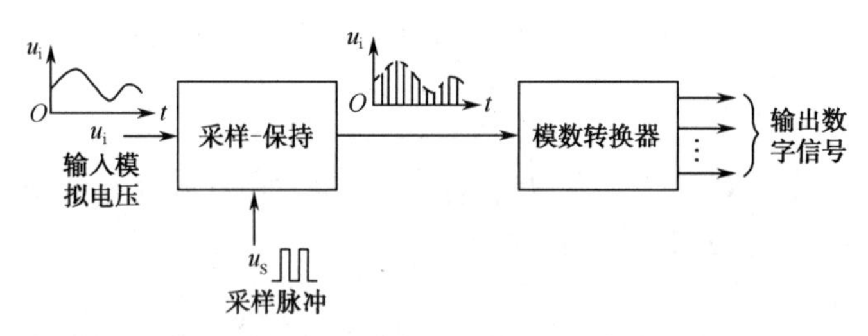

图 15.2-1　模数转换器原理框图

采样就是按照一定的时间间隔周期性地读取输入模拟电压的数值，从而使模拟输入电压在时间上离散化。保持是在连续两次采样之间，将上一次采样的电压保持到下一次采样开始，以便将保持的电压数字化处理。采样-保持后，就要对时间离散的电压进行数值上的离散化处理，这就是量化-编码过程，最后输出对应的数字量。

A/D 转换器的类型很多，可分为直接型和间接型模数转换器，直接 A/D 转换器将输入模拟信号直接转换成数字信号输出，典型电路是并行比较型 A/D 转换器和逐次逼近型 A/D 转换器；而间接型 A/D 转换器先将输入模拟信号转换成中间量(如时间、频率等)，再转换成数字量，比较典型的 A/D 转换器有双积分型 A/D 转换器和电压-频率转换型 A/D 转换器。

图 15.2-2 所示为 n 位逐次逼近型 A/D 转换器的原理框图，它主要由电压比较器、逻辑控制电路、逐次逼近寄存器及 D/A 转换器组成。

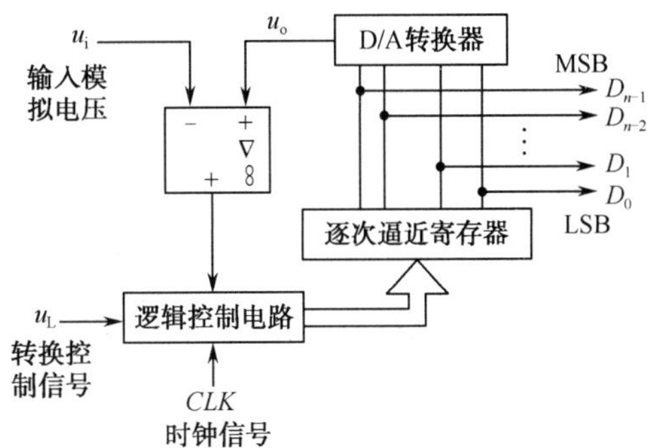

图 15.2-2　n 位逐次逼近型 D/A 转换器原理框图

转换开始前，先将寄存器清零，D/A 转换器输入的数字量也全为“0”。当转换控制信号 u_L 为高电平时，转换开始，并在时钟信号 CLK 的作用下将寄存器输出的最高位置“1”，其他位置“0”，即 D/A 转换器的输入为 $D_{n-1}D_{n-2}\cdots D_1D_0 = 10\cdots00$，经过 D/A 转换器转换后输出相应的模拟电压 u_o，u_o 与输入模拟电压 u_i 相比较。若 $u_o > u_i$，说明 $D_{n-1}D_{n-2}\cdots D_1D_0 =10\cdots00$ 偏大，D_{n-1} 的 1 清除；如果 $u_o < u_i$，说明 $D_{n-1}D_{n-2}\cdots D_1D_0 = 10\cdots00$ 偏小，则 D_{n-1} 的 1 保留。接下来，第二次转换开始时，将寄存器的次高位置成“1”，同样进行比较，逐位比较下去，直到最低位 D_0，比较完毕后，取寄存器输出的数字量即为对应 u_i 的数字量。

15.2.2　集成 A/D 转换器简介

AD0809 为集成 8 位模数转换器，其内部结构框图如图 15.2-3 所示，主要由 8 通道多路模拟开关、地址锁存与译码电路、8 位逐次比较型 A/D 转换器和三态输出锁存缓冲器构成。

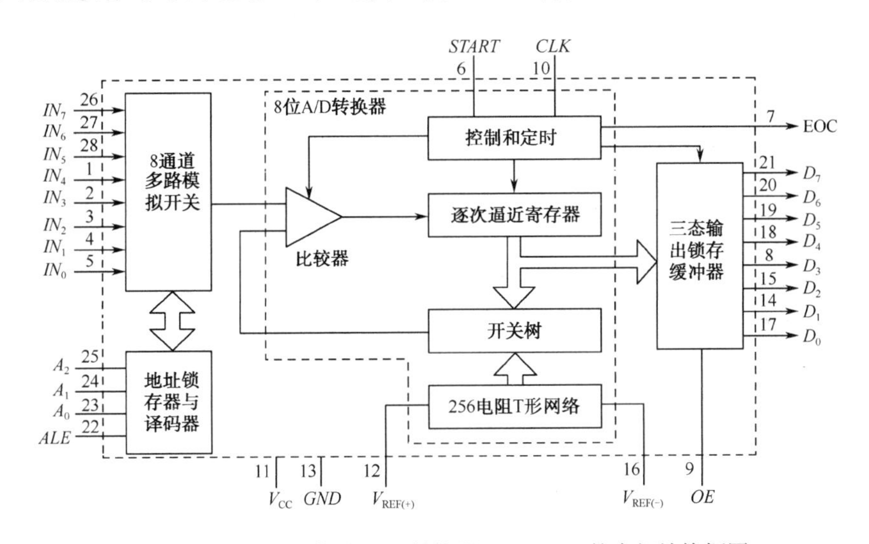

图 15.2-3　集成 A/D 转换器 ADC0809 的内部结构框图

各引脚功能如下：

① 模拟信号输入端 $IN_0 \sim IN_7$ 为 8 路模拟电压输入，可由 8 通道多路模拟开关选择其中一路送入 8 位 A/D 转换器进行转换。

② 数字信号输出端 $D_0 \sim D_7$ 为 A/D 转换器输出的 8 位二进制数，其中 D_7 为最高位(MSB)，D_0 为最低位(LSB)。

③ 地址信号输入端 A_2、A_1、A_0 为译码器三位地址输入端，经过 3 位地址锁存和译码后，控制选择哪一路模拟电压进行模数转换，其对应关系如表 15.2-1 所示。

表 15.2-1　地址输入与模拟信号的选择关系表

地址输入			被选通的模拟信号
A_2	A_1	A_0	
0	0	0	IN_0
0	0	1	IN_1
0	1	0	IN_2
0	1	1	IN_3
1	0	0	IN_4
1	0	1	IN_5
1	1	0	IN_6
1	1	1	IN_7

④ 控制与状态信号 ALE、OE、CLK、$START$ 及 EOC，其中 ALE 为地址锁存允许信号，当输入脉冲为上升沿时，将 3 位地址输入 A_2、A_1、A_0 存入地址锁存器中。OE 为输出允许

信号，当为高电平时，允许从三态输出锁存缓冲器中取出数字量。*CLK* 为时钟脉冲信号，频率范围为 10～1280kHz。*START* 为转换启动信号，在其上升沿到来时，将逐次逼近寄存器清零，在其下降沿到来时，开始进行转换。*EOC* 为转换结束的状态标志，*EOC* 为低电平时，表示转换正在进行中，当 *EOC* 为高电平时，表示 A/D 转换结束，故 *EOC* 可以作为数据接收设备开始接收数据的信号。

⑤ 电源电压 V_{CC}、基准电压 $V_{REF(+)}$和 $V_{REF(-)}$及地 *GND*。电源电压 V_{CC} 为 5V；$V_{REF(+)}$ 和 $V_{REF(-)}$为基准电压，其典型值为 $V_{REF(+)}=5V$，$V_{REF(-)}=0V$。

利用 ADC0809 进行模数转换时，其工作过程如下：

（1）输入三位地址 A_2、A_1、A_0，在 *ALE* 上升沿到来时进行锁存，从而选通 ADC0809 的某一路输入模拟信号；

（2）当发出转换启动信号 *START* 时，上升沿将逐次逼近寄存器清零，下降沿时开始转换，转换结束状态标志 *ECO* 为低电平。其转换过程是在时钟脉冲 *CLK* 的控制下进行的，转换结束后，*ECO* 翻转为高电平。

（3）在 *OE* 端输入高电平，输出转换结果。

ADC0809 常和单片机相配合，构成数据采集系统，也可构成数字电压表、保密电话系统等，应用非常广泛。

思考题

15.2-1　逐次逼近型 ADC 是如何工作的？

【引例分析】 由于 74LS161 为集成同步十六进制计数器，根据式(15.1-8)可得

$$u_o=-\frac{U_{REF}}{2^4}\sum_{i=0}^{3}D_i\cdot 2^i=-\frac{-8}{16}\sum_{i=0}^{3}D_i\cdot 2^i=\frac{1}{2}(D_3\cdot 2^3+D_2\cdot 2^2+D_1\cdot 2^1+D_0\cdot 2^0)$$

这里 D_3、D_2、D_1、D_0 对应 Q_3、Q_2、Q_1、Q_0，计算出对应数字量的输出电压值，如表 15.2-2 所示。其输出电压波形如图 15.2-4 所示，由图中可以看出为锯齿波。

表 15.2-2　4 位同步二进制加法计数器的状态转换表

CLK 序列	触发器状态转换				输出电压
	Q_3	Q_2	Q_1	Q_0	u_o/V
0	0	0	0	0	0
1	0	0	0	1	2.5
2	0	0	1	0	1
3	0	0	1	1	1.5
4	0	1	0	0	2
5	0	1	0	1	2.5
6	0	1	1	0	3
7	0	1	1	1	3.5
8	1	0	0	0	4
9	1	0	0	1	4.5
10	1	0	1	0	5
11	1	0	1	1	5.5
12	1	1	0	0	6
13	1	1	0	1	6.5
14	1	1	1	0	7
15	1	1	1	1	7.5

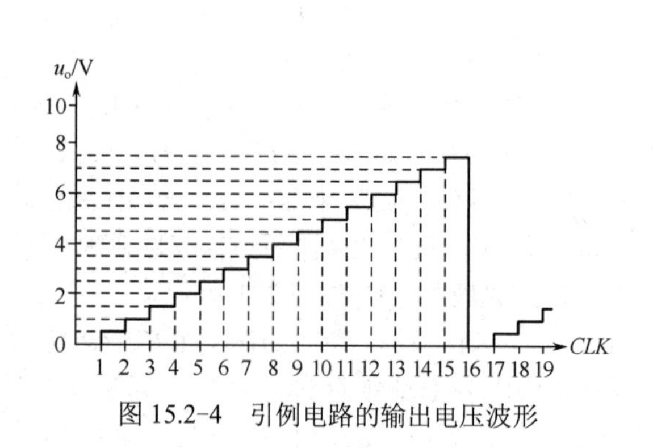

图 15.2-4　引例电路的输出电压波形

本 章 小 结

（1）数模转换器是将数字信号转换成模拟信号的电路，其内部电路形式很多，如电阻网络、T 形电阻网络、倒 T 形电阻网络、权电流型、开关树等。本章只介绍了倒 T 形电阻网络的 D/A 转换器及输出电压的求法，并在此基础上介绍了集成芯片 DAC0832 的内部结构及典型应用。

（2）模数转换器是将模拟信号转换成数字信号的电路，根据工作方式分为直接型和间接型，其中直接型有并行比较型和逐次逼近型，本章主要介绍了逐次逼近型 A/D 转换器的结构及工作原理，并在此基础上给出了集成 A/D 转换器 ADC0809 的内部结构及工作过程。

习题

15-1　某 D/A 转换器电路如题图 15-1 所示，当 $Q_i=1$ 时，相应的模拟开关 S_i 置于位置 1；当 $Q_i = 0$ 时，开关 S_i 置于位置 0。（1）求 u_o 与数字量 $Q_DQ_CQ_BQ_A$ 之间的关系式；（2）若 $U_{REF} = -1V$，当 $Q_DQ_CQ_BQ_A = 0001$ 和 $Q_DQ_CQ_BQ_A = 1111$ 时，计算 u_o 的值。

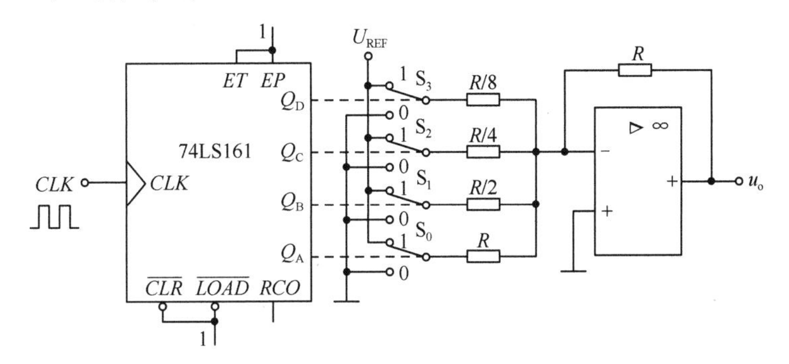

题图 15-1

15-2　在图 15.1-2 所示的 4 位倒 T 形电阻网络 DAC 电路中，已知 $U_{REF} = 5V$，$R = R_f = 2k\Omega$。（1）当输入的数字量为 1001 时，计算 i_Σ 和 u_o；（2）当输入的数字量为 1111 时，计算 i_Σ 和 u_o。

15-3　某 D/A 转换器要求 10 位二进制数能代表 0～10V。问此二进制数的最低位代表几伏？

15-4　8 位逐次逼近型 ADC 的时钟频率为 250kHz。问完成一次 A/D 转换需要多长时间？

第四部分　电 子 电 源

第 16 章　线性直流稳压电源

【本章主要内容】 本章主要介绍线性直流稳压电源的工作原理和工程估算方法。

在电子电路及设备中，一般都需要稳定的直流电源供电。这种电源虽然可以考虑直接使用干电池或利用直流发电机来供电，但是随着半导体技术的发展，比较经济实用的办法是利用由交流电源经过变换得到的直流电源。目前常用的直流电源是线性直流稳压电源和高频开关直流稳压电源。

【引例】 图 16.0-1 所示为一个实际输出电压为 12V 的线性直流稳压电源的电路原理图。对于图 16.0-1 所示电路，该电路是如何工作的呢？电路中各个元器件的作用分别是什么？如何选择各元器件的参数？学完本章内容便可得出解答。

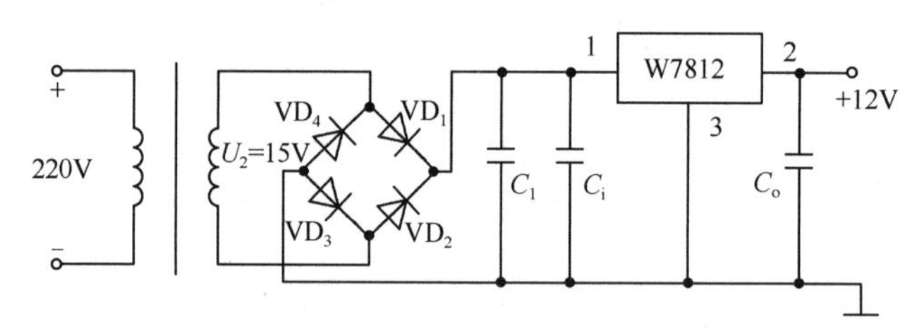

图 16.0-1　输出电压为 12V 的直流稳压电源

16.1　整 流 电 路

在社会生产和科学实验中经常需要直流电源供电，直流稳压电源就是利用半导体器件将交流电变换成功率较小的直流电，其组成原理框图如图 16.1-1 所示。图中各部分的功能为：

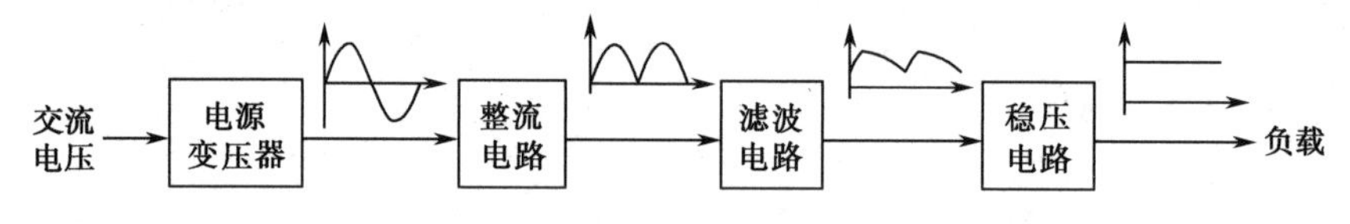

图 16.1-1　直流稳压电源组成框图

（1）电源变压器：将交流 220V 电压变换为整流电路需要的交流电压。

（2）整流电路：将交流电压变换为单向脉动直流电压。

（3）滤波电路：用来滤除整流后单向脉动电压中的交流成分，使输出电压为平滑的直流电压。

（4）稳压电路：当输入交流电压波动或负载变动时，能维持输出稳定的直流电压。

16.1.1　单相半波整流电路

单相半波整流电路如图 16.1-2 所示。该电路由变压器 T、整流二极管 VD 及负载 R_L 组成。设变压器二次侧(也叫副边)电压为

$$u_2 = \sqrt{2}U_2 \sin \omega t$$

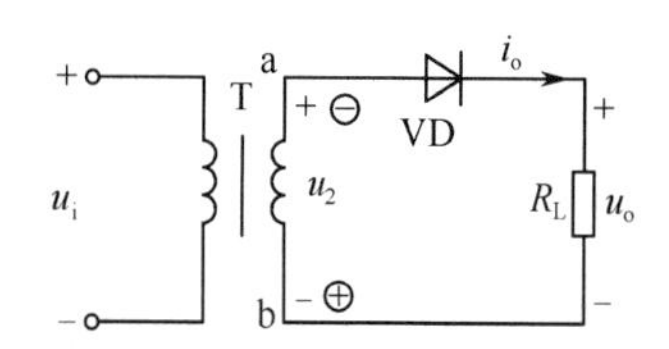

图 16.1-2　单相半波整流电路

当输入电压u_2为正半周时，a 端为正，b 端为负，二极管 VD 承受正向电压而导通。负载中流过电流i_o，设二极管 VD 为理想二极管，则$u_o = u_2$。

当输入电压u_2为负半周时，a 端为负，b 端为正，二极管 VD 承受反向电压而截止，则$i_o = 0$，u_o=0。u_2全部加在二极管 VD 上，输入电压波形、输出电压、电流波形及二极管 VD 上的电压波形如图 16.1-3 所示。

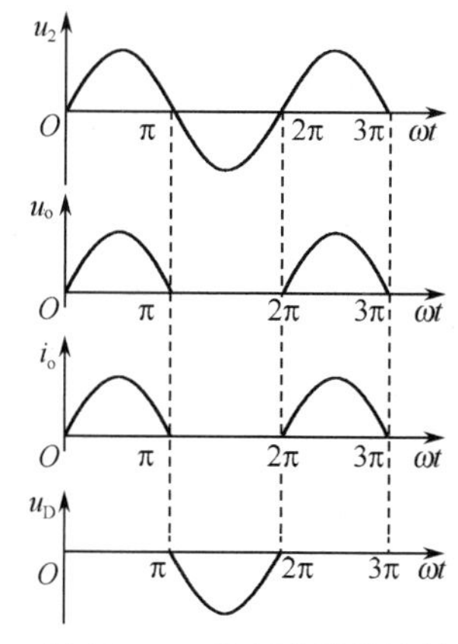
图 16.1-3　单相半波整流波

由于输出电压波形只有u_2的正半周，故称为半波整流。半波整流时，负载R_L上获得脉动直流电压。输出直流电压的平均值U_o为

$$U_o = \frac{1}{2\pi}\int_0^{\pi} \sqrt{2} \sin \omega t \mathrm{d}\omega t = \frac{\sqrt{2}}{\pi}U_2 \approx 0.45U_2 \qquad (16.1\text{-}1)$$

其中，U_2是变压器二次侧输出电压的有效值。

输出电流的平均值为

$$I_o = \frac{U_o}{R_L} = 0.45\frac{U_2}{R_L} \qquad (16.1\text{-}2)$$

二极管 VD 导通时流过的电流为

$$I_D = I_o \qquad (16.1\text{-}3)$$

二极管 VD 反向截止时所承受的最高反向电压为

$$U_{DRM} = U_{2m} = \sqrt{2}U_2 \qquad (16.1\text{-}4)$$

可见，半波整流时，二极管 VD 导通时流过的电流等于负载电流；二极管 VD 截止时，其上的最高反向工作电压等于变压器二次侧交流电压的最大值。

注意：为保证整流二极管的安全使用，一般在选用二极管的时候要留有一定的裕量。

【例 16.1-1】 单相半波整流电路如图 16.1-2 所示。已知负载电阻$R_L = 1000\Omega$，变压器副边交流电压的有效值$U_2 = 20V$。求U_o、I_o，并选择二极管。

【解】 $U_o = 0.45U_2 = 0.45\times 20 = 9V$，$I_o = U_o / R_L = 9/1000 = 9mA$，

$$I_D = I_o = 9mA，U_{DRM} = \sqrt{2}U_2 = 28.2V$$

查附录 D 可知，可选用二极管 2AP4（16mA，50V），满足电路要求。

单相半波整流电路的优点是电路简单，只需一个二极管就能构成整流电路，但其缺点是只利用电源的半个周期、整流电路输出电压低、输出电压脉动较大。为了克服这些缺点，可采用全波整流电路。

16.1.2　单相桥式全波整流电路

全波整流电路中最常用的是桥式全波整流电路，桥式全波整流电路由 4 个二极管 VD 接成电桥形式，如图 16.1-4 所示，下面分析其工作原理。

设$u_2 = \sqrt{2}U_2 \sin \omega t$。当$u_2$为正半周时，则 a 端为正，b 端为负，此时二极管 VD_1 和 VD_3 承受正向电压而导通，同时二极管 VD_2 和 VD_4 承受反向电压而截止。负载R_L中流过电流i_o，设二极管为理想二极管，则$u_o = u_2$。

当u_2为负半周时，即 a 端为负，b 端为正，此时二极管 VD_2 和 VD_4 承受正向电压而导通，同时二极管 VD_1 和 VD_3 承受反向电压而截止。负载R_L中流过电流i_o，其大小和方向与正

半周时相同，在 R_L 两端产生与 u_2 正半周同相的电压降 u_o，即 $u_o=-u_2$，如图 16.1-5 所示。

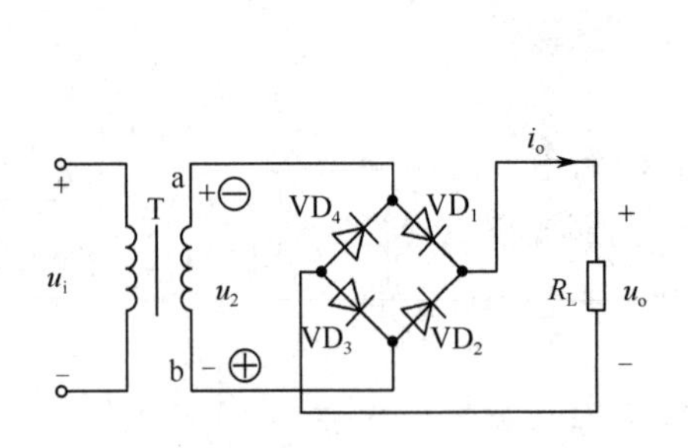

图 16.1-4 单相桥式整流电路

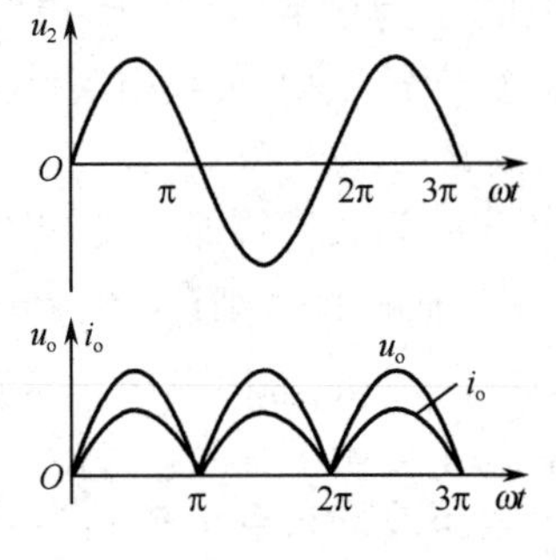

图 16.1-5 单相桥式整流电路波形图

由波形图可以看出，单相桥式整流电路的输出电压 u_o 同样是单向脉动的，其平均电压是单相半波时的两倍，即

$$U_o=2\times0.45U_2\approx0.9U_2 \tag{16.1-5}$$

输出电流为

$$I_o=U_o/R_L=0.9U_2/R_L \tag{16.1-6}$$

由于每个二极管导电半个周期，故每个二极管中流过的电流为负载电流的一半，即

$$I_{D1}=I_{D2}=I_{D3}=I_{D4}=I_o/2 \tag{16.1-7}$$

每个二极管截止时所承受的最高反向工作电压与单相半波整流电路相同，即

$$U_{DRM}=U_{2m}=\sqrt{2}U_2 \tag{16.1-8}$$

二极管的选用条件也和单相半波整流电路相同。

以上分析可见，全波整流输出电压平均值大，输出电压的脉动较小，电源的整个周期全被利用，整流管二极管承受的反向电压和半波整流一样。虽然用到 4 个二极管，但是二极管价格低廉、体积很小，因此，桥式全波整流电路应用非常广泛。在实际设计中，由于变压器二次绕组、二极管导通时均有电阻，要产生一定的压降，所以，实际变压器的二次侧电压应略高于理论值。

为了使用方便和装配简单，通常将 4 个二极管组成一个组件，封装在密封壳体中，引出 4 根线，两根接交流电源，两根接负载，构成桥式全波整流器，又称整流桥。整流桥的外形和电路符号如图 16.1-6 所示。

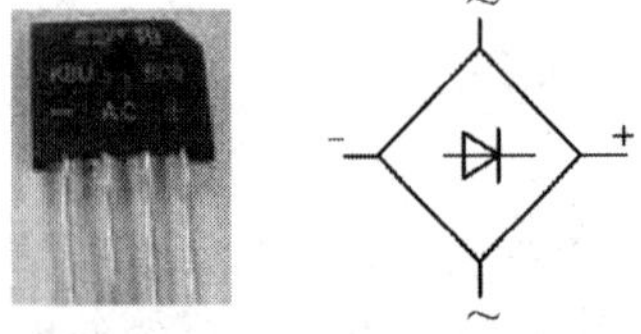

(a)外形图　(b)电路符号

图 16.1-6 整流桥

整流桥参数和二极管的参数相近，包括额定正向整流电流、最高反向工作电压等，选用条件与二极管相同。

【例 16.1-2】 有一单相桥式整流电路，要求输出电压 110V，输出电流 50mA，应选用那种型号的整流桥？

【解】 由 $U_o=0.9U_2$ 可求出变压器二次侧交流电压的有效值为

$$U_2=U_o/0.9=110/0.9=122.2\text{V}$$

整流桥承受的最高反向工作电压为

$$U_{DRM}=\sqrt{2}U_2=\sqrt{2}\times122.2=172.8\text{V}$$

查手册可知，选用型号 1CQ-1D（300V，50mA）的整流桥能满足要求。

思考题

16.1-1 在图 16.1-4 所示单相桥式整流电路中，如果（1）VD_2 反接；（2）因过电压 VD_2

被击穿短路；（3）VD_2断开；请分别说明电路会出现什么情况。

16.2 滤波电路

整流电路的输出电压是单向脉动电压，且脉动较大。为了减小输出电压的脉动程度，在整流电路中接入滤波电路。常用的滤波电路有电容滤波电路、电感滤波电路和复式滤波电路等。

1. 电容滤波电路

在负载电阻R_L两端并联一个电容，便构成了电容滤波电路，如图16.2-1(a)所示。

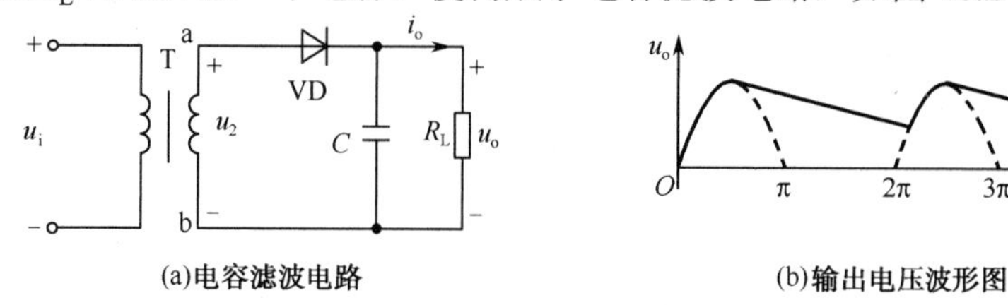

(a)电容滤波电路　　(b)输出电压波形图

图16.2-1　电容滤波电路

电容滤波电路是根据电容两端电压不能突变的特性来工作的。当u_2从零开始增大时，二极管VD导通，u_2向负载电阻供电的同时，对电容C进行充电。如果忽略二极管的导通压降，充电电压u_C、输出电压u_o与正弦电压u_2相同。当u_2到达最大值时，u_C和u_o也到达最大值。

当u_2由峰值下降时，电容C也开始放电。开始时u_2的下降速度比电容C的放电速度慢，此时仍有$u_2 > u_o$，二极管VD仍然导通，负载两端电压仍有$u_o = u_C = u_2$。随着u_2下降越来越快，当$u_2 < u_o$时，二极管承受反向电压而截止，此时电容通过负载电阻R_L放电，放电时间常数为$\tau = R_L C$，只要C取得足够大，u_C下降速度就很慢，即输出电压u_o也下降得很慢。在下个正半周到来时，当$u_2 > u_o$时，二极管VD导通，电源电压u_2又向电容充电并向负载供电，重复前面过程。如此不断循环，负载R_L上得到的电压波形如图16.2-1(b)所示。

由图16.2-1(b)的输出电压波形可见，有电容滤波后，输出电压脉动程度减小，输出电压平均值增大。输出电压的平均值U_o取决于放电时间的长短，放电时间越长，平均电压U_o就越大，波形脉动越小。

当负载开路时，输出电压平均值U_o为最大值，即$U_o = \sqrt{2}U_2$。

当电容C开路时，输出电压平均值U_o为最小值，即$U_o = 0.45U_2$。

实际应用时，对于半波整流，常取$R_L C \geqslant (3\sim5)T$；对于全波整流，常取$R_L C \geqslant (3\sim5)T/2$，此时半波整流加电容滤波电路的输出电压平均值一般取

$$U_o \approx U_2 \tag{16.2-1}$$

全波整流加电容滤波电路的输出电压平均值为

$$U_o \approx 1.2U_2 \tag{16.2-2}$$

当整流电路加电容滤波后，电路的工作条件发生了变化，此时二极管的导通时间缩短，二极管电流峰值增大，二极管上会产生电流冲击，容易使二极管损坏。所以，在选择二极管时要注意对最大整流电流保留一定的裕量，通常应选择其最大整流平均电流I_D大于负载电流的2～3倍。同时，当负载开路时，整流二极管除承受电源的反向电压外，还要承受电容两端的电压，故二极管承受的最大反向电压为

$$U_{DRM} = 2\sqrt{2}U_2 \tag{16.2-3}$$

2．电感滤波电路

电感滤波电路如图 16.2-2 所示。利用电感线圈对直流分量的电阻很小，而对交流分量感抗很大的特点，当它串联在整流电路和负载之间时，单向脉动中的交流成分大部分降在电感上，直流分量则顺利通过电感送到负载上，这样就使负载上能得到较好滤波效果的直流输出电压。

在电感滤波电路中，电感线圈的电感值越大，对交流信号的感抗就越大，滤波效果越好。但电感值越大，线圈的直流电阻将增大，不仅会增加成本，也会使输出电压和输出电流下降。

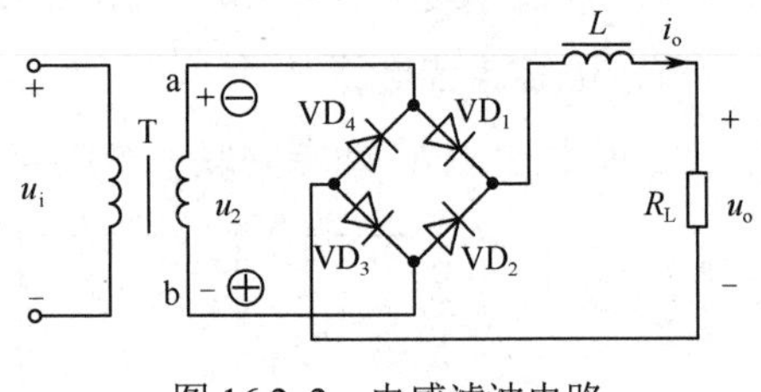

图 16.2-2　电感滤波电路

电感滤波电路输出电压的平均值一般要小于电容滤波电路输出电压的平均值。工程上，在电感线圈电阻可忽略的情况下，一般取

$$U_o \approx 0.9U_2 \qquad (16.2\text{-}4)$$

在电感滤波电路中，由于滤波电感的续流作用，可以使二极管的导通角接近π，减小了二极管的冲击电流，从而延长整流二极管的寿命。电感滤波的缺点是体积大，成本高。

3．π 形滤波电路

为了得到更好的滤波效果，经常使用π形滤波电路。图 16.2-3(a)为π形 LC 滤波电路，图 16.2-3(b)为π形 RC 滤波电路。

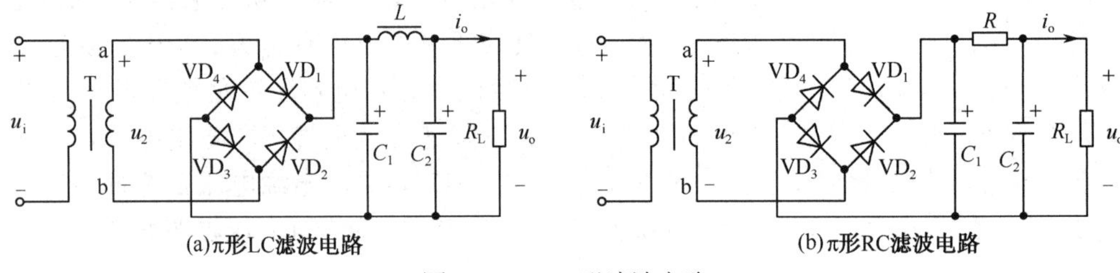

图 16.2-3　π 形滤波电路

4．各种滤波电路的比较

表 16.2-1 中列出了各种滤波电路性能的比较。构成滤波电路的电容及电感应足够大，θ 为二极管的导通角，θ 角小，整流二极管的冲激电流大；θ 角大，整流二极管的冲激电流小。

表 16.2-1　各种滤波电路性能的比较

类型 / 性能	电容滤波	电感滤波	π形滤波
U_0/U_2	1.2	0.9	1.2
θ	小	大	大
适用场合	小电流负载	大电流负载	大电流负载

思考题

16.2-1　在电容滤波电路中，根据何种原则选择电容 C 的大小？

16.2-2　电容滤波电路和电感滤波电路，哪个电路的带负载能力强一些？为什么？

16.3　稳 压 电 路

经过整流、滤波后得到的输出电压，虽然脉动程度很小，但并不稳定。输出电压一方面会随交流电网电压的变化而变化，另一方面当负载电阻变化时输出电压也会变化。为了能获得更加稳定的输出电压，需要在整流滤波电路后增加稳压电路。

16.3.1 稳压二极管稳压电路

稳压二极管稳压电路如图 16.3-1 所示。稳压电路由稳压二极管 VD_Z 和限流电阻 R 组成。稳压过程中，稳压二极管 VD_Z 和负载电阻 R_L 并联，稳压二极管反接，限流电阻 R 起调节作用，当交流电网电压或负载电流变化时，通过调节 R 上的电压，保持输出电压基本不变。

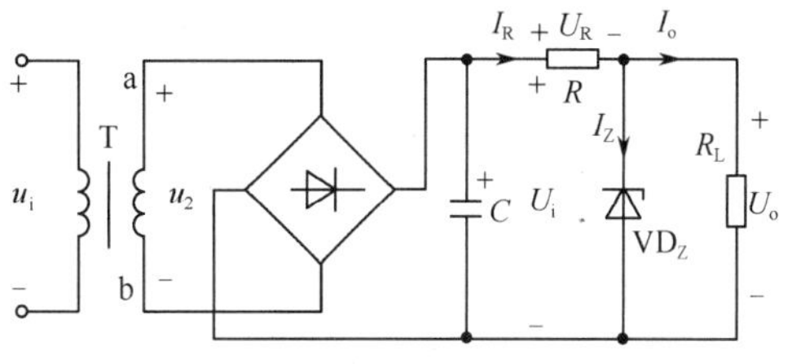

图 16.3-1 稳压二极管稳压电路

1．稳压原理

设负载 R_L 不变而交流电网电压增大时，输入电压 U_i 增大，必然引起输出电压 U_o 增大，即 U_Z 增大，从而流过稳压管的电流 I_Z 将急剧增大，使得 I_R 和 U_R 增大，抵消了 U_i 的增大量，使负载电压 U_o 基本保持不变，达到稳压的目的。稳压调节过程如下：

$$u_2\uparrow \rightarrow U_i\uparrow \rightarrow U_o\uparrow \rightarrow I_Z\uparrow\uparrow \rightarrow I_R\uparrow (I_R=I_o+I_Z) \rightarrow U_R\uparrow \rightarrow U_o\downarrow (U_o=U_i-U_R)$$

设输入交流电网电压不变而负载电阻 R_L 减小时，此时输出电流 I_o 增大，必然引起电流 I_R 增加，即 U_R 将增加，从而使输出电压 $U_o=U_Z$ 减小，I_Z 将急剧减小，I_Z 的减小会引起 I_R 减小，即 U_R 减小，反过来又会使输出电压 $U_o=U_Z$ 增大，两过程相互抵消，达到稳压的目的。其稳压调节过程如下：

$$R_L\downarrow \rightarrow I_o\uparrow \rightarrow I_R\uparrow \rightarrow U_R\uparrow \rightarrow U_o\downarrow (U_Z=U_o) \rightarrow I_Z\downarrow\downarrow \rightarrow I_R\downarrow \rightarrow U_R\downarrow \rightarrow U_o\uparrow (U_o=U_i-U_R)$$

综上所述，在稳压二极管所组成的稳压电路中，利用稳压管所起的电流调节作用，通过限流电阻 R 上电压的变化进行补偿，达到稳压的目的。限流电阻 R 在稳压电路中是必不可少的元件。

2．限流电阻的选择

稳压二极管稳压电路中的限流电阻是一个很重要的元件。限流电阻 R 的阻值必须选择适当，才能保证稳压电路在交流电网电压或负载变化时很好地实现稳压作用。

在图 16.3-1 所示的电路中，要使稳压管正常工作，流过稳压管的电流必须在 $I_{Zmin}\sim I_{Zmax}$ 之间。如果负载电流的变化范围为 $I_{omin}\sim I_{omax}$，电源电压波动使得滤波输出电压 U_i 在 $U_{imin}\sim U_{imax}$ 之间变化，则要使稳压管能正常工作，必须满足如下关系：

当电网电压最高和负载电流最小时，I_Z 的值最大，此时 I_Z 不应大于允许的最大值，即

$$I_Z=\frac{U_{imax}-U_Z}{R}-I_{omin}\leqslant I_{Zmax} \tag{16.3-1}$$

当电网电压最低和负载电流最大时，I_Z 的值最小，此时 I_Z 不应低于允许的最小值，即

$$I_Z=\frac{U_{imin}-U_Z}{R}-I_{omax}\geqslant I_{Zmin} \tag{16.3-2}$$

由式(16.3-1)、式(16.3-2)得到限流电阻 R 的取值范围为

$$\frac{U_{imax}-U_Z}{I_{Zmax}+I_{omin}}\leqslant R\leqslant\frac{U_{imin}-U_Z}{I_{Zmin}+I_{omax}} \tag{16.3-3}$$

如果此范围不存在，则说明给定条件下已超出稳压管的工作范围，需要限制输入电压 U_i 或输出电流 I_o 的变化范围，或选用更大稳压值的稳压管，或采用其他类型的稳压电路。

3．电路参数的选择

（1）稳压电路输入电压 U_i 的选择

在电路中，一般选择 $U_i=(2\sim3)U_o$；U_i 确定后，就可以根据此值选择整流滤波电路的元

件参数。

（2）稳压管的选择

在稳压管稳压电路中，$U_o = U_Z$；当负载电流变化时，稳压管将产生一个与之相反的变化电流，所以稳压管工作在稳压区所允许的电流变化范围应大于负载电流的变化范围。同时，稳压管的最大稳定电流的选取应留有充分的裕量。故稳压管的选取原则一般为

$$\begin{cases} U_o = U_Z \\ I_{ZM} - I_Z > I_{Lmax} - I_{Lmin} \\ I_{ZM} \geqslant I_{Lmax} + I_Z \end{cases}$$

（3）限流电阻的选择

限流电阻按式(16.3-3)来选择。

【例 16.3-1】 在图 16.3-1 所示电路中，设稳压管的$U_Z = 6V$，$I_{Zmax} = 40mA$，$I_{Zmin} = 5mA$；$U_{imin} = 12V$，$U_{imax} = 15V$；$R_{Lmax} = 600\Omega$，$R_{Lmin} = 300\Omega$。试选择合适的限流电阻R。

【解】 由给定的条件可以求出

$$I_{omin} = \frac{U_Z}{R_{Lmax}} = \frac{6}{600}A = 10mA，\quad I_{omax} = \frac{U_Z}{R_{Lmin}} = \frac{6}{300}A = 20mA$$

由式(16.3-3)有

$$\frac{15-6}{0.04+0.01}\Omega \leqslant R \leqslant \frac{12-6}{0.005+0.02}\Omega$$

即$180\Omega \leqslant R \leqslant 240\Omega$。可取$R = 200\Omega$，此时其电阻消耗的功率为

$$P_{Rmax} = (15-6)^2/200 \approx 0.4W$$

可选用阻值为200Ω、功耗为 1W 的限流电阻。

16.3.2 晶体管串联型稳压电路

稳压二极管稳压电路的缺点是稳压精度较低，受稳压管最大电流的限制从而使输出电流变化范围较小，只适用于稳压要求不高、负载小的小功率电子设备。为了提高稳压性能，提高电源的带负载能力，目前在实际当中，广泛采用晶体管稳压电路。图 16.3-2 是一种典型的晶体管稳压电路，它由四部分组成。

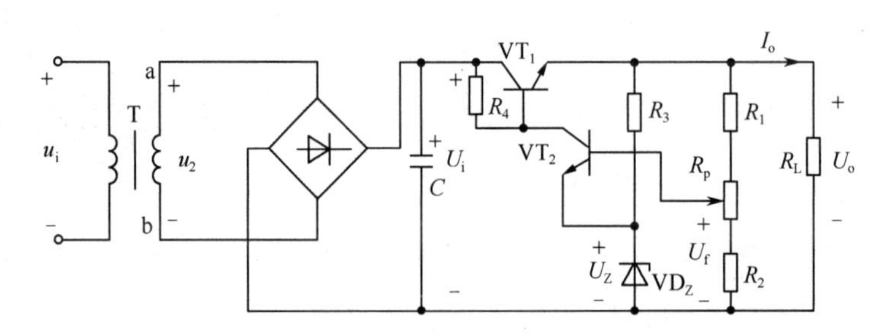

图 16.3-2 晶体管串联型稳压电路

（1）采样环节

采样环节由R_1、R_2及电位器R_p组成的分压电路构成，其作用是将输出电压的一部分取出送到放大环节。电位器R_p起调节采样电压的作用。

（2）基准电压

基准电压由稳压管 VD_Z 和电阻R_3组成。其作用是，采样电压 U_f 与基准电压 U_Z 进行比较，将二者的差值送到放大环节进行放大。电阻R_3为限流电阻。

（3）放大环节

放大环节是由晶体管 VT_2 构成的直流放大电路组成。晶体管 VT_2 将采样电压 U_f 与基准电压 U_Z 的差值电压 $U_{BE2}=U_f-U_Z$ 放大后去控制调整管 VT_1。电阻 R_4 构成 VT_2 的负载电阻，同时也是调整管 T_1 的偏置电阻。

（4）调整环节

调整环节由工作在线性区的调整管 VT_1 构成。调整管 VT_1 的基极电流受晶体管 VT_2 的集电极电流控制，从而控制调整管的 I_{C1} 和 U_{CE1}，达到控制调整输出电压的目的。

电路的稳压原理为：当输入电压 U_i 增大时，导致输出电压 U_o 增大，采样电压 U_f 增大，U_{BE2} 增大，晶体管 VT_2 的基极电流 I_{B2} 增大，I_{C2} 增大，VT_2 管的集射极电压 U_{CE2} 减小。因此，调整管的 U_{BE1} 减小，I_{C1} 减小，U_{CE1} 增大，输出电压 U_o 下降，达到稳定输出电压的目的。上述过程可表示为

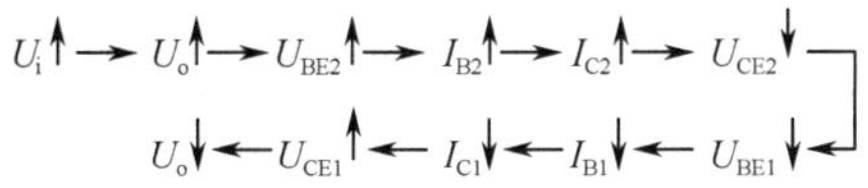

$$U_i\uparrow \rightarrow U_o\uparrow \rightarrow U_{BE2}\uparrow \rightarrow I_{B2}\uparrow \rightarrow I_{C2}\uparrow \rightarrow U_{CE2}\downarrow$$
$$U_o\downarrow \leftarrow U_{CE1}\uparrow \leftarrow I_{C1}\downarrow \leftarrow I_{B1}\downarrow \leftarrow U_{BE1}\downarrow$$

16.3.3 三端集成稳压器

将晶体管串联型稳压电路和保护电路集成在一起就构成集成稳压器。集成稳压器相比分立元件稳压电源，有体积小、性能高、使用简便、可靠性高等优点，目前已在电子设备中得到广泛应用。集成稳压器有多种类型，比较常用的有三端固定输出电压式、三端可调输出电压式等。

图 16.3-3 为三端集成稳压器的外形和符号，它的三个引线端为输入端、输出端和公共端。

常用的三端固定输出电压式集成稳压器的型号有 W78××、W79××、W78M××、W79M××、W78L××和 W79L××等系列。不同的系列对应不同的输出电压和输出电流。78 系列输出正电压，79 系列输出负电压。W78 和 W79 系列的输出电流为 1.5A；W78M 和 W79M 系列的输出电流为 0.5A；W78L 和 W79L 系列的输出电流为 0.1A。每个系列都有几个固定的输出电压等级，一般为 5V、6V、9V、12V、15V、18V、24V 等。型号中××代表输出电压的绝对值。

下面介绍几种常见的应用电路。

1．输出固定电压的稳压电路

图 16.3-4 所示为输出电压固定的稳压电路。一般输入电压 U_i 比输出电压 U_o 大 5V 以上，从而保证稳压器能正常工作。电路中 C_i 用来抵消输入端接线较长时产生的电感效应，防止自激振荡，接线不长时也可不接。C_i 的值一般在 0.1～1.0μF 左右。C_o 用来消除高频噪声和改善输出的瞬态特性，即当负载电路变化时不致引起输出电压 U_o 有较大的波动，C_o 可选1μF 的电容。

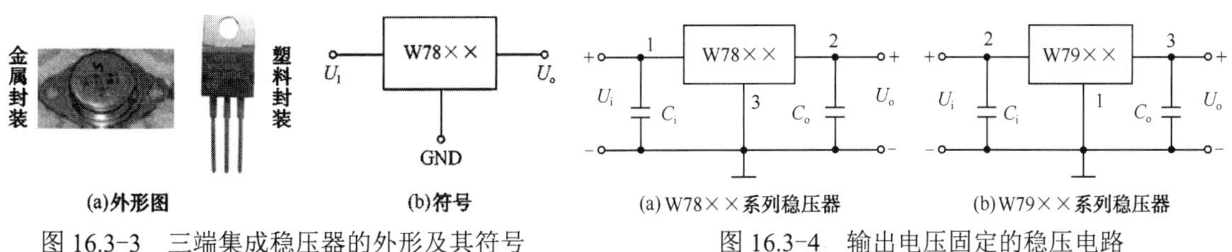

图 16.3-3　三端集成稳压器的外形及其符号

图 16.3-4　输出电压固定的稳压电路

2．输出正、负电压的稳压电路

将 W78××和 W79××系列两块稳压器合并使用，可得到输出为正、负电压的稳压电路，如图 16.3-5 所示，两块稳压器的公共端接在一起，接公共地端。图中 C_1 为滤波电容，是大容量有极性的电容。

图 16.3-6 所示为用两块 W7815 系列稳压器构成的±15V 电源的电路。图中 C_1 为滤波电容。

此电路是由同一种型号的稳压器构成，因此，输出电压的对称性好，在实际工程应用中常用。

3．输出电压可调的稳压电路

图 16.3-7 所示为可调三端稳压电路。图中 W117 为三端集成稳压器，其 3 脚为输入端，1 脚为调整端，2 脚为输出端。W117 稳压器的输出电压可调范围为 1.25～37V。根据电路的结构，此稳压电路输出电压的表达式为

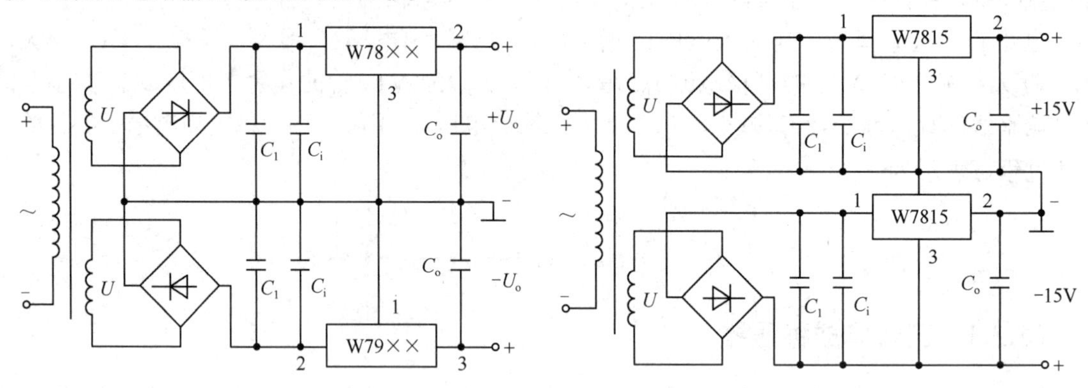

图 16.3-5　输出正负、电压的稳压电路　　图 16.3-6　由两块 W7815 构成的±15V 电源

$$U_o = 1.25\left(1 + \frac{R_2}{R_1}\right) \tag{16.3-4}$$

按图 16.3-7 电路的参数配置，此电路输出电压的可调范围为 1.25～27.3V。

4．增大输出电流的电路

当负载电流大于三端集成稳压器的额定输出电流时，可采用外接功率放大管 VT 的方法来扩展输出电流，其电路如图 16.3-8 所示。图中 I_{XX} 为稳压器输出电流，I_C 为外接功率放大管 VT 的集电极电流，实际输出电流 I_o 为

$$I_o = I_{XX} + I_C$$

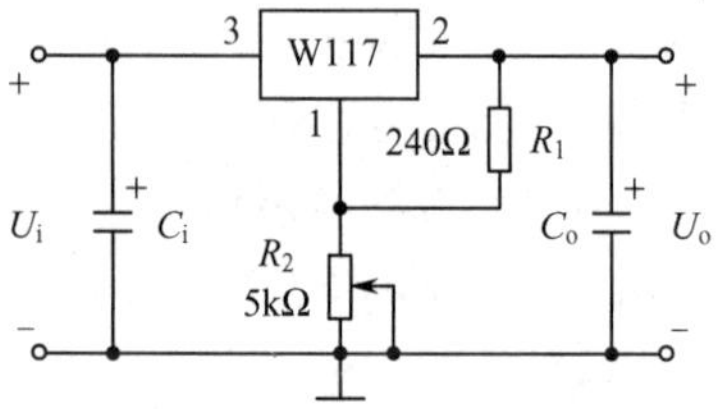

图 16.3-7　输出电压可调的稳压电路

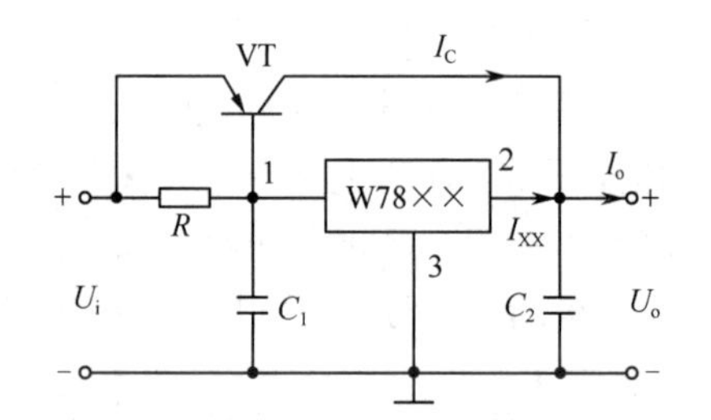

图 16.3-8　增大输出电流的电路

思考题

16.3-1　如何选稳压管稳压电路中的限流电阻 R?

【引例分析】 根据本章所学的知识，在图 16.0-1 中的电路中，VD_1、VD_2、VD_3、VD_4 构成整流电桥，将交流电压变为直流电压，电容 C_1 为滤波电容，可选 $C_1 = 500\mu F$；电容 C_i 用来抵消输入端接线较长时产生的电感效应，防止自激振荡，接线不长时也可不接。C_i 的值一般在 0.1～1.0μF 左右，可选 0.1μF；C_o 用来消除高频噪声和改善输出的瞬态特性，即当负载变化时不致引起输出电压 U_o 有较大的波动，C_o 取值 $1\mu F$。根据有滤波电容 C_1 后的输出电压与变压器

二次侧电压U_2的关系式，可估算得$U_{C1}=1.2U_2=18V$。

二极管 VD_1、VD_2、VD_3、VD_4 上所承受的最高反向工作电压为$U_{DRM}=\sqrt{2}U_2=21.21V$，假设二极管上流过的最大平均电流为 50mA，可选择型号为 DB102（$U_{DRM}=100V$，$I_D=65mA$）的整流桥搭建电路。

16.4　直流稳压电路的仿真

本节的任务：（1）研究滤波电容对整流输出电压波形的影响；（2）研究稳压电路的稳压效果。图 16.4-1 所示为桥式整流、滤波的仿真电路。其中，C_1是滤波电容，R_1是负载电阻。

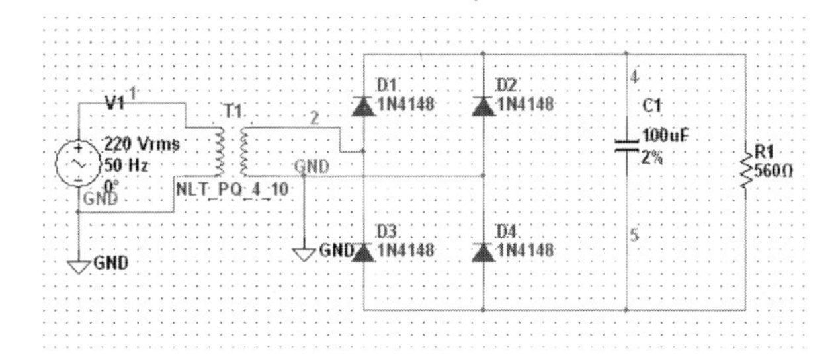

图 16.4-1　桥式整流、滤波的仿真电路

1．仿真内容

（1）改变滤波电容的数值，观察整流输出电压的波形，分析滤波效果。

（2）比较稳压管稳压电路和三端集成稳压器的稳压效果。

2．仿真结果

（1）在图 16.4-1 中，接入示波器和电压表，如图 16.4-2(a)、(b)所示。

① 当无滤波电容时，测量变压器原、副边电压；整流输出电压及波形如图 16.4-3 所示。

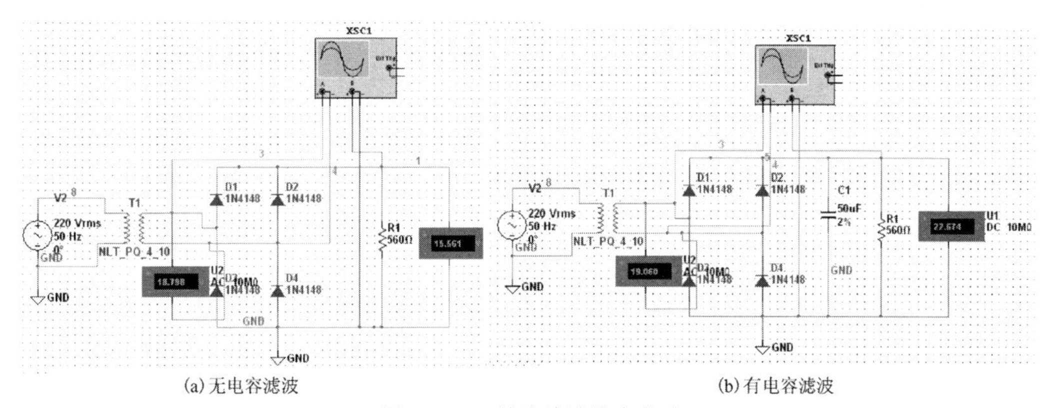

(a)无电容滤波　　　　(b)有电容滤波

图 16.4-2　整流滤波仿真电路

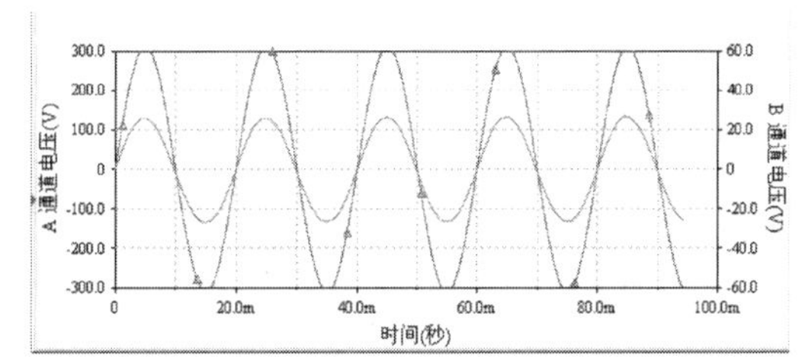

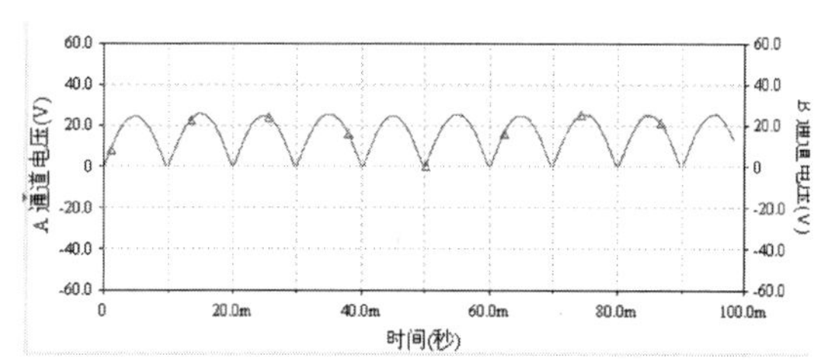

(a)变压器原、副边电压波形　　　　(b)整流输出电压波形

图 16.4-3　变压器原、副边和输出电压波形

② 有滤波电容的仿真电路如图 16.4-2(b)所示。当滤波电容分别为50μF,100μF时，测量输出电压波形如图16.4-4所示。

（2）稳压管稳压电路和三端集成稳压器稳压电路的仿真电路如图 16.4-5 和图 16.4-6 所示。其中，稳压管为BZV60-C12，三端集成稳压器为LM7812CT。

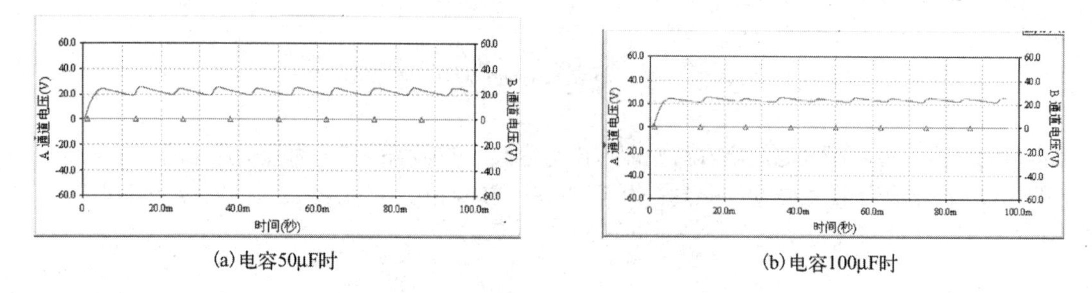

(a)电容50μF时　　(b)电容100μF时

图 16.4-4　滤波电容不同时输出电压波形

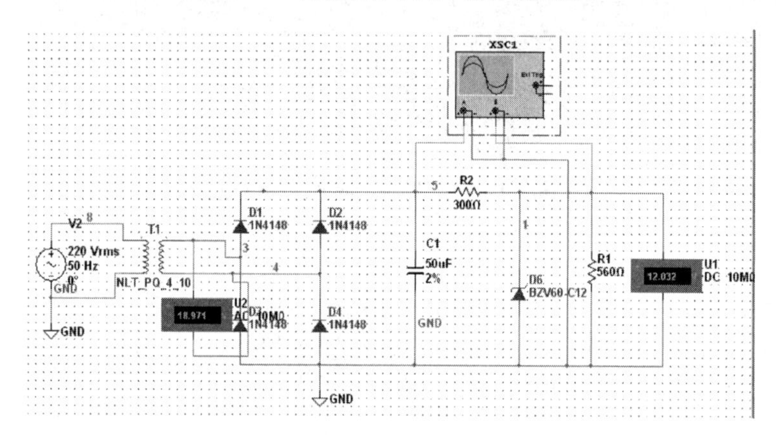

图 16.4-5　稳压管稳压电路

当电路参数如图中所示时，测量出两电路的电容滤波电压波形和稳压电路输出电压波形如图16.4-7(a)、(b)所示。

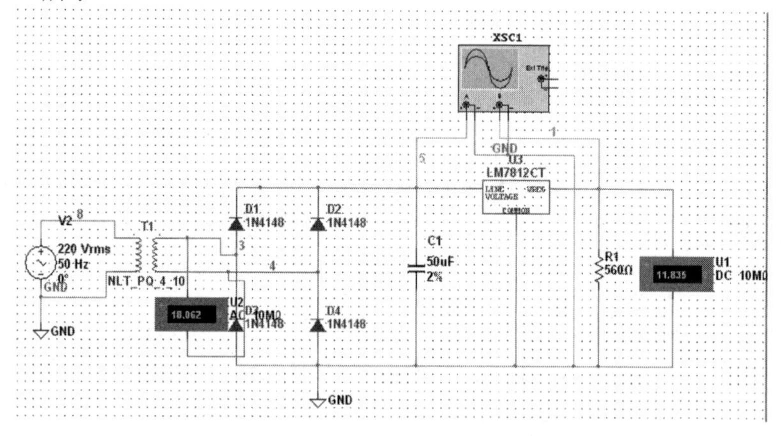

图 16.4-6　三端集成稳压器稳压电路

当滤波电容不变，负载为100Ω时，测量出两电路的电容滤波电压波形和稳压电路输出电压波形如图16.4-8(a)、(b)所示。

3．结论

（1）从图 16.4-4(a)、(b)可见，当滤波电容的容量增加时，整流电压输出波形的纹波变小，即滤波效果好。

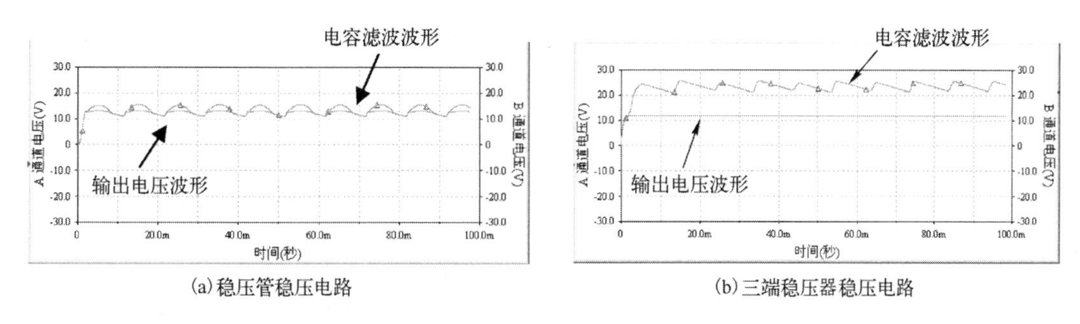

(a) 稳压管稳压电路　　(b) 三端稳压器稳压电路

图 16.4-7　当滤波电容为 50μF，负载电阻为 560Ω 时的仿真波形

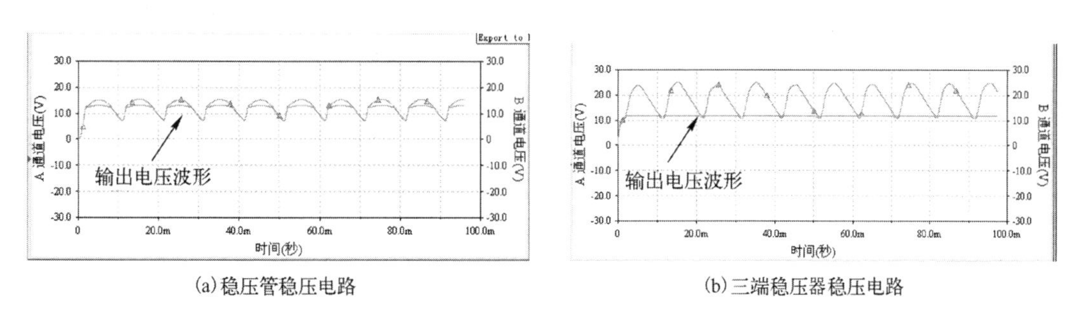

(a) 稳压管稳压电路　　(b) 三端稳压器稳压电路

图 16.4-8　当滤波电容为 50μF，负载电阻为 100Ω 时的仿真波形

（2）从图 16.4-7(a) 和图(b) 的波形可见，当滤波电容为 50μF 时，即整流滤波波形纹波较大时，稳压管稳压电路的输出电压有纹波，而三端集成稳压器的输出电压无纹波，即三端集成稳压器的稳压效果好。

（3）从图 16.4-8(a) 和图(b) 的波形可见，当滤波电容为 50μF 时，负载增大，即负载为 100Ω 时，稳压管稳压电路的输出电压纹波加大，而三端集成稳压器的输出电压与负载无关，很稳定，即三端集成稳压器带负载能力强，而稳压管稳压电路只适合负载变化小的场合。

本章小结

（1）线性直流稳压电源主要由变压器、整流电路、滤波电路、稳压电路四部分组成。单相半波整流及桥式整流电路输出电压的平均值为：半波，$U_o = 0.45U_2$；全波，$U_o = 0.9U_2$。

（2）为了减少输出电压的脉动量，一般采用电容滤波电路，其输出电压平均值与负载有关，一般采用估算公式，通常取：半波，$U_o = 1.0U_2$；全波，$U_o = 1.2U_2$。

（3）为了得到稳定的输出电压，要接稳压电路。基本的稳压电路是稳压管稳压电路，但其稳压精度不高。稳压管稳压电路中，限流电阻 R 的取值为

$$\frac{U_{\mathrm{imax}} - U_{\mathrm{Z}}}{I_{\mathrm{Zmax}} + I_{\mathrm{omin}}} \leqslant R \leqslant \frac{U_{\mathrm{imin}} - U_{\mathrm{Z}}}{I_{\mathrm{Zmin}} + I_{\mathrm{omax}}}$$

（4）为了得到稳压精度高的直流稳压电源，目前应用较多的是三端集成稳压器。常见的三端集成稳压器有 W78××系列及 W79××系列。

习　　题

16-1　在题图 16-1 所示电路中，已知负载 $R_L = 80\Omega$，直流电压表 V 的读数为 110V，二极管的正向压

降忽略不计。求：（1）直流电压表 A 的读数；（2）整流电流的最大值；（3）交流电压表 V_1 的读数。

16-2 在题图 16-2 所示电路中，已知 $U_2=10V$，负载电阻为 $R_L=2k\Omega$，忽略二极管导通压降，求：（1）R_L 两端电压的平均值 U_o 及电流的平均值 I_o；（2）二极管中的电流 I_D 及各管承受的最高反向工作电压 U_{DRM}；（3）如果 VD1 极性接反，会出现什么问题？

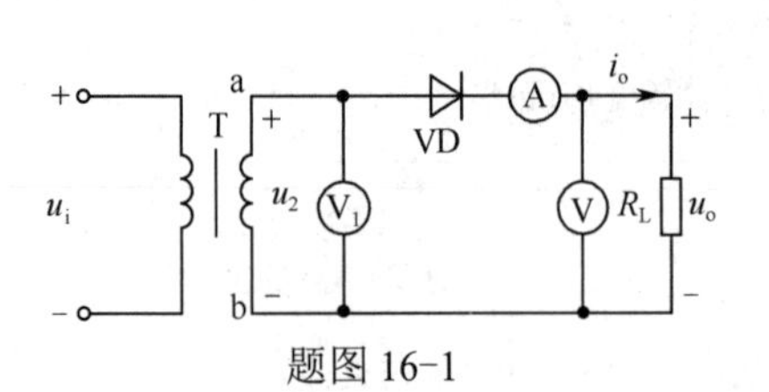

题图 16-1

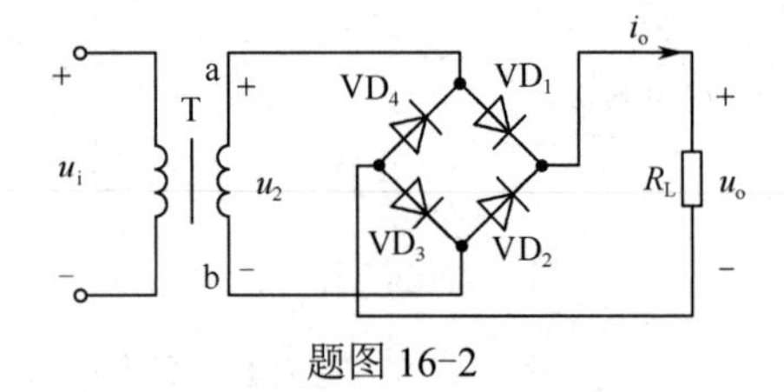

题图 16-2

16-3 整流滤波电路如题图 16-3 所示，二极管为理想元件，电容 $C=500\mu F$，负载电阻 $R_L=5k\Omega$，开关 S_1 闭合而 S_2 断开时，直流电压表 V 的读数为 141.4V。求：（1）开关 S_1 闭合 S_2 断开时，直流电流表 A 的读数；（2）开关 S_1 断开 S_2 闭合时，直流电流表 A 的读数；（3）开关 S_1 和 S_2 均闭合时，直流电流表 A 的读数。

16-4 在题图 16-4 所示稳压管稳压电路中，设稳压管的 $U_Z=6V$，$I_{Zmax}=40mA$，$I_{Zmin}=5mA$；$U_{imax}=18V$，$U_{imin}=14V$，$R_{Lmax}=500\Omega$，$R_{Lmin}=300\Omega$。选择限流电阻 R。

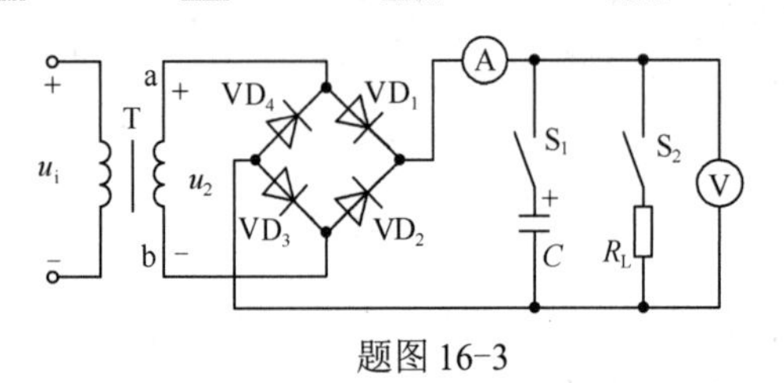

题图 16-3

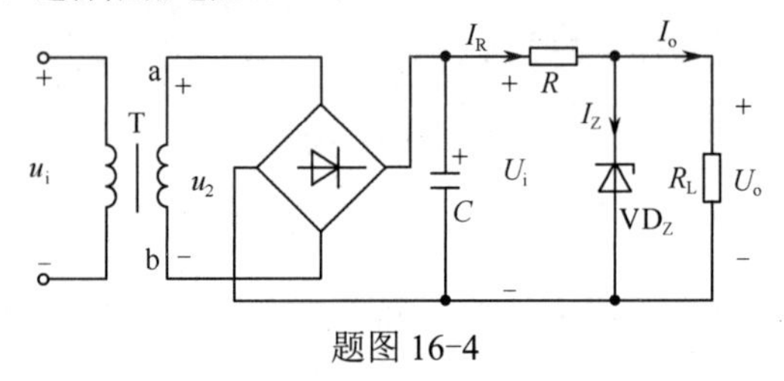

题图 16-4

16-5 在题图 16-5 所示电路中，输出电压 $U_o=24V$，（1）求变压器二次侧电压 U_2；（2）如果改变电容 C 或电阻 R_L 的值，对输出电压是否有影响？为什么？

16-6 在题图 16-6 所示电路中，稳压管的稳定电压 $U_Z=6V$，$R_1=2k\Omega$，$R_2=3k\Omega$，$U_i=25V$。求输出电压 U_o 的变化范围。

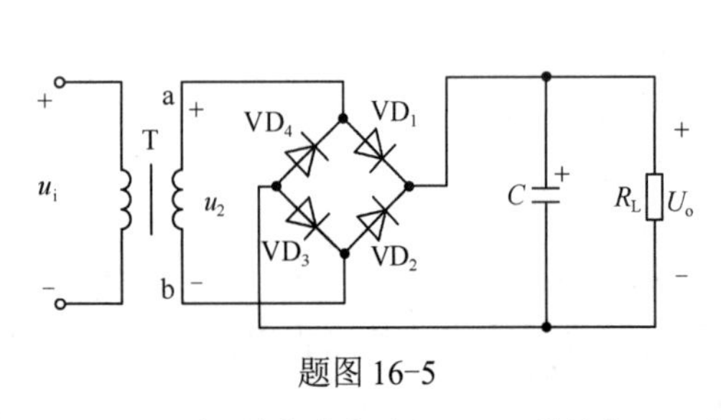

题图 16-5

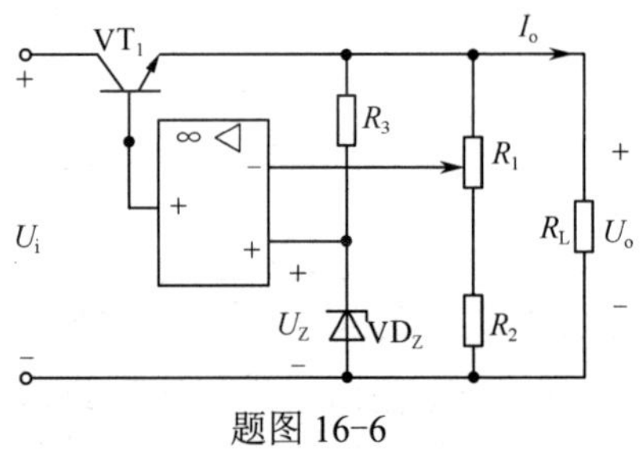

题图 16-6

16-7 试用两片三端集成稳压器 W7805 设计出±5V 的直流稳压电源。要求画出电路图并标出各元件的参数。

16-8 一整流电路如题图 16-8 所示，已知 $R_{L1}=R_{L2}=10k\Omega$。求：（1）输出电压平均值 U_{o1} 和 U_{o2}，并标出其极性；（2）二极管 VD_1、VD_2、VD_3 中的电流 I_{D1}、I_{D2}、I_{D3} 以及各管所承受的最高反向工作电压。

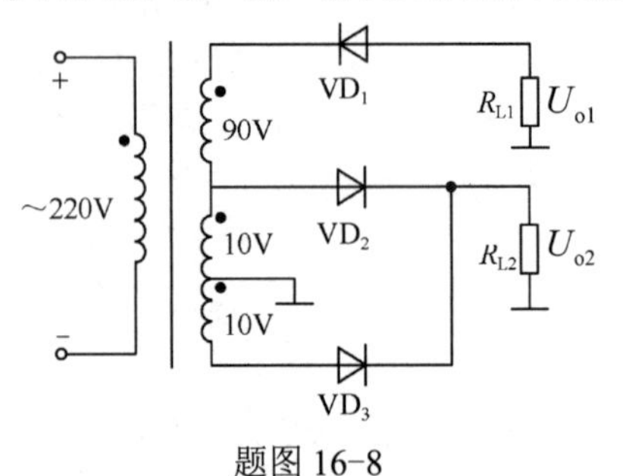

题图 16-8

16-9　电路如题图 16-9 所示，已知整流滤波后的电压平均值 $U_{\mathrm{I}}=15\mathrm{V}$，稳压管的稳定电压 $U_{\mathrm{Z}}=6\mathrm{V}$，限流电阻 $R=300\Omega$，当电源电压稳定，负载电阻 R_{L} 从 300Ω 变到 600Ω 时，试求：（1）稳压管 D_{Z} 中流过的电流如何变化？（2）限流电阻 R 中的电流又是如何变化？（3）变压器副边电压有效值 U_2 是多少？

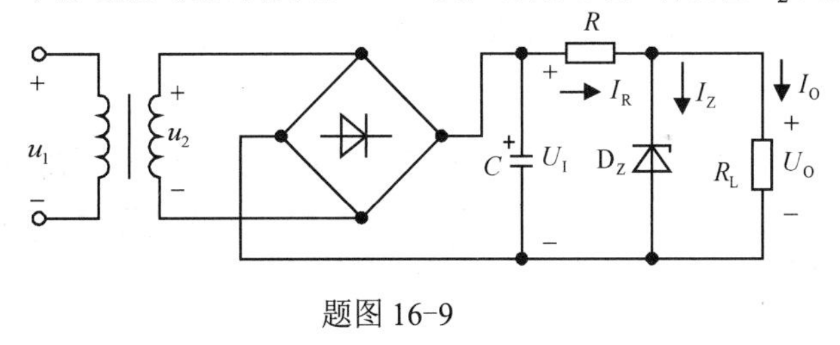

题图 16-9

第17章　振 荡 电 源

【本章主要内容】 本章主要介绍正弦波振荡电源和非正弦波振荡电源的组成、工作原理及应用。正弦波振荡电源介绍 RC 正弦波振荡电源和 LC 正弦波振荡电源；非正弦波振荡电源介绍矩形波振荡电源和三角波振荡电源。

【引例】 在科学实验、无线电通信、广播、电视、工业加工、医疗、检测技术等领域，常常需要各种形式的信号，这些信号都是由不同的电路产生的。例如某发射电路中的正弦波信号产生电路如图 17.0-1 所示，其中图(a)是正弦波产生电路，图(b)是仿真电路图，图(c)是电路输出信号的仿真波形。

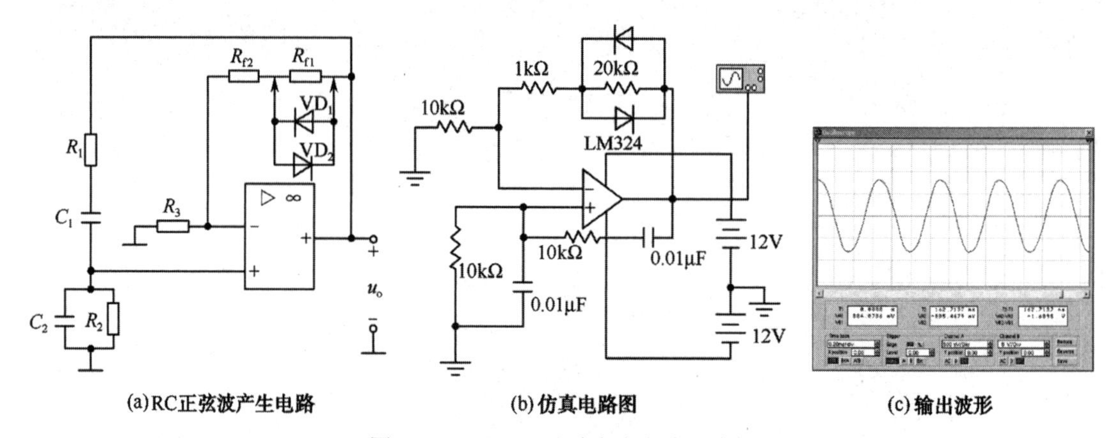

(a)RC正弦波产生电路　　(b)仿真电路图　　(c)输出波形

图 17.0-1　RC 正弦波产生电路及波形

在图 17.0-1 中，运算放大器的输入端没有外加输入信号，当运算放大器的工作电源V_{CC}接通后，运算放大器的输出端就会有正弦波信号，如图 17.0-1(c)所示。那么，这个正弦波信号是从哪里来的呢？是如何产生的呢？它的频率是多少？频率是否可调？学完本章内容就可以回答这些问题。

17.1　正弦波振荡电源

通常情况下，在放大电路输入端加输入信号时，放大电路才有输出信号。若输入端没有输入信号，输出端仍有一定幅值的交流信号输出，说明这个电路产生了自激振荡。我们把依靠自激振荡能在输出端产生一定幅值的交流信号的放大电路，称为振荡电路，也称振荡电源。

根据振荡电源输出波形的不同，振荡电源可分为正弦波振荡电源和非正弦波振荡电源。若振荡电路的输出波形为正弦波，则称为正弦波振荡电源。若振荡电路的输出波形为矩形波、三角波等，则称为非正弦波振荡电源。

正弦波振荡电源由放大电路、正反馈网络和选频网络组成。根据选频网络组成的不同，正弦波振荡电源分为RC 正弦波振荡电源、LC 正弦波振荡电源和石英晶体正弦波振荡电源。

17.1.1 自激振荡的条件

在图 17.1-1(a)所示的具有反馈的放大电路中，$\dot{X}_i$ 是外加的输入信号，$\dot{X}_o$ 是输出信号，$\dot{X}_d$ 是净输入信号，$\dot{X}_f$ 是反馈信号，A 是基本放大电路的放大倍数，F 是反馈电路的反馈系数，A 和 F 均为复数。当放大电路正常工作时，基本放大电路输出信号 $\dot{X}_o$，$\dot{X}_o$ 经过反馈电路送回放大电路的输入端，即反馈信号 $\dot{X}_f$。若 $\dot{X}_f$ 的幅值和相位与 $\dot{X}_d$ 相同，即使 $\dot{X}_i=0$，由于 $\dot{X}_d=\dot{X}_f$，电路也会输出一定幅度和一定频率的信号，仍能保持原来的工作状态。这样电路就进入了输出→反馈→输入→输出→反馈的循环，这种工作状态就称为自激振荡，其振荡电路方框图如图 17.1-1(b)所示。

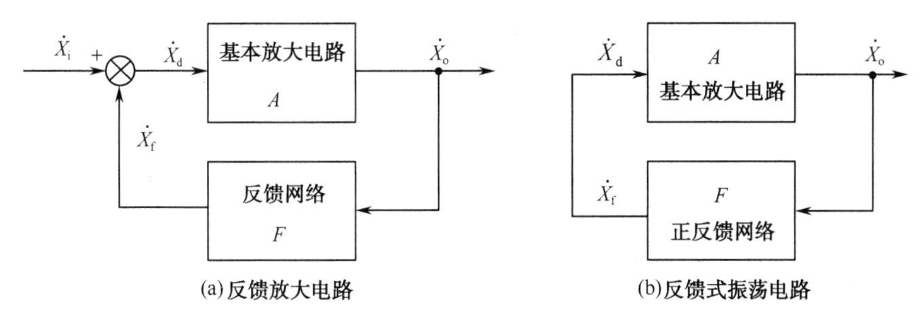

图 17.1-1　反馈放大电路与反馈式振荡电路方框图

由上分析可见，要使电路产生自激振荡，必须在电路中引入正反馈。在电路进入自激振荡状态时，由图 17.1-1(b)可得

$$\dot{X}_o=A\dot{X}_d，\quad \dot{X}_d=\dot{X}_f=F\dot{X}_o$$

由上述两式可得

$$AF=1 \tag{17.1-1}$$

式(17.1-1)是电路进入振荡状态的关系式。

1．起振条件

振荡电路没有输入端也不需要输入信号，那么原始的输入信号是怎样产生的呢？原始输入信号是由电路存在的瞬时干扰和元器件的固有噪声引起的。当接通振荡电路中的工作电源时，元器件的固有噪声、外界的电磁干扰等会在接通电源的瞬间造成电路中的电压、电流的波动，这些波动相当于在振荡电路的输入端加入一个微弱的输入信号，且这个输入信号的频率成分十分丰富，其中有满足振荡条件的信号经正反馈送回到输入端。如果 $AF>1$，即 $\dot{X}_f>\dot{X}_d$，那么这个微弱的输入信号经过放大→正反馈→再放大的循环过程逐渐增大，从而产生自激振荡。因此，振荡电路起振的条件为

$$AF>1 \tag{17.1-2}$$

上式表明，为了使振荡电路在接通工作电源后能自激起振，除了需要满足 $\varphi_A+\varphi_F=2n\pi$ $(n=0, 1, 2,\cdots)$，即反馈信号与输入信号相位相同，还需要满足幅度条件，即 $X_f>X_d$，则

$$AF>1 \tag{17.1-3}$$

2．平衡条件

振荡电路起振后，经放大、正反馈、再放大、再反馈这样的循环过程，振荡幅度不断增大，但这个过程不会无限制地持续下去，最终会因放大电路中的有源器件的非线性特性，或外界非线性网络的作用，自动调节放大电路的放大倍数，使得 AF 从 $AF>1$ 变化到 $AF=1$，即振荡电路输出信号的幅度稳定在某一值上，使得 $\dot{X}_d=\dot{X}_f$，达到平衡状态。此时，振荡电路维持稳定的等幅振荡。因此，振荡平衡条件为

$$AF = 1 \tag{17.1-4}$$

上式是复数，可分成以下两式表示，即

$$|AF| = 1 \tag{17.1-5}$$

$$\varphi_A + \varphi_F = 2n\pi \quad (n = 0,1,2,\cdots) \tag{17.1-6}$$

其中，式(17.1-5)称为幅度平衡条件，式(17.1-6)称为相位平衡条件。只有同时满足上述两个条件，振荡电路才能维持具有一定频率的等幅振荡。

综上可知，振荡电路要产生自激振荡，必须满足 $AF > 1$，即 $|AF| > 1$ 和 $\varphi_A + \varphi_F = 2n\pi$，其中相位条件是先决条件；要得到稳定振荡，在满足相位条件的同时，必须满足 $|AF| = 1$。

17.1.2 RC 振荡电路

RC 正弦波振荡电源根据选频网络组成形式的不同，可分为 RC 串并联式(又称为桥式振荡电路)、RC 移相式和双 T 网络式振荡电路等类型。其中串并联式振荡电路的振荡波形较好、振幅稳定、频率调节方便，因而应用十分广泛。这里重点讨论 RC 串并联式振荡电路。

1．RC 串并联式振荡电路的工作原理

图 17.1-2(a)所示为由分立元件组成的 RC 串并联式振荡电路。其中，三极管 VT_1、VT_2 构成两级共射负反馈(R_f 和 R_{e1} 为负反馈网络)放大电路；RC 串并联网络既是振荡电路的选频网络，又是振荡电路的正反馈网络。

图 17.1-2(b)所示为由集成运算放大器组成的 RC 串并联式振荡电路。其中，集成运算放大器 A 构成负反馈放大电路(R_f 和 R_1 为负反馈网络)；RC 串并联网络既是振荡电路的选频网络，又是振荡电路的正反馈网络。

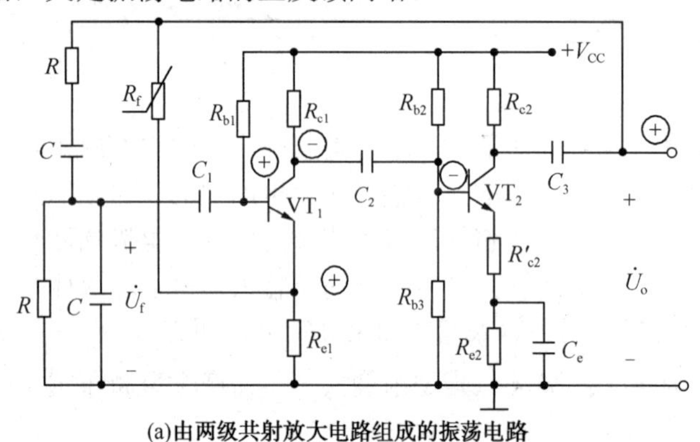

(a)由两级共射放大电路组成的振荡电路

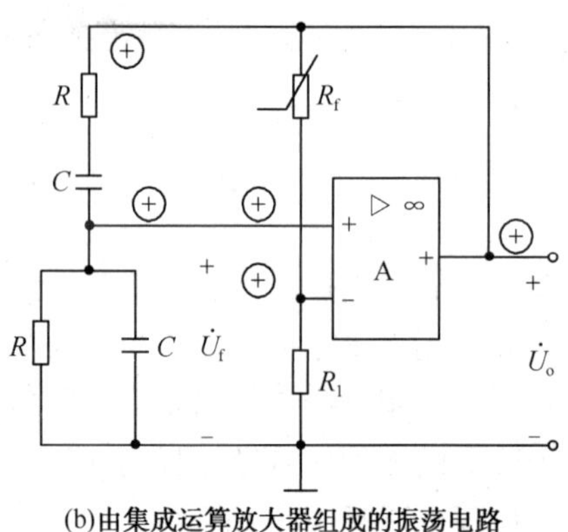

(b)由集成运算放大器组成的振荡电路

图 17.1-2　RC 串并联式振荡电路

(1) RC 串并联网络的频率特性

由于 RC 串并联式振荡电路的选频作用是由 RC 串并联网络与放大电路一起实现的，因此，首先分析 RC 串并联网络的频率特性。

图 17.1-3 所示为 RC 串并联网络，其中 $\dot{U}_o$ 为 RC 串并联网络的输入电压，$\dot{U}_f$ 为输出电压。$Z_1 = R + \frac{1}{j\omega C}$，$Z_2 = R // \frac{1}{j\omega C} = \frac{R}{1 + j\omega C}$，因此网络传输(反馈)系数的频率特性为

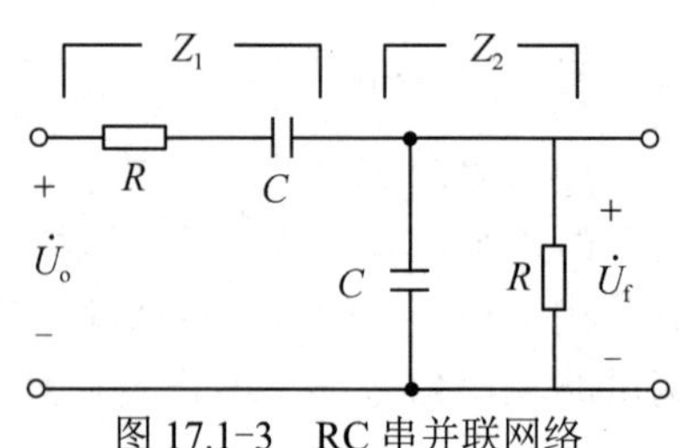

图 17.1-3　RC 串并联网络

$$F_{\mathrm{u}}=\frac{\dot{U}_{\mathrm{f}}}{\dot{U}_{\mathrm{o}}}=\frac{Z_2}{Z_1+Z_2}=\frac{1}{3+\mathrm{j}\left(\frac{\omega}{\omega_0}-\frac{\omega_0}{\omega}\right)} \tag{17.1-7}$$

式中，$\omega_0=1/(RC)$。若串联和并联支路的电阻、电容分别为R_1、C_1和R_2、C_2，则$\omega_0=\frac{1}{\sqrt{R_1R_2C_1C_2}}$。由式(17.1-7)得RC串并联网络的幅频特性和相频特性分别为

$$|F_{\mathrm{u}}|=\frac{1}{\sqrt{3^2+\left(\frac{\omega}{\omega_0}-\frac{\omega_0}{\omega}\right)^2}} \tag{17.1-8}$$

$$\varphi_{\mathrm{F}}=-\arctan\frac{\frac{\omega}{\omega_0}-\frac{\omega_0}{\omega}}{3} \tag{17.1-9}$$

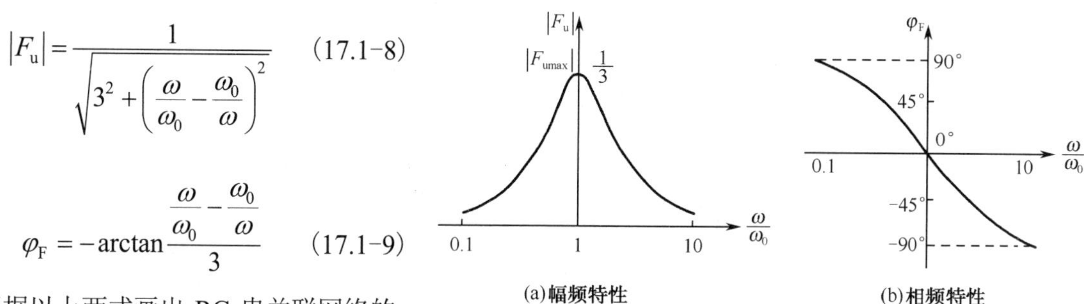

图 17.1-4　RC 串并联网络的频率特性

根据以上两式画出RC串并联网络的频率特性曲线如图17.1-4所示。

由图 17.1-4(a)可知，当$\omega=\omega_0$时，网络的传输系数F_{u}值最大，为$|F_{\mathrm{umax}}|=1/3$，输出电压最大，而相移为零，即$\varphi_{\mathrm{F}(\omega_0)}=0$，如图 17.1-4(b)所示；当$\omega$偏离$\omega_0$时，$F_{\mathrm{u}}$相应减小，输出电压逐步衰减，且相移$\varphi_{\mathrm{F}}\neq 0$。可见RC串并联网络具有选频特性。

（2）振荡频率和起振条件

电路要振荡，必须引入正反馈，即满足振荡的相位条件。由图17.1-2可知，图(a)和图(b)中的基本放大电路均是引入了负反馈的放大电路，且输出电压与输入电压相位相同，即$\varphi_{\mathrm{A}}=0$。RC 串并联网络在$f=f_0$时，相移$\varphi_{\mathrm{F}}=0$。所以，只有在频率$f=f_0$时电路满足自激振荡的相位条件。我们也可以利用瞬时极性法来判断电路对$f=f_0$的信号引入的是正反馈，各点电压瞬时极性如图中的符号⊕和⊖所示。图中的 RC 串并联网络既是正反馈网络也是选频网络。

在满足相位条件的基础上，若电路满足起振的幅度条件，电路便能进入自激振荡状态。

从正弦波振荡电路稳定工作的情况来看，振荡频率由相位平衡条件决定。对于 RC 正弦波振荡电路，只有当$\omega=\omega_0=\frac{1}{RC}$，$\varphi_{\mathrm{F}}=0$，$\varphi_{\mathrm{A}}=0$时，电路才满足相位平衡条件，因此，RC正弦波振荡电路的振荡频率为

$$f=f_0=\frac{1}{2\pi RC} \tag{17.1-10}$$

由前面的分析可知，RC 串并联网络的最大反馈系数为$|F_{\mathrm{umax}}|=1/3$，电路起振的幅度条件为$|AF|>1$，因此，电路要能够起振，基本放大电路的电压放大倍数应为

$$|A_{\mathrm{u}}|>1/|F_{\mathrm{umax}}|=3 \tag{17.1-11}$$

对于图 17.1-2(a)所示电路，基本放大电路是具有电压串联负反馈的两级放大电路，在深度负反馈条件下，电路要起振，其闭环电压放大倍数A_{uf}应为

$$A_{\mathrm{uf}}\approx\frac{\dot{U}_{\mathrm{o}}}{\dot{U}_{\mathrm{f}}}=\frac{\dot{U}_{\mathrm{o}}}{\frac{R_{\mathrm{e1}}}{R_{\mathrm{e1}}+R_{\mathrm{f}}}\dot{U}_{\mathrm{o}}}=\frac{R_{\mathrm{e1}}+R_{\mathrm{f}}}{R_{\mathrm{e1}}}=1+\frac{R_{\mathrm{f}}}{R_{\mathrm{e1}}}$$

即
$$|A_{uf}| \approx 1+\frac{R_f}{R_{e1}} > 3 \tag{17.1-12}$$
可见，R_f 应大于 $2R_{e1}$，电路才能起振。

对于图 17.1-2(b)所示电路，基本放大电路是带有负反馈的集成运算放大器，在深度负反馈条件下，电路要起振，其闭环电压放大倍数 A_{uf} 应为
$$|A_{uf}| \approx 1+\frac{R_f}{R_1} > 3 \tag{17.1-13}$$
可见，只有当 R_f 大于 $2R_1$ 时，电路才能起振。

2．稳幅措施

电路起振后，由于 $|AF|>1$，电路处于增幅振荡过程，输出电压的幅值会越来越大，最终电路要达到振荡平衡，使输出电压稳定在某一幅值上，达到等幅振荡，那么，为了稳定输出电压的振幅，需要一个稳幅环节。常见的稳幅措施有内稳幅和外稳幅两种。内稳幅是利用有源器件的非线性特性来进行稳幅的，外稳幅是通过在电路中引入非线性元件来进行稳幅的。

常用的稳幅方法是使用热敏电阻，例如在图 17.1-2(a)和(b)所示电路的负反馈支路中，可选择具有负温度系数的热敏电阻作为 R_f。当接通振荡电路的电源时，由于输出电压振荡幅度很小，负反馈支路的电流也较小，R_f 的功耗也很小，R_f 温度较低，则 R_f 的阻值较大。随着振荡幅度的增大，R_f 的功耗增大，R_f 温度升高，其阻值减小，放大倍数减小，最终使 $|AF|$ 从 $|AF|>1$ 转变为 $|AF|=1$，实现稳幅。

在实际电路中，除采用热敏电阻稳幅之外，还经常采用二极管和场效应管的非线性实现稳幅。

【例 17.1-1】 RC 串并联式正弦波振荡电路如图 17.1-5 所示。

（1）分析电路的正反馈网络和负反馈网络各由哪些元件组成。

（2）若电路能够振荡，且已知 $R=1\text{k}\Omega$，$C=0.02\mu\text{F}$，试求振荡频率为多少？

（3）电路要起振，R_1 应为多少？

（4）要实现稳幅，R_1 应满足什么条件？

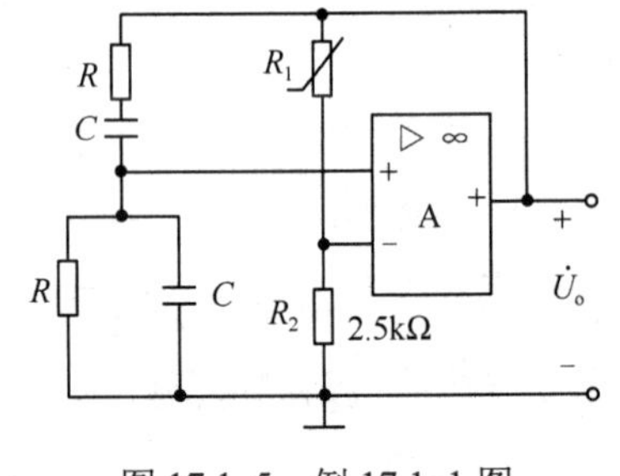

图 17.1-5　例 17.1-1 图

【解】（1）正反馈网络由 RC 串并联式网络组成，负反馈由热敏电阻 R_1 和电阻 R_2 组成。

（2）振荡频率 $f_0=\dfrac{1}{2\pi RC}=\dfrac{1}{2\times 3.14\times 10^3\times 0.02\times 10^{-6}}\approx 8\text{kHz}$

（3）起振的幅度条件为 $|AF|>1$，即 $\left(1+\dfrac{R_1}{R_2}\right)\times\dfrac{1}{3}>1$，所以 $R_1>2R_2=2\times 2.5=5\text{k}\Omega$。

（4）当振幅增加时，流过 R_1 的电流增大，其功耗增大。要实现稳幅，此时 $|A|=1+\dfrac{R_1}{R_2}$ 应减小，即 R_1 的阻值要减小，因此 R_1 应是具有负温度系数的热敏电阻。

17.1.3　LC 振荡电路

LC 正弦波振荡电源采用由电感和电容组成的 LC 谐振电路作为选频网络。常见的 LC 正弦波振荡电源有变压器反馈式、电感三点式和电容三点式三种。本节首先介绍 LC 并联谐振回路的基本特性，然后讨论变压器反馈式 LC 正弦波振荡电路。

1．LC 并联谐振电路的选频特性

图 17.1-6 所示为 LC 并联谐振电路，其中 R 表示电路的损耗等效电阻。由图可知，并联谐振电路的复阻抗为

$$Z=\frac{(R+\mathrm{j}\omega L)\left(-\mathrm{j}\frac{1}{\omega C}\right)}{R+\mathrm{j}\left(\omega L-\frac{1}{\omega C}\right)}$$

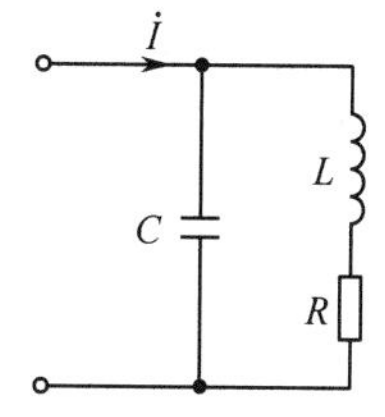

图 17.1-6　LC 并联谐振电路路

当 $R\leqslant\omega L$ 时，上式为 $$Z=\frac{L/C}{R+\mathrm{j}\left(\omega L-\frac{1}{\omega C}\right)} \qquad (17.1\text{-}14)$$

若 $\omega L-\frac{1}{\omega C}=0$，电路处于谐振状态，此时阻抗 Z_0 最大，即 $Z_0=Z_{\max}=\frac{L}{RC}$ 且为纯阻性。由 $\omega L-\frac{1}{\omega C}=0$ 得 $\omega_0=\frac{1}{\sqrt{LC}}$，因此，并联电路的谐振频率为

$$f_0=\frac{1}{2\pi\sqrt{LC}} \qquad (17.1\text{-}15)$$

式(17.1-14)可写成 $$Z=\frac{L/RC}{1+\mathrm{j}\frac{\omega_0 L}{R}\left(\frac{\omega}{\omega_0}-\frac{\omega_0}{\omega}\right)}=\frac{Z_0}{1+\mathrm{j}Q\left(\frac{f}{f_0}-\frac{f_0}{f}\right)} \qquad (17.1\text{-}16)$$

式中 Q 为电路的品质因数，它是 LC 并联谐振电路的重要指标。损耗电阻 R 越小，谐振时电路的等效阻抗就越大，Q 值越大，即

$$Q=\frac{\omega_0 L}{R}=\frac{1}{R}\sqrt{\frac{L}{C}} \qquad (17.1\text{-}17)$$

Q 值通常在几十到几百之间。

由阻抗 Z 的表示式可得电路阻抗的幅值和相角为

$$|Z|=\frac{Z_0}{\sqrt{1+Q^2\left(\frac{f}{f_0}-\frac{f_0}{f}\right)^2}} \qquad (17.1\text{-}18)$$

$$\varphi=-\arctan Q\left(\frac{f}{f_0}-\frac{f_0}{f}\right) \qquad (17.1\text{-}19)$$

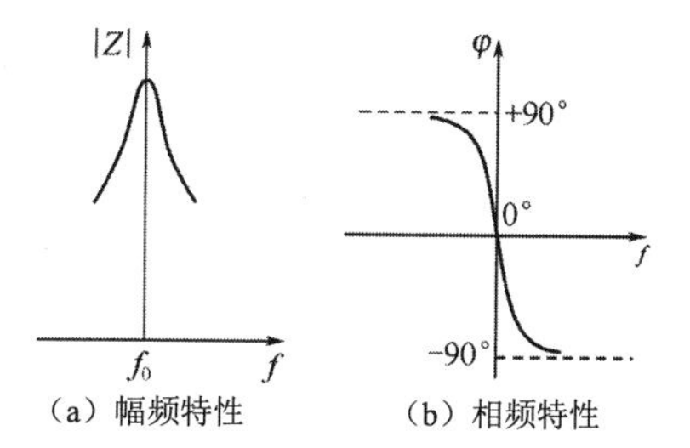

（a）幅频特性　（b）相频特性

图 17.1-7　LC 并联电路的电抗频率特性

由以上两式可见，当 $f=f_0$ 时，$|Z|=Z_0$ 取得最大值，且为纯阻性，相角 $\varphi=0$。当 $f\neq f_0$ 时，$|Z|$ 减小，相角 $\varphi\neq 0$。这说明 LC 电路具有选频特性。

综上所述，画出 LC 并联电路的电抗频率特性曲线如图 17.1-7 所示。

2．变压器反馈式振荡电路

（1）电路组成

图 17.1-8 所示为变压器反馈式振荡电路，其中放大电路由三极管 VT 组成，LC 并联谐振电路既是放大电路的负载，也是选频网络，变压器构成反馈网络。反馈信号由变压器的 N_2 线圈两端取出，送回到三极管的基极。此电路是利用三极管的非线性特性来稳定振荡幅度的，属于内稳幅方式。

对振荡电路来说，反馈信号就是电路的输入信号，因此，图 17.1-8 中的三极管组成了共射放大电路，当 $f = f_0$ 时，三极管的集电极输出电压与基极输入电压相位相差 180°，即 $\varphi_A = 180^\circ$，并联谐振电路两端电压即 N_1 线圈两端的电压极性为上⊕下⊖。由于变压器同名端的电压极性相同，所以反馈线圈 N_2 两端的电压极性也为上⊕下⊖，即电路中引入正反馈。在通过变压器引入反馈的过程中，对于交流信号的公共端来说，N_1 线圈和 N_2 线圈两端电压的极性是相反的，所以两者的相位相差 180°，即 $\varphi_F = 180^\circ$，因此，有 $\varphi_A + \varphi_F = 360^\circ$ 满足自激振荡的相位条件。

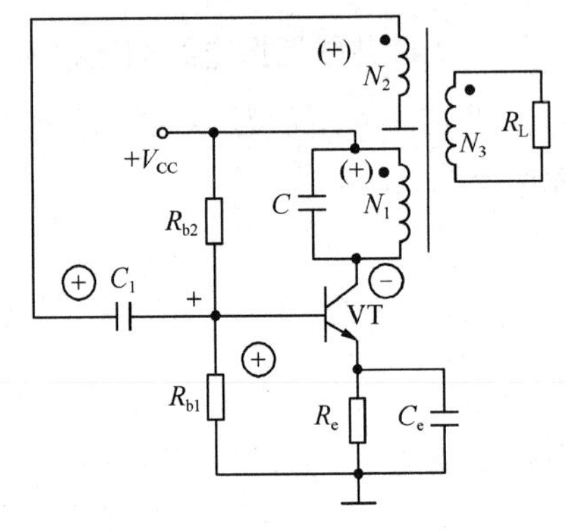

图 17.1-8　变压器反馈式 LC 振荡电路

（2）起振条件及振荡频率

电路要起振，除了满足相位条件，还需满足起振的幅度条件，电路才能进入自激振荡状态。通过设置合适的静态工作点和选取合适的变压器参数，使得电路满足起振条件 $|AF| > 1$。

当反馈线圈 N_2 的匝数越多时，反馈电压 U_f 就越大，电路就越容易起振。

由前面的分析可知，只有在谐振频率 f_0 时，电路才满足振荡条件，因此，电路的振荡频率就是 LC 并联电路的谐振频率，即 $f_0 = \dfrac{1}{2\pi\sqrt{LC}}$。

LC 正弦波振荡电路所产生的信号频率较高，在几千赫兹至几十兆赫兹，甚至在 100MHz 以上，这是因为 L 和 C 的数值一般都比较小。如果想得到低频率的正弦波时，靠增大 L 和 C 的数值来实现，会增加设备体积、质量和造价。因此，LC 振荡电路不适宜产生较低频率的正弦波。产生较低频率的正弦波可采用 RC 振荡电路。

思考题

17.1-1　什么是自激振荡？产生自激振荡的幅度条件和相位条件是什么？

17.1-2　正弦波振荡电路由哪几部分组成？LC 振荡电路和 RC 振荡电路的选频网络有何不同？LC 振荡电路和 RC 振荡电路的振荡频率由什么决定？

17.2　非正弦波振荡电源

非正弦波振荡电源又称为非正弦波信号发生电路。按电路的输出波形可以分为矩形波发生电路、三角波发生电路和锯齿波发生电路等。由于矩形波含有丰富的谐波，因此称为多谐振荡器，多谐振荡器的电路形式很多，既可以由分立元件构成，也可以由集成电路等器件构成。非正弦波振荡电源均利用电容的充、放电来改变电路的状态，从而得到不同的输出波形。

17.2.1　矩形波振荡电路

1. 由集成运算放大器组成的矩形波振荡电路

（1）矩形波发生电路

图 17.2-1 所示是由集成运算放大器组成的矩形波发生电路。其中，集成运算放大器是带正反馈的电压比较器，R_2 和 R_3 组成正反馈网络，基准电压 U_R 等于电阻 R_3 上的电压，作为集成运算放大器同相端的比较信号。集成运算放大器的反相端接电容 C，由电容 C 和电阻 R_1 构成积分

电路，反相端的比较信号为电容电压u_C。双向稳压管 VD_Z 和限流电阻R_4组成稳压电路，限制输出电压的幅度。

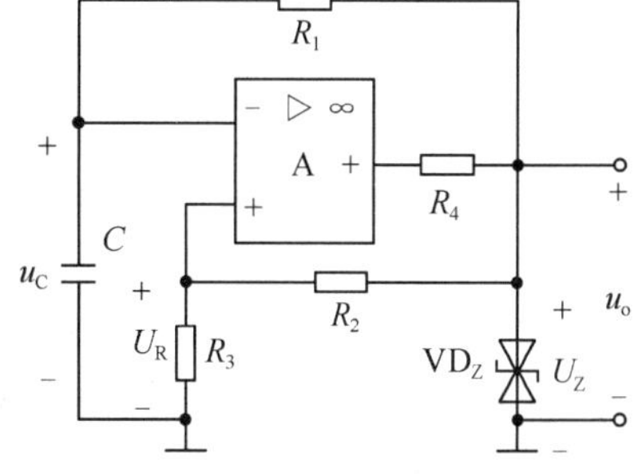

图 17.2-1 矩形波发生电路

① 工作原理

设运算放大器的工作电源接通后，输出电压为高电平，即$u_o = +U_Z$时，基准电压U_R为

$$U_R = \frac{R_3}{R_2 + R_3} u_o = \frac{R_3}{R_2 + R_3} U_Z \tag{17.2-1}$$

当输出电压为低电平，即$u_o = -U_Z$时，基准电压U_R为

$$U_R = \frac{R_3}{R_2 + R_3} u_o = -\frac{R_3}{R_2 + R_3} U_Z \tag{17.2-2}$$

在矩形波发生电路中，电压比较器输出状态的翻转取决于积分电容C上的电压u_C与基准电压U_R的比较。

设电路开始工作的瞬间，电压比较器的输出为高电平，即$u_o = +U_Z$，此时，对应的基准电压U_R为正值。u_o通过R_1对电容C正向充电，充电回路为$u_o \to R_1 \to C \to$地。u_C按指数规律逐渐增大，但是只要$u_C < U_R$，输出就保持高电平$u_o = +U_Z$不变。当u_C增大到稍大于基准电压U_R时，输出u_o由高电平翻转成低电平，即$u_o = -U_Z$，此时对应的基准电压U_R为负值。由于$u_o = -U_Z$，于是电容C将通过R_1放电，放电回路为$u_o \to$地$\to C \to R_1 \to u_o$。u_C逐渐减小至零，然后反向充电，直到u_C下降到略低于基准电压U_R时，输出电压再次翻转，从低电平$u_o = -U_Z$跳变为高电平$u_o = +U_Z$。如此周而复始，不断充电、放电，电路产生振荡，输出u_o为矩形波，其输出波形图如图 17.2-2 所示。

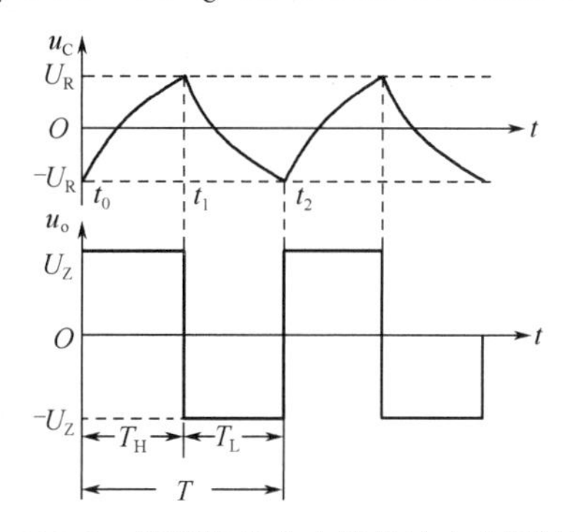

图 17.2-2 矩形波发生电路的输出电压波形

② 振荡周期和频率

由图 17.2-2 可见，矩形波的高、低电平时间T_H和T_L分别对应于电容C充电时间和放电时间。电容充电电压为

$$u_C(t) = u_C(\infty) + \left[u_C(0_+) - u_C(\infty)\right] e^{-\frac{t}{\tau_{充}}}$$

由上式可得两个暂态过程持续时间的计算式为

$$t = \tau_{充} \ln \frac{u_C(\infty) - u_C(0_+)}{u_C(\infty) - u_C(t)} \tag{17.2-3}$$

首先计算当输出电压u_o为高电平时电容C的充电时间。由图 17.2-2 可知，电容充电时间从t_0到t_1，充电的稳态值$u_C(\infty) = +U_Z$，初始值$u_C(0_+) = u_C(t) = -U_R$，充电的终止值$u_C(t) = u_C(t_1) = U_R$，充电的时间常数$\tau_{充} = R_1 C$。将这些参数代入式(17.2-3)中，可计算出矩形波为高电平的持续时间，即

$$T_H = t_1 - t_0 = R_1 C \ln \frac{U_Z + U_R}{U_Z - U_R} = R_1 C \ln\left(1 + \frac{2R_3}{R_2}\right) \tag{17.2-4}$$

由于矩形波的正向和负向幅度相同，基准电压U_R相同，且电容的充电时间常数和放电时间常数相同，所以$T_L = T_H$。故振荡周期T为

$$T = T_H + T_L = 2T_H = 2R_1 C \ln\left(1 + \frac{2R_3}{R_2}\right) \tag{17.2-5}$$

振荡频率为
$$f=\frac{1}{T}=\frac{1}{2R_1C\ln\left(1+\frac{2R_3}{R_2}\right)} \tag{17.2-6}$$

振荡电路输出矩形波的频率可通过改变 R_1 或 C 的值来调整，通常是改变 R_1 的值。

定义矩形波的高电平的时间 T_H 与周期 T 的比值为占空比 D，即
$$D=T_H/T \tag{17.2-7}$$

（2）占空比可调的矩形波发生电路

在矩形波发生电路中，电容充电和放电的时间常数相同，因此，其输出矩形波的占空比 $D=T_H/T=50\%$。如果调节积分电路的时间常数，使电容充电时间常数 $\tau_{充}$ 和放电时间常数 $\tau_{放}$ 不相同，便可以改变输出波形的占空比，具体电路如图 17.2-3(a)所示。在图 17.2-3(a)中，电位器 R_W 和二极管 VD_1、VD_2 用来改变电容充电和放电时间。从图中可见，电容充电时间常数 $\tau_{充}=(R_1+r_{d1}+R_{W1})C$，放电时间常数 $\tau_{放}=(R_1+r_{d2}+R_{W2})C$。其中 r_{d1} 和 r_{d2} 为二极管导通时的动态电阻，可忽略不计。因此，充电时间常数 $\tau_{充}\approx(R_1+R_{W1})C$，放电时间常数 $\tau_{放}\approx(R_1+R_{W2})C$。

对照前面矩形波发生电路的分析方法，画出占空比可调的矩形波发生电路的输出电压波形如图 17.2-3(b)所示。其中充电时间 T_H、放电时间 T_L、周期 T 及占空比 D 分别为
$$T_H=(R_1+R_{W1})C\ln\left(1+\frac{2R_3}{R_2}\right) \tag{17.2-8}$$
$$T_L=(R_1+R_{W2})C\ln\left(1+\frac{2R_3}{R_2}\right) \tag{17.2-9}$$
$$T=T_H+T_L=(2R_1+R_W)C\ln\left(1+\frac{2R_3}{R_2}\right) \tag{17.2-10}$$
$$D=\frac{T_H}{T}=\frac{R_1+R_{W1}}{2R_1+R_W} \tag{17.2-11}$$

改变电位器 R_W 滑动端的位置，可以调整输出矩形波的占空比。

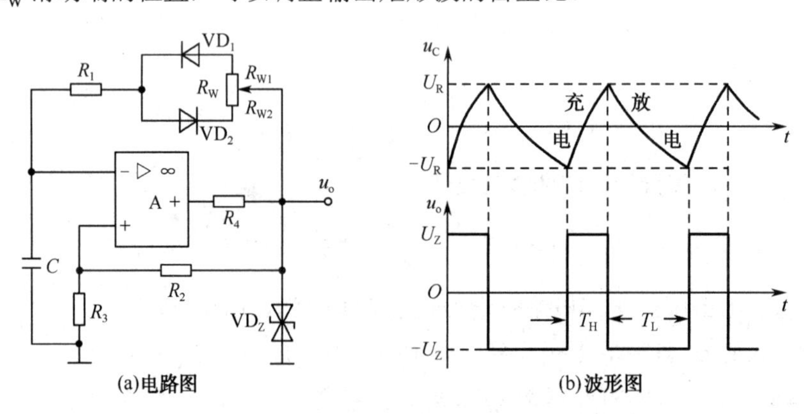

图 17.2-3　占空比可调的矩形波发生电路

2．由 555 集成定时器构成的矩形波振荡电路

555 集成定时器是一种将模拟功能与数字功能结合在一起的多用途集成器件，外加少量的阻容元件，就能方便地构成矩形波发生器。因此，555 集成定时器在定时、检测、控制和报警等许多领域有着广泛的应用。

555 集成定时器的内部电路和芯片引脚排列如图 17.2-4(a)和(b)所示。555 集成定时器内

部含有C_1和C_2两个电压比较器、一个基本 R–S 触发器、一个三极管 VT 和 3 个 5 kΩ 电阻组成的分压器。电压比较器C_1的基准电压为$\frac{2}{3}V_{CC}$，加在同相输入端；电压比较器C_2的基准电压为$\frac{1}{3}V_{CC}$，加在反相输入端，两个基准电压都从分压器上取得。555 集成定时器的各管脚用途是：

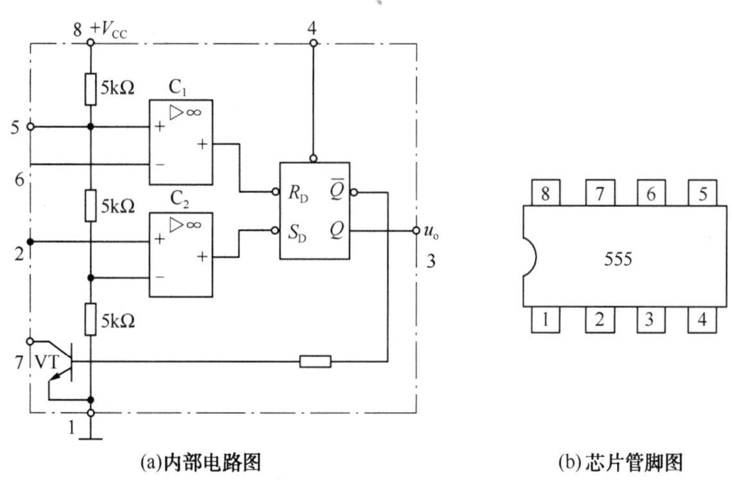

(a)内部电路图　　(b)芯片管脚图

图 17.2–4　555 集成定时器

1 为接地端。

2 为低电平信号输入端。当 2 端的输入电压高于$\frac{1}{3}V_{CC}$时，电压比较器C_2的输出为“1”；当 2 端的输入电压低于$\frac{1}{3}V_{CC}$时，C_2的输出为“0”，使基本 R–S 触发器置“1”。

3 为输出端。输出电流可达 200mA，可以直接驱动继电器、发光二极管、扬声器、指示灯等。输出u_o高电压比电源电压V_{CC}低 1～3V。

4 为复位端。由此端输入负脉冲(或使其电位低于 0.7V)，基本 R–S 触发器便直接复位，即置“0”。

5 为电压控制端。在此端可外加电压，以改变电压比较器C_1的基准电压。不用时，经 0.01μF 的电容接地，以防止干扰的引入。

6 为高电平信号输入端。当 6 端输入电压低于$\frac{2}{3}V_{CC}$时，电压比较器C_1的输出为“1”。当 6 端输入电压高于$\frac{2}{3}V_{CC}$时，电压比较器C_1的输出为“0”，使触发器置“0”。

7 为放电端。当触发器的$\overline{Q}$为“1”时，放电三极管 VT 饱和导通，外接电容元件通过三极管 VT 放电。

8 为电源端。可在 5～18 V 范围内使用。

图 17.2–5(a)所示为由 555 集成定时器和R_1、R_2、C组成的矩形波发生器。

当电路接通电源V_{CC}后，电容C被充电，u_C增大。充电回路是$+V_{CC} \to R_1 \to R_2 \to C \to$地。当$u_C > \frac{2}{3}V_{CC}$时，电压比较器$C_1$的输出为“0”，将触发器置“0”，使$u_o = 0$。由于此时$\overline{Q} = 1$，三极管 VT 饱和导通，电容$C$通过$R_2$→VT→地进行放电，$u_C$减小。当$u_C < \frac{1}{3}V_{CC}$时，电压比较器$C_2$的输出为“0”，将触发器置“1”，使$u_o$为高电平。此时$\overline{Q} = 0$，三极管 VT 截止，电容$C$又进行充电，重复上述过程，输出$u_o$为矩形波，如图 17.2–5(b)所示。

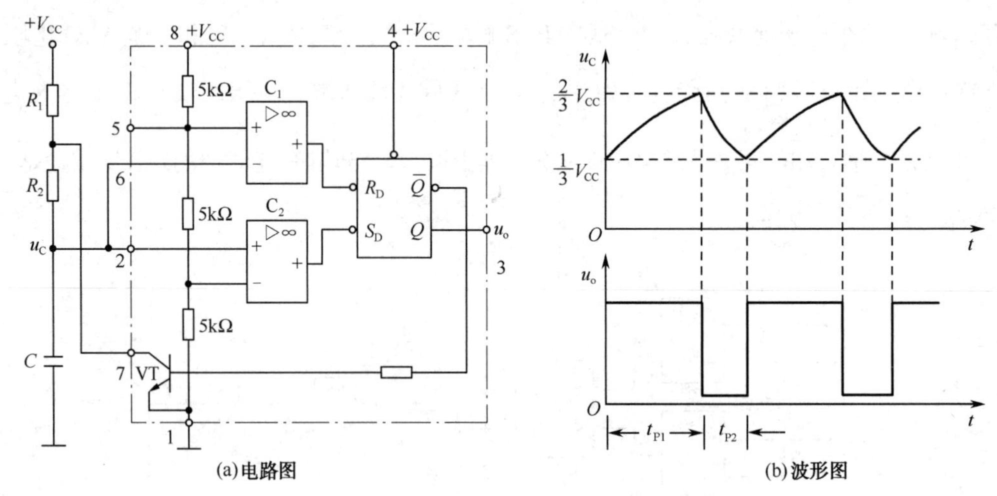

(a)电路图　　(b)波形图

图 17.2-5　由 555 集成定时器组成的矩形波发生器

矩形波发生器的振荡周期为

$$T = t_{P1} + t_{P2} = 0.7(R_1 + 2R_2)C \tag{17.2-12}$$

使用 555 集成定时器除了可以构成矩形波发生器外，还可以构成三角波发生器和锯齿波发生器等。

17.2.2　三角波振荡电路

由前面对矩形波产生电路的分析可见，电容电压的波形近似为三角波，但由于电容充、放电的电流不是恒流，如充电过程中充电电流随u_C的增大而减小，这样造成u_C输出的三角波线性度不够理想。为了获得理想的三角波，必须使电容充、放电的电流恒定。用集成运算放大器组成的积分电路代替 RC 积分电路即可满足要求。

图 17.2-6 所示为三角波发生电路。它由同相电压比较器和反相有源积分器构成。其中电压比较器由运算放大器A_1和电阻R_1、R_2组成；反相有源积分器由运算放大器A_2、电阻R和电容C组成。同相电压比较器的输出作为积分器的输入，积分器的输出信号反馈到比较器的输入端。双向稳压管VD_Z和限流电阻R_3组成稳压电路，用来限制运算放大器A_1输出电压的幅值，即$u_{o1} = \pm U_Z$。

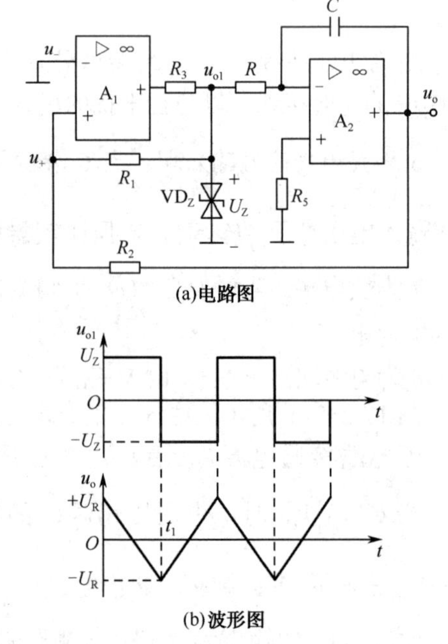

(a)电路图

(b)波形图

图 17.2-6　三角波发生电路

由图 17.2-6(a)可知，电压比较器的输出u_{o1}经过R_1加到A_1的同相输入端，积分器电路的输出u_o经过R_2也加到A_1的同相输入端。利用叠加定理分别求出u_{o1}, u_o单独作用时的u'_+和u''_+，可求出A_1同相输入端的电压，即

$$\begin{aligned} u_+ &= \frac{R_2}{R_1 + R_2}u_{o1} + \frac{R_1}{R_1 + R_2}u_o \\ &= \pm\frac{R_2}{R_1 + R_2}U_Z + \frac{R_1}{R_1 + R_2}u_o \end{aligned} \tag{17.2-13}$$

令$u_+ = u_- = 0$，所求得的u_o值即为电压比较器的基准电压U_R，由上式可得

$$\pm U_{\mathrm{R}}=\pm\frac{R_2}{R_1}U_{\mathrm{Z}} \tag{17.2-14}$$

因此，当$u_{\mathrm{o1}}=+U_{\mathrm{Z}}$时，基准电压为$+U_{\mathrm{R}}$

$$+U_{\mathrm{R}}=\frac{R_2}{R_1}U_{\mathrm{Z}}$$

当$u_{\mathrm{o1}}=-U_{\mathrm{Z}}$时，基准电压为$-U_{\mathrm{R}}$

$$-U_{\mathrm{R}}=-\frac{R_2}{R_1}U_{\mathrm{Z}}$$

由图 17.2-6(a)可见，当$u_{\mathrm{o1}}=+U_{\mathrm{Z}}$时，基准电压为$+U_{\mathrm{R}}$，此时，反相积分器的输出电压$u_{\mathrm{o}}$负向线性增大，当$u_{\mathrm{o}}$下降到稍小于基准电压$-U_{\mathrm{R}}$时，$A_1$的$u_+<u_-$,则$u_{\mathrm{o1}}$从$u_{\mathrm{o1}}=+U_{\mathrm{Z}}$跳变到$u_{\mathrm{o1}}=-U_{\mathrm{Z}}$。此时，基准电压为$-U_{\mathrm{R}}$，输出电压$u_{\mathrm{o}}$正向线性增大，当$u_{\mathrm{o}}$增大到稍大于基准电压$+U_{\mathrm{R}}$时，$A_1$的$u_+>u_-$,则$u_{\mathrm{o1}}$又从$u_{\mathrm{o1}}=-U_{\mathrm{Z}}$跳变到$u_{\mathrm{o1}}=+U_{\mathrm{Z}}$。如此循环往复，产生振荡。$u_{\mathrm{o1}}$为矩形波，$u_{\mathrm{o}}$为三角波，其三角波的幅值为$\left|U_{\mathrm{R}}\right|=\frac{R_2}{R_1}U_{\mathrm{Z}}$。输出电压的波形如图 17.2-6(b)所示。

由图 17.2-6(b)可见，当$u_{\mathrm{o1}}=+U_{\mathrm{Z}}$时，$u_{\mathrm{o}}$从$+U_{\mathrm{R}}$负向增大到$-U_{\mathrm{R}}$的时间$t_1$恰好是输出信号周期$T$的 1/2。当$t=t_1$时

$$u_{\mathrm{o}}=u_{\mathrm{o}}(t_1)=u_{\mathrm{o}}(0)-\frac{1}{RC}\int_0^{t_1}U_{\mathrm{Z}}\mathrm{d}t=\frac{R_2}{R_1}U_{\mathrm{Z}}-\frac{U_{\mathrm{Z}}}{RC}t_1$$

由于$u_{\mathrm{o}}=-\frac{R_2}{R_1}U_{\mathrm{Z}}$，所以由上式得$\frac{1}{RC}t_1=2\frac{R_2}{R_1}$

则
$$t_1=2RC\frac{R_2}{R_1} \tag{17.2-15}$$

所以，输出信号的周期和频率分别为

$$T=2t_1=4RC\frac{R_2}{R_1} \tag{17.2-16}$$

$$f=\frac{1}{T}=\frac{R_1}{4R_2RC} \tag{17.2-17}$$

由式(17.2-16)和式(17.2-17)可见，三角波的输出幅度$\pm U_{\mathrm{R}}$及频率f均与R_2/R_1有关，一般情况下，调整R_2/R_1使输出幅度满足要求，再调整R和C，使振荡频率满足要求。

【例 17.2-1】 图 17.2-7 所示电路是一个模拟警车声响的报警电路，分析其工作原理。

【解】 该电路由两个 555 集成定时器和外围元件组成。其中R_1、R_2、C_1和 555 定时器 IC_1组成低频矩形波发生器；R_3、R_4、C_2和 555 定时器IC_2组成高频矩形波发生器。一般情况下，低频振荡器的频率设计为 0.2 Hz 左右，高频振荡器的频率设计为800Hz 左右，低频振荡器和高频振荡器的输出波形如图 17.2-7(b)所示，电路中 100 μF 的电容主要起隔直作用。

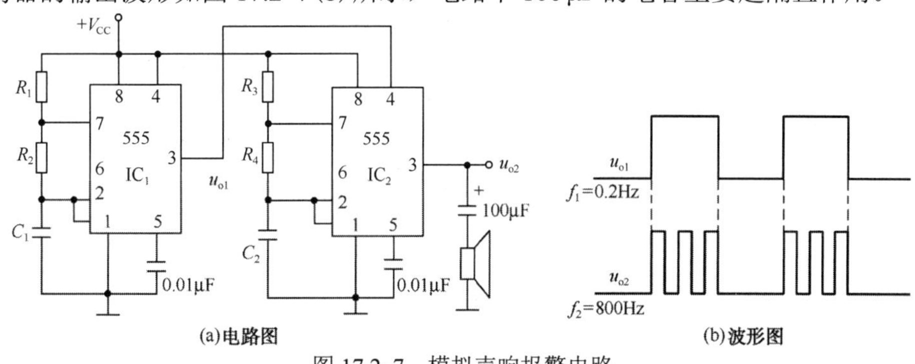

图 17.2-7 模拟声响报警电路

低频振荡器的输出 u_{o1} 送至高频振荡器的复位端 4，当 u_{o1} 为高电平时，高频振荡器振荡，输出 u_{o2}；当 u_{o1} 为低电平时，高频振荡器由于被复位（置 0）而停止振荡。在振荡信号 u_{o2} 的作用下，警车喇叭发出断续的鸣叫声。

思考题

17.2-1 非正弦波振荡电路主要由哪几部分组成？产生非正弦波输出信号需要什么条件？

17.2-2 555 集成定时器内部由哪几部分组成？各部分具有什么作用？

本章小结

振荡电源根据其输出波形可分为正弦波振荡电源和非正弦波振荡电源，它们都属于反馈式振荡电源。

（1）电路要振荡需满足一定的条件，自激振荡的起振条件为 $AF>1$，自激振荡的平衡条件为 $AF=1$，A、F 均为复数，故起振和平衡的相位条件为 $\varphi_A+\varphi_F=2n\pi$。

（2）正弦波振荡电源一般由基本放大电路、正反馈网络、选频网络和稳幅环节组成。根据选频网络组成的不同，正弦波振荡电源可分为 RC 正弦波振荡电源、LC 正弦波振荡电源和石英晶体正弦波振荡电源。RC 振荡电源频率较低，LC 振荡电源频率较高。

（3）RC 串并联式正弦波振荡电源的选频网络是 RC 串并联电路，它的频率主要决定于 R 和 C。RC 串并联电路同时也是正反馈电路。

（4）LC 正弦波振荡电源的选频网络是 LC 并联谐振电路，根据正反馈电路的不同，LC 振荡电源可分为变压器反馈式、电容三点式和电感三点式等。LC 振荡电源的频率主要由 LC 并联谐振电路的谐振频率决定。

（5）正弦波振荡电源的振荡频率为

RC 振荡电路：$f_0=\dfrac{1}{2\pi\sqrt{R_1R_2C_1C_2}}$；当 $R_1=R_2=R, C_1=C_2=C$ 时，$f_0=\dfrac{1}{2\pi RC}$。

LC 振荡电路：$f_0=\dfrac{1}{2\pi\sqrt{LC}}$。

（6）非正弦波振荡电源由电压比较器和积分器组成，也属于反馈式振荡电路。非正弦波振荡电源根据输出波形的不同可以分为矩形波振荡电源和三角波振荡电源等。它们的振荡频率为

矩形波振荡电路：$f=\dfrac{1}{T}=\dfrac{1}{2R_1C\ln\left(1+\dfrac{2R_3}{R_2}\right)}$

占空比可调的矩形波振荡电路：$f=\dfrac{1}{T}=\dfrac{1}{(2R_1+R_W)C\ln\left(1+\dfrac{2R_3}{R_2}\right)}$

三角波振荡电路：$f=\dfrac{1}{T}=\dfrac{R_1}{4R_2RC}$

（7）555 集成定时器是一种将模拟功能与数字功能结合在一起的多用途集成器件，外加少量的阻容元件，就能构成矩形波发生电路，其振荡频率为 $f=\dfrac{1}{T}=\dfrac{1}{0.7(R_1+2R_2)C}$。

习　题

17-1 分析题图 17-1 所示各电路，判断其能否产生正弦波振荡，并简要说明理由。

17-2 不增减电路元件，修改题图 17-2 所示电路，使其成为 RC 串并联式振荡电源，并求：（1）热敏电阻 R_t 应满足什么条件？ $R_t=?$（2）若可变电容 C 从 800pF 变化到 5200pF，计算振荡频率的变化范围。

17-3 某 LC 振荡电路的频率调节范围为 15～150kHz，并联谐振电路的电感 $L=250\mu H$ 。求电容 C 的变化范围。

17-4 在题图 17-4 所示电路中，若 $R_1=3k\Omega$, $R_2=5k\Omega$, $R_3=4k\Omega$, $R_4=0.8k\Omega$, $R_W=8k\Omega$, $C=0.01\mu F$ ，稳压管 VD_Z 的稳定电压 $U_Z=6V$ ，其正向压降忽略不计，VD_1 和 VD_2 为理想二极管。（1）画出 u_o 和 u_c 的波形；（2）计算输出电压的幅值和频率；（3）估算占空比的调节范围。

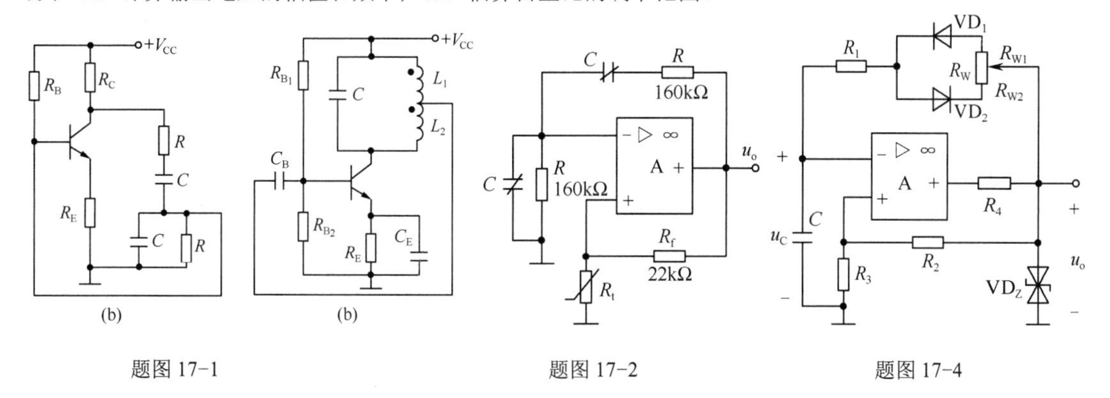

题图 17-1　　　　题图 17-2　　　　题图 17-4

17-5 题图 17-5 是一个防盗报警电路，a、b 两点之间由一细铜丝置于盗窃者必经之处。当盗窃者行窃碰断铜丝时，扬声器立刻发出报警声。（1）说明 555 定时器接成了何种电路？（2）分析此报警电路的工作原理。

17-6 三角波发生电路如题图 17-6 所示。画出 u_{o1} 和 u_o 的波形，并求出其振荡频率。

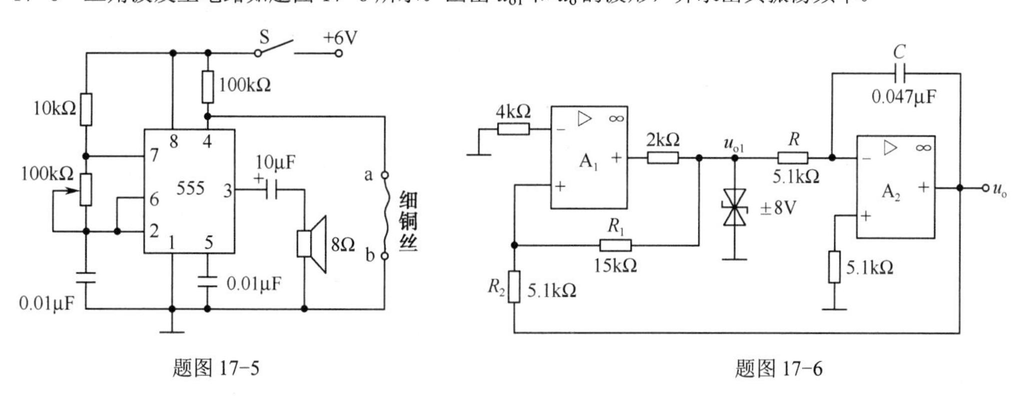

题图 17-5　　　　题图 17-6

附录 A　Multisim 仿真软件简介与应用

【本章主要内容】 本章主要介绍 Multisim 仿真软件的基础知识、元件库、测试仪器等的基本操作，以及电路的仿真方法，并通过电子电路仿真实例分析研究 Multisim 仿真软件在电子电路仿真中的应用。

【引例】 电工电子技术是一门实践性很强的课程，实验是学好电工电子技术的一个重要环节，在不具备实验条件的情况下，能否利用一台计算机进行电工电子实验呢？学完这一章，你将找到问题的答案。

A.1　Multisim 仿真软件的基本使用方法

1．Multisim 仿真软件简介

Multisim 是加拿大 Interactive Image Technology 公司推出的以 Windows 为基础的板级仿真工具，适用于模拟、数字线路板的设计仿真，该工具在一个程序包中汇总了框图输入、SPICE 仿真、HDL 设计输入和仿真及其他设计能力，可以协同仿真 SPICE、Verilog 和 VHDL，在一些版本中还添加了 RF 设计模块。

Multisim 是一个完整的设计工具系统，提供了一个非常大的元件数据库，并提供原理图输入接口、全部数模 SPICE 仿真功能、VHDL/Verilog 设计接口与仿真功能、FPGA/CPLD 综合、RF 设计能力和后处理功能，还可以进行从原理图到 PCB 布线工具包(如 Electronics Workbench 的 Ultiboard)的无缝数据传输。

Multisim 提供全部先进的设计功能，满足设计者从参数到产品的设计要求，该仿真软件将原理图输入、仿真和可编程逻辑紧密集成，在使用中不会出现不同供应商的程序之间传输数据时经常出现的一些问题。

Multisim 最突出的特点是用户界面友好，尤其是多种可放置到设计电路中的虚拟仪器、仪表很有特色，这些仪器、仪表包括数字万用表、函数发生器、瓦特表、示波器、波特图仪、字符发生器、逻辑分析仪、逻辑转换器、失真度测试仪、网络分析仪和频谱分析仪等，使电路仿真分析操作更适合电子工程技术人员的工作习惯，与目前流行的某些 EDA 仿真工具相比，更具有人性化设计特色。

本章介绍的内容以 Multisim 8 为基础。

2．Multisim 8 的基本功能介绍

（1）Multisim 8 的操作界面

Multisim 8 启动以后的操作界面如图 A.1-1 所示。操作界面主要包含以下几部分：

标题栏：显示当前打开的或正在编辑的电路文件名。

菜单栏：与所有的 Windows 应用程序类似，可在菜单栏中找到程序所有功能的命令。

工具栏：像大多数 Windows 应用程序一样，Multisim 8 把一些常用功能以图标的形式排列成一条工具栏，以便于用户使用。各个图标的功能可参阅相应菜单中的说明。

状态栏：显示当前有关操作及鼠标所指条目的有关信息。

管理窗口：利用管理窗口把有关电路设计的原理图、PCB 版图、相关文件、电路的各种统计报告分类管理，还可以观察分层电路的层次结构。

电子平台：类似于实验室的实验台。用于元器件、仪器的放置、连接，电路的分析、测试。

仿真开关：电路分析、测试的启动开关。

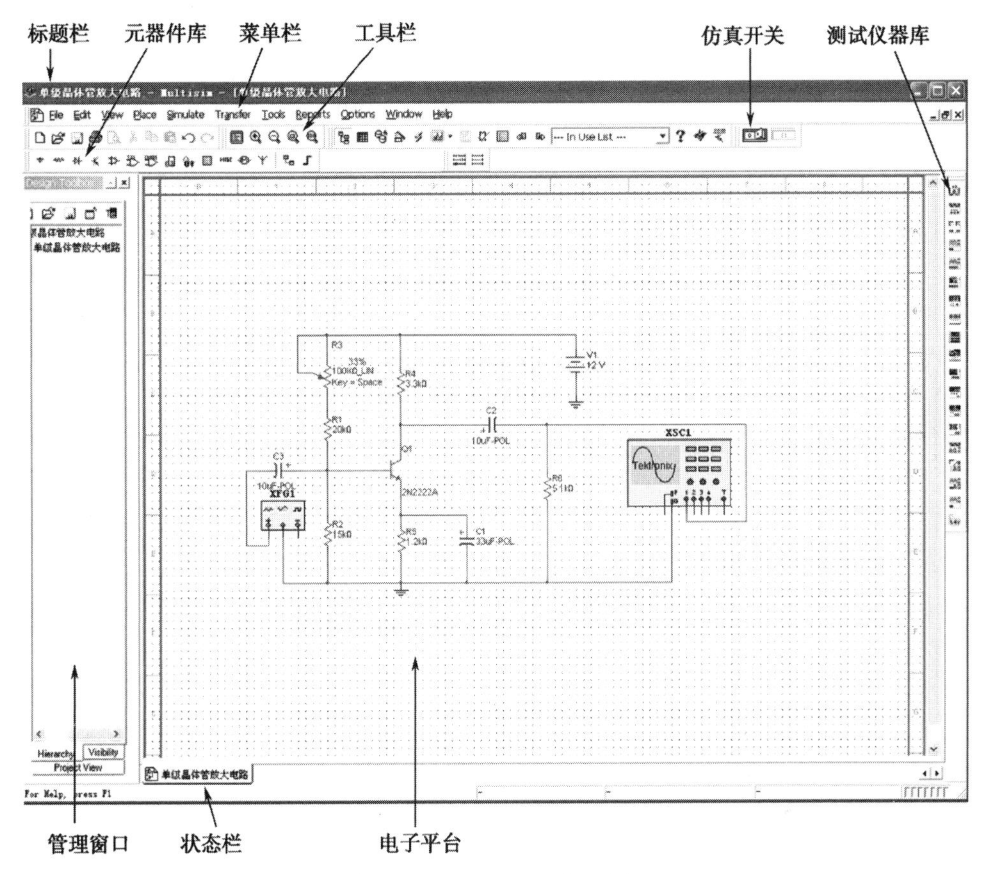

图 A.1-1　Multisim 8 仿真界面

（2）元器件库

Multisim 8 软件提供了丰富的、可扩充的和自定义的电子元器件。元器件根据不同类型被分为 14 个元器件库，这些库均以图标形式显示在操作界面上，如图 A.1-2 所示。下面从左到右介绍各元器件库所包含的主要元器件。

图 A.1-2　Multisim 8 的元器件库

信号源库(Source)：包含直流电源、单相和三相交流电源，各种受控源、信号源及接地端子。

基本元件库(Basic)：包含各种实际基本元器件和一些虚拟的元器件及三维虚拟元器件，如电容、电阻、电感、可变电阻、变压器、各种开关等。实际基本元器件参数与市售产品对应，只需选择相应值和封装即可。虚拟基本元器件的参数可以任意设置和修改，修改后的参数只对当前电路图有效。

二极管库(Diode)：包括普通二极管、齐纳二极管、发光二极管、肖特基二极管、稳压二极管、变容二极管、双向开关二极管、晶闸管等。

晶体管库(Transistor)：包括各种 NPN 晶体管、PNP 晶体管、达林顿晶体管、场效应管、IGBT 等。

模拟集成电路库(Anolog ICs)：包括各种运算放大器、宽带运放器、电压比较器和特殊功能运放等。

TTL 数字集成电路库(TTL)：包括各种类型的 74 系列数字集成电路。

CMOS 数字集成电路库(CMOS)：包括 4000 系列、4500 系列、74HC 系列、NC7S 系列等数字集成电路。

其他数字元件库(Misc digital)：包括 DSP、CPLD、FPGA、微处理器、微控制器、存储器、总线驱动器、总线接收器、总线驱动接收器等。

混合电路元器件库(Mixed)：包括 555 定时器、A/D 转换器、D/A 转换器、模拟开关、多谐振荡器等。

指示器件库(Indicators)：包括电压表、电流表、逻辑探针、蜂鸣器、指示灯、数码显示器、条形显示器等。

其他元器件库：包括真空管、光电耦合器、晶体振荡器、滤波器、保险丝、有损传输线、无损传输线等。

电气元件库：包括传感器控制开关、按钮开关、组合开关、时间继电器、继电器、线性变压器、保护元器件、输出设备等。

射频器件库：包括射频电容、射频电感、射频晶体管、射频 MOS 场效应管、隧道二极管、传输线等。

(3) 测试仪器库

Multisim 8 的测试仪器库提供 19 种在电子电路测试中常用的仪器、仪表，见图 A.1-3，它们从左到右分别是：数字万用表、函数信号发生器、瓦特表、双通道示波器、四通道示波器、波特图仪、频率计、数字信号发生器、逻辑分析仪、逻辑转换仪、伏安特性分析仪、失真分析仪、频谱分析仪、网络分析仪、安捷伦函数信号发生器、安捷伦万用表、安捷伦示波器、泰克示波器和探针。

图 A.1-3　Multisim 8 测试仪器库

这些仪器不仅功能齐全，而且它们的面板结构、操作方法也和真实仪器接近，使用非常方便。下面仅介绍几种常用测试仪器的基本功能及使用方法。

① 数字万用表(Multimeter)

数字万用表用来测量交流电压、电流、直流电压、电流、电阻及放大电路的增益。单击仪器库栏万用表图标或 Simulate/Instruments/Multimeter 后，在电路窗口有一个万用表虚影跟随鼠标移动，到达相应位置后，单击鼠标，完成虚拟仪器的放置，得到如图 A.1-4(a)所示的数字万用表图标，双击图标，便可以得到如图 A.1-4(b)所示的数字万用表控制面板。选择面板上的按钮，可以设置不同测量功能。选择 Set... 键可对万用表的内阻、待测参数量程等进行设置。测试仪器库中的仪器、仪表都有两个界面，分别称为图标和面板，其中图标用来引用和连接电路，而面板用来进行测量设置及显示测量结果。

② 函数信号发生器(Function Generator)

函数信号发生器是用来提供正弦波、三角波和方波信号的仪器，其图标如图 A.1-5(a)所示，双击该图标，可以得到如图 A.1-5(b)所示的控制面板。使用时可根据要求在波形区(Waveforms)选择所需要的信号；在信号选项区(Signal Options)可设置信号源的频率(Frequency)、占空比(Duty Cycle)、幅度(Amplitude)和偏置电压(Offset)；按 Set Rise/fall Time 按钮，可以设置方波的上升时间和下降时间。

函数信号发生器上有“+”、Common、“-”三个接线端子，连接“+”和 Common 时，输出正极性信号；连接 Common 和“-”时，输出负极性信号；同时连接三个端子，则可输出两个幅值相同、极性相反的信号。

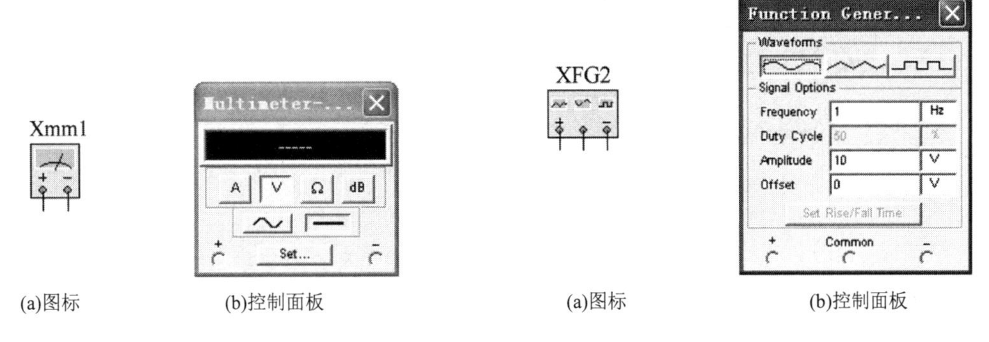

(a)图标　(b)控制面板　(a)图标　(b)控制面板

图 A.1-4　数字万用表　　图 A.1-5　函数信号发生器

③ 示波器(Oscilloscope)

Multisim 8 的测试仪器库提供双通道和四通道两种示波器，它们的使用方法基本一致。双通道示波器的图标如图 A.1-6(a)所示，图标上有 A 和 B 两个通道输入端，一个外触发信号输入端，一个接地端。双击图标，便可显示如图 A.1-6(b)所示的控制面板，面板上的时基区(Timebase)用来设置 *X* 轴的灵敏度，如图中为 500μs/Div，水平扫描的起始位置(X position)，水平扫描方式；通道 A(Channel A)和通道 B(Channel B)分别设置两个通道的 *Y* 轴灵敏度，如图中两个通道均为 5V/Div，两个通道水平轴的上下位置(Y position)，输入耦合方式(AC 或 DC)；触发区(Trigger)设置示波器的触发类型(Type)和触发电平(Level)；游标测量参数显示区用来显示两个游标所测得的波形数据。可测量的波形参数有游标所在的时刻、两游标的时间差、通道 A 和 B 在游标处的信号幅度。通过单击参数区中的左右箭头或用鼠标拉动游标，可以移动游标。

另外，Multisim 8 还提供安捷伦(Agilent)54622D 和泰克(Tektronix)TDS2024 两种仿真示波器，其面板设置和操作方法与对应的真实示波器完全一样。

④ 波特图仪(Bode Plotter)

波特图仪又称为频率特性仪，主要用于测量电路的频率特性，包括幅频特性和相频特性。其图标和控制面板如图 A.1-7(a)和(b)所示。波特图仪有 IN 和 OUT 两个输入端口，分别接到被测电路的输入端和输出端，被测电路的输入端须接入示意性的信号源。波特图仪控制面板上的模式(Mode)用于选择显示幅频特性曲线或相频特性曲线；水平区(Horizontal)用于选择水平轴的起始频率和终止频率以及线性显示或对数显示；垂直区(Vertical)用于选择垂直轴的起止分贝数以及线性显示或对数显示；控制区(Control)用于屏幕背景色、分辨率等设置。

通过鼠标拖动游标或单击左、右箭头移动游标，可以观测各频率点的频率响应。

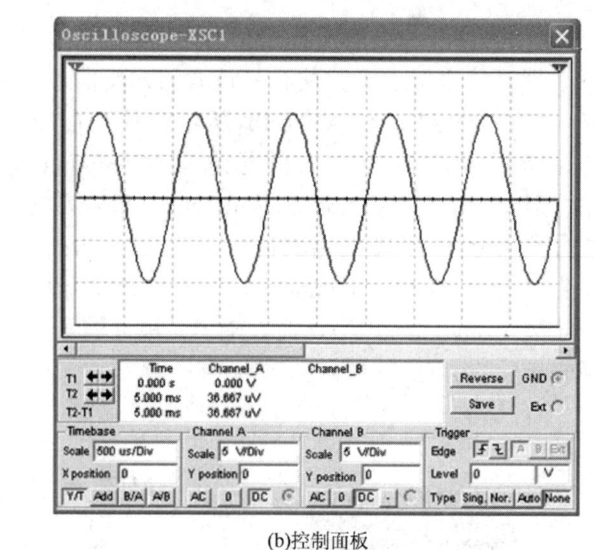

(a)图标　　(b)控制面板

图 A.1-6　双通道示波器

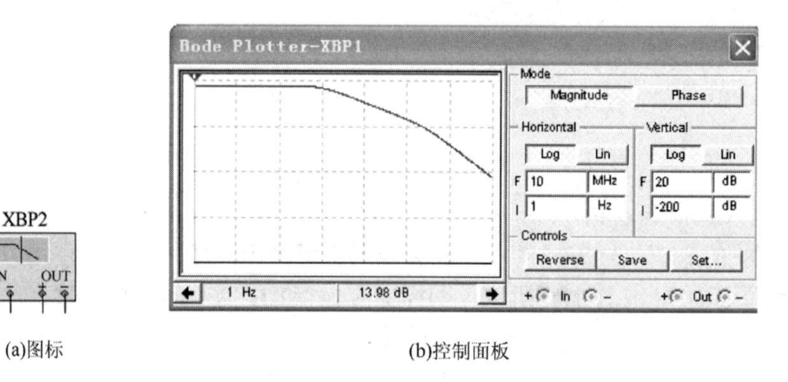

(a)图标　　(b)控制面板

图 A.1-7　波特图仪

3．仿真电路的创建

（1）界面设置

对电路进行仿真时，首先需要在电子平台上创建电路。可对 Multisim 8 的基本界面进行一些必要的设置，以便在创建电路时更加方便快捷。

在菜单栏中选择 Options/Global Preference 选项，弹出对话框。在此对话框中可设定电路文件存取的默认路径；设置是否连续放置元件；设定元器件符号标准：欧洲标准（DIN）或美国标准（ANSI），我国的现行标准比较接近欧洲标准，所以一般符号标准选择欧洲标准。

选择 Options/Sheet Properties 选项，弹出对话框。在此对话框中可设定电子图纸的尺寸、边界、背景色及是否显示栅格；设置导线和总线的宽度及总线布线标准；设定是否显示元器件的标识、序号、参数、属性；设定是否显示电路结点号；等等。

（2）元器件操作

① 元器件调用

如果要调入一个直流电压源，可单击元件库的 图标，打开电源库，或单击菜单栏中的 Place/Component，弹出元件库窗口，如图 A.1-8 所示。

选中需要的元件后双击鼠标左键，则电源图标随着鼠标移动，将鼠标拖到适当的位置，单击鼠标左键就调入了电源。

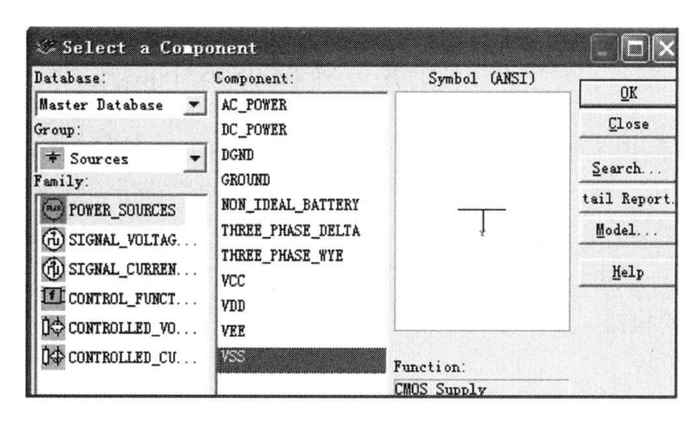

图 A.1-8　电源元件库窗口

② 元器件移动、复制、删除

进行移动、复制、删除前，先要选中元器件。用鼠标左键单击元件图标，可选中元件。或者按住鼠标左键画方框，选中方框内的所有元件，再用鼠标左键点着被选中的任意元件，就可以拖动所有元件。选中后直接按 Ctrl + C 键可以进行复制；按 Ctrl + V 键可以进行粘贴；按 Delete 键可以删除所选元件。也可以选中元件后单击鼠标右键，在弹出的快捷菜单中选择相应的操作。

③ 元器件参数的修改

为修改元器件的参数，可用鼠标双击元器件的图标，弹出其属性对话框。该对话框中有很多选项供选择，可以对元器件的参数，如标识、显示方式、标称值、故障设置、变量设置等进行设置。

④ 元器件连接

调入某一电路待用的元器件并做好布局后，就可直接用导线连接元器件，形成所需要的电路。

将鼠标指向所要连接的元器件引脚，鼠标箭头会自动变为带十字形的黑圆点，单击左键后将鼠标引向另一个元器件的引脚，当引线端头出现红色连接点时，单击左键，就连成了一根连线(导线)；若要删除连线，只需用鼠标单击连线，选中的连线上将出现小方块，再按 Delete 键删除。若要调整连线的位置，选中连线后，鼠标箭头变为左右双向箭头或上下双向箭头，按住鼠标左键左右或上下拖动连线即可调整；在连接好的导线中间插入元件时，直接将元件拖到导线上释放即可插入。如果要验证连线是否连接可靠，可以拖动元件，如果连线跟着移动，则表明已可靠连接。

（3）仪器的调用及连接

仪器的调用及连接与元件的方法相同。用鼠标左键单击测试仪器库上的仪器图标，则被选仪器图标随着鼠标移动，将鼠标拖到适当位置，单击左键就调入仪器。然后可将仪器、仪表接入电路。

在连接仪器时，若看不清仪器的连接端口，可双击图标打开仪器面板，对照面板端口来连接。

如果要改变连线的颜色，可用鼠标右键单击连线，在弹出的如图 A.1-9 所示的菜单中选择 Wire Color，即可改变连线颜色。如在连接双通道示波器输入端时，把两条输入连线改为不同颜色，则两通道显示波形颜色也随着改变为连线的颜色，从而可以方便地区分不同测试点的波形。

图 A.1-9　快捷菜单

仿真电路创建后，可以对文件进行保存，用于后续运行仿真、查看分析、测试结果等。

A.2 应用仿真软件分析电路

Multisim 8 提供了 19 种基本电路仿真分析方法，即直流工作点分析、交流分析、瞬态分析、傅里叶分析、噪声分析、噪声图形分析、失真分析、直流扫描分析、灵敏度分析、参数扫描分析、温度扫描分析、零-极点分析、传输函数分析、最坏情况分析、蒙特卡罗分析、线宽分析、批处理分析、用户自定义分析、射频分析。用户可以根据实际情况选择所需的分析方法。同时，仿真软件也提供多种虚拟仪器，可以为电路分析提供更加灵活的分析测试方法。

1．基础电路的分析

（1）串联谐振

在图 A.2−1 所示 RLC 串联电路中，其谐振频率 f_0、带宽 BW 及 Q 值可用下面的公式表示：

$$f_0 = \frac{1}{2\pi\sqrt{LC}},\ \mathrm{BW} = f_{\mathrm{H}} - f_{\mathrm{L}},\ Q = \frac{f_0}{\mathrm{BW}}$$

这些电路参数都可以通过测定谐振电路的频率特性曲线直接或间接求得。

【例 A.2−1】 已知 RLC 串联电路如图 A.2−1 所示，其中 $R = 100\Omega$，$C = 0.24\mu\mathrm{F}$，$L = 100\mathrm{mH}$。求：（1）电路的谐振频率 f_0；（2）电路输入端与输出端的相位关系；（3）电路的带宽 BW 和品质因数 Q。

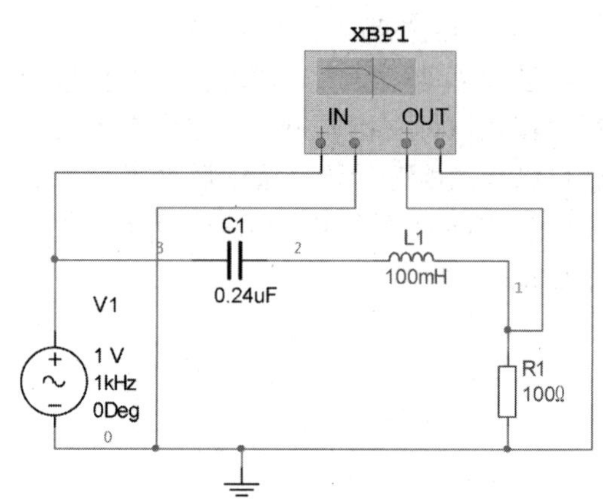

图 A.2−1 RLC 串联谐振电路

【解】 方法 1：采用交流分析法。

交流分析就是对电路的交流频率响应进行分析。单击 Simulate/Analysis/AC Analysis，在弹出的 AC Analysis 对话框中，将选项卡 Output 项中的结点 1 选为输出点，交流分析的结果如图 A.2−2 所示。

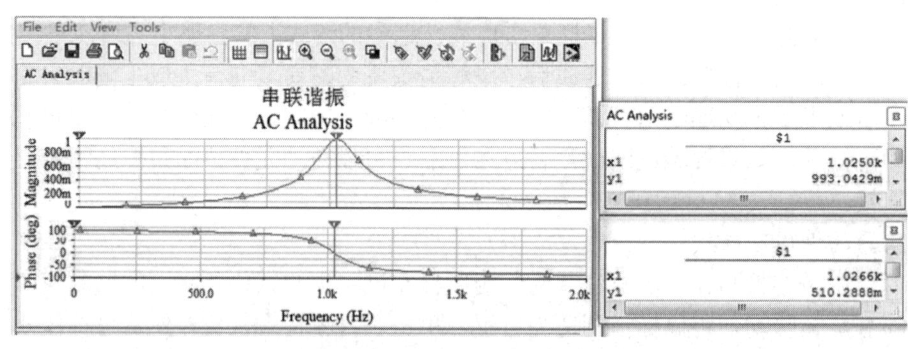

(a) 谐振频率测量

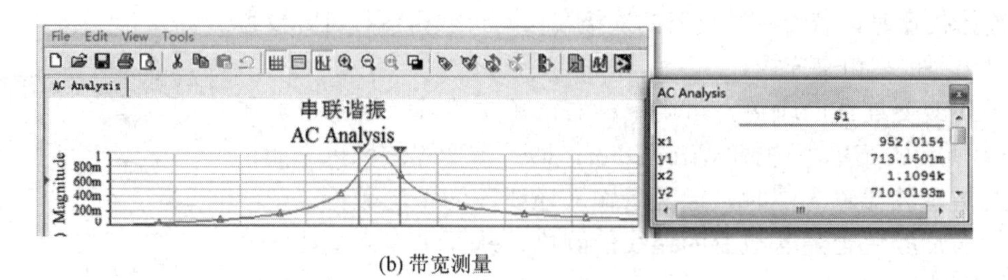

(b) 带宽测量

图 A.2−2 RLC 电路的频率特性曲线

（1）移动幅频特性曲线的游标，到达幅频特性曲线的最大值，即图 A.2-2(a)中右侧窗口显示的 $y_1 = v_o / v_i = 993.0429\text{m} \approx 1$，该点对应的频率即为电路的谐振频率，图中右侧窗口显示电路的谐振频率为 $f_o = x_1 = 1.0250\text{kHz}$。

（2）从相频特性曲线可以看出输出端相移从 90°到-90°，在谐振点相移为 0。

（3）移动幅频特性曲线的游标 1 和游标 2，分别到达幅频特性曲线最大值两侧的 0.707 处，即图 A.2-2(b)中右侧窗口显示的 $y_1 = 713.1501\text{m} \approx 0.707$ 和 $y_2 = 710.0193\text{m} \approx 0.707$，则其水平轴对应点的频率差即为电路的带宽，图中右侧窗口显示的电路带宽为

$$\text{BW} = x_2 - x_1 = 1.1094 - 0.952 = 0.157\text{kHz} = 157\text{Hz}$$

则电路的品质因数为 $Q = f_o / \text{BW} = 1.025/0.157 \approx 6.5$

方法 2：采用波特图仪测量法。

在 Multisim 8 中用波特图仪同样很容易测出电路的频率特性。波特图仪如图 A.2-1 所示连接。注意，交流电压源仅作为一种形式的信号源放置，其幅值和频率大小对特性曲线无影响。

打开波特图仪的面板，单击仿真开关，选择 Magnitude 或 Phase，可分别得到图 A.2-3(a)所示的幅频特性曲线和图 A.2-3(b)所示的相频特性曲线。从曲线上可以看出，电路的谐振频率为 $f_o = 1.021\text{kHz}$，与交流分析法测得的谐振频率非常接近。

再用光标拖动幅频特性曲线屏幕上的红色指针，或连击屏幕下角的箭头按钮，读出 0.707 所对应的两个频率，即为 f_H 和 f_L。最后可算出 BW 和 Q。

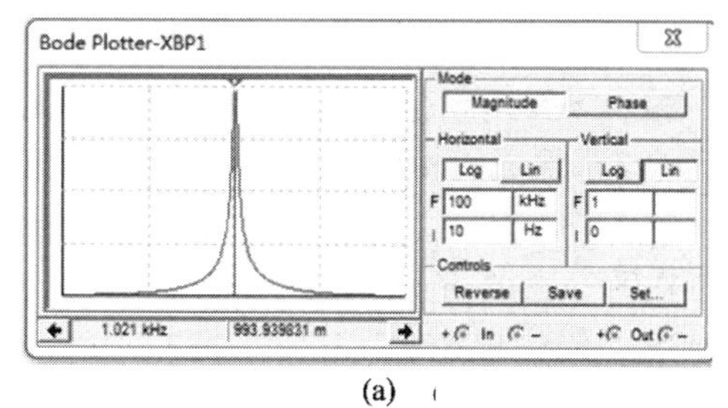

(a)

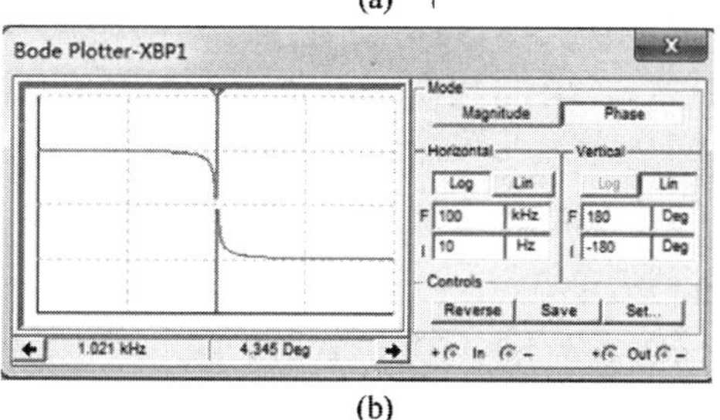

(b)

图 A.2-3　RLC 电路的频率特性曲线

由图 A.2-2 和图 A.2-3 可以看出，求一个电路的频率特性曲线，对其进行交流分析与采用波特图仪分析的效果是等效的。具体采用哪种方法，可视具体情况而定。

（2）滤波器

滤波器的作用就是对输入信号进行选频，只允许某一频带的信号通过，而把其他频带范围的信号滤除。滤波器通常分为低通、高通和带通等多种滤波器，它可以由 RC、RL 或其他电路构成。

【例 A.2-2】 已知 RC 低通滤波电路如图 A.2-4(a)所示，其中 R = 1kΩ，C = 0.22μF。求电路的幅频特性曲线及截止频率 f_0。

【解】 在本例中，选用波特图仪来测量电路的幅频特性。启动仿真，得到图 A.2-4(b)所示的幅频特性曲线。从幅频特性曲线上可以看出，在通频带内，电路的电压增益 $G_V = 0\text{dB}$ [即电路的传递函数 $T(\text{j}\omega) = 1$]，在增益衰减 3dB 处(游标指示处)所对应的截止频率为

$$f_0 = 737\text{Hz} \approx \frac{1}{2\pi RC}$$

在通频带外，幅频特性曲线以-20dB/10 倍频衰减。可见，通过波特图仪显示的幅频特性曲线与理论计算基本一致。

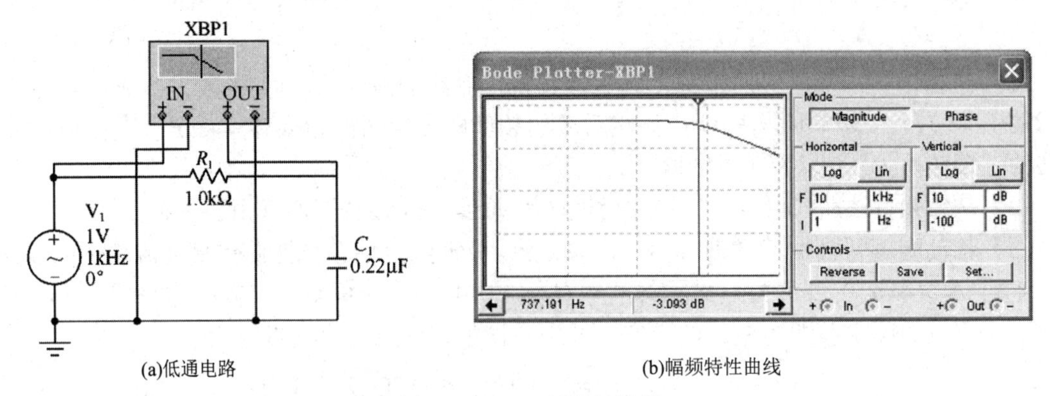

(a)低通电路　　(b)幅频特性曲线

图 A.2-4　RC 低通滤波器

2．应用电路的分析

（1）RC 振荡电路

图 A.2-5 所示是由集成运算放大器和文氏电桥选频电路组成的正弦波振荡电路。其中，集成运放 U_1 组成同相比例运算电路，其放大倍数 $A_u = 1 + R_4 / R_3$。R_1, C_1 与 R_2, C_2 组成的串并联网络起选频作用，二极管 VD_1 和 VD_2 起限幅作用。

在图 A.2-5 所示仿真电路中，合理设置仿真参数，取 $R_1 = R_2$，$C_1 = C_2$。这样，电路的振荡频率 $f = 1/(2\pi RC)$。另外，对于 RC 振荡电路而言，为了满足电路起振时的幅度平衡条件，必须使 $AF > 1$。这里 A 为同相比例运算放大器的放大倍数，F 为反馈系数。对于图 A.2-5，当 RC 振荡器电路工作于谐振频率时，AF=1/3。为满足起振时 $AF > 1$ 的条件，A 要大于 3，但是 A 的值不能太大，否则 RC 振荡器电路输出的正弦波会发生失真现象。设置图 A.2-5 中集成运算放大器的反馈电阻 $R_4 = 22\text{k}\Omega$，反相输入端的输入电阻 $R_3 = 10\text{k}\Omega$，使 A 的数值稍大于 3。

【例 A.2-3】 观察图 A.2-5 所示 RC 振荡电路的输出波形，测量输出波形的周期及输出电压。

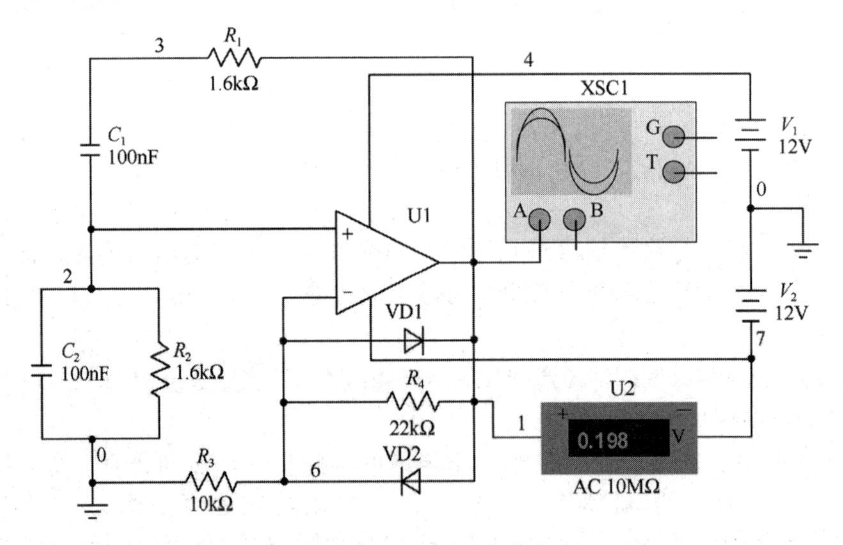

图 A.2-5　RC 正弦波振荡电路

【解】 如图 A.2-5 所示电路连接完成后，启动仿真开关，双击示波器图标，弹出图 A.2-5 所示的示波器面板，调节示波器的 Timebase/Scale，设定为 500μs/Div，再调节 Channel A/Scale，设定为 200mV/Div，使示波器显示图 A.2-6 所示的正弦波形，用鼠标拖动游标 T1 和 T2，使其水平间隔为一个信号周期，读取波形下方数据显示区 T2－T1 的值，得到信号周期

T = T2 − T1=1.03ms，则信号频率 $f \approx$ 1kHz，与理论计算相符。在图 A.2-5 中，在振荡电路的输出端和接地端之间接入交流电压表 U_2，显示振荡电路的输出电压 $U_0 = 0.198\text{V}$。

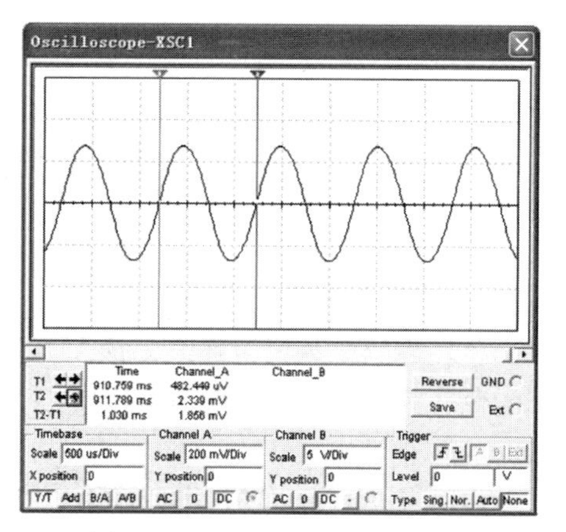

图 A.2-6　RC 正弦波振荡波形

（2）四位抢答器

图 A.2-7 是由四 D 锁存器及相应的门电路构成的四位抢答器。图中 74LS75(U1A，U1B)为四 D 锁存器，每两个 D 锁存器由一个锁存控制端 *EN* 控制，当 *EN* 为高电平时，输出端 *Q* 随输入端 *D* 信号的状态变化，当 *EN* 由高电平变为低电平时，输出端 *Q* 锁存在 *EN* 由高电平变低电平时 *D* 端的电平。在图 A.2-7 中，当主持人断开复位开关 J5 宣布开始抢答时，74LS75 的四个 D 锁存器的输入端均为低电平，与非门 74LS20(U2A)输出低电平，与非门 74LS00(U3A)输出高电平，即 74LS75 的锁存控制端 *EN* 为高电平，锁存器处于接受 *D* 端数据的状态。J1～J4 为抢答按钮，无人抢答时，J1～J4 均未闭合，1D1～2D2 均为低电平，1Q1～2Q2 均为低电平，四路 LED 发光二极管都不亮。

有人抢答时，如 J1 按钮被按下，则锁存器 74LS75 的 1D1 变为高电平，使 1Q1 立即变为高电平，LED1 发光，表示第一路 J1 优先抢答，同时，U1A 的～1Q1（即$\overline{\text{Q1}}$）变为低电平，使与非门 74LS20(U2A)输出高电平，与非门 74LS00(U3A)输出低电平，即 74LS75 的锁存控制端 *EN* 为低电平，74LS75 输出状态被锁存，使其他抢答者的按钮失去作用。主持人可通过按下 J5 复位开关，使电路复位，为下一次抢答做好准备。

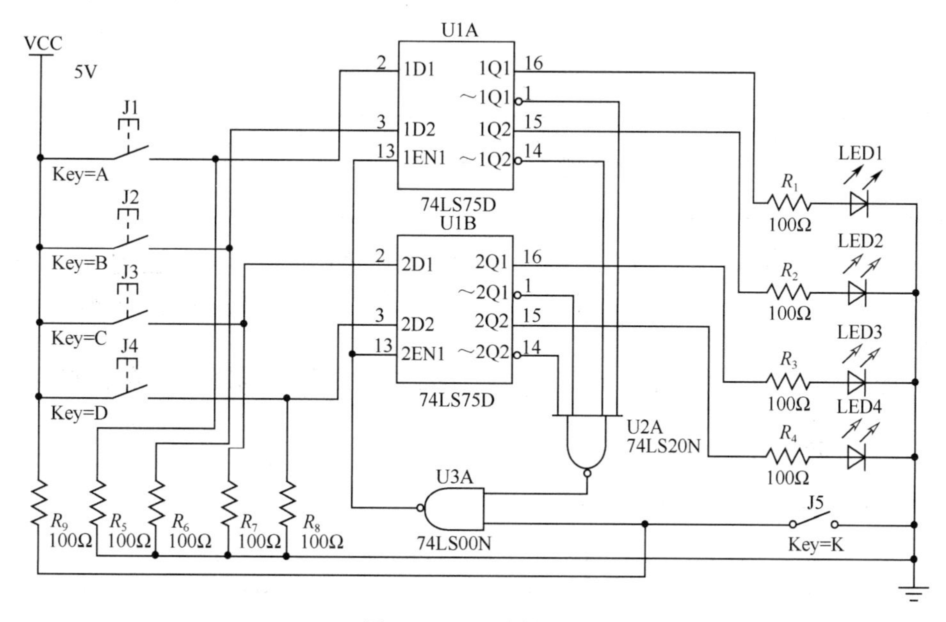

图 A.2-7　四路抢答器

附录B　色 环 电 阻

1．色环电阻的识别法

色环电阻分为四色环表示法和五色环表示法。在识别电阻值时，要从色标离引出线较近一端的色环读起，电阻的颜色与阻值的关系如表 B.1 所示。

B.1　电阻的颜色与阻值的关系

色	第一个数字	第二个数字	第三个数字	指数	允许的误差（%）
黑	0	0	0	10^0	±1
棕	1	1	1	10^1	±2
红	2	2	2	10^2	
橙	3	3	3	10^3	
黄	4	4	4	10^4	
绿	5	5	5	10^5	±0.5
蓝	6	6	6	10^6	±0.25
紫	7	7	7	10^7	±0.1
灰	8	8	8	10^8	
白	9	9	9	10^9	
金	—	—	—	10^{-1}	±5
银	—	—	—	10^{-2}	±10
无色	—	—	—	—	±20

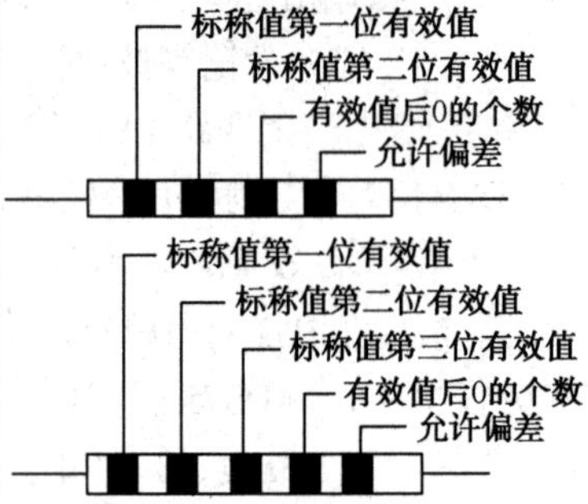

标称值第一位有效值
标称值第二位有效值
有效值后0的个数
允许偏差

标称值第一位有效值
标称值第二位有效值
标称值第三位有效值
有效值后0的个数
允许偏差

四色环电阻的表示意义为：前三条色环表示此电阻的标称阻值，最后一条表示它的偏差。例如，图 B.1 所示电阻色环的颜色依次为黄、紫、橙、金，则此电阻标称阻值为 $47\times10^3\Omega=47k\Omega$，偏差±5%。

五色环电阻的表示意义为：前四条色环表示此电阻的标称阻值，最后一条表示它的偏差。

2．电阻功率的等级

常用的电阻额定功率的等级如表 B.2 所示。

B.2　电阻额定功率等级

0.05W	0.125W	0.25W	0.5W	1W	2W	3W	5W	7W	10W

附录 C　常用电动机的型号及主要参数

部分 Y 系列（IP44 封闭式）三相异步电动机（△接额定电压 380V，额定频率 50Hz）

参数 型号	额定功率 P_N/kW	额定转速 n_N/（r/min）	额定电流 I_N/A	额定效率 η_N/%	额定功率因数 $\cos\varphi_N$	启动电流倍数 I_{st}/I_N	启动转矩倍数 T_{st}/T_N	最大转矩倍数 T_m/T_N
Y132S1-2	5.5	2900	11.1	85.5	0.88	7.0	2.0	2.2
Y132S2-2	7.5	2900	15.0	86.2	0.88	7.0	2.0	2.2
Y160M1-2	11	2930	21.8	87.2	0.88	7.0	2.0	2.2
Y160M2-2	15	2930	29.4	88.2	0.88	7.0	2.0	2.2
Y132S-4	5.5	1440	11.6	85.5	0.84	7.0	2.2	2.2
Y132M-4	7.5	1440	15.4	87	0.85	7.0	2.2	2.2
Y160M-4	11	1460	22.6	88	0.84	7.0	2.2	2.2
Y160L-4	15	1460	30.3	88.5	0.85	7.0	2.2	2.2
Y180M-4	18.5	1470	35.9	91	0.86	7.0	2.0	2.2
Y180L-4	22	1470	42.5	91.5	0.86	7.0	2.0	2.2
Y200L-4	30	1470	56.8	92.2	0.87	7.0	2.0	2.2
Y225S-4	37	1480	69.8	91.8	0.87	7.0	1.9	2.2
Y225M-4	45	1480	84.2	92.3	0.88	7.0	1.9	2.2
Y250M-4	55	1480	102.5	92.6	0.88	7.0	2.0	2.2
Y280S-4	75	1480	139.7	92.7	0.88	7.0	1.9	2.2
Y280M-4	90	1480	164.3	93.6	0.89	7.0	1.9	2.2
Y160M-6	7.5	970	17.0	86	0.78	6.5	2.0	2.0
Y160L-6	11	970	24.6	87	0.78	6.5	2.0	2.0
Y180L-6	15	970	31.5	89.5	0.81	6.5	1.8	2.0
Y225M-6	30	980	59.5	90.2	0.85	6.5	1.7	2.0
Y280M-6	55	980	104.4	92	0.87	6.5	1.8	2.0
Y315S-6	75	980	142.4	92	0.87	7.0	1.6	2.0
Y180L-8	11	730	25.1	86.5	0.77	6.0	1.7	2.0
Y225M-8	2	730	47.6	90	0.78	6.0	1.8	2.0
Y280S-8	37	740	78.2	91	0.79	6.0	1.8	2.0
Y280M-8	45	740	93.1	91.7	0.80	6.0	1.8	2.0
Y315S-8	55	740	112.1	92	0.81	6.5	1.6	2.0

附录D　常用半导体分立器件的型号及主要参数

1．半导体二极管

表 D.1　2AD 系列锗二极管

参数 型号	最大整流电流 I_{FM}/mA	最大整流电流时的正向压降 U_F/V	反向工作峰值电压 U_{RM}/V
2AP1	16	≤1.2	20
2AP2	16		30
2AP3	25		30
2AP4	16		50
2AP5	16		75
2AP6	12		100
2AP7	12		100

表 D.2　2CZ 系列硅二极管

参数 型号	最大整流电流 I_{FM}/mA	最大整流电流时的正向压降 U_F/V	反向工作峰值电压 U_{RM}/V
2CZ52A	100	≤1	25
2CZ52B			50
2CZ52C			100
2CZ52D			200
2CZ52E			300
2CZ55A	1000	≤1	25
2CZ55B			50
2CZ55C			100
2CZ55D			200
2CZ55E			300
2CZ56A	3000	≤0.8	25
2CZ56B			50
2CZ56C			100
2CZ56D			200
2CZ56E			300

表 D.3　2CW 系列硅稳压二极管

参数 测试条件 型号	稳定电压 U_Z/V	稳定电流 I_Z/mA	耗散功率 P_Z/mW	最大稳定电流 I_{ZM}/mA	动态电阻 r_Z/Ω
	工作电流等于稳定电流	工作电压等于稳定电压	-60℃～+50℃	-60℃～+50℃	工作电流等于稳定电流
2CW52	3.2～4.5	10	250	55	≤70
2CW53	4～5.8	10	250	41	≤50
2CW54	5.5～6.5	10	250	38	≤30
2CW55	6.2～7.5	10	250	33	≤15
2CW56	7.0～8.8	10	250	27	≤5
2CW57	2CW57	5	250	26	≤20
2CW58	9.2～10.5	5	250	23	≤25
2CW59	10～11.8	5	250	20	≤30
2CW60	11.5～12.5	5	250	19	≤40
2CW61	12.2～14	5	250	16	≤50
t2CW62	13.5～17	5	250	14	≤60

2．半导体三极管

（1）3AX 系列低频锗小功率管

参数 型号	集电极最大耗散功率 P_{CM}/mW	集电极最大允许电流 I_{CM}/mA	反向击穿电压			反向饱和电流		共发射极电流放大系数 h_{fe}/β	最高允许结温 T_{jM}/℃	引脚
			集-基 BV_{CBO}/V	集-射 BV_{CEO}/V	射-基 BV_{EBO}/V	集-基 I_{CBO}/μA	集-射 I_{CEO}/μA			
3AX31A	125	122	≥20	≥12	≥10	≤20	≤1000	30～200	75	
3AX31B	125	125	≥30	≥18	≥10	≤10	≤750	50～150	75	
3AX31C	125	125	≥40	≥25	≥20	≤6	≤500	50～150	75	
3AX31D	100	30	≥30	≥12	≥10	≤12	≤750	30～150	75	
3AX31E	100	30	≥30	≥12	≥10	≤12	≤500	20～80	75	

（2）3DG 系列高频硅小功率管

参数 型号	集电极最大耗散功率 P_{CM}/mW	集电极最大允许电流 I_{CM}/mA	反向击穿电压			集-基反向饱和电流 I_{CBO}/μA	频率 f_T/MHz	共发射极电流放大系数 h_{fe}/β	最高允许结温 T_{jM}/℃	引脚
			集-基 BV_{CBO}/V	集-射 BV_{CEO}/V	射-基 BV_{EBO}/V					
3DG6A	100	20	30	15	4	≤0.1	≥100	10～200	150	
3DG6B	100	20	45	20	4	≤0.01	≥150	20～200	150	
3DG6C	100	20	45	20	4	≤0.01	≥250	20～200	150	
3DG6D	100	20	45	30	4	≤0.01	≥150	20～200	150	

附录 E　常用集成运算放大器的型号及主要参数

参数 \ 型号 \ 类型	通用型	低能耗型	高精度型	高阻型	高速型
	CF741	CF253	CF7650	CF3140	CF715
电源电压$+U_{CC}$，$-U_{EE}$/V	±15	±18	±5	±15	±15
开环差模电压增益 A_{uo}/dB	106	90	134	100	90
输入失调电压 U_{io}/mV	1	1	$\pm7\times10^{-4}$	5	2
输入失调电流 I_{io}/nA	20	50	5×10^{-4}	5×10^{-4}	70
输入偏置电流 I_{IB}/nA	80	20	1.5×10^{-3}	10^{-2}	400
最大共模输入电压 U_{ICM}/V	±15	±13.5	+2.6 -5.2	+12.5 -15.5	±12
最大差模输入电压 U_{IDM}/V	±30	±30		±8	±15
共模抑制比 K_{CMRR}/Db	90	100	130	90	92
输入电阻　r_i/MΩ	2	6	10^6	1.5×10^6	1

常用集成运算放大器的引脚图

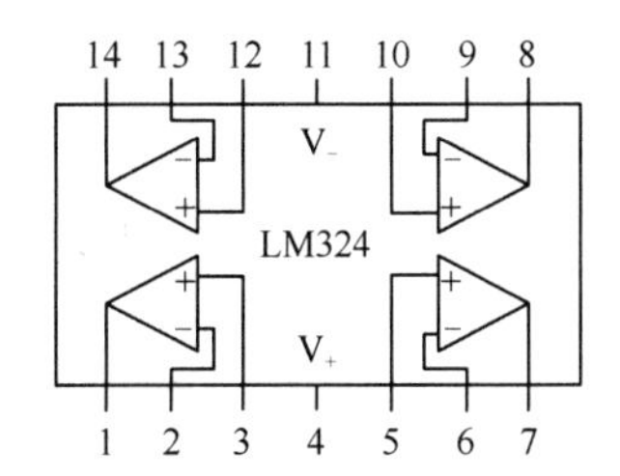

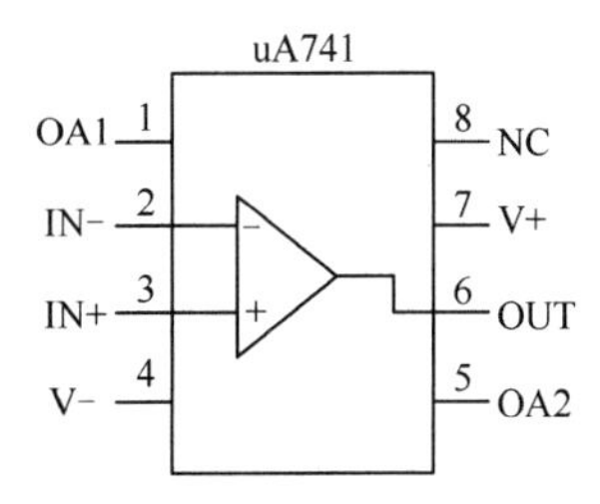

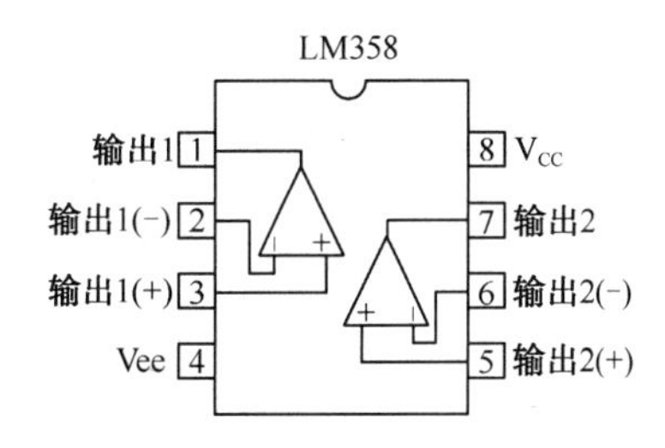

附录 F 常用数字电路集成芯片的型号及引脚图

1. 常用逻辑门

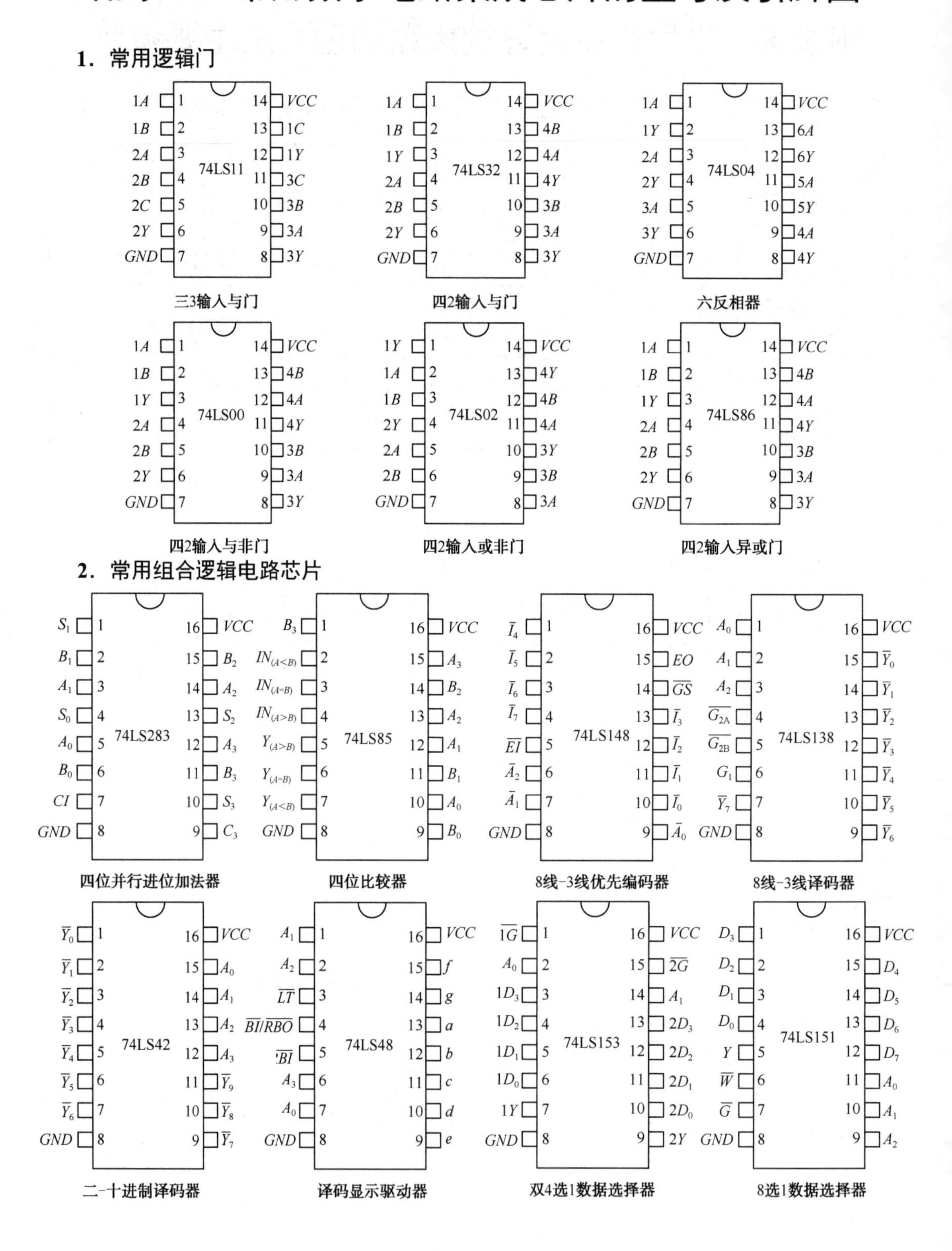

3．触发器

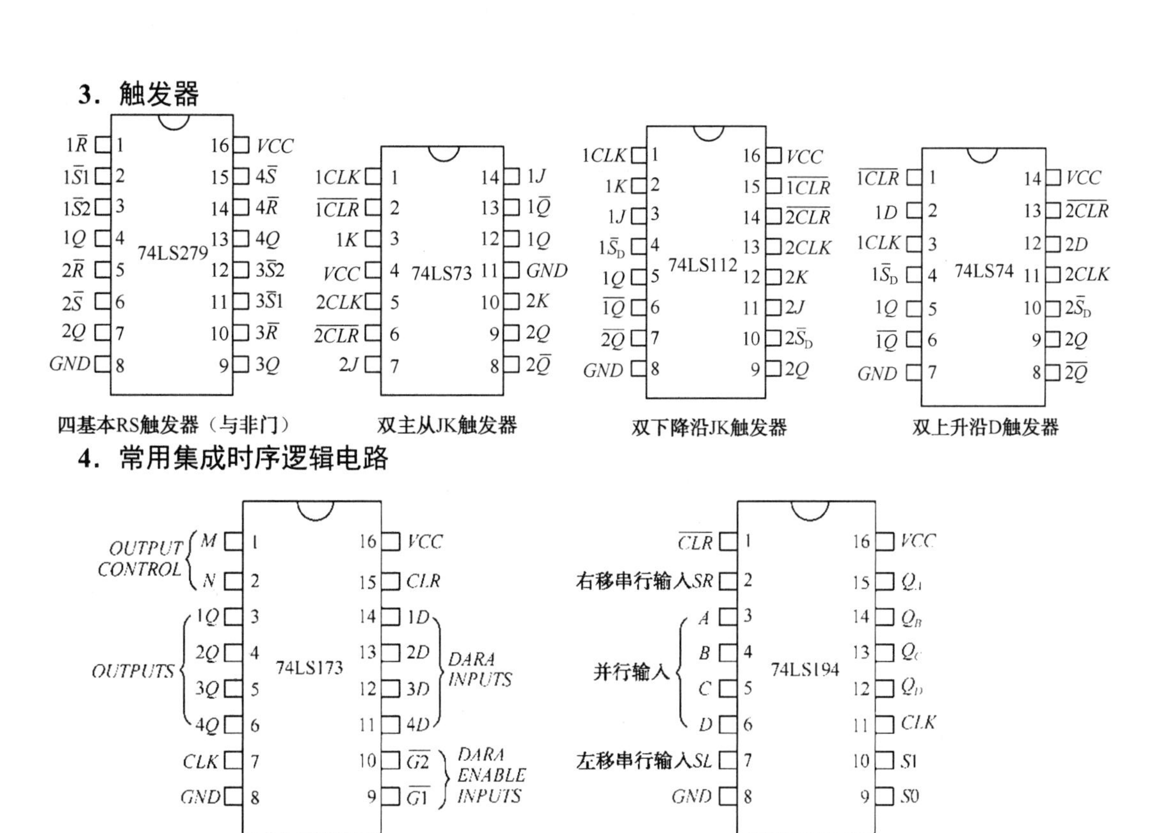

四基本RS触发器（与非门） 双主从JK触发器 双下降沿JK触发器 双上升沿D触发器

4．常用集成时序逻辑电路

四位D型数据寄存器 双向移位寄存器

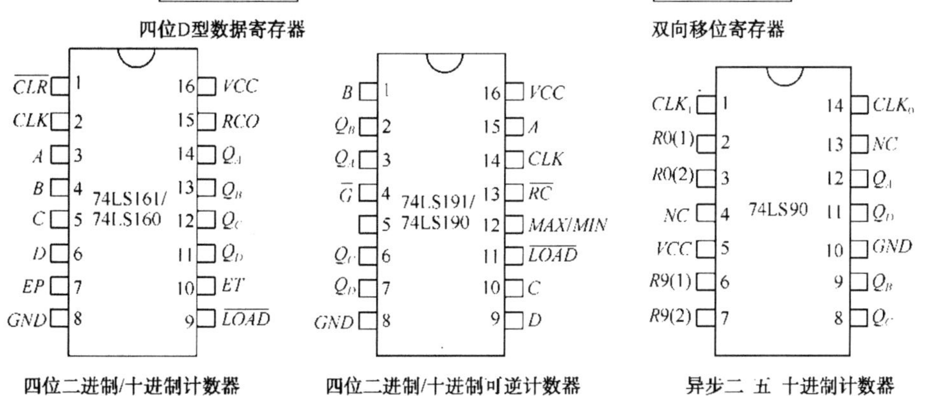

四位二进制/十进制计数器 四位二进制/十进制可逆计数器 异步二 五 十进制计数器

5．常用 D/A 转换器和 A/D 转换器

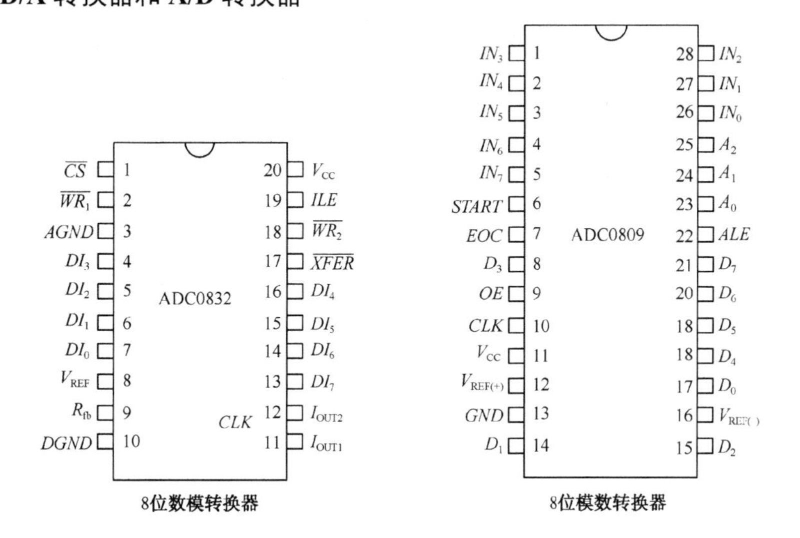

8位数模转换器 8位模数转换器

习题答案

第1章

1-1　(a) $U=-10\text{V}$，(b) $U=10\text{V}$，(c) $U=10\text{V}$，(d) $U=-10\text{V}$

1-2　(a) $P=-30\text{W}$（电源），(b) $P=30\text{W}$（负载），(c) $P=30\text{W}$，(d) $P=-30\text{W}$

1-3　选功率为0.5W、$R=500\Omega$ 的电阻

1-4　选功率为7W、$R=65\Omega$ 的电阻

1-5　$U_2=2\text{V}$

1-6　a点，$U_o=4\text{V}$；b点，$U_o=0$；中间位置$U_o=2\text{V}$

1-7　$V_A=12\text{V}$，$V_B=0$，$V_C=-12\text{V}$

1-8　$U_{ab}=-2\text{V}$

1-9　$P_R=2\text{W}$，$P_u=-6\text{W}$，$P_i=4\text{W}$

1-10　$P_R=12\text{W}$，$P_u=108\text{W}$，$P_i=-120\text{W}$

1-11　$U_{ab}=11\text{V}$

1-12　$I_1=1.33\text{A}$

1-13　$I=1.25\text{A}$

1-14　（1）$V_A=6\text{V}$，$V_B=9\text{V}$；（2）$V_A=V_B=7.2\text{V}$

1-15　$R_{ab}=7.5\Omega$

第2章

2-1　$I_1=5/3\text{A}$，$I_2=-2/9\text{A}$，$I_3=13/9\text{A}$

2-2　$I_1=7/5\text{A}$，$I_2=12/5\text{A}$

2-3　$I_1=5/3\text{A}$，$I_2=-2/9\text{A}$，$I_3=13/9\text{A}$

2-4　$I_1=7/5\text{A}$，$I_2=12/5\text{A}$

2-5　$I_1=3\text{A}$，$I_2=0$，$I_3=1\text{A}$

2-6　$U_3=11.2\text{V}$

2-7　$I_2=-6\text{A}$

2-8　$I=-1\text{A}$，$P_i=-5\text{W}$

2-9　$I_2=7\text{A}$

2-10　$U_{ab}=7\text{V}$

2-11　$I_2=1.55\text{A}$

2-12　$I=1\text{A}$，$P_i=-36\text{W}$

2-13　$I_3=0.5\text{A}$

2-14　$I_5=1\text{A}$

2-15　$I=2\text{A}$，$P_u=-37.7\text{W}$

2-16　$U_S=18\text{V}$，$R_{eq}=8\Omega$

2-17　$U=1.71\text{V}$

2-18　$I=3\text{A}$

第3章

3-2 （1） $U_1 = 220\text{V}$ ， $U_2 = 220\text{V}$ ， $f = 50\text{Hz}$ ， $T = 0.02\text{s}$ ；

（2） $\dot{U}_1 = 220\angle -120^\circ \text{V}$ ， $\dot{U}_2 = 220\angle 30^\circ \text{V}$ ， $\Delta\varphi = \phi_1 - \phi_2 = -120^\circ - 30^\circ = -150^\circ$

3-3 （1） $\dot{U}_1 = 5\text{e}^{-\text{j}37^\circ}\text{V} \rightarrow 5\angle -37^\circ \text{V}$ ； （2） $\dot{I}_1 = 10\sqrt{2}\text{e}^{-\text{j}135^\circ}\text{A} \rightarrow 10\sqrt{2}\angle -135^\circ \text{A}$ ；

（3） $\dot{U}_2 = (5\sqrt{3} + \text{j}5)\text{V} \rightarrow 10\angle 30^\circ \text{V}$ ； （4） $\dot{I}_2 = -(4\sqrt{2} + \text{j}4\sqrt{2})\text{A} \rightarrow 8\angle -135^\circ \text{A}$ ；

（5） $\dot{U}_3 = (6 - \text{j}8)\text{V} = 10\text{e}^{-\text{j}53^\circ}\text{V}$ ； （6） $\dot{I}_3 = (16 + 12)\text{A} = 20\text{e}^{\text{j}37^\circ}\text{A}$

3-4 (a) $V = 10\text{V}$ ；(b) $A = 0\text{A}$

3-5 （1） 60Ω ；（2） $3.27\angle -63.43^\circ \text{A}$ ；（3） $98.1\angle -63.43^\circ \text{V}$ ， $196.2\angle 36.57^\circ \text{V}$

3-6 $I_1 = 10\text{A}$ ， $X_\text{C} = 15\Omega$ ， $X_\text{L} = 7.5\Omega$ ， $R_2 = 7.5\Omega$

3-7 $R = 2\Omega$ ， $R_2 = 10\Omega$ ， $X_\text{L} = 10\sqrt{3}/3\Omega$

3-8 $\dot{I} = 10\sqrt{2}\text{A}$ ， $\dot{U}_\text{S} = 100\text{V}$

3-9 $A_1 = 20\text{A}$ ， $A_2 = 20\text{A}$ ， $A = 28.28\text{A}$

3-10 $I_\text{R} = 10\text{A}$ ， $I_\text{L} = 10\text{A}$ ， $I_\text{C} = 20\text{A}$ ， $I = 14.14\text{A}$

3-11 25.47V

3-12 (a) $\dot{U}_\text{ab} = 10\angle -53^\circ \text{V}$ ， $Z_\text{eq} = (12.17 + \text{j}10)\Omega$ ；(b) $\dot{U}_\text{ab} = 3\angle 0^\circ \text{V}$ ， $Z_\text{eq} = 3\Omega$

3-14 （1） $\cos\varphi_\text{L}' = 0.82$ ；（2） $C = 1.73\mu\text{F}$

3-15 $U_\text{ab} = 5\text{V}$, $\cos\varphi = 1$ ， $P = 5\text{W}$， $Q = 0$， $S = 5\text{VA}$

3-16 $P = 405.4\text{W}, Q = -428.7\text{ var}$， $S = 593\text{VA}$

3-17 10W，0，10VA，1

3-18 （1） $f_0 = 1592.36\text{Hz}$ ，（2） $Q = 100$

3-19 （1）239.5pF，142mV；（2）5.25mV

第4章

4-1 $\dot{I}_\text{A} = 8.8\angle -36.9^\circ \text{A}$ ， $\dot{I}_\text{B} = 8.8\angle -156.9^\circ \text{A}$ ， $\dot{I}_\text{C} = 8.8\angle 83.1^\circ \text{A}$ ， $\dot{I}_N = 0$

4-2 $\dot{I}_\text{AB} = 3.8\angle -36.9^\circ \text{A}$ ， $\dot{I}_\text{A} = 6.58\angle -66.9^\circ \text{A}$ ， $I_\text{p} = 3.8\text{A}$ ， $I_l = 6.58\text{A}$

4-3 （1）平均分配到 A、B、C 三相，设 $\dot{U}_\text{A} = 220\angle 0^\circ \text{V}$

（2） $\dot{I}_\text{A} = 97.35\angle -52.63^\circ \text{A}$ ， $\dot{I}_\text{B} = 97.35\angle -172.63^\circ \text{A}$ ， $\dot{I}_\text{C} = 97.35\angle 69.37^\circ \text{A}$

4-4 $\dot{I}_\text{A} = 13.75\angle 0^\circ \text{A}$ ， $\dot{I}_\text{B} = 27.5\angle -120^\circ \text{A}$ ， $\dot{I}_\text{C} = 55\angle 120^\circ \text{A}$ ， $\dot{I}_{\text{N'N}} = 36.4\angle 139.2^\circ \text{A}$

4-5 $\dot{I}_\text{A} = 10\text{A}$ ， $\dot{I}_\text{B} = 10\angle -30^\circ \text{A}$ ， $\dot{I}_\text{C} = 10\angle 30^\circ \text{A}$ ， $\dot{I}_\text{N} = 27.32\text{A}$

4-6 星接： $P = 4628.1\text{W}$ ， $Q = 3471.1\text{Var}$ ， $S = 5785.1\text{VA}$ ；

角接： $P = 3455.2\text{W}$ ， $Q = 2591.5\text{Var}$ ， $S = 4319\text{VA}$

4-7 不能， $I_\text{p} = 3.78\text{A}$

4-8 （1） $I_\text{AB} = I_\text{BC} = 22\text{A}$ ， $I_\text{CA} = 44\text{A}$ ， $P = 19.36\text{kW}$

（2） $U_\text{AB} = 220\text{V}$ ， $U_\text{BC} = 146.7\text{V}$ ， $U_\text{CA} = 73.3\text{V}$ ， $I_\text{AB} = 22\text{A}$ ， $I_\text{BC} = I_\text{CA} = 14.7\text{A}$ ，BC 相和 CA 相负载不能正常工作

4-9 $Z = 289\angle 36.9^\circ \Omega$

4-10 $\dot{I}_\text{A} = 28.2\angle -11.3^\circ \text{A}$

第5章

5-1 $u_{\text{R}(t)} = \left[20 + 15.7\cos(\omega t - 80.95^\circ) + 7.42\cos(3\omega t - 83.94^\circ)\right]\text{V}$

5-2 $i_\text{L} = \left[10\cos(100t - 90^\circ) + 2\cos(500t - 90^\circ)\right]\text{A}$ ， $i_\text{C} = \left[10^{-5}\cos(100t + 90^\circ) + 5\times 10^{-5}\cos(500t - 90^\circ)\right]\text{A}$

5-3 $i = 9.59\text{A}$ ， $u = 27.56\text{V}$ ， $P = 227.56\text{W}$

5-4　$u_{\mathrm{R}}=\left[2+2.54\cos(\omega t+147.3^{\circ})\right]\mathrm{V}$，$P=7.24\mathrm{W}$

5-5　$i=2+18.6\sin\left(\omega t-21.8^{\circ}\right)+1.79\sin\left(5\omega t-63.4^{\circ}\right)\mathrm{A}$

第 6 章

6-1　$u_{\mathrm{C}}(0_{+})=12\mathrm{V}$，$i_{\mathrm{C}}(0_{+})=-\dfrac{4}{3}\mathrm{A}$，$i(0_{+})=2\mathrm{A}$，$i_{\mathrm{S}}(0_{+})=\dfrac{10}{3}\mathrm{A}$

6-2　$i_{\mathrm{L}}(0_{+})=0.8\mathrm{A}$，$u_{\mathrm{L}}(0_{+})=-7.2\mathrm{V}$，$i(0_{+})=2\mathrm{A}$，$i_{\mathrm{S}}(0_{+})=1.2\mathrm{A}$

6-3　$u_{\mathrm{C}}(t)=4(1-\mathrm{e}^{-166.6t})\mathrm{V}$

6-4　$u_{\mathrm{C}}(t)=6\ (1-\mathrm{e}^{-14.3t})\mathrm{V}$，$i_{\mathrm{C}}(t)=0.86\mathrm{e}^{-14.3t}\mathrm{mA}$

6-5　$u_{\mathrm{C}}(t)=3\mathrm{e}^{-2500t}\mathrm{V}$，$i_{\mathrm{C}}(t)=-0.75\mathrm{e}^{-2500t}\mathrm{mA}$

6-6　$u_{\mathrm{C}}(t)=10\mathrm{e}^{-250t}\mathrm{V}$

6-7　$u_{\mathrm{C}}(t)=(10-8\mathrm{e}^{-50t})\mathrm{V}$，$i_{\mathrm{C}}(t)=2\mathrm{e}^{-50t}\mathrm{mA}$

6-8　$u_{\mathrm{C}}(t)=(10-\mathrm{e}^{-5000t})\mathrm{V}$，$i_{\mathrm{C}}(t)=(\dfrac{1}{3}-\dfrac{1}{3}\mathrm{e}^{-5000t})\mathrm{A}$

6-9　$i_{\mathrm{L}}(t)=\mathrm{e}^{-8000t}\mathrm{A}$，$u_{\mathrm{L}}(t)=-8\mathrm{e}^{-8000t}\mathrm{V}$

6-10　$i_{\mathrm{L}}(t)=(1.5+0.5\mathrm{e}^{-10t})\mathrm{A}$，$i_{1}(t)=(3-\dfrac{1}{3}\mathrm{e}^{-10t})\mathrm{A}$

6-11　$i_{\mathrm{L}}(t)=(4-4\mathrm{e}^{-200t})\mathrm{A}$，$u_{\mathrm{C}}(t)=80\mathrm{e}^{-500t}\mathrm{V}$，$i_{\mathrm{S}}(t)=\left[4(1-\mathrm{e}^{-200t})+4\mathrm{e}^{-500t}\right]\mathrm{A}$

第 7 章

7-1　$K=6.1$，$I_{1}=0.068\mathrm{A}$，$I_{2}=0.416\mathrm{A}$

7-2　（1）$I_{1\mathrm{N}}=1.51\mathrm{A}$，$I_{2\mathrm{N}}=4.54\mathrm{A}$；（2）33 只；（4）20 只

7-3　（1）$1-2'-3'$ 为同名端；（2）$1'-2$ 为同名端

7-4　（1）12V：$2-3$ 端相连，$4-5$ 端相连；5V：$3-5$ 端相连，或 $4-6$ 端相连。（2）12 种

7-5　$K=10$，$P=7.8\ \mathrm{mW}$

7-6　$P_{1}=P_{2}=55\mathrm{W}$

7-7　$\dot{U}_{1}=50\angle0^{\circ}\mathrm{V}$，$\dot{U}_{2}=25\angle0^{\circ}\mathrm{V}$

7-8　$\dot{I}_{1}=6\angle-45^{\circ}\mathrm{A}$，$\dot{I}_{2}=-12\angle-45^{\circ}\mathrm{A}$

第 8 章

8-1　687.5A，17.2 倍，1.67Ω

8-2　100.2V

8-3　1737r/min

8-4　750r/min，0.13，4，469.2A，477.5 N·m，859.5 N·m，955 N·m

8-5　1500r/min，2，2.6%，65.4 N·m，124.3 N·m，143.9 N·m，不能，46.4A

8-6　60.3 N·m，120.6 N·m，132.7 N·m，能，不能

8-7　相同，相同

8-8　718.9A，353.7 N·m，239.6A，117.9 N·m，能

8-9　电动机功率 9.97kW，选 Y160M-4 型电动机

8-10　$U_{2}=220\dfrac{N_{2}}{N_{1}}$，分析调速原理

第 9 章

9-1　(a) 能启动但不能停车；(b) 只能点动；(c) 按下 SB_{1} 将短路。

9-5　（1）控制电路不通，检查控制电路各部件接线。（2）主电路不通，检查主电路各部件接线。（3）与

按钮 SB_1 并联的自锁触点未接好。（4）这是电动机处于单相启动状态(主电路三相电源中有一相未接通)，检查主电路接线；三相电源熔断丝；接触器主触点。（5）接触器线圈电压太高，检查接入控制回路的电压是否与交流接触器线圈额定电压一致。

9-6 (a) M_1 启动后，M_2 才能启动；M_2 停车后，M_1 才能停车。(b) M_1 启动后，M_2 才能启动；M_2 既可以单独停车，也可以与 M_1 同时停车。

9-9 （1）三相电源未接入熔断丝，没有短路保护。（2）主电路只接入一个热继电器发热元件，不能对三相电动机单相运行起有效的保护作用。（3）主电路中，KM_1 与 KM_2 相序一致，不能实现正反转。（4）控制电路与 A 相的连接点在交流接触器主触点下面，将不能获得工作电压，必须把连接点移到交流接触器主触点上面。（5）热继电器的常闭触点未接入控制电路，不能实现过载保护。（6）与启动按钮并联的应是自锁触点，三相电动机才能实现连续运行，应把常开辅助触点 KM_1 与 KM_2 对调。（7）电气互锁触点连接错误，应把常闭辅助触点 KM_1 与 KM_2 对调。

9-10 (a) 按下 SB_2，KM_1 启动，10s 后，KM_2 启动；按下 SB_1，KM_1 与 KM_2 同时停车。

(b) 按下 SB_2，KM 启动，经过 10s 后，KM 自动停车，按下 SB_1 随时停车。

第 10 章

10-1 VD 截止，18V；VD 导通，12V

10-2 VD_1 截止，VD_2 导通，$U_o = -10V$；VD_1 导通，VD_2 截止，$U_o = 12V$

10-3 （1）$V_F = 0V$，$I_R = 3.08mA$，$I_{VDA} = I_{VDB} = 1.54mA$；（2）$V_F = 0V$，$I_R = I_{VDB} = 3.08mA$，$I_{VDA} = 0$；

（3）$V_F = 3V$，$I_R = 2.3mA$，$I_{VDA} = I_{VDB} = 1.154mA$

10-4 按 $u_o = 5V$、$10\sin\omega t V$、5V 画曲线

10-5 6.7V，14V，6V，0.7V

10-6 VT_1 为 NPN 型，1(C)，2(E)，3(B)；VT_2 为 PNP 型，4(E)，5(B)，6(C)；

VT_3 为 NPN 型，7(B)，8(E)，9(C)

10-7 正弦信号 $10\sin\omega t V$，在+5V 以上和－5V 以下被削波

10-8 四个电路图(略)

10-9 8V，12mA，6mA，6mA

10-10 存在问题，稳定电流超过 20mA，可将 R 改为 300Ω

10-11 36s

第 11 章

11-1 (a) 不能，(b) 能，(c) 不能，(d) 不能

11-2 （1）$I_B = 50\mu A$，$I_C = 2mA$，$U_{CE} = 6V$。（2）与上相同。（3）0.7V，6V

11-3 （1）$I_B = 0.0375mA$，$I_C = 1.875mA$，$U_{CE} = 6.375V$

（2）$A_u = -111$，$r_i = 0.9k\Omega$，$r_o = 3k\Omega$。（3）$A_u = -167$

11-4 （1）$R_B = 273k\Omega$。（2）在基极串联一个固定电阻

11-5 （1）$I_B = 20\mu A$，$I_C = 1.2mA$，$U_{CE} = 6V$。（2）$A_u = -78.8$，$r_i = 1.38k\Omega$，$r_o = 3k\Omega$

11-6 （1）$I_B = 0.023mA$，$I_E = 1.86mA$，$U_{CE} = 8.28V$。（2）$A_u = 0.984$，$r_i = 65.9k\Omega$，$r_o = 16.8\Omega$

11-7 (答案略)

11-8 $A_{u1} = +0.995$，$A_{u2} = -0985$

11-9 （1）$I_B = 20\mu A$，$I_C = 1.2mA$，$U_{CE} = 6V$。（2）$A_u = -78.9$，$r_i = 1.38k\Omega$。$r_o = 3k\Omega$

（3）$A_u = -0.97$，$r_i = 11.99k\Omega$。$r_o = 3k\Omega$

11-10 （2）$A_{u1} = 0.97$，$A_{u2} = -125$，$A_u = -121$。（3）$r_i = 29.3k\Omega$，$r_o = 2k\Omega$

11-11　（2）$A_{u1}=-196$，$A_{u2}=0.986$，$A_u=-193$。（3）$r_i=0.86\text{k}\Omega$，$r_o=71.3\Omega$

11-12　（1）(a) $I_{B1}=0.036\text{mA}$，$I_{C1}=1.8\text{mA}$，$U_{CE1}=7.2\text{V}$。(b) $I_{B2}=0.042\text{mA}$，$I_{C2}=2.1\text{mA}$，$U_{CE2}=11.7\text{V}$

（2）(a) $A_{u1}=-5.49$，$A_{u2}=0.992$，$A_u=-5.45$。(b) $r_i=19.2\text{k}\Omega$，$r_o=75.2\Omega$

11-13　（1）$I_B=0.12\text{mA}$，$I_C=5.88\text{mA}$，$U_{CE}=0.24\text{V}$，晶体管工作在饱和状态。（2）$I_B\approx 0$，$I_C\approx 0$，$U_{CE}\approx 12\text{V}$，晶体管工作在截止状态。（3）应将 R_P 调到 96kΩ，晶体管工作在放大状态

11-14　（答案略）

第 12 章

12-1　$u_o=10\text{V}$，$R_2=6.7\text{k}\Omega$，$R_3=16.7\text{k}\Omega$

12-2　$u_o=-2.5\text{V}$，$R_2=9.1\text{k}\Omega$，$R_3=16.7\text{k}\Omega$

12-3　(a) $u_o=-Ku_i$，(b) $u_o=Ku_i$，(c) $u_o=-(u_{i1}+u_{i2})$，(d) $u_o=u_{i2}-u_{i1}$

12-4　$u_o=10\text{V}$

12-5　$u_o=2u_{i1}+u_{i2}$

12-6　$u_o=\dfrac{6R_F}{R_1}u_i$

12-7　（略）

12-8　串联电压负反馈

12-9　$u_o=8.4\text{V}$

12-10　$u_o=(5.1-1.2\sin\omega t)\text{V}$

12-11　$u_o=\dfrac{R_3}{R_2+R_3}u_i+\dfrac{R_3}{R_1C(R_2+R_3)}\int u_i\,\mathrm{d}t$

12-12　$u_o=7.2\text{V}$，未超出线性区

12-13　（略）

12-14　$u_o=10\text{V}$

12-15　（2）$u_o=(1+\dfrac{2R}{R_G})(u_{i2}-u_i)$

12-6　忽略二极管导通压降，迟滞比较器的上下限电压为，$U_+=\dfrac{R_2}{R_2+R_f}U_Z=+3\text{V}$，$U_-=-\dfrac{R_2}{R_2+R_f}U_Z=-3\text{V}$

12-17　$u_o=f(\delta)=K\dfrac{\delta}{4+2\delta}$

12-18　（略）

第 13 章

13-1　$Y_1=\overline{A}\overline{B}+AB$，$Y_2=A+\overline{B}$

13-2　$Y_1=\overline{A}\overline{B}\overline{C}+\overline{A}BC+A\overline{B}C+AB\overline{C}$，$Y_2=\overline{A}\overline{B}C+\overline{A}B\overline{C}+A\overline{B}\overline{C}+ABC$

13-3　① $Y_1=\overline{A}+\overline{B}$，② $Y_2=\overline{C}$，③ $Y_3=\overline{A}+B\overline{D}$

13-4　① $Y_1=\overline{A}C+B\overline{C}$，② $Y_2=\overline{C}\overline{D}+\overline{A}\overline{C}+B\overline{C}+B\overline{D}$

③ $Y_3=BD+\overline{B}\overline{D}$，④ $Y_4=B\overline{C}+\overline{B}C+A\overline{B}D$ 或 $Y_4=B\overline{C}+\overline{B}C+A\overline{C}D$

13-5　三人表决电路

13-6　一位二进制数值比较电路

13-7　$S=A\oplus B\oplus C$，$J=AB+AC+BC$，真值表如题表 13-5 所示，全加器

13-11　$Y_1=\overline{A}\overline{B}\overline{D}+A\overline{B}\overline{C}$；$Y_2=A\overline{C}\overline{D}+\overline{A}B\overline{D}$

13-16　$Y=AD+AC+\overline{A}B\overline{C}+\overline{A}B\overline{D}+\overline{B}CD$

第 14 章

14-4　(a) $Q^{n+1}=A\overline{Q}$；(b) $Q^{n+1}=\overline{AQ}$

14-5　$Q_0^{n+1}=\bar{Q}_0$，$Q_1^{n+1}=Q_0\bar{Q}_1+\bar{Q}_0Q_1$

14-6　三位二进制加法计数器

14-7　六进制计数器，100→110→111→011→001→000→100

14-8　七进制计数器 1000→1100→1110→1111→0111→0011→0001→1000

14-9　十三进制计数器

14-10　六进制计数器

14-11　$M=0$ 时为九进制计数器；$M=1$ 时为四进制计数器

14-12　为 91 进制计数器

第 15 章

15-1　（1）$u_o=-U_{REF}(8Q_D+4Q_C+2Q_B+Q_A)$；（2）若 $U_{REF}=-1V$，$Q_DQ_CQ_BQ_A=0001$ 对应的输出电压 $u_o=1V$；$Q_DQ_CQ_BQ_A=1111$ 对应的输出电压 $u_o=15V$

15-2　当输入的数字量为 1001 时，$i_\Sigma=1.40625mA$，$u_o=-2.8125V$；当输入的数字量为 1111 时，$i_\Sigma=2.34375mA$，$u_o=-4.6875V$

15-3　0.0098V

15-4　40μs

第 16 章

16-1　（1）1.375A；（2）1.944A；（3）244.4V

16-2　（1）9V，4.5mA；（2）2.25mA，14.42V

16-3　（1）0A；（2）18mA；（3）24mA

16-4　$230\Omega \leqslant R \leqslant 320\Omega$

16-5　（1）20V；（2）有影响，改变了 RC 电路的放电时间常数

16-6　$6V \leqslant U_o \leqslant 10V$

16-8　（1）$U_{o1}=45V$，$U_{o2}=9V$；

（2）$I_{VD1}=4.5mA$，$I_{VD2}=I_{VD3}=0.45mA$，$U_{VD1(DRM)}=141.4V$，$U_{VD2(DRM)}=U_{VD3(DRM)}=28.28V$

16-9　（1）10mA~20mA；（2）不变；（3）12.5V

第 17 章

17-1　(a)不能，不满足相位条件；(b)不能，不满足相位条件。

17-2　将集成运放 A 的同相端和反相端互换。

（1）$A_{uf}\approx\frac{1}{F}=1+\frac{R_f}{R_t}$，要使振荡电路从起振到稳幅，则需从 $A_{uf}F>1$ 到 $A_{uf}F$，故 A_{uf} 需减小，即随着振荡的建立，R_t 要增大，故 R_t 为正温度系数的电阻。

（2）$f=\frac{1}{2\pi RC}$，$f_1=1240Hz$，$f_2=191Hz$

17-3　$f=\frac{1}{2\pi\sqrt{LC}}$，故 $C=\frac{1}{4L\pi^2f^2}$；所以 $C_1=4.5\times10^{-7}F$，$C_2=4.5\times10^{-9}F$

17-4　（1）u_o 是矩形波；u_C 是近似三角波。

（2）幅度 $U_R=\frac{R_3}{R_3+R_2}U_Z=\frac{8}{3}V$；频率 $f=\frac{1}{(R_W+2R_1)C\ln\left(1+\frac{2R_3}{R_2}\right)}=7.5\times10^6Hz$

（3）占空比 $D=\frac{R_{W1}+R_1}{R_W+2R_1}$，故 $D_1=\frac{R_1}{R_W+2R_1}=\frac{3}{14}$，$D_2=\frac{R_W+R_1}{R_W+2R_1}=\frac{11}{14}$

17-5　555 定时器接成了矩形波发生电路。

17-6　u_{o1} 为矩形波；u_o 为三角波。$f=\frac{R_1}{4CR_2R}=3.1\times10^3Hz$

参考文献

[1] 秦曾煌．电工学（第五版）．北京：高等教育出版社，1999.

[2] 唐介．电工学（少学时）．北京：高等教育出版社，1999.

[3] 毕淑娥．电工与电子技术基础（第 3 版）．哈尔滨：哈尔滨工业大学出版社，2008.

[4] 毕淑娥．电路分析基础．北京：机械工业出版社，2010.

[5] 刘文豪．电路与电子技术．北京：科学出版社，2006.

[6] 刘耀元，胡民山．电工电子技术．北京：北京理工大学出版社，2007.

[7] 徐安静．电工学 II（模拟电子技术）．北京：清华大学出版社，2008.

[8] 殷瑞祥，罗昭智，朱宁西．电路基础．广州：华南理工大学出版社，2005.

[9] 黄锦安，付文红，蔡小玲．电路与电子技术．北京：机械工业出版社，2009.

[10] 史仪凯．电子技术（电工学 II）．北京：科学出版社，2005.

[11] 叶挺秀，张伯尧．电工电子学．北京：高等教育出版社，1999.

[12] 张南．电工学（少学时）．北京：高等教育出版社，1999.

[13] 李晓明．电路与电子技术．北京：高等教育出版社，1999.

[14] 刘国林．电工学．北京：高等教育出版社，1999.

[15] 祝红芳，江路明．电工与电子技术．北京：北京理工大学出版社，2007.

[16] 徐淑华．电工电子技术（第 2 版）．北京：电子工业出版社，2008.

[17] 程明．微特电机及系统．北京：中国电力出版社，2003.

[18] 童诗白，华成英．模拟电子技术（第三版）．北京：高等教育出版社，2002.

[19] 吴运昌．模拟电子线路基础．广州：华南理工大学出版社，1998.

[20] 从宏寿，程卫群，李绍铭．Multisim 8 仿真与应用实例开发．北京：清华大学出版社，2007.

[21] 熊幸明．电子技术．北京：清华大学出版社，2008.

[22] 刘耀元．电工与电子技术．北京：北京工业大学出版社，2006.

[23] 阎石．数字电子技术基础（第五版）．北京：高等教育出版社，2006.

[24] Paul Scherz，夏建生等译．实用电子元器件与电路基础（第二版）．北京：电子工业出版社，2009.

[25] 刘真，李宗伯，文梅，陆洪毅．数字逻辑原理与工程设计．北京：高等教育出版社，2003.

[26] 邓元庆，贾鹏．数字电路与系统设计．西安：西安电子科技大学出版社，2003.

[27] 赵文博等．新型常用集成电路速查手册．北京：人民邮电出版社，2006.

[28] 曾军，汪娟娟等.电工与电子技术.北京：高等教育出版社，2021.

反侵权盗版声明

举报电话：（010）88254396；（010）88258888
传　　真：（010）88254397
E-mail：dbqq@phei.com.cn
通信地址：北京市海淀区万寿路 173 信箱
　　　　　电子工业出版社总编办公室
邮　　编：100036